高圧受電設備の図記号（練習 2）

☆略号や図記号を描いて覚えよう

名称と写真	略号（練習）	図記号（練習）
三相変圧器	T	
単相変圧器	T	
直列リアクトル	SR	
高圧進相コンデンサ	SC	

名称と写真	略号（練習）	図記号（練習）
零相変流器	ZCT	3
地絡方向継電器	DGR	I >
地絡継電器	GR	I >
電力量計	WHM	Wh
高圧限流ヒューズ	PF	

高圧受電設備の図記号（練習３）

☆略号や図記号を描いて覚えよう

名称と写真	略号（練習）	図記号（練習）
表示灯	SL	⊗
不足電圧継電器	UVR	$U <$
電圧計用切換スイッチ	VS	VS
電圧計	VM	Ⓥ
過電流継電器	OCR	$I >$
電力計	WM	Ⓦ
力率計	PFM	$\cos\phi$
電流計用切換スイッチ	AS	AS
電流計	AM	Ⓐ

ラクしてうかる！
第一種
電気工事士

オーム社 編
学科試験

OHM
Ohmsha

読者の皆様へ

本書は電気工事士の学科試験を初めて受験する方や電気の専門的な知識がない方でも学習できる「合格するために必要な知識のみ」に的を絞って解説した受験対策書「ラクしてうかる！第二種電気工事士学科試験」の第一種版です．

本書は第二種版と同様，無理なく合格ラインに到達できるよう，点数の取りやすい配線図や材料・工具など，目で見て覚えやすいものから順に学習する目次構成としています．

テキスト解説では，読んで（見て）覚える方法や，語呂合わせで覚える方法など，問題を解くための攻略法が詰まっています．また，適宜第二種の復習も盛り込んでいますので，第二種を受験してからブランクがある人でも不安なく学習することができます．

実際の試験では過去問題の類題が多く出題されています．そこで，本書で扱う「各単元の練習問題」,「章末問題」,「模擬試験」で過去の出題範囲を一通り網羅していますので，本書の問題が解ければ試験対策は十分です．

また，各テーマには出題頻度に応じて 3 段階（～）のアイコンを入れています．時間がない方や効率的に学習したい方は出題頻度が高い項目を優先的に学習してみてください．

本書を有効に活用され，皆様が第一種電気工事士の学科試験に合格されることを祈念いたしております．

2024 年 2 月

オーム社編集局

本書の使い方

問題の攻略法です．テーマによって2～4のステップがあります．

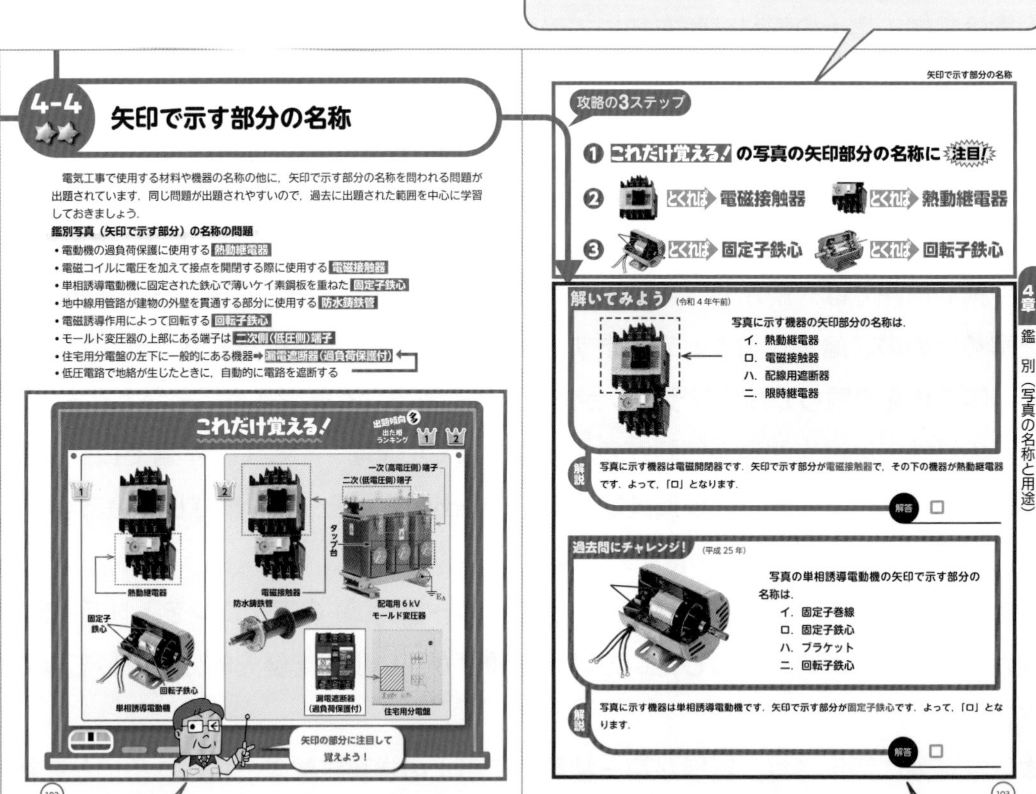

4-4 矢印で示す部分の名称

電気工事で使用する材料や機器の名称の他に，矢印で示す部分の名称を問われる問題が出題されています．同じ問題が出題されやすいので，過去に出題された範囲を中心に学習しておきましょう．

鑑別写真（矢印で示す部分）の名称の問題

- 電動機の過負荷保護に使用する **熱動継電器**
- 電磁コイルに電圧を加えて接点を開閉する際に使用する **電磁接触器**
- 単相誘導電動機に固定された鉄心で薄いケイ素鋼板を重ねた **固定子鉄心**
- 地中線用管路が建物の外壁を貫通する部分に使用する **防水鋳鉄管**
- 電磁誘導作用によって回転する **回転子鉄心**
- モールド変圧器の上部にある端子は **二次側（低圧側）端子**
- 住宅用分電盤の左下に一般的にある機器➡ **漏電遮断器（過負荷保護付）**
- 低圧電路で地絡が生じたときに，自動的に電路を遮断する

102

攻略の3ステップ

❶ **これだけ覚える！** の写真の矢印部分の名称に **注目！**

❷ とくれば 電磁接触器　とくれば 熱動継電器

❸ とくれば 固定子鉄心　とくれば 回転子鉄心

解いてみよう（令和４年午前）

写真に示す機器の矢印部分の名称は．

イ．熱動継電器

ロ．電磁接触器

ハ．配線用遮断器

ニ．限時継電器

解説 写真に示す機器は電磁開閉器です．矢印で示す部分が電磁接触器で，その下の機器が熱動継電器です．よって，「ロ」となります．

解答 □

過去問にチャレンジ！（平成 25 年）

写真の単相誘導電動機の矢印で示す部分の名称は．

イ．固定子巻線

ロ．固定子鉄心

ハ．ブラケット

ニ．回転子鉄心

解説 写真に示す機器は単相誘導電動機です．矢印で示す部分が固定子鉄心です．よって，「ロ」となります．

解答 □

103

このテーマで覚えるべき重要事項です．まずはこの内容を暗記してください．

実際に出題された過去問題です．「これだけ覚える」と「攻略のステップ」を使って問題を解いてみてください．

目　次

1章 • 引込柱から高圧受電設備（見取図）

2章 • 配線図（見取図）

3章 • 制御回路図

4章 • 鑑別（写真の名称と用途）

5章 • 電気機器

6章 • 発　電

7章 • 送電および配電

8章 • 施　工

9章 • 検査および試験

10章 • 法　令

11章 • 電気の基礎理論と配線設計

1章

5問出題

引込柱から高圧受電設備（見取図）

何から勉強すればいいのですか…?

いきなり計算や文章問題は難しいから，高圧受電設備の見取図から勉強するといいよ.

高圧受電設備ってなんですか?

高圧の電気の供給を受ける設備のことだよ. これはキュービクル式高圧受電設備っていうんだ.

あっ! 見たことあります!

高圧受電設備は身近にあるから，一緒に見ながら教えるよ.

引込柱の高圧受電設備

引込柱の高圧受電設備

発電所で作られた電気は，交流の 275 kV ～ 500 kV の超高電圧に変電し送電しています．変電所で各家庭や工場で使いやすい電圧に段階的に下げられ，高圧受電設備の手前の引込柱（架空配電線路）では 6 600 V（6.6 kV）まで降圧しています．引込柱の上には，高圧需要家と電力会社の**保安上の責任分界点**として**区分開閉器**（① **地絡継電器付高圧交流負荷開閉器（GR 付 PAS）**）が設置されています．地絡継電器等と組み合わせて使用し，需要家側電気設備（自家用電気設備）の地絡事故を検出し，高圧交流負荷開閉器を開放する役割があります．その後，高圧ケーブルの端末処理部である ② **ケーブルヘッド（CH）**を経由して高圧受電設備内へと高圧の電気が引き込まれています．

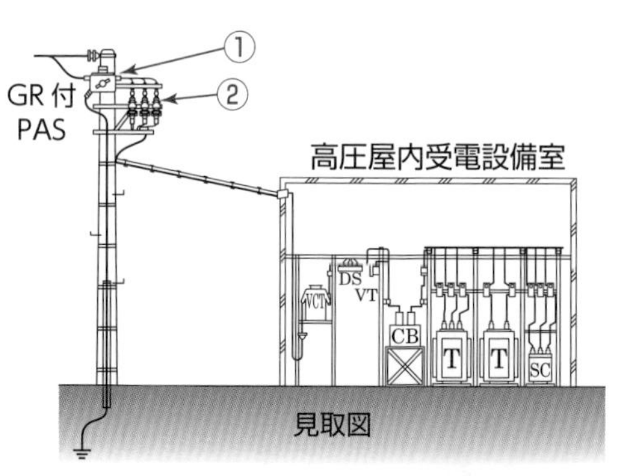

② 屋外ケーブルヘッドの終端接続部

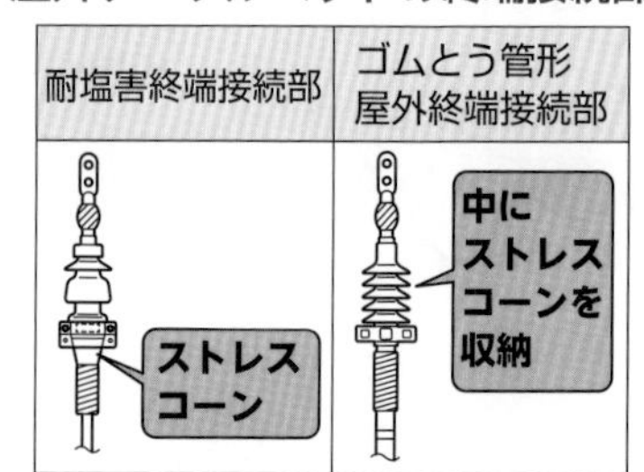

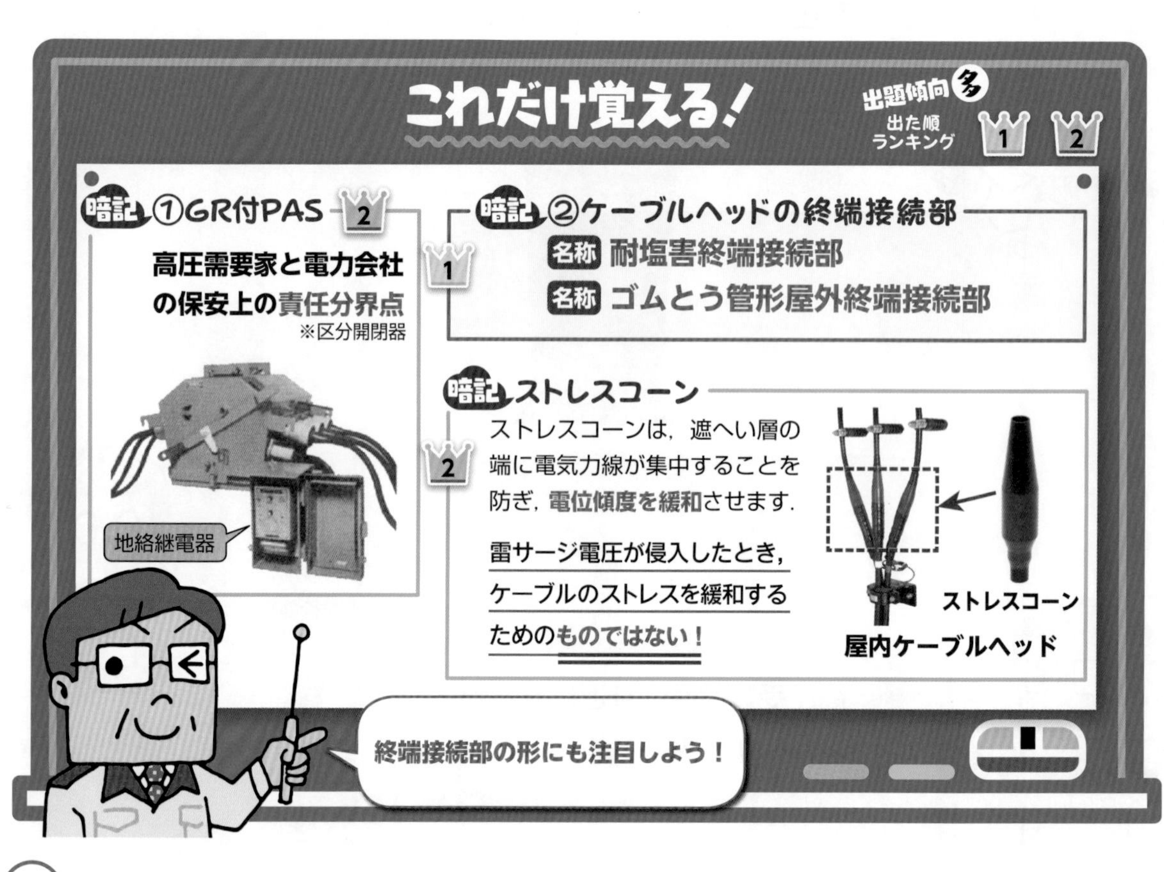

攻略の2ステップ

① GR 付 PAS とくれば 責任分界点の区分開閉器

② ケーブルヘッドは終端接続部の形に注目し名称を覚える

解いてみよう （平成 30 年）

左図①に示す地絡継電装置付高圧交流負荷開閉器（GR 付 PAS）に関する記述として，不適切なものは．

イ．GR 付 PAS の地絡継電装置は，需要家内のケーブルが長い場合，対地静電容量が大きく，他の需要家の地絡事故で不必要動作する可能性がある．このような施設には，地絡方向継電器を設置することが望ましい．

ロ．GR 付 PAS は地絡保護装置であり，保安上の責任分界点に設ける区分開閉器ではない．

ハ．GR 付 PAS の地絡継電装置は，波及事故を防止するため，一般送配電事業者との保護協調が大切である．

ニ．GR 付 PAS は，短絡等の過電流を遮断する能力を有しないため，過電流ロック機能が必要である．

解説 GR 付 PAS は，高圧需要家と電力会社の保安上の責任分界点に設ける区分開閉器です．併設される地絡継電器で地絡を検知して高圧交流負荷開閉器の接点を開放します．

解答 ロ

過去問にチャレンジ！ （平成 17 年）

左図②に示す CVT ケーブルの終端接続部の名称は．なお，拡大図を下図に示す．

イ．耐塩害屋外終端接続部

ロ．ゴムとう管形屋外終端接続部

ハ．ゴムストレスコーン形屋外終端接続部

ニ．テープ巻形屋外終端接続部

解説 ゴムとう管形屋外終端接続部です．塩害の影響等を受けない一般的な地区で使用されます．

※ CVT ケーブルは 2-8 で学習するよ．

解答 ロ

高圧架空引込線

高圧架空引込線から高圧屋内受電設備

三相3線式6 600 Vの電圧がケーブルヘッドを経由して引込柱から高圧受電設備へ，① **太さ22 mm² 以上**のちょう架用線にハンガーで支持され引き込まれ，その際の**支持間隔は50 cm以下**です．ちょう架用線には，**D種接地工事**が施されています．地表から高圧架空引込線までの② **高さは3.5 m以上**と電気設備の技術基準の解釈で決められています．高圧の機械器具等を屋内に施設する場合，取扱者以外の者が③高圧屋内受電設備の施設に立ち入らないように，柵や塀，堅ろうな壁などを施設し，出入口に立ち入り禁止の旨の表示をするとともに，施錠装置等を施設します．なお，**『火気厳禁』の表示は必要ありません**．

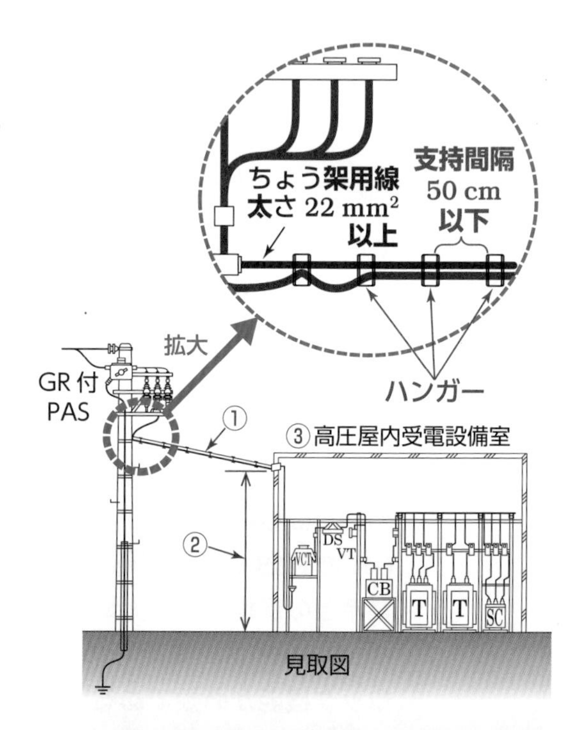

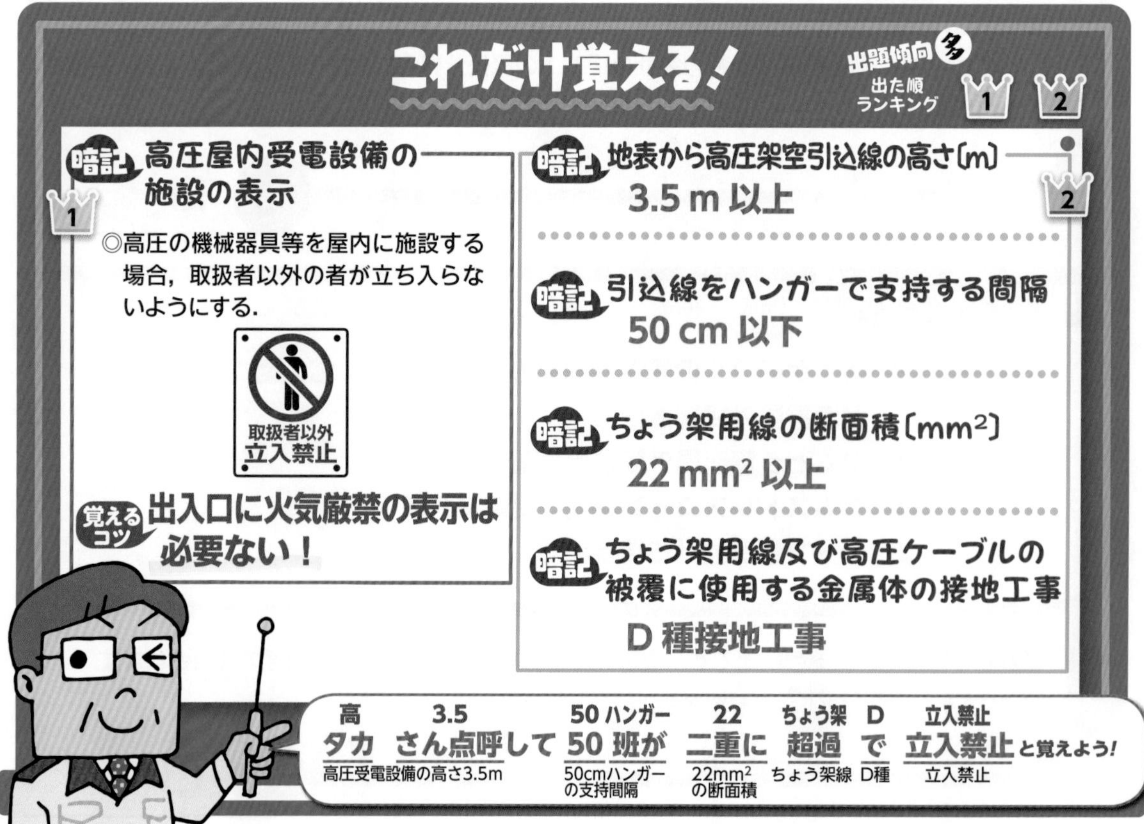

攻略の4ステップ

❶ **地表から高圧架空引込線までの高さは 3.5m 以上**

❷ **ハンガー とくれば 支持間隔：50cm 以下**

❸ **ちょう架用線 とくれば 太さ：22mm² 以上　接地工事：D 種**

❹ **高圧屋内受電設備に『火気厳禁』の表示は不要**

解いてみよう (平成 17 年)

左図②で示す部分の地表上の高さの最小値〔m〕は.

イ. 2.5　　ロ. 3.5　　ハ. 4.5　　ニ. 5.0.

解説

地表から高圧架空引込線までの高さは 3.5 m 以上です.

解答 ロ

過去問にチャレンジ！ (平成 30 年)

左図③の高圧屋内受電設備の施設又は表示について，電気設備の技術基準の解釈で示されていないものは.

イ. 出入口に火気厳禁の表示をする.

ロ. 出入口に立ち入りを禁止する旨を表示する.

ハ. 出入口に施錠装置等を施設して施錠する.

ニ. 堅ろうな壁を施設する.

解説

高圧屋内受電設備を屋内に施設する場合，取扱者以外の者が立ち入らないようにしなければなりません．柵や塀，堅ろうな壁などを施設し，出入口に立ち入り禁止の表示をするとともに，施錠装置等を施設します．『火気厳禁』の表示は必要ありません．

『火気厳禁』の標識は消防法の危険物標識だから危険物取扱者試験なら必要だね.

解答 イ

1-3 ケーブルの施工方法

ケーブルの太さを検討する場合に必要な事項

①の電力ケーブルの太さは，電線の**許容電流**や電圧降下を検討して決定します．高圧回路や低圧幹線については電線の**短時間耐電流**や電路の**短絡電流**も同時に考慮します．

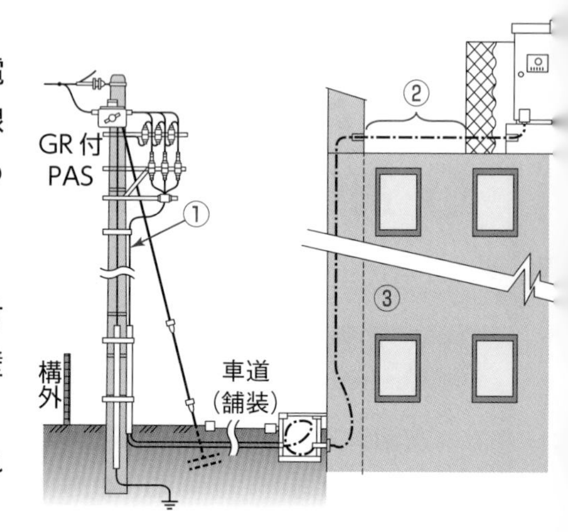

ケーブルの屋上部分の施設方法

②のように展開した場所ならば，堅ろうに取り付けた支持台に支持した架空ケーブルと造営材（壁や床など建物の構造体）を **1.2 m 以上**離隔するか，高圧ケーブルを**堅ろうな管**や取扱者以外が開けられない**フタのあるトラフ**に収めます．

建物の屋内のケーブルの離隔距離

③のように建物の屋内には，高圧ケーブル，低圧ケーブル，弱電流電線（電話線や電気信号線など）の 3 つの配線があります．高圧ケーブルと低圧ケーブル，または高圧ケーブルと弱電流電線が接近又は交差する場合は，**15 cm 以上**離す必要があります．なお，耐火性隔壁や耐火性のある管に収める場合は隔壁の規定はありません．

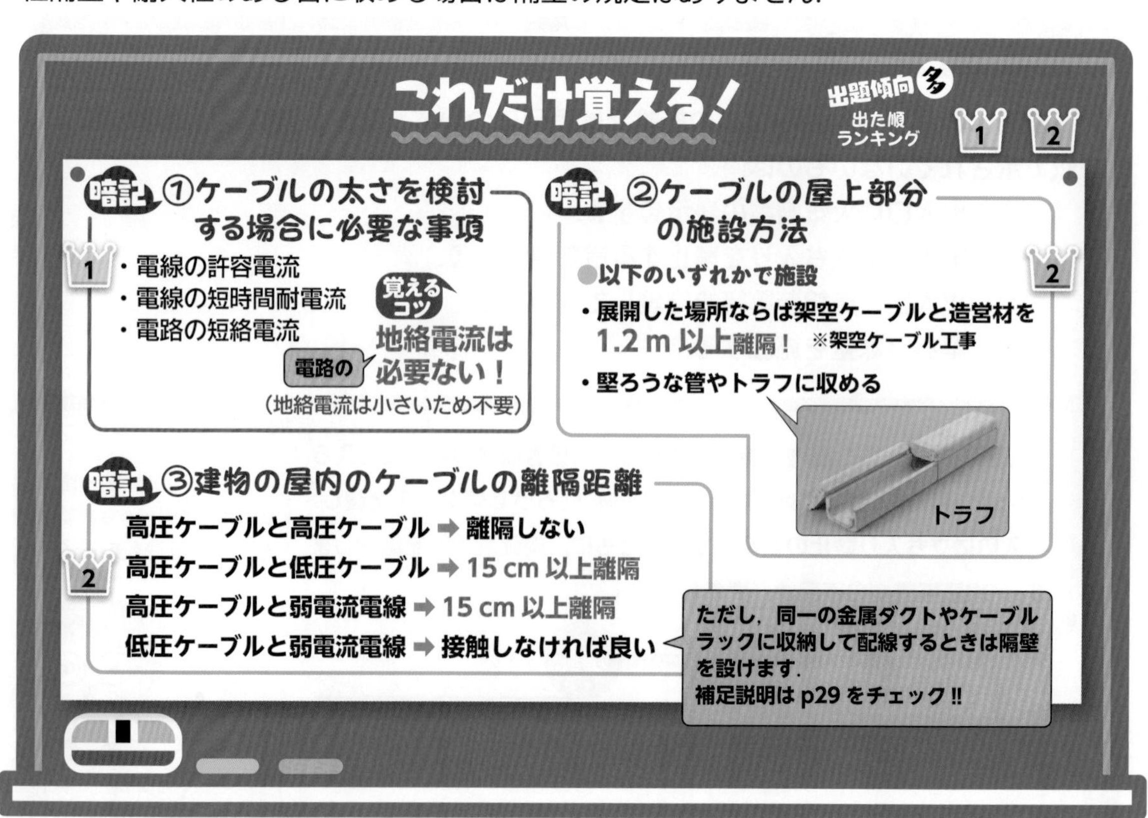

攻略の4ステップ

1. **ケーブルの太さを検討する事項に必要ない▶地絡電流**
2. **ケーブルの離隔距離を確認**
3. **展開場所で架空ケーブルと造営材▶1.2 m以上**
4. **高圧ケーブルと低圧ケーブル・高圧ケーブルと弱電流電線▶15 cm 以上**

解いてみよう （平成 30 年追加分）

左図①に示す高圧ケーブルの太さを検討する場合に必要のない事項は.

イ．電線の許容電流　　ロ．電線の短時間耐電流
ハ．電路の地絡電流　　ニ．電路の短絡電流

解説
左図①に示す高圧ケーブルの太さを検討する場合に必要な事項は
「電線の許容電流」,「電線の短時間耐電流」,「電路の短絡電流」の 3 つです.
電路の地絡電流は小さいため検討する必要はありません.

解答　ハ

過去問にチャレンジ！ （平成 25 年）

左図③に示す建物の屋内には，高圧ケーブル配線，低圧ケーブル配線，弱電流電線の配線がある．これらの配線が接近又は交差する場合の施工方法に関する記述で，不適切なものは.

イ．複数の高圧ケーブルを離隔せず同一のケーブルラックに施設した.
ロ．高圧ケーブルと低圧ケーブルを同一のケーブルラックに 15 cm 離隔して施設した.
ハ．高圧ケーブルと弱電流電線を 10 cm 離隔して施設した.
ニ．低圧ケーブルと弱電流電線を接触しないように施設した.

解説
高圧ケーブルと弱電流電線は 15 cm 以上離隔しなければなりません. 高圧ケーブルのみの場合は離隔する必要はなく，低圧ケーブルと弱電流電線は接触しないように施設します.

解答　ハ

1-4 保護管の防護範囲

GR付PASに内蔵されている避雷器用の接地線を収める管

GR付PASに内蔵されている避雷器用の接地線には**A種接地工事**を施します．接地線を人が触れるおそれがある場合，①**地表上2m**から**地表下0.75m**の部分を②**合成樹脂管**（厚さ2mm未満の合成樹脂管及びCD管を除く）で覆います． ➡避雷器用の接地線は金属製以外の管

引込ケーブルを地中に引き込むときの保護管の最小の防護範囲

引込ケーブルを地中に引き込むとき，③**地表上2m**から**地表下0.2m**の部分を保護管（鋼管等）で覆います．

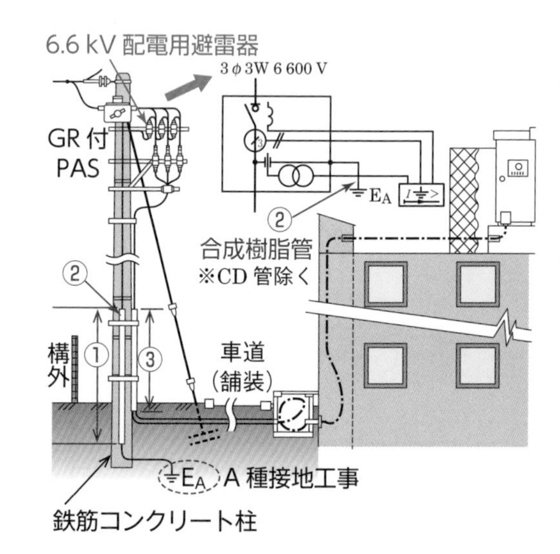

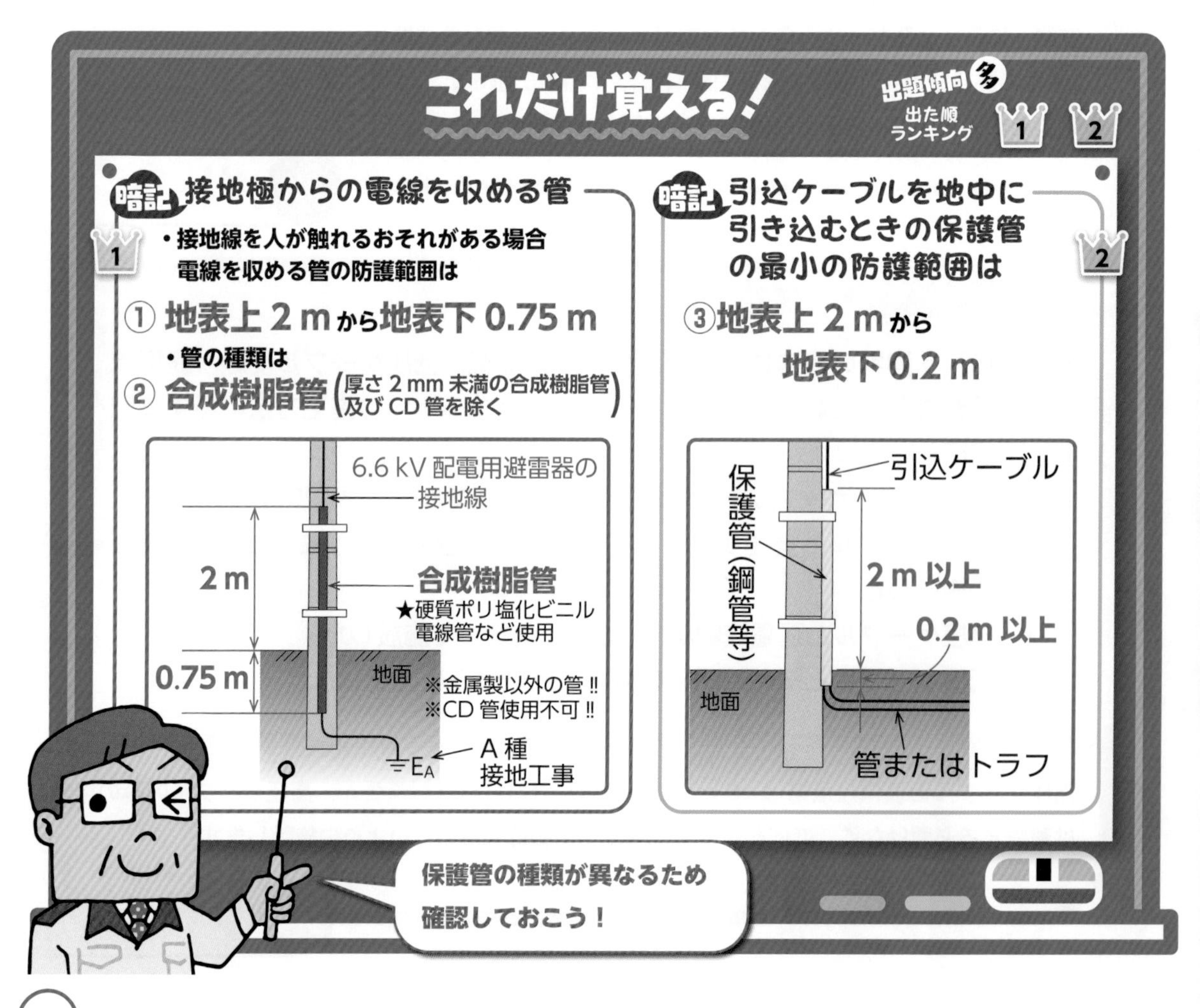

攻略の3ステップ

① 接地線を収める管の防護範囲 とくれば **地表上2mから地表下0.75m**

② 接地線を収める管の種類 とくれば **合成樹脂管**

③ 引込ケーブルの保護管の最小の防護範囲 とくれば **地表上2mから地表下0.2m**

解いてみよう （平成17年）

左図①で示すGR付PASに内蔵されている避雷器用の接地線を覆っている保護管の長さ〔m〕として，適切なものは．

イ．地表上1.8 m　地表下1.0 m

ロ．地表上1.8 m　地表下0.75 m

ハ．地表上2.0 m　地表下0.75 m

ニ．地表上2.5 m　地表下0.6 m

解説 GR付PASに内蔵されている避雷器用の接地線の防護範囲は，地表上2 mから地表下0.75 mです．

解答 ハ

過去問にチャレンジ！ （平成20年）

左図③に示す引込ケーブルの保護管の最小の防護範囲の組合せとして，正しいものは．

イ．地表上2.5 m　地表下0.3 m

ロ．地表上2.5 m　地表下0.2 m

ハ．地表上2 m　地表下0.3 m

ニ．地表上2 m　地表下0.2 m

解説 引込ケーブルの保護管の最小の防護範囲は，地表上2 mから地表下0.2 mです．

解答 ニ

「避雷器用の接地線の防護範囲」と「引込ケーブルの保護管の防護範囲」は地表下の値が異なるよ．接地線の方がもっと深いんだね！

1-5 地中電線路の施設方法

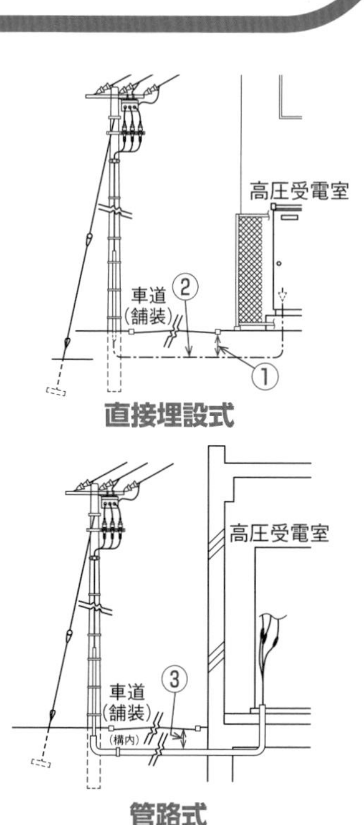

直接埋設式

直接埋設式は，堅ろうながい装を有するケーブルを使用したり，コンクリートトラフなどの防護物に収めて埋設する方法です．①の部分の直接埋設式の埋設深さは**車両その他の重量物の圧力を受けるおそれのある場所では，地表面から 1.2 m 以上**の深さに埋設します．特に圧力を受けない場所では 0.6 m 以上の深さに埋設します．②の部分には地下埋設物標示シートを 2 m の間隔で埋めます．**地中電線路の長さが 15 m 以下**のものにあっては，**電圧等の表示を省略**することができます．

管路式

管路式により施設するときの材料として，車両その他の重量物の圧力に耐えるポリエチレン被覆鋼管，硬質塩化ビニル電線管，波付硬質合成樹脂管などを使用します．③部分の管路式の埋設深さは**地表面（舗装がある場合は舗装下面）から 0.3 m 以上**にします．なお，**管路式の管に鋼管を使用した場合，管路の接地工事を省略できます**．

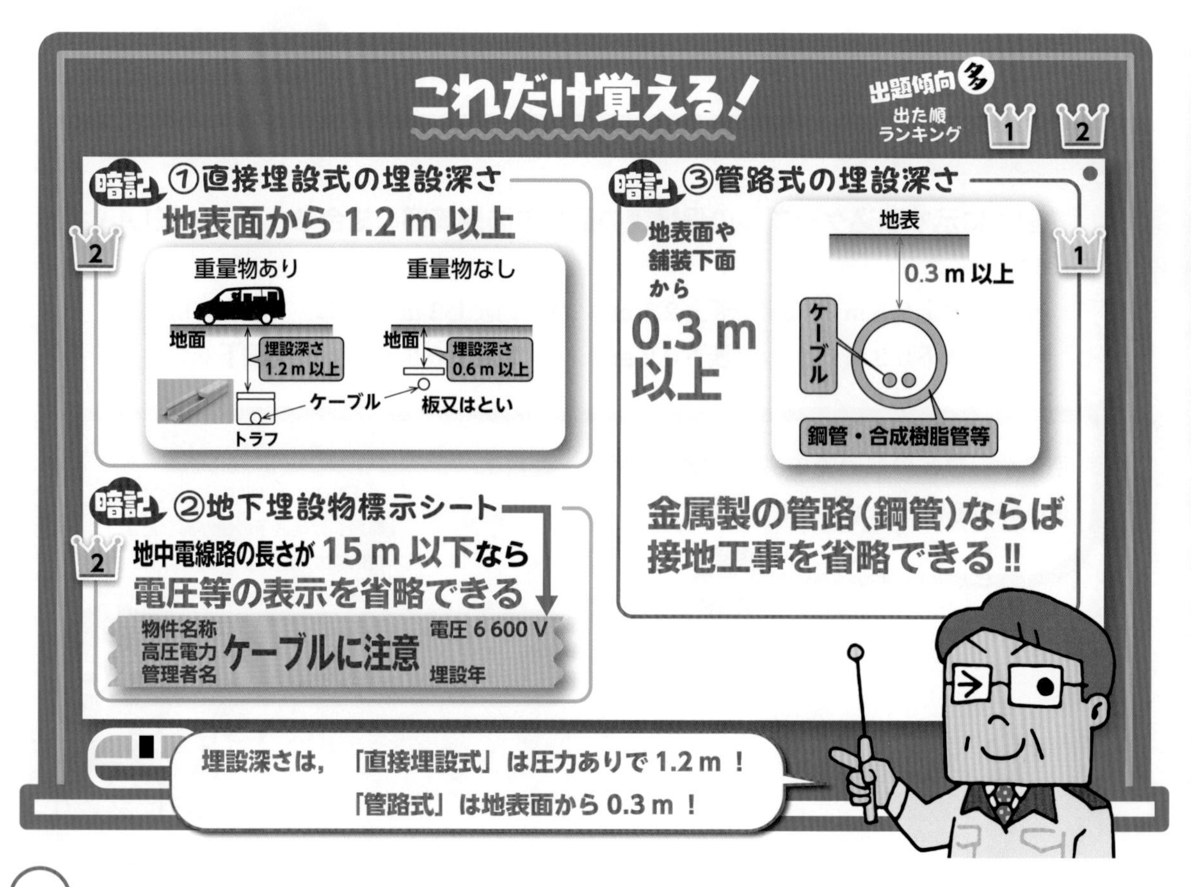

攻略の3ステップ

1. **直接埋設式の埋設深さ▶圧力ありで地表面から 1.2m 以上**
2. **地中電線路の長さが 15m を超える▶電圧等の表示は省略不可**
3. **管路式の埋設深さ▶地表面や舗装下面から 0.3m 以上**

解いてみよう（平成 23 年）

左図②に示す構内の地中電線路を施設する場合の施工方法として，不適切なものは.

イ．地中電線路を直接埋設式により施設し，長さが 20 m であったので電圧の表示を省略した.

ロ．地中電線を収める防護装置に鋼管を使用した管路式とし，管路の接地を省略した.

ハ．地中電線を収める防護装置に波付硬質合成樹脂管（FEP）を使用した.

ニ．地中電線に堅ろうながい装を有するケーブルを使用し，埋設深さ（土冠）を 1.2 m とした.

解説 地中電線路の長さが 15 m 以下のものにあっては，地下埋設物標示シートの電圧等の表示を省略することができます．15 m を超える場合は，電圧等の表示を省略することはできません.

解答 イ

過去問にチャレンジ！（平成 25 年）

左図③に示す地中ケーブルを施設する場合，使用する材料と埋設深さ（土冠）として，不適切なものは．ただし，材料は JIS 規格に適合するものとする.

イ．ポリエチレン被覆鋼管　舗装下面から 0.2 m

ロ．硬質塩化ビニル管　舗装下面から 0.3 m

ハ．波付硬質合成樹脂管　舗装下面から 0.5 m

ニ．コンクリートトラフ　地表面から 1.2 m

解説 地中電線路を管路式により施設するときの埋設深さは地表面（舗装がある場合は舗装下面）から 0.3 m 以上です．よって，舗装下面から 0.2 m となっている「イ」は不適切です.

解答 イ

1-6 地中線用負荷開閉器(UGS)

地中線用負荷開閉器(UGS)

1-1で学習したように，架空配電線路にはGR付PASなどを使用しますが，地中配電線路には①**地中線用負荷開閉器(UGS)**を使用します．UGSもGR付PASと同様に，**電路の短絡電流を遮断する能力を有していません**．用途はGR付PASと同じです．他の需要家の地絡事故で**不必要な動作を防止するためには，方向性の地絡継電装置(DGR)**を取り付けます．

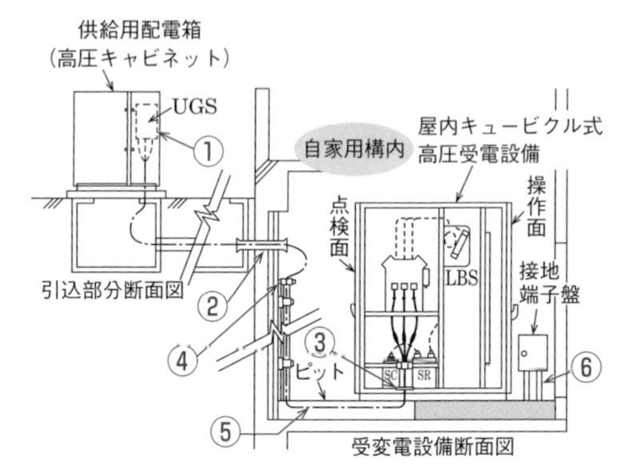

地中高圧ケーブルが屋内に引き込まれる部分の材料と引込口の開口部

①のUGSから自家用構内の外壁を貫通する箇所からの浸水を防止するため②**防水鋳鉄管**が用いられています．屋内や屋外に設置しているキュービクル式高圧受電設備の③**引込口の開口部**を必要以上に設けない理由は，**鳥獣類などの小動物が侵入しないようにするため**です．小動物が侵入すると，短絡事故や地絡事故の発生の原因となります．

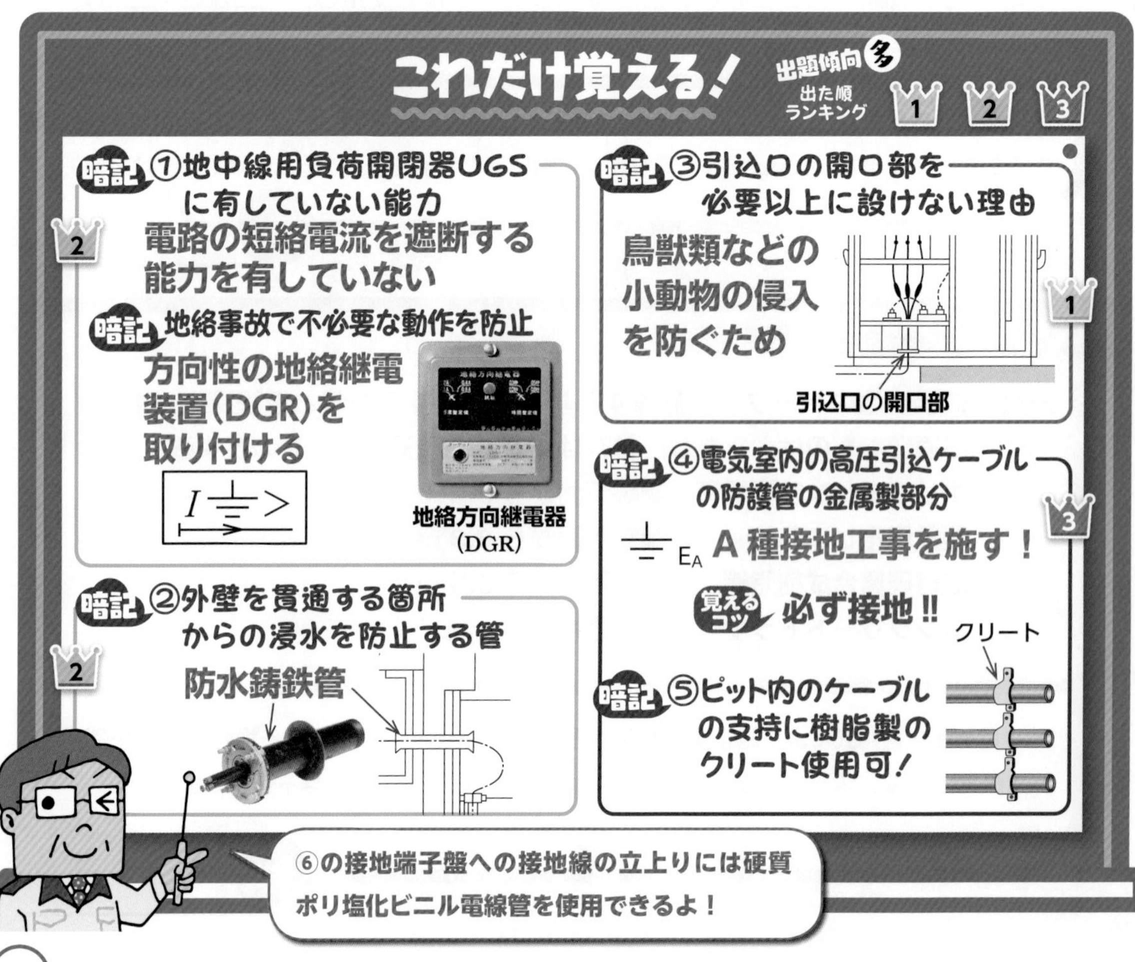

攻略の3ステップ

① UGSやGR付PASは電路の短絡電流を遮断できない

他の需要家の地絡事故で不必要な動作を防ぐ▶方向性の地絡継電装置

② 外壁を貫通 とくれば 防水鋳鉄管

③ 引込口の開口部を必要以上に設けない理由▶小動物の侵入防止

解いてみよう（平成30年追加分）

左図③に示すケーブルの引込口などに，必要以上の開口部を設けない主な理由は．

イ．火災時の放水，洪水等で容易に水が浸入しないようにする．

ロ．鳥獣類などの小動物が侵入しないようにする．

ハ．ケーブルの外傷を防止する．

ニ．キュービクルの底板の強度を低下させないようにする．

解説 引込口の開口部を必要以上に設けない理由は，鳥獣類などの小動物が侵入しないようにするためです．小動物が侵入すると，短絡事故や地絡事故が発生するおそれがあります．

解答

過去問にチャレンジ！（令和元年）

左図①に示す地絡継電装置付き高圧交流負荷開閉器（UGS）に関する記述として，不適切なものは．

イ．電路に地絡が生じた場合，自動的に電路を遮断する機能を内蔵している．

ロ．定格短時間耐電流が，系統（受電点）の短絡電流以上のものを選定する．

ハ．短絡事故を遮断する能力を有する必要がある．

ニ．波及事故を防止するため，電気事業者の地絡保護継電装置と動作協調をとる必要がある．

解説 UGSは，電路に地絡が生じた場合，自動的に電路を遮断する機能を内蔵していますが，電路の短絡電流を遮断する能力は有していません．

解答 ハ

地絡方向継電器は図記号の矢印の一方向にしか電流が流れないから，不必要な動作を防止できるんだね！

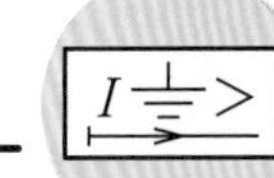

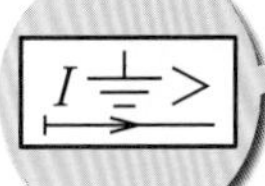

キュービクル式高圧受電設備

キュービクル式高圧受電設備の種類

キュービクル式高圧受電設備には CB 形と PF・S 形があります．CB 形は電路に過電流，短絡，地絡などの事故が生じたときに遮断器が動作して電路や機器を保護します．CB 形の受電設備容量は 300 kV·A 超～4 000 kV·A 以下です．

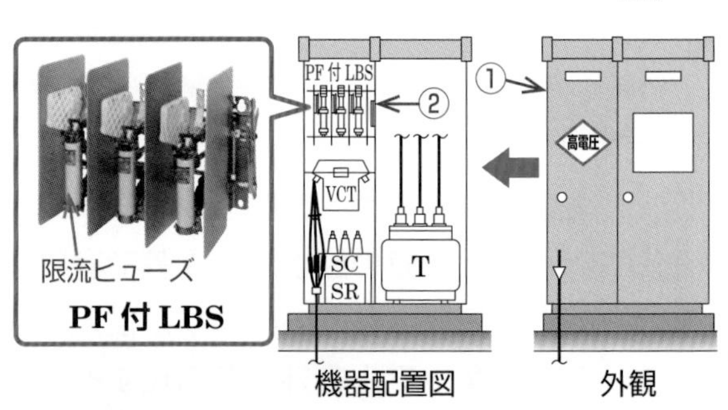

キュービクル式高圧受電設備（PF・S 形）

①の PF・S 形はキュービクル式高圧受電設備に多く用いられています．遮断器（CB）のかわりに限流ヒューズ（PF）と高圧交流負荷開閉器（LBS）を組み合わせた②の PF 付 LBS を設置したものです．**PF・S 形の受電設備容量の最大値は 300 kV·A** です．

屋外に設置するキュービクルの施設

屋外に設置する場合，次のように定められています．（一部抜粋）

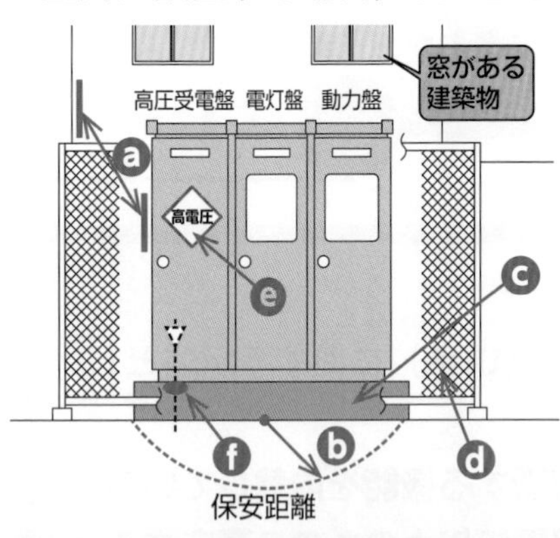

- ⓐキュービクル式受電設備（消防長が火災予防上支障がないと認める構造を有するキュービクル式受電設備は除く．）を，窓など開口部のある建築物に近接して施設することになった場合，建築物から **3 m 以上**の距離を保って施設する．
- ⓑキュービクルの周囲の**保安距離は，1 m＋保安上有効な距離以上**にする．
- ⓒキュービクルの基礎は，**耐震性を考慮し，十分な強度を有する基礎**とする．
- ⓓ施設場所が一般の人が容易に近づける場所である場合，**周囲にさく等を設ける**．
- ⓔキュービクルの注意標識板には，**高電圧**の表示をする．
- ⓕ開口部から**小動物等が侵入しない構造**とする．

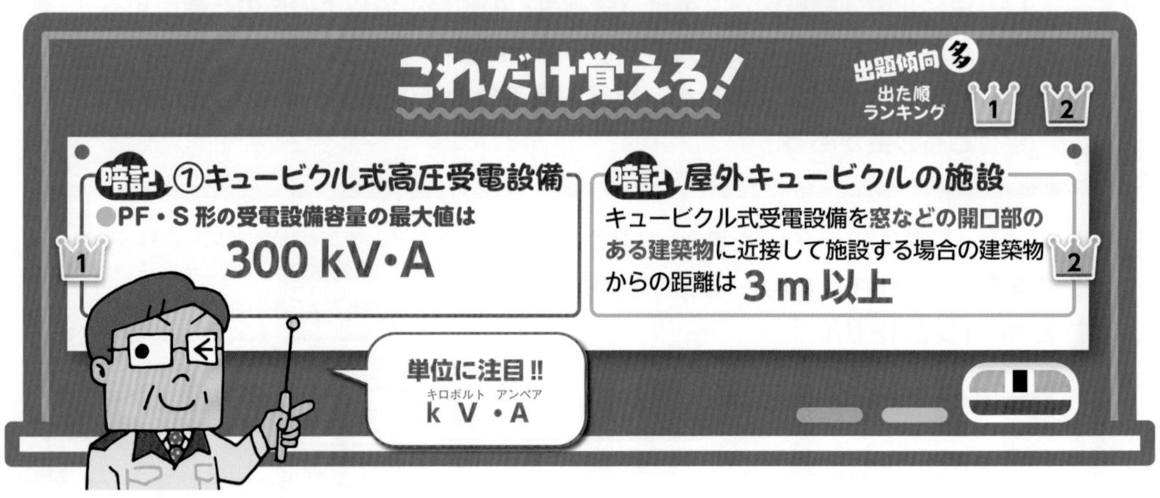

攻略の2ステップ

❶ PF·S形の受電設備容量の最大値 ▶ 300kV·A（キロ ボルト・アンペア）

❷ 屋外キュービクルと開口部のある建築物との距離 ▶ 3m以上

解いてみよう（平成30年追加分）

左図①に示す高圧受電盤内の主遮断装置に，限流ヒューズ付高圧交流負荷開閉器を使用できる受電設備容量の最大値は．

イ．200 kW　ロ．300 kW　ハ．300 kV・A　ニ．500 kV・A

解説 PF・S形の受電設備容量の最大値は300 kV・Aです．単位は，使用する前の見かけ上の電力（皮相電力）なのでkV・Aになります．

解答 ハ

過去問にチャレンジ！（平成23年）

屋外キュービクルの施設に関する記述として，不適切なものは．

イ．キュービクル式受電設備（消防長が火災予防上支障がないと認める構造を有するキュービクル式受電設備は除く.）を，窓など開口部のある建築物に近接して施設することになったので，建築物から2 mの距離を保って施設した．

ロ．キュービクルの周囲の保有距離は，1 m ＋保安上有効な距離以上とした．

ハ．キュービクルの基礎は，耐震性を考慮し，十分な強度を有する基礎とした．

ニ．キュービクルの施設場所は，一般の人が容易に近づける場所なので，キュービクルの周囲にさくを設置した．

解説 キュービクル式受電設備（消防長が火災予防上支障がないと認める構造を有するキュービクル式受電設備は除く.）を，窓など開口部のある建築物に近接して施設する場合，建築物から3 m以上の距離を保って施設します．よって，「イ」の2 mが不適切です．

解答 イ

高圧受電設備内の機器 (PF付LBS・直列リアクトル・高圧進相コンデンサ)

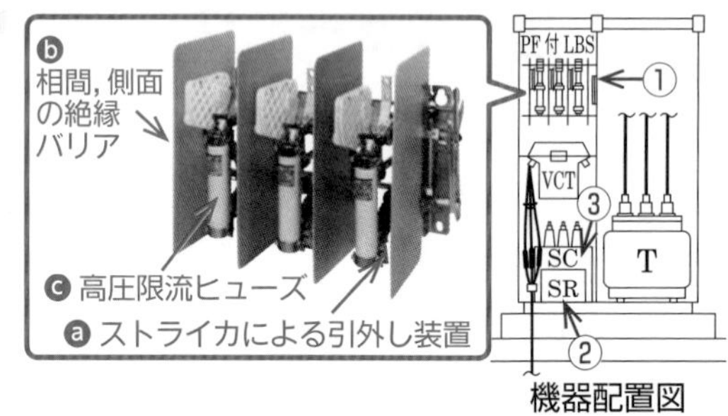

機器配置図

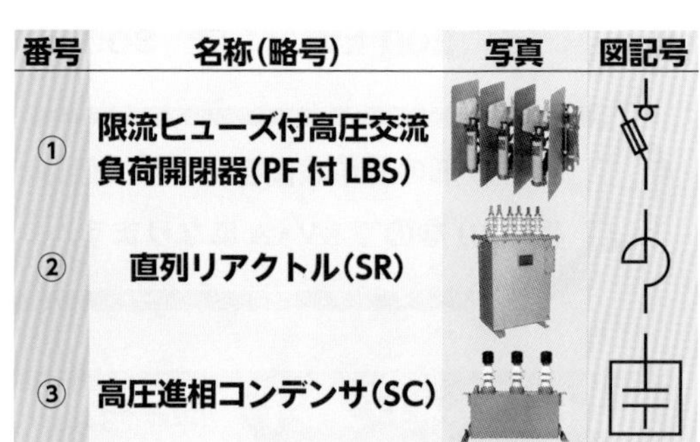

番号	名称(略号)	写真	図記号
①	限流ヒューズ付高圧交流負荷開閉器(PF付LBS)		
②	直列リアクトル(SR)		
③	高圧進相コンデンサ(SC)		

高圧限流ヒューズ付高圧交流負荷開閉器 PF付LBS

①PF付LBSとは, PFが高圧限流ヒューズで過電流や短絡電流が発生すると限流ヒューズを溶断して電路を遮断させるものです. LBSは, PFで溶断したのちに負荷開閉器によって回路を切り離して, 回路を保護するものです. PF・S形の主遮断装置に用いるPF付LBSに必要なものは, 以下のⓐⓑⓒの3つです.

必要
- ⓐ ストライカによる引外し装置
- ⓑ 相間, 側面の絶縁バリア
- ⓒ 高圧限流ヒューズ

不要
- ●過電流ロック機能(➡PF付LBSは限流ヒューズで遮断するため不要)
- ●過電流継電器OCR(➡真空遮断器VCBを動作させる信号を送るものなのでCB形なら必要)

過電流ロック機能とは, 短絡事故時に一般送配電事業者が停電したのを検出するまで開閉器が開放しないようにロックする機能のことで, 引込柱に設置されるGR付PASなど短絡電流を遮断できないときに必要だよ.

直列リアクトル SR

②直列リアクトルの容量はコンデンサリアクタンスの**6%**にします.

高圧進相コンデンサ SC

③高圧進相コンデンサの一次側には, 限流ヒューズを設けます. また, 高圧進相コンデンサに, 開路後の残留電荷を放電させるため放電装置を内部に内蔵したものを施設します. 高圧進相コンデンサに用いる開閉装置は, 自動力率調整装置により自動で開閉できるように施設されています. コンデンサ用開閉装置として, 開閉能力に優れ自動で開閉できる**高圧交流真空電磁接触器**を用います.

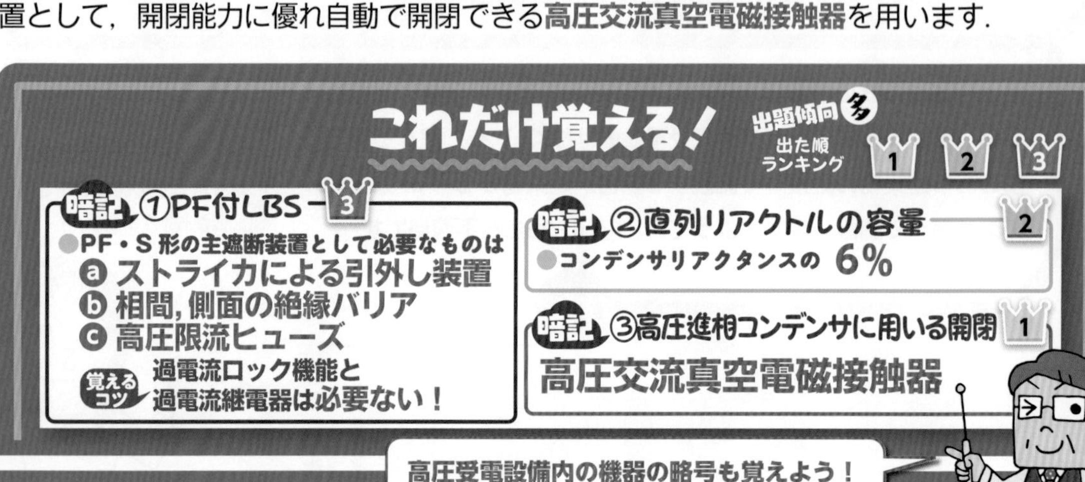

攻略の3ステップ

1. **PF·S形の主遮断装置として必要ではない▶過電流ロック機能と過電流継電器**
2. **直列リアクトルの容量▶コンデンサリアクタンスの6%**
3. **高圧進相コンデンサに用いる開閉器▶高圧交流真空電磁接触器**

解いてみよう（平成27年）

左図①に示すPF・S形の主遮断装置として，必要でないものは．

イ．過電流ロック機能　　ロ．ストライカによる引外し装置
ハ．相間，側面の絶縁バリア　　ニ．高圧限流ヒューズ

解説　PF・S形の主遮断装置に用いるPF付LBSに必要なものは，ⓐストライカによる引外し装置，ⓑ相間，側面の絶縁バリア，ⓒ高圧限流ヒューズです．**過電流ロック機能**や**過電流継電器**は不要です．

解答　イ

過去問にチャレンジ！（平成22年）

左図②③に示す直列リアクトルと進相コンデンサに関する記述として，誤っているものは．

イ．直列リアクトル容量は，一般に，進相コンデンサ容量の5%のものが使用される．
ロ．直列リアクトルは，高調波電流による障害防止及び進相コンデンサ回路の開閉による突入電流抑制のために施設する．
ハ．進相コンデンサに，開路後の残留電荷を放電させるため放電装置を内蔵したものを施設した．
ニ．進相コンデンサの一次側に，保護装置として限流ヒューズを施設した．

解説　直列リアクトルは，高圧進相コンデンサと直列に接続し，コンデンサの高調波電流による障害防止及び高圧進相コンデンサ回路の開閉による突入電流抑制のために施設します．直列リアクトルの容量はコンデンサリアクタンスの**6%**にします．

高圧進相コンデンサSCは高圧受電設備の変圧器と並列に接続して力率を改善するのに用いるよ．

解答　イ

高圧受電設備内の機器（変圧器・可とう導体）

変圧器の防振・耐震対策

変圧器の防振・耐震対策には①の**可とう導体**を使用します．地震による機器等の損傷を防止するためには，耐震ストッパの施設と併せて考慮する必要があります．また，地震による外力等によって，振動や負荷側短絡時の電磁力で母線が短絡等を起こさないよう，十分なたるみと絶縁セパレータを施設する等の対策が重要です．変圧器を基礎に支持する場合のアンカーボルトは，移動や転倒を考慮して**引き抜き力とせん断力の両方を検討**して支持します．

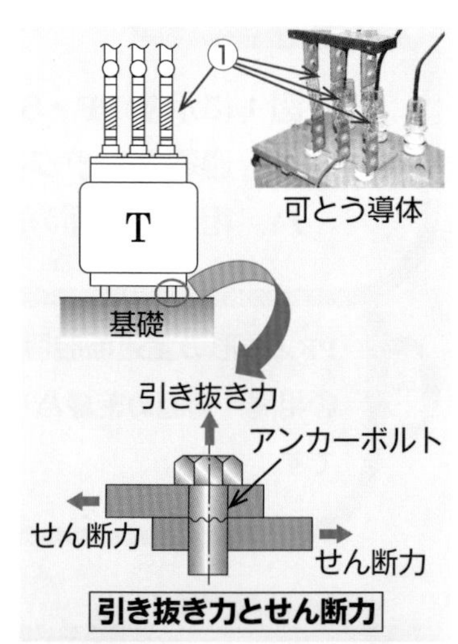

単相変圧器２台を使用した結線（V（ブイ）結線）

単相変圧器２台を使用して三相 200 V の動力電源を得るには，図のように高圧側と低圧側を**V結線**します．

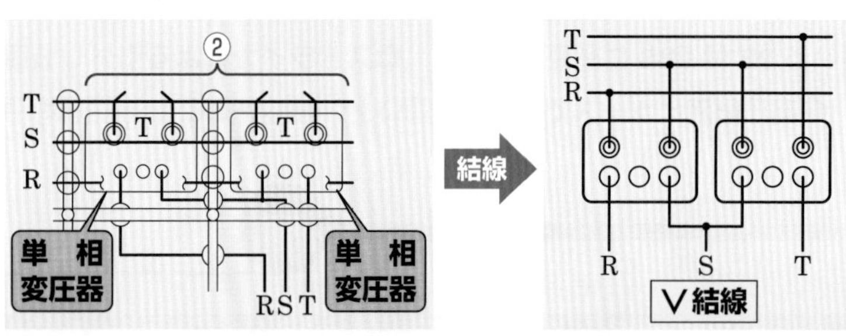

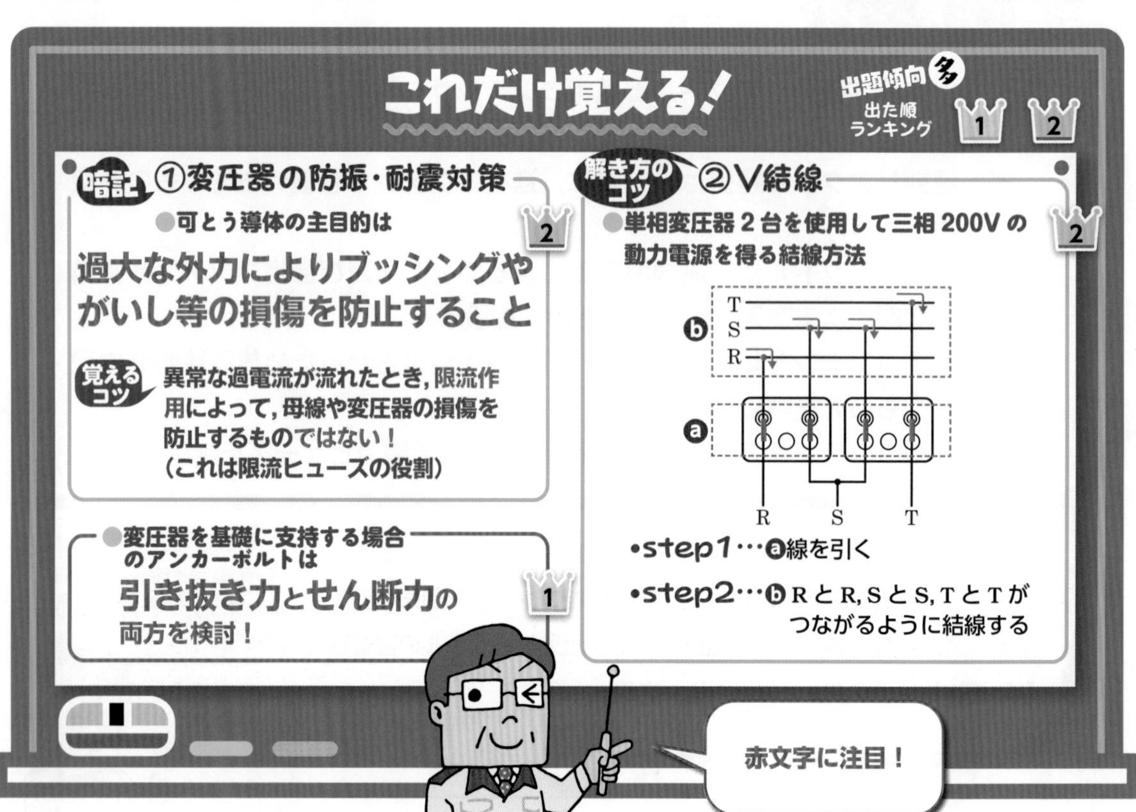

攻略の3ステップ

1. 可とう導体には▶限流作用はない　限流作用▶限流ヒューズ
2. 変圧器を支持するアンカーボルト▶引き抜き力とせん断力を検討
3. 単相変圧器 2 台で三相 200V の動力電源を得る▶V 結線の図に注目

解いてみよう（令和 3 年午後）

左図①に示す可とう導体を使用した施設に関する記述として，不適切なものは．

イ．可とう導体は，低圧電路の短絡等によって，母線に異常な過電流が流れたとき，限流作用によって，母線や変圧器の損傷を防止できる．

ロ．可とう導体には，地震による外力等によって，母線が短絡等を起こさないよう，十分な余裕と絶縁セパレータを施設する等の対策が重要である．

ハ．可とう導体を使用する主目的は，低圧母線に銅帯を使用したとき，過大な外力によりブッシングやがいし等の損傷を防止しようとするものである．

ニ．可とう導体は，防振装置との組合せ設置により，変圧器の振動による騒音を軽減することができる．ただし，地震による機器等の損傷を防止するためには，耐震ストッパの施設と併せて考慮する必要がある．

解説

可とう導体を使用する主目的は，低圧母線に銅帯を使用したとき，過大な外力によりブッシングやがいし等の損傷を防止しようとするものです．過電流が流れたとき，限流作用によって，母線や変圧器の損傷を防止するのは限流ヒューズです．

解答 イ

過去問にチャレンジ！（平成 26 年）

左図②に示す変圧器は，単相変圧器 2 台を使用して三相 200 V の動力電源を得ようとするものである．この回路の高圧側の結線として，正しいものは．

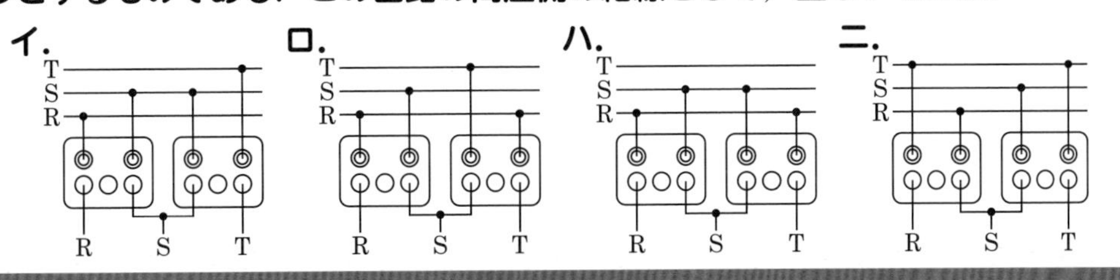

解説

単相変圧器 2 台を使用して三相 200 V の動力電源を得るには，「イ」のように高圧側と低圧側を V 結線し，R 相と R 相，S 相と S 相，T 相と T 相がつながるように結線します．

解答 イ

高圧受電設備内の機器（断路器・計器用変圧器）

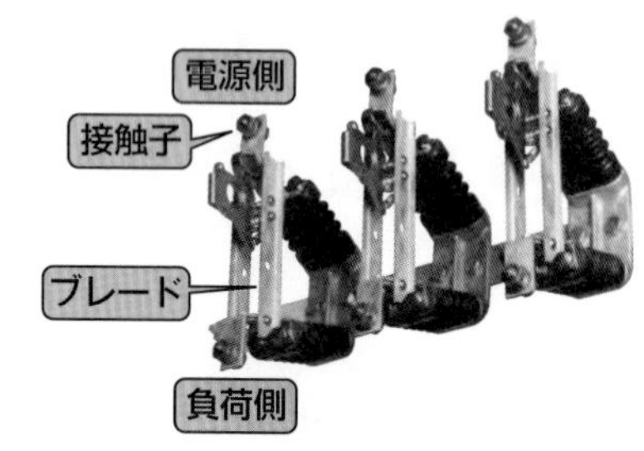

断路器(DS)

断路器（DS）

①の**断路器（DS）**は電路や機器の**点検時に無負荷の電路を開放するため**に使用します．短絡電流や地絡電流を**遮断する能力はありません**．負荷電流が流れている時，誤って開路しないように注意しましょう．接触子（刃受）は電源側，ブレード（断路刃）は負荷側にして施設します．なお，断路器（DS）は区分開閉器（GR付PASやUGS）ではありません．

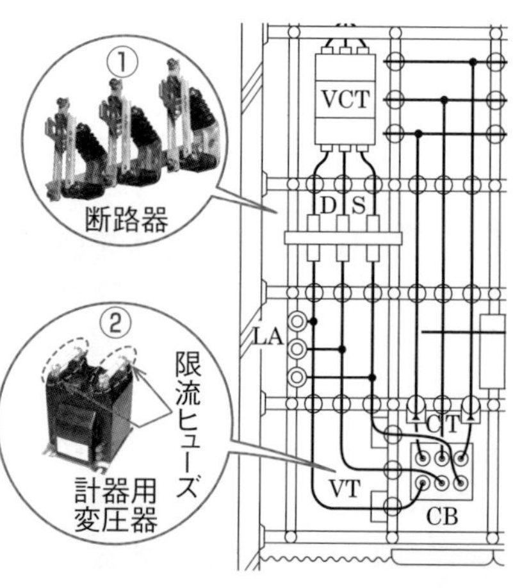

計器用変圧器（VT）

②の**計器用変圧器（VT）**は，電源側の**定格一次電圧 6 600 V**を負荷側では**定格二次電圧 110 V**に降圧して，電圧計等の計器や保護継電器を動作させるために使用します．定格負担（単位〔V·A〕）があり，定格負担以下で使用する必要があります．VTの電源側には，十分な定格遮断電流を持つ限流ヒューズを取り付けます．なお，遮断器の操作電源の他，所内の照明電源として使用することはできません．

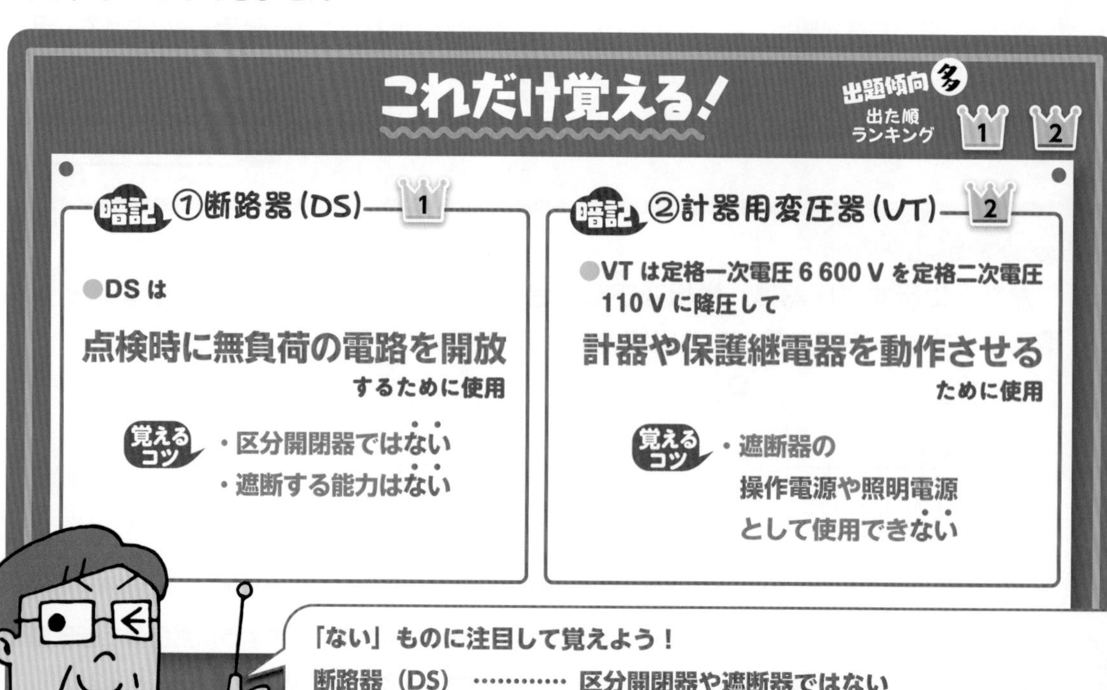

攻略の2ステップ

① 断路器（DS）▶区分開閉器や遮断器ではない

② 計器用変圧器（VT）▶遮断器の操作電源や照明電源には使用できない

解いてみよう（令和2年）

左図①に示すDSに関する記述として，誤っているものは．

イ．DSは負荷電流が流れている時，誤って開路しないようにする．

ロ．接触子（刃受）は電源側，ブレード（断路刃）は負荷側にして施設する．

ハ．DSは断路器である．

ニ．DSは区分開閉器として施設される．

解説 断路器（DS）は電路や機器の点検時に無負荷の電路を開放するために使用するものです．区分開閉器はGR付PASやUGSです．

解答 ニ

過去問にチャレンジ！（平成22年）

左図②に示すVTに関する記述として，誤っているものは．

イ．高圧電路に使用されるVTの定格二次電圧は110Vである．

ロ．VTの電源側には十分な定格遮断電流をもつ限流ヒューズを取り付ける．

ハ．遮断器の操作電源の他，所内の照明電源として使用することができる．

ニ．VTには定格負担（単位〔V·A〕）があり定格負担以下で使用する必要がある．

解説 計器用変圧器（VT）は高電圧を低電圧に変圧するための機器で，電源側には限流ヒューズを取り付けます．遮断器の操作電源の他，所内の照明電源として使用することはできません．

解答 ハ

“誤っているもの”や“不適切なもの”を選ばせる問題が出題されやすいよ．

高圧受電設備内の機器（避雷器・変流器）

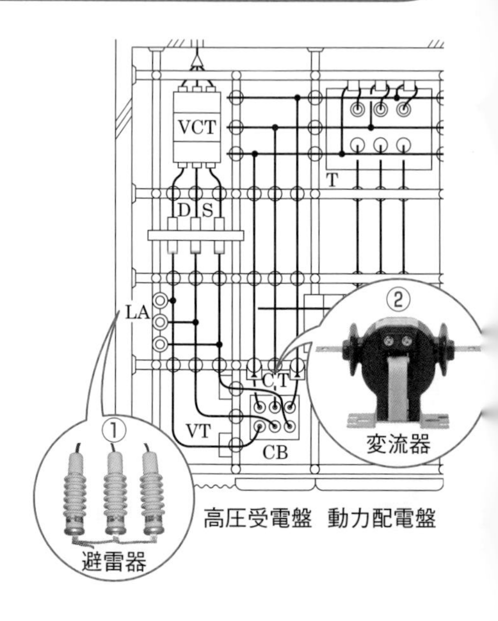

避雷器（LA）

①の**避雷器（LA）**は，雷サージ（雷の影響により発生する異常電圧）や開閉サージ（遮断器等の開閉時に発生する異常電圧）を抑制させるために設置する機器です．受電電力の容量が 500kW 以上の需要場所の引込口には，避雷器を設置する必要があります．受電電力の容量が 500kW 未満にあっても，雷害の多い地区で架空電線路に接続されている高圧受電設備には，避雷器を設置すべきです．避雷器には，**限流ヒューズを施設してはいけません**．避雷器の接地は **A 種接地工事**とし，接地極については特に低いサージインピーダンスが必要なので，接地線を太く短くすることは有効です．

変流器（CT）

②の**変流器（CT）**は，**高圧電路の電流を変流する機器**で，定格負担（単位〔V·A〕）が定められています．計器類の消費電力，二次側電路の損失，トリップ（遮断器が電気の流れを遮断）したときに必要な消費電力の総和以上の定格負担の変流器を選定します．CT の二次側には，過電流継電器と電流計を接続し，**D 種接地工事**を施す必要があります．**二次側にはヒューズを設けてはいけません**．ヒューズが溶断すると，変流器の二次側が開放された状態になり，高電圧を発生して絶縁破壊を起こすため危険です．

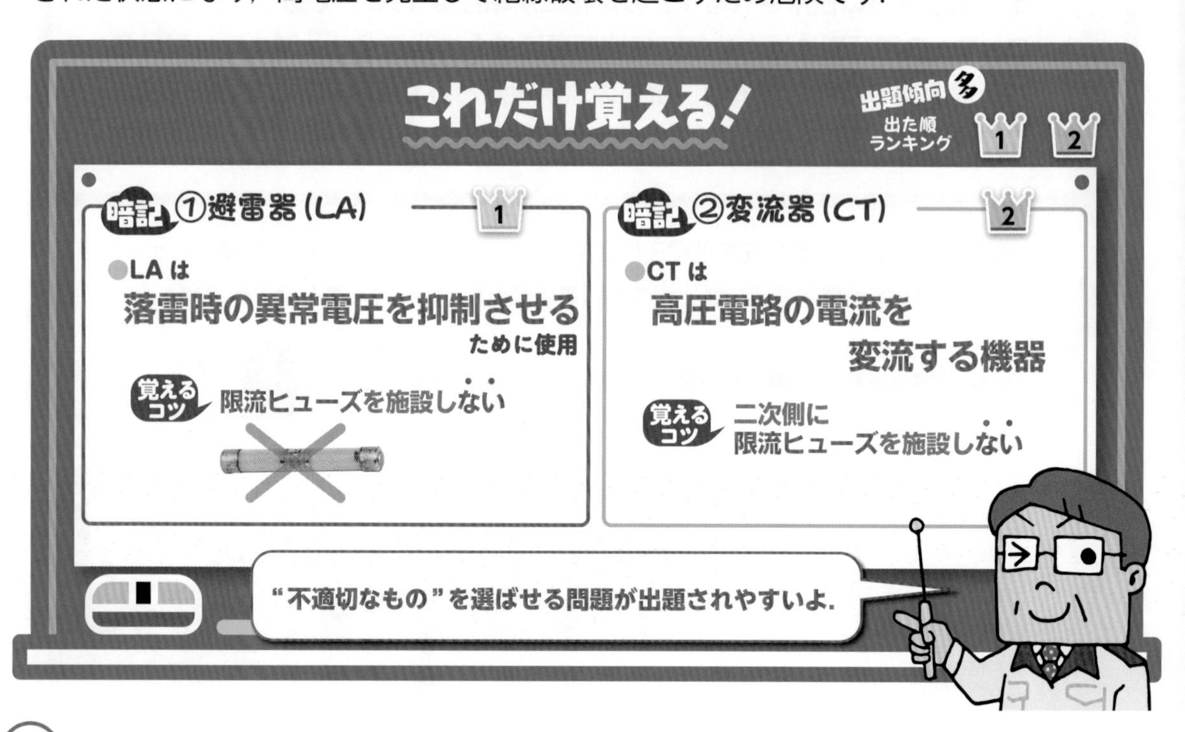

攻略の2ステップ

① 避雷器(LA)▶限流ヒューズを施設しない

② 変流器(CT)の二次側▶限流ヒューズを施設しない

解いてみよう (平成26年)

左図①に示す避雷器の設置に関する記述として，不適切なものは．

イ．受電電力500 kW未満の需要場所では避雷器の設置義務はないが，雷害の多い地区であり，電路が架空電線路に接続されているので，引込口の近くに避雷器を設置した．

ロ．保安上必要なため，避雷器には電路から切り離せるように断路器を施設した．

ハ．避雷器の接地はA種接地工事とし，サージインピーダンスをできるだけ低くするため，接地線を太く短くした．

ニ．避雷器には電路を保護するため，その電源側に限流ヒューズを施設した．

解説 避雷器の電源側に限流ヒューズを施設すると，溶断した際に避雷器の役割を果たせなくなり危険なので，**限流ヒューズを施設できません**．

解答 ニ

過去問にチャレンジ！ (平成18年)

左図②に示す機器（CT）に関する記述として不適切なものは．

イ．CTには定格負担（単位〔V·A〕）が定められており，計器類の消費電力〔V·A〕，二次側電路の損失，遮断器のトリップなどに必要な消費電力〔V·A〕の総和以上のものを選定する必要がある．

ロ．CTの二次側電路は，電路の保護のため定格電流5Aのヒューズを設ける．

ハ．CTの二次側に，過電流継電器と電流計を接続した．

ニ．CTの二次側電路には，D種接地工事を施す必要がある．

解説 変流器(CT)の**二次側にヒューズを設けてはいけません**．D種接地工事を施します．

「ない」ものに注目して覚えよう！
避雷器(LA) … 電源側に限流ヒューズを施設できない
変流器(CT) … 二次側にヒューズを施設できない

解答 ロ

高圧受電設備内の機器（分岐幹線の過電流遮断器）

分岐幹線の過電流遮断器の省略

幹線から分岐した細い幹線の過電流遮断器は，分岐点から**3 m以内**に施設することが原則ですが，以下の場合，過電流遮断器を省略できます．

- 分岐幹線の長さが分岐点から**8 mを超えて（長さに制限なく）**，過電流遮断器の**55％以上**の許容電流のある電線を使用したとき
- 分岐幹線の長さが分岐点から**3 mを超えて8 m以下**，過電流遮断器の**35％以上**の許容電流のある電線を使用したとき
- 分岐幹線の長さが分岐点から**3 m以下**のとき
  ※許容電流に制限なく省略できる

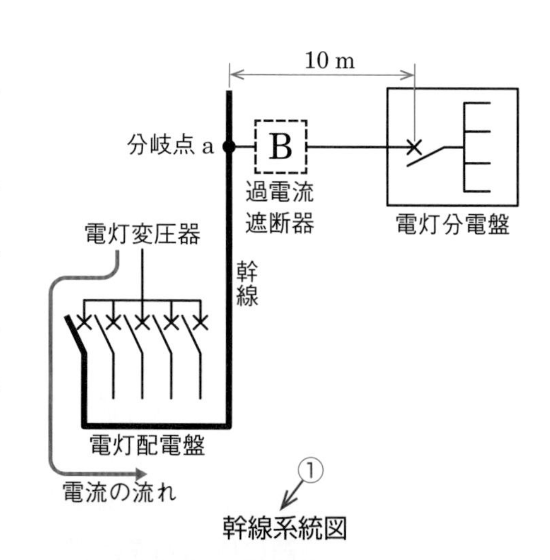

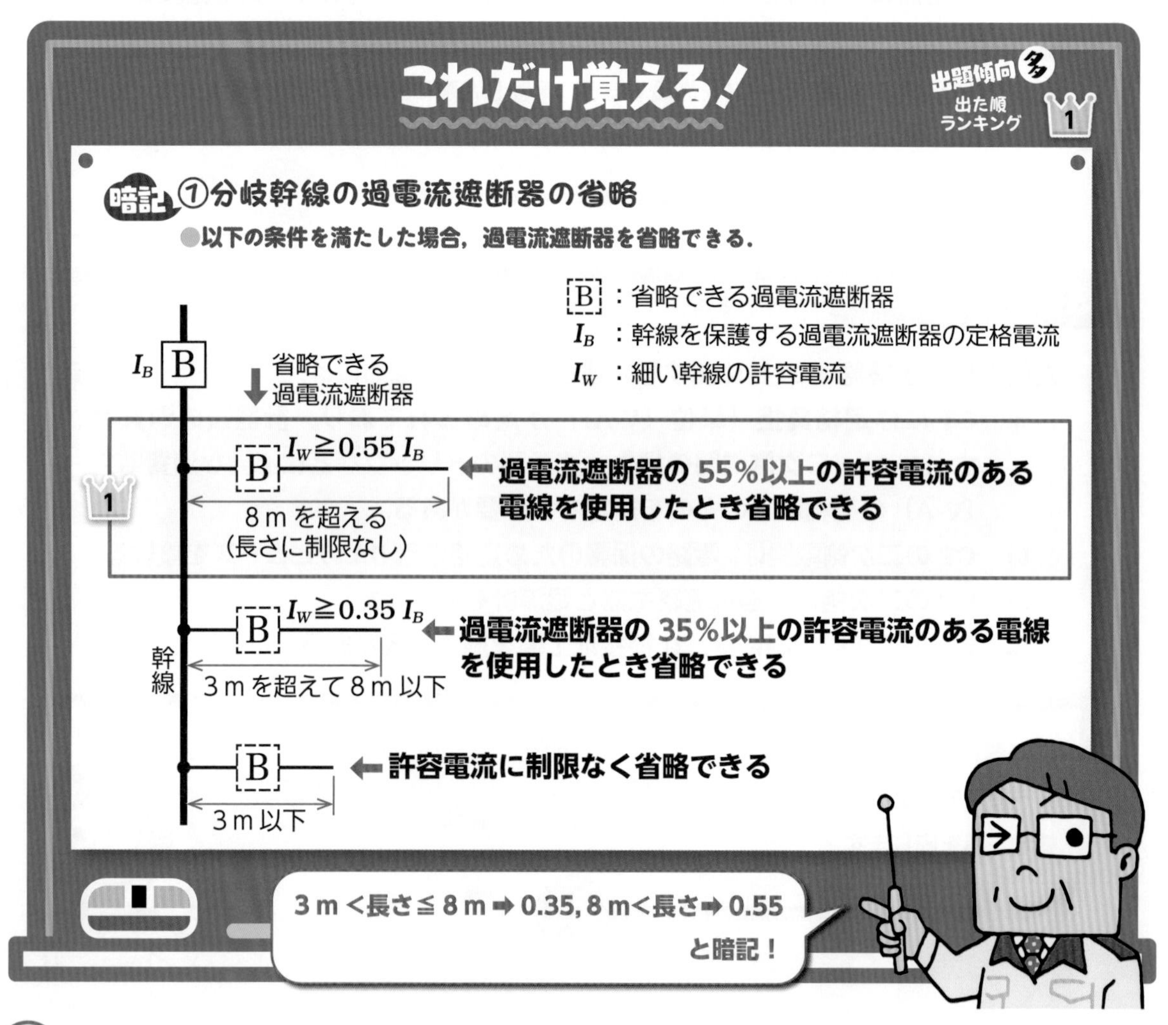

攻略の3ステップ

❶ 分岐幹線のBの省略 ▶ 8mを超えるなら55%以上の許容電流の電線

❷ Ⓜの定格電流の合計が50Aを超える ▶ Ⓜの定格電流I_Mの1.1倍以上
を超えない ▶ Ⓜの定格電流I_Mの1.25倍以上

❸ 配電盤のB ▶ 電動機の定格電流 I_M の 3 倍以下
幹線の許容電流 I_W の 2.5 倍以下

解いてみよう（平成 22 年）

左図①に示す幹線に関する記述として，誤っているものは．

イ．電線は，各部分ごとに，その部分を通じて供給される電気使用機械器具の定格電流の合計以上の許容電流のあるものを使用する必要がある．

ロ．動力幹線は，負荷が電動機であり定格電流の合計が 50 A を超えていたので，電動機の定格電流の 1.1 倍以上の許容電流のある電線を使用しなければならない．

ハ．動力幹線を保護するため，配電盤に施設する過電流遮断器は，電動機の定格電流の 3 倍以下で，電線の許容電流の 2.5 倍以下のものを使用した．

ニ．電灯幹線の分岐は，分岐点 a から電灯分電盤への分岐幹線の長さが 10 m であり，電源側に施設された過電流遮断器の 35%の許容電流のある電線を使用したので，過電流遮断器 B を省略した．

解説

分岐幹線の長さが分岐点から 10 m ということで，8 m を超えるため，過電流遮断器の 55%以上の許容電流のある電線を使用したときに過電流遮断器を省略できます．35%では省略できません．

解答 ニ

第二種電気工事士で学習した，幹線の太さを決定する根拠となる電流 I_W と幹線の過電流遮断器の定格電流 I_B を思い出そう！

（ラクしてうかる！第二種電気工事士　抜粋）

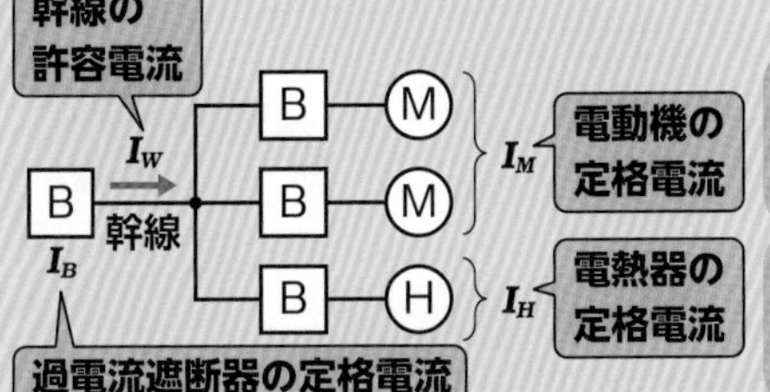

$I_M \leqq 50$ のとき $I_W \geqq 1.25\, I_M + I_H$
$I_M > 50$ のとき $I_W \geqq 1.1\, I_M + I_H$

$I_B \leqq 3\, I_M + I_H$
$I_B \leqq 2.5\, I_W$

Ⓜ：電動機
Ⓗ：電熱器

1-13 高圧受電設備内の機器（動力制御盤とスターデルタ始動方式）

高圧動力制御盤に取り付ける運転制御用の機器

①の高圧動力制御盤の運転制御用の機器は頻繁に開閉するため，**高圧交流電磁接触器（MC）**が適しています．

スターデルタ始動方式

電動機の始動電流を抑えるための始動方法の1つに，②のスターデルタ始動方式があります．

電動機の固定子巻線を始動時だけスター結線にすることで巻線電圧を $1/\sqrt{3}$ にでき，始動電流を全電圧始動式（直接全電圧をかえる方法）の電流の1/3に抑えます．始動後はデルタ結線に切り替えて，巻線に全電圧を加えてトルクを大きくします．電動機の巻線の結線を始動時と始動後に切り替えるため，**これだけ覚える！**の図のように**制御盤と電動機間の配線は6本必要**（アース線を含めると7本）です．

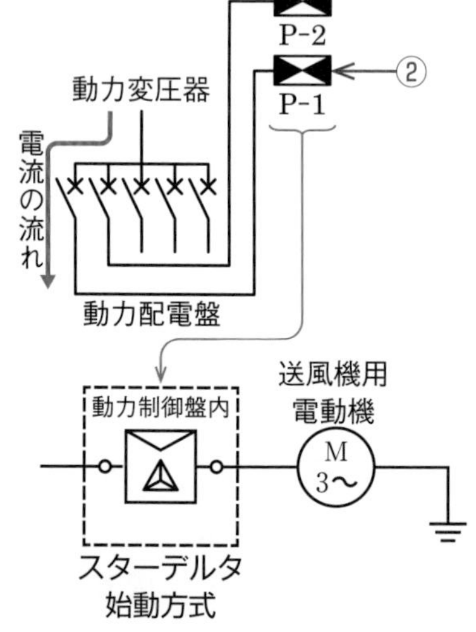

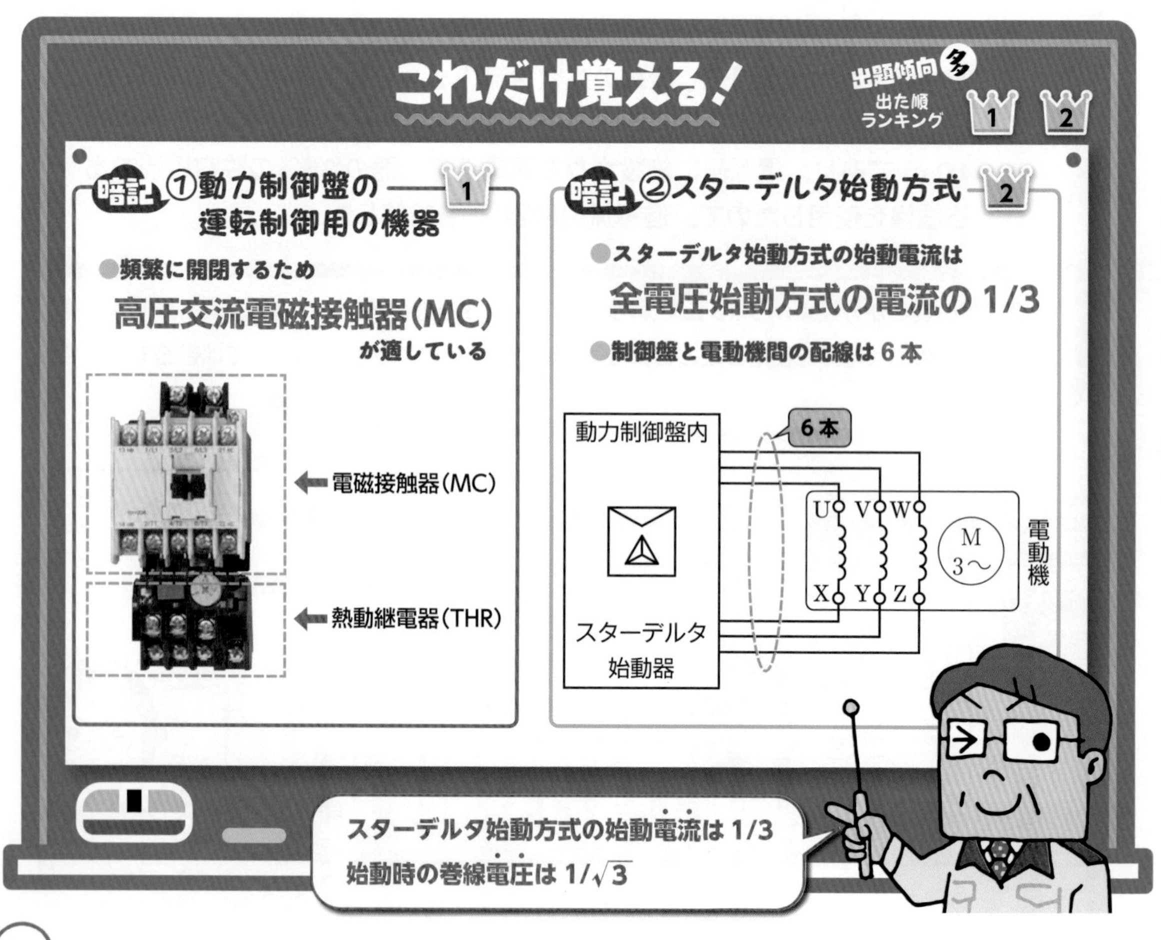

攻略の2ステップ

① 動力制御盤の運転制御用の機器の開閉 ▶ 高圧交流電磁接触器（MC）

② スターデルタ始動方式の始動電流 ▶ 全電圧始動方式の電流の 1/3

解いてみよう （平成 19 年）

左図①に示す高圧動力制御盤に取り付ける運転制御用の機器として，最も適切なものは．

イ．高圧交流負荷開閉器（LBS）　ロ．高圧交流遮断器（CB）
ハ．高圧交流電磁接触器（MC）　ニ．高圧断路器（DS）

解説 動力制御盤の運転制御用の機器は頻繁に開閉するため，高圧交流電磁接触器（MC）が適しています．

解答 ハ

過去問にチャレンジ！ （平成 24 年）

左図②に示す動力制御盤（3ϕ 200 V）からの分岐回路に関する記述として，不適当なものは．ただし，送風機用電動機はスターデルタ始動方式とする．

イ．ポンプの分岐回路の定格電流は 50 A 以下であるので，分岐回路に使用される電線は，許容電流が電動機の定格電流の 1.25 倍以上のものが必要である．

ロ．送風機の分岐回路の定格電流は 50 A を超えるので，分岐回路に使用される電線は，許容電流が電動機の定格電流の 1.1 倍以上のものが必要である．

ハ．送風機用電動機は，スターデルタ始動方式であるため，制御盤と電動機間の配線は 6 本必要（接地線を除く）である．

ニ．スターデルタ始動方式の始動電流は，全電圧始動方式の電流の $1/\sqrt{3}$ にすることができる．

解説 スターデルタ始動方式の始動電流は，全電圧始動方式の電流の 1/3 にすることができます．なお，始動トルクも 1/3 になるため，始動後はデルタ結線にしてトルクを大きくします．

解答 ニ

1-14 高圧受電設備内の機器（ケーブルラック）

ケーブルラックの構造

①のケーブルラックは，**ケーブル重量に十分耐える構造**とし，天井コンクリートスラブからアンカーボルトで吊り，フレームパイプに堅固に施設する必要があります．また，ケーブルラックが受電室の壁を貫通する部分は，火災の延焼防止に必要な**耐火処理**を施します．使用電圧が 300 V 以下の場合，**D 種接地工事**を施しますが，乾燥した場所で，長さが 4 m 以下ならば省略できます．

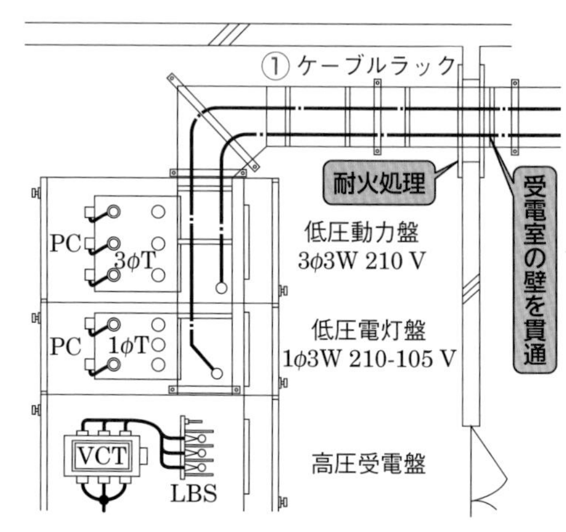

ケーブルや弱電流電線の離隔距離

高圧ケーブルと低圧ケーブル，弱電流電線が接近したり交さする場合，**15 cm 以上**離隔して施設する必要があります．低圧ケーブルと，弱電流電線や水道管が接近したり交さする場合，接触しなければ良いことになります．また，同一のケーブルラックに電灯幹線（低圧幹線）と動力幹線（低圧幹線）のケーブルを布設する場合，**同じ低圧幹線なので接触しても良く，セパレータなどの仕切りも不要です**．低圧ケーブルと弱電流電線を同一のケーブルラックに収納するときは隔壁を設けます．※補足説明が右ページにあります．

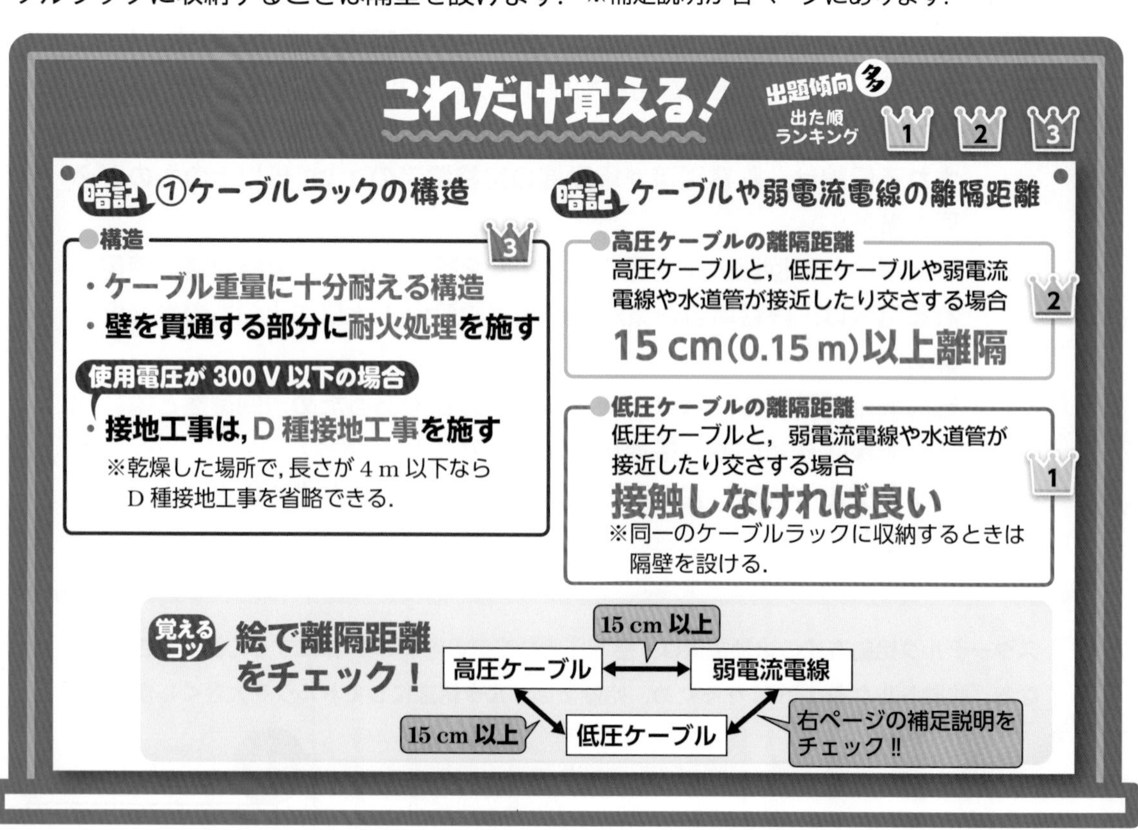

攻略の2ステップ

❶ **ケーブルラックは堅固に施設しケーブル重量に十分耐える構造**

❷ **高圧ケーブルと低圧ケーブルが接近▶15 cm 以上離隔**

解いてみよう（平成 28 年）

左図①に示すケーブルラックの施工に関する記述として，誤っているものは．

イ．同一のケーブルラックに電灯幹線と動力幹線のケーブルを布設する場合，両者の間にセパレータを設けなければならない．

ロ．ケーブルラックは，ケーブル重量に十分耐える構造とし，天井コンクリートスラブからアンカーボルトで吊り，堅固に施設した．

ハ．ケーブルラックには，D 種接地工事を施した．

ニ．ケーブルラックが受電室の壁を貫通する部分は，火災の延焼防止に必要な耐火処理を施した．

解説 同一のケーブルラックに電灯幹線（低圧幹線）と動力幹線（低圧幹線）のケーブルを布設する場合，同じ低圧幹線なので接触しても良くセパレータも不要です．

ケーブルラック

解答 イ

[補足説明] 低圧配線と弱電流電線の離隔距離のまとめ

● 同一のケーブルラックに収納しないとき　低圧ケーブル／弱電流電線 → 接触しないように施工

● 同一のケーブルラックに収納するとき

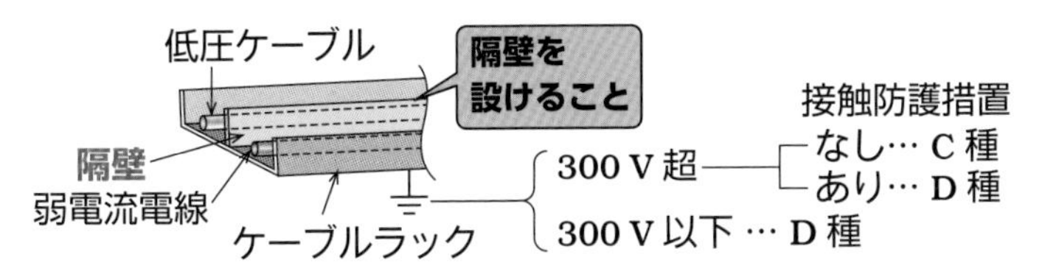

● ダクトやボックスやプルボックスの中に施設するとき

［注］低圧配線を合成樹脂管工事，金属管工事，金属可とう電線管工事又は金属線ぴ工事により施設するときは，弱電流電線と別個の管又は線ぴに収めて施設する．

条件
・低圧配線と弱電流電線との間に**隔壁**を設ける．
・金属製部分に **C 種接地工事**を施す．

覚えるコツ **弱電流電線をダクトやボックスに収める とくれば 隔壁と C 種**

高圧受電設備内の接地工事

確実に地絡事故を検出できるケーブルシールドの接地方法

①部分の高圧分岐ケーブル系統の地絡電流を検出するために**R 相，S 相，T 相の三相を一括**して零相変流器（ZCT）に通します．さらに，確実に地絡事故を検出するには，屋内配線の高圧ケーブルのケーブルシールド（遮へい銅テープ）の接地線を適切に処理する必要があります．零相変流器（ZCT）より①部分の電源側のケーブルシールド（遮へい銅テープ）を接地するときは**図 1 のように接地線を零相変流器に通して接地します**．図 2 のように通さないで接地してしまうと，地絡電流が相殺されて零相変流器で正しく地絡電流を検知できません．

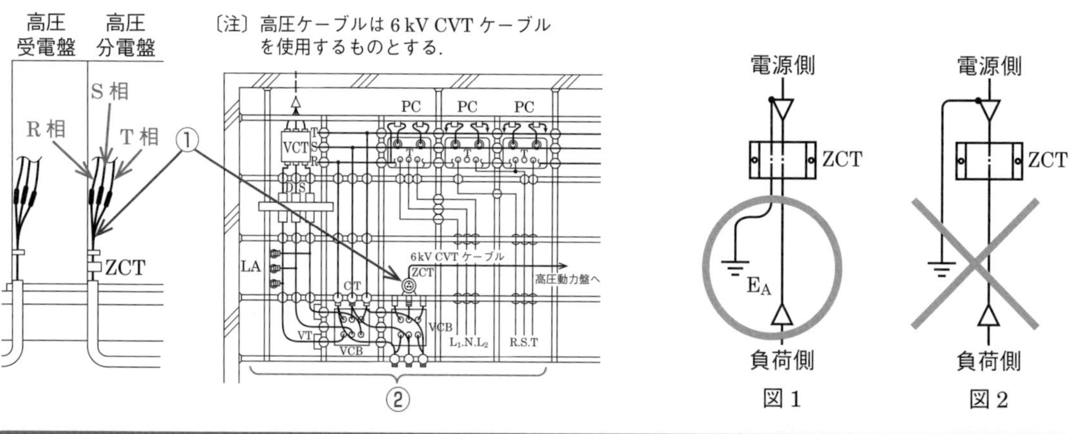

図 1　図 2

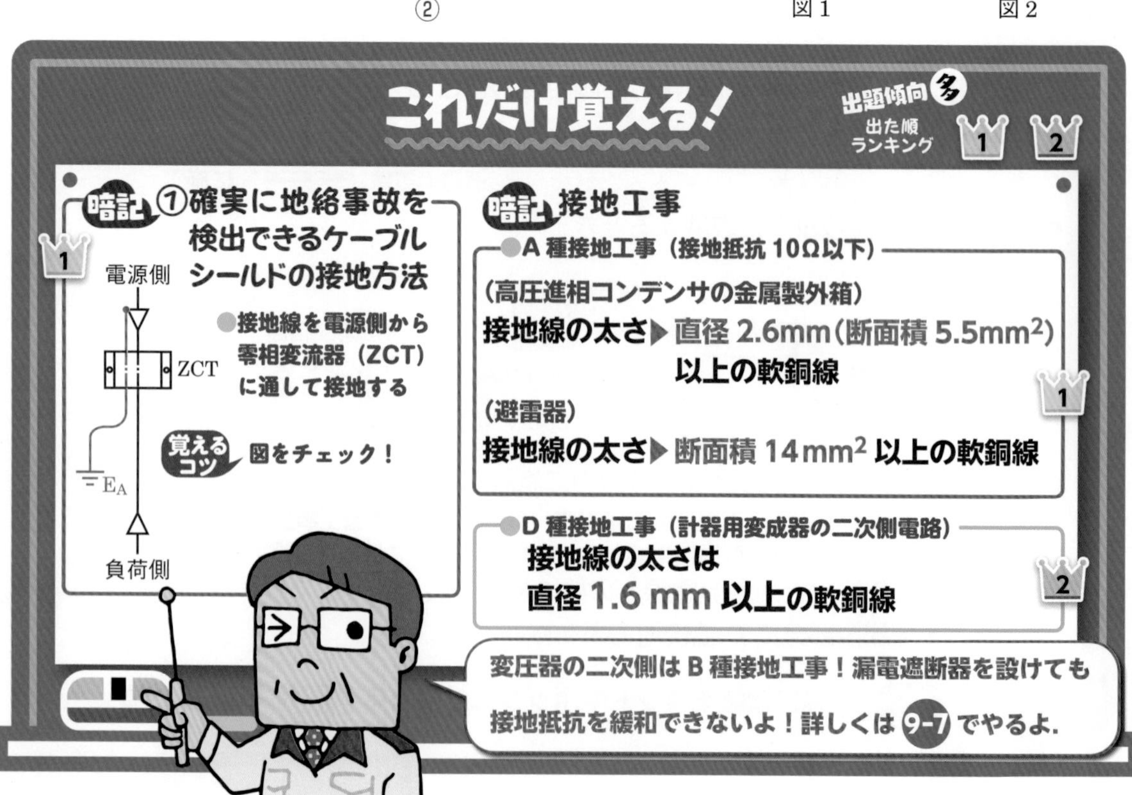

攻略の3ステップ

① 確実に地絡事故を検出 ▶ 接地線を**電源側から ZCT** に通して接地

② 計器用変成器の二次側電路 ▶ **D 種接地工事**　接地線の太さ ▶ **1.6mm 以上**

③ A 種接地工事 ▶ 接地線は**直径 2.6mm*以上**　接地抵抗 **10Ω以下**

*断面積 5.5mm²　　避雷器は断面積 **14mm² 以上**

解いてみよう（平成 29 年）

左図①に示す高圧ケーブル内で地絡が発生した場合，確実に地絡事故を検出できるケーブルシールドの接地方法として，正しいものは．

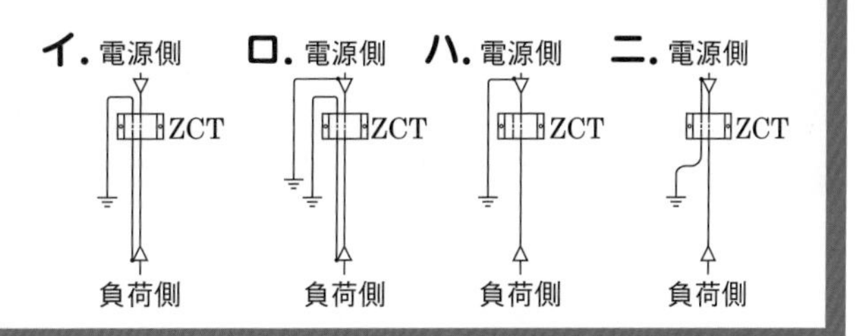

解説　零相変流器（ZCT）より電源側のケーブルシールド（遮へい銅テープ）を接地するときは「ニ」の図のように**接地線を零相変流器に通して接地します**．

解答　ニ

過去問にチャレンジ！（平成 24 年）

左図②に示す受変電設備内に使用される機器類などに施す接地に関する記述で，不適当なものは．

イ．高圧変圧器の外箱の接地の主目的は，感電保護であり，10 Ω以下と定められている．

ロ．高圧電路と低圧電路を結合する変圧器の低圧側の中性点または低圧側の 1 端子に施す接地は，混触による低圧側の対地電位の上昇を制限するための接地であり，故障の際に流れる電流を安全に通じることができるものであること．

ハ．高圧の計器用変成器の二次側電路の接地は，B 種接地工事である．

ニ．高圧電路に施設する避雷器の接地は，A 種接地工事である．

解説　高圧の計器用変成器（VT と CT の総称）の二次側電路の接地には**D 種接地工事**を施し，接地線の太さは直径 1.6 mm 以上です．

名　称	VTの図記号	CTの図記号
計器用変成器（VTとCT）	E_D	E_D

解答　ハ

1-16 高圧受電設備の竣工検査と定期点検

高圧受電設備の竣工検査と定期点検

キュービクル内の自家用電気工作物が新設されたり変更された場合には，その電気工作物が電気設備の技術基準に適合するように検査や点検を行います．ここでは，高圧受電設備の竣工検査（使用前自主検査含む）と定期点検（月次点検および年次点検含む）についてまとめます．×印に注目して下さい．**竣工検査**では，変圧器の絶縁油の劣化を調べる**絶縁油試験は新設時なので必要ありません**．**定期点検**では，電路に高圧をかけて絶縁破壊が起きないかを試す**絶縁耐力試験は行いません**．なお，ケーブルの絶縁耐力試験を**交流**で行う場合，最大使用電圧の **1.5 倍**の電圧を**連続して 10 分間**加えます．直流で行う場合の試験電圧は，**交流の 2 倍**の試験電圧を加えます．

検査の種類	竣工検査*1	定期点検*2
目視点検	○	○
接地抵抗測定	○	○
絶縁抵抗測定	○	○
絶縁耐力試験	○	×
絶縁油試験	×	○
保護継電器動作試験	○	○
遮断器動作試験	○	○
警報回路試験	○	○
制御回路試験	○	○
計測回路試験	○	○
導通試験	○	○
通電試験	○	○

＊1　使用前自主検査含む
＊2　月次点検および年次点検を含む

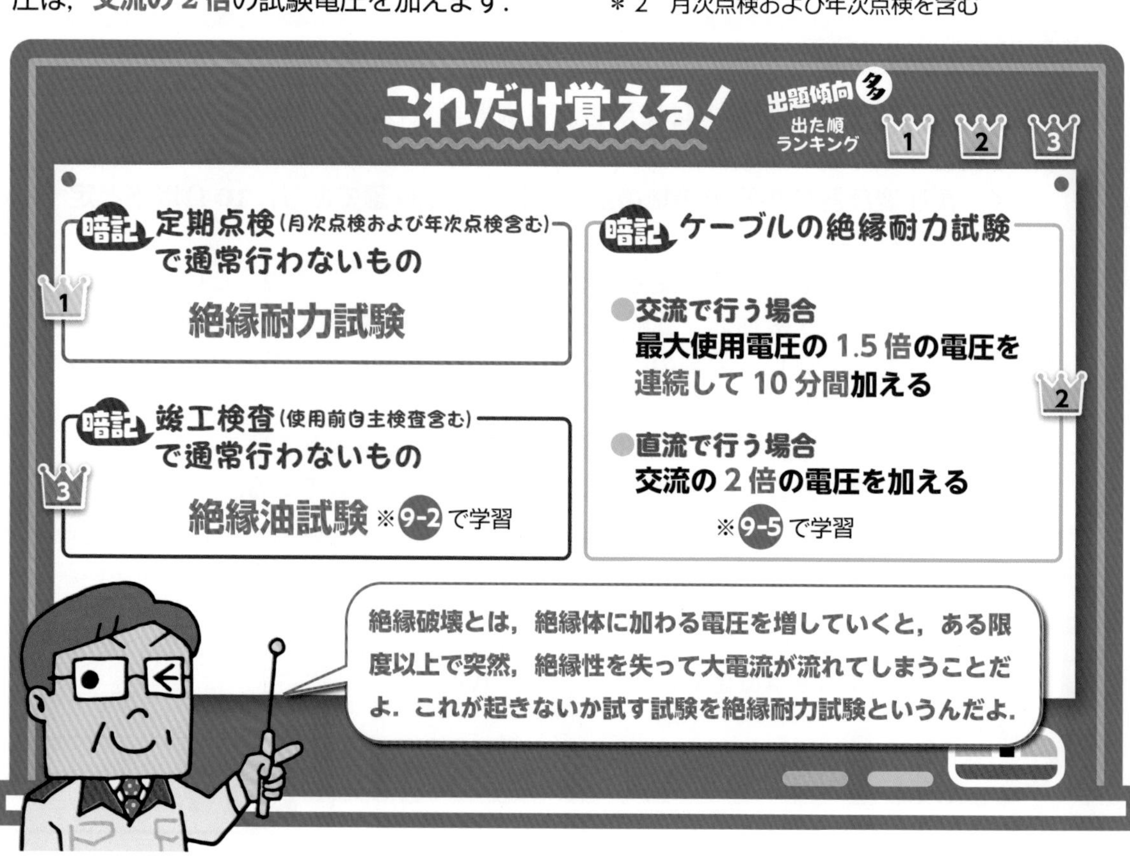

攻略の3ステップ

① 定期点検で通常行わないもの ▶ 絶縁耐力試験

② 絶縁耐力試験（交流）▶ 最大使用電圧の 1.5 倍を連続 10 分

③ 絶縁耐力試験（直流）▶ 交流の 2 倍の電圧

解いてみよう （平成 30 年追加分）

屋外キュービクル式高圧受電設備の維持管理に必要な定期点検で通常行わないものは.

イ．接地抵抗の測定　　ロ．絶縁抵抗の測定

ハ．保護継電器試験　　ニ．絶縁耐力試験

解説 屋外キュービクル式高圧受電設備の維持管理に必要な定期点検では，電路に高圧をかけて絶縁破壊が起きないかを試す絶縁耐力試験は行いません.

解答 ニ

過去問にチャレンジ！ （平成 20 年）

高圧受電設備の絶縁耐力試験に関する記述として，不適切なものは.

イ．交流絶縁耐力試験は，最大使用電圧の 1.5 倍の電圧を連続して 10 分間加え，これに耐える必要がある.

ロ．ケーブルの絶縁耐力試験を直流で行う場合の試験電圧は，交流の 1.5 倍である.

ハ．ケーブルが長く静電容量が大きいため，リアクトルを使用して試験用電源の容量を軽減した.

ニ．絶縁耐力試験の前後には，1 000 V 以上の絶縁抵抗計による絶縁抵抗測定と安全確認が必要である.

解説 ケーブルの絶縁耐力試験を直流で行う場合は，交流の 2 倍の試験電圧を加えて行います.

解答 ロ

●練習問題1（見取図その1）

右図は，自家用電気工作物（500 kW未満）の引込柱から高圧受電設備に至る施設の見取図である．次の各問いに答えよ．

〔注〕右図において，問いに直接関係ない部分等は，省略または簡略化してある．

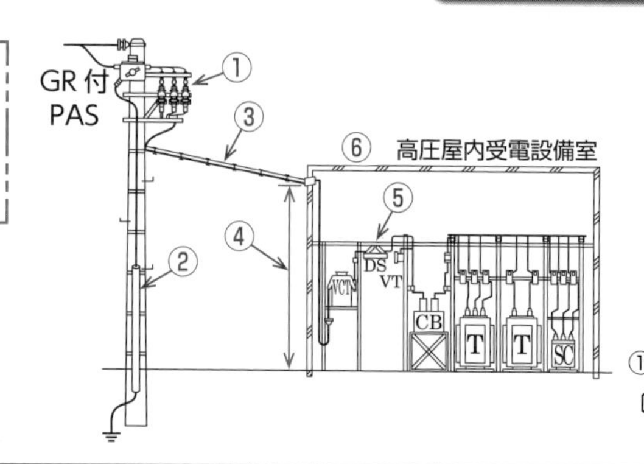

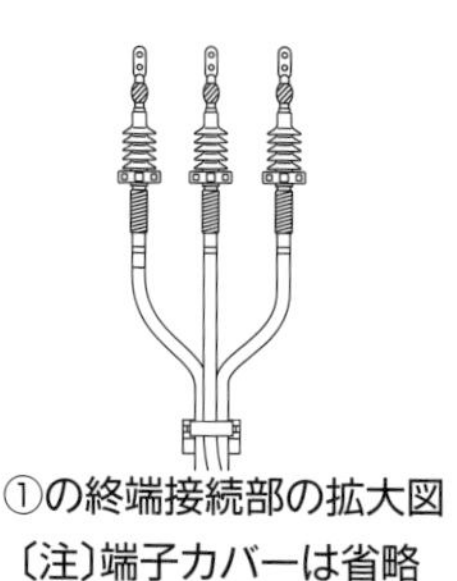

①の終端接続部の拡大図
〔注〕端子カバーは省略してある．

問題1　①に示すケーブルの終端接続部に関する記述として，不適切なものは．　☞ p2（1-1）

語群欄
イ．ストレスコーンは雷サージ電圧が浸入したとき，ケーブルのストレスを緩和するためのものである．
ロ．ゴムとう管形屋外終端接続部にはストレスコーン部が内蔵されているので，あらためてストレスコーンを作る必要はない．

ストレスコーンはケーブルの遮へい端部の**電位傾度を緩和**するためのものです．　◆解答◆ イ

問題2　②で示すGR付PASに内蔵されている避雷器用の接地線を覆っている保護管の長さ〔m〕として，適切なものは．　☞ p8（1-4）

語群欄
イ．地表上2.0　地下0.75　　**ロ**．地表上2.5　地下0.6

人が触れるおそれのある場所に施設するA種接地工事の接地線には，**地表上2.0 m**から**地下0.75 m**までの部分を合成樹脂管（厚さ2 mm未満の合成樹脂管及びCD管を除く）で覆わなければなりません．　◆解答◆ イ

問題3　③に示す高圧架空引込ケーブルによる，引込線の施工に関する記述として，不適切なものは．　☞ p4（1-2）

語群欄
イ．ちょう架用線に使用する金属体には，D種接地工事を施した．
ロ．高圧ケーブルをハンガーにより，ちょう架用線に1 mの間隔で支持する方法とした．

引込線をハンガーで支持する間隔は**50 cm以下**です．　◆解答◆ ロ

問題4　③で示す高圧架空ケーブルによる，引込線の施工に関する記述として，不適当なものは．　☞ p4（1-2）

語群欄
イ．高圧ケーブルをハンガーにより，ちょう架用線に0.5 m以下の間隔で支持する方法とした．
ロ．ちょう架用線および高圧ケーブルの被覆に使用する金属体には，A種接地工事を施す必要がある．

ちょう架用線および高圧ケーブルの被覆に使用する金属体には，**D種接地工事**を施します．　◆解答◆ ロ

問題5　③で示すちょう架用線（メッセンジャワイヤ）に用いる亜鉛めっき鉄より線の最小断面積〔mm^2〕は．　☞ p4（1-2）

語群欄
イ．14　　**ロ**．22

ちょう架用線に用いる亜鉛めっき鉄より線は，断面積が**22 mm^2以上**です．　◆解答◆ ロ

問題6　④で示す部分の地表上の高さの最小値〔m〕は．　☞ p4（1-2）

語群欄
イ．2.5　　**ロ**．3.5

高圧架空引込線の高さは，**3.5 m以上**です．　◆解答◆ ロ

問題7　⑤に示すDSに関する記述として，誤っているものは．　☞ p20（1-10）

語群欄
イ．DSは区分開閉器として施設される．
ロ．DSは負荷電流が流れている時，誤って開路しないようにする．

DSは**断路器**で，電路や機器の点検時に無負荷の電路を開放するために使用します．区分開閉器として施設されている機器はGR付PASやUGSなどの高圧交流負荷開閉器です．　◆解答◆ イ

問題8　⑥の高圧屋内受電設備の施設または表示について，電気設備の技術基準の解釈で示されていないものは．　☞ p4（1-2）

語群欄
イ．出入口に施錠装置等を施設する．　　**ロ**．出入口に火気厳禁の表示をする．

出入口に立ち入りを禁止する旨の表示は必要ですが，火気厳禁の表示は必要ありません．　◆解答◆ ロ

●練習問題2（見取図その2）

右図は，自家用電気工作物（500 kW未満）の引込柱から屋内キュービクル式高圧受電設備（JIS C 4620適合品）に至る施設の見取図である．次の各問いに答えよ．

〔注〕右図において，問いに直接関係ない部分等は，省略または簡略化してある．

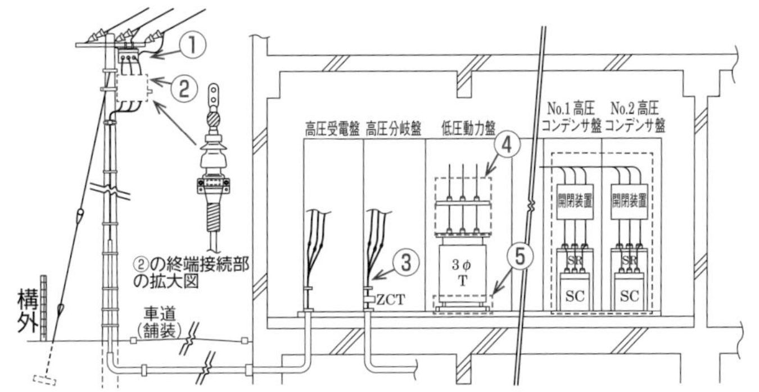

問題 1　①で示す地絡継電装置付高圧交流負荷開閉器（GR付PAS）に関する記述として，不適切なものは．

p2（1-1）

語群欄

イ．GR付PASは，地絡保護装置であり保安上の責任分界点に設ける区分開閉器ではない．

ロ．GR付PASの地絡継電装置は，波及事故を防止するため，一般送配電事業者との保護協調が大切である．

GR付PASは保安上の**責任分界点**に設ける区分開閉器です．

◆解答◆ イ

問題 2　②で示すケーブル終端接続部の名称は．

p2（1-1）

語群欄

イ．ゴムとう管形屋外終端接続部　　**ロ**．耐塩害屋外終端接続部

耐塩害屋外終端接続部です．施設場所が重汚損を受けるおそれのある塩害地区で使用されます．

◆解答◆ ロ

問題 3　③に示す高圧ケーブル内で地絡が発生した場合，確実に地絡事故を検出できるケーブルシールドの接地方法として，正しいものは．

p30（1-15）

語群欄

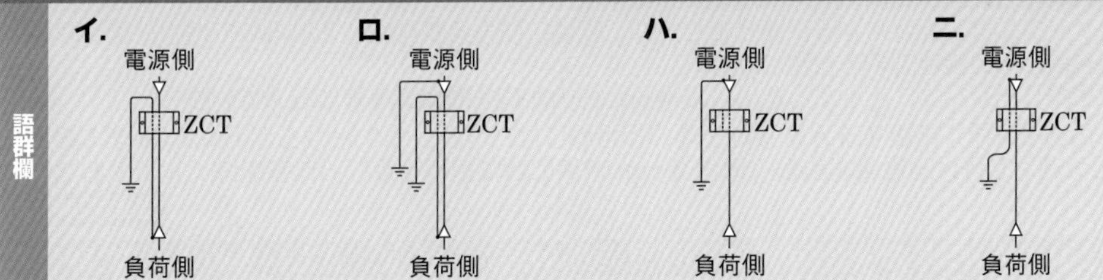

ZCTは零相変流器です．高圧ケーブル内で地絡が発生した場合，確実に地絡事故を検出できるケーブルシールドの接地方法は，「**ニ**」のように電源側のケーブルヘッドに接続されているA種接地工事の接地線ごと零相変流器に通します．

◆解答◆ ニ

問題 4　④に示す可とう導体を使用した施設に関する記述として，不適切なものは．

p18（1-9）

語群欄

イ．可とう導体は，低圧電路の短絡等によって，母線に異常な過電流が流れたとき，限流作用によって，母線や変圧器の損傷を防止できる．

ロ．可とう導体は，防振装置と組み合わせて設置することにより，変圧器の振動による騒音を軽減することができる．ただし，地震による機器等の損傷を防止するためには，耐震ストッパの施設と併せて考慮する必要がある．

可とう導体は，変圧器の振動による騒音を軽減させたり，耐震ストッパと組み合わせて使用することで，地震による機器等の損傷を防止することができます．**可とう導体に，限流作用（短絡電流など異常電流が発生した時に遮断する作用）はありません**．

◆解答◆ イ

問題 5　④⑤に示す変圧器の防振または，耐震対策等の施工に関する記述として，適切でないものは．

p18（1-9）

語群欄

イ．変圧器を基礎に直接支持する場合のアンカーボルトは，移動，転倒を考慮して引き抜き力，せん断力の両方を検討して支持した．

ロ．変圧器に防振装置を使用する場合は，地震時の移動を防止する耐震ストッパが必要である．耐震ストッパのアンカーボトルには，せん断力が加わるため，せん断力のみを検討して支持した．

耐震ストッパのアンカーボトルには，移動，転倒を考慮して**引き抜き力，せん断力の両方を検討**して支持します．

◆解答◆ ロ

●練習問題3（見取図その3）

右図は，自家用電気工作物（500 kW未満）の引込柱から屋上に設置した屋外キュービクル式高圧受電設備（JIS C 4620適合品）に至る電路および見取図である．次の各問いに答えよ．

〔注〕右図において，問いに直接関係ない部分等は，省略または簡略化してある．

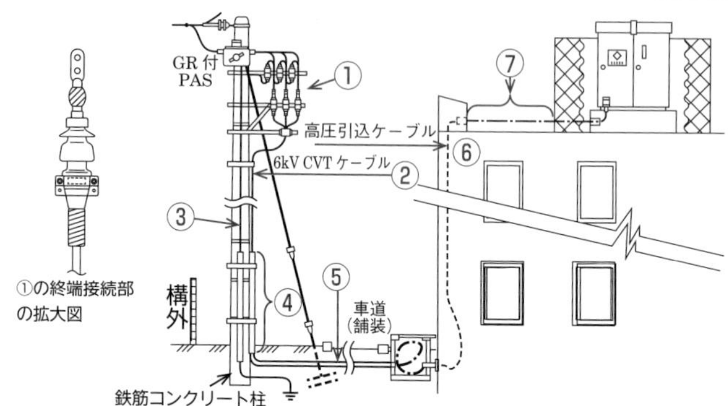

問題1　①②に示す高圧引込ケーブルに関する施工方法等で，不適切なものは． ☞ p2（1-1）

語群欄
- **イ**．ケーブルには，トリプレックス形6 600 V架橋ポリエチレン絶縁ビニルシースケーブルを使用して施工した．
- **ロ**．施設場所が重汚損を受けるおそれのある塩害地区なので，屋外部分の終端処理はゴムとう管形屋外終端処理とした．

施設場所が重汚損を受けるおそれのある塩害地区の場合，**耐塩害屋外終端接続部**で終端処理します．◆解答◆ ロ

問題2　②に示す高圧ケーブルの太さを検討する場合に必要のない事項は． ☞ p6（1-3）

語群欄
- **イ**．電路の地絡電流　**ロ**．電路の短絡電流

高圧ケーブルの太さを検討する場合，**電線の許容電流**や**短時間耐電流**，**電路の短絡電流**が必要です．◆解答◆ イ

問題3　②③に示す引込柱および引込ケーブルの施工に関する記述として，不適切なものは． ☞ p8（1-4），p10（1-5）

語群欄
- **イ**．地中引込ケーブルは，鋼管による管路式としたが，鋼管に防食措置を施してあるので地中電線を収める鋼管の金属製部分の接地工事を省略した．
- **ロ**．引込柱に設置した避雷器に接地するため，接地極からの電線を薄鋼電線管に収めて施設した．

人が触れるおそれのある場所に施設するA種接地工事の接地線には，地表上2.0 mから地下0.75mまでの部分を電気用品安全法の適用を受ける**合成樹脂管**（厚さ2 mm未満の合成樹脂管及びCD管を除く）で覆わなければなりません．◆解答◆ ロ

問題4　④に示す引込ケーブルの保護管の最小の防護範囲の組合せとして，正しいものは． ☞ p8(1-4)

語群欄
- **イ**．地表上2.5 m　地表下0.3 m　**ロ**．地表上2 m　地表下0.2 m

高圧地中ケーブル引込線の防護管の防護範囲は，**地表上2 m以上**，**地表下0.2 m以上**です．◆解答◆ ロ

問題5　⑤に示す地中にケーブルを施設する場合，使用する材料と埋設深さ（土冠）として，不適切なものは．ただし，材料はJIS規格に適合するものとする． ☞ p10（1-5）

語群欄
- **イ**．ポリエチレン被覆鋼管　舗装下面から0.2 m
- **ロ**．硬質塩化ビニル管　舗装下面から0.3 m

地中電線路を管路式により施設する場合，JIS規格に適合する鋼管（ポリエチレン被覆鋼管を含む）や合成樹脂管（硬質塩化ビニル管を含む）などを使用し，埋設深さを地表面（舗装下面）から**0.3 m以上**として施設します．◆解答◆ イ

問題6　⑥に示す建物の屋内には，高圧ケーブル配線，低圧ケーブル配線，弱電流電線の配線がある．これらの配線が接近または交差する場合の施工方法に関する記述で，不適切なものは． ☞ p28（1-14）

語群欄
- **イ**．高圧ケーブルと低圧ケーブルを同一のケーブルラックに15 cm（0.15 m）隔離して施設した．
- **ロ**．高圧ケーブルと弱電流電線を10 cm（0.1 m）隔離して施設した．

高圧ケーブルと低圧ケーブル配線，弱電流電線とは**15 cm以上**隔離しなければなりません．◆解答◆ ロ

問題7　⑦に示すケーブルの屋上部分の施設方法として，不適切なものは．ただし，金属製の支持物にはA種接地工事が施されているものとする． ☞ p6（1-3）

語群欄
- **イ**．コンクリート製支持台を3 mの間隔で造営材に堅ろうに取り付け，造営材とケーブルとの離隔距離0.3 mとして施設した．
- **ロ**．造営材に堅ろうに取り付けた金属ダクト内にケーブルを収め，取扱者以外の者が容易に開けることができない構造のふたを設けた．

展開場所で堅ろうに取り付けた支持台に支持した架空ケーブルと造営材の離隔距離は**1.2 m以上**です．◆解答◆ イ

●練習問題4（見取図その4）

右図は，自家用電気工作物（500 kW未満）の引込柱から屋外キュービクル式高圧受電設備（JIS C 4620適合品）に至る施設の見取図である．次の各問いに答えよ．

〔注〕右図において，問いに直接関係ない部分等は，省略または簡略化してある．

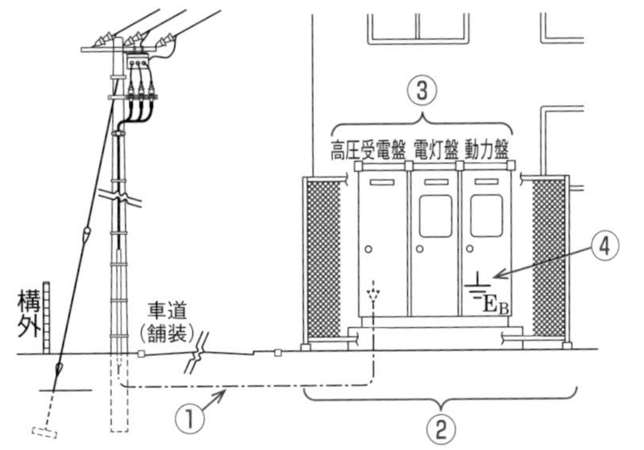

問題 1　①に示す構内の地中電線路を施設する場合の施工方法として，不適切なものは． p10（1-5）

語群欄

イ．地中電線路を直接埋設式により施設し，長さが 20 m であったので電圧の表示を省略した．
ロ．地中電線を収める防護装置に鋼管を使用した管路式とし，管路の接地を省略した．

直接埋設式により施設し，長さが **15m を超える場合は電圧等の表示が必要**です．地中電線を収める防護装置に金属製の管路を使用した管路式により施設した場合，管路の接地工事が省略できます．

◆解答◆ イ

問題 2　②に示す屋外キュービクルの施設に関する記述として，不適切なものは． p14（1-7）

語群欄

イ．キュービクル式受電設備（消防長が火災予防上支障がないと認める構造を有するキュービクル式受電設備は除く．）を，窓など開口部のある建築物に近接して施設することになったので，建築物から 2 m の距離を保って施設した．
ロ．キュービクルの周囲の保安距離は，1 m ＋保安上有効な距離以上とした．

屋外にキュービクルを施設し，**開口部のある建築物から 3m 以上の距離を保つ**必要があります．なお，キュービクルの周囲の保安距離は，「1 m ＋保安上有効な距離」以上です．

◆解答◆ イ

問題 3　③に示す受電設備の維持管理に必要な定期点検（月次点検および年次点検）で通常行わないものは． p32（1-16）

語群欄

イ．保護継電器試験　　**ロ**．絶縁耐力試験

定期点検では**絶縁耐力試験**は行いません．絶縁耐力試験は電気設備の新設や増設時，長期間休止状態時の設備を再使用する場合などに行います．定期点検では，接地抵抗の測定や絶縁抵抗の測定，保護継電器試験などを行います．

◆解答◆ ロ

問題 4　③に示す高圧受電設備の絶縁耐力試験に関する記述として，不適切なものは． p33（1-16）

語群欄

イ．交流絶縁耐力試験は，最大使用電圧の 1.5 倍の電圧を連続して 10 分間加え，これに耐える必要がある．
ロ．ケーブルの絶縁耐力試験を直流で行う場合の試験電圧は，交流の 1.5 倍である．

ケーブルの絶縁耐力試験を交流で行う場合，最大使用電圧の 1.5 倍の電圧を連続して 10 分間加えます．直流で行う場合の試験電圧は，交流の **2 倍**の試験電圧を加えます．

◆解答◆ ロ

問題 5　③に示す高圧キュービクル内に設置した機器の接地工事において，使用する金属線の太さおよび種類について，適切なものは． p30（1-15）

語群欄

イ．LBS の金属製部分に施す接地線に，直径 1.6 mm の硬銅線を使用した．
ロ．高圧進相コンデンサの金属製外箱に施す接地線に，断面積 5.5 mm^2 の軟銅線を使用した．

高圧機器の金属製外箱や鉄台には A 種接地工事を施します．A 種接地工事の接地線には，**直径 2.6 mm（断面積 5.5 mm^2）以上**の軟銅線を使用します．

◆解答◆ ロ

問題 6　④に示すキュービクル内の変圧器に施設する B 種接地工事の記述について，不適切なものは．ただし，混触により低圧電路の対地電圧が 150 V を超えた場合，1 秒以内に高圧電路を遮断する装置があり，高圧側の電路の 1 線地絡電流は 5 A とする． p30（1-15）

語群欄

イ．この接地は，高圧と低圧が混触した場合に低圧電路を保護するためのものである．
ロ．低圧電路に漏電遮断器を設けた場合，接地抵抗値を 500 Ωまで緩和できる．

中性点または低圧側 1 端子に施す接地は B 種接地工事で，高圧と低圧が混触した場合に低圧電路の対地電圧が上昇することを保護します．低圧電路に漏電遮断器を設けても**接地抵抗を緩和することはできません**．

◆解答◆ ロ

●練習問題5（見取図その5）

右図は，供給用配電箱から自家用構内を経由して屋内キュービクル式高圧受電設備（JIS C 4620 適合品）に至る電線路および見取図である．次の各問いに答えよ．

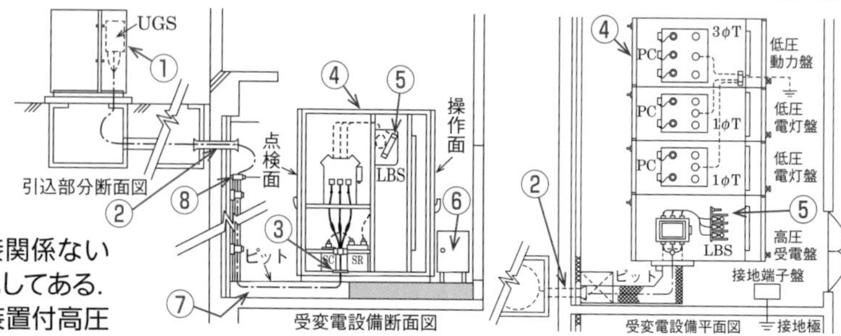

〔注〕1. 右図において，問いに直接関係ない部分等は，省略または簡略化してある．
2. UGS：地中線用地絡継電装置付高圧交流負荷開閉器

問題 1　①に示す地中線用地絡継電装置付高圧交流負荷開閉器（UGS）に関する記述として，不適切なものを語群欄より 2 つ選び答えよ．　☞ p12（1-6）

語群欄
- イ．電路に地絡が生じた場合，自動的に電路を遮断する機能を内蔵している．
- ロ．電路に短絡が生じた場合，瞬時に電路を遮断する機能を有している．
- ハ．UGS は短絡事故を遮断する機能を有しないため，過電流ロック機能を有する必要がある．
- ニ．地絡継電装置には方向性と無方向性があり，他の需要家の地絡事故で不必要な動作を防止するために，無方向性のものを取り付けた．

UGS の用途は GR 付 PAS と同じで，地絡が生じた場合，自動的に電路を遮断する機能はありますが，**短絡が生じた場合，瞬時に電路を遮断する機能を有していません**．他の需要家の地絡事故で不必要な動作を防止するためには，方向性の**地絡方向継電装置付高圧交流負荷開閉器（DGR 付 PAS）**を取り付けます．　◆解答◆ ロ，ニ

問題 2　②に示す地中の高圧ケーブルが屋内に引き込まれる部分に使用される材料として，最も適切なものは．　☞ p12（1-6）

語群欄
- イ．防水鋳鉄管　　ロ．高圧つば付きがい管

地中の高圧ケーブルが屋内に引き込まれる部分は，漏水するおそれがあるため**防水鋳鉄管**を使用します．　◆解答◆ イ

問題 3　③に示すケーブル引込口などに，必要以上の開口部を設けない主な理由は．　☞ p12（1-6）

語群欄
- イ．火災時の放水，洪水等で容易に水が浸入しないようにする．
- ロ．鳥獣類などの小動物が侵入しないようにする．

ケーブル引込口から**鳥獣類や小動物の侵入**により，相間短絡事故や地絡事故が生じるおそれがあるため，必要以上の開口部を設けないようにしています．　◆解答◆ ロ

問題 4　④に示す高圧受電盤内の主遮断装置に，限流ヒューズ付高圧交流負荷開閉器を使用できる受電設備容量の最大値は．　☞ p14（1-7）

語群欄
- イ．300 kV·A　　ロ．500 kV·A

高圧受電盤内の主遮断装置に，限流ヒューズ（PS）付の高圧交流負荷開閉器（LBS）を使用する場合，PF・S 形の受電設備に該当するため，設備容量の最大値は **300 kV·A** です．　◆解答◆ イ

問題 5　⑤に示す PF・S 形の主遮断装置として，必要でないものを語群欄より 2 つ選び答えよ．　☞ p16（1-8）

語群欄
- イ．過電流ロック機能　　ロ．ストライカによる引外し装置
- ハ．相間，側面の絶縁バリア　　ニ．過電流継電器

PF・S 形の主遮断装置に必要なものは，ストライカによる引外し装置，相間及び側面の絶縁バリア，高圧限流ヒューズです．**過電流ロック機能**と**過電流継電器**は必要ありません．　◆解答◆ イ，ニ

問題 6　⑥⑦⑧に示す電路及び接地工事の施工として，不適切なものは．　☞ p12（1-6）

語群欄
- イ．接地端子盤への接地線の立上りに硬質ポリ塩化ビニル電線管を使用した．
- ロ．ピット内の高圧引込ケーブルの支持に樹脂製のクリートを使用した．
- ハ．電気室内の高圧引込ケーブルの防護管（管の長さが 2 m の厚鋼電線管）の接地工事を省略した．

電気室内の高圧引込ケーブルの防護管の金属製部分には A 種接地工事を施すため接地工事を省略できません．　◆解答◆ ハ

●練習問題6（見取図その6）

何度も繰返し解くことで覚えるよ！

右図は，自家用電気工作物（500 kW未満）の高圧受電設備の一部を表した図および動力設備の一部を表した図である．次の各問いに答えよ．

〔注〕右図において，問いに直接関係ない部分等は，省略または簡略化してある．

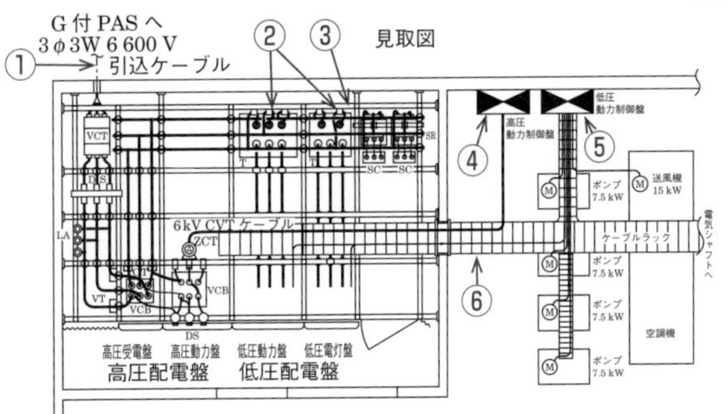

問題 1　①に示す地中電線路に関する記述として，不適切なものは． p10（1-5）

語群欄
- **イ**．車両その他の重量物の圧力を受けるおそれのある場所に直接埋設式により施設する場合は，地表面から 0.6 m の深さに埋設する．
- **ロ**．管路式の管に防食措置が施されている部分は接地工事を省略することができる．

車両その他の重量物の圧力を受けるおそれのある場所に直接埋設式により施設する場合は，地表面から **1.2 m 以上**の深さに埋設します．

◆解答◆ イ

問題 2　②に示す変圧器は，単相変圧器 2 台を使用して三相 200 V の動力電源を得ようとするものである．この回路の高圧側の結線として，正しいものは． p18（1-9）

語群欄

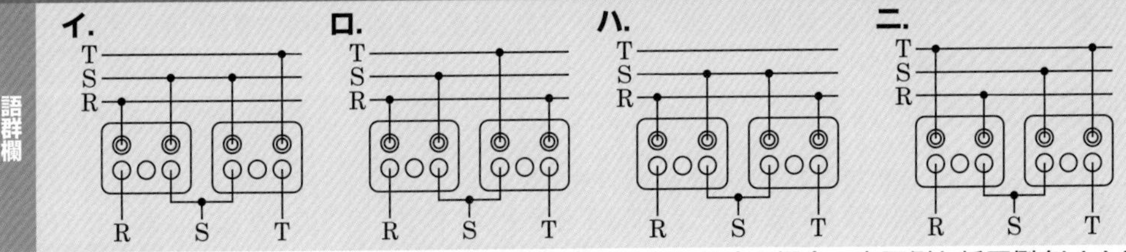

単相変圧器 2 台を使用して三相 200 V の動力電源を得ようとする場合，高圧側と低圧側をV–V結線して「イ」のように各相をバランス良く結線します．

◆解答◆ イ

問題 3　③に示す受変電設備内に使用される機器類などに施す接地に関する記述で，不適当なものは． p30（1-15）

語群欄
- **イ**．高圧変圧器の外箱の接地の主目的は，感電保護であり，10 Ω以下と定められている．
- **ロ**．高圧の計器用変成器の二次側電路の接地は，B 種接地工事である．

高圧変圧器の外箱の接地は A 種接地工事で 10 Ω以下です．高圧の計器用変成器（VT と CT の総称）の二次側電路には，**D 種接地工事**を施します．

◆解答◆ ロ

問題 4　④に示す高圧動力制御盤に取り付ける運転制御用の機器として，最も適切なものは． p26（1-13）

語群欄
- **イ**．高圧交流遮断器（CB）
- **ロ**．高圧交流電磁接触器（MC）

高圧動力制御盤に取り付ける運転制御用の機器は，頻繁に開閉するため**高圧交流電磁接触器（MC）**が適切です．

◆解答◆ ロ

問題 5　⑤に示す動力制御盤（3φ 200 V）からの分岐回路に関する記述として，不適当なものは．ただし，送風機用電動機はスターデルタ始動方式とする． p24（1-12），p26（1-13）

語群欄
- **イ**．ポンプの分岐回路の定格電流は 50 A 以下であるので，分岐回路に使用される電線は，許容電流が電動機の定格電流の 1.25 倍以上のものが必要である．
- **ロ**．スターデルタ始動方式の始動電流は，全電圧始動方式の電流の $1/\sqrt{3}$ にすることができる．

スターデルタ始動方式の始動電流は，全電圧始動方式の電流の **1/3** にすることができます．

◆解答◆ ロ

問題 6　⑥に示すケーブルラックに，高・低圧配電盤から配電されるケーブルを，同一のケーブルラック上に配線する場合の施工方法として，不適切なものは． p28（1-14）

語群欄
- **イ**．高圧ケーブル，低圧ケーブルとも耐火ケーブルを使用したので，ケーブル相互間は 5 cm 離隔して施設した．
- **ロ**．高圧ケーブルと低圧ケーブルの相互間は 15 cm 離隔して施設した．

高圧ケーブルと低圧ケーブルの相互間は **15 cm 以上**離隔して施設します．

◆解答◆ イ

練習問題7（見取図その7）

右図は，自家用電気工作物（500 kW未満）の高圧受電設備の一部を表した図および幹線系統図である．次の各問いに答えよ．

〔注〕図において，問いに直接関係ない部分等は，省略または簡略化してある．

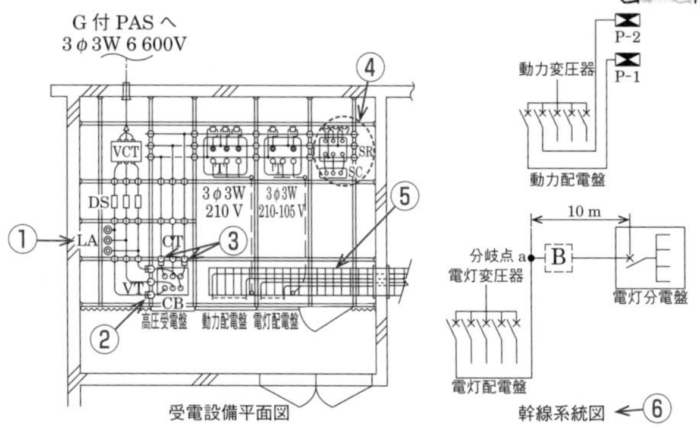

問題1　①に示す避雷器の設置に関する記述として，不適切なものは． p22（1-11）

語群欄
- イ．保安上必要なため，避雷器には電路から切り離せるように断路器を施設した．
- ロ．避雷器には電路を保護するため，その電源側に限流ヒューズを施設した．

避雷器の電源側に限流ヒューズを施設すると，溶断した際に避雷器の役割を果たせなくなり危険なので，**限流ヒューズを施設できません．**

◆解答◆ ロ

問題2　②に示すVTに関する記述として，誤っているものは． p20（1-10）

語群欄
- イ．VTの電源側には，十分な定格遮断電流をもつ限流ヒューズを取り付ける．
- ロ．遮断器の操作電源の他，所内の照明電源として使用することができる．

VTは計器用変圧器です．VTの電源側には限流ヒューズを取り付けます．**遮断器の操作電源の他，所内の照明電源として使用することはできません．**

◆解答◆ ロ

問題3　③に示す機器（CT）に関する記述として，不適切なものは． p22（1-11）

語群欄
- イ．CTの二次側電路は，電路の保護のため定格電流5Aのヒューズを設ける．
- ロ．CTの二次側電路には，D種接地工事を施す必要がある．

CTは変流器です．変流器の二次側電路を開放すると，高電圧を発生してしまい絶縁破壊を起こし危険ですので，**ヒューズを施設できません．**なお，CTの二次側電路には，D種接地工事を施します．

◆解答◆ イ

問題4　④に示す高圧進相コンデンサに用いる開閉器は，自動力率調整装置により自動で開閉できるように施設されている．このコンデンサ用開閉器として，最も適切なものは． p16（1-8）

語群欄
- イ．高圧交流真空電磁接触器
- ロ．高圧交流負荷開閉器

自動力率調整装置は頻繁に開閉する装置であるため，**高圧交流真空電磁接触器**が適切です．

◆解答◆ イ

問題5　④に示す高圧進相コンデンサ設備は，自動力率調整装置によって自動的に力率調整を行うものである．この設備に関する記述として，不適切なものは． p16（1-8）

語群欄
- イ．進相コンデンサの一次側には，限流ヒューズを設けた．
- ロ．進相コンデンサに，コンデンサリアクタンスの5%の直列リアクトルを設けた．

高圧進相コンデンサの一次側には，内部故障時の保護装置として限流ヒューズを設けます．高圧進相コンデンサには，過負荷を生じないようコンデンサリアクタンスの**6%**の直列リアクトルを設けます．

◆解答◆ ロ

問題6　⑤に示すケーブルラックの施工に関する記述として，誤っているものは． p28（1-14）

語群欄
- イ．同一のケーブルラックに電灯幹線と動力幹線のケーブルを布設する場合，両者の間にセパレータを設けなければならない．
- ロ．ケーブルラックは，ケーブル重量に十分耐える構造とし，天井コンクリートスラブからアンカーボルトで吊り，堅固に施設した．

同一のケーブルラックに電灯幹線（低圧幹線）と動力幹線（低圧幹線）のケーブルを布設する場合，**同じ低圧幹線なので接触しても良く，セパレータなどの仕切りも必要ありません．**

◆解答◆ イ

問題7　⑥に示す幹線に関する記述として，誤っているものは． p24（1-12）

語群欄
- イ．動力幹線を保護するため，配電盤に施設する過電流遮断器は，電動機の定格電流の3倍以下で，電線の許容電流の2.5倍以下のものを使用した．
- ロ．電灯幹線の分岐は，分岐点aから電灯分電盤への分岐幹線の長さが10 mであり，電源側に施設された過電流継電器の35%の許容電流のある電線を使用したので，過電流遮断器Bを省略した．

分岐点aから電灯分電盤への分岐幹線の長さが8 mを超える場合，電源側に施設された過電流継電器の**55%以上**の許容電流のとき，分岐回路側の過電流遮断器Bを省略できます．

◆解答◆ ロ

2章

2章 5問＋3章 5問出題
または
2章 10問＋3章 0問出題

配線図（見取図）

この配線図にはたくさんの記号がありますよ!?

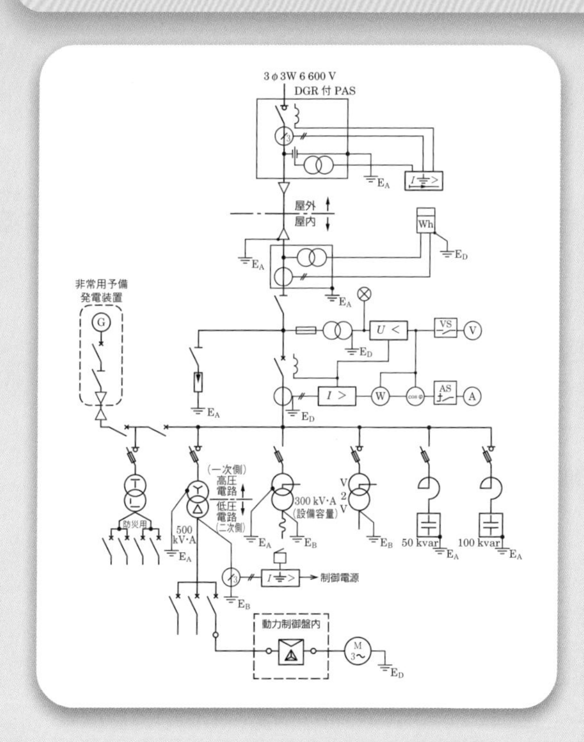

そうだね，これは高圧受電設備の図記号だよ.

たくさんありますね.

図記号と写真と略号と用途等が出題されているから，少しずつ覚えようね.

2-1 高圧受電設備の配線図

高圧受電設備の配線図の見方

下の図のように，屋外から高圧受電設備をみると，①の**地絡方向継電器付高圧交流負荷開閉器（DGR付PAS）**から②の**ケーブルヘッド（CH）**を通り高圧受電設備内に電気が引き込まれて屋内の機器につながっています．1章で学習した見取図を確認した後に，どの機器が何につながるか配線を一本の線で表した単線結線図を見て慣れましょう．

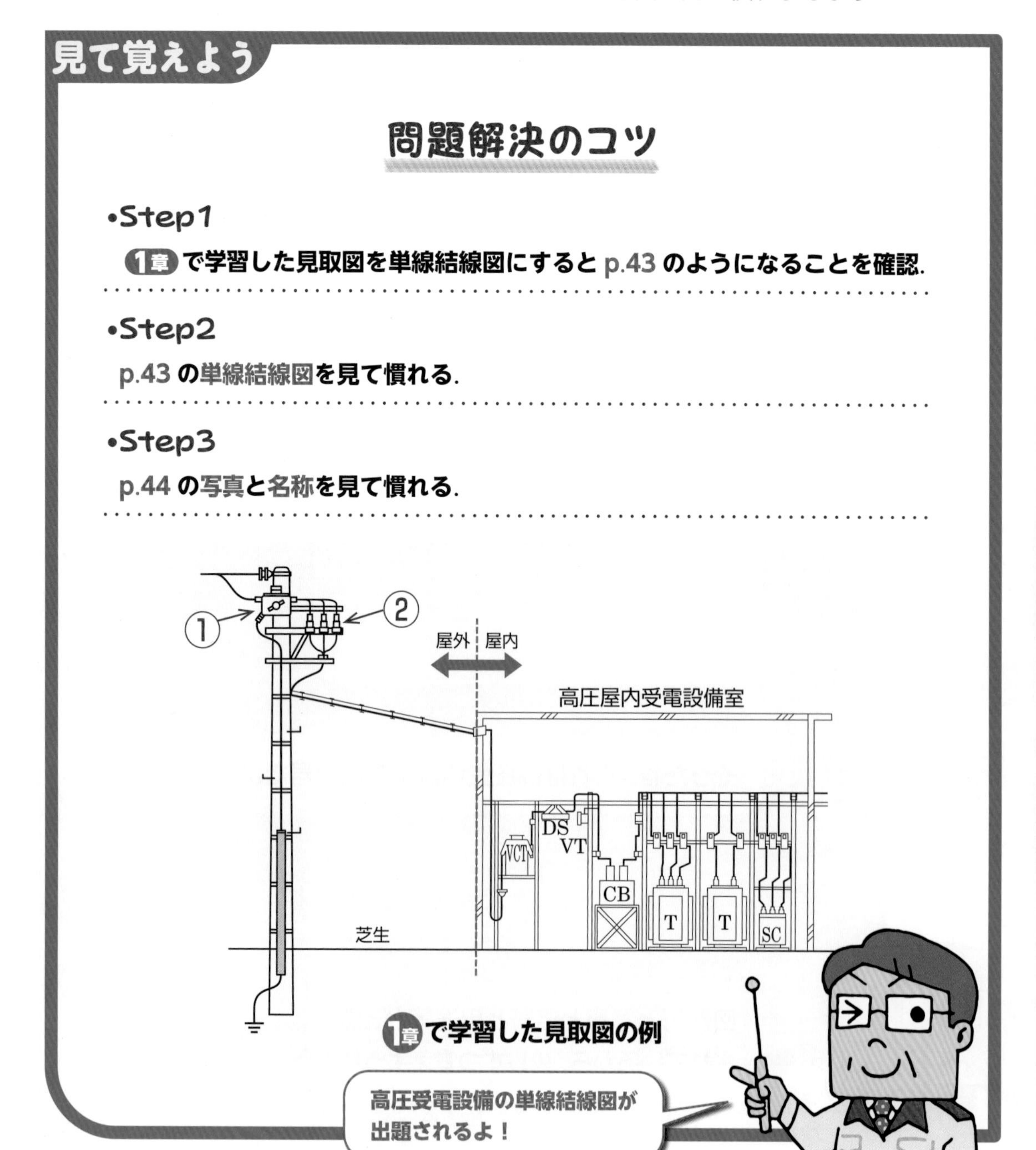

1章で学習した見取図の例

見て覚えよう 高圧受電設備の単線結線図

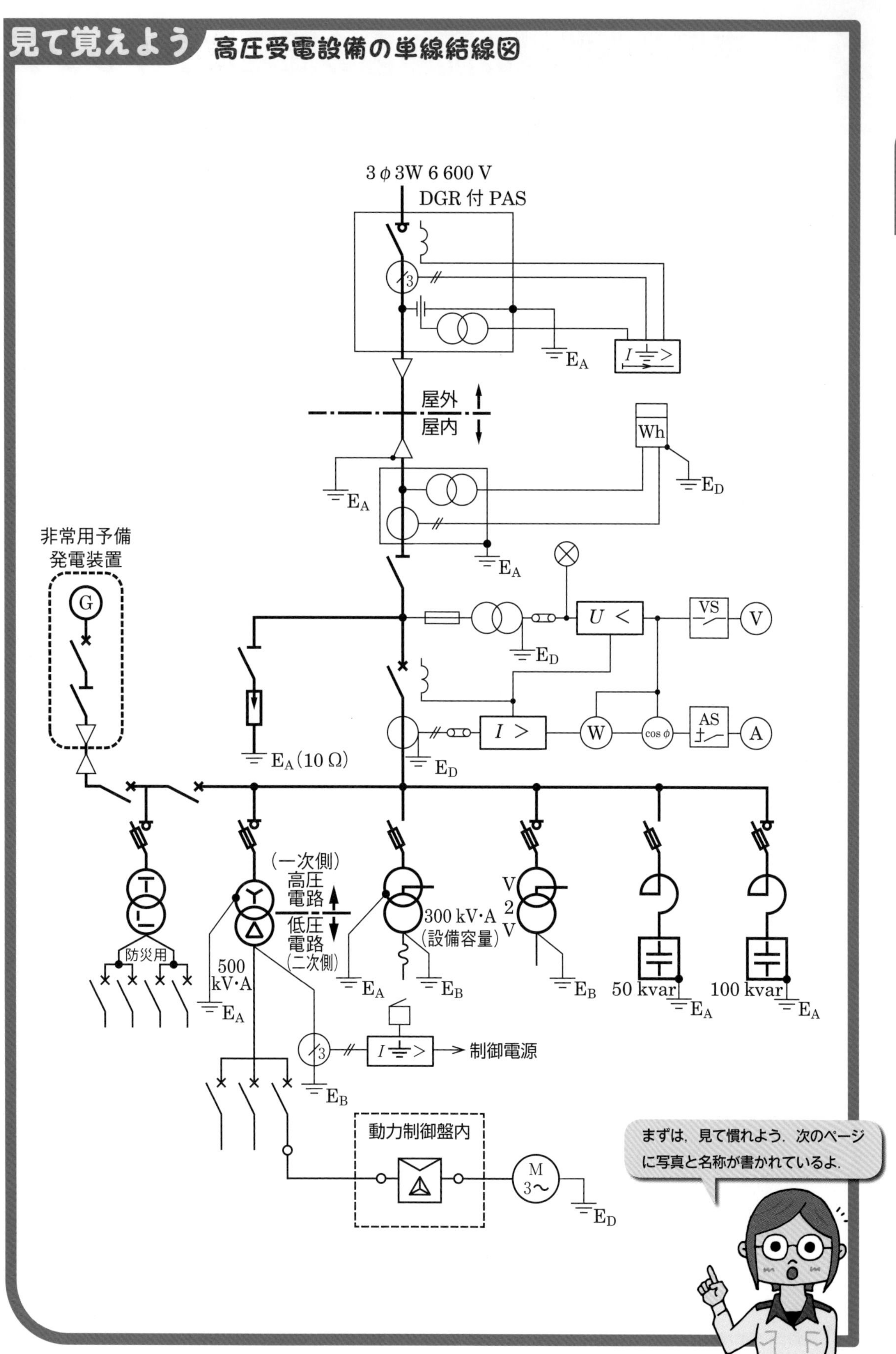

2-2 高圧受電設備の配線図の問題にチャレンジ

見て覚えよう 高圧受電設備の単線結線図の写真と名称

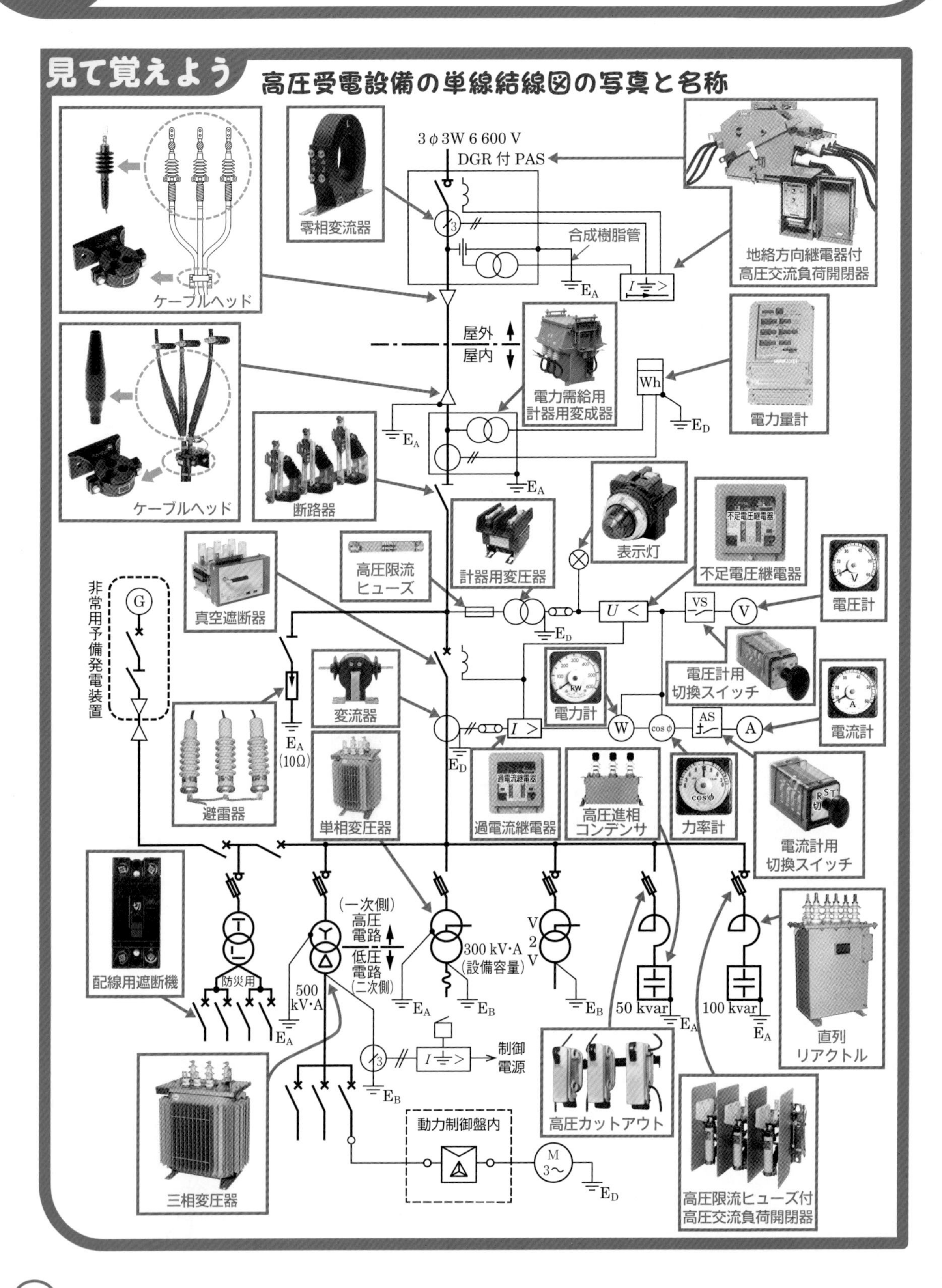

攻略の3ステップ

① 高圧受電設備の単線結線図に慣れる
② 図記号と写真と名称を見て慣れる
③ 問題を解いて慣れる

解いてみよう（平成30年）

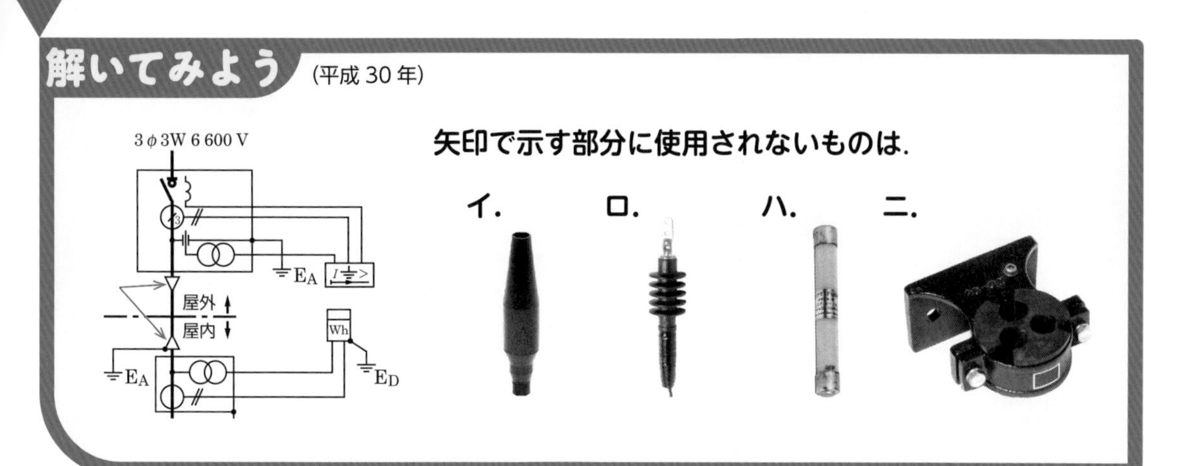

解説

ケーブルヘッド（CH）に「ハ」の高圧限流ヒューズは使用されません．屋外用のケーブルヘッドは図1の形をしており，屋内用のケーブルヘッドは図2の形をしています．

イは屋内終端接続部に使用するストレスコーンです．

ロはゴムとう管形屋外終端接続部です．

ニはCVTケーブルを支持固定するブラケットとゴムスペーサです．

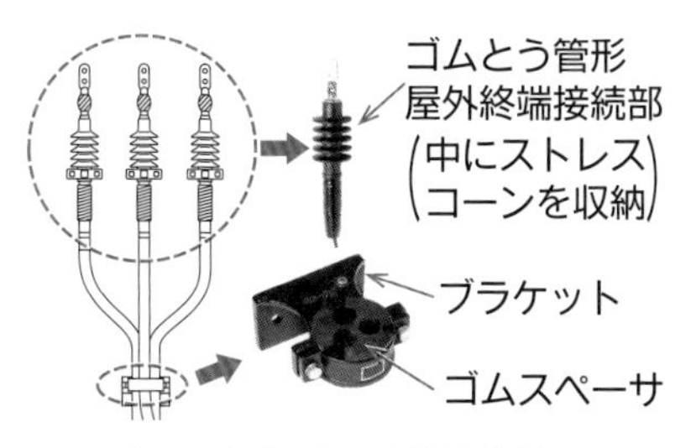

図1　ゴムとう管形屋外終端接続部のCH

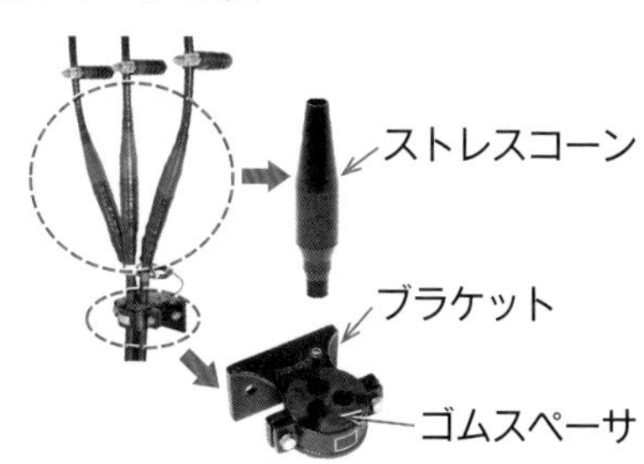

図2　屋内終端接続部のCH

解答 ハ

このページでは，まず高圧受電設備の単線結線図に慣れることから始めよう．問題を解き進めているうちに，図記号と名称と写真が一致するようになることが大切だよ．

2-3 設置する機器の図記号

これだけ覚える！

出題傾向 多　出た順ランキング 1 2 3

名称	略号	写真	図記号
電力計と力率計	WMとPFM		Ⓦ cos φ
電流計用切換スイッチと電流計	ASとAM	拡大 S R T 切	AS Ⓐ
電圧計用切換スイッチと電圧計	VSとVM	拡大 S-T T-R R-S 切	VS Ⓥ
地絡方向継電器	DGR		I ⏚ >
2 不足電圧継電器 制御器具番号 27	UVR	不足電圧継電器	U <
過電流継電器 制御器具番号 51	OCR	過電流継電器	I >

名称	略号	写真	図記号
高圧断路器	DS		
避雷器	LA		1
真空遮断器	VCB		
限流ヒューズ付高圧交流負荷開閉器	PF付LBS		3

●接地工事の名称と図記号

名称	図記号	名称	図記号
1 A種接地工事	E_A	B種接地工事	E_B
C種接地工事	E_C	2 D種接地工事	E_D

説明 不足電圧継電器 27

U ➡ ユー ➡ you ➡ あなた
< ➡ ㄑ ➡ ひらがなの「と」
27 ➡ 数字の「2」と ➡ 庭（2ワ）
カタカナの「ワ」

説明 過電流継電器 51

51 ➡ ごいち ➡ こい ➡ 濃い（51）
I ➡ アイ
> ➡ ㄨ ➡ カタカナの「ス」

暗記 制御器具番号

●不足電圧継電器 U < ➡「27」，過電流継電器 I > ➡「51」

覚えるコツ

ユー < 27 , 51 I >
あなた と 庭 で 濃い アイ ス
U と 2ワ , 51 I ス

攻略の3ステップ

1. **これだけ覚える！の図記号を確認**
2. 遮断器(CB)，限流ヒューズ付(PF)，断路器(DS)，地絡 → 地絡，方向 → 方向
3. 電流 I 大きい $>$ → 過電流，小さい $<$ → 不足

解いてみよう （平成24年）

矢印に示す部分に設置する機器の図記号は．

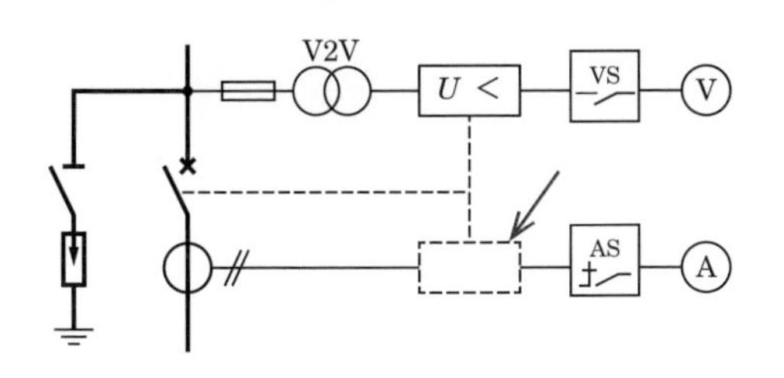

イ． $I<$

ロ． $I>$

ハ． $I \doteqdot >$

ニ． $I \doteqdot <$

解説 矢印に示す部分に設置する機器の図記号は「ロ」の**過電流継電器（OCR）**です．過電流を検出して遮断器をトリップさせるためのものです．

解答 

過去問にチャレンジ！ （平成29年）

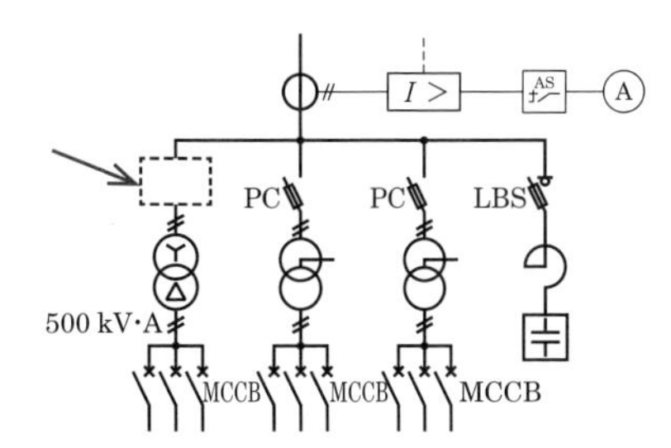

矢印に示す部分に設置する機器の図記号として，適切なものは．

イ．

ロ．

ハ．

ニ． 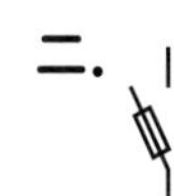

解説 矢印に示す部分の下に500 kV·Aの三相誘導電動機があることに注目しましょう．変圧器の一次側には右表のように適用区分があります．300 kV·Aを超過する場合は「ハ」の**限流ヒューズ付高圧交流負荷開閉器**を使用します．

機器種別／変圧器容量	開閉装置	
	高圧交流負荷開閉器（LBS）	高圧カットアウト（PC）
300 kV·A以下	○	○
300 kV·A超過	○	×

解答 

設置する機器の写真

電気工事で設置する機器の写真をすべて覚えていることが理想ですが，同じ問題が出題されやすいため，過去問題で出題された範囲を中心に学習しておきましょう．

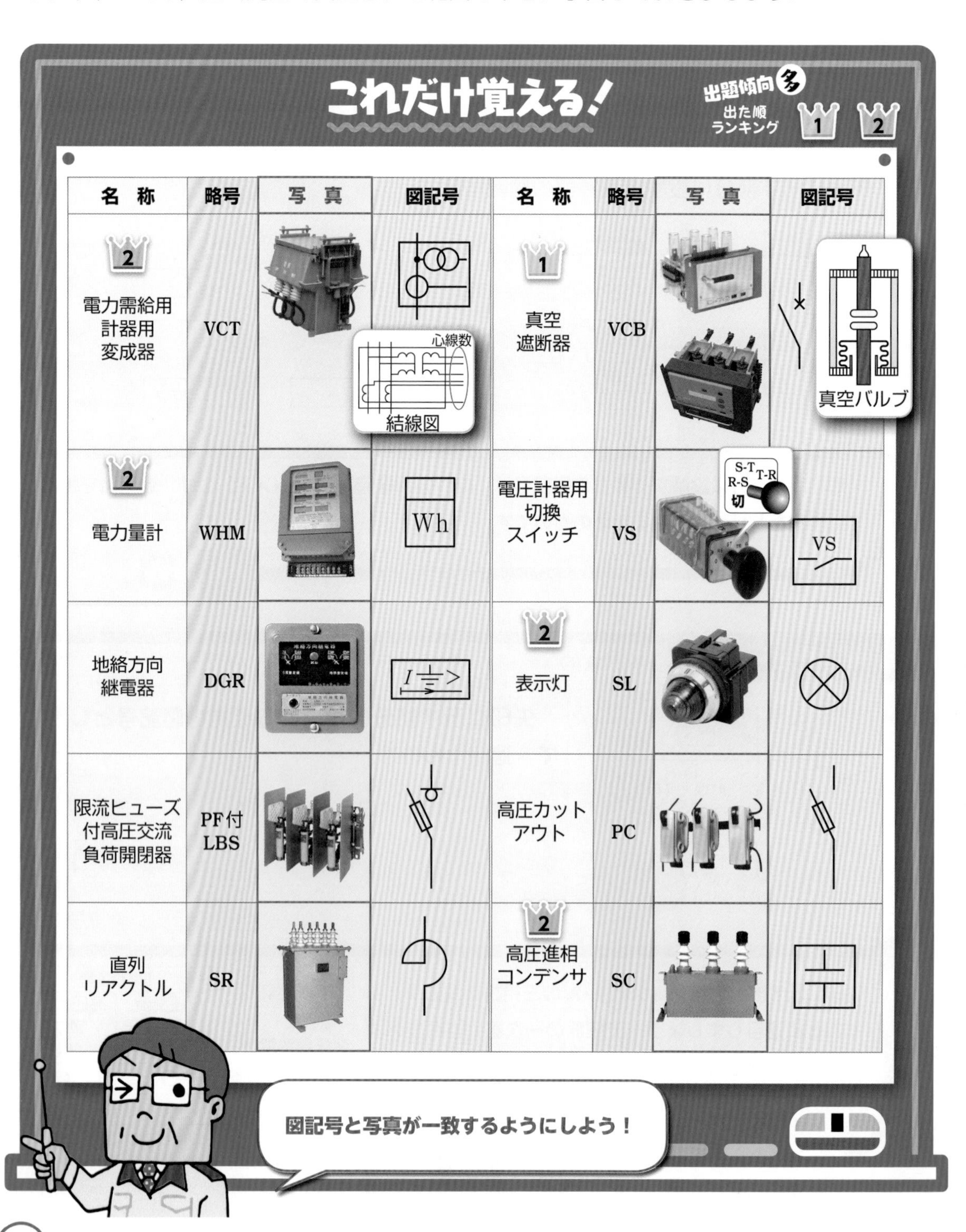

名　称	略号	写　真	図記号	名　称	略号	写　真	図記号
2 電力需給用計器用変成器	VCT			1 真空遮断器	VCB		
2 電力量計	WHM		Wh	電圧計器用切換スイッチ	VS		VS
地絡方向継電器	DGR			2 表示灯	SL		
限流ヒューズ付高圧交流負荷開閉器	PF付 LBS			高圧カットアウト	PC		
直列リアクトル	SR			2 高圧進相コンデンサ	SC		

攻略の3ステップ

① これだけ覚える！の図記号と写真をセットで覚える

②  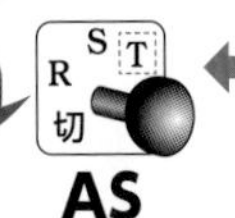

目を凝らせば継電器の名称がわかる

③ AS と VS

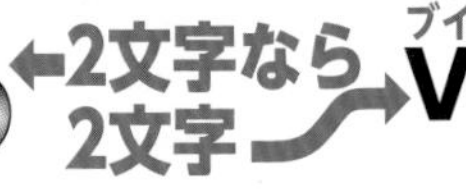

解いてみよう （平成 25 年）

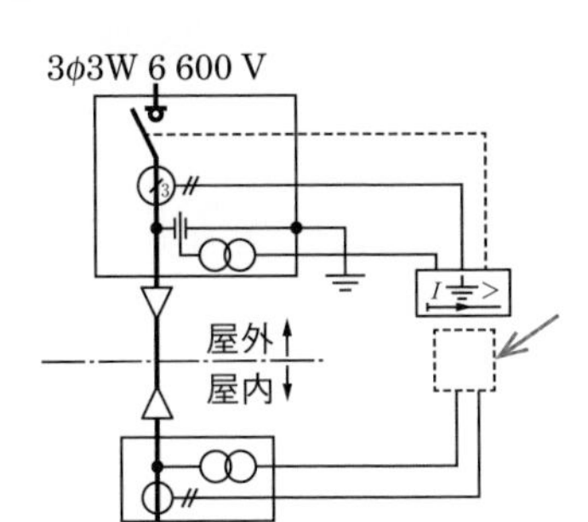

矢印に設置する機器は.

イ. 

ロ. 

ハ. 

ニ. 

解説 矢印に設置する機器は「イ」の**電力量計**です．需要家施設全体の使用電力量を計測する場合に用います．「ロ」も電力量計ですが，家庭用であるため高圧受電設備には使用しません．なお，「ハ」は電力計，「ニ」は不足電圧継電器です．

解答 イ

過去問にチャレンジ！ （平成 27 年）

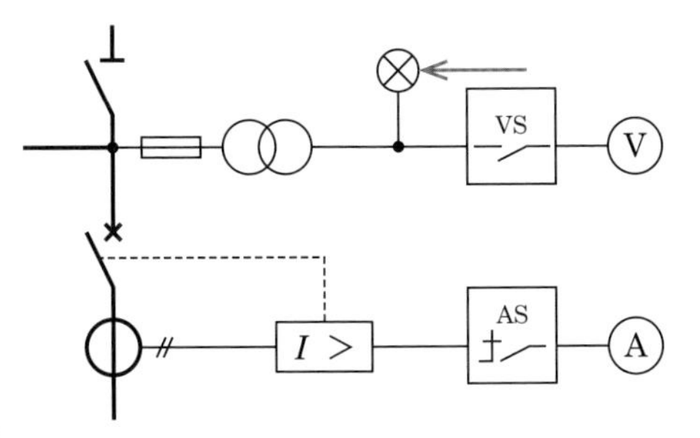

矢印に設置する機器は.

イ. 

ロ. 

ハ. 

ニ. 

解説 矢印に設置する機器は「イ」の**表示灯**です．動作状態を点灯で表示するものです．なお，「ロ」は電圧計用切換スイッチ，「ハ」はブザー，「ニ」は押しボタンスイッチです．

解答 イ

設置する機器の名称

電気工事で設置する機器の写真をすべて覚えていることが理想ですが，同じ問題が出題されやすいため，過去問題で出題された範囲はしっかりと学習しておきましょう．

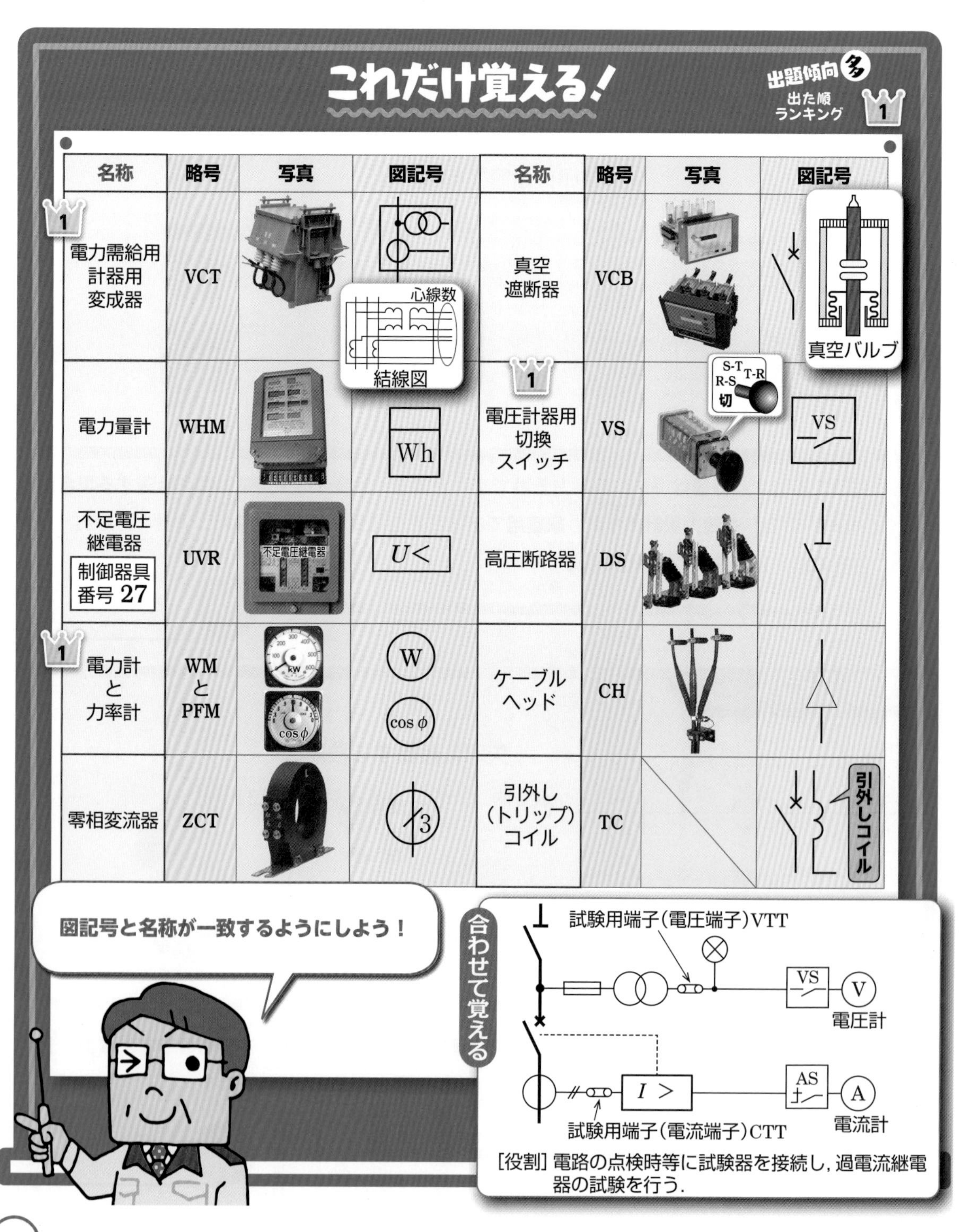

これだけ覚える！

出題傾向 多　出た順ランキング 1

名称	略号	写真	図記号	名称	略号	写真	図記号
1 電力需給用計器用変成器	VCT		心線数 結線図	真空遮断器	VCB		真空バルブ
電力量計	WHM		Wh	1 電圧計器用切換スイッチ	VS	S-T T-R R-S 切	VS
不足電圧継電器 制御器具番号 27	UVR	不足電圧継電器	$U<$	高圧断路器	DS		
1 電力計と力率計	WM と PFM	kW cos φ	W cos φ	ケーブルヘッド	CH		
零相変流器	ZCT		3	引外し（トリップ）コイル	TC		引外しコイル

［役割］電路の点検時等に試験器を接続し，過電流継電器の試験を行う．

攻略の3ステップ

1. **これだけ覚える！の図記号と名称をセットで覚える**
2. **Wh ワットアワー Wh ▶ 電力量計，U＜ ▶ Under Voltage Relay（不足電圧継電器）**
3. **零相電流 I_0 は各相の電流 $(I_a+I_b+I_c)/3$ → ZCT**

解いてみよう（令和4年午後）

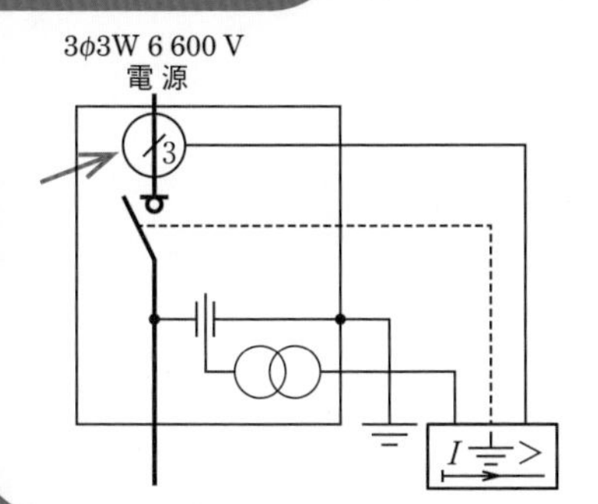

矢印に示す機器の名称は．

イ．零相変圧器
ロ．電力需給用変流器
ハ．計器用変流器
ニ．零相変流器

解説 矢印に示す機器は零相変流器（ZCT）です．零相電流を検出するのに用います．

解答 ニ

過去問にチャレンジ！（平成12年）

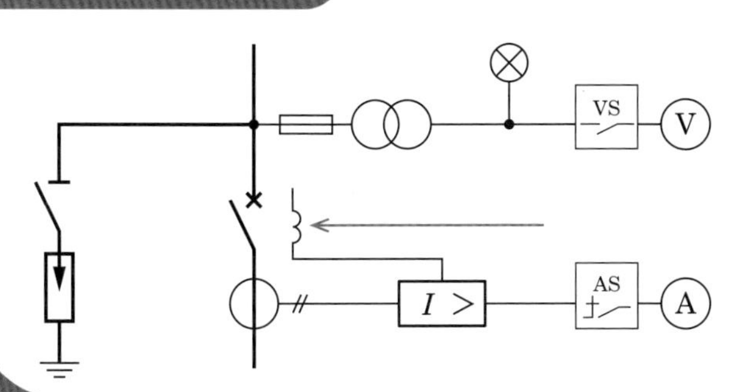

矢印で示す部分の名称は．

イ．投入コイル
ロ．直列リアクトル
ハ．補償コイル
ニ．引外しコイル

解説 矢印で示す部分の名称は引外し（トリップ）コイルです．遮断器を自動的に引き外す役目があり，トリップコイルを励磁して遮断器を動作させています．

解答 ニ

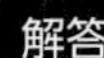

左ページの 合わせて覚える の名称や役割を確認しておこう！

2-6 設置する機器の用途

電気工事で設置する機器の用途をすべて覚えていることが理想ですが，同じ問題が出題されやすいため，過去問題で出題された範囲はしっかりと学習しておきましょう．

これだけ覚える！

出題傾向 多　出た順ランキング 1 2 3

名　称	図記号	用途・目的・役割
3 地絡方向継電器付高圧交流負荷開閉器		需要家側電気設備の地絡事故を検出し，高圧交流負荷開閉器を開放する
3 零相変流器		零相電流を検出する
1 零相電圧検出装置（ZPD）		零相電圧を検出する
ケーブルヘッドのストレスコーン		遮へい端部の電位傾度を緩和する
1 高圧断路器		点検時や事故発生時に電路から開路するもので負荷電流を遮断してはならない →負荷開閉器や遮断器より先には開路できない‼
高圧進相コンデンサ（複線図）		高圧受電設備の力率改善に用いる（丸で囲った部分の抵抗でコンデンサに残った残留電荷を放電する）
直列リアクトル		コンデンサ回路の突入電流を抑制し，第5調波等の電圧波形のひずみを改善する
零相変流器　地絡継電器　ブザー	$I\doteqdot>$	低圧電路の地絡電流を検出して警報する

名　称	図記号	用途・目的・役割
2 変流器		高圧電路の電流を変流する
表示灯		電源の表示
2 過電流継電器（制御器具番号 51）	$I>$	過電流を検出して遮断器をトリップさせる
計器用変圧器の一次側の限流ヒューズ		計器用変圧器の内部短絡事故が主回路に波及することを防止する
可とう導体		地震時等にブッシングに加わる荷重を軽減する
配線用遮断器		低圧電路の過負荷および短絡を検出し，電路を遮断する
引外し（トリップ）コイル		遮断器を開放する
試験用端子（電圧端子）VT用（電流端子）CT用		制御機器や電路の試験測定を行うための端子
電流計切替スイッチ	AS	1個の電流計で各相の電流を測定するために相を切り換える

図記号と用途が一致するようにしよう！

攻略の2ステップ

① **これだけ覚える!** の図記号と用途をセットで覚える

② 名称から用途を連想 例 零相変流器…零相電流検出

例 表示灯………電源の表示

解いてみよう（平成27年）

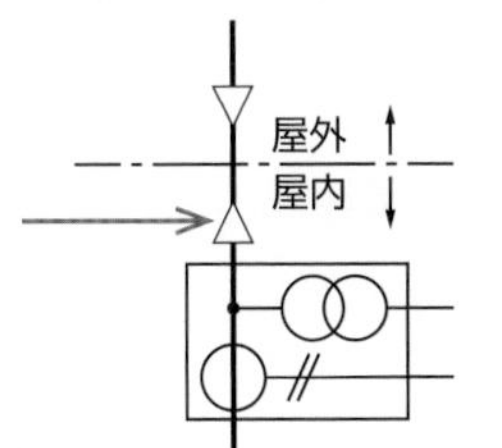

矢印で示すストレスコーン部分の主な役割は.

イ. 機械的強度を補強する.

ロ. 遮へい端部の電位傾度を緩和する.

ハ. 電流の不平衡を防止する.

ニ. 高調波電流を吸収する.

解説

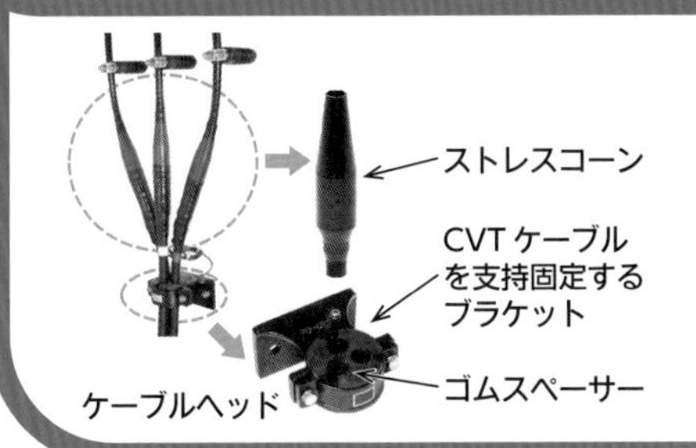

矢印に示す図記号はケーブルヘッドです. ケーブルヘッドのストレスコーン部分は**遮へい端部の電位傾度を緩和**（電気力線の集中を緩和）してケーブル絶縁体の劣化を防止するために用います.

解答 

過去問にチャレンジ!（平成24年）

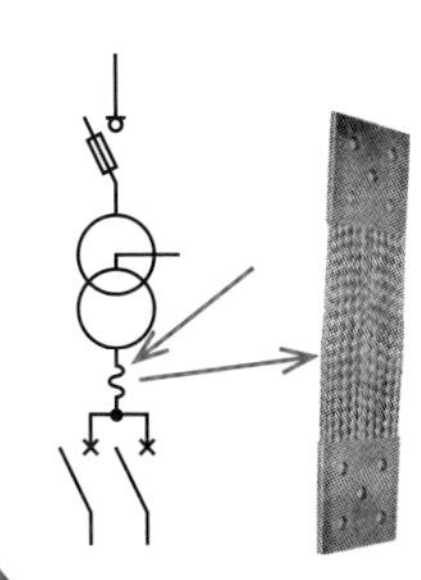

矢印で示す図記号の材料と用途は.

イ. 地震時等にブッシングに加わる荷重を軽減する.

ロ. 過負荷電流が流れたとき溶断して変圧器を保護する.

ハ. 短絡電流を抑制する.

ニ. 変圧器の異常な温度上昇を検知し色の変化により表す.

解説

矢印で示す図記号の材料は可とう導体で, **地震時等にブッシングに加わる荷重を軽減**するために用います.

解答 イ

設置する機器の結線図と略号

高圧受電設備の単線結線図を複線図にすべて直せることが理想ですが，すべて覚えるのはなかなか難しいので出題されやすいものに的を絞って学習していきましょう．また，設置する機器の略号もしっかり覚えましょう．

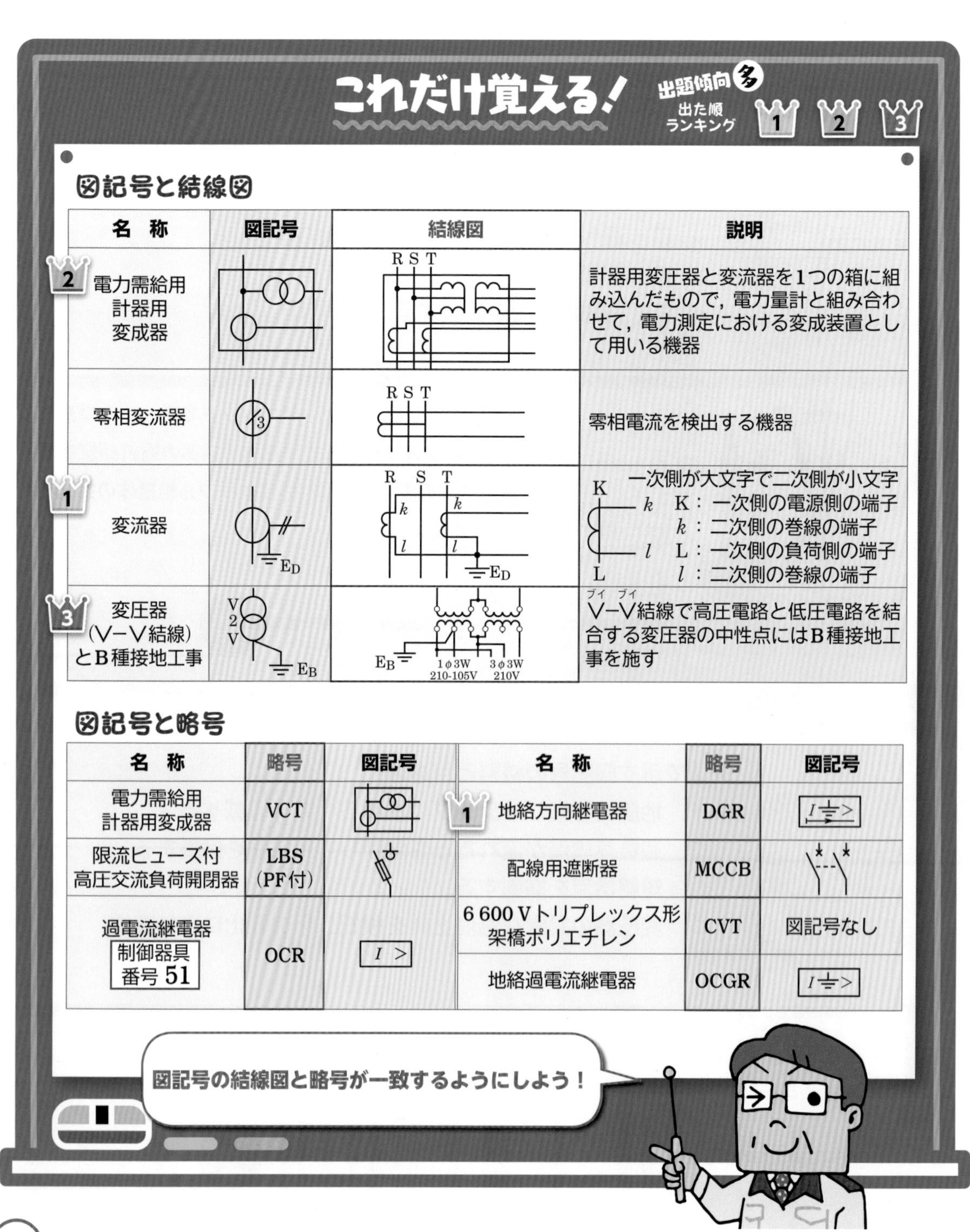

図記号と結線図

名　称	図記号	結線図	説明
【2】電力需給用計器用変成器		R S T	計器用変圧器と変流器を1つの箱に組み込んだもので，電力量計と組み合わせて，電力測定における変成装置として用いる機器
零相変流器	3	R S T	零相電流を検出する機器
【1】変流器	E_D	R S T k l E_D	一次側が大文字で二次側が小文字 K：一次側の電源側の端子 k：二次側の巻線の端子 L：一次側の負荷側の端子 l：二次側の巻線の端子
【3】変圧器（V−V結線）とB種接地工事	V 2 V E_B	E_B 1φ3W 210-105V 3φ3W 210V	V−V（ブイブイ）結線で高圧電路と低圧電路を結合する変圧器の中性点にはB種接地工事を施す

図記号と略号

名　称	略号	図記号	名　称	略号	図記号
電力需給用計器用変成器	VCT		【1】地絡方向継電器	DGR	I ⏚ >
限流ヒューズ付高圧交流負荷開閉器	LBS（PF付）		配線用遮断器	MCCB	
過電流継電器　制御器具番号 51	OCR	I >	6 600 Vトリプレックス形架橋ポリエチレン	CVT	図記号なし
			地絡過電流継電器	OCGR	I ⏚ >

攻略の3ステップ

❶ これだけ覚える！の図記号の結線図と略号をセットで覚える

❷ CV ケーブルが 3 つ(トリプル)あると CVT
※トリプレックス

❸ VCT は VT と CT を組み合わせたもの

解いてみよう（平成 29 年）

矢印で示す機器の端子記号を表したもので，正しいものは．

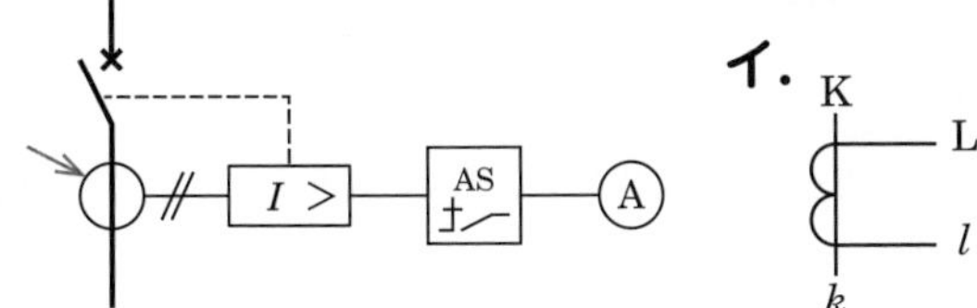

イ．
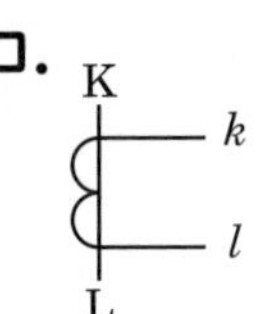

ロ．K, k, l, L　ハ．l, k, K, L　ニ．L, K, k, l

解説

矢印で示す機器は**変流器**です．変流器の端子記号を表したものは**「ロ」**の図です．大文字が一次側で小文字が二次側です．

K：一次側の電源側の端子　　k：二次側の巻線の端子

L：一次側の負荷側の端子　　l：二次側の巻線の端子

解答 

過去問にチャレンジ！（平成 16 年）

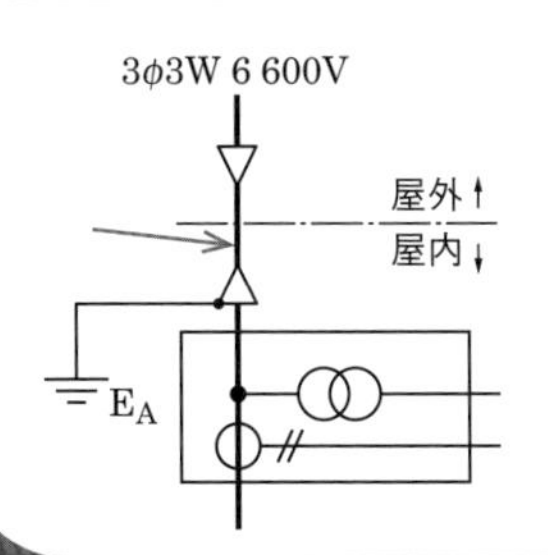

矢印で示すケーブルの種類を表す記号として，適切なものは．

イ．OC　　ロ．CVT　　ハ．VCT　　ニ．VVR

解説

矢印で示す部分に用いられるケーブルは**高圧の 6 600 V トリプレックス形架橋ポリエチレン絶縁ビニルシースケーブル（高圧 CVT ケーブル）**です．

※トリプレックス＝ 3 重や 3 倍の意味

※架橋ポリエチレン絶縁ビニルシースケーブル＝ CV ケーブル

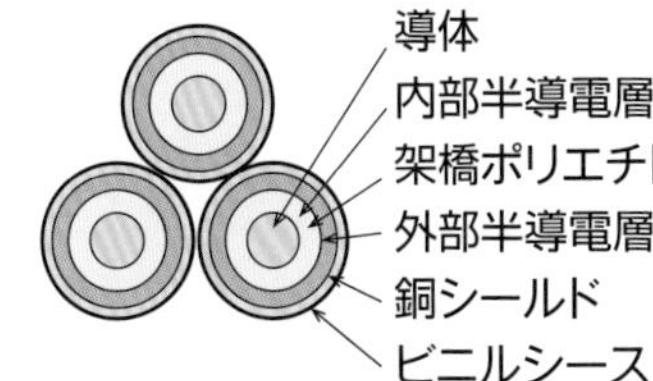

高圧 CVT ケーブル

解答 

2-8 インタロックとケーブル等の材質

絶縁電線やケーブルの材質

IV 主に屋内配線に使用する塩化ビニル樹脂を主体としたコンパウンドで絶縁された単心（単線，より線）の絶縁電線

DV 主に架空引込線に使用する塩化ビニル樹脂を主体としたコンパウンドで絶縁された多心の絶縁電線

VVF 主に屋内配線で使用する塩化ビニル樹脂を主体としたコンパウンドでシースを施したビニル絶縁ビニルシースケーブルの平型

CV 架橋ポリエチレンで絶縁し，塩化ビニル樹脂を主体としたコンパウンドでシースを施した架橋ポリエチレン絶縁ビニルシースケーブル

VCT 移動用電気機器の電源回路などに使用する塩化ビニル樹脂を主体としたコンパウンドを絶縁体およびシースとするビニル絶縁ビニルキャブタイヤケーブル

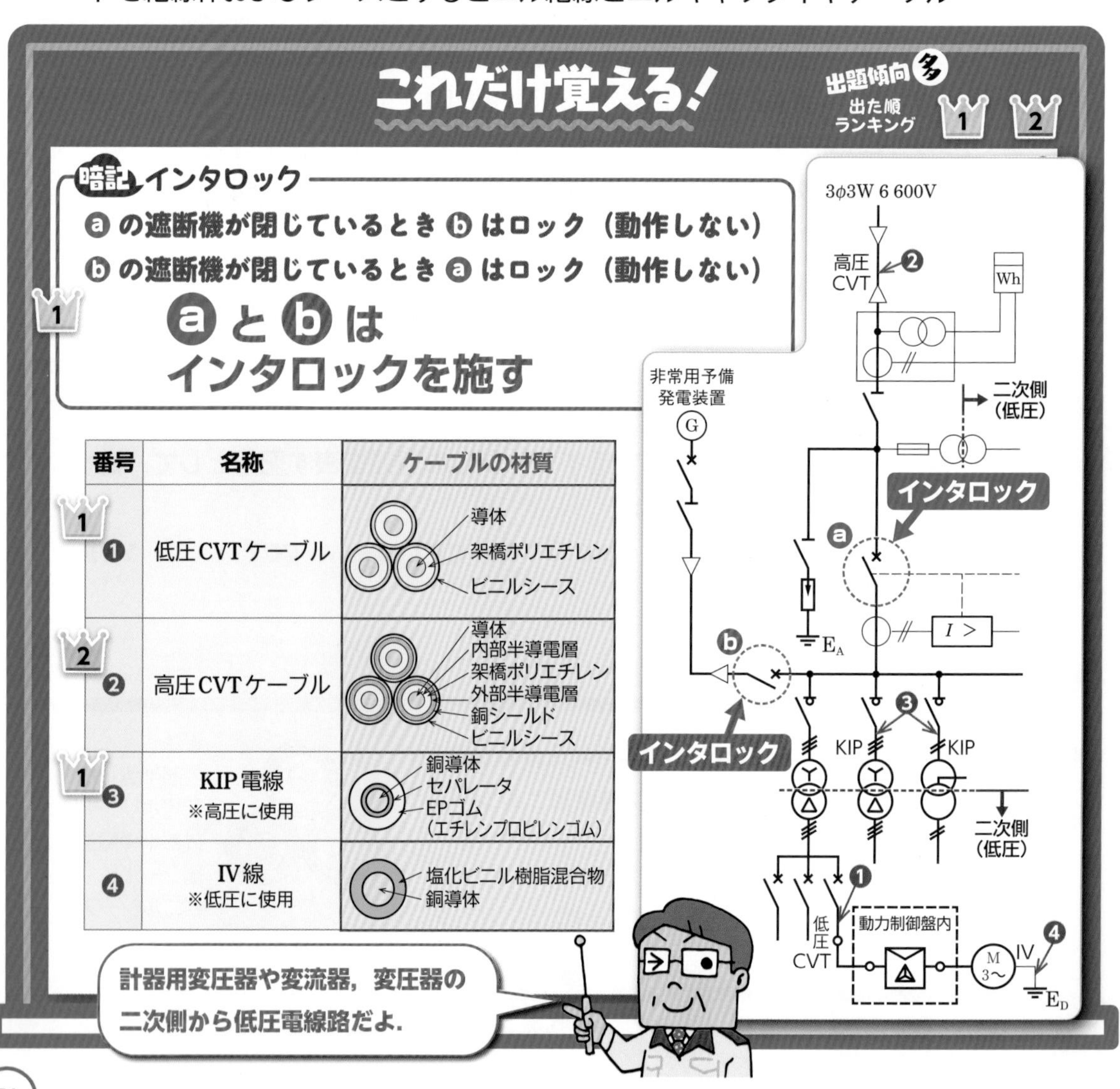

番号	名称	ケーブルの材質
❶	低圧CVTケーブル	導体 架橋ポリエチレン ビニルシース
❷	高圧CVTケーブル	導体 内部半導電層 架橋ポリエチレン 外部半導電層 銅シールド ビニルシース
❸	KIP電線 ※高圧に使用	銅導体 セパレータ EPゴム （エチレンプロピレンゴム）
❹	IV線 ※低圧に使用	塩化ビニル樹脂混合物 銅導体

攻略の3ステップ

❶ インタロックについて理解する

❷ これだけ覚える！のインタロックされる遮断器を確認

❸ ケーブルを覆う材料が多ければ高圧

解いてみよう（平成24年）

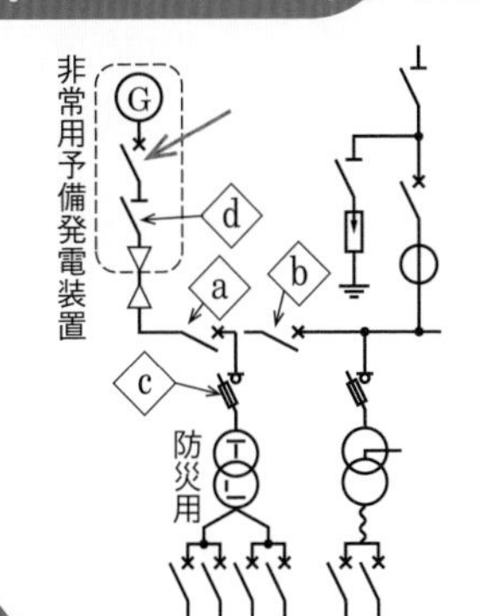

赤矢印で示す機器とインタロックを施す機器は．ただし，非常用予備電源と常用電源を電気的に接続しないものとする．

イ． ⓐ　**ロ．** ⓑ　**ハ．** ⓒ　**ニ．** ⓓ

解説

非常用予備発電装置と常用電源が電気的に接続しないようにするには，赤矢印の機器と ⓑ が同時に入らないようにインタロックを施します．

解答　ロ

過去問にチャレンジ！（令和3年午前）

矢印で示す部分に使用するCVTケーブルとして，適切なものは．

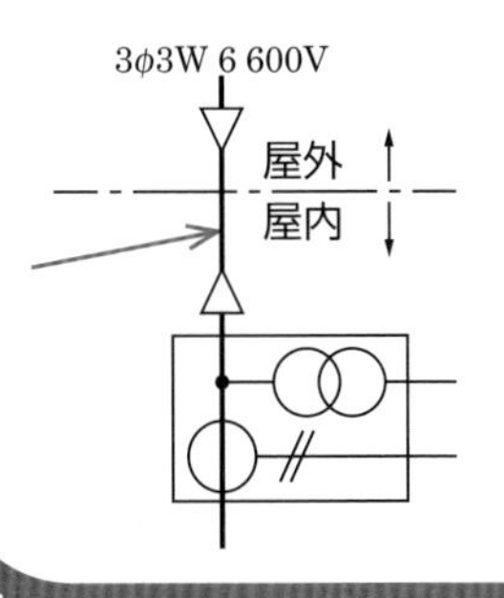

イ．
導体
内部半導電層
架橋ポリエチレン
外部半導電層
銅シールド
ビニルシース

ロ．
導体
内部半導電層
架橋ポリエチレン
外部半導電層
銅シールド
ビニルシース

ハ．
導体
ビニル絶縁体
ビニルシース

ニ．

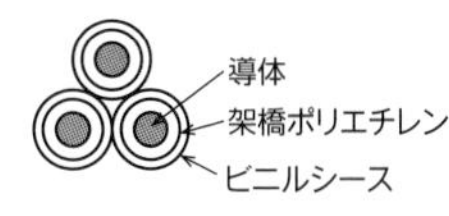

解説

矢印で示す部分に使用するのは高圧CVTケーブルです．

イ：高圧CVTケーブル　ロ：高圧CVケーブル3心

ハ：低圧VVRケーブル3心　ニ：低圧CVTケーブル

解答　イ

高圧受電設備の接地工事

ここでは，高圧受電設備や低圧側の機器の接地工事についてしっかり把握しましょう．単線結線図のどこに何の接地工事が施されているのか理解しましょう．

接地工事の種類

名　称	図記号	説　明
A種接地工事	⏚E_A	**高圧側の接地**に用いる．高圧の機器の外箱または鉄台に接地する． **接地抵抗：10 Ω以下，接地線の太さ：2.6 mm以上**※避雷器は接地線の太さ **接地線の色：緑色，保護管：硬質ビニル電線管等**
B種接地工事	⏚E_B	混触による感電を防止するために，**変圧器の二次側の中性点に接地する．**
C種接地工事	⏚E_C	**300 Vを越える低圧**の機器の外箱または鉄台に接地する．
D種接地工事	⏚E_D	**300 V以下の低圧**の機器の外箱または鉄台の接地する． **接地線の太さ：1.6 mm以上**

※避雷器の接地線の太さは断面積14 mm^2以上

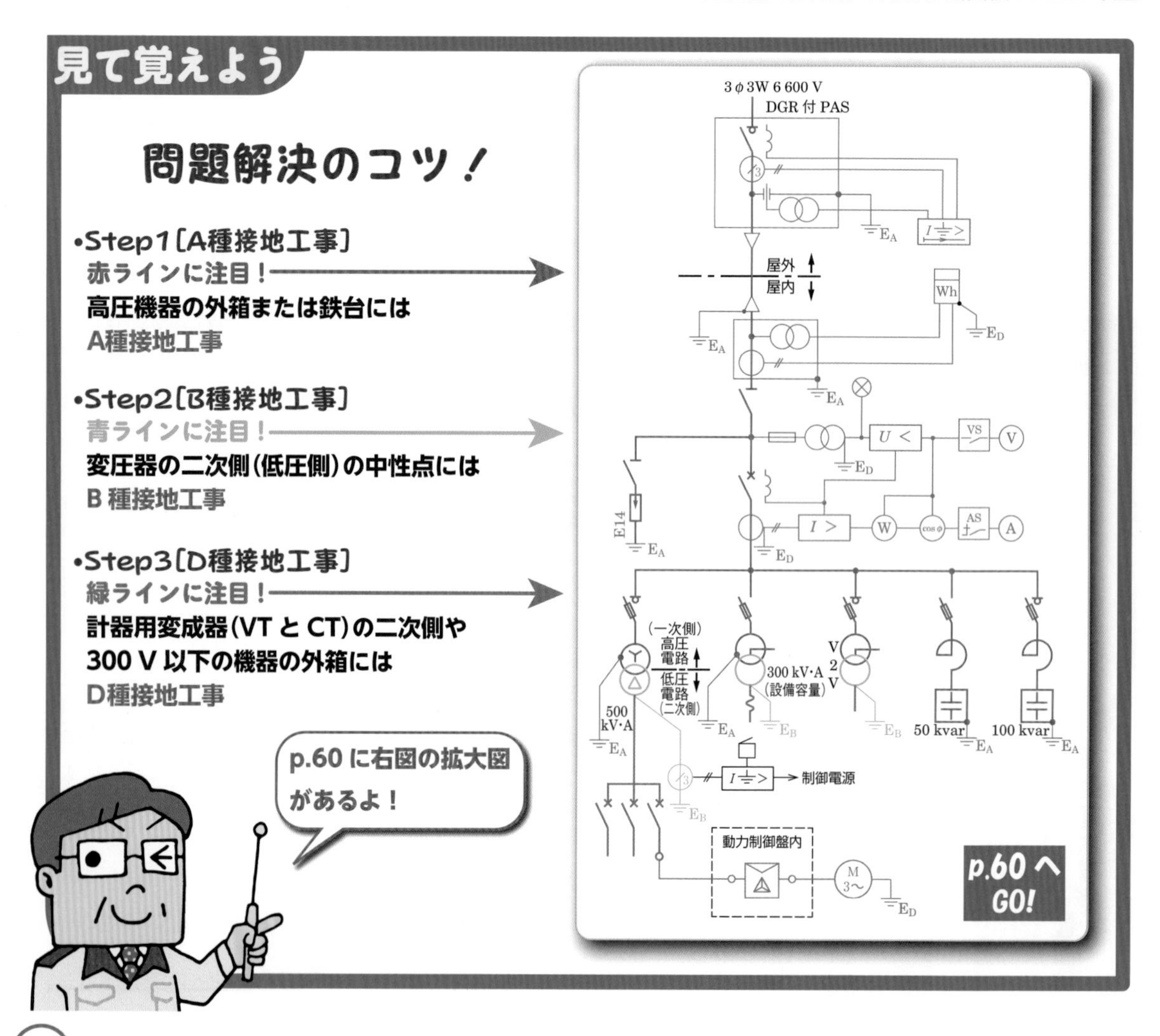

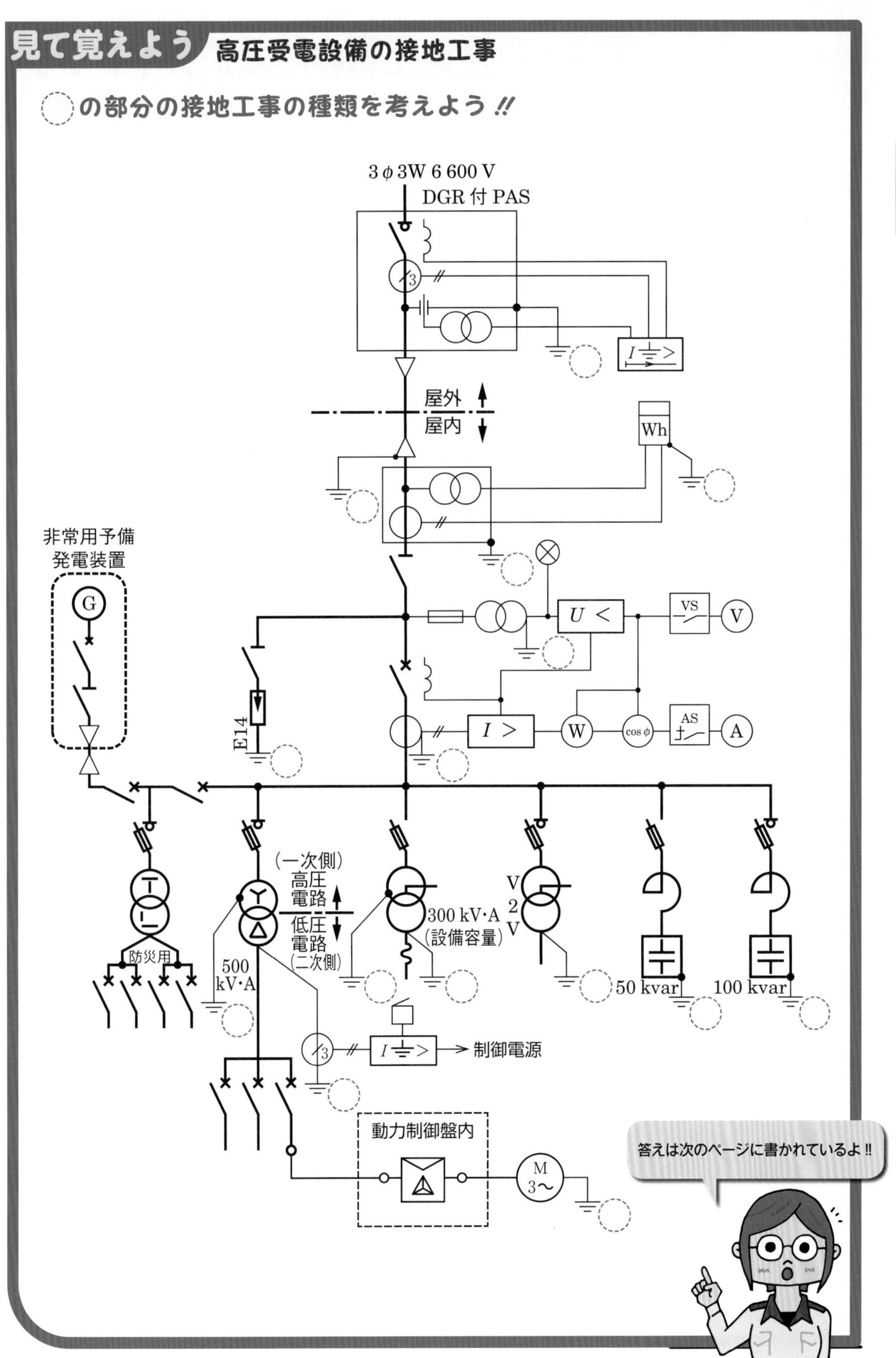
見て覚えよう 高圧受電設備の接地工事
の部分の接地工事の種類を考えよう !!
3φ3W 6 600 V
DGR 付 PAS
屋外
屋内
Wh
非常用予備
発電装置
G
U <
VS
V
E14
I >
W
cos φ
AS
A
防災用
(一次側)
高圧
電路
低圧
電路
(二次側)
500
kV·A
300 kV·A
(設備容量)
V
2
V
50 kvar
100 kvar
制御電源
動力制御盤内
M
3～
答えは次のページに書かれているよ !!
2章
配線図(見取図)

高圧受電設備の接地工事の問題にチャレンジ

見て覚えよう　高圧受電設備の接地工事

◯の部分の接地工事を見て覚えよう!!

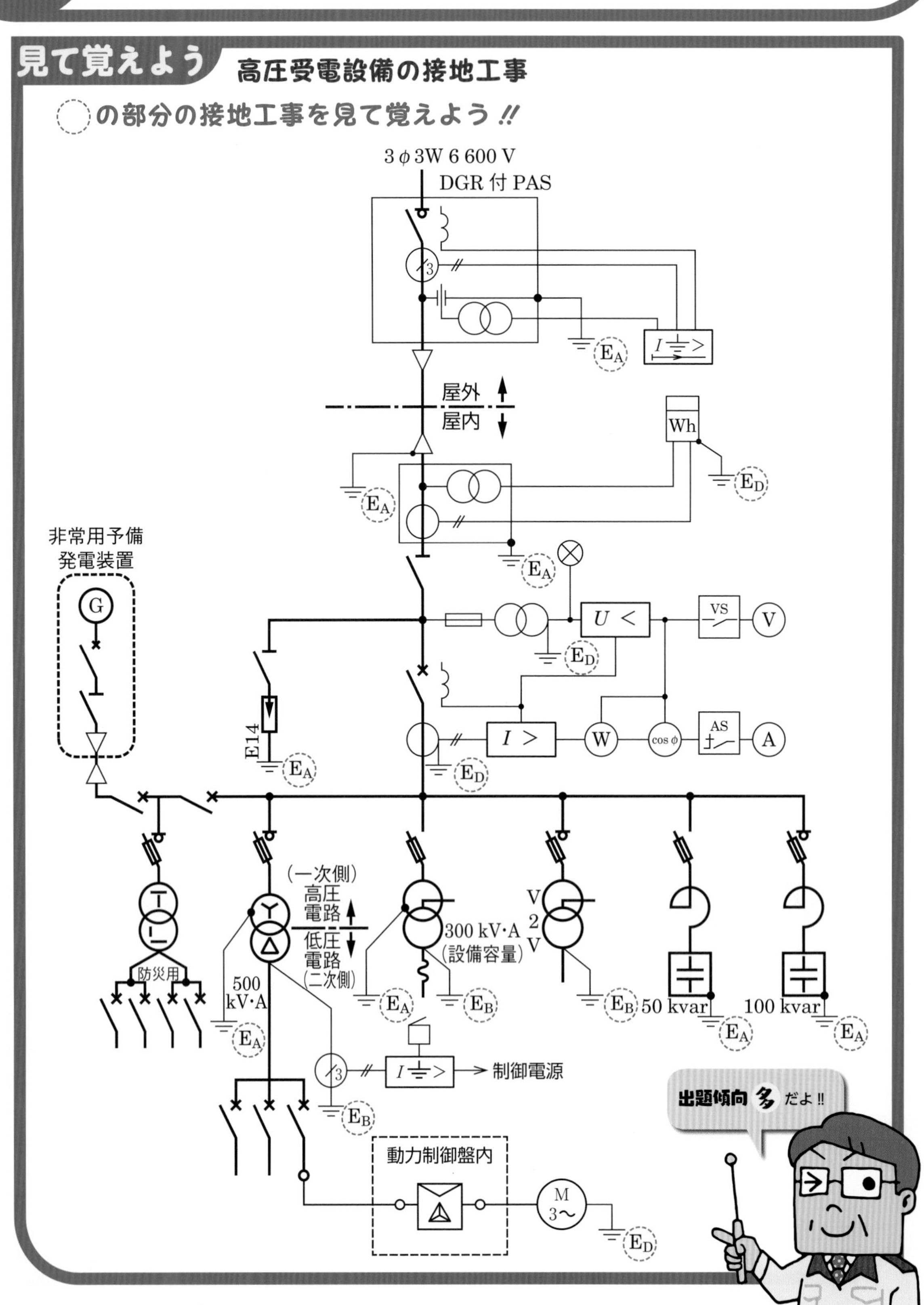

攻略の3ステップ

❶ 高圧側の機器の外箱 とくれば **A種接地工事**
接地抵抗：10Ω以下，接地線の太さ：2.6mm以上
※避雷器の接地線の太さは断面積14mm²以上

❷ 変圧器の二次側（低圧側）の中性点 とくれば **B種接地工事**

❸ 低圧側の300V以下の機器の外箱 とくれば **D種接地工事**
接地線の太さ：1.6mm以上

解いてみよう （平成19年）

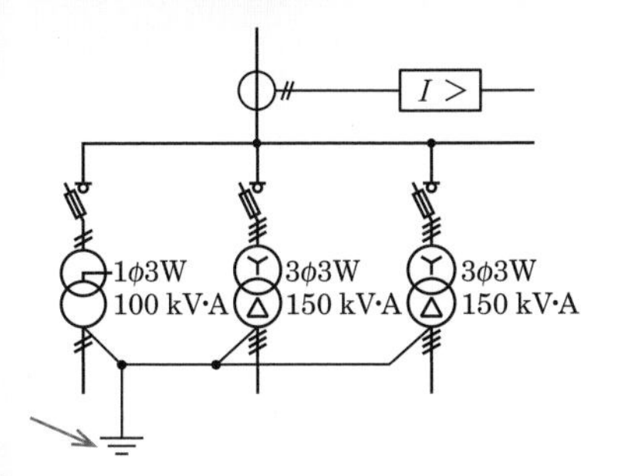

矢印の変圧器の低圧の電路に施す接地工事の種類として，適切なものは．

イ．A種接地工事
ロ．B種接地工事
ハ．C種接地工事
ニ．D種接地工事

解説

変圧器の二次側の中性点は混触による感電を防止するために **B種接地工事**を施します．

解答 ロ

過去問にチャレンジ！ （平成30年）

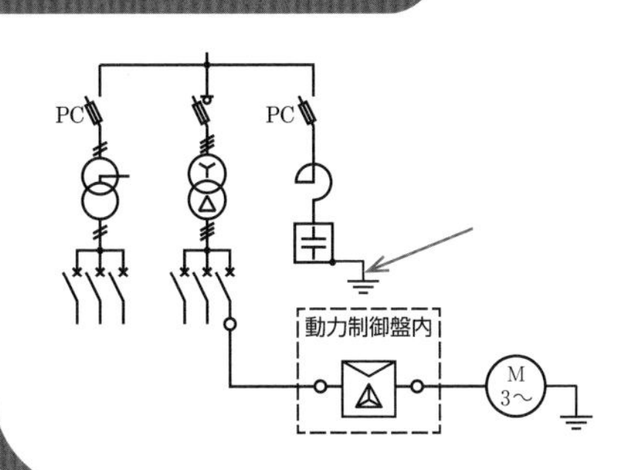

矢印の部分に使用する軟銅線の直径の最小値〔mm〕は．

イ．1.6
ロ．2.0
ハ．2.6
ニ．3.2

解説

矢印で示す部分の高圧進相コンデンサの金属製外箱の部分には **A種接地工事**を施します．
接地線に軟銅線を使用する場合は**直径 2.6 mm 以上**のものを使用します．

解答 ハ

高圧受電設備のその他の写真

これだけ覚える！

出題傾向 多
出た順ランキング 1 2

計器の写真

名称	写真	用途
1 継電器試験装置		過電流継電器や地絡継電器の動作特性試験等に用いる.
絶縁油耐電圧試験装置		変圧器等の絶縁油をオイルカップに入れて破壊電圧試験を行うのに用いる.
絶縁抵抗計		絶縁抵抗の測定に用いる.
接地抵抗計		接地抵抗の測定に用いる.
1 高圧検相器		高圧電路の相順（相回転）を調べるのに用いる.
低圧検相器		低圧電路の相順（相回転）を調べるのに用いる.
2 放電接地棒		停電時に放電接地を行うのに用いる.
風車式検電器		検電確認に用いる.
断路器操作用フック棒		断路器の開閉操作に用いる.

断路器はコレ!!

覚えるコツ 過電流継電器 $I >$ の動作特性試験に用いるものは継電器試験装置

工具の写真

名称	写真	用途
ケーブルカッタ		太いケーブルを切断するの用いる.
ナイフ		ケーブルの外装をはぎ取るのに用いる.
1 合成樹脂管用カッタ		硬質塩化ビニル電線管の切断に用いる.
パイプカッタ		銅管などの切断に用いる.
はんだごて		高圧ケーブルの端末をはんだ処理するのに用いる.
金切りのこ		電線管や太いケーブルを切断するのに用いる.
電動ラチェットケーブルカッタ		手動で切断が難しい太いケーブルを切断するのに用いる.

覚えるコツ 『工具の写真』の中でケーブルヘッド の端末処理に使用しない工具は合成樹脂管用カッタやパイプカッタ！

高圧部分の相順（相回転）の確認には，高圧検相器を使用するよ！

攻略の3ステップ

❶ 過電流継電器 $\boxed{I>}$ の動作特性試験 とくれば

❷ ケーブルヘッド の端末処理に使用しない とくれば

❸ 高圧部分の相順（相回転）の確認 とくれば

解いてみよう（平成 27 年）

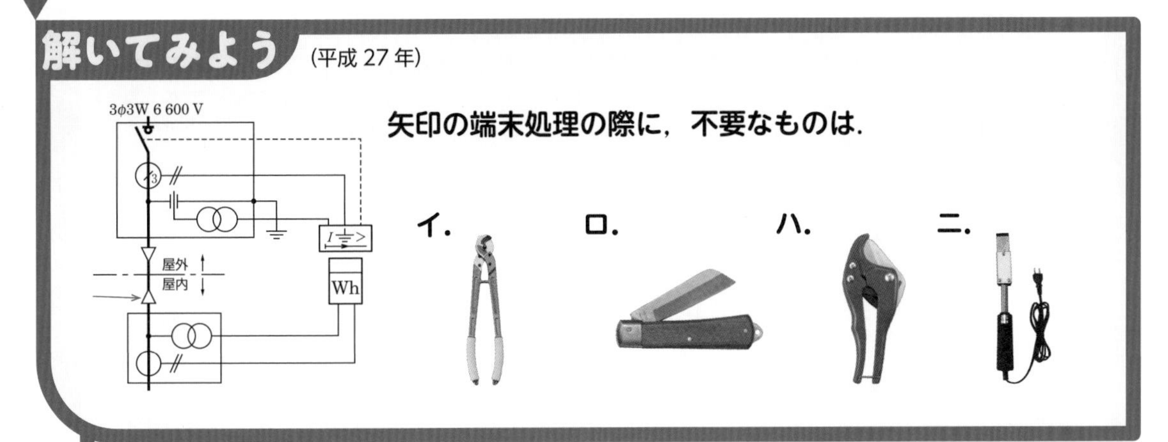

矢印の端末処理の際に，不要なものは.

解説

矢印に示す図記号は**ケーブルヘッド**です．ケーブルヘッドの端末処理に**「ハ」の合成樹脂管用カッタ**は不要です.「イ」のケーブルカッタと「ロ」のナイフと「ニ」のはんだごてはケーブルヘッドの端末処理に使用します.

ハ

過去問にチャレンジ！（平成 30 年）

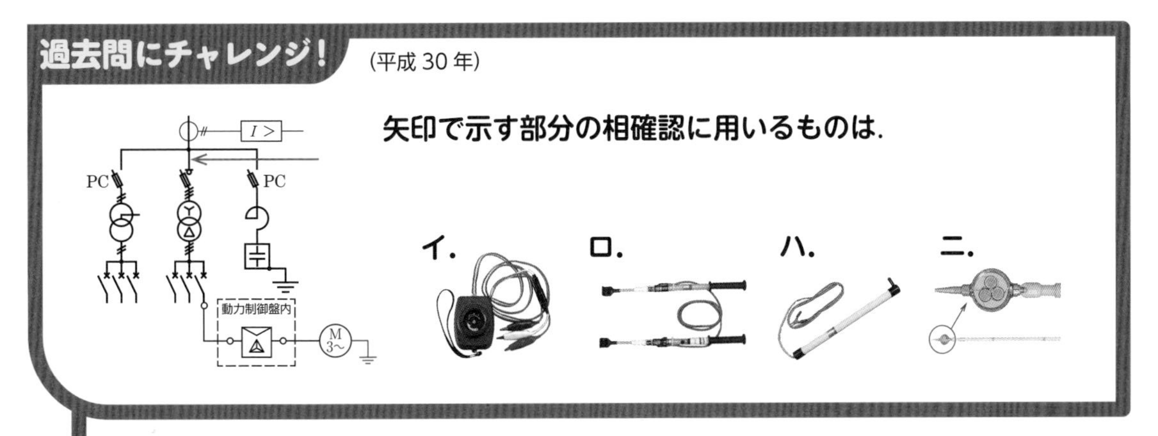

矢印で示す部分の相確認に用いるものは.

解説

高圧電路の相確認に用いるのは「ロ」の**高圧検相器**です.
なお,「イ」は低圧検相器,「ハ」は放電接地棒,「ニ」は風車式検電器です.

ロ

2-12

個数と容量と心線数

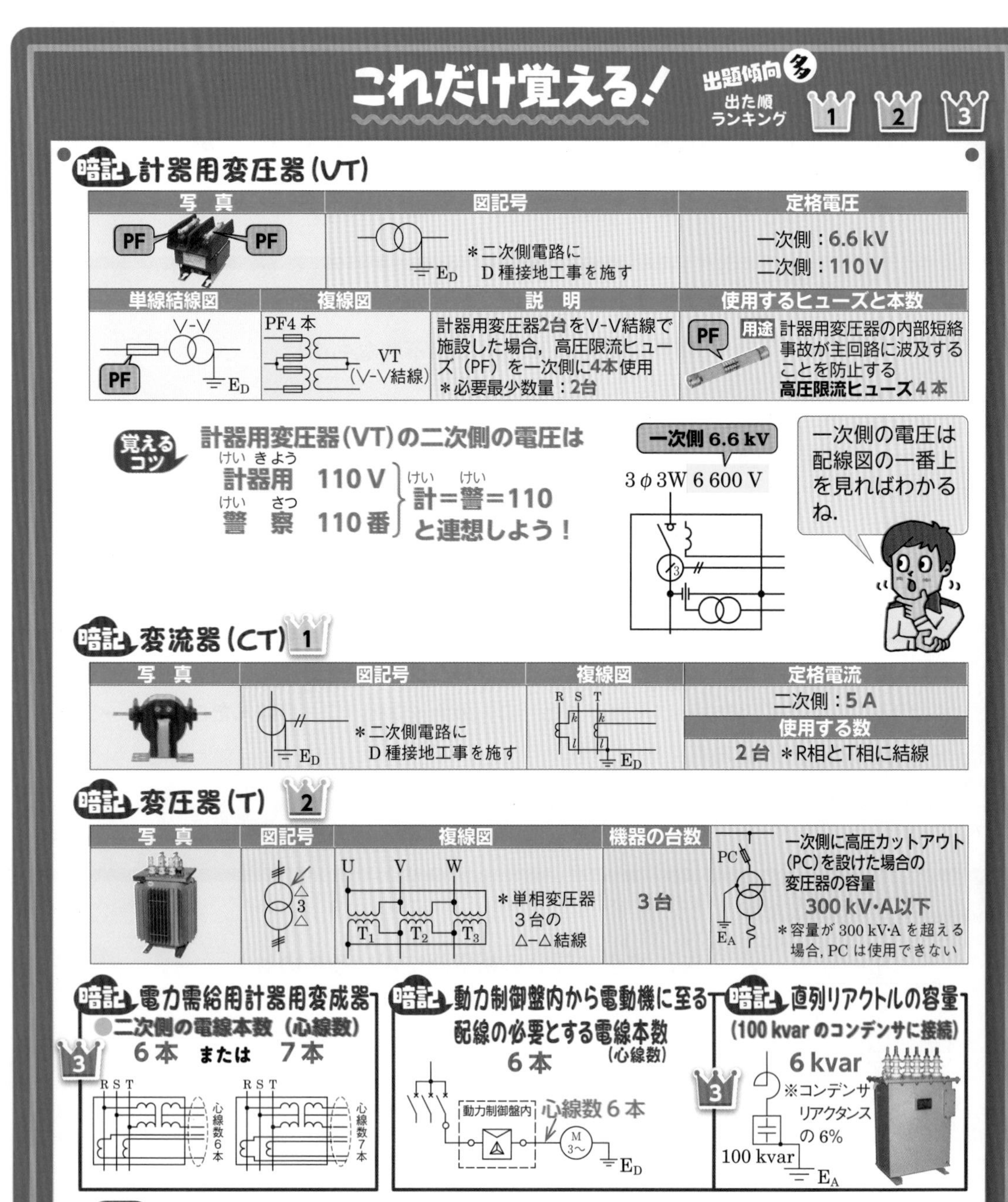
これだけ覚える!
出題傾向 多
出た順ランキング 1 2 3
暗記 計器用変圧器(VT)
写真
PF PF
図記号
ED
＊二次側電路に D 種接地工事を施す
定格電圧
一次側：6.6 kV
二次側：110 V
単線結線図
V-V
PF
ED
複線図
PF4 本
VT (V-V結線)
説明
計器用変圧器2台をV-V結線で施設した場合，高圧限流ヒューズ（PF）を一次側に4本使用
＊必要最少数量：2台
使用するヒューズと本数
PF
用途 計器用変圧器の内部短絡事故が主回路に波及することを防止する
高圧限流ヒューズ4本
覚えるコツ
計器用変圧器(VT)の二次側の電圧は
計器用（けいきよう） 110 V
警察（けいさつ） 110番
計（けい）＝警（けい）＝110 と連想しよう！
一次側 6.6 kV
3φ3W 6 600 V
一次側の電圧は配線図の一番上を見ればわかるね。
暗記 変流器(CT) 1
写真
図記号
ED
＊二次側電路に D 種接地工事を施す
複線図
R S T
k k
l l
ED
定格電流
二次側：5 A
使用する数
2 台 ＊R相とT相に結線
暗記 変圧器(T) 2
写真
図記号
△ 3 △
複線図
U V W
T1 T2 T3
＊単相変圧器 3 台の △-△ 結線
機器の台数
3台
PC
EA
一次側に高圧カットアウト(PC)を設けた場合の変圧器の容量
300 kV·A以下
＊容量が 300 kV·A を超える場合，PC は使用できない
暗記 電力需給用計器用変成器
二次側の電線本数（心線数）
3
6 本 または 7 本
R S T
心線数6本
R S T
心線数7本
暗記 動力制御盤内から電動機に至る配線の必要とする電線本数（心線数）
6 本
動力制御盤内
心線数 6 本
M 3~
ED
暗記 直列リアクトルの容量（100 kvar のコンデンサに接続）
3
6 kvar
※コンデンサリアクタンスの 6%
100 kvar
EA
覚えるコツ 6 の数字が多い！
・計器用変圧器の一次側電圧➡6.6 kV
・電力需給用計器用変成器の二次側の電線本数は➡6 本または 7 本
・動力制御盤内から電動機に至る配線の必要とする電線本数➡6 本
・100 kvar のコンデンサに接続している直列リアクトルの容量➡6 kvar
※コンデンサリアクタンスの 6%

攻略の3ステップ

1. **これだけ覚える!** の個数や本数を覚える
2. **計器用変圧器のV-V結線** ▶ VTを2台，PFを一次側に4本
3.  **とくれば** ▶ △-△結線で単相変圧器  3台

解いてみよう（平成26年）

矢印の部分に施設する機器と使用する本数は．

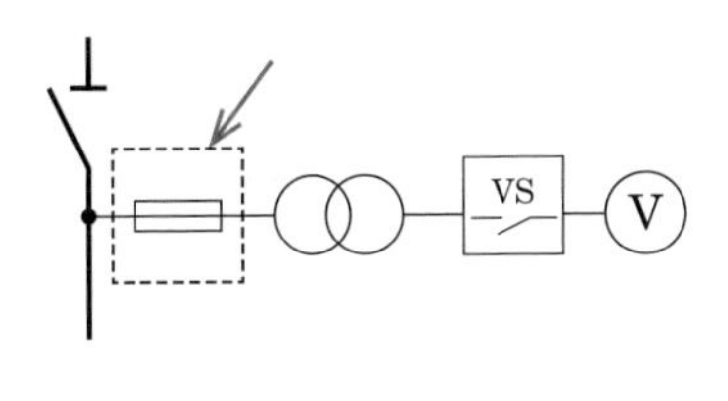

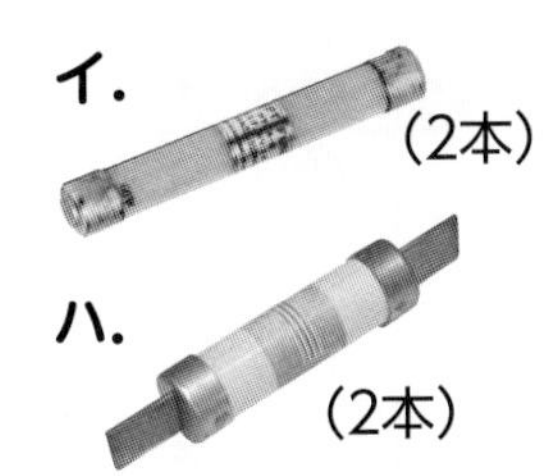

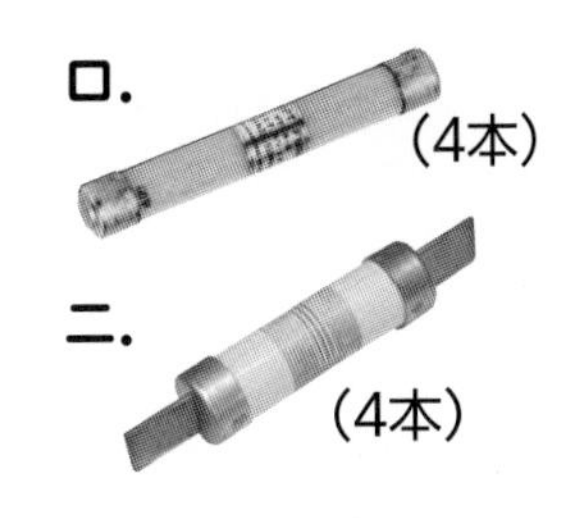

解説

矢印に示す図記号は**高圧限流ヒューズ**（PF）です．計器用変圧器2台をV-V結線で施設した場合，高圧限流ヒューズ（PF）を一次側に**4本**使用します．なお，「ハ」と「ニ」は低圧限流ヒューズで，高圧電線路には使用しません．

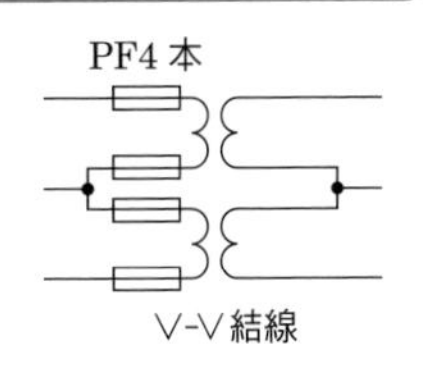

解答 ロ

過去問にチャレンジ！（平成26年）

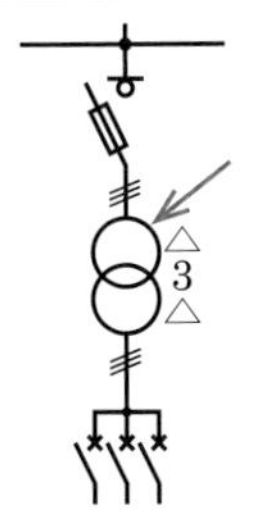

矢印で示す部分に設置する機器と台数は．

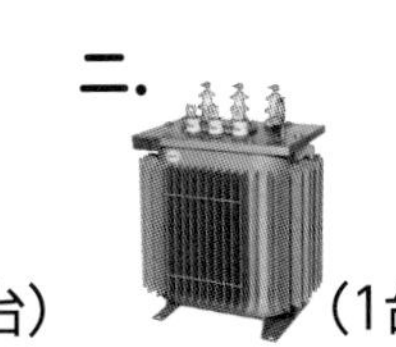

解説

矢印で示す部分に設置する機器は△-△結線で施設しているため，**単相変圧器**で台数は**3**台になります．なお，「ロ」と「ニ」は三相変圧器です．

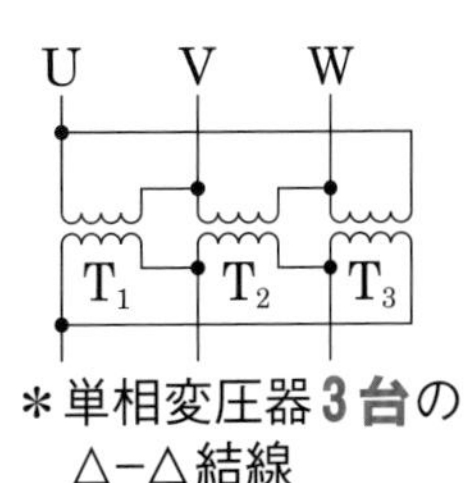

＊単相変圧器**3台**の△-△結線

解答 イ

●練習問題1（図記号と接地工事）

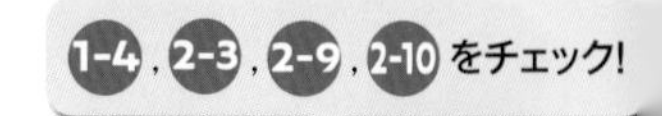

図は，高圧受電設備の単線結線図である．次の各問いに答えよ．

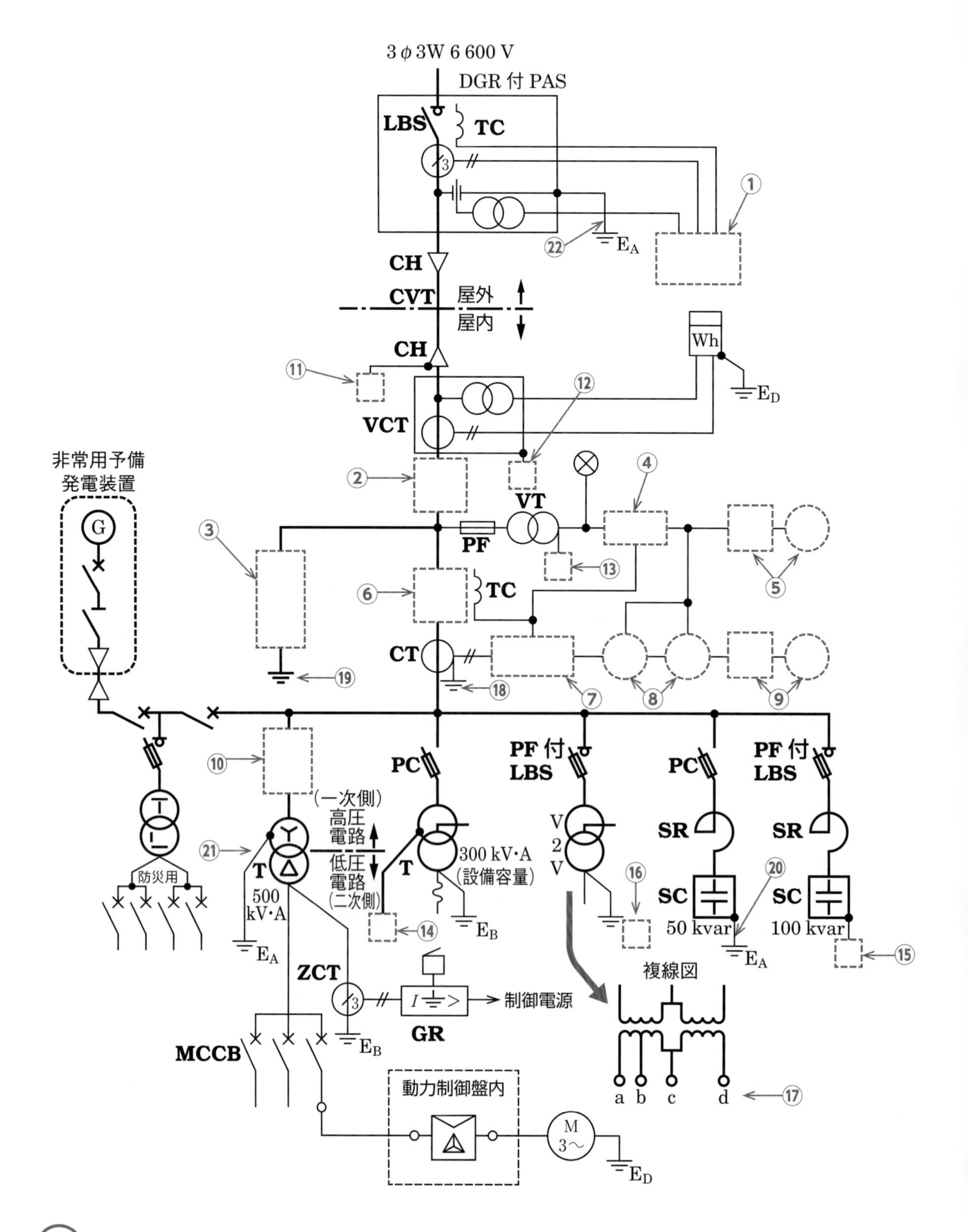

問題 1　①～⑩の部分に設置する機器の記号を語群欄より選び答えよ.

語群欄

イ. U<　ロ. I>　ハ. W cosφ　ニ. AS A　ホ. VS V

ヘ. I⏚>　ト.　チ.　リ.　ヌ.

◆解答◆

①	ヘ	地絡方向継電器（DGR）	②	ヌ	高圧断路器（DS）
③	ト	高圧断路器（DS）と避雷器（LA）	④	イ	不足電圧継電器（UVR）
⑤	ホ	電圧計用切換スイッチ（VS）と電圧計（VM）	⑥	チ	真空遮断器（VCB）
⑦	ロ	過電流継電器（OCR）	⑧	ハ	電力計（WM）と力率計（PFM）
⑨	ニ	電流計用切換スイッチ（AS）と電流計（AM）	⑩	リ	限流ヒューズ付高圧交流負荷開閉器（PF付LBS）

問題 2　⑪～⑮に入る正しい記号を語群欄より選び答えよ. ただし, 重複して答えても良いものとする.

語群欄

イ. E_A　ロ. E_B　ハ. E_C　ニ. E_D

◆解答◆

⑪	イ	A種接地工事	⑫	イ	A種接地工事	⑬	ニ	D種接地工事
⑭	イ	A種接地工事	⑮	イ	A種接地工事			

問題 3　次の各問いに答えよ.

（1）⑯の変圧器の低圧側電路に施す接地工事の種類と⑰に示す各端子のうちその接地工事を施す端子として, 正しいものは.

語群欄

イ. A種接地工事　ロ. B種接地工事　ハ. C種接地工事　ニ. D種接地工事

ホ. a　ヘ. b　ト. c　チ. d

◆解答◆ ロ　B種接地工事　ヘ　b

（2）⑱で示す機器の二次側電路に施す接地工事の種類と使用する軟導線の直径の最小値〔mm〕は.

語群欄

イ. A種接地工事　ロ. B種接地工事　ハ. C種接地工事　ニ. D種接地工事

ホ. 1.2　ヘ. 1.6　ト. 2.0　チ. 2.6

◆解答◆ ニ　D種接地工事　ヘ　1.6 mm

（3）⑲で示す機器に施す接地工事の種類と接地抵抗の最大値〔Ω〕と接地線の最小太さ〔mm^2〕は.

語群欄

イ. A種接地工事　ロ. B種接地工事　ハ. C種接地工事　ニ. D種接地工事

ホ. 2.6　ヘ. 10　ト. 30　チ. 14

◆解答◆ イ　A種接地工事　ヘ　10 Ω

チ　14mm^2（E14）

（4）⑳の部分に使用する軟導線の直径の最小値〔mm〕と接地線の色として, 適切なものは.

語群欄

イ. 1.6　ロ. 2.0　ハ. 2.6　ニ. 3.2

ホ. 白色　ヘ. 赤色　ト. 黒色　チ. 緑色

◆解答◆ ハ　2.6 mm　チ　緑色

（5）㉑の部分に使用する軟導線の直径の最小値〔mm〕と接地工事に使用する保護管で, 適切なものは.

語群欄

イ. 1.6　ロ. 2.6　ハ. 3.2　ニ. 4.0

ホ. 薄鋼電線管　ヘ. 厚鋼電線管　ト. CD管　チ. 硬質ポリ塩化ビニル電線管

◆解答◆ ロ　2.6 mm　チ　硬質ポリ塩化ビニル電線管

（6）㉒の部分の接地工事に使用する保護管で, 適切なものは. ただし, 接地線に人が触れるおそれがあるものとする.

語群欄

イ. 薄鋼電線管　ロ. 合成樹脂製可とう電線管（CD管）

ハ. 厚鋼電線管　ニ. 硬質ポリ塩化ビニル電線管

◆解答◆ ニ　硬質ポリ塩化ビニル電線管

●練習問題2（名称と略号とインタロック）

図は，高圧受電設備の単線結線図である．次の各問いに答えよ．

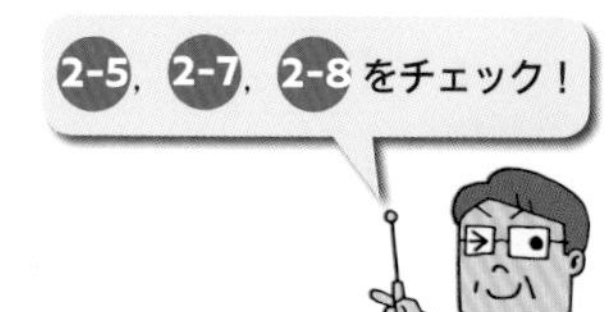

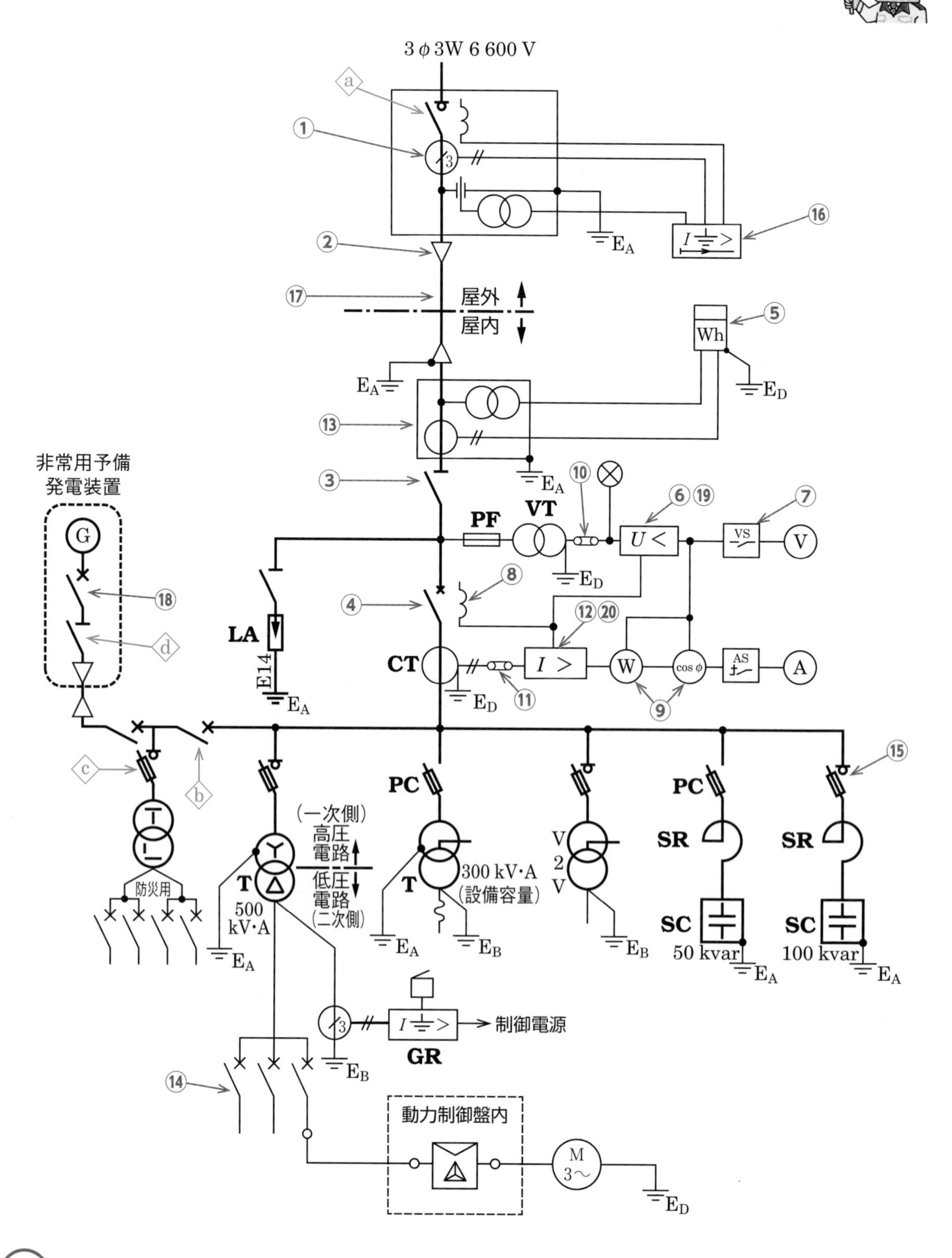

問題 1 ①～⑬の部分に設置する機器の名称を語群欄より選び答えよ．また，⑲と⑳の機器の制御器具番号を語群欄より選び答えよ．

語群欄

イ．不足電圧継電器	**ロ**．電力計と力率計	**ハ**．ケーブルヘッド	**ニ**．試験用端子（電流端子）
ホ．零相変流器	**ヘ**．電力量計	**ト**．真空遮断器	**チ**．電力需給用計器用変成器
リ．過電流継電器	**ヌ**．引外しコイル	**ル**．電圧計器用切換スイッチ	**ヲ**．試験用端子（電圧端子）
ワ．高圧断路器	**カ**．27	**ヨ**．37	**タ**．51

◆解答◆

①	ホ	零相変流器（ZCT）	②	ハ	ケーブルヘッド（CH）
③	ワ	高圧断路器（DS）	④	ト	真空遮断器（VCB）
⑤	ヘ	電力量計（WHM）	⑥	イ	不足電圧継電器（UVR）
⑦	ル	電圧計器用切換スイッチ（VS）	⑧	ヌ	引外しコイル（TC）
⑨	ロ	電力計（WM）と力率計（PFM）	⑩	ヲ	試験用端子（電圧端子）（VTT）
⑪	ニ	試験用端子（電流端子）（CTT）	⑫	リ	過電流継電器（OCR）
⑬	チ	電力需給用計器用変成器（VCT）			
⑲	カ	27 不足電圧継電器	⑳	タ	51 過電流継電器

問題 2 ⑫～⑯の部分に設置する機器の略号と⑰で示すケーブルの種類を表す記号を語群欄より選び答えよ．

語群欄

イ．DGR	**ロ**．OCR	**ハ**．VCT
ニ．CVT	**ホ**．MCCB	**ヘ**．LBS（PF 付）

◆解答◆

⑫	ロ	過電流継電器（OCR）	⑬	ハ	電力需給用計器用変成器（VCT）
⑭	ホ	配線用遮断器（MCCB）	⑮	ヘ	限流ヒューズ付高圧交流負荷開閉器　（PF 付 LBS）
⑯	イ	地絡方向継電器（DGR）	⑰	ニ	トリプレックス形架橋ポリエチレン絶縁ビニルシースケーブル（CVT）

問題 3 ⑱の機器とインタロックをかけるべき機器は．ただし，非常用予備電源と常用電源を電気的に接続しないものとする．

語群欄

イ．ⓐ　**ロ**．ⓑ　**ハ**．ⓒ　**ニ**．ⓓ

図のように非常用予備発電装置と常用電源が電気的に接続しないようにするには⑱の機器とⓑが同時に入らないように**インタロック**を施します．

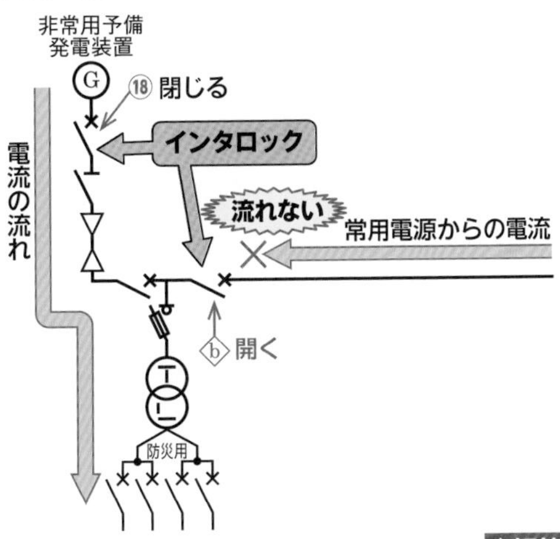

◆解答◆ ロ

●練習問題3（目的,CVTやKIP）

図は，高圧受電設備の単線結線図である．次の各問いに答えよ．

豆知識

SOGとは「Storage Over Current Ground」の略称で，①に付属する保護継電装置のことです．

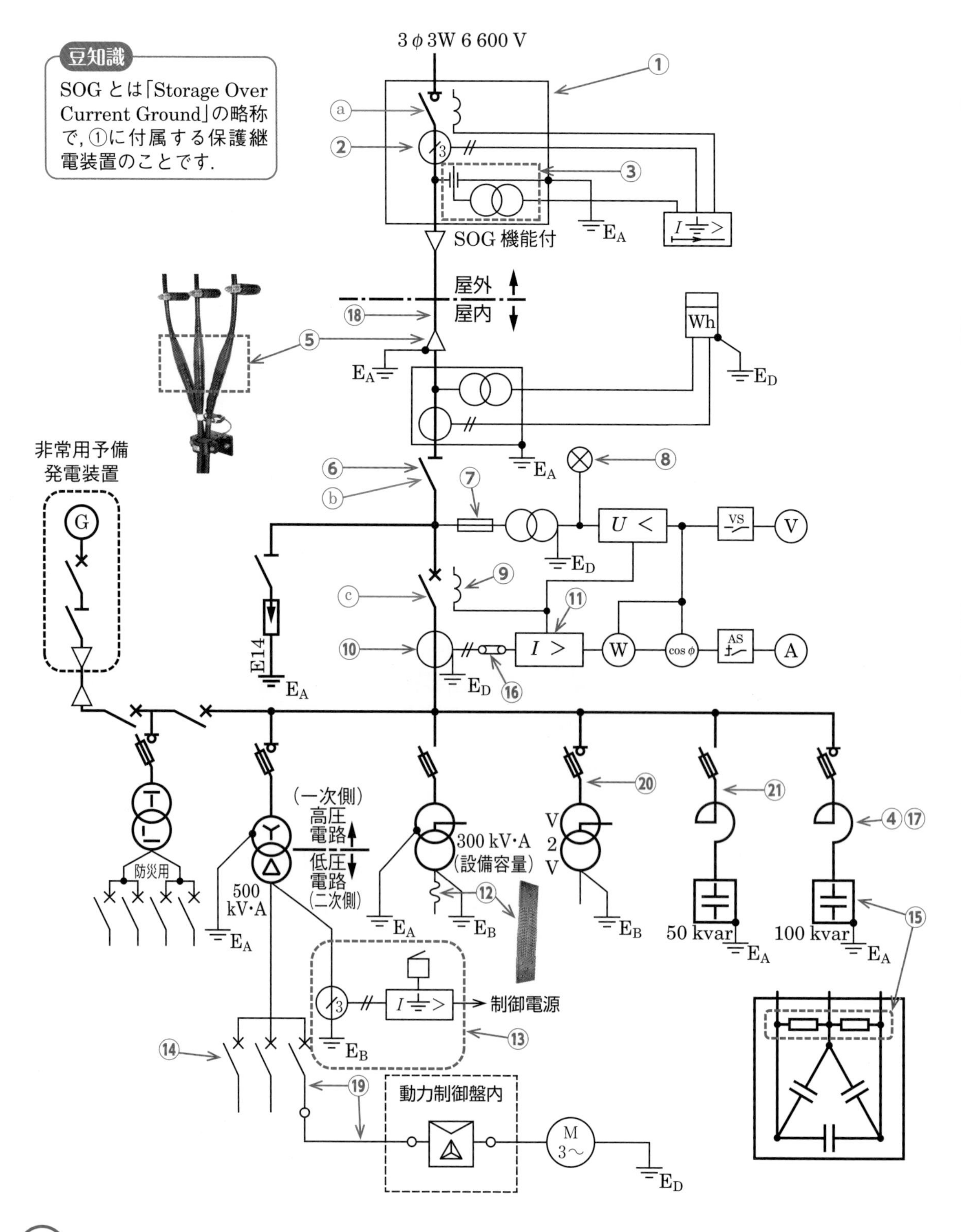

問題 1　①～⑯の部分に関する用途や目的，役割等に関する記述として正しいものを語群欄より選び答えよ．ただし，①と⑮のみ 2 つ答えること．

語群欄
- **イ**．零相電圧を検出する
- **ロ**．高圧電路の電流を変流する
- **ハ**．負荷電流を遮断してはならない
- **ニ**．低圧電路の過負荷及び短絡を検出し，電路を遮断する
- **ホ**．遮へい端部の電位傾度を緩和する
- **ヘ**．計器用変圧器の内部短絡事故が主回路に波及することを防止する
- **ト**．需要家側電気設備の地絡事故を検出し，高圧交流負荷開閉器を開放する
- **チ**．地震時等にブッシングに加わる荷重を軽減する
- **リ**．零相電流を検出する
- **ヌ**．過電流を検出して遮断器をトリップさせる
- **ル**．残留電荷を放電する
- **ヲ**．電源の表示
- **ワ**．コンデンサ回路の突入電流を抑制し，第 5 調波等の電圧波形のひずみを改善する
- **カ**．低圧電路の地絡電流を検出して警報する
- **ヨ**．高圧受電設備の力率改善に用いる
- **タ**．遮断器を開放する
- **レ**．電路の点検時等に試験器を接続し，過電流継電器の試験を行う
- **ソ**．需要家側高圧電路の短絡電流を検出し，事故電流による高圧交流負荷開閉器の遮断命令を一旦記憶する．その後，一般送配電事業者側からの送電が停止され，無充電を検知することで自動的に負荷開閉器を開路する

◆解答◆

番号	解答	機器
①	ト, ソ	地絡方向継電器付高圧交流負荷開閉器
③	イ	零相電圧検出装置(ZPD)
⑤	ホ	ケーブルヘッド(CH)のストレスコーン
⑦	ヘ	限流ヒューズ(F)
⑨	タ	引外し(トリップ)コイル(TC)
⑪	ヌ	過電流継電器(OCR)
⑬	カ	零相変流器(ZCT)と地絡継電器(GR)とブザー(BZ)
⑮	ル, ヨ	高圧進相コンデンサ(SC)

番号	解答	機器
②	リ	零相変流器(ZCT)
④	ワ	直列リアクトル(SR)
⑥	ハ	断路器(DS)
⑧	ヲ	表示灯(SL)
⑩	ロ	変流器(CT)
⑫	チ	可とう導体
⑭	ニ	配線用遮断器(MCCB)
⑯	レ	試験用端子(CT 用)

問題 2　⑰で示す機器の役割として，誤っているものは．

語群欄
- **イ**．コンデンサ回路の突入電流を抑制する
- **ロ**．コンデンサの残留電荷を放電する
- **ハ**．電圧波形のひずみを改善する
- **ニ**．第 5 調波等の高調波障害の拡大を防止する

直列リアクトル(SR)で，コンデンサ回路の突入電流を抑制したり，第 5 調波等の電圧波形のひずみを改善します．**コンデンサの残留電荷を放電するのは，⑮の高圧進相コンデンサに内蔵されている抵抗**です．　◆解答◆ ロ

問題 3　⑱，⑲で示す部分に使用する CVT ケーブルと，⑳，㉑で示す高圧絶縁電線（KIP）の構造として適切なものは．ただし，重複して答えても良いものとする．

語群欄

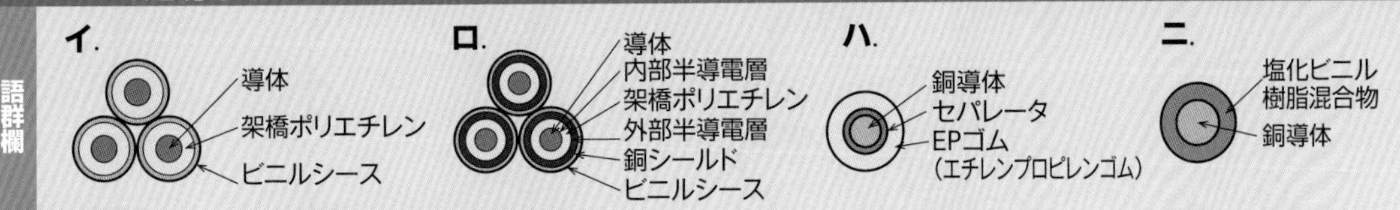

◆解答◆

⑱	ロ	高圧の部分に使用する**高圧 CVT ケーブル**は，「イ」の低圧 CVT ケーブルの絶縁物に，内部半導電層と外部半導電層と銅シールドが加わったものです．
⑲	イ	変圧器の二次側の低圧の部分に使用する**低圧 CVT ケーブル**は，絶縁物に架橋ポリエチレンとビニルシースを使用している．低圧 CV ケーブルを 3 本より合わせた形のものです．
⑳	ハ	**KIP 電線**は，導体に銅導体を用い，絶縁物にエチレンプロピレンゴムを使用しています．
㉑	ハ	**KIP 電線**は「ハ」です．なお，「ニ」は絶縁電線（IV 線）です．

問題 4　ⓐⓑⓒの機器において，この高圧受電設備を点検時に停電させる為の開路手順として，最も不適切なものは．

語群欄
- **イ**．ⓐ→ⓑ→ⓒ
- **ロ**．ⓑ→ⓐ→ⓒ
- **ハ**．ⓒ→ⓐ→ⓑ
- **ニ**．ⓒ→ⓑ→ⓐ

機器は，ⓐ負荷開閉器，ⓑ断路器，ⓒ遮断器です．ⓑ断路器は，負荷電流を遮断してはならないので一番最初に開路している「ロ」が最も不適切です．　◆解答◆ ロ

●練習問題 4（写真）

2-4, 2-11, 2-12 をチェック！

図は，高圧受電設備の単線結線図である．次の各問いに答えよ．

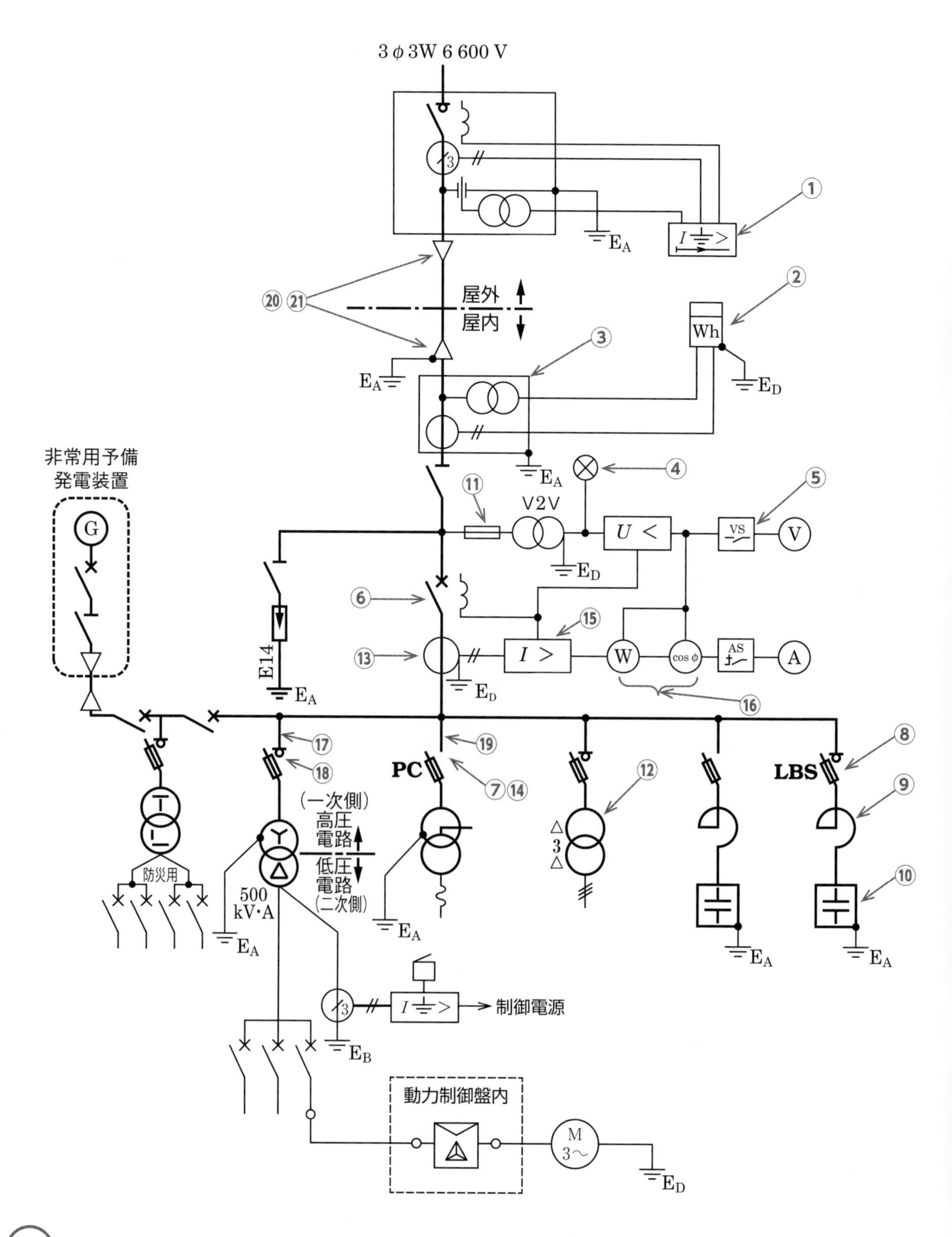

問題 1　①～⑩の部分に設置する機器の写真を語群欄より選び答えよ.

◆解答◆

番号	記号	機器	番号	記号	機器
①	チ	地絡方向継電器（DGR）	②	イ	電力量計（WHM）
③	ロ	電力需給用計器用変成器（VCT）	④	リ	表示灯（SL）
⑤	ハ	電圧計器用切換スイッチ（VS）	⑥	ヌ	高圧真空遮断器（VCB）
⑦	ニ	高圧カットアウト（PC）	⑧	ル	限流ヒューズ付高圧交流負荷開閉器（PF 付 LBS）
⑨	ト	直列リアクトル（SR）	⑩	ヘ	高圧進相コンデンサ（SC）

問題 2　⑪～⑬の部分に施設する機器と使用する数を語群欄より選び答えよ.

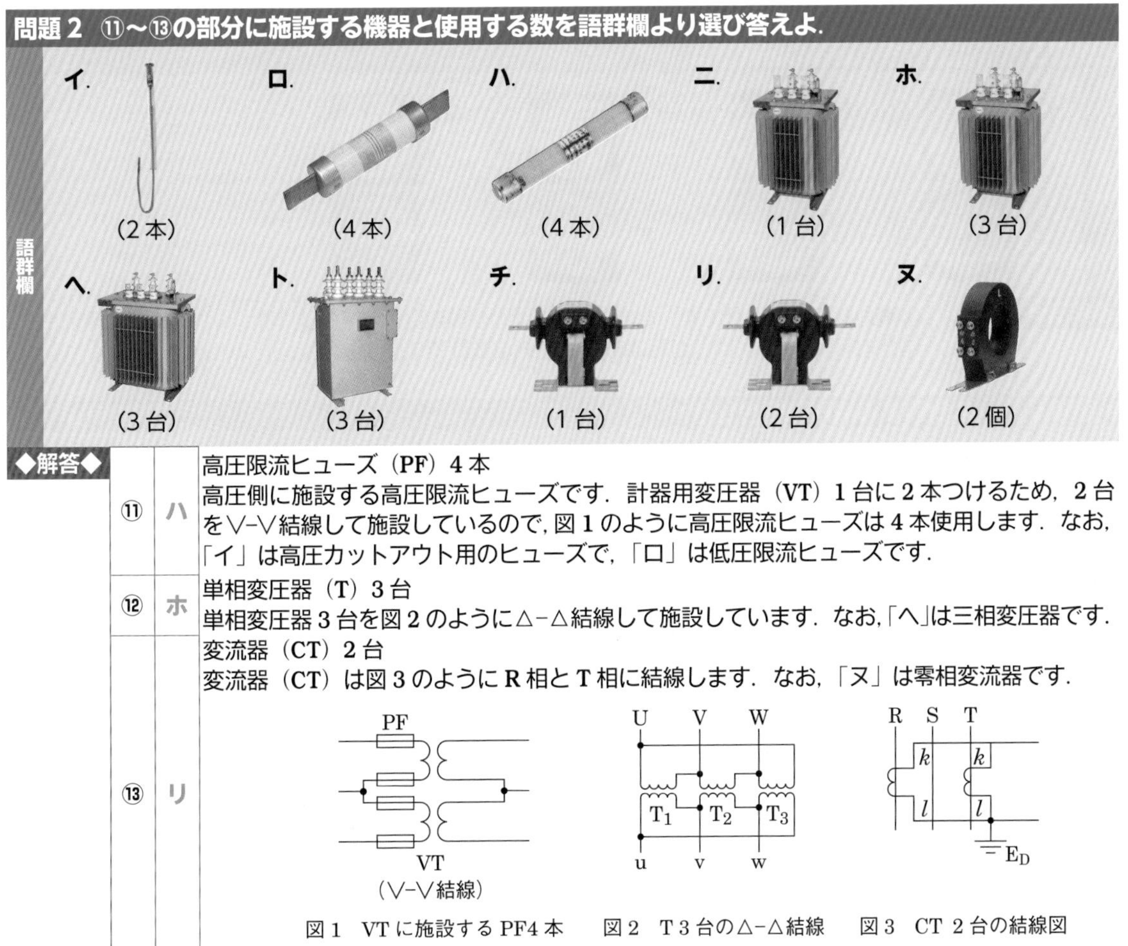

◆解答◆

⑪	ハ	高圧限流ヒューズ（PF）4 本 高圧側に施設する高圧限流ヒューズです．計器用変圧器（VT）1 台に 2 本つけるため，2 台をV-V 結線して施設しているので，図 1 のように高圧限流ヒューズは 4 本使用します．なお，「イ」は高圧カットアウト用のヒューズで，「ロ」は低圧限流ヒューズです．
⑫	ホ	単相変圧器（T）3 台 単相変圧器 3 台を図 2 のように△-△結線して施設しています．なお,「ヘ」は三相変圧器です．
⑬	リ	変流器（CT）2 台 変流器（CT）は図 3 のように R 相と T 相に結線します．なお，「ヌ」は零相変流器です．

図 1　VT に施設する PF4 本　　図 2　T 3 台の△-△結線　　図 3　CT 2 台の結線図

問題 3　⑭の機器で使用するヒューズは.

語群欄

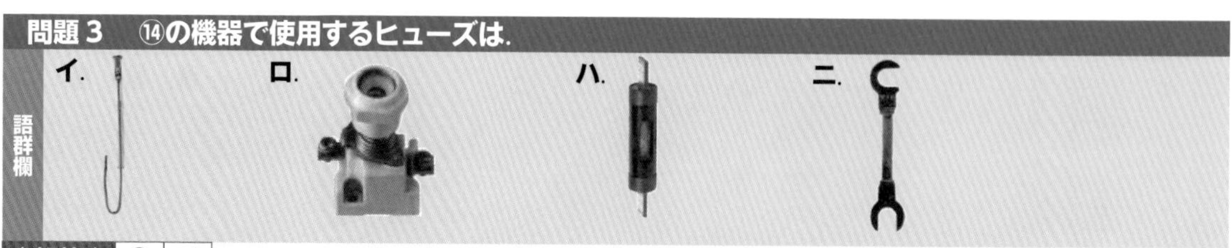

◆解答◆ ⑭ イ　高圧カットアウト用ヒューズです．なお，「ロ」は制御回路を保護するヒューズ，「ハ」は低圧限流ヒューズ，「ニ」は低圧爪付ヒューズです.

問題 4　⑮で示す機器の動作特性試験に用いるものは.

語群欄

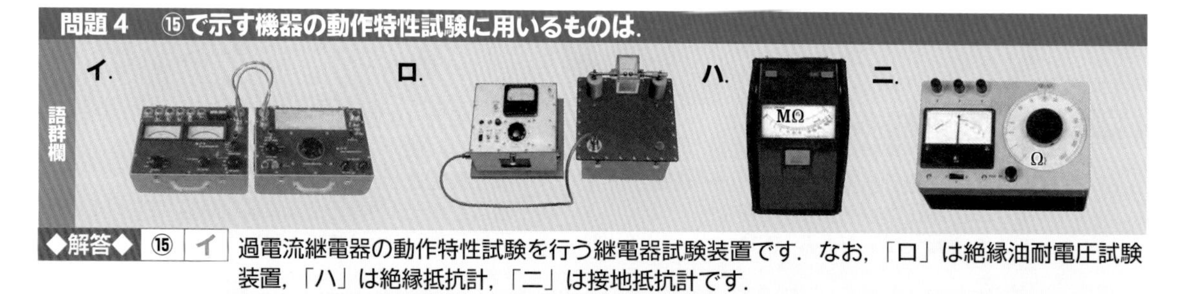

◆解答◆ ⑮ イ　過電流継電器の動作特性試験を行う継電器試験装置です．なお，「ロ」は絶縁油耐電圧試験装置，「ハ」は絶縁抵抗計，「ニ」は接地抵抗計です.

問題 5　⑯に設置する機器の組合せは.

語群欄

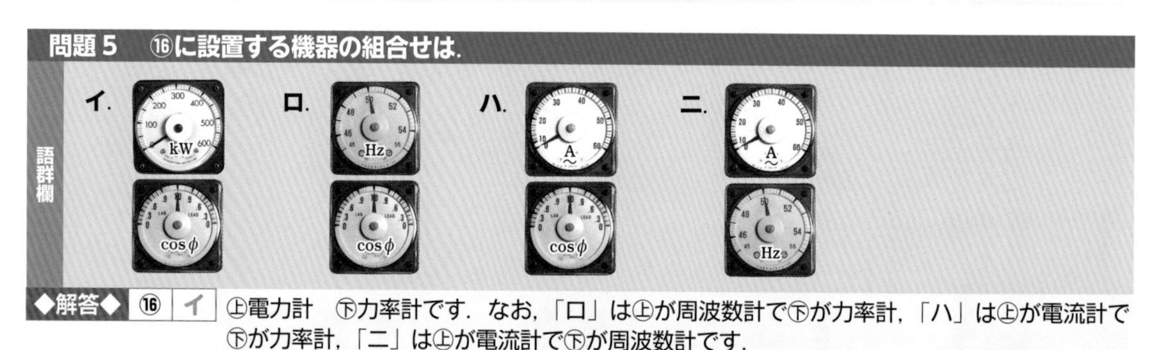

◆解答◆ ⑯ イ　㊤電力計　㊦力率計です．なお，「ロ」は㊤が周波数計で㊦が力率計，「ハ」は㊤が電流計で㊦が力率計，「ニ」は㊤が電流計で㊦が周波数計です.

問題 6　⑰に設置する機器の組合せは.

語群欄

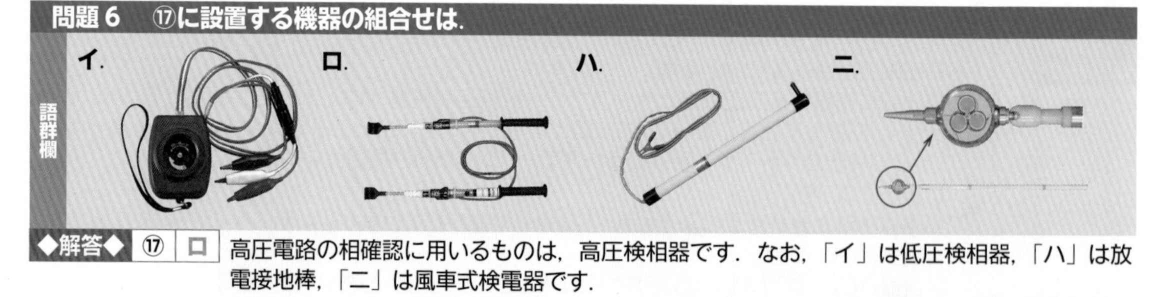

◆解答◆ ⑰ ロ　高圧電路の相確認に用いるものは，高圧検相器です．なお，「イ」は低圧検相器，「ハ」は放電接地棒，「ニ」は風車式検電器です.

問題 7　⑱で示す部分で停電時に放電接地を行うものは.

語群欄

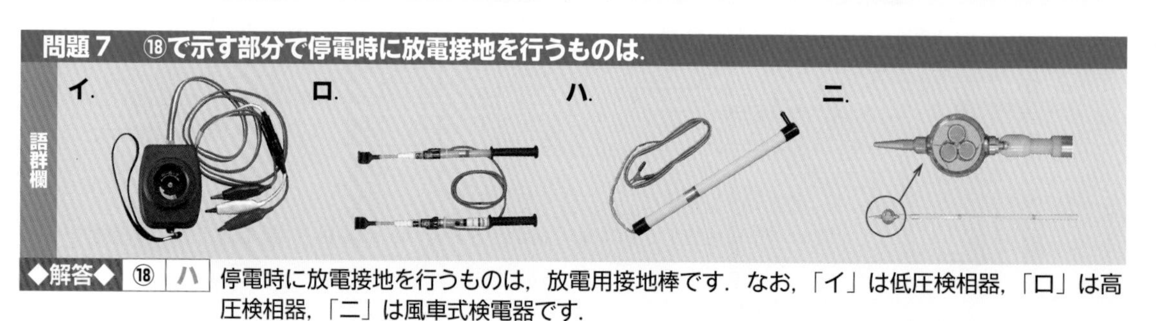

◆解答◆ ⑱ ハ　停電時に放電接地を行うものは，放電用接地棒です．なお，「イ」は低圧検相器，「ロ」は高圧検相器，「ニ」は風車式検電器です.

問題 8　⑲で示す部分で停電時に放電接地を行うものは.

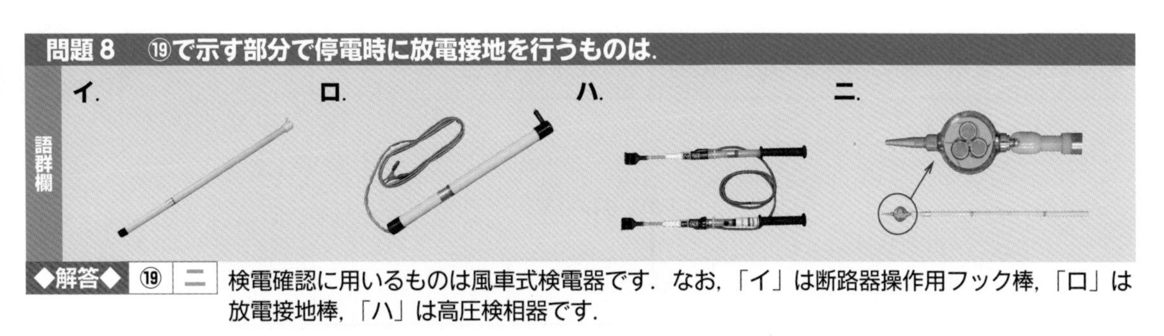

◆解答◆　⑲　ニ　検電確認に用いるものは風車式検電器です．なお,「イ」は断路器操作用フック棒,「ロ」は放電接地棒,「ハ」は高圧検相器です.

問題 9　⑳で示す部分に使用されないものを語群欄より 2 つ選び答えよ.

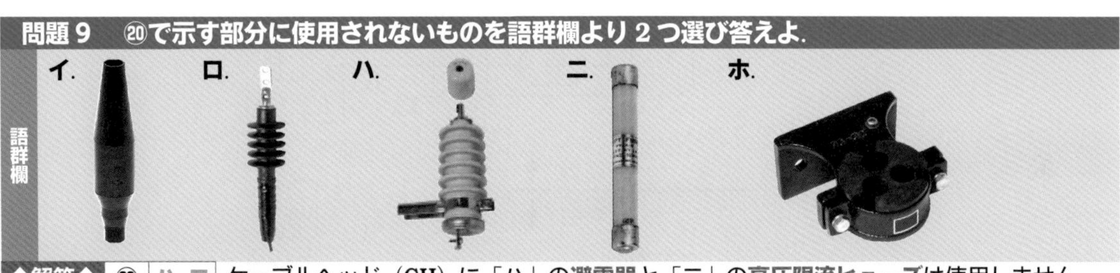

◆解答◆　⑳　ハ, ニ　ケーブルヘッド（CH）に「ハ」の**避雷器**と「ニ」の**高圧限流ヒューズ**は使用しません.
屋外用のケーブルヘッドは図 1 の形をしており，屋内用のケーブルヘッドは図 2 の形をしています.
「イ」は屋内終端接続部に使用するストレスコーン,「ロ」はゴムとう管形屋外終端接続部,「ホ」は CVT ケーブルを支持固定するブラケットとゴムスペーサです.

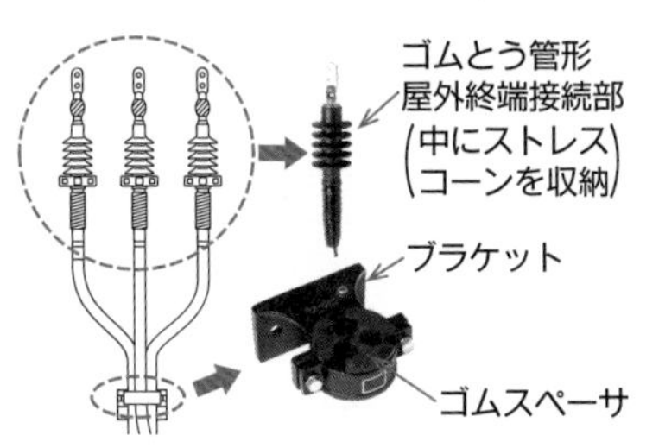

図 1　ゴムとう管形屋外終端接続部の CH

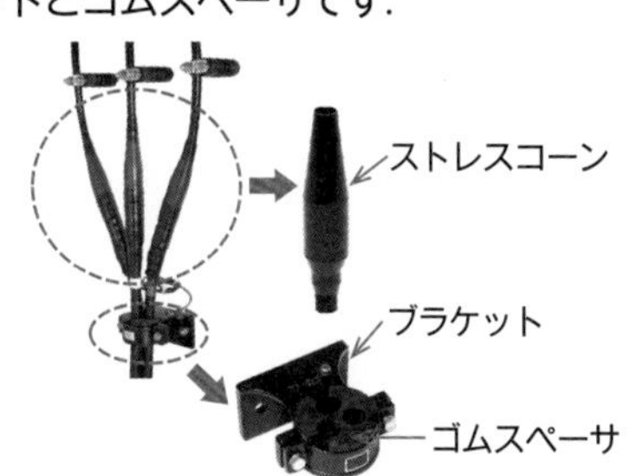

図 2　屋内終端接続部の CH

問題 10　㉑の端末処理の際に，不要なものを語群欄より 2 つ選び答えよ.

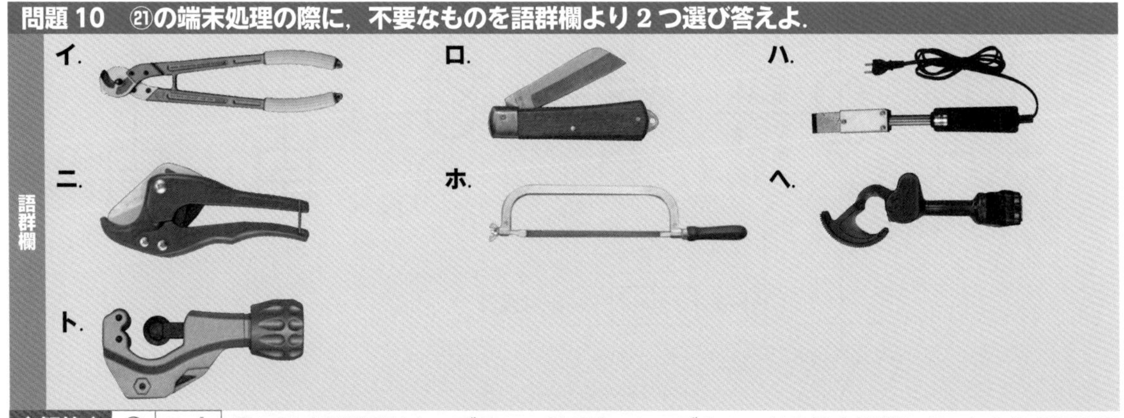

◆解答◆　㉑　ニ, ト　㉑に示す図記号はケーブルヘッドです．ケーブルヘッドの端末処理に「ニ」の**合成樹脂管用カッタ**と「ト」の**パイプカッタ**は不要です.「イ」のケーブルカッタ,「ロ」のナイフ,「ハ」のはんだごて,「ホ」の金切りのこ,「ヘ」の電動ラチェットケーブルカッタはケーブルヘッドの端末処理に使用します.

●練習問題5（数量と結線図）

2-7と2-12をチェック！

図は，高圧受電設備の単線結線図である．次の各問いに答えよ．

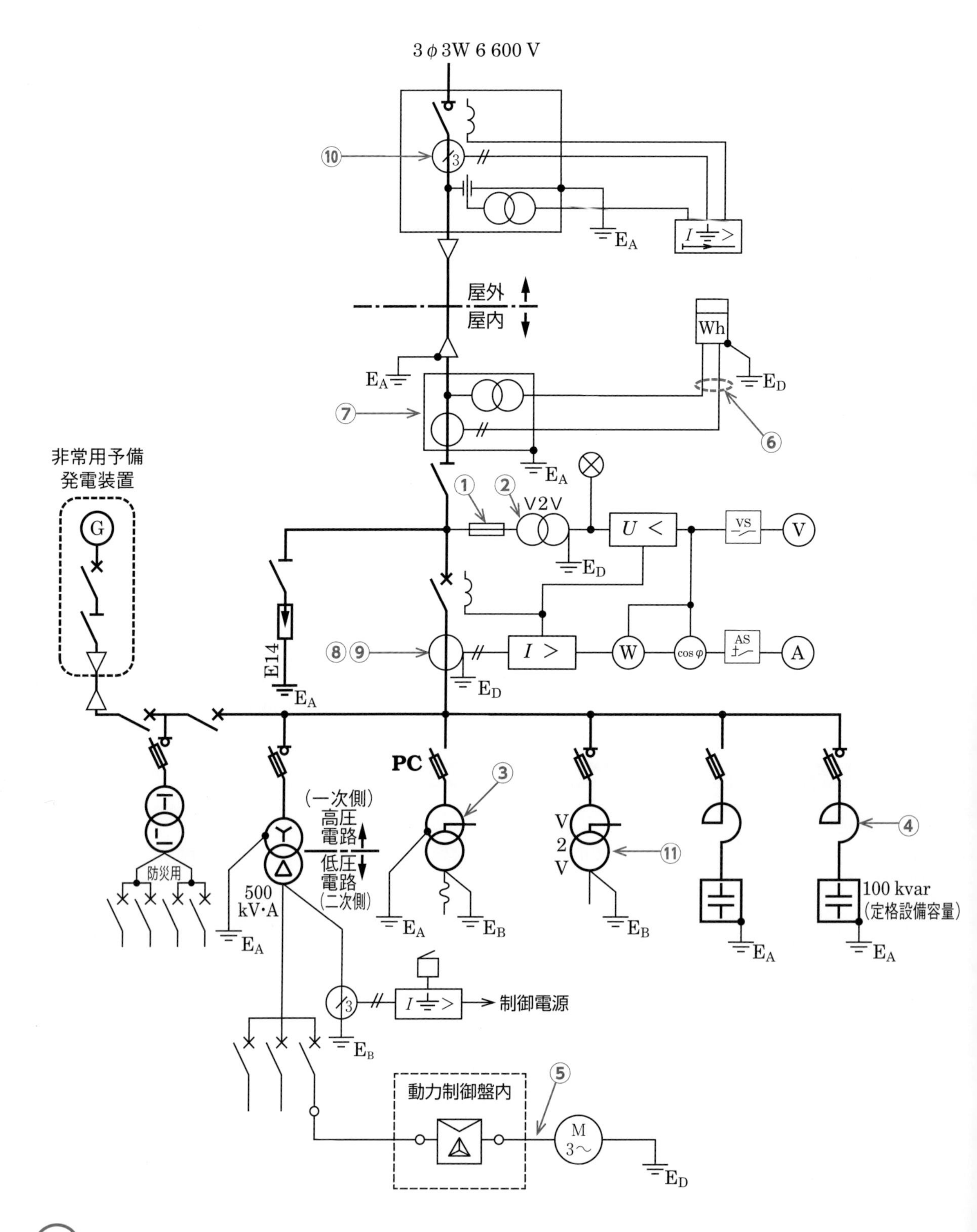

問題 1　次の各問いに答えよ．

（1）①で示す器具の総個数は．ただし，この器具は，計器用変圧器に取り付けられているものとする．

語群欄
イ．2　**ロ**．3　**ハ**．4　**ニ**．5

計器用変圧器の電源側の高圧限流ヒューズの個数は **4 個**です．

◆解答◆ ハ

（2）②に設置する単相機器の必要最少数量および一次定格電圧〔kV〕と二次定格電圧〔V〕は．

語群欄
イ．1 台　**ロ**．2 台　**ハ**．3 台　**ニ**．4 台
ホ．6.0 kV 105 V　**ヘ**．6.0 kV 110 V　**ト**．6.6 kV 105 V　**チ**．6.6 kV 110 V

計器用変圧器 **2 台**を V 結線し，一次定格電圧は **6.6 kV** で二次定格電圧〔V〕は **110 V** です．

◆解答◆ ロ, チ

（3）③の部分に使用できる変圧器の最大容量〔kV·A〕は．

語群欄
イ．50　**ロ**．100　**ハ**．200　**ニ**．300

変圧器の一次側に高圧カットアウト（PC）を設けた場合，変圧器の容量は **300 kV・A 以下**です．

◆解答◆ ニ

（4）④で示す機器の容量〔kvar〕として，最も適切なものは．また，④で示す機器はコンデンサリアクタンスの何％か答えよ．

語群欄
イ．3 kvar　**ロ**．6 kvar　**ハ**．18 kvar　**ニ**．30 kvar
ホ．3％　**ヘ**．6％　**ト**．18％　**チ**．30％

直列リアクトルの容量は，コンデンサリアクタンスの **6％**のものを施設します．結線図より高圧進相コンデンサの定格設備容量が 100 kvar となっているので直列リアクトルの容量はその 6％で **6 kvar** になります．

◆解答◆ ロ, ヘ

（5）⑤で示す動力制御盤内から電動機に至る配線で，必要とする電線本数（心線数）は．

語群欄
イ．3　**ロ**．4　**ハ**．5　**ニ**．6

電動機の始動電流を抑えるための始動方法の 1 つに，スターデルタ始動法があります．電動機の固定子の巻線を始動時にはスター結線として，巻線に加わる電圧を $1/\sqrt{3}$ にして始動電流を抑え，始動後はデルタ結線に切り替えて，巻線に全電圧を加えてトルクを大きくします．このように，電動機の巻線の結線を始動時と始動後に切り替えるため，巻線 **6 本**が必要になります（アースを含めると 7 本になります）．

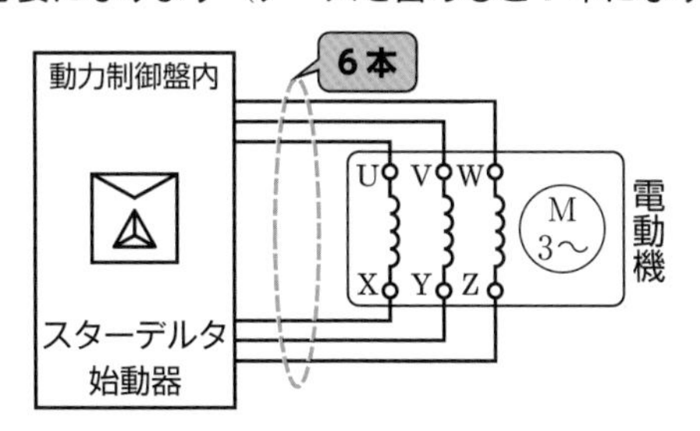

◆解答◆ ニ

（6）⑥の部分の電線本数（心線数）は．

語群欄
イ．2 または 3　**ロ**．4 または 5　**ハ**．6 または 7　**ニ**．8 または 9

電力需給用計器用変成器（VCT）は計器用変圧器（VT）と変流器（CT）を 1 つの箱に組み込んだもので，電力量計と組み合わせて，電力測定における変成装置として用いる機器です．結線図は図 1 のように，心線数は接地側の配線をまとめると **6 本**となります．図 2 のように，接地側の配線をまとめないと **7 本**となります．

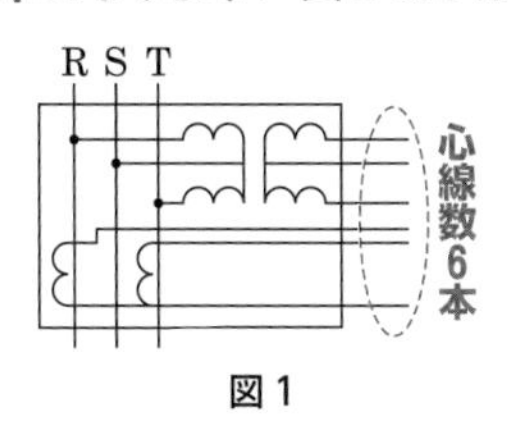

図 1

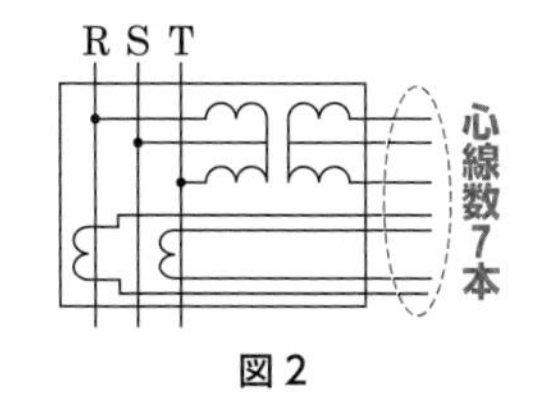

図 2

◆解答◆ ハ

問題 2　次の各問いに答えよ.

(1) ⑦の部分に設置する機器の結線図として，正しいものは.

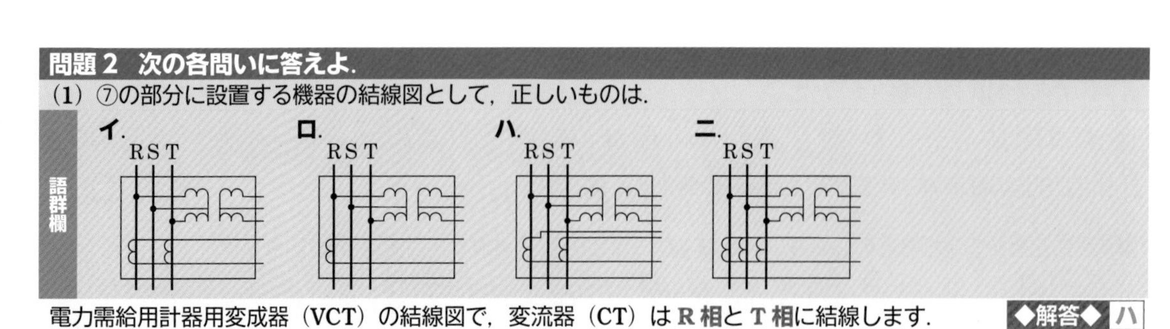

電力需給用計器用変成器（VCT）の結線図で，変流器（CT）は **R 相**と **T 相**に結線します. **◆解答◆ ハ**

(2) ⑧で示す部分に施設する機器の結線図として，正しいものは.

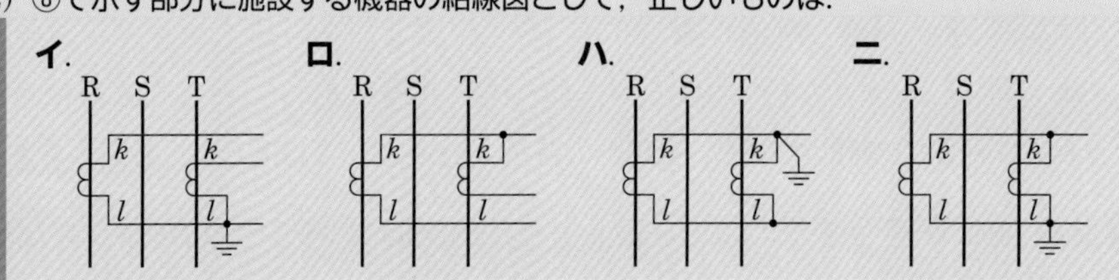

変流器(CT)の結線図で，「イ」のように結線します. なお，二次側には D 種接地工事を施します. **◆解答◆ イ**

(3) ⑨で示す機器の端子記号を表したもので，正しいものは.

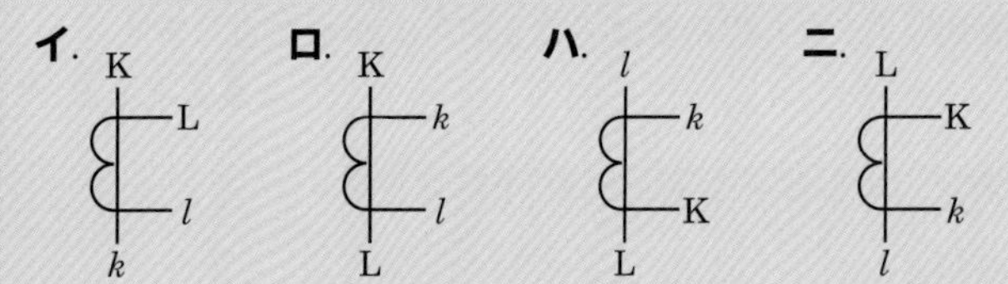

変流器（CT）の端子記号を表したもので，K は一次側の電源側に結線する端子，*k* は二次側の巻線の端子を表しています. L は一次側の負荷側に結線する端子，*l* は二次側の巻線の端子を表しています. なお，一次側は高圧で，二次側は低圧になります. **◆解答◆ ロ**

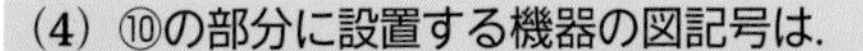

(4) ⑩の部分に設置する機器の図記号は.

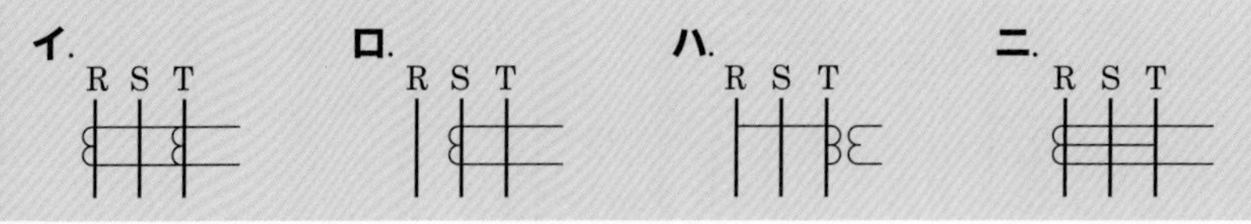

⑩の機器は零相変流器（ZCT）で，図記号は「ニ」です. **◆解答◆ ニ**

(5) ⑪で示す変圧器の結線図において，B 種接地工事を施した図で，正しいものは.

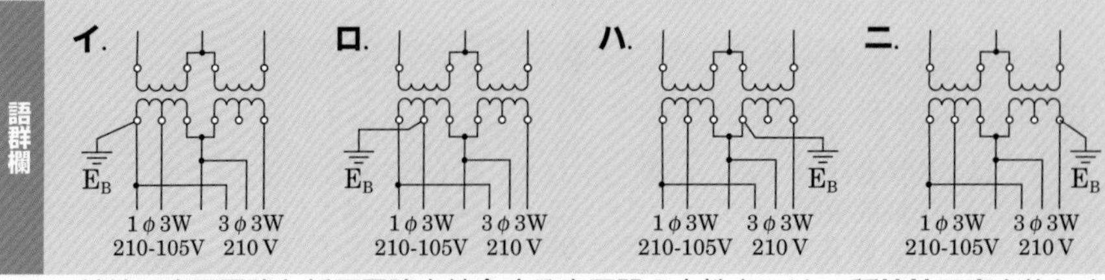

V-V 結線で高圧電路と低圧電路を結合する変圧器の中性点には **B 種接地工事**を施します. B 種接地工事を施した図は「ロ」です. **◆解答◆ ロ**

過去に出題された高圧受電設備の結線図の問題を練習問題としてまとめたよ.

3章

2章 5問＋3章 5問出題
または
2章 10問＋3章 0問出題

制御回路図

制御回路図って何ですか?

電動機の回転を制御するための電気回路の設計図のことだよ.

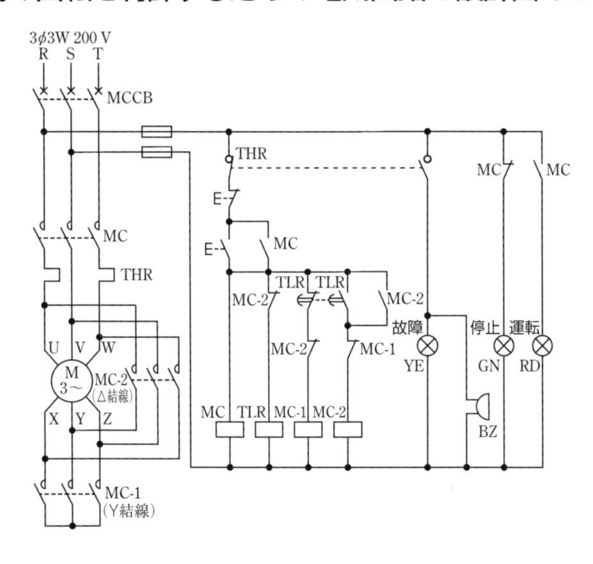

3章は0問のときがあるんですか!?
どのくらいの頻度で出題されますか?

3回に1回ぐらいの割合で出題されているよ.
2年連続で出題されることもあるから要注意だよ!

まぁ，やるしかないですね♪

制御回路図の基本

制御回路図（シーケンス図）の基本

シーケンス制御とは前もって定められた順序や条件に従って次々と進めていく制御のことです．シーケンス制御で使用される制御用機器には，下表のような押しボタンスイッチ（電気回路を機械的接点で開閉）や，電磁接触器（コイルに生じる電磁力によって接点を電気的に開閉）など，目的に応じていろいろな種類のものが利用されています．ここでは，過去に出題のあったものに的を絞り，シーケンス制御の基本的な図記号や動作方法などについて学びましょう．

押しボタンスイッチ（PB）

写真	図記号	用途
手動操作 自動復帰	PBのメーク接点（a接点）	ボタンを押すと接点が閉じて，離すと接点が開く（復帰する）．
	PBのブレーク接点（b接点）	PBのメーク接点と反対で，ボタンを押すと接点が開き，離すと接点が閉じる（復帰する）．

電磁接触器（MC）

写真	図記号	用途
	MCのリレーコイル	リレーコイルに電圧が加わると，MCの接点を開閉する．電圧がなくなると，復帰する．
	MCのメーク接点（a接点）	MCのリレーコイルに電圧が加わると接点が閉じる．電圧がなくなると、接点が開く（復帰する）．
	MCのブレーク接点（b接点）	MCのメーク接点と反対で，電圧が加わると接点が開き，電圧がなくなると，接点が閉じる（復帰する）．

見て覚えよう　シーケンス制御の基本的な動作方法

•Step1〔メーク接点（a接点）の例〕

最初は，ランプ⊗が消えている状態

PBは押した状態：
① 押しボタンスイッチ PB を押しっぱなしにする．
② 電磁接触器 MC□ のリレーコイルに電流が流れる（電圧が印加される）．
③ メーク接点 MC が閉じる．
④ ランプ⊗が点く．

⑤ 押しボタンスイッチ PB から手を離す．
⑥ バネの力で押しボタンスイッチ PB の接点が開く．
⑦ 電磁接触器 MC□ のリレーコイルに電流が流れなくなる．
⑧ 最初の状態に戻りランプ⊗が消える．

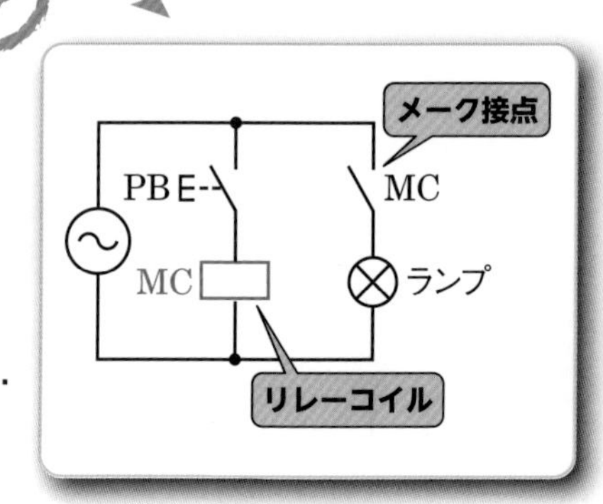

見て覚えよう シーケンス制御の基本的な動作方法

•Step2〔ブレーク接点（b接点）の例〕

最初は，ランプ ⊗ が点いている状態

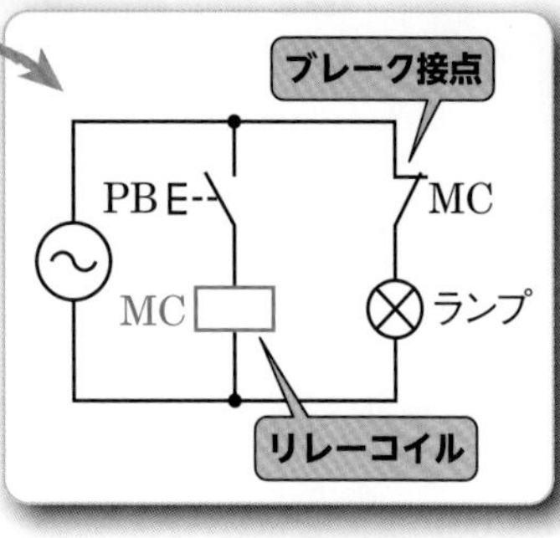

① 押しボタンスイッチ PB を押しっぱなしにする.

PB は押した状態
② 電磁接触器 MC □ のリレーコイルに電流が流れる（電圧が印加される）.
③ ブレーク接点 MC が開く.
④ ランプ ⊗ が消える.

⑤ 押しボタンスイッチ PB から手を離す.
⑥ バネの力で押しボタンスイッチ PB の接点が開く.
⑦ 電磁接触器 MC □ のリレーコイルに電流が流れなくなる.
⑧ 最初の状態に戻りランプ ⊗ が点く.

•Step3〔自己保持回路の例〕※詳しくはp87

最初は，ランプ ⊗ が消えている状態

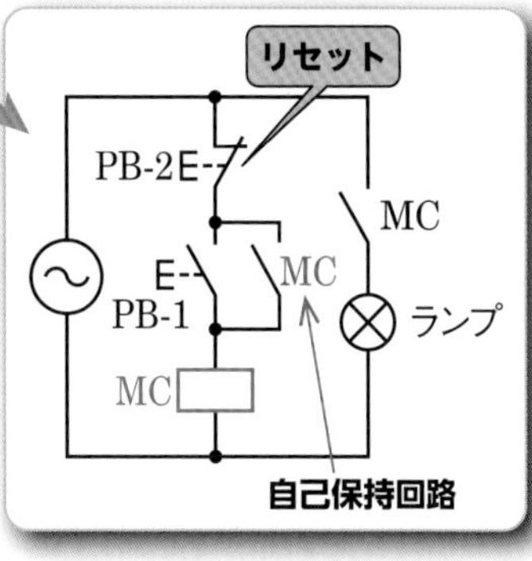

① 押しボタンスイッチ PB-1 を押しっぱなしにする.

PB は押した状態
② 電磁接触器 MC □ のリレーコイルに電流が流れる（電圧が印加される）.
③ メーク接点 MC が 2 つとも閉じる.
④ ランプ ⊗ が点く.

⑤ 押しボタンスイッチ PB-1 から手を離す.
⑥ バネの力で押しボタンスイッチ PB-1 の接点が開く.
⑦ 矢印の MC のメーク接点が閉じているので，⑥で PB-1 の接点が開いても電磁接触器 MC □ に電流が流れるが，自己保持されているのでランプ ⊗ は点いたまま.
⑧ リセットするために押しボタンスイッチ PB-2 を押す.
⑨ 電磁接触器 MC □ のリレーコイルに電流が流れなくなる.
⑩ 最初の状態に戻りランプ ⊗ が消える.

•Step4〔限時継電器（タイマ）を用いた回路の例〕

最初は，ランプ ⊗ が消えている状態

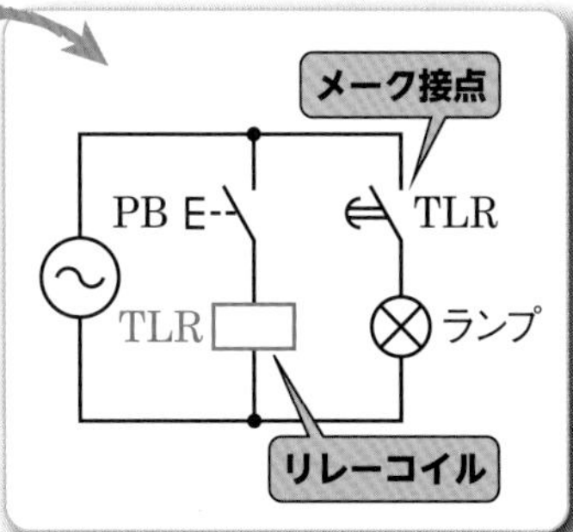

① 限時継電器 TLR の設定時間を仮に 10 秒に設定する.
② 押しボタンスイッチ PB を押しっぱなしにする.

PB は押した状態
③ 限時継電器 TLR □ のリレーコイルに電流が流れる（電圧が印加される）.
④ 設定時間の 10 秒が経過する.
⑤ メーク接点 TLR が閉じる.
⑥ ランプ ⊗ が点く.

⑦ 押しボタンスイッチ PB から手を離す.
⑧ 限時継電器 TLR □ のリレーコイルに電流が流れなくなる.
⑨ 最初の状態に戻りランプ ⊗ が消える.

•Step5〔故障を知らせる回路の例〕

最初は，ランプ ⊗ が消えている状態

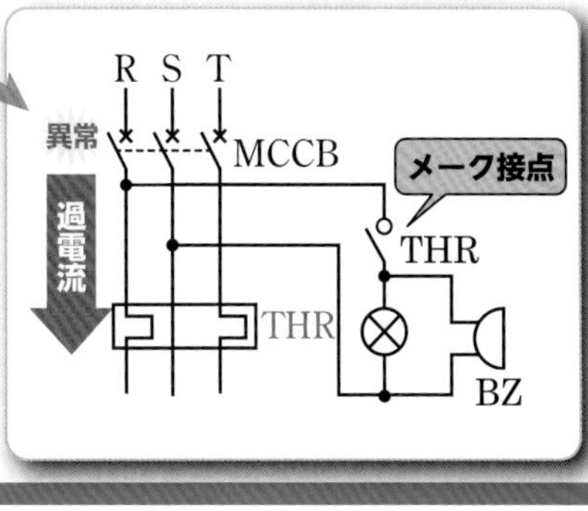

① 配線用遮断器 MCCB を ON にする.
② 不具合により，設定値を超えた過電流が継続して流れる.
③ 熱動継電器 THR で過電流を感知する.
④ メーク接点 THR が閉じる.
⑤ ブザー BZ が鳴り，故障を知らせるランプ ⊗ が点く.
⑥ 原因を調査して修理する.

制御回路図の基本の問題にチャレンジ

見て覚えよう

三相誘導電動機（Y-△始動）の始動制御回路図の写真と名称

※始動電流が小さいY結線で始動させてから，トルクが大きい△結線に切り換える回路

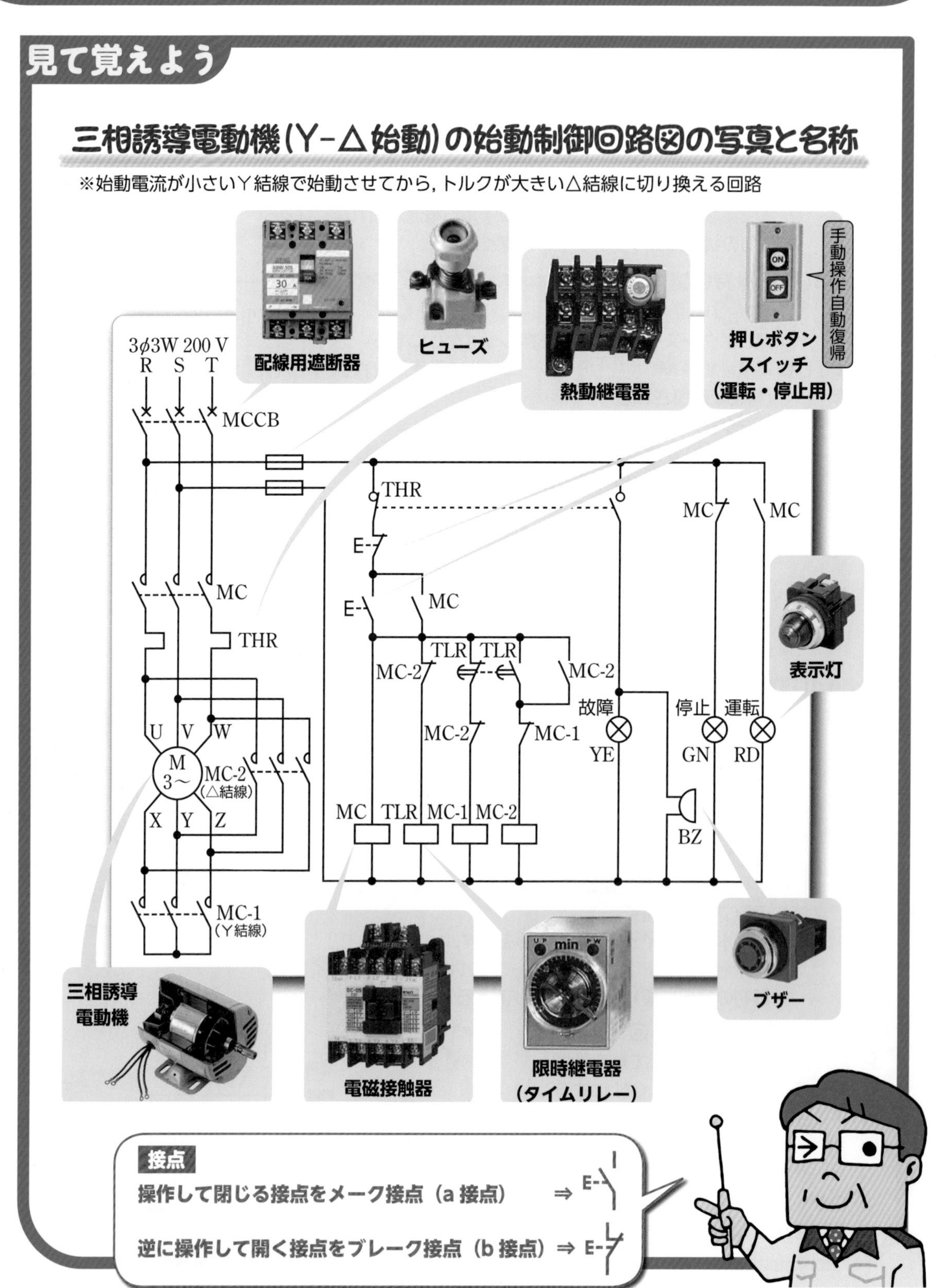

接点

操作して閉じる接点をメーク接点（a 接点） ⇒ E-

逆に操作して開く接点をブレーク接点（b 接点） ⇒ E-

攻略の3ステップ

① 制御回路図（シーケンス図）に慣れる
② 図記号と写真と名称を見て慣れる
③ 問題を解いて慣れる

解いてみよう （令和4年午後）

矢印に示す部分に設置する機器は.

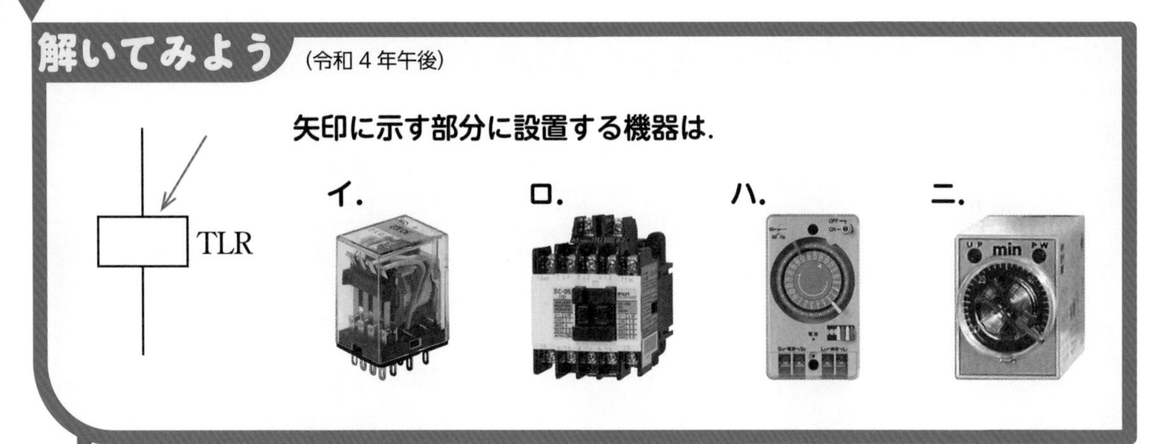

解説 矢印に示す部分に設置する機器は，「ニ」の限時継電器（TLR）です．なお，「イ」は電磁継電器（R），「ロ」は電磁接触器（MC），「ハ」はタイムスイッチ TS です．

解答 ニ

過去問にチャレンジ！ （平成21年）

矢印の部分に設置する機器の図記号は.

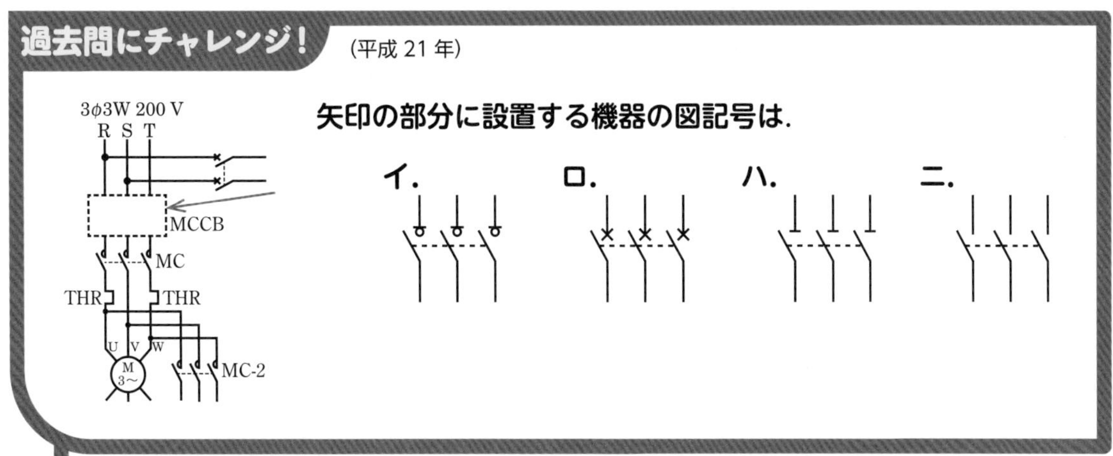

解説 矢印に示す部分に設置する機器は配線用遮断器（MCCB）で，図記号は「ロ」です．

解答 ロ

3-3 制御回路の機器

制御回路に使用する機器の名称・図記号・略号・写真などは，同じ問題が出題されやすいため，過去に出題された範囲を中心に学習しておきましょう．

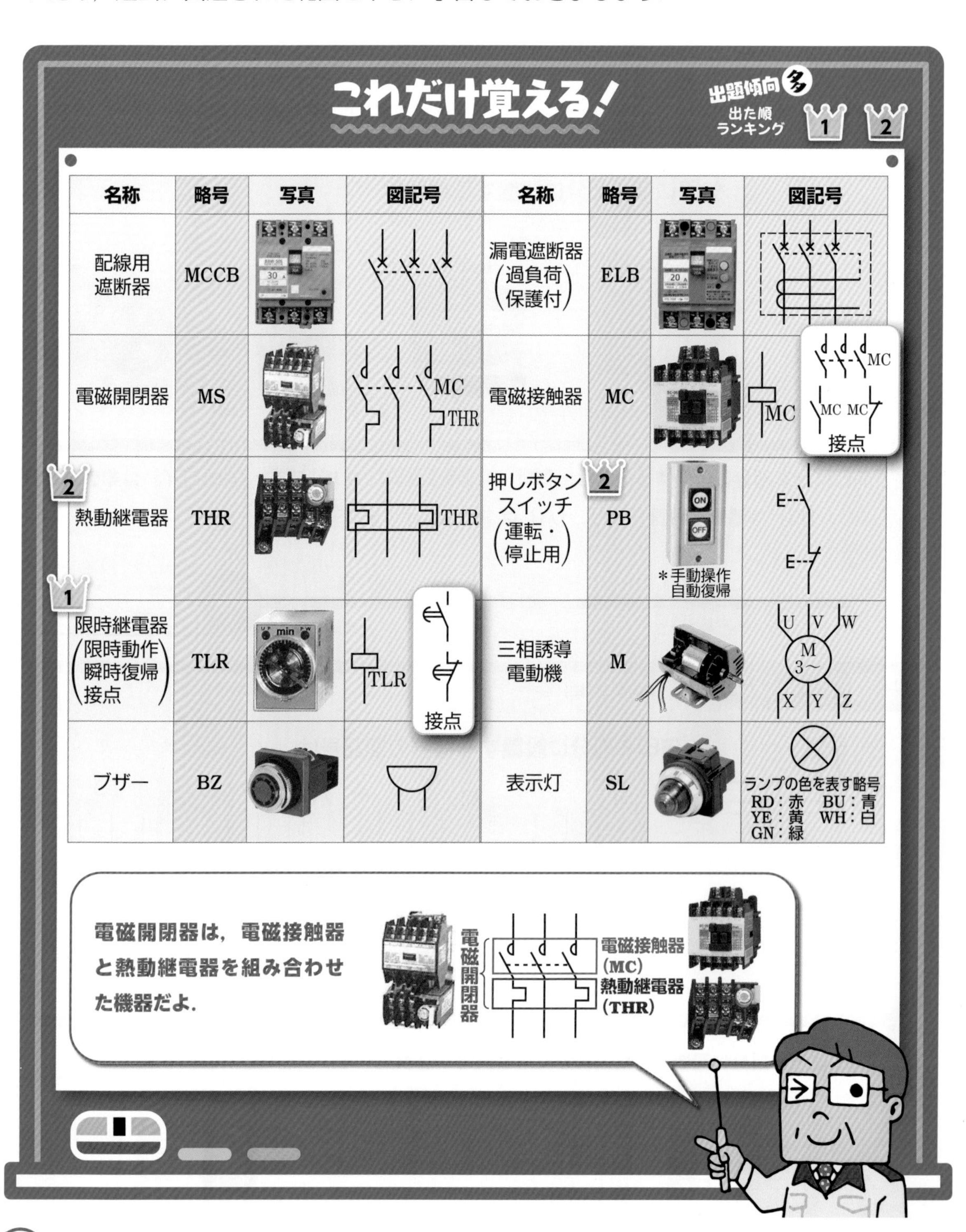

これだけ覚える！

出題傾向 多　出た順ランキング 1 2

名称	略号	写真	図記号	名称	略号	写真	図記号
配線用遮断器	MCCB			漏電遮断器（過負荷保護付）	ELB		
電磁開閉器	MS		MC THR	電磁接触器	MC		MC　接点 MC MC MC
2 熱動継電器	THR		THR	押しボタンスイッチ（運転・停止用） 2	PB	＊手動操作自動復帰	E E
1 限時継電器（限時動作瞬時復帰接点）	TLR		TLR　接点	三相誘導電動機	M		U V W M 3～ X Y Z
ブザー	BZ			表示灯	SL		ランプの色を表す略号 RD：赤 BU：青 YE：黄 WH：白 GN：緑

攻略の3ステップ

❶ これだけ覚える! の名称・略号・写真・図記号を確認

❷ 82ページを見て図記号のある位置をチェック

❸ 問題を解いて名称・略号・写真・図記号を覚える

3章 制御回路図

解いてみよう (平成28年)

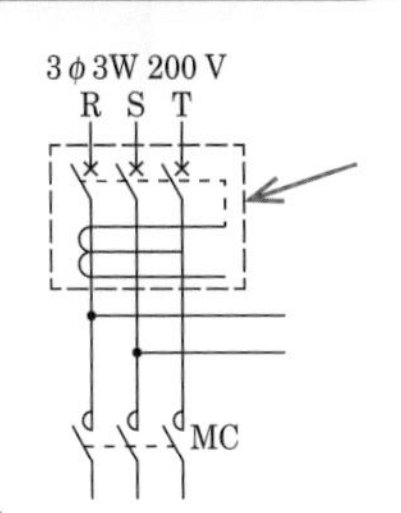

矢印の示す部分に設置する機器は.

イ. 配線用遮断器

ロ. 電磁接触器

ハ. 電磁開閉器

ニ. 漏電遮断器(過負荷保護付)

解説 矢印に示す部分に設置する機器の図記号は「ニ」の漏電遮断器(過負荷保護付)で,過電流と地絡電流を遮断します.

解答 ニ

過去問にチャレンジ! (平成18年)

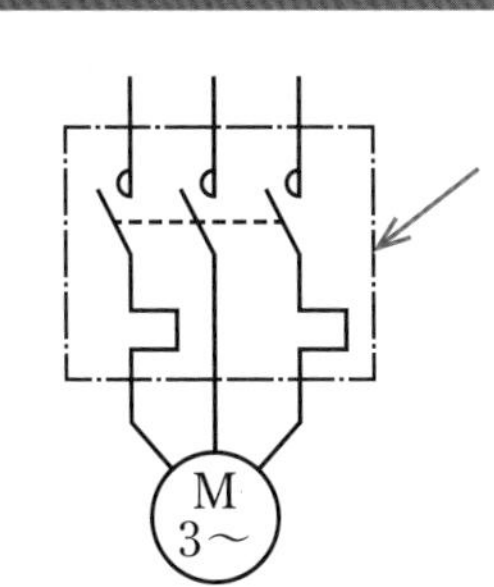

矢印の示す部分に設置する機器は.

イ.

ロ.

ハ.

ニ.

解説 矢印に示す部分に設置する機器は「ハ」の電磁開閉器で,「イ」の熱動継電器と「ロ」の電磁接触器を組み合わせたものです.なお,「ニ」は限時継電器です.

解答 ハ

制御回路図の見方

制御回路図の操作手順を確認することが制御回路図の問題を読解する近道です．しっかり見て覚えましょう．

下図は，押しボタンの操作により三相誘導電動機を正逆運転させる制御回路です．操作手順に従って一つひとつ制御の様子を確認しましょう．

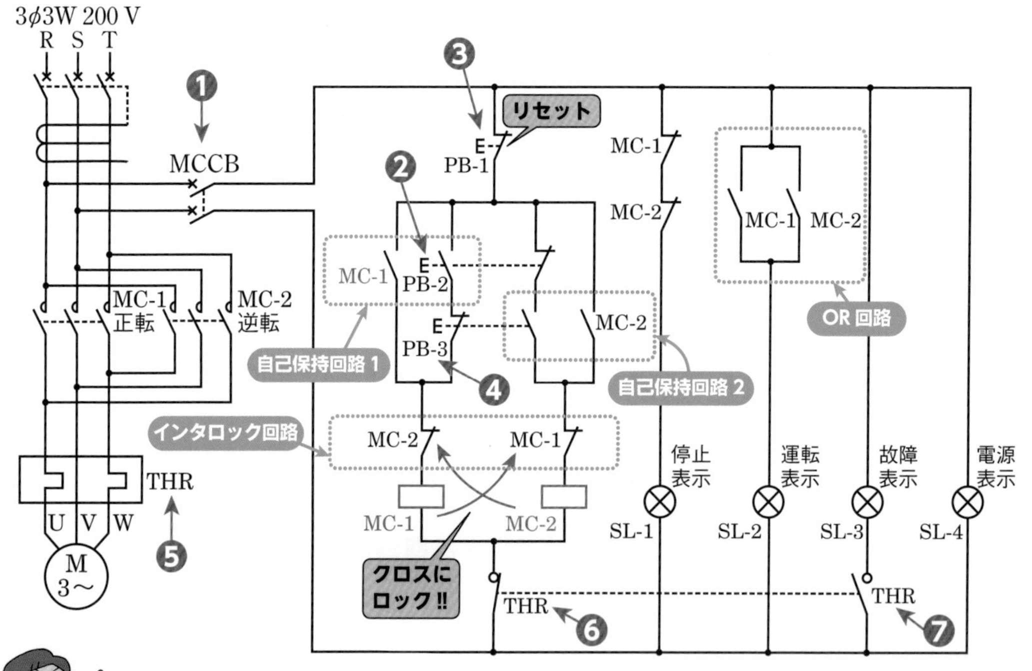

制御の様子 ：入力信号なし ：入力信号あり

- 操作0［❶のMCCBがOFFの状態］ → M 3～ / 停止表示 / 運転表示 / 故障表示 / 電源表示

※MCCB：配線用遮断器

- 操作1［❶のMCCBをONにする］ → M 3～ / 停止表示 / 運転表示 / 故障表示 / 電源表示

補足説明

❶ の MCCB を ON にすると，電源が入ったことを知らせる SL-4 の表示灯と三相誘導電動機が停止中であることを知らせる SL-1 の表示灯が点灯します．

見て覚えよう

•操作2［❷のPB-2を押す］

正転

※PB：押しボタンスイッチ

補足説明 1

❷ の **PB-2** を押すとインタロック回路の下にある MC-1□のリレーコイルに電流が流れるため，すべての **MC-1** のメーク接点は閉じて，ブレーク接点は開きます．(M 3~)は正転し，運転したことを知らせる **SL-2** の表示灯が点灯します．

補足説明 2（自己保持回路 1）

❷ の **PB-2** を押して，MC-1□のリレーコイルに電流が流れることで自動保持回路 1 にある MC-1 のメーク接点が閉じます．このことで，❷ の **PB-2** の押しボタンスイッチから手を離しても動作し続けます．このように接点が保持される回路を，自己保持回路といいます．

補足説明 3（インタロック回路）

2 つの入力信号のうち，先に動作したほうを優先し，他方の動作を禁止する回路のことをいいます．このことから，インタロック回路の下にある MC-1□のリレーコイルに電流が流れて(M 3~)が正転しているとき，(M 3~)を逆転させようと **PB-3** を押してもインタロックされているため(M 3~)は逆転しません．

補足説明 4（OR 回路）

OR 回路の **MC-1** と **MC-2** のどちらかが **ON** になった場合，(M 3~)が正転または逆転しているため，運転を知らせる **SL-2** の表示灯が点灯します．どちらか一方に入力信号が入ったとき動作する回路を **OR** 回路といいます．

•操作3［❸のPB－1を押す］

補足説明

❸ の **PB-1** を押すとすべてがリセットされて操作 1 の状態（停止状態）に戻ります．

•操作4［❹のPB-3を押す］

逆転

補足説明

❹ の **PB-3** を押すとインタロック回路の下にある MC-2□のリレーコイルに電流が流れるため，すべての **MC-2** のメーク接点は閉じて，ブレーク接点は開きます．(M 3~)は逆転し，運転したことを知らせる **SL-2** の表示灯が点灯します．

•操作5［❸のPB-1を押す］

補足説明

❸ の **PB-1** を押すとすべてがリセットされて操作 1 の状態（停止状態）に戻ります．

•操作6［❶のMCCBをOFFにする］

制御回路図の見方の問題にチャレンジ

見て覚えよう

三相誘導電動機が正転運転中に故障した場合

制御の様子　：入力信号なし　：入力信号あり

- 操作0〔❶のMCCBがOFFの状態〕→ M 3~ ／停止表示／運転表示／故障表示／電源表示
  ※MCCB：配線用遮断器
- 操作1〔❶のMCCBをONにする〕→ M 3~ ／停止表示／運転表示／故障表示／電源表示
- 操作2〔❷のPB-2を押す〕→ 正転 M 3~ ／停止表示／運転表示／故障表示／電源表示
  ※PB：押しボタンスイッチ

電動機 M 3~ に過電流が流れた

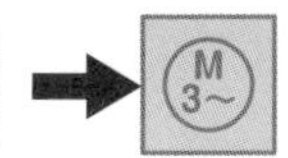

- 緊急停止〔電動機に設定値を超えた過電流が継続して流れる〕→ M 3~ ／停止表示／運転表示／故障表示／電源表示

補足説明

p.86 の❺の熱動継電器（THR）の内部のバイメタルの湾曲によって❻の接点が開き，負荷を焼損から保護します．また，❼の接点が閉じて故障したことを知らせる SL-3 の表示灯 ⊗ が点灯します．

三相誘導電動機を正転から逆転させる結線図

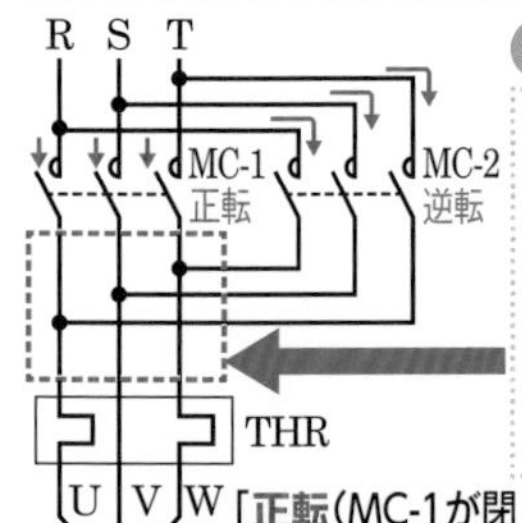

説明

正転している電動機を逆転させるためには，**3 本の線のうち、いずれか 2 本が入れ替わるように結線**します．

[正転(MC-1が閉じる)]
R相→U相
S相→V相
T相→W相

[逆転(MC-2が閉じる)]
R相→W相
S相→V相
T相→U相

2 相が入れ替わった

三相誘導電動機のY-△始動の結線図

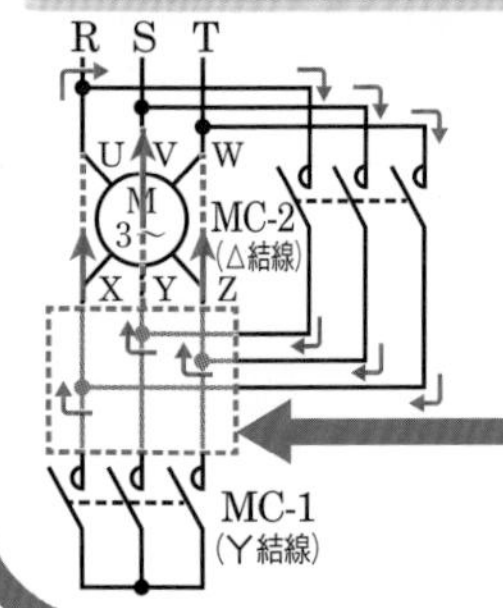

説明

Y結線したのちに△結線に切りかえるためには，枠内のように結線します．**一筆書き**になっています．

※矢印の通りになぞると最後は元の位置に戻ります．

AND回路とOR回路

AND 回路とは A と B の接点が直列に接続された回路で，押しボタンスイッチが 2 つとも押されているときに表示灯が点灯します．

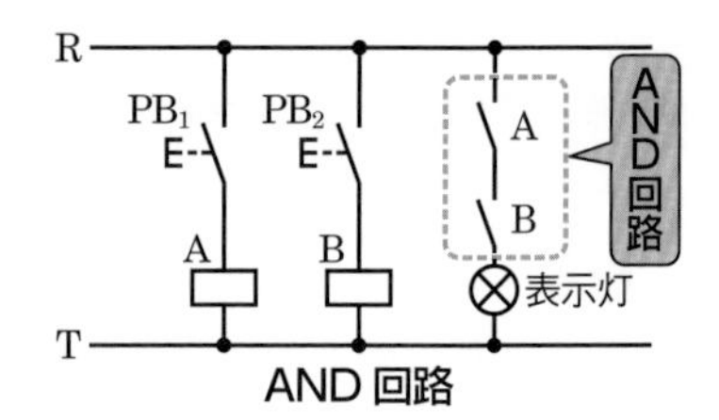

OR 回路とは A と B の接点が並列に接続された回路で，押しボタンスイッチのどちらか一方が押されているときに表示灯が点灯します．

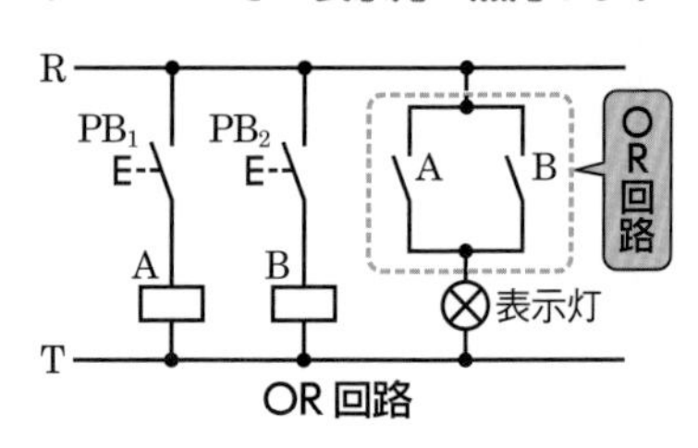

攻略の2ステップ

❶ 制御回路図の操作手順を確認

❷ 自己保持回路・インタロック回路・OR 回路を理解

解いてみよう (令和元年)

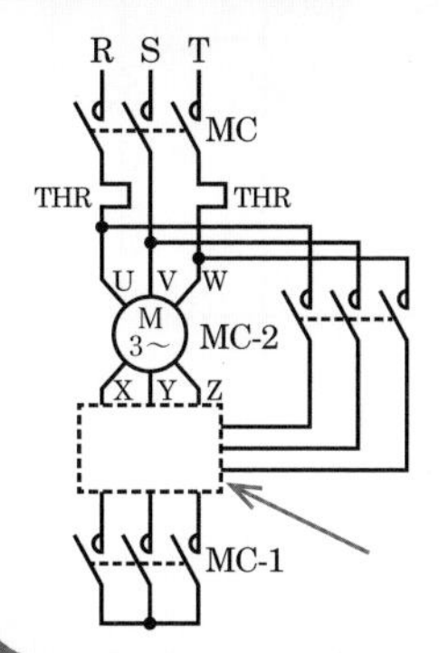

矢印の部分に示す結線図は.

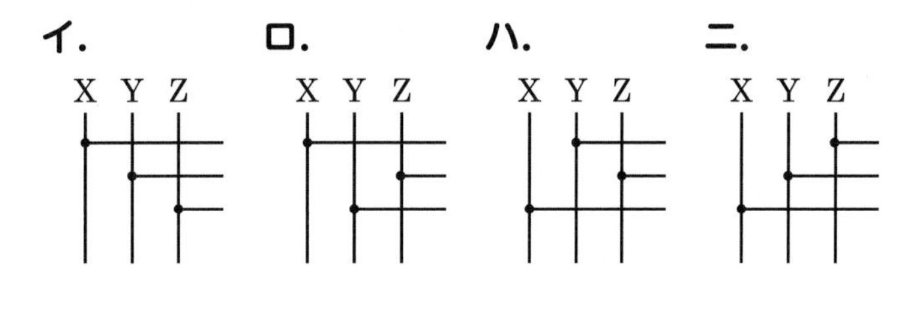

解説 Y結線から△結線に切りかえるには「ニ」のように結線します．MC-1 の接点が閉じるとY結線で (M 3~) が動作し，MC-1 が開いて，MC-2 の接点が閉じると△結線で (M 3~) が動作します．p88 のように一筆書きになるように結線します．

解答 ハ

過去問にチャレンジ！ (平成 28 年)

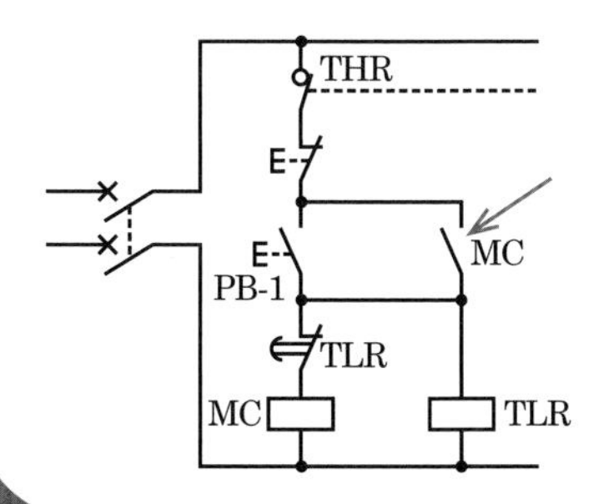

矢印で示す接点の役割は.

イ. 押しボタンスイッチのチャタリング防止
ロ. タイマの設定時間経過前に電動機が停止しないためのインタロック
ハ. 電磁接触器の自己保持
ニ. 押しボタンスイッチの故障防止

解説 押しボタンスイッチ（PB-1）を押すと，MC  のリレーコイルに電流が流れることで矢印で示す MC のメーク接点が閉じます．このことで，PB-1 から手を離しても動作し続けます．このように接点が保持される回路を**自己保持回路**といい，矢印の接点は**電磁接触器の自己保持**をしています．

解答 ハ

3章 制御回路図

●練習問題1（Y−Δ始動）

3-1 と 3-3 をチェック！

右図は，三相誘導電動機（Y-Δ始動）の始動制御回路図である．次の各問いに答えよ．

〔注〕右図において，問いに直接関係ない部分等は，省略または簡略化してある．

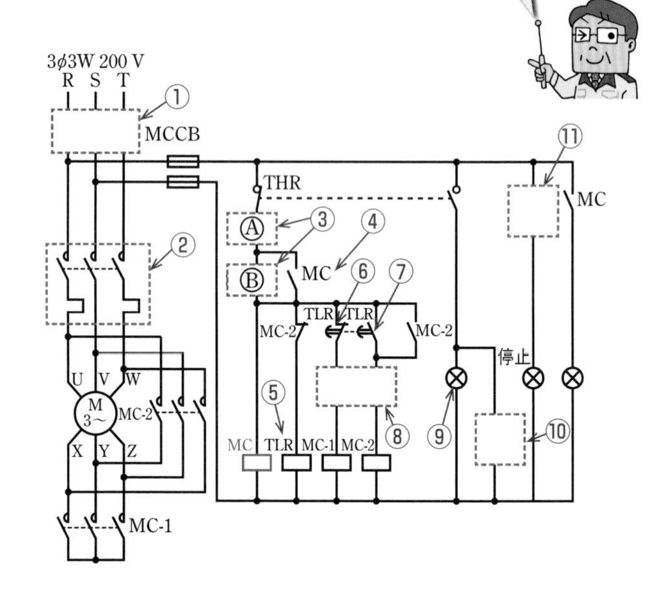

問題１　①の部分に設置する機器の図記号は．

語群欄

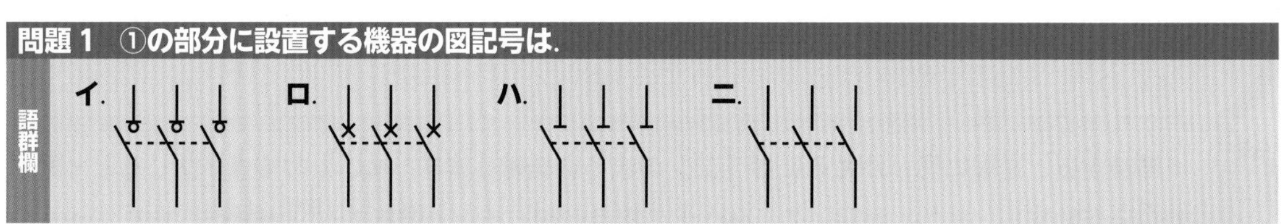

図記号は，**配線用遮断器（MCCB）**です．よって「ロ」となります．　◆解答◆ ロ

問題２　②に設置する機器は．

語群欄

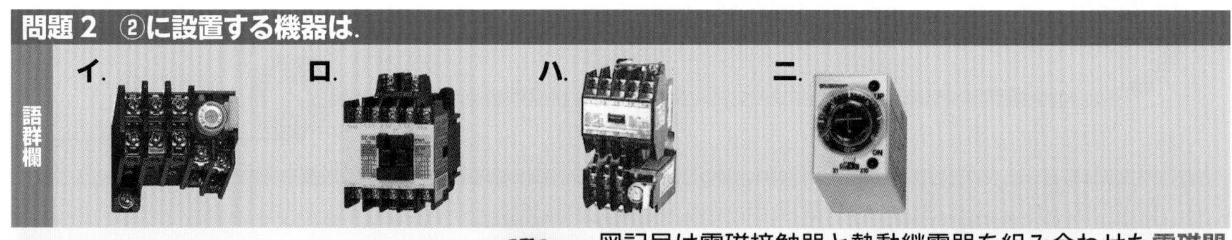

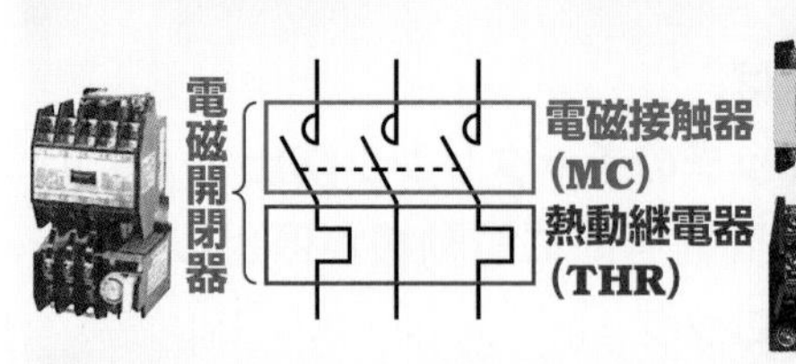

図記号は電磁接触器と熱動継電器を組み合わせた**電磁開閉器（MS）**で，写真は「ハ」となります．なお，「イ」は熱動継電器（THR），「ロ」は電磁接触器（MC），「ニ」は限時継電器（TLR）です．

◆解答◆ ハ

問題３　③で示す部分の押しボタンスイッチの図記号の組合せで，正しいものは．

語群欄

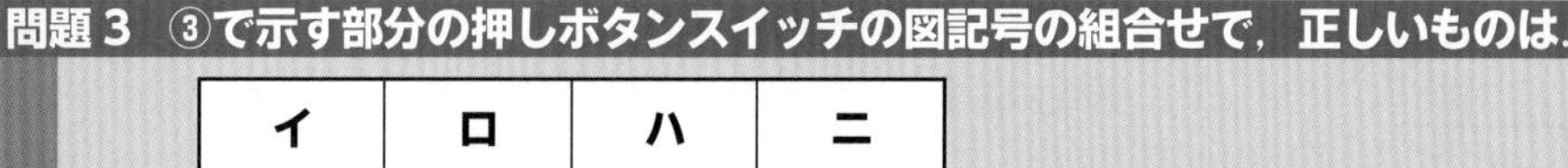

	イ	ロ	ハ	ニ
Ⓐ				
Ⓑ				

Ⓐには**電動機を停止させる押しボタンスイッチのブレーク接点（b 接点）**が入り，Ⓑには**電動機を運転させる押しボタンスイッチのメーク接点（a 接点）**が入ります．よって，「ニ」となります．　◆解答◆ ニ

問題 4　③で示す機器は.

語群欄

イ.
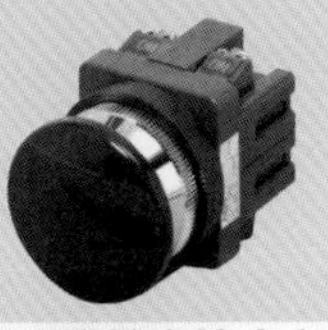

ロ.
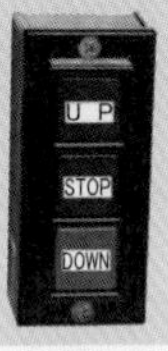

ハ.
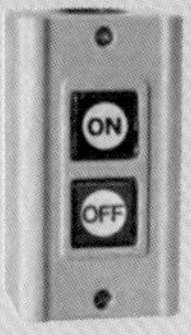

ニ.
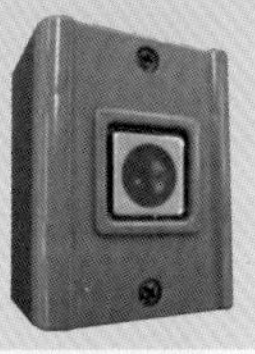

ホ.
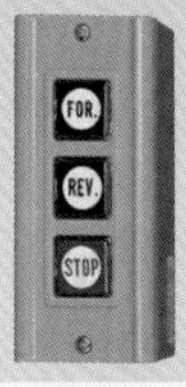

Ⓐには**電動機を停止させる押しボタンスイッチのブレーク接点（b 接点）**が入ります．Ⓑには**電動機を運転させる押しボタンスイッチのメーク接点（a 接点）**が入ります．この写真にあるようにオンとオフがセットになった「ハ」が正解です．なお，この機器の接点は「手動操作自動復帰接点」です．

◆解答◆ ハ

問題 5　④で示す器具の接点の役割は.

語群欄

- **イ.** 押しボタンスイッチのチャタリング防止
- **ロ.** 押しボタンスイッチの故障防止
- **ハ.** 電流容量の増加
- **ニ.** 並列接点の保護
- **ホ.** タイマの設定時間経過前に電動機が停止しないためのインタロック
- **ヘ.** 電磁接触器の自己保持

接点は電磁接触器（MC）のメーク接点（a 接点）です．Ⓑの押しボタンスイッチを押すと，電磁接触器 MC □ リレーコイルに電流が流れることで④のメーク接点が閉じます．このことで，押しボタンスイッチから手を離しても動作し続けます．このように接点が保持される回路を，**自己保持回路**といいます．よって，電磁接触器により自己保持されているため，「ヘ」となります．

◆解答◆ ヘ

問題 6　⑤に設置する機器は.

語群欄

イ.
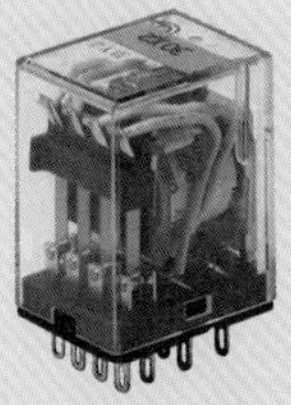

ロ.
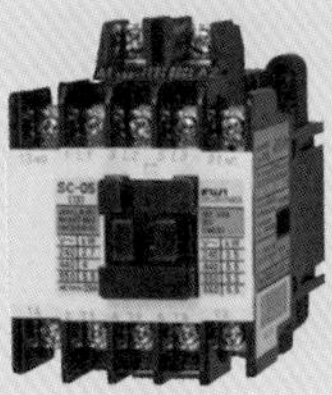

ハ.
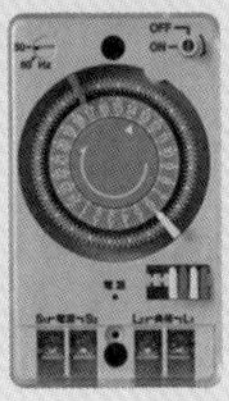

ニ.
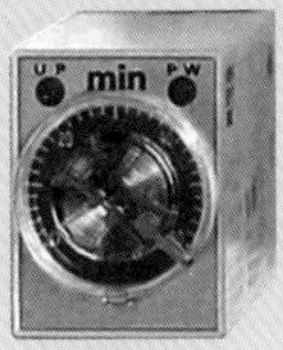

図記号は，**限時継電器（TLR）**で，写真は「ニ」となります．なお，「イ」は電磁継電器（R），「ロ」は電磁接触器（MC），「ハ」はタイムスイッチ TS です．

◆解答◆ ニ

問題 7　⑥で示す図記号の接点は.

語群欄

- **イ.** 瞬時動作限時復帰接点
- **ロ.** 手動操作残留機能付き接点
- **ハ.** 手動操作自動復帰接点
- **ニ.** 限時動作瞬時復帰接点

	限時動作 瞬時復帰接点	瞬時動作 限時復帰接点
メーク接点 （a 接点）	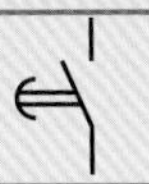	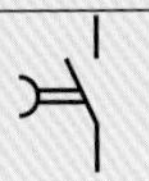
ブレーク接点 （b 接点）	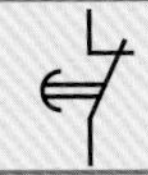	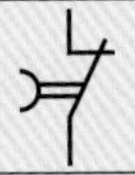

図記号は**限時動作瞬時復帰接点のブレーク接点（b 接点）**です．よって，「ニ」となります．

◆解答◆ ニ

問題 8　⑥で示す接点が開路するのは.

語群欄

- **イ.** 電動機が始動したとき
- **ロ.** 電動機が停止したとき
- **ハ.** 電動機が始動してタイマ設定時間が経過したとき
- **ニ.** 電動機に過電流が継続して流れたとき

図記号は限時動作瞬時復帰接点のブレーク接点（b 接点）で，**電動機が始動してタイマの設定時間が経過した後**に接点が開路し，電磁接触器（MC）の自己保持を解除して電動機を停止させます．よって，「ハ」となります．

◆解答◆ ハ

問題 9　⑦で示す図記号の接点は.

語群欄

イ. 残留機能付きメーク接点
ロ. 自動復帰するメーク接点
ハ. 限時動作瞬時復帰のメーク接点
ニ. 瞬時動作限時復帰のメーク接点

図記号は**限時動作瞬時復帰接点のメーク接点（a 接点）**です．よって，「ハ」となります．

◆解答◆ ハ

問題 10　⑧の部分のインタロック回路の結線図は.

語群欄

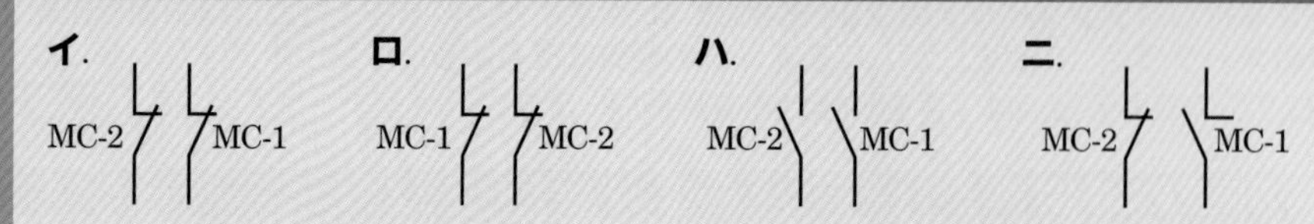

インタロック回路は，2 つの入力信号のうち，先に動作したほうが優先し，他方の動作を禁止する回路のことをいいます．「イ」の結線図が正しいです．

◆解答◆ イ

問題 11　⑨の表示灯が点灯するのは.

語群欄

イ. 電動機が始動中のみに点灯する
ロ. 電動機が停止中に点灯する
ハ. 電動機が運転中に点灯する
ニ. 電動機が過負荷で停止中に点灯する

回路図の表示灯の上には，熱動継電器のメーク接点（a 接点）があります．熱動継電器は，負荷に異常な過電流が流れ続けたときに内部のバイメタルの湾曲によって接点が切れて負荷を焼損から保護するものです．このような状態のとき，熱動継電器のメーク接点（a 接点）が閉じて表示灯が点灯するため，「故障中」に点灯したり，「**電動機が過負荷で停止中**」に点灯します．

◆解答◆ ニ

問題 12　⑩で示す部分に使用されるブザーの図記号は.

語群欄

イ.　**ロ**.　**ハ**.　**ニ**.

熱動継電器のメーク接点（a 接点）が閉じたとき，表示灯の点灯と同時にブザーを鳴らしています．**ブザーの図記号**は「イ」になります．なお，「ロ」はサイレン，「ハ」はベルやホーンなどの音響信号装置，「ニ」は旧図記号で現在は削除されていますが片打ベルの図記号です．

◆解答◆ イ

問題 13　⑩で示すブザーの写真は.

語群欄

イ.

ロ.

ハ.

ニ.

ブザーの写真は「ロ」です．なお，「イ」は表示灯，「ハ」は押しボタンスイッチ，「ニ」はベルです．

◆解答◆ ロ

問題 14　⑪で示す部分の結線図は.

語群欄

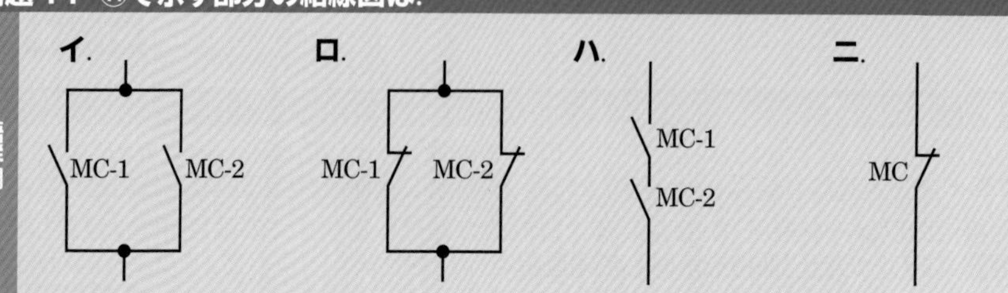

⑪の部分の下に表示灯があります．表示灯には「停止」と記載があるため，「ニ」の接点を入れると自己保持中にはブレーク接点が開いてランプが消灯し，**停止中には表示灯が点灯**します．

◆解答◆ ニ

●練習問題2（正逆運転）

3-3，3-4，3-5 をチェック！

右図は，押しボタンの操作により正逆運転させる制御回路である．次の各問いに答えよ．

〔注〕右図において，問いに直接関係ない部分等は，省略または簡略化してある．

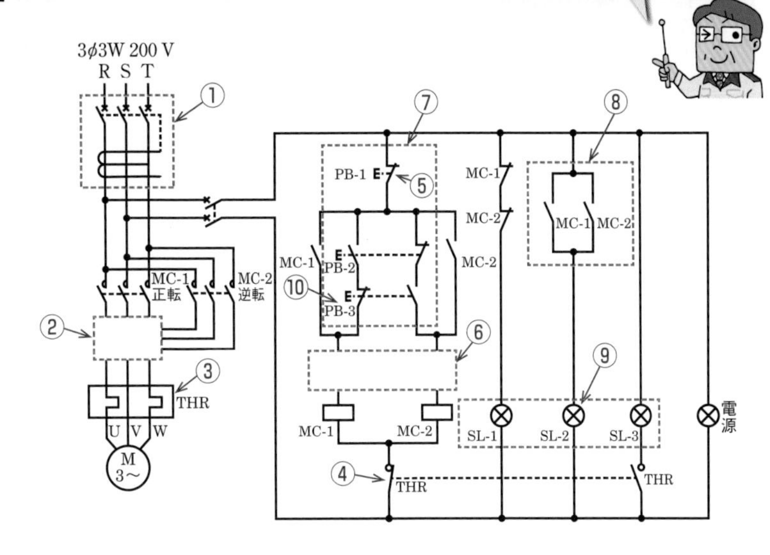

問題1　①の部分に設置する機器は．

語群欄

イ．配線用遮断器　　ロ．電磁接触器
ハ．電磁開閉器　　ニ．漏電遮断器（過負荷保護付）

図記号は，**過負荷保護付漏電遮断器（ELB）**です．よって，「ニ」となります．

◆解答◆ ニ

問題2　②に示す部分の結線図で，正しいものは．

語群欄

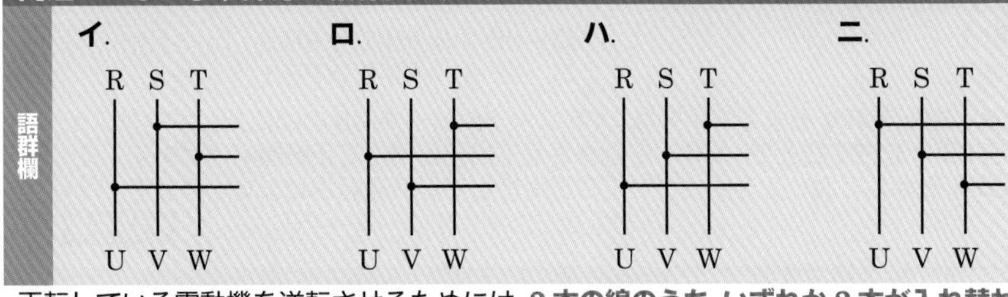

正転している電動機を逆転させるためには，**3本の線のうち，いずれか2本が入れ替わるように結線します**．よってR相がW相，T相がU相と2相入れ替わったため，「ハ」となります．

◆解答◆ ハ

問題3　③の部分に設置する機器は．

語群欄

イ．電磁接触器　　ロ．限時継電器　　ハ．熱動継電器　　ニ．始動継電器

電磁開閉器（MS）　電磁接触器（MC）　熱動継電器（THR）

図記号は**熱動継電器（THR）**です．よって「ハ」となります．

◆解答◆ ハ

問題4　③で示す図記号の機器は．

語群欄

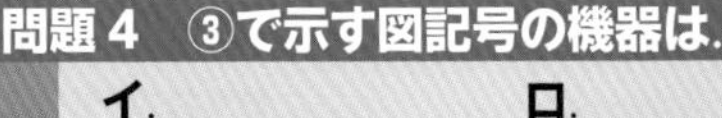

イ．

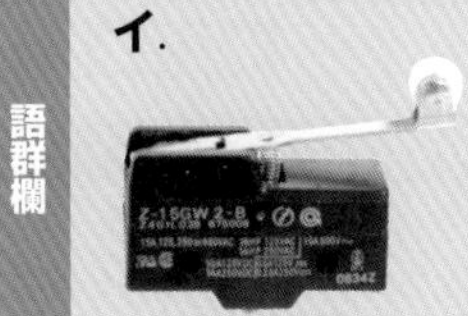

ロ．

ハ．

ニ．

図記号は**熱動継電器（THR）**で，写真は「ロ」となります．なお，「イ」はリミットスイッチ（LS），「ハ」は電磁継電器（R），「ニ」は限時継電器（TLR）です．

◆解答◆ ロ

問題 5　④で示す接点が開路するのは．

語群欄
- **イ**．電動機が始動したとき
- **ロ**．電動機が停止したとき
- **ハ**．電動機が始動してタイマの設定時間が経過したとき
- **ニ**．電動機に，設定値を超えた電流が継続して流れたとき
- **ホ**．電動機が正転運転から逆転運転に切り替わったとき

図記号は，熱動継電器のブレーク接点（b 接点）です．熱動継電器は，負荷に異常な過電流が流れたときに内部のバイメタルの湾曲によって接点が開き負荷を焼損から保護するものです．**電動機に，設定値を超えた電流が継続して流れたとき**開路します．よって，「ニ」となります．

◆解答◆ ニ

問題 6　⑤で示す器具の接点の機能は．

語群欄
イ．手動操作自動復帰　**ロ**．手動操作手動復帰　**ハ**．限時動作　**ニ**．限時復帰

図記号は，押しボタンスイッチのメーク接点（a 接点）です．押しボタンスイッチは手動で押して操作します．内部のバネにより自動で復帰します．よって**手動操作自動復帰**の「イ」となります．

◆解答◆ イ

問題 7　⑥の部分のインタロック回路の結線図は．

語群欄
イ．　**ロ**．　**ハ**．　**ニ**．

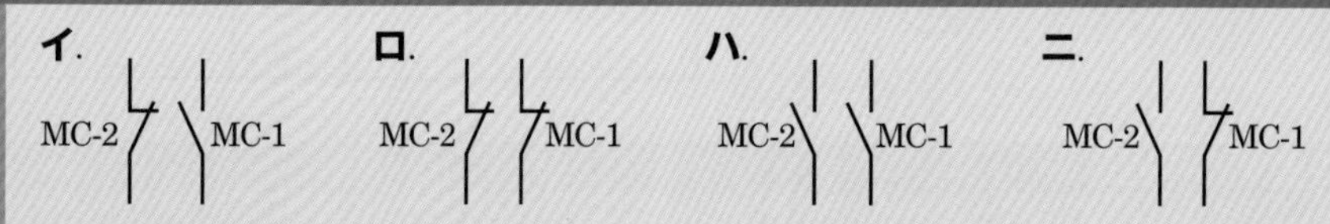

インタロック回路は，2 つの入力信号のうち，先に動作したほうが優先し，他方の動作を禁止する回路のことをいいます．「ロ」の結線図が正しいです．

◆解答◆ ロ

問題 8　⑦で示す押しボタンスイッチの操作で，停止状態から正転運転した後，逆転運転するまでの手順として，正しいものは．

語群欄
- **イ**．PB-3 → PB-2 → PB-1　　**ロ**．PB-3 → PB-1 → PB-2
- **ハ**．PB-2 → PB-1 → PB-3　　**ニ**．PB-2 → PB-3 → PB-1

停止状態から正転運転した後，逆転運転するまでの手順は，**PB-2 → PB-1 → PB-3** の順に押しボタンスイッチを操作します．停止状態から PB-2 を押すことで，MC-1 を動作させて自己保持して正転運転させます．その後，PB-1 を押して停止させて PB-3 を押して MC-2 を動作させて自己保持して正転運転させます．よって，「ハ」が正しいです．

◆解答◆ ハ

問題 9　⑧で示す回路の名称として，正しいものは．

語群欄
イ．AND 回路　**ロ**．OR 回路　**ハ**．NAND 回路　**ニ**．NOR 回路

OR 回路とは，2 個以上の入力端子と 1 個の出力端子をもち，1 個以上の入力端子に信号が加えられると，出力端子に出力信号が現れる回路のことです．この場合，MC-1（正転運転）と MC-2（逆転運転）のどちらかが ON になった場合，回路図の下にあるランプが点灯します．よって，「ロ」が正しいです．

◆解答◆ ロ

問題 10　⑨で示す各表示灯の用途は．

語群欄

イ．	SL-1 停止表示	SL-2 運転表示	SL-3 故障表示
ロ．	SL-1 運転表示	SL-2 故障表示	SL-3 停止表示
ハ．	SL-1 正転運転表示	SL-2 逆転運転表示	SL-3 故障表示
ニ．	SL-1 故障表示	SL-2 正転運転表示	SL-3 逆転運転表示

SL-1 の回路図の上に MC-1 と MC-2 のブレーク接点（b 接点）があるため，開くとランプが消えて運転します．そのため，ランプ点灯中は**停止**を表しています．SL-2 は運転中にランプが点灯するため，**運転**を表しています．SL-3 の回路図の下に熱動継電器の接点があり熱動継電器は負荷に異常な過電流が流れ続けたときに内部のバイメタルの湾曲によって接点が切れて負荷を焼損から保護するために動作しているので，**故障**時にランプが点灯します．

◆解答◆ イ

問題 11　⑩で示す押しボタンスイッチ PB-3 を正転運転中に押したとき，電動機の動作は．

語群欄
- **イ**．停止する　　**ロ**．逆転運転に切り替わる
- **ハ**．正転運転を継続する　　**ニ**．熱動継電器が動作し停止する

PB-3 は逆転運転させるスイッチですが，問題 7 の解説のようにインタロックされているため正転運転が継続します．

◆解答◆ ハ

4章

約5問出題

鑑　別（写真の名称と用途）

鑑別ではどんな問題が出るのですか?

このように名称や用途を問われる問題が出題されるよ.

写真に示す矢印の機器の名称は.

イ. タイムスイッチ
ロ. 熱動継電器
ハ. 自動温度調節器
ニ. 漏電遮断器

あ! 二種の鑑別写真の問題でも見たことあります!

そうだね. 一種では高圧受電設備の機器が中心だけど, 二種の機器等も出題されるよ.

4-1 材料の名称

電気工事で使用する材料の名称を答える問題では同じ問題が出題されやすいので，過去に出題された範囲を中心に学習しておきましょう．

鑑別写真（材料）の名称の問題

- 医療用電気機械器具に使用する **医用コンセント**
- 二重天井への引込み等に使用する **合成樹脂製可とう電線管用エンドカバー**
- コンクリート天井等に埋め込んで吊下げや仕上げ材料の取付けに使用する **インサート**
- 天井に施設して通線や照明器具，コンセントの取付けに使用する **二種金属製線ぴ**
- 低圧配線で大電流が流れる幹線に使用する **バスダクト**
- 店舗等で照明器具等を任意の位置に取り付ける際に使用する **ライティングダクト**
- 金属製可とう電線管工事で電線管の中に通線して使用する **金属製可とう電線管**
- アウトレットボックス等へ PF 管を接続するのに使用する **合成樹脂可とう電線管用コネクタ**
- 通電状態でも移動が可能な **キャブタイヤケーブル**
- 人体の体温を検知して自動的に開閉する **熱線式自動スイッチ**

注目!!

攻略の3ステップ

❶ **これだけ覚える!** の写真と名称をセットで覚える

❷ 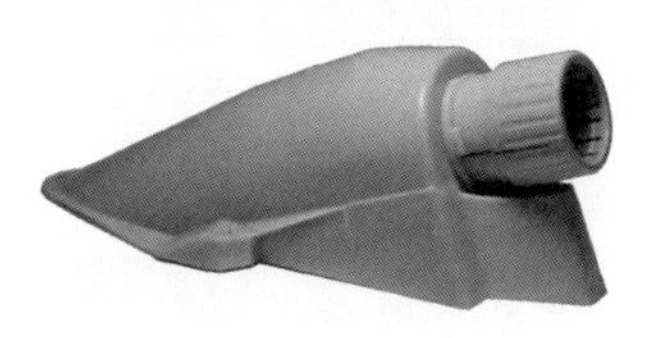 とくれば 合成樹脂製可とう電線管用エンドカバー

❸ とくれば 二種金属製線ぴ

解いてみよう (平成 23 年)

写真に示す材料の名称は.

イ. 合成樹脂製可とう電線管用エンドカバー
ロ. 合成樹脂製可とう電線管用エンドボックス
ハ. 合成樹脂製可とう電線管用ターミナルボックス
ニ. 合成樹脂製可とう電線管用ターミナルキャップ

解説 写真に示す材料は, **合成樹脂製可とう電線管用エンドカバー**で, 二重天井への引込み等に使用します.

解答 **イ**

過去問にチャレンジ! (令和元年)

写真に示す材料の名称は.

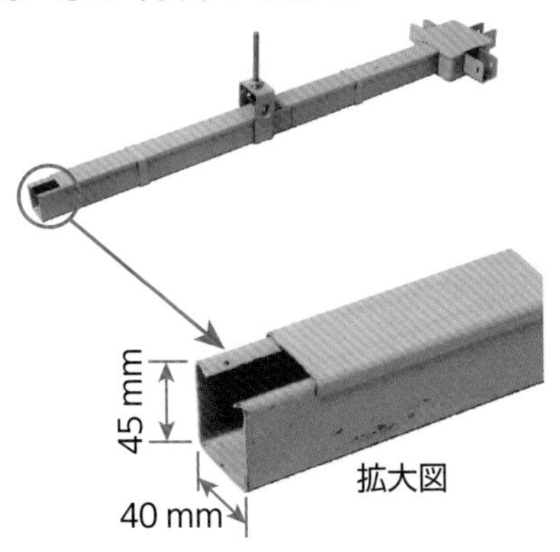

イ. 金属ダクト
ロ. 二種金属製線ぴ
ハ. フロアダクト
ニ. ライティングダクト

解説 写真に示す材料は, **二種金属製線ぴ**です. なお, 一種金属製線ぴの幅は 40 mm 未満です.

解答 **ロ**

品物の名称

鑑別写真（品物）の名称の問題

- 白熱電球の一種で店舗やスタジオ等の演出性の高い照明に適した **ハロゲン電球**
- バックプレートが取り外せるため電線管の接続が容易な **コンクリートボックス**
- 耐圧防爆金属管工事で配管内の爆発が伝播するのを防止する **シーリングフィッチング**
- 高圧電路の電圧と電流を変成するために使用する **電力需給用計器用変成器**
- 高圧電路の零相電流（地絡電流）を検出するために使用する **零相変流器**
- 三相回路の相順を調べるのに用いる **低圧検相器（相回転表示器）**
- スタータ一形の蛍光灯を点灯させるために使用する **点灯管（グロースターター）**
- 容量 300 kV·A 以下の変圧器と 50 kvar 以下のコンデンサの開閉保護装置 **高圧カットアウト**
- 高圧受電設備の工事や点検時に使用する（誤送電による感電事故防止） **短絡接地用具**
- 高圧配電線で電線とその支持物との間を絶縁するために用いる **高圧中実ピンがいし**
- 高圧受電設備の力率改善に用いる **高圧進相コンデンサ**
- 爆燃性粉じんのある場所で使用可⬇

  シーリングフィッチング・**ユニオンカップリング**・**ジャンクションボックス**

攻略の3ステップ

① これだけ覚える！の名称を覚える

②  とくれば シーリングフィッチング

③ とくれば 電力需給用計器用変成器

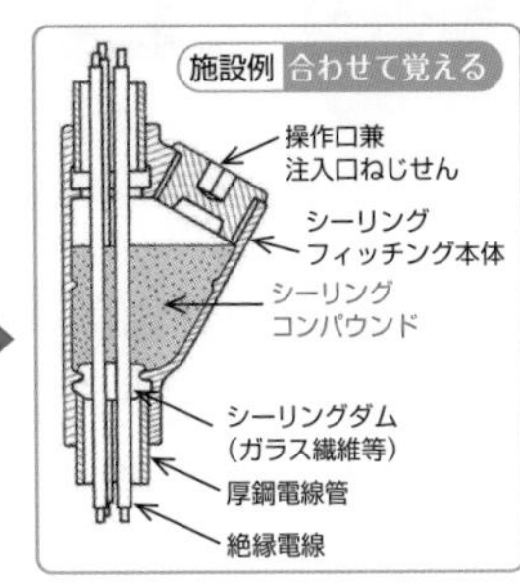

解いてみよう (平成 26 年)

写真に示す品物の名称は.

イ. シーリングフィッチング
ロ. カップリング
ハ. ユニバーサル
ニ. ターミナルキャップ

解説 写真に示す品物の名称は，シーリングフィッチングです．可燃性ガスが存在する場所の金属管工事で配管の途中に施設します．可燃性ガスが金属管内を通じて他の場所に移っていかないようにするために用います．

解答 イ

過去問にチャレンジ！ (平成 27 年)

写真に示す品物の名称は.

イ. 直列リアクトル
ロ. 高圧交流負荷開閉器
ハ. 三相変圧器
ニ. 電力需給用計器用変成器

解説 写真に示す品物の名称は，電力需給用計器用変成器（VCT）です．高圧電路の電圧や電流，低電圧や小電流に変換して電力量計に接続するために用います．

解答 ニ

工具と機器の名称

鑑別写真（工具と機器）の名称の問題

- 架空線のたるみを調整するのに用いる **張線器**
- 接地抵抗値を測定するのに用いる **接地抵抗計**
- 金属管を曲げるのに用いる **パイプベンダ**
- 太い金属管を曲げるのに用いる **油圧式パイプベンダ**
- 太いケーブルや絶縁電線を切断するのに用いる **ケーブルカッタ**
- 電路や機器の絶縁物の絶縁耐力を測定するのに用いる **絶縁耐力試験装置**
- 雷などの異常高電圧（雷サージ）が電気設備に侵入するのを防止する **サージ防護デバイス（SPD）**
- リングスリーブ E 型の圧着接続に用いる **リングスリーブ用圧着ペンチ**

油圧式パイプベンダは下記の作業において「使用しない工具」として過去に出題されているよ.
・CV ケーブル又は CVT ケーブルを接続する作業
・ケーブルラック上に延線する作業
・分電盤をコンクリートの床や壁に設置する作業

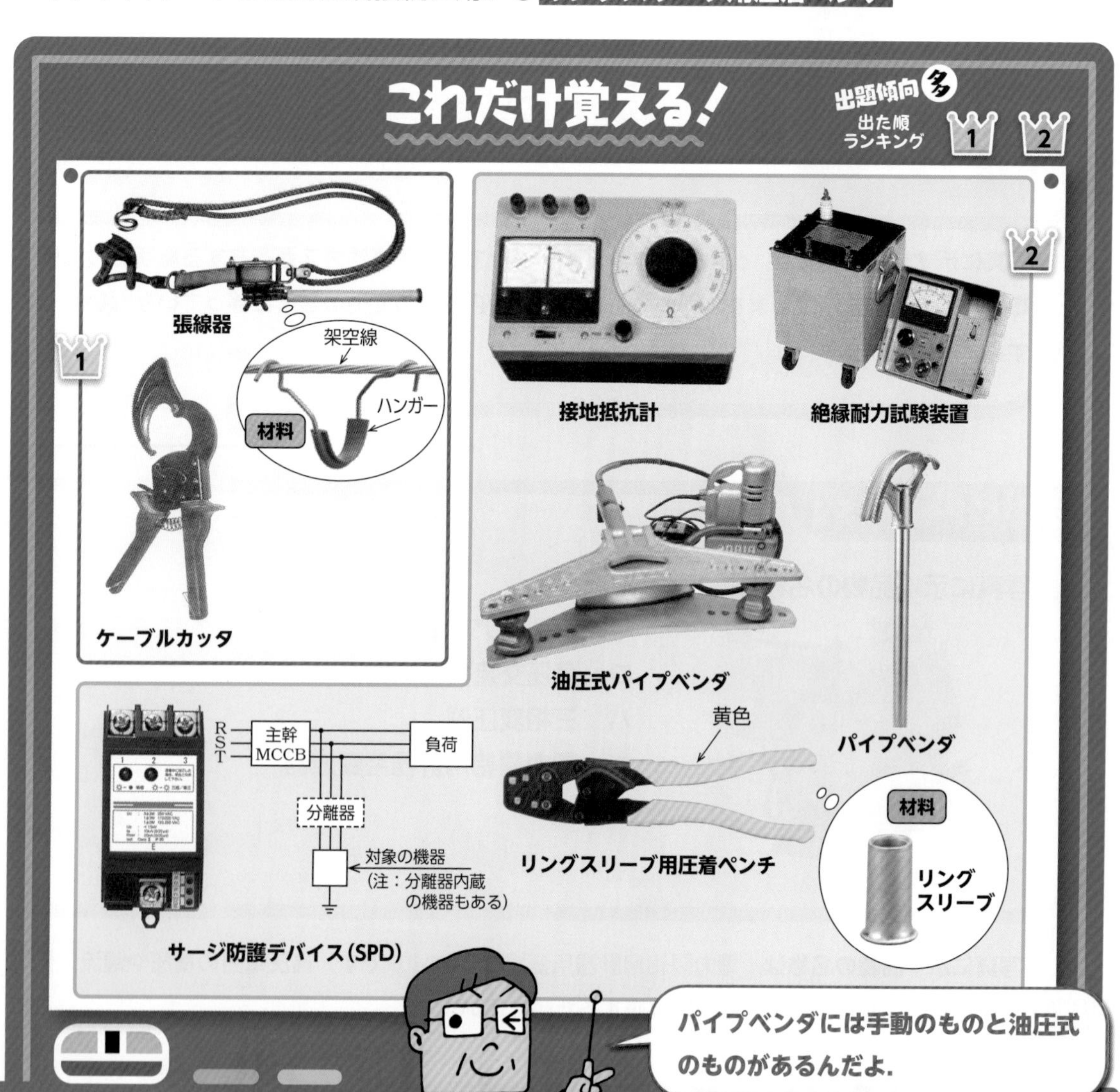

攻略の3ステップ

❶ **これだけ覚える!** の写真と名称をセットで覚える

❷ とくれば 油圧式パイプベンダ

❸ とくれば パイプベンダ

解いてみよう (平成 21 年)

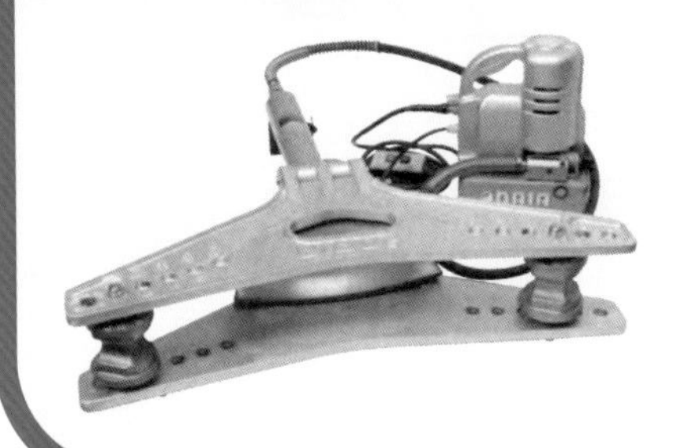

写真に示す工具の名称は.

イ. 延線ローラ
ロ. ケーブルジャッキ
ハ. トルクレンチ
ニ. 油圧式パイプベンダ

解説 写真に示す工具の名称は, 油圧式パイプベンダです. 太い金属管を曲げるときに使用します.

解答 ニ

過去問にチャレンジ! (平成 26 年)

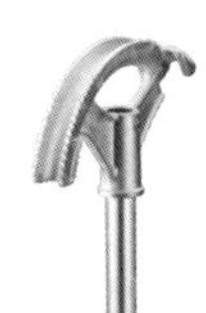

写真に示す工具の名称は.

イ. ケーブルジャッキ
ロ. パイプベンダ
ハ. 延線ローラ
ニ. ワイヤストリッパ

解説 写真に示す工具の名称は, パイプベンダです. 金属管を曲げるときに使用します.

解答 ロ

矢印で示す部分の名称

電気工事で使用する材料や機器の名称の他に，矢印で示す部分の名称を問われる問題が出題されています．同じ問題が出題されやすいので，過去に出題された範囲を中心に学習しておきましょう．

鑑別写真（矢印で示す部分）の名称の問題

- 電動機の過負荷保護に使用する **熱動継電器**
- 電磁コイルに電圧を加えて接点を開閉する際に使用する **電磁接触器**
- 単相誘導電動機に固定された鉄心で薄いケイ素鋼板を重ねた **固定子鉄心**
- 地中線用管路が建物の外壁を貫通する部分に使用する **防水鋳鉄管**
- 電磁誘導作用によって回転する **回転子鉄心**
- モールド変圧器の上部にある端子は **二次側（低圧側）端子**
- 住宅用分電盤の左下に一般的にある機器→ **漏電遮断器（過負荷保護付）**
- 低圧電路で地絡が生じたときに，自動的に電路を遮断する

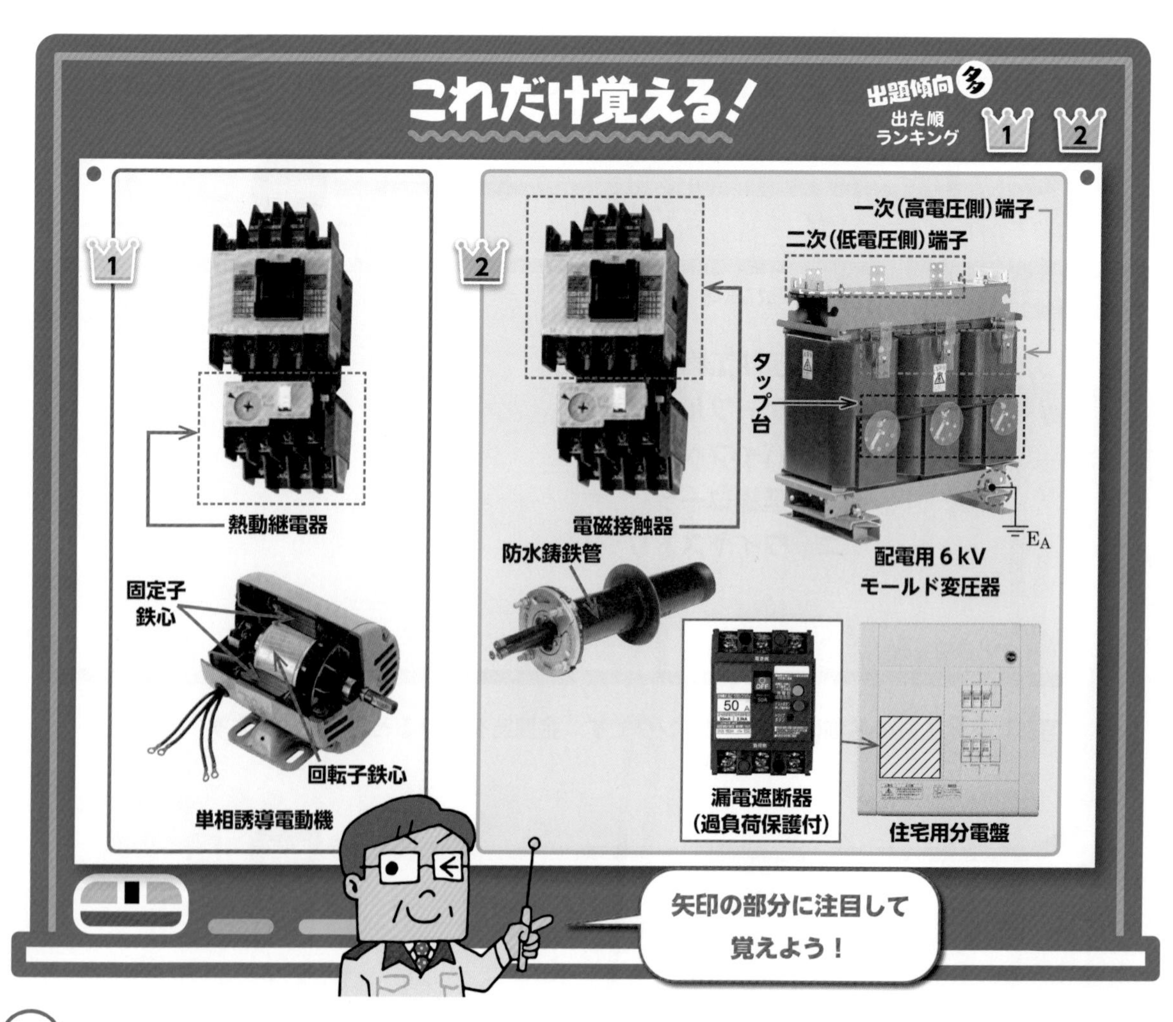

攻略の3ステップ

❶ **これだけ覚える!** の写真の矢印部分の名称に **注目!**

❷  とくれば **電磁接触器**  とくれば **熱動継電器**

❸ 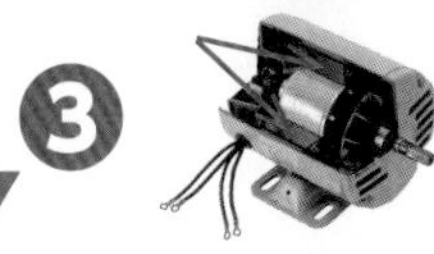 とくれば **固定子鉄心**  とくれば **回転子鉄心**

解いてみよう （令和４年午前）

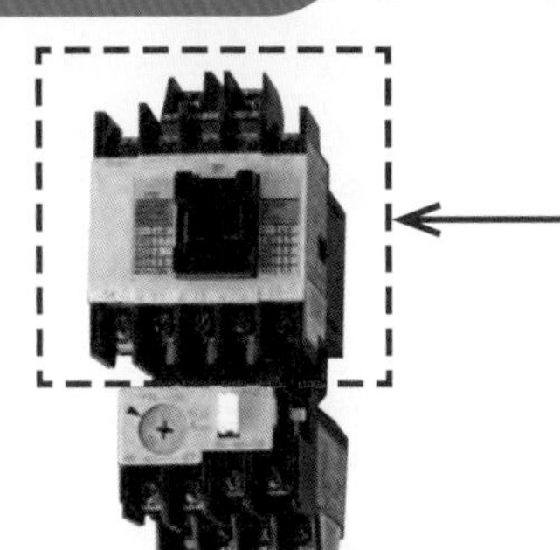

写真に示す機器の矢印部分の名称は.

イ. 熱動継電器
ロ. 電磁接触器
ハ. 配線用遮断器
ニ. 限時継電器

解説 写真に示す機器は電磁開閉器です．矢印で示す部分が**電磁接触器**で，その下の機器が熱動継電器です．よって，「ロ」となります．

解答 □

過去問にチャレンジ! （平成25年）

写真の単相誘導電動機の矢印で示す部分の名称は.

イ. 固定子巻線
ロ. 固定子鉄心
ハ. ブラケット
ニ. 回転子鉄心

解説 写真に示す機器は単相誘導電動機です．矢印で示す部分が**固定子鉄心**です．よって，「ロ」となります．

解答 □

写真の略号（文字記号）

略号（文字記号）

名称を簡単に表すために定めた記号のことで，鑑別写真の問題でも出題されています．2章で学習した内容と合わせて覚えましょう．

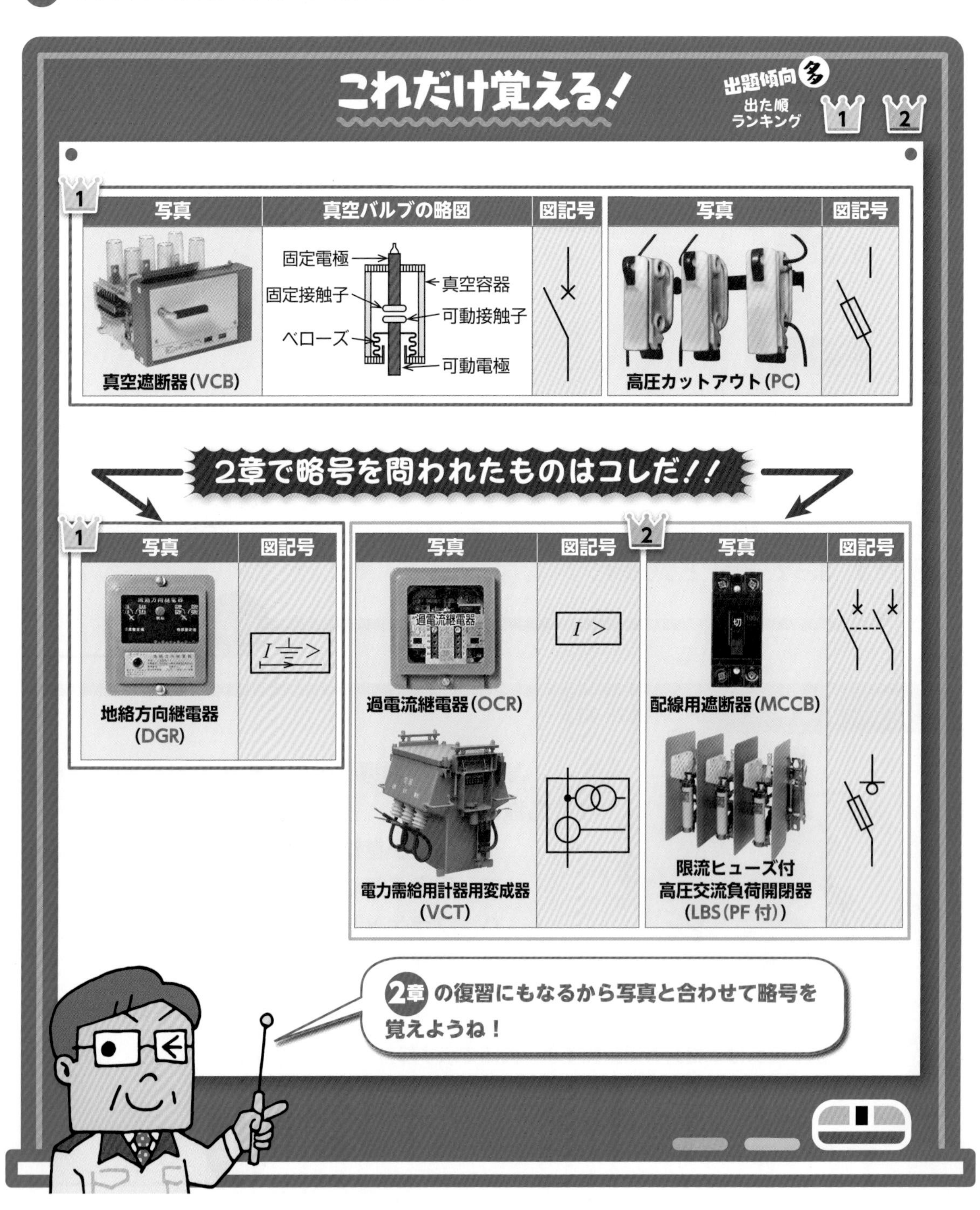

攻略の3ステップ

① **これだけ覚える!** の写真と略号をセットで覚える

② と とくれば **真空遮断器(VCB)**

③ とくれば **高圧カットアウト(PC)**

解いてみよう (平成 29 年)

写真に示す機器の略号（文字記号）は.

イ. MCCB
ロ. PAS
ハ. ELCB
ニ. VCB

解説

写真に示す機器は, 真空遮断器(VCB)です. **V**acuum **C**ircuit **B**reakerの頭文字をとっています. 負荷電流の開閉に用います. また, 過電流遮断器と組み合わせて, 過電流や短絡電流を遮断することができます.

解答 ニ

過去問にチャレンジ! (平成 26 年)

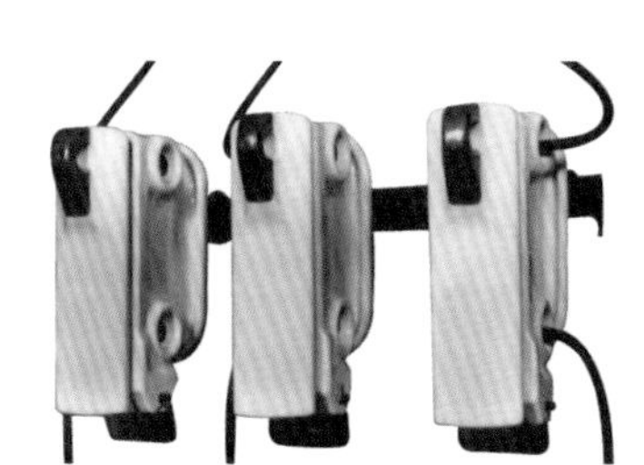

写真に示す機器の略号（文字記号）は.

イ. PC
ロ. CB
ハ. LBS
ニ. DS

解説

写真に示す機器は, 高圧カットアウト（PC）です. **P**rimary **C**utout の頭文字をとっています. 容量が 300 kV·A 以下の変圧器と 50 kvar 以下のコンデンサの開閉保護装置として用います.

解答 

4-6 材料や品物の用途

これだけ覚える！

出題傾向 多　出た順ランキング 1 2

絶縁トロリー (1)

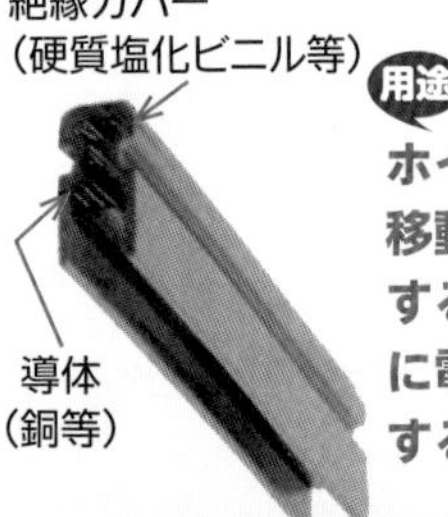

用途 ホイストなど移動して使用する電気機器に電気を供給する

ボードアンカー

用途 石膏ボードの壁に機器を取り付ける

支線アンカー

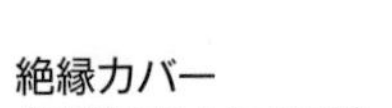

用途 電柱に設ける支線を地中で引き留める

ケーブルグリップ

用途 ケーブルを延線するときに引っ張る

埋込器具（ダウンライト）

用途 断熱材を施工する天井に埋め込んで使用する

防水鋳鉄管 (2)

用途 地中ケーブルが建築物の外壁を貫通する部分で浸水を防ぐ

（左）低圧引留がいし （右）低圧ピンがいし

用途 低圧配電線の接地側電線を支持する
※青色の帯

延線ローラー

用途 電線やケーブルの延線に使用する

ライティングダクト

用途 専用のプラグの付いたスポットライトなどの照明器具の取付けや取外しが容易にできる給電レールで**店舗や美術館などに使用する**

建設工事用防護管

高圧配電線に一時的に装着して感電等の災害を防止する

医用コンセント※名称も出題あり

用途
- 病院などの医療施設のコンセント
- 手術室や集中治療室（ICU）などに設置
- 耐熱性及び耐衝撃性に優れている
- 一般用と非常用等を識別するために白, 赤, 緑色がある
- 接地線は接地極刃受部とリベットまたは圧着接続されている

※接続用の穴はない!!

ハーネスジョイントボックス

用途 フリーアクセスフロア内の隠ぺい場所で主線相互の接続や支線の取出しに使用する

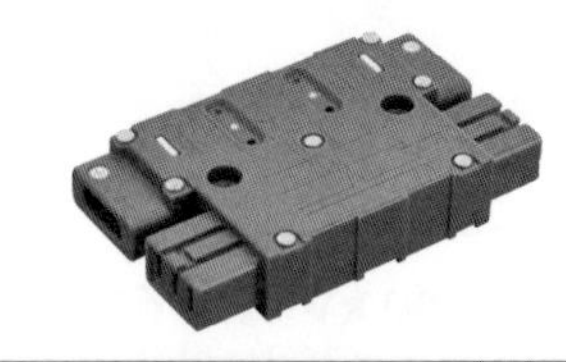

攻略の3ステップ

1. **これだけ覚える!** の写真と名称をセットで覚える
2. とくれば 石膏ボードの壁に機器を取り付ける
3. とくれば ケーブルを延線するときに引っ張る

解いてみよう (平成24年)

写真に示す品物の用途は.

イ. コンクリートスラブに機器を取り付ける.
ロ. 木造建物のはり（梁）に機器を取り付ける.
ハ. 石膏ボードの壁に機器を取り付ける.
ニ. 鉄骨建物のはり（梁）に機器を取り付ける.

解説 写真に示す品物の名称は，ボードアンカーです．石膏ボードの壁に機器を取り付けるのに用います．

解答 ハ

過去問にチャレンジ! (平成21年)

写真に示す品物の用途は.

イ. ケーブルをねずみの被害から防ぐのに用いる.
ロ. ケーブルを延線するとき，引っ張るのに用いる.
ハ. ケーブルをシールド（遮へい）するのに用いる.
ニ. ケーブルを切断するとき，電線がはねるのを防ぐのに用いる.

解説 写真に示す品物の名称は，ケーブルグリップです．ケーブルを延線するとき，引っ張るのに用います．

解答 ロ

工具や計器の用途

電気工事で使用する工具や計器の名称の他に，用途を問われる問題が出題されています．同じ問題が出題されやすいので，過去に出題された範囲を中心に学習しておきましょう．

攻略の3ステップ

1. **これだけ覚える！の写真と用途をセットで覚える**
2. とくれば ねじを一定のトルクで締め付ける
3. とくれば 高圧電路の相確認

解いてみよう（平成20年）

写真に示す工具の用途は．

イ．小型電動機の回転数を計測する．
ロ．小型電動機のトルクを計測する．
ハ．ねじを一定のトルクで締め付ける．
ニ．ねじ等の締め付け部分の温度を測定する．

解説

写真に示す工具の名称は，トルクドライバです．ねじを一定のトルクで締め付けるのに用います．

解答　ハ

過去問にチャレンジ！（平成18年）

写真に示す品物の用途は．

イ．停電作業を行う時，電路を接地するために用いる．
ロ．高圧線電流を測定するために用いる．
ハ．高圧カットアウトの開閉操作に用いる．
ニ．高圧電路の相確認に用いる．

解説

写真に示す工具の名称は，高圧検相器です．高圧電路の相確認に用います．

解答　ニ

機器と設備の用途

電気工事で使用する機器の名称の他に，用途を問われる問題が出題されています．同じ問題が出題されやすいので，過去に出題された範囲を中心に学習しておきましょう．

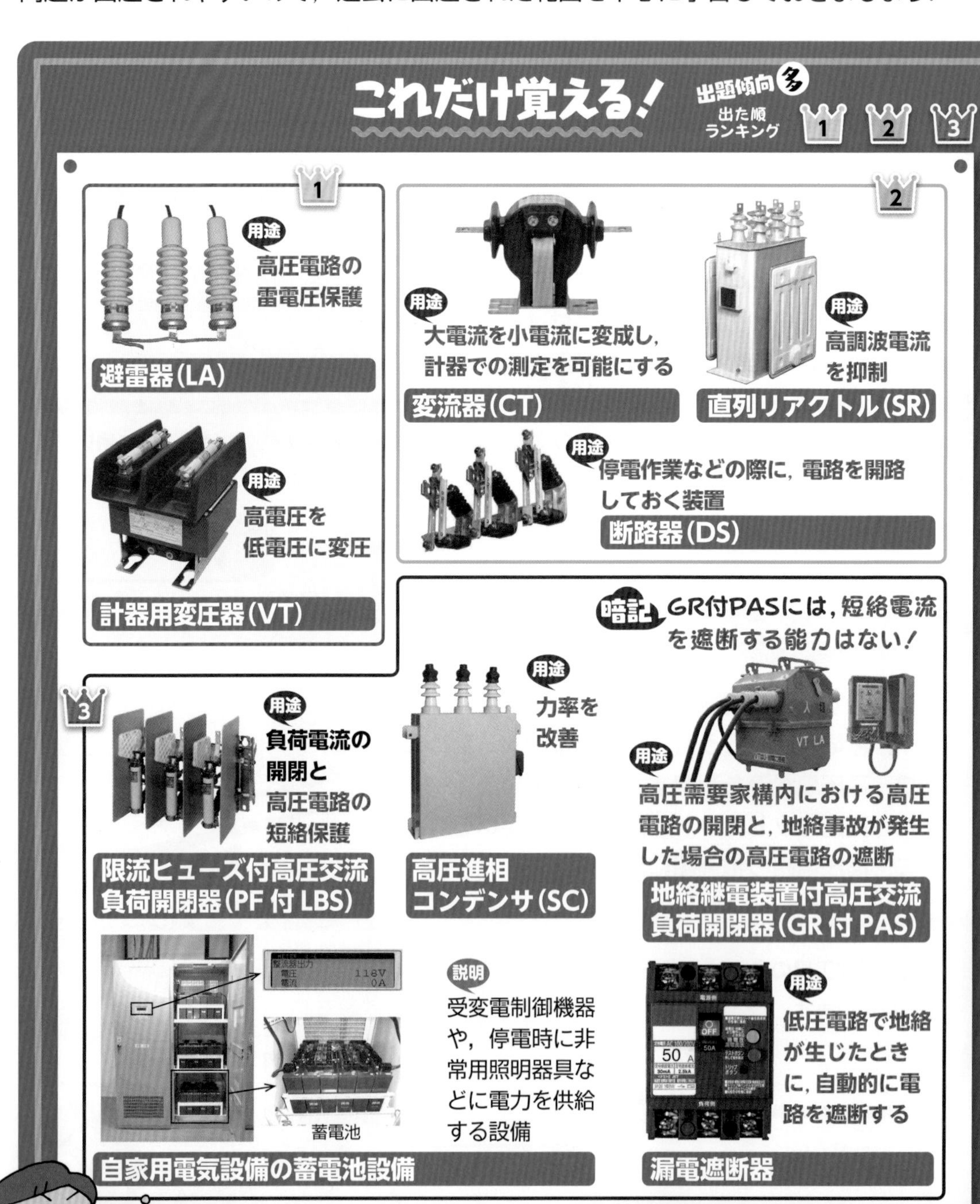

攻略の3ステップ

❶ **これだけ覚える！**の写真と用途をセットで覚える

❷ とくれば 高圧電路の雷電圧保護

❸ とくれば 高電圧を低電圧に変圧する

解いてみよう（平成30年）

写真に示す機器の用途は.

イ. 高圧電路の短絡保護
ロ. 高圧電路の地絡保護
ハ. 高圧電路の雷電圧保護
ニ. 高圧電路の過負荷保護

解説 写真に示す機器の名称は，避雷器（LA）です．高圧電路の雷電圧保護に用います.

解答 ハ

過去問にチャレンジ！（令和5年午後）

写真に示す機器の用途は.

イ. 高電圧を低電圧に変圧する.
ロ. 大電流を小電流に変流する.
ハ. 零相電圧を検出する.
ニ. コンデンサ回路投入時の突入電流を抑制する.

解説 写真に示す機器の名称は，計器用変圧器（VT）です．高電圧（6 600 V）を低電圧（110 V）に変圧するのに用います.

解答 イ

矢印で示す部分の主な役割

これだけ覚える!

出題傾向 多
出た順ランキング 1 2

1

用途
ヒューズが溶断したとき，連動して開閉器を開放

高圧限流ヒューズ付高圧交流負荷開閉器(PF付LBS)

ストライカ引外し機構

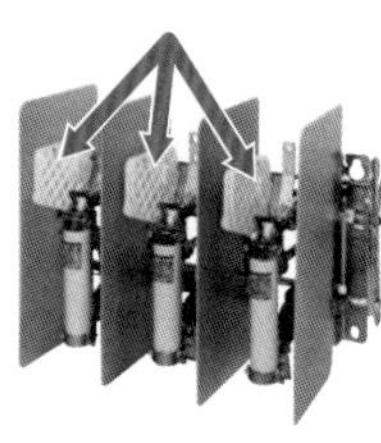

用途
開閉部で負荷電流を切ったときに発生するアークを消す

消弧室

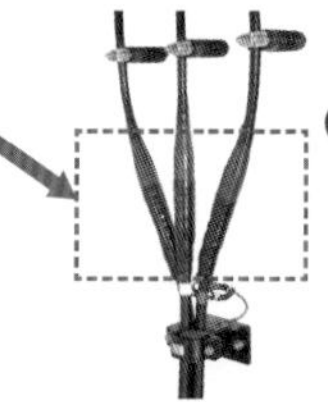

用途
遮へい端部の電位傾度を緩和

ケーブルヘッド(CH)

ストレスコーン

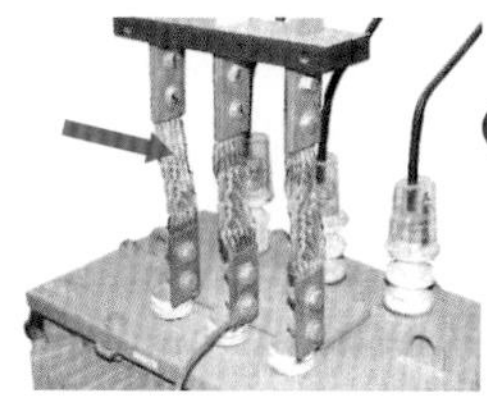

用途
地震時等にブッシングに加わる荷重を軽減

可とう導体

2

用途
高圧側巻線のタップを切り替えて低圧側の電圧を調整

電圧切り替えタップ

暗記 高圧限流ヒューズは完全に密閉されていて，外部にガスを放出することはない！
定格遮断電流は20kAや40kA等！

用途
高圧電路の短絡保護

高圧限流ヒューズ

暗記 遮へい銅テープの役割は
・感電防止
・充電電流の通路
・電界を均一にして帯電圧性能を強化

遮へい銅テープ

名称や用途以外にもココに書かれている矢印の部分は覚える必要があるよ！

攻略の3ステップ

① 写真の矢印の部分の用途に注目!

②  とくれば ヒューズの溶断と連動して開閉器を開放

③ とくれば 地震時等にブッシングに加わる荷重を軽減

解いてみよう (平成25年)

写真の矢印で示す部分の役割は.

イ. 過大電流が流れたとき, 開閉器が開かないようにロックする.
ロ. ヒューズが溶断したとき, 連動して開閉器を開放する.
ハ. 開閉器の開閉操作のとき, ヒューズが脱落するのを防止する.
ニ. ヒューズを装着するとき, 正規の取付位置からずれないようにする.

解説 写真に示す機器の名称は, 高圧限流ヒューズ付高圧交流負荷開閉器 (PF付LBS) です. 矢印で示す部分はストライカ引外し機構です. ヒューズが溶断したときに突起部分が突き出るのと連動して開閉器を開放します.

解答 ロ

過去問にチャレンジ! (平成20年)

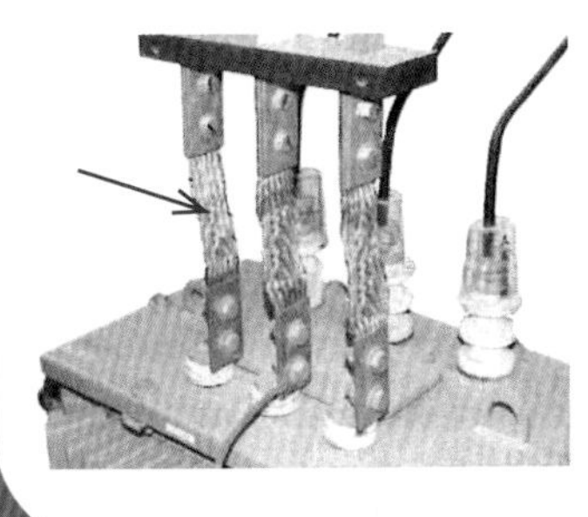

写真に示す矢印の部分の用途は.

イ. 地震時等にブッシングに加わる荷重を軽減する.
ロ. 過負荷電流が流れたとき溶断して変圧器を保護する.
ハ. 短絡電流を抑制する.
ニ. 異常な温度上昇を検知する.

解説 写真に示す品物の名称は, 可とう導体です. 地震時等にブッシングに加わる荷重を軽減するのに用います.

解答 イ

4-10 その他の鑑別写真

これだけ覚える！

出題傾向 多
出た順ランキング 1 2

1 暗記 定格電流 20 A の配線用遮断器に保護されている電路に定格電流 30 Aのコンセントは使用できない！

2 極接地極付 250 V 30 A 引掛形コンセント

2 暗記 電磁調理器(IH 調理器)の発熱原理は誘導加熱

電磁調理器(IH 調理器)

暗記 モールド部分を充電中に直接手で触れると危険！！

配電用 6 kV モールド変圧器

暗記 200Vの回路に使用できる

単相200V15A 接地極付

三相200V 20A 引掛形

三相200V15A 接地極付

覚えるコツ 100V のは使用不可

単相100V 15A 接地極付引掛形

用途 油圧の力で太い金属管を曲げる

覚えるコツ ケーブルラック上に延線する作業や分電盤をコンクリートの床や壁に設置する作業では使用しない！

油圧式パイプベンダ

用途 コンクリート壁に穴をあけて埋め込み，仮設足場やダクト吊り用金具の取付けなどに用いる

覚えるコツ 電線の接続には使用しない！

グリップアンカー

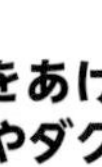

覚えるコツ 赤色の帯は高圧用！！

高圧耐張がいし

覚えるコツ 組み合わせて使用するものは一種金属製線ぴ！

一種金属製線ぴ用スイッチボックス(2 個用)

暗記 バックプレートがボックスと分離できる理由はコンクリートスラブ（天井）埋込配管で，ボックスに電線管を接続する作業を容易にするため！

コンクリートボックス

暗記 可燃性ガスが滞留するおそれのある場所では防爆形照明器具を使用！

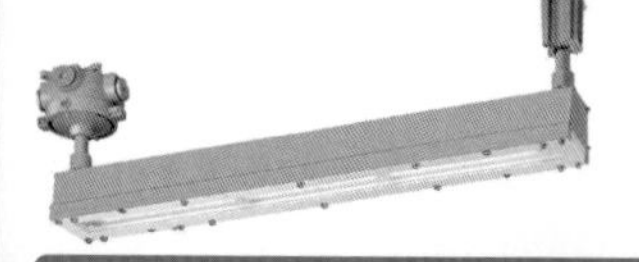

防爆形照明器具

ボルト型コネクタ　P 形スリーブ　差込形コネクタ

電線の接続に使用できる

赤文字や 覚えるコツ に注目！

攻略の3ステップ

①  の赤文字の部分に 注目!

②  とくれば 誘導加熱

③ 定格電流 30 A を表す「30」がある

解いてみよう (令和 3 年午前)

写真で示す電磁調理器 (IH 調理器) の発熱原理は.

イ. 誘導加熱
ロ. 誘電加熱
ハ. 抵抗加熱
ニ. 赤外線加熱

解説 導線に交流電流を流すと磁界が発生し, 発生した磁界の中に金属を置くと, 電磁誘導により電流が流れます. 金属には電気抵抗があるため, ジュール熱が発生して金属が加熱されます. この現象を誘導加熱といいます. 電磁調理器 (IH 調理器) はこの誘導加熱を使って発熱しています.

解答 イ

過去問にチャレンジ! (令和 4 年午後)

写真に示す配線器具を取り付ける施工方法の記述として, 誤っているものは.

イ. 定格電流 20 A の配線用遮断器に保護されている電路に取り付けた.
ロ. 単相 200 V の機器用のコンセントとして取り付けた.
ハ. 三相 400 V の機器用のコンセントとしては使用できない.
ニ. 接地極には D 種接地工事を施した.

解説 定格電流 20 A の配線用遮断器に保護されている電路に 30 A のコンセントは使用できません.

解答 イ

●練習問題1（写真の名称）

問題 1　次の写真に示す品物の名称を語群欄より選び記号で答えよ.

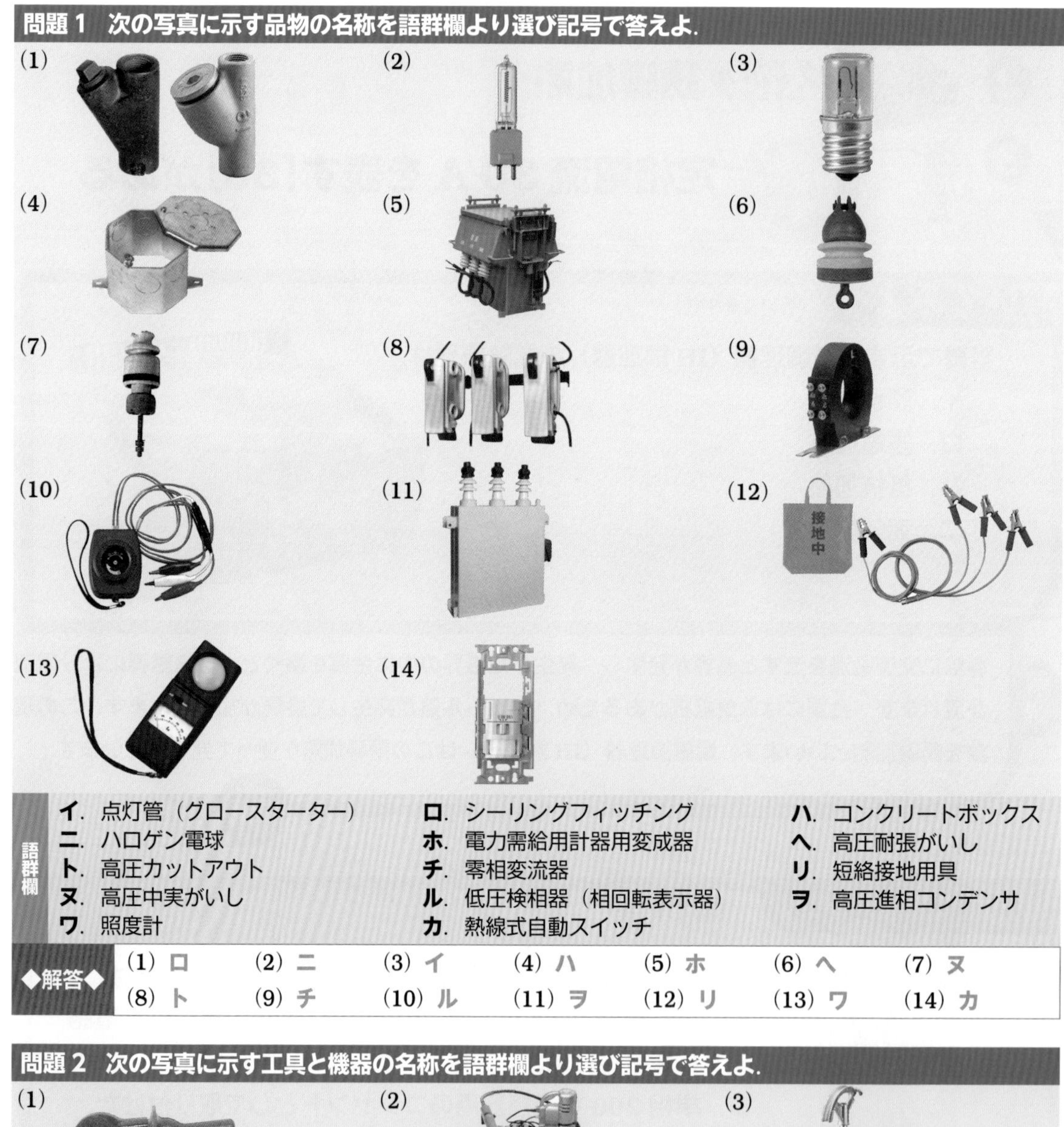

語群欄

イ. 点灯管（グロースターター）	**ロ**. シーリングフィッチング	**ハ**. コンクリートボックス
ニ. ハロゲン電球	**ホ**. 電力需給用計器用変成器	**ヘ**. 高圧耐張がいし
ト. 高圧カットアウト	**チ**. 零相変流器	**リ**. 短絡接地用具
ヌ. 高圧中実がいし	**ル**. 低圧検相器（相回転表示器）	**ヲ**. 高圧進相コンデンサ
ワ. 照度計	**カ**. 熱線式自動スイッチ	

◆解答◆

(1) ロ	(2) ニ	(3) イ	(4) ハ	(5) ホ	(6) ヘ	(7) ヌ
(8) ト	(9) チ	(10) ル	(11) ヲ	(12) リ	(13) ワ	(14) カ

問題 2　次の写真に示す工具と機器の名称を語群欄より選び記号で答えよ.

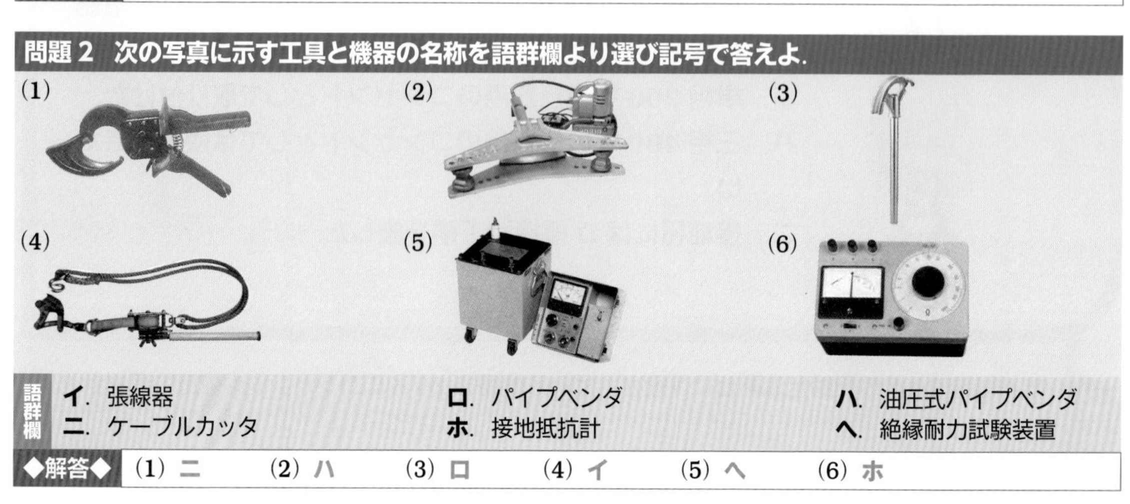

語群欄

イ. 張線器	**ロ**. パイプベンダ	**ハ**. 油圧式パイプベンダ
ニ. ケーブルカッタ	**ホ**. 接地抵抗計	**ヘ**. 絶縁耐力試験装置

◆解答◆

(1) ニ	(2) ハ	(3) ロ	(4) イ	(5) ヘ	(6) ホ

問題 3　次の写真に示す材料の名称を語群欄より選び記号で答えよ．

(1)　(2)　(3)　(4)　(5)　(6)　(7)　(8)　(9)

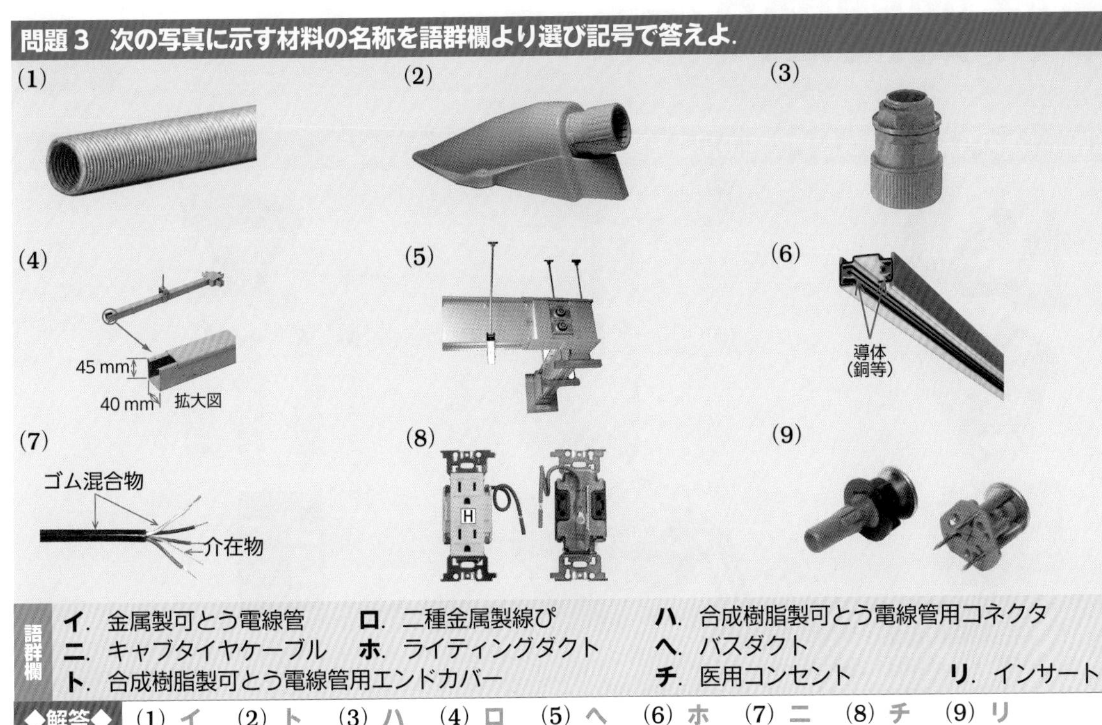

語群欄

イ．金属製可とう電線管　**ロ**．二種金属製線ぴ　**ハ**．合成樹脂製可とう電線管用コネクタ
ニ．キャブタイヤケーブル　**ホ**．ライティングダクト　**ヘ**．バスダクト
ト．合成樹脂製可とう電線管用エンドカバー　**チ**．医用コンセント　**リ**．インサート

◆解答◆　(1) イ　(2) ト　(3) ハ　(4) ロ　(5) ヘ　(6) ホ　(7) ニ　(8) チ　(9) リ

問題 4　次の写真の矢印で示す部分の名称を語群欄より選び記号で答えよ．

(1)　(2)　(3)　(4)　(5)　(6)

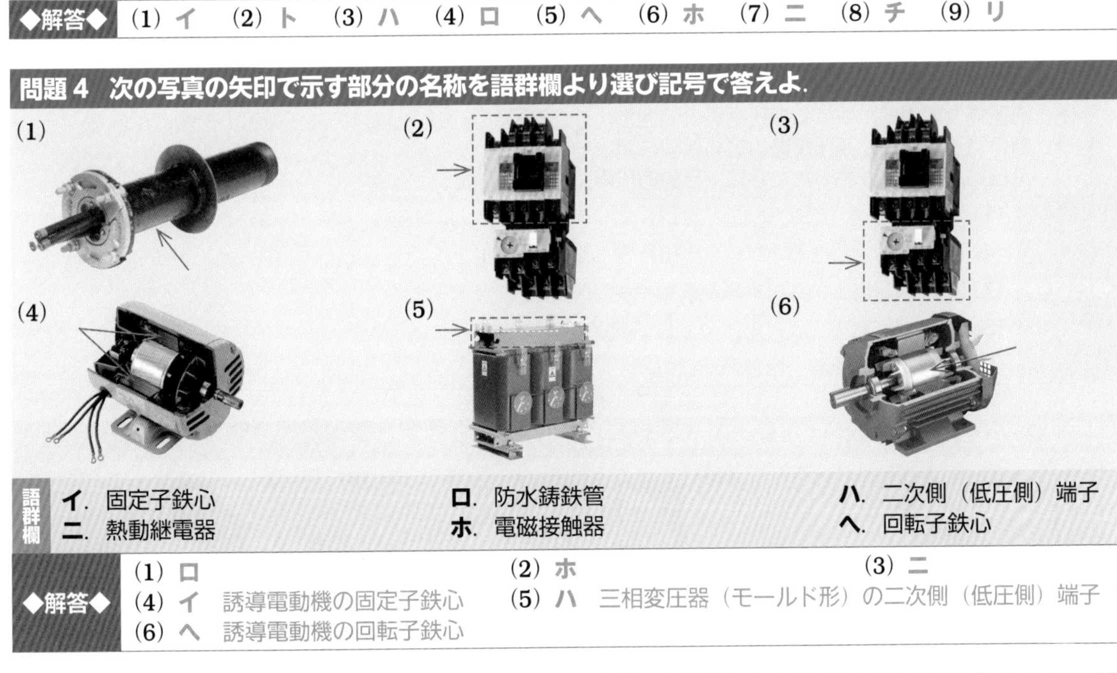

語群欄

イ．固定子鉄心　**ロ**．防水鋳鉄管　**ハ**．二次側（低圧側）端子
ニ．熱動継電器　**ホ**．電磁接触器　**ヘ**．回転子鉄心

◆解答◆
(1) ロ　(2) ホ　(3) ニ
(4) イ　誘導電動機の固定子鉄心　(5) ハ　三相変圧器（モールド形）の二次側（低圧側）端子
(6) ヘ　誘導電動機の回転子鉄心

問題 5　次の (1)，(2) の写真に示す機器と (3) の略図が示す機器の略号（文字記号）を語群欄より 1 つ選び答えよ．なお，重複して答えてもよいものとする．

(1)　(2)　(3)

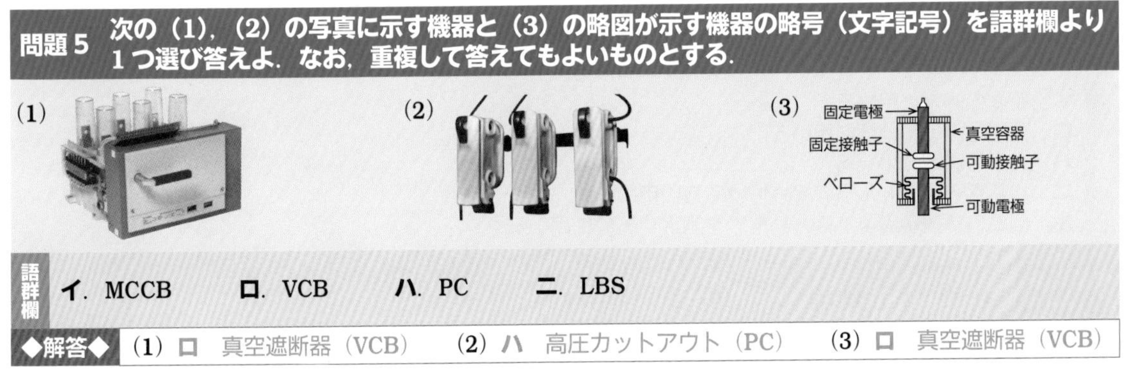

語群欄

イ．MCCB　**ロ**．VCB　**ハ**．PC　**ニ**．LBS

◆解答◆　(1) ロ　真空遮断器（VCB）　(2) ハ　高圧カットアウト（PC）　(3) ロ　真空遮断器（VCB）

●練習問題2（写真の用途）

問題 1　次の写真に示す機器や品物の用途を語群欄より選び記号で答えよ．

(1)

(2)

(3)

(4)

(5)

(6)

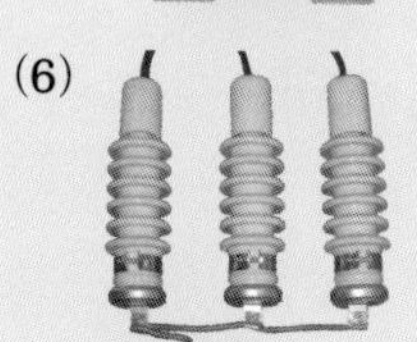

(7)

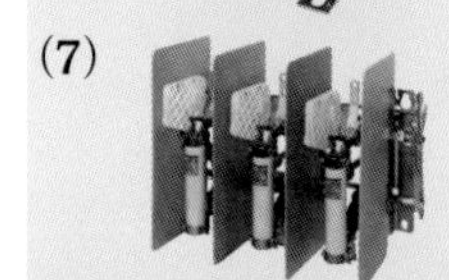

(8)

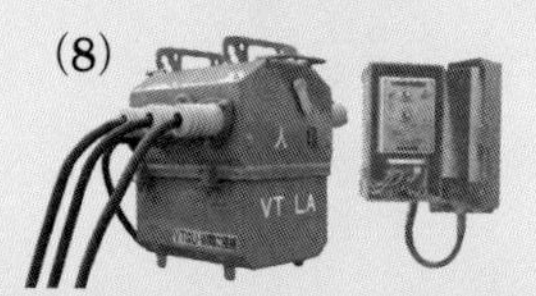

(9)

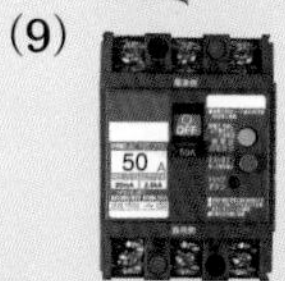

語群欄

イ．高圧電路の雷電圧保護に用いる．
ロ．高電圧を低電圧に変圧する．
ハ．大電流を小電流に変成し，計器での測定を可能にする．
ニ．高調波電流を抑制する．
ホ．力率を改善する．
ヘ．停電作業などの際に，電路を開路しておく装置として用いる．
ト．高圧需要家構内における高圧電路の開閉と，地絡事故が発生した場合の高圧電路の遮断に用いる．
チ．負荷電流の開閉と高圧電路の短絡保護に用いる．
リ．低圧電路で地絡が生じたときに，自動的に電路を遮断する．

◆解答◆

(1) **ヘ**　断路器（DS）　(2) **ニ**　直列リアクトル（SR）　(3) **ハ**　変流器（CT）
(4) **ロ**　計器用変圧器（VT）　(5) **ホ**　高圧進相コンデンサ（SC）　(6) **イ**　避雷器（LA）
(7) **チ**　限流ヒューズ付高圧交流負荷開閉器（PF 付 LBS）
(8) **ト**　地絡継電装置付高圧交流負荷開閉器（GR 付 PAS）
(9) **リ**　漏電遮断器（過負荷保護付）

問題 2　次の写真に示す計器や工具の用途を語群欄より選び記号で答えよ．

(1)

(2)

(3)

(4)

(5)

語群欄

イ．照度の測定に用いる．
ロ．高圧電路の相確認に用いる．
ハ．力率の測定に用いる．
ニ．ねじを一定のトルクで締め付けるのに用いる．
ホ．回路の負荷電流または漏れ電流を測定するのに用いる．

◆解答◆

(1) **イ**　照度計　(2) **ハ**　力率計　(3) **ホ**　クランプ形電流計
(4) **ロ**　高圧検相器　(5) **ニ**　トルクドライバ

問題 3　次の写真に示す材料の用途を語群欄より選び記号で答えよ.

(1)　(2)　(3)

拡大

(4)　絶縁カバー（硬質塩化ビニル等）　導体（銅等）

(5)　導体（銅等）

(6)　接地中

語群欄

イ. ケーブルを延線するとき，引っ張るのに用いる.
ロ. 石膏ボードの壁に機器を取り付ける.
ハ. ホイストなど移動して使用する電気機器に電気を供給する.
ニ. 電柱に設ける支線を地中で引き留めるのに用いる.
ホ. 専用のプラグの付いたスポットライトなどの照明器具を取り付け取り外しが容易に出来る給電レールで，店舗や美術館などに使用する.
ヘ. 高圧受電設備の工事や点検時に使用し，誤送電による感電事故の防止に使用する.

◆解答◆
(1) **ロ**　ボードアンカー　(2) **ニ**　支線アンカー　(3) **イ**　ケーブルグリップ
(4) **ハ**　絶縁トロリー　(5) **ホ**　ライティングダクト　(6) **ヘ**　短絡接地用具

問題 4　次の写真に示す品物の用途を語群欄より選び記号で答えよ.

語群欄

イ. 断熱材を施工する天井に埋め込んで使用する.
ロ. 地中ケーブルが建築物の外壁を貫通する部分で浸水防止のために用いる.
ハ. 低圧配電線や接地側電線を支持する.
ニ. 電線やケーブルの延線に使用する.
ホ. 高圧配電線に一時的に装着して感電等の災害を防止する.
ヘ. 人体の体温を検知して自動的に開閉するスイッチで，玄関の照明などに用いる.

◆解答◆
(1) **ロ**　防水鋳鉄管　(2) **イ**　埋込器具（ダウンライト）
(3) **ニ**　延線ローラー　(4) **ホ**　建設工事用防護管
(5) **ハ**　（左）低圧引留がいし　（右）低圧ピンがいし
(6) **ヘ**　熱線式自動スイッチ

問題 5　写真に示す材料と組み合わせて使用するものを語群欄より 1 つ選び答えよ.

語群欄

イ. 合成樹脂線ぴ
ロ. 一種金属製線ぴ
ハ. 二種金属製線ぴ
ニ. 電力用フラットケーブル

写真は一種金属製線ぴ用スイッチボックス（2 個用）で，組み合わせて使用するものは**一種金属製線ぴ**です.
なお，一種金属製線ぴの幅は 40 mm 未満です.

◆解答◆ **ロ**

問題 6　次の写真に示す品物のうち，CVT 150 mm² のケーブルを，ケーブルラック上に延線する作業で，一般的に使用しないものを語群欄より 1 つ選び答えよ．

語群欄

イ.　ロ.　ハ.　ニ.

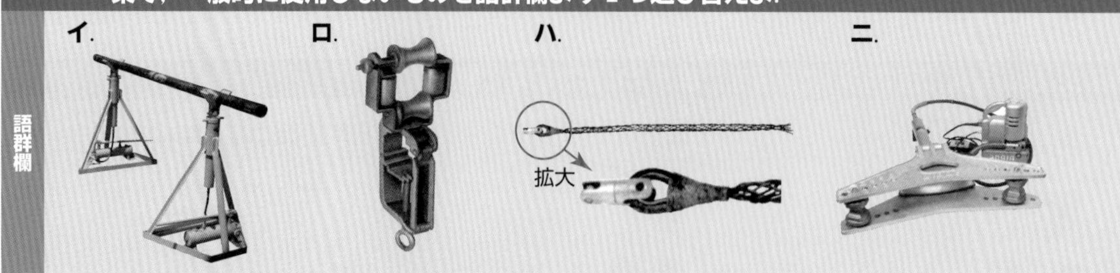

「イ」はケーブルジャッキで，ケーブルドラムを支持するものです．ケーブルジャッキにケーブルドラムを取り付けて，回転させながらケーブルを引き出してケーブルラック上へ延線します．

「ロ」は延線ローラーで，ケーブルをローラーに通してローラー上を転がりながらスムーズに延線できるようにします．

「ハ」は延線グリップで，延線の際，ケーブルをグリップで固定し，ねじれないようにします．

「ニ」は油圧式パイプベンダで，油圧の力を使って，太い金属管の曲げ加工に用います．よって，ケーブルラック上に延線する作業では使用しません．

◆解答◆ ニ

問題 7　次の写真に示す材料のうち，電線の接続に使用しないものを語群欄より 1 つ選び答えよ．

語群欄

イ.

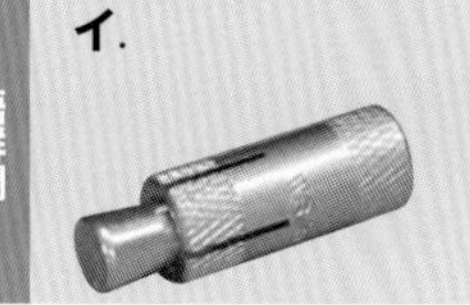

ロ.

ハ.

ニ.

「イ」はグリップアンカーで，コンクリート壁に穴をあけて埋め込んで，仮設足場やダクト吊り用金具の取付け，コンクリート型枠工事などに用います．よって電線の接続には使用しません．

「ロ」はボルト型コネクタで，高低圧架空配電線や各種電線類の接続に使用します．

「ハ」は銅線用裸圧着スリーブ（P 形）で，電線と電線の接続に使用し，軟鋼のより線電線の接続に適しています．

「ニ」は差込形コネクタで，電線と電線の接続に使用します．

◆解答◆ イ

問題 8　次の写真の矢印で示す部分の主な役割を語群欄より選び記号で答えよ．

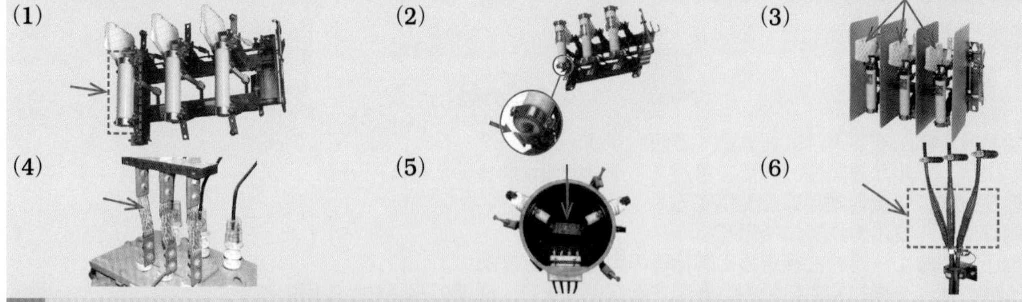

語群欄

イ．開閉部で負荷電流を切ったときに発生するアークを消す．
ロ．高圧電路の短絡保護に用いる．
ハ．ヒューズが溶断したとき，連動して開閉器を開放する．
ニ．遮へい端部の電位傾度を緩和する．
ホ．地震時等にブッシングに加わる荷重を軽減する．
ヘ．高圧側巻線のタップを切り替えて，低圧側の電圧を調整する．

◆解答◆			
	(1) **ロ**　高圧限流ヒューズ	(2) **ハ**　ストライカ引外し機構	(3) **イ**　消弧室
	(4) **ホ**　可とう導体	(5) **ヘ**　電圧切り替えタップ	(6) **ニ**　ストレスコーン

練習問題3（その他）

問題 1　写真の材料の矢印で示す赤色の帯に関する記述として，正しいものを語群欄より 1 つ選び答えよ．

語群欄
- **イ**．表面のきずの有無確認のために用いられる．
- **ロ**．製品の品質等級を表示している．
- **ハ**．表面の汚染度のチェックに用いられる．
- **ニ**．高圧用であることを表示している．

写真は高圧耐張がいしで，矢印で示す**赤色の帯は高圧用**であることを表示しています．　◆解答◆ ニ

問題 2　次の写真で示す電磁調理器の発熱原理として，正しいものを語群欄より 1 つ選び答えよ．

語群欄
イ．誘導加熱　**ロ**．抵抗加熱　**ハ**．誘電加熱　**ニ**．赤外線加熱

電磁調理器の発熱原理は，**誘導加熱**です．導線に交流電流を流すと，磁界が発生し，発生した磁界の中に金属を置くと，電磁誘導により電流が流れます．金属には電気抵抗があるため，ジュール熱が発生して金属が加熱されます．この現象を誘導加熱といいます．　◆解答◆ イ

問題 3　次の写真の機器の矢印で示す部分に関する記述として，誤っているものを語群欄より 2 つ選び答えよ．

語群欄
- **イ**．小形，軽量であるが，定格遮断電流は大きく 20 kA，40 kA 等がある．
- **ロ**．小形，軽量であり定格遮断電流は，5 000 A 程度である．
- **ハ**．通常は密閉されているが，短絡電流を遮断するときに放出口からガスを放出する．
- **ニ**．密閉されていてアークやガスの放出がない．
- **ホ**．短絡電流を限流遮断する．
- **ヘ**．用途によって，T，M，C，G の 4 種類がある．

高圧限流ヒューズは，完全に密閉されているため，短絡電流が流れて内部ヒューズが溶断しても，外部にガスを放出することはありません．また，高圧限流ヒューズの定格遮断電流は 20 kA や 40 kA などがあります．　◆解答◆ ロ，ハ

問題 4　次の写真に示す配線器具を取り付ける施工方法の記述として，誤っているものを語群欄より 1 つ選び答えよ．

語群欄
- **イ**．接地極には D 種接地工事を施した．
- **ロ**．単相 200 V の機器用のコンセントとして取り付けた．
- **ハ**．三相 400 V の機器用のコンセントとしては使用できない．
- **ニ**．定格電流 20 A の配線用遮断器に保護されている電路に取り付けた．

定格電流 20 A の配線用遮断器に保護されている電路に **30 A のコンセントは使用できません．**　◆解答◆ ニ

問題 5　写真に示す品物が一般的に使用される場所として，正しいものを語群欄より 1 つ選び答えよ．

語群欄
- **イ**．低温室露出場所
- **ロ**．防爆室露出場所
- **ハ**．フリーアクセスフロア内隠ぺい場所
- **ニ**．天井内隠ぺい場所

写真はハーネスジョイントボックスで，**フリーアクセスフロア内の隠ぺい場所**で使用します．　◆解答◆ ハ

問題 6　次の写真に示す過電流蓄勢トリップ付地絡トリップ形(SOG)の GR 付 PAS を設置する場合の記述として，誤っているものを語群欄より 2 つ選び答えよ．

語群欄

イ．一般送配電事業者の配電線への波及事故の防止に効果がある．
ロ．自家用の引込みケーブルに短絡事故が発生したとき，自動遮断する．
ハ．自家用側の高圧電路に短絡事故が発生したとき，一般送配電事業者の配電線を停止させることなく，自動遮断する．
ニ．自家用側の高圧電路に短絡事故が発生したとき，一般送配電事業者の配電線を一時停止させることがあるが，配電線の復旧を早期に行うことができる．
ホ．自家用側の高圧電路に地絡事故が発生したとき，自動遮断する．
ヘ．自家用側の高圧電路に地絡事故が発生したとき，一般送配電事業者の配電線を停止させることなく，自動遮断する．
ト．電気事業者との保安上の責任分界点又はこれに近い箇所に設置する．

GR 付 PAS は，地絡事故であれば自動で遮断できますが，**短絡電流を遮断する能力はありません．**

◆解答◆ ロ, ハ

問題 7　次の写真に示す配電用 6 kV モールド変圧器の矢印部分の用途で誤っているものを語群欄より 1 つ選び答えよ．

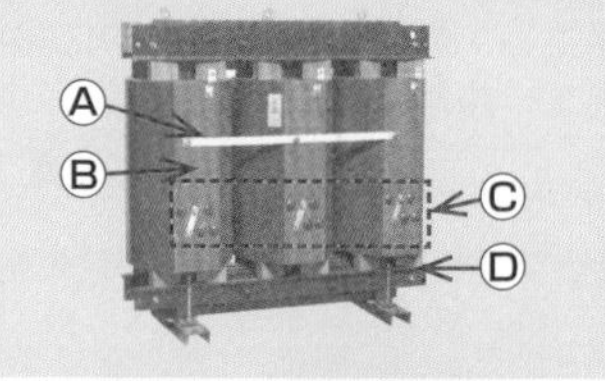

語群欄

イ．Ⓐ：このバーで高圧巻線の三相星形結線の中性点を構成している．
ロ．Ⓑ：モールド部分は，充電中に直接手で触れても危険がない．
ハ．Ⓒ：高圧巻線のタップを切り替える．
ニ．Ⓓ：この部分に A 種接地工事を施す．

モールド部分は絶縁物で覆われていますが，**充電中に直接手で触れると感電のおそれがあります．**　**◆解答◆ ロ**

問題 8　次の写真の材料の矢印で示す遮へい銅テープの役割として，誤っているものを語群欄より 1 つ選び答えよ．

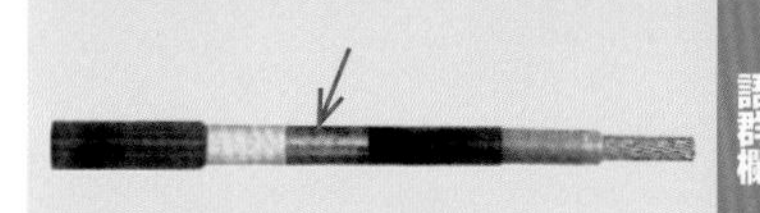

語群欄

イ．ケーブルの外装に触れた場合の感電を防止する．
ロ．充電電流の通路となる．
ハ．絶縁体にかかる電界を均一にして帯電圧性能を強化する．
ニ．絶縁体と外装との間に発生するコロナ放電を防止する．

遮へい銅テープの役割は，**ケーブルの外装に触れた場合の感電防止**や**充電電流の通路**になります．また，**絶縁体にかかる電界を均一にして帯電圧性能を強化**することはできますが，コロナ放電を防止することはできません．

◆解答◆ ニ

問題 9　写真の材料の矢印で示すバックプレートがボックスと分離できる構造になっている理由を語群欄より 1 つ選び答えよ．

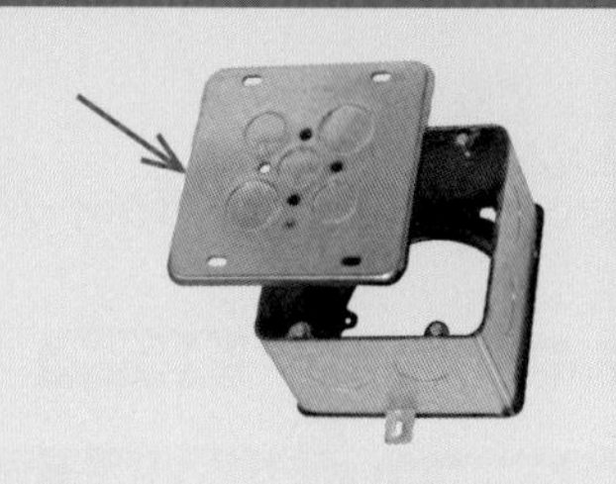

語群欄

イ．コンクリート埋込配管で，ボックスの両面に配線器具が取り付けられるように予備のため．
ロ．コンクリートスラブ（天井）埋込配管で，シャンデリヤ等重量物の補強を容易にするため．
ハ．コンクリートスラブ（天井）埋込配管で，ボックスに電線管を接続する作業を容易にするため．
ニ．コンクリート埋込配管で，照明器具や配線器具を取り付けない場合にふたをするため．

写真はコンクリートボックスで，**コンクリートスラブ（天井）埋込配管で，ボックスに電線管を接続する作業を容易にするため**に，バックプレートがボックスと分離できる構造になっています．　**◆解答◆ ハ**

過去に出題のあった鑑別写真の問題をまとめたよ．

5章

約 5 問出題

電気機器

機器の問題ではどんな問題が出題されるのですか?

変圧器や誘導電動機，蓄電池などが出題されるよ．

参考までに変圧器の△−△結線の結線図だよ．
単相変圧器Tを3台用意して結線しているよ．

単相変圧器 T(3 台)

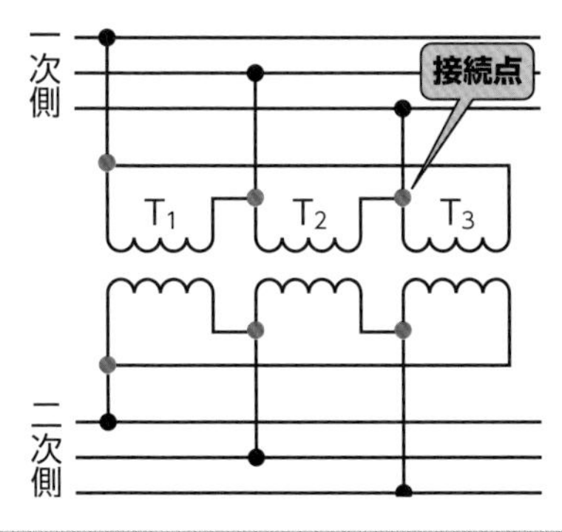

あ! △結線は接続点が3か所ずつありますね!

良く気づいたね．その一つひとつの『気づき』が大切だよ．

図もよく見ないといけないですね．

変圧器の結線方法

変圧器の結線方法

これだけ覚える！にある△-△（デルタ デルタ）結線とY-Y（スター スター）結線とV-V（ブイ ブイ）結線の結線図を覚えましょう！

V-V 結線

下図のようにV結線すると，単相変圧器2台を用いた場合の容量は $2VI$〔V·A〕となり，三相出力 $S = \sqrt{3}\,VI$ となります．変圧器1台当たりの利用率は下の式になります．

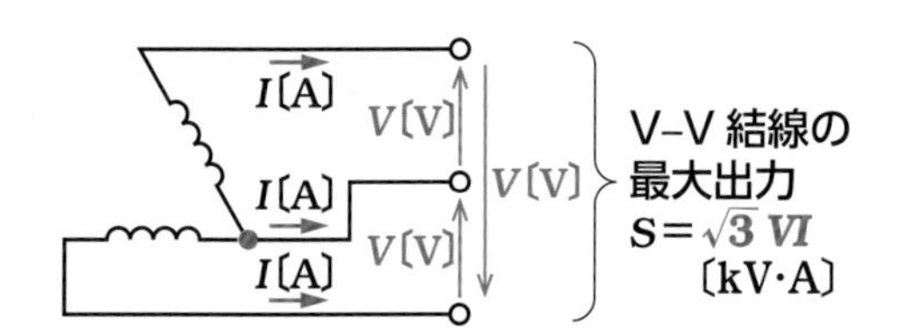

$$利用率 = \frac{三相出力\ S〔V·A〕}{単相変圧器2台の容量〔V·A〕} = \frac{\sqrt{3}\,VI}{2\,VI} = \frac{\sqrt{3}}{2}$$

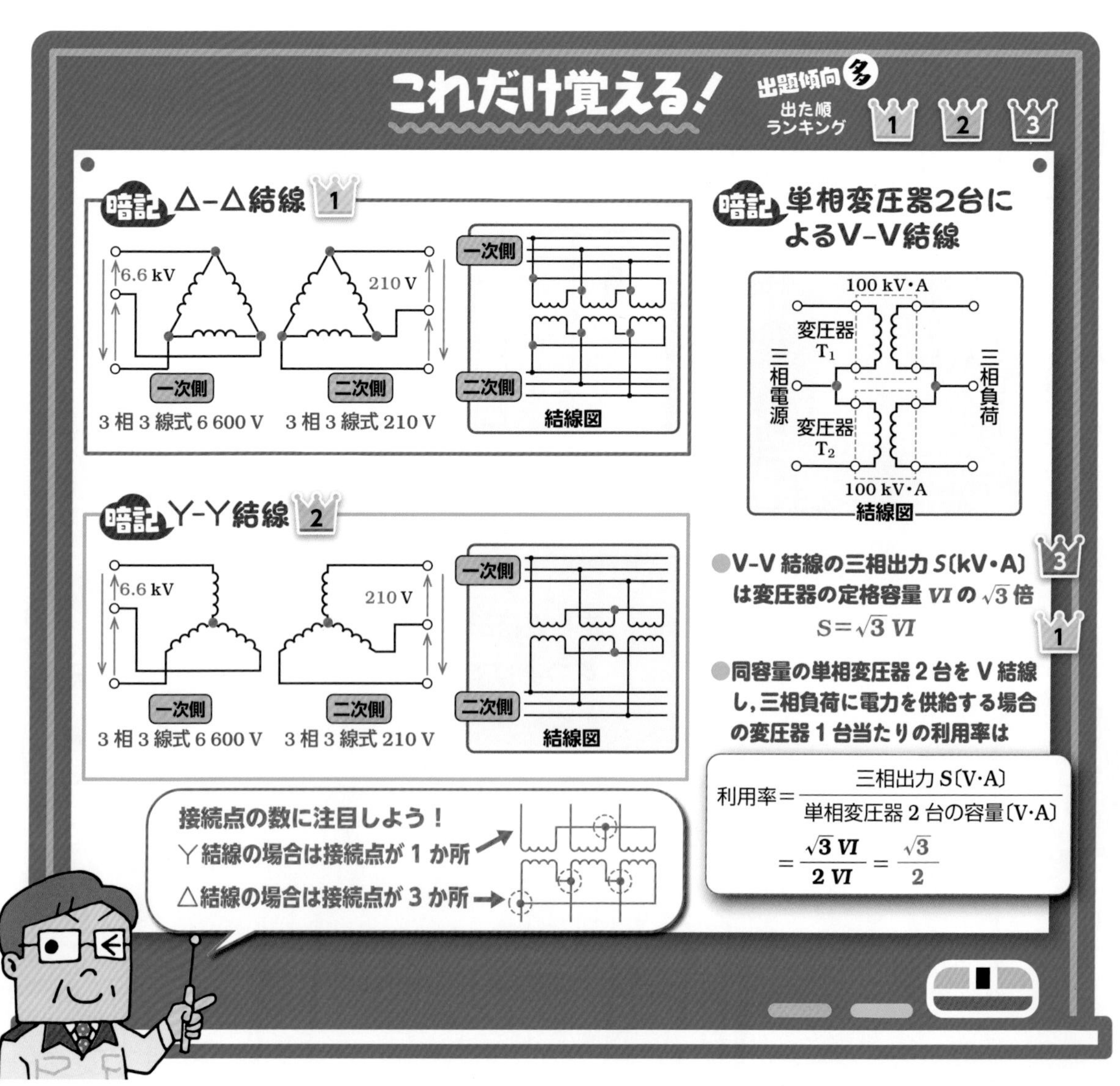

攻略の3ステップ

❶ △-△結線，Y-Y結線，V-V結線の結線の仕方を覚える

❷ V-V結線の最大出力 S〔kV·A〕▶変圧器の定格容量 VI の $\sqrt{3}$ 倍（$\sqrt{3}\,VI$）

❸ V結線（同容量）で三相負荷に供給▶変圧器 1 台当たりの利用率は $\frac{\sqrt{3}}{2}$

解いてみよう（平成 29 年）

同容量の単相変圧器 2 台を V 結線し，三相負荷に電力を供給する場合の変圧器 1 台当たりの最大の利用率は．

イ．$\frac{1}{2}$　ロ．$\frac{\sqrt{2}}{2}$　ハ．$\frac{\sqrt{3}}{2}$　ニ．$\frac{2}{\sqrt{3}}$

解説

単相変圧器の定格電圧を V〔V〕, 定格電流を I〔A〕とすると，単相変圧器の容量は VI〔V·A〕より，変圧器 2 台を用いた場合の容量は $2VI$〔V·A〕になります．接続できる三相負荷は 1 台の変圧器容量の $\sqrt{3}$ 倍となるため，三相出力 S は $\sqrt{3}\,VI$〔V·A〕となります．単相変圧器を V 結線にしたときの利用率は次の式で求めます．

$$\text{利用率} = \frac{\text{三相出力 S〔V·A〕}}{\text{単相変圧器 2 台の容量〔V·A〕}} = \frac{\sqrt{3}\,VI}{2\,VI} = \frac{\sqrt{3}}{2}$$

よって，「ハ」となります．

解答 ハ

過去問にチャレンジ！（平成 30 年追加分）

変圧器の結線方法のうち △-△ 結線は．

イ．

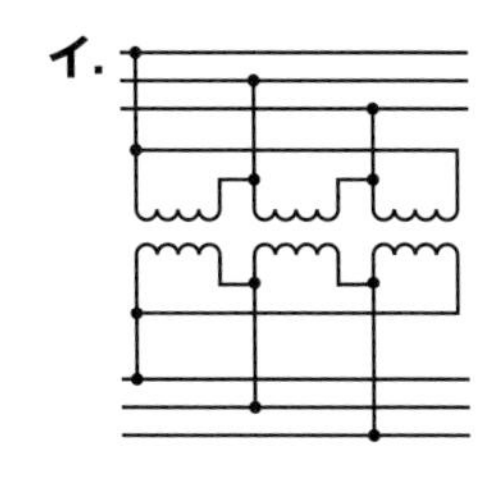

ロ．

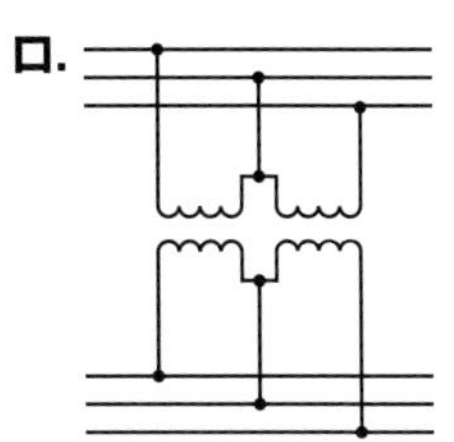

ハ．

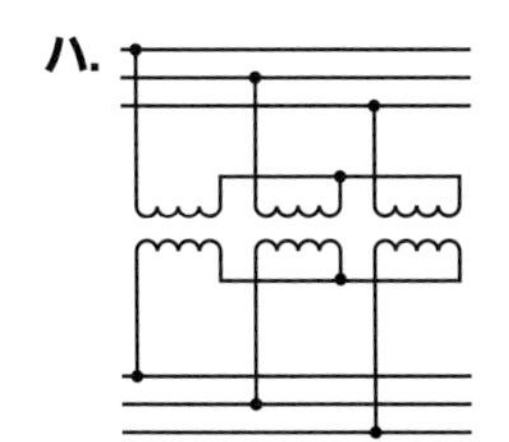

ニ．

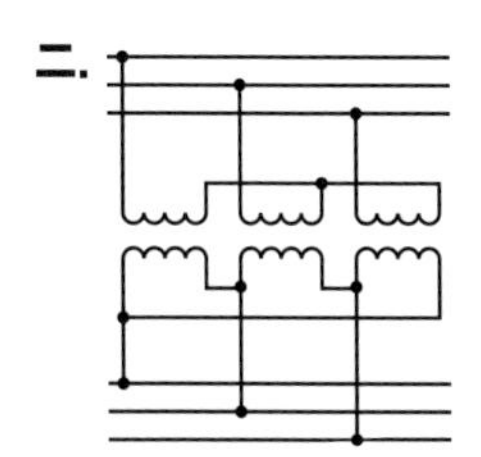

解説

△-△結線は「イ」の図になります．なお，「ロ」は V–V 結線，「ハ」は Y-Y 結線，「ニ」は Y-△結線です．

解答 イ

変圧器の鉄損と銅損

変圧器の損失

変圧器の損失には，鉄損と銅損があります．鉄損は鉄心で消費される損失電力で，銅損は巻線の抵抗により消費される損失のことです．鉄損は，うず電流損（鉄分子の摩擦による損失）にヒステリシス損（うず電流（詳しくは p153）による損失）を加えたもので，一次電圧が高くなると**電圧の 2 乗に比例して増加**します．変圧器の銅損は負荷電流の 2 乗に比例します．このことから，**負荷電流が 2 倍になると銅損は 4 倍**になります．なお，変圧器の巻線の抵抗や損失を無視する場合，**変圧器の一次側の電力と二次側の電力は等しく**なります．

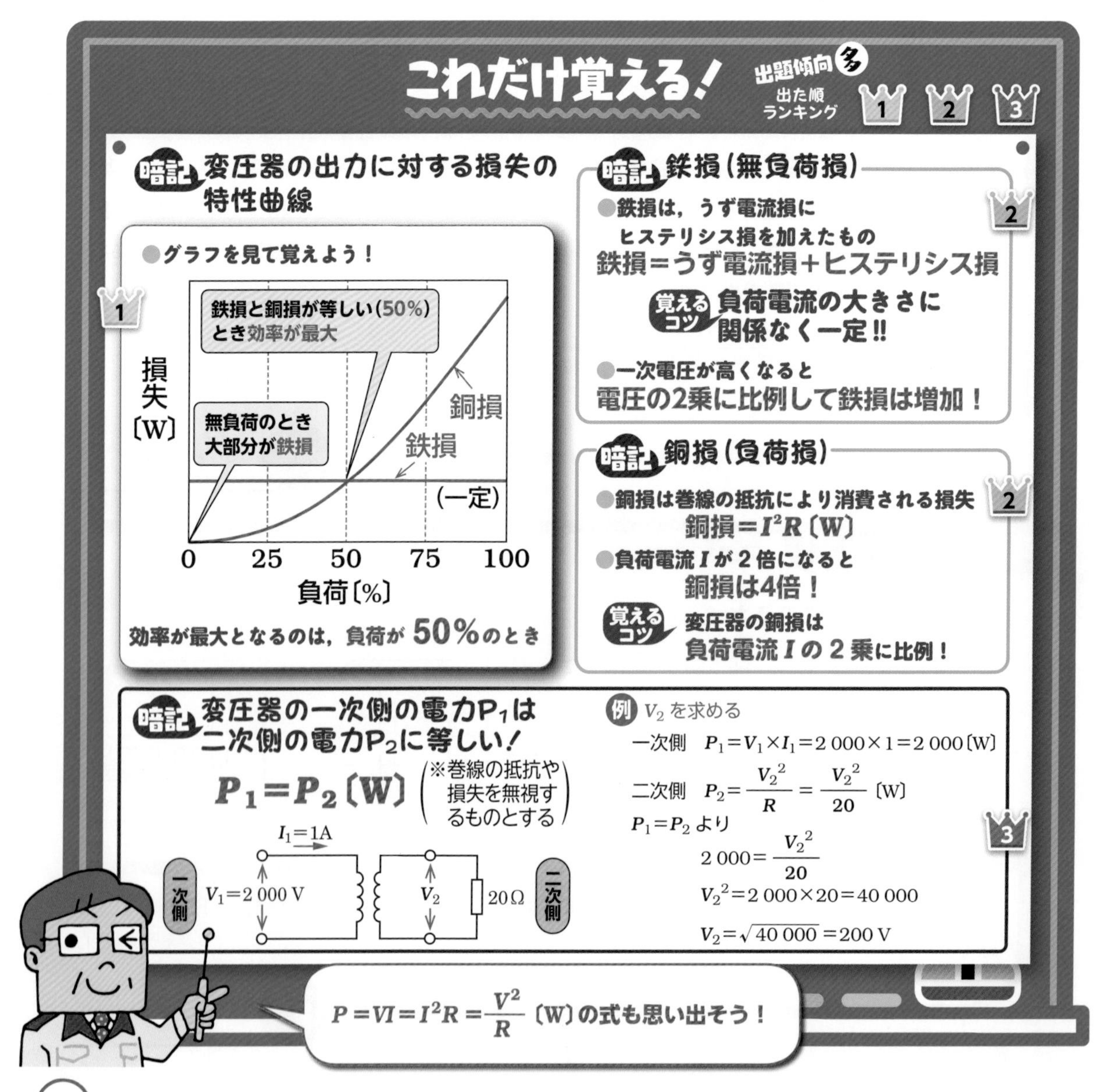

攻略の4ステップ

1. **損失の特性曲線▶鉄損は一定，銅損は 2 乗（負荷 50% で最大効率）**
2. **変圧器の鉄損と銅損について確認**
3. **一次電圧が高くなると鉄損は電圧の 2 乗に比例して増加**
4. **負荷電流が 2 倍になると銅損は 4 倍**

解いてみよう（平成 30 年）

変圧器の鉄損に関する記述として，正しいものは．

イ．電源の周波数が変化しても鉄損は一定である．
ロ．一次電圧が高くなると鉄損は増加する．
ハ．鉄損はうず電流損より小さい．
ニ．鉄損はヒステリシス損より小さい．

解説 変圧器の鉄損は，一次側の電圧が高くなると電圧の 2 乗に比例して増加します．よって「ロ」が正しいです．なお，電源の周波数が変化すると鉄損も変化するので，「イ」は誤っています．鉄損はうず電流損にヒステリシス損を加えたものなので，「ハ」と「ニ」も誤っています．

解答 ロ

過去問にチャレンジ！（令和 2 年）

変圧器の出力に対する損失の特性曲線において，a が鉄損，b が銅損を表す特性曲線として，正しいものは．

イ．
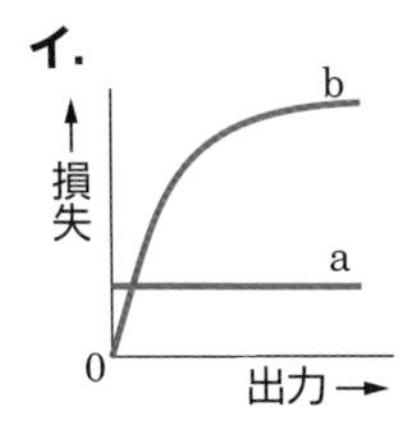

ロ．
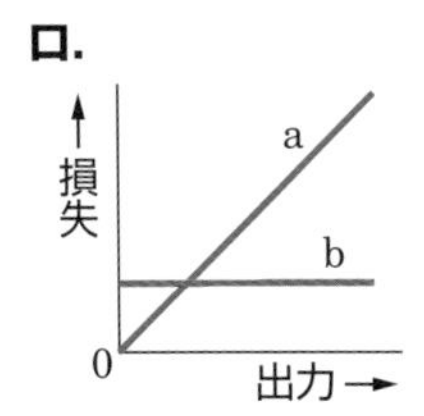

ハ．
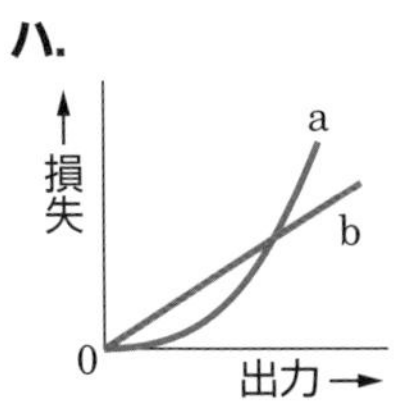

ニ．
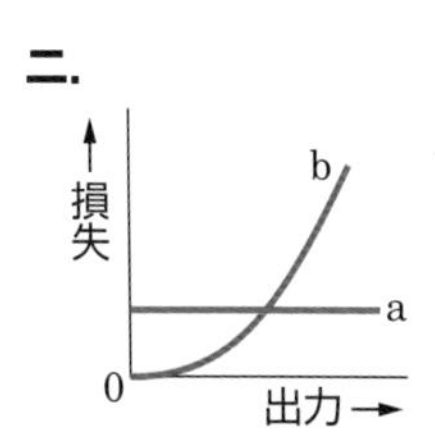

解説 鉄損は一定で，銅損は負荷電流の 2 乗に比例するため，特性曲線は「ニ」となります．

解答 ニ

柱上変圧器

柱上変圧器のタップ調整

柱上変圧器は配電線路の電圧降下にかかわらず，二次側に定格電圧の 105 V 又は 210 V が取り出せるように一次側のタップを調整できるようになっています．一次側のタップ電圧はこれだけ覚える！の通りです．タップ電圧が低いほど一次側の巻数が少なくなります．

一次タップ電圧と二次電圧の関係

一次側の供給電圧 V_1〔V〕，二次側電圧 V_2〔V〕，一次タップ電圧 e_1〔V〕，二次タップ電圧 e_2〔V〕とすると，次の式が成り立ちます．

$$\frac{V_1}{V_2} = \frac{e_1}{e_2} \text{〔V〕}$$

※ V_1 と e_2 の値は変化しないものとする．

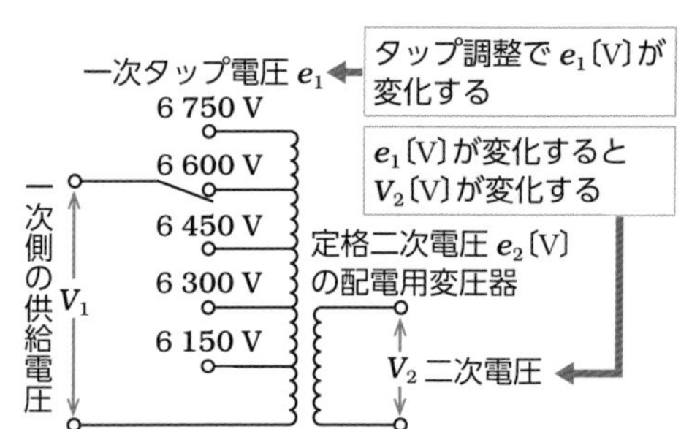

同一容量の単相変圧器 2 台を並行運転するための条件

同一の容量の単相変圧器 2 台を並行運転するとき，「極性が合っている」，「変圧比が等しい」，「インピーダンス電圧が等しい」の 3 つの条件を満たさないと，片方の変圧器が過負荷になり焼損する場合があります．

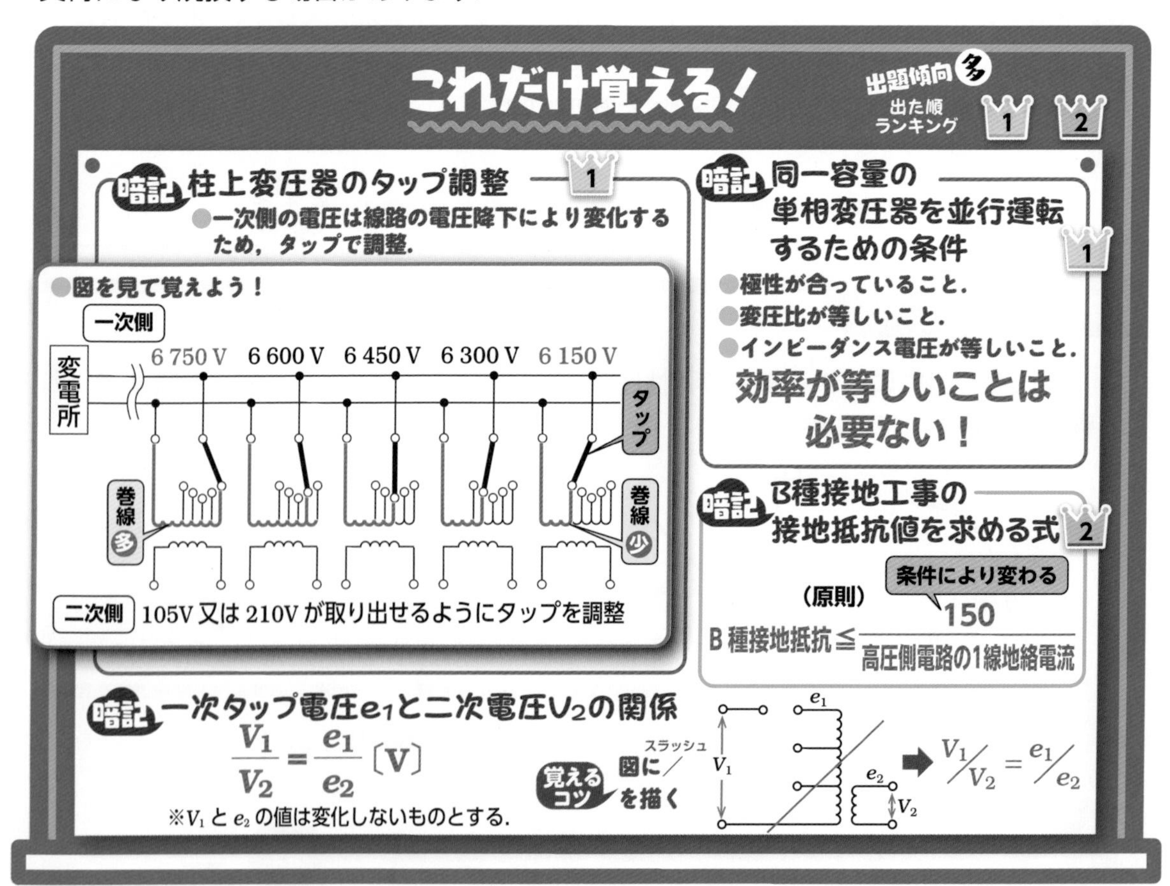

攻略の3ステップ

❶ 柱上変圧器のタップ調整と二次側電圧の関係を図で確認

❷ 同一容量の単相変圧器を並行運転▶効率が等しいことは必要ない

❸ B種接地工事の接地抵抗値▶(原則)B種接地抵抗 ≦ $\dfrac{150}{\text{高圧側電路の1線地絡電流}}$

解いてみよう (平成26年)

同一容量の単相変圧器を並行運転するための条件として，必要でないものは．

イ．各変圧器の極性を一致させて結線すること．

ロ．各変圧器の変圧比が等しいこと．

ハ．各変圧器のインピーダンス電圧が等しいこと．

ニ．各変圧器の効率が等しいこと．

解説

同一容量の変圧器2台を並行運転するための条件は，以下の3つです．

「極性が合っていること」，「変圧比が等しいこと」，「インピーダンス電圧が等しいこと」

効率が等しいことは必要ありません．

解答 ニ

過去問にチャレンジ！ (平成23年)

B種接地工事の接地抵抗値を求めるのに必要とするものは．

イ．変圧器の低圧側電路の長さ〔m〕

ロ．変圧器の高圧側電路の1線地絡電流〔A〕

ハ．変圧器の容量〔kV·A〕

ニ．変圧器の高圧側ヒューズの定格電流〔A〕

解説

B種接地工事の接地抵抗値として許容される最大値は次の式で解くことができるため，「ロ」になります．

(原則) B種接地抵抗 ≦ $\dfrac{150}{\text{高圧側電路の1線地絡電流}}$

条件により変わる
※詳しくはp226 9-7へ

解答 ロ

5-4 誘導電動機とトップランナー制度（巻上用電動機含む）

三相誘導電動機の特性

誘導電動機とは，交流電圧を加えることで回転磁界をつくり，その磁界により回転子に誘導起電力が発生し，回転する電動機（モーター）のことです．三相交流で動作する電動機は以下の図のように3本の線のうちいずれかの**2本**を入れ替えると**逆回転**します．

トップランナー制度 ➡省エネ基準

トップランナー制度とは，エネルギー消費効率の向上を目的として省エネルギーの基準を各機械器具等（自動車，家電製品，建築材料等）に導入したことをいいます．エネルギーを多く使用する機器ごとに，省エネルギー性能の向上を促すための目標基準を満たすことを，製造事業者と輸入事業者に対して求めています．電気機器としては**交流電動機**や**変圧器**は，**一部を除き**トップランナー制度の対象品となります．➡「すべて対象」ではない！

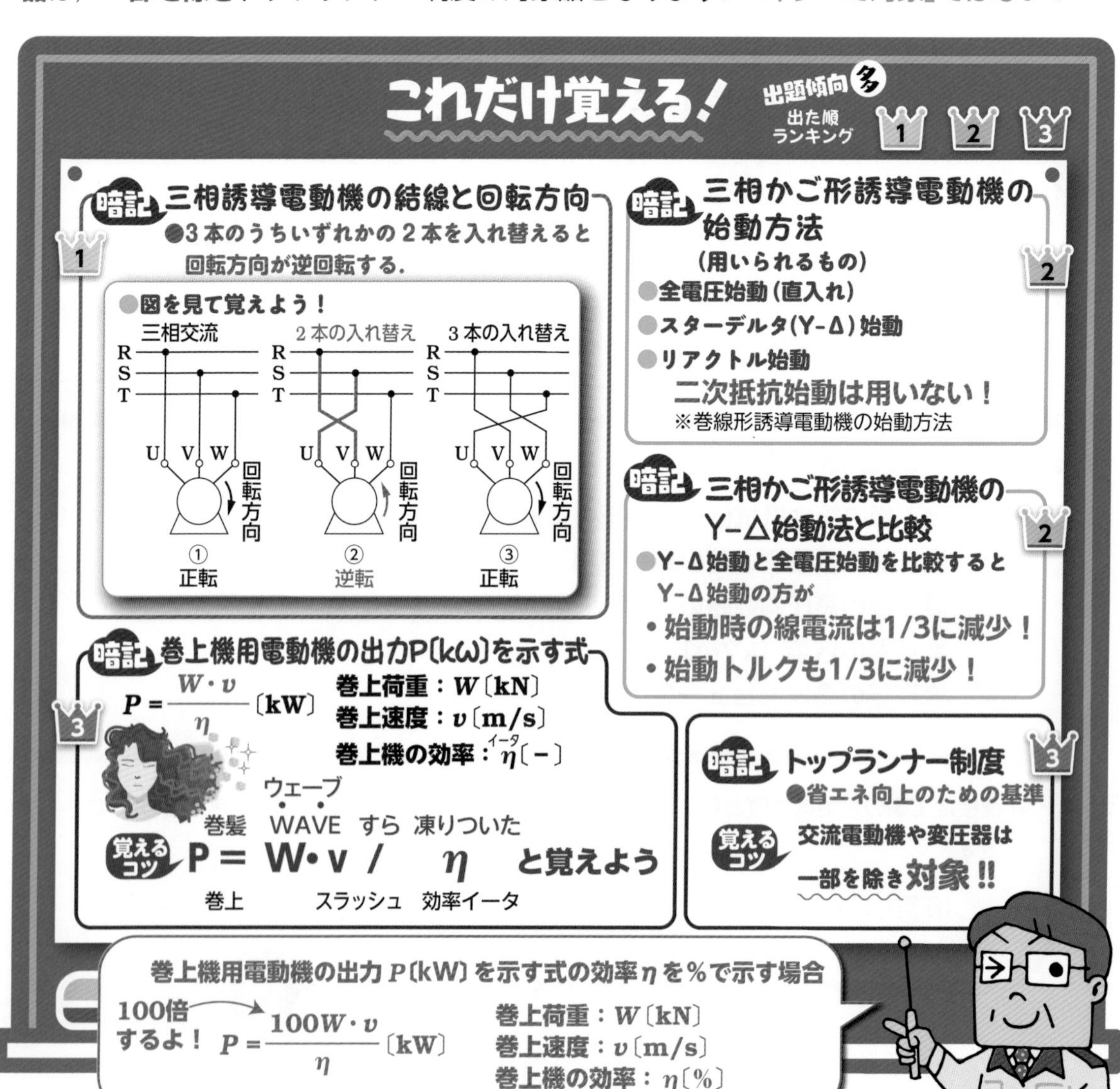

攻略の3ステップ

① 三相誘導電動機の結線▶3本のうち2本を入れ替えると逆回転

② 三相かご形誘導電動機の始動方法▶二次抵抗始動は巻線形用

③ Y-Δ始動は全電圧始動と比べて始動時の線電流は1/3，始動トルクも1/3

解いてみよう （平成30年追加分）

三相誘導電動機の結線①を②，③のように変更した時，①の回転方向に対して，②，③の回転に関する記述として，正しいものは．

三相交流
R S T
U V W
回転方向
①　②　③

イ．②は回転せず，③は①と同じ方向に回転する．

ロ．③は①と逆方向に回転し，②は①と同じ方向に回転する．

ハ．②は①と逆方向に回転し，③は①と同じ方向に回転する．

ニ．②，③とも①と逆方向に回転する．

解説 三相誘導電動機は，②のように3本の線のうちR相→V相，S相→U相に2本入れ替えるので逆回転します．③はR相→V相，S相→W相，T相→U相と3本入れ替わっているため，①と同じ方向に回転します．よって，「ハ」が正しいです．

解答 ハ

過去問にチャレンジ！ （平成26年）

三相かご形誘導電動機の始動方法として，用いられないものは．

イ．二次抵抗始動

ロ．全電圧始動（直入れ）

ハ．スターデルタ始動

ニ．リアクトル始動

解説 二次抵抗始動は，巻線形誘導電動機の始動方法なので，三相かご形誘導電動機には用いません．よって，「イ」となります．

解答 イ

5-5 誘導電動機（回転速度と同期速度）

三相誘導電動機の回転速度

三相誘導電動機は，3 個のコイルに三相の交流電流を流すと磁石の回転と同じ作用が生じます．これを**回転磁界**といいます．回転磁界の回転速度を**同期速度** N_S〔min^{-1}〕といい，電源の極数 p と周波数 f〔Hz〕によって決まります（式①）．回転子の回転速度を N〔min^{-1}〕とすると，回転磁界の同期速度 N_S と回転子の回転速度 N との差（$N_S - N$）を**滑り速度**といいます．滑り速度（$N_S - N$）を同期速度 N_S で割った値を**滑り s** といい，式②となります．式②から回転速度 N を求めると式③となります．加えて，一般用低圧三相かご形誘導電動機の回転速度に対するトルク曲線の形も覚えましょう．

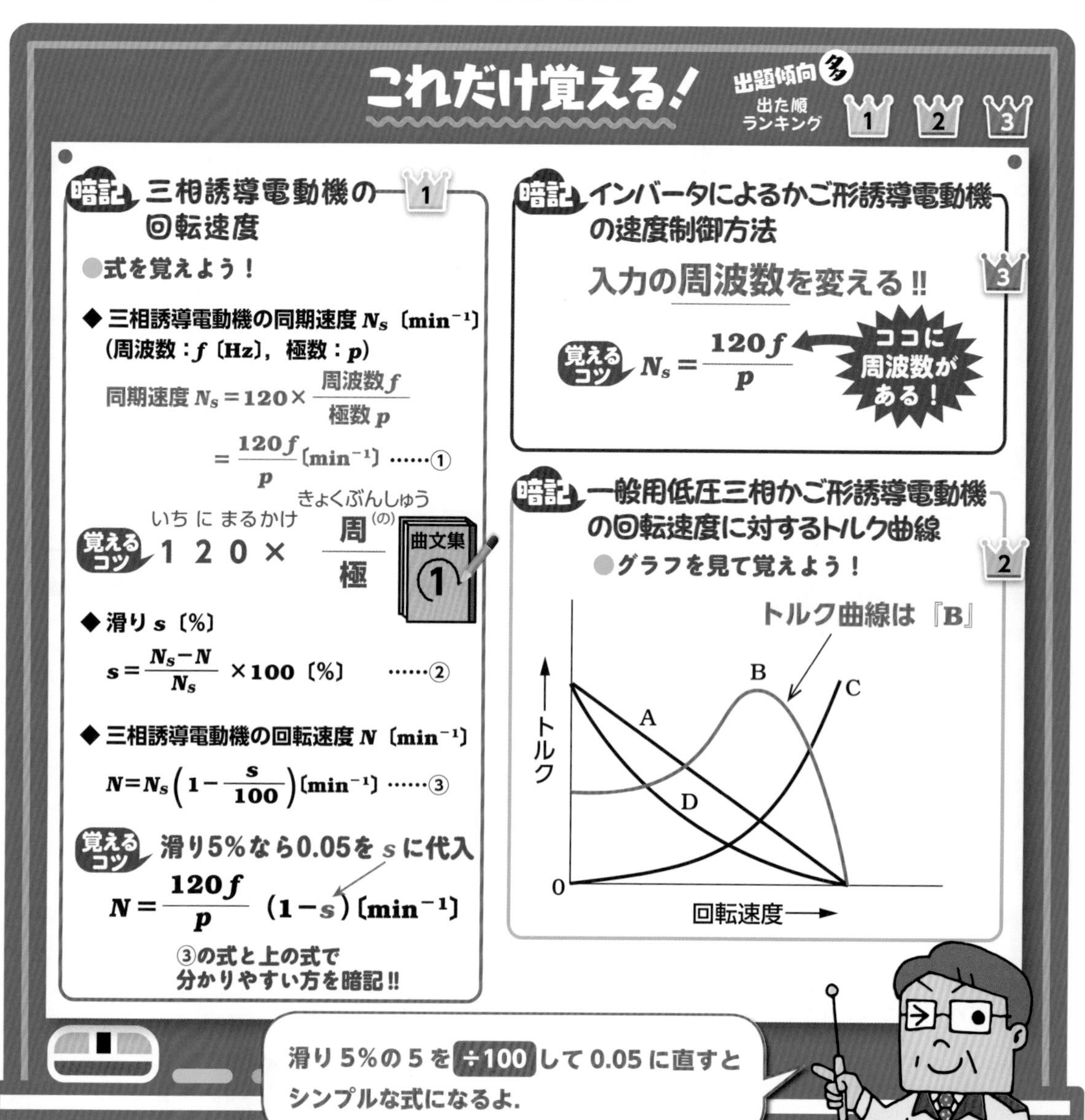

攻略の2ステップ

① 誘導電動機の回転速度 N, 滑り s, 同期速度 N_S の式を覚える

② 誘導電動機の回転速度に対するトルク曲線はグラフを見て覚える

解いてみよう（平成 29 年）

定格出力 22 kW，極数 4 の三相誘導電動機が電源周波数 60 Hz，滑り 5%で運転されている．このときの 1 分間当たりの回転数は．

イ．1 620　ロ．1 710　ハ．1 800　ニ．1 890

解説

滑り s〔%〕，極数 p，周波数 f〔Hz〕とすると，電動機の同期速度 N_S〔$\mathrm{min^{-1}}$〕と電動機の回転速度 N〔$\mathrm{min^{-1}}$〕は次式で表せます．

電動機の同期速度 $N_S = \dfrac{120f}{p}$〔$\mathrm{min^{-1}}$〕，電動機の回転速度 $N = N_S\left(1 - \dfrac{s}{100}\right)$〔$\mathrm{min^{-1}}$〕

まず，電動機の同期速度 N_S〔$\mathrm{min^{-1}}$〕を求めます．

$$N_S = \frac{120f}{p} = \frac{120 \times 60}{4} = 1\,800\ \mathrm{min^{-1}}$$

次に，電動機の回転速度 N〔$\mathrm{min^{-1}}$〕を求めます．

$$N = N_S\left(1 - \frac{s}{100}\right) = 1\,800\left(1 - \frac{5}{100}\right)$$

$$= 1\,800 \times (1 - 0.05) = 1\,800 \times 0.95 = 1\,710\ \mathrm{min^{-1}}$$

シンプルな式

$$N = \frac{120f}{p}(1 - s) = \frac{120 \times 60}{4}(1 - 0.05)$$

解答 □

過去問にチャレンジ！（平成 24 年）

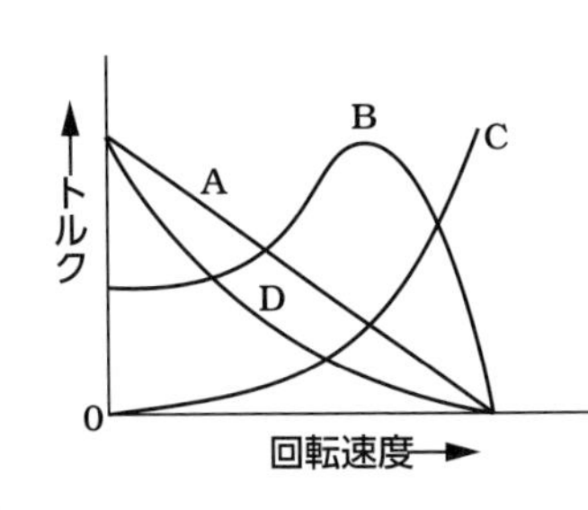

図において，一般用低圧三相誘導電動機の回転速度に対するトルク曲線は．

イ．A　ロ．B　ハ．C　ニ．D

解説

一般用低圧三相かご形誘導電動機の回転速度に対するトルク曲線は B が該当します．よって，「ロ」となります．問題によって A～D の記号の位置が変わるので，曲線の形を覚えておきましょう．

解答 □

発 電 機（タービン発電機・同期発電機）

タービン発電機

タービン発電機はタービンで駆動される発電機です．水力，火力，原子力など，さまざまな発電に用いられます．タービン発電機は軸方向に長く，軸を水平に寝かせたものが多いため，回転子は一般に**水平軸形**が採用されています．

同期発電機

同期発電機は，界磁の作る磁界が電機子巻線を横切る回転速度に同期した電力を発電する交流発電機です．**これだけ覚える！**にある同期発電機の並行運転を行う条件を覚えましょう．

攻略の3ステップ

① タービン発電機と同期発電機の特徴を確認

② タービン発電機の回転子 とくれば 水平軸形

③ 同期発電機の並行運転 とくれば 発電容量の等しさは必要ない

解いてみよう （平成 26 年）

タービン発電機の記述として，誤っているものは．

イ．タービン発電機は，水車発電機に比べて回転速度が高い．

ロ．回転子は，円筒回転界磁形が用いられる．

ハ．タービン発電機は，駆動力として蒸気圧などを利用している．

ニ．回転子は，一般に縦軸形が採用される．

解説 タービン発電機の回転子は軸が長いため，一般に**水平軸形**が採用されています．よって，「ニ」は誤っています．

解答 ニ

過去問にチャレンジ！ （令和 3 年午後）

同期発電機を並行運転する条件として，必要でないものは．

イ．周波数が等しいこと．

ロ．電圧の大きさが等しいこと．

ハ．電圧の位相が一致していること．

ニ．発電容量が等しいこと．

解説 同期発電機を並行運転する条件として，必要なものは次の通りです．

- 周波数が等しいこと
- 電圧の大きさが等しいこと
- 電圧の位相が一致していること
- 電圧の波形が等しいこと
- 相順が一致していること

よって，**発電容量が等しいことは必要ない**ため，「ニ」となります．

解答 ニ

5-7 整流回路（インバータ・サイリスタ・ダイオード）

ダイオードと整流特性

ダイオードの図記号は図1のように，A をアノード（陽極），K をカソード（陰極）といい，A から K へは電流を流れても，K から A へは電流は流れません．この特性を**整流特性**といいます．交流は図2のように時間とともに電圧が順方向と逆方向に変化しており，整流特性を利用すると交流電圧から順方向の電圧を取り出した整流回路がつくれます．図3のようにダイオード1つを直列に接続すると，半分の順方向のみの電圧が得られ，この回路を**半波整流回路**といいます．図4のようにダイオード4つをブリッジ接続すると，逆方向の電圧を順方向へ変えて出力することができ，この回路を**全波整流回路**といいます．ダイオードにより逆方向電圧を順方向電圧に変えただけでは，まだ直流のようにまっすぐした波形が得られません．そこで，図5のように半波整流回路にコンデンサ C を負荷 R と並列に接続した**平滑回路付半波整流回路**を用いると直流に近い波形が得られます．ここでは，出題された正弦波交流電圧の最大値を求める式とダイオード6個を結線した三相全波整流回路やサイリスタを用いた波形などを解説しています．

見て覚えよう

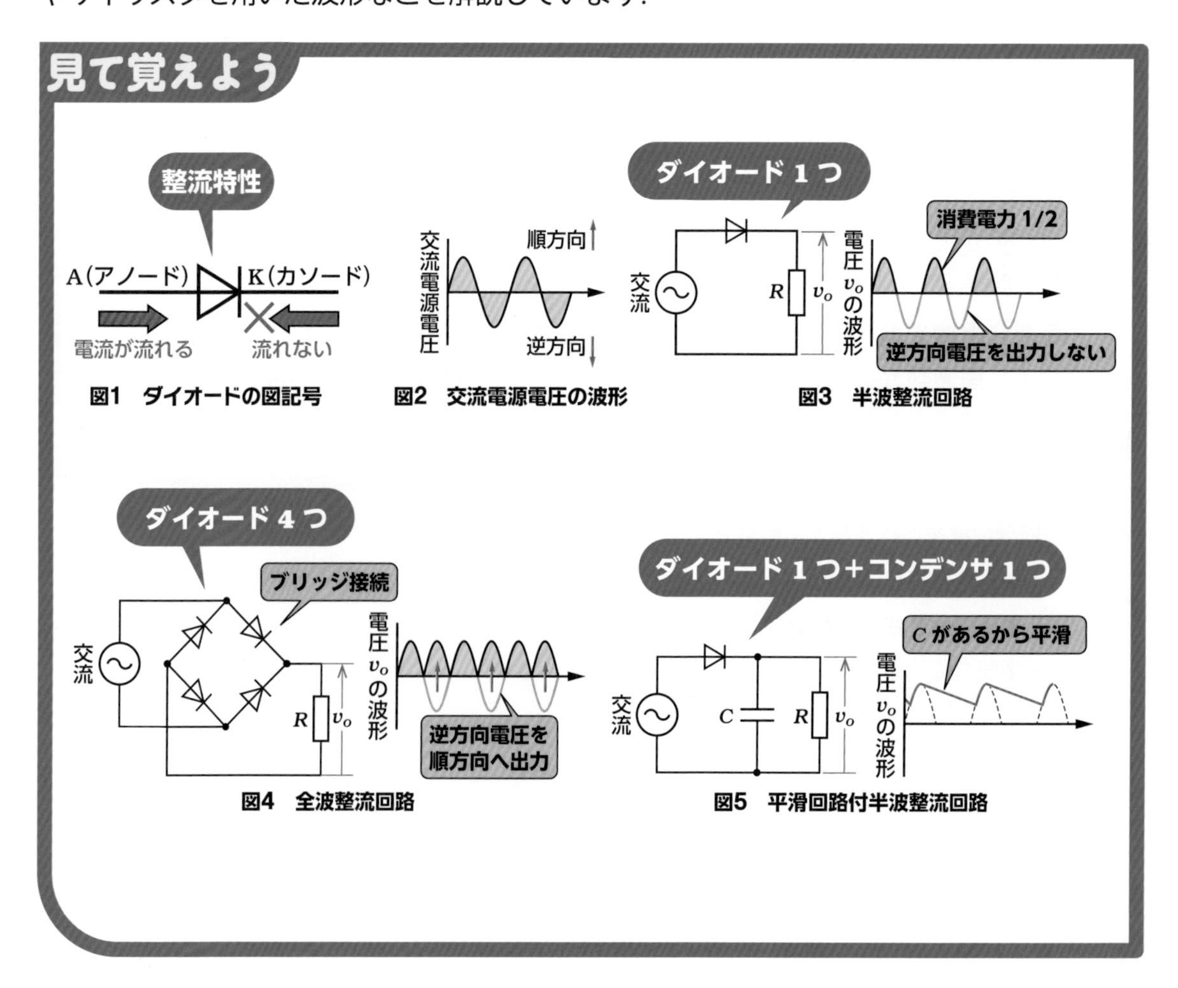

図1　ダイオードの図記号

図2　交流電源電圧の波形

図3　半波整流回路

図4　全波整流回路

図5　平滑回路付半波整流回路

見て覚えよう

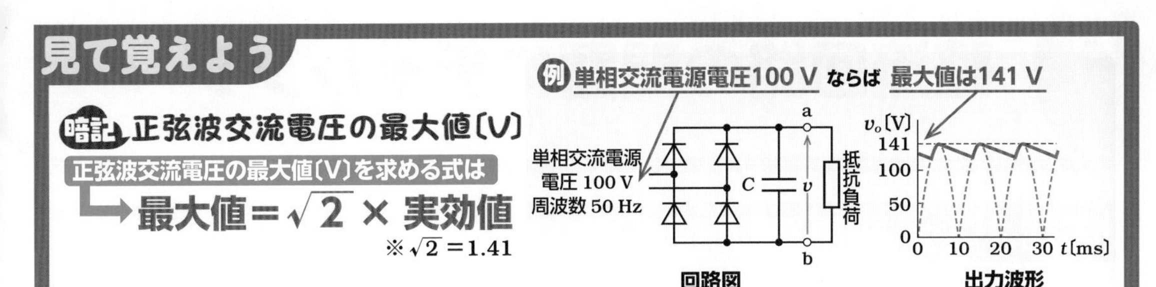

暗記 正弦波交流電圧の最大値〔V〕

正弦波交流電圧の最大値〔V〕を求める式は

→ **最大値 $= \sqrt{2} \times$ 実効値**

※ $\sqrt{2} = 1.41$

暗記 平滑回路付半波整流回路

整流回路の電圧 v_o の波形（電源電圧 v：実効値 100 V, 周波数：50 Hz）

→ **最大値 $= \sqrt{2} \times$ 実効値 $= 1.41 \times 100 =$ 141V**

●平滑回路付半波整流回路

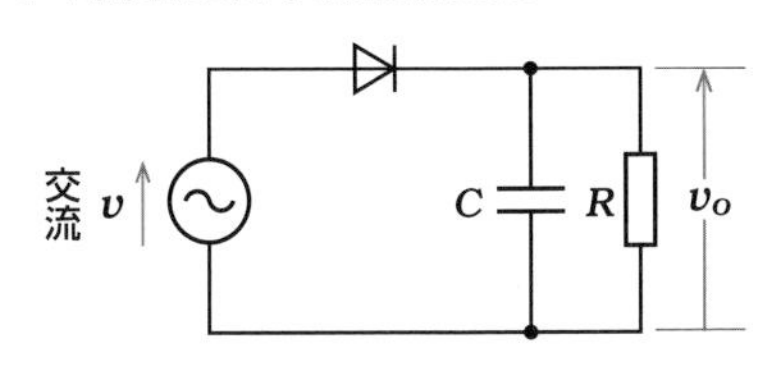

整流回路の電圧 v_o の波形

電圧 v_o の波形

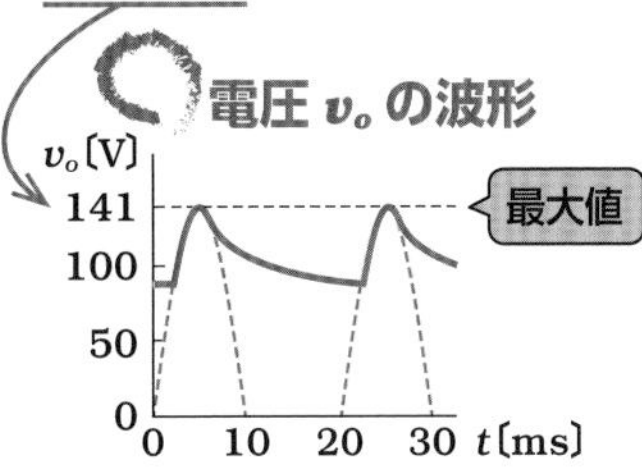

暗記 平滑回路付全波整流回路

整流回路の電圧 v_o の波形（電源電圧 v：実効値 100 V, 周波数：50 Hz）

→ **最大値 $= \sqrt{2} \times$ 実効値 $= 1.41 \times 100 =$ 141V**

●平滑回路付全波整流回路

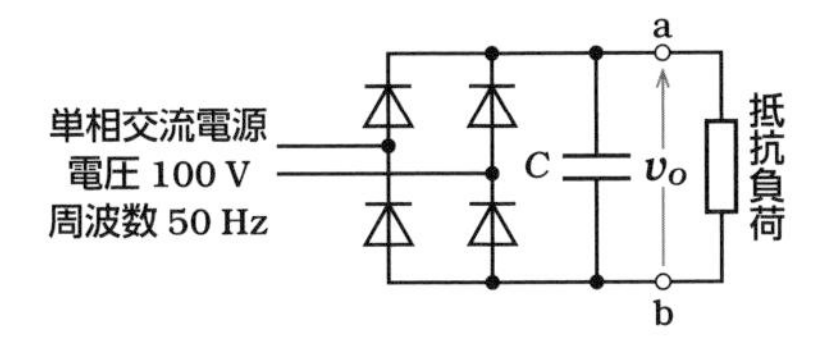

整流回路の電圧 v_o の波形

電圧 v_o の波形

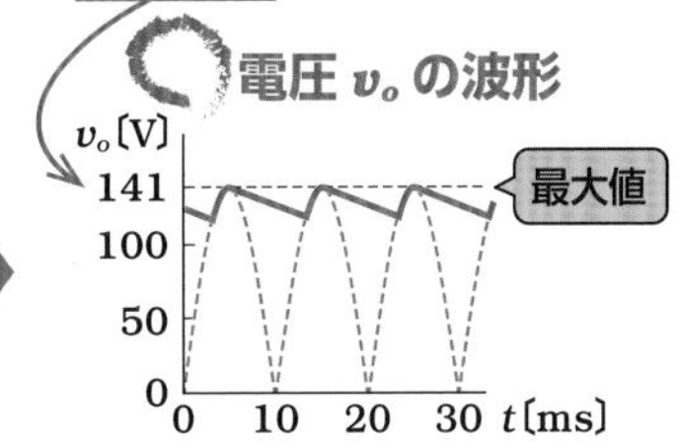

暗記 三相全波整流回路

●三相全波整流回路とはダイオードを 6 つ使用して三相交流電源を全波整流したもの

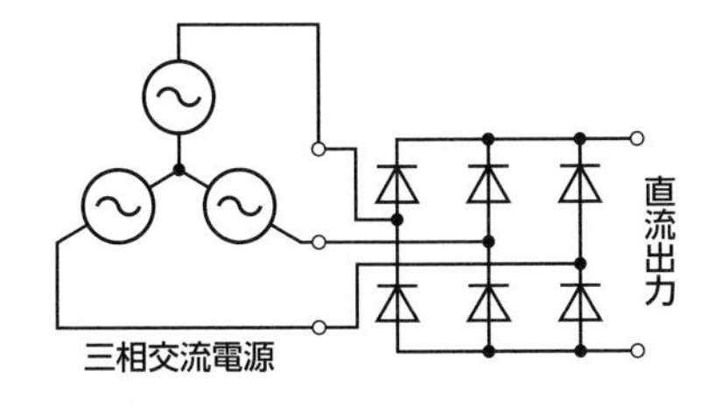

三相全波整流回路の波形

三相全波整流回路の波形

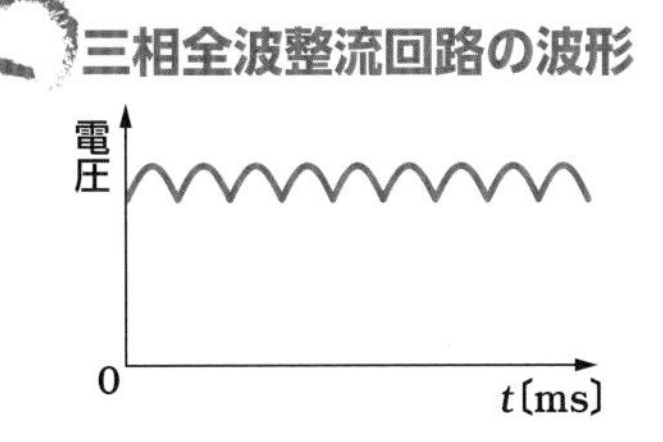

●三相全波整流回路のダイオード 6 個の結線の仕方

電流が流れない

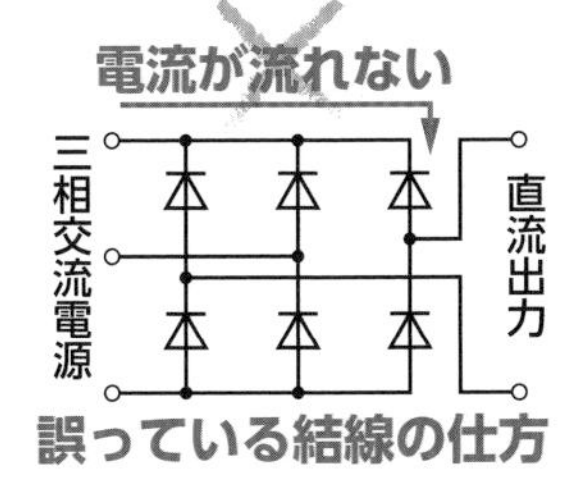

誤っている結線の仕方

電流が流れる

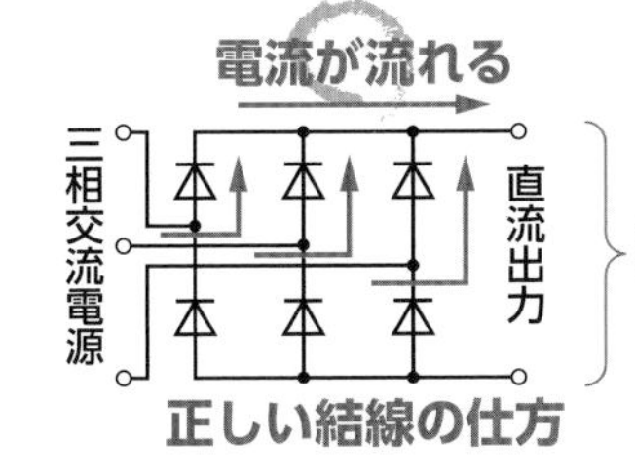

正しい結線の仕方

電流の流れに注目！

5章 電気機器

5-8 整流回路の問題にチャレンジ

見て覚えよう

暗記 サイリスタ

●サイリスタとはダイオードの図記号にゲート端子 G が追加されたもので，ゲート端子 G からカソード K へ電流を流さないと，アノード A とカソード K 間も導通しません．交流電力の制御，直流への変換，電鉄車両や電気自動車の駆動制御などに使用されています．

●図記号と回路図

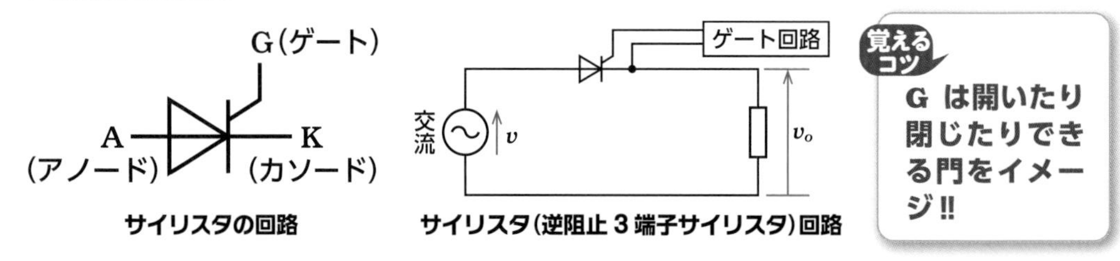

●サイリスタ（逆阻止 3 端子サイリスタ）回路から得られる波形の例

ゲート G へ電流を流すタイミングにより，順方向側の波形が変化します．

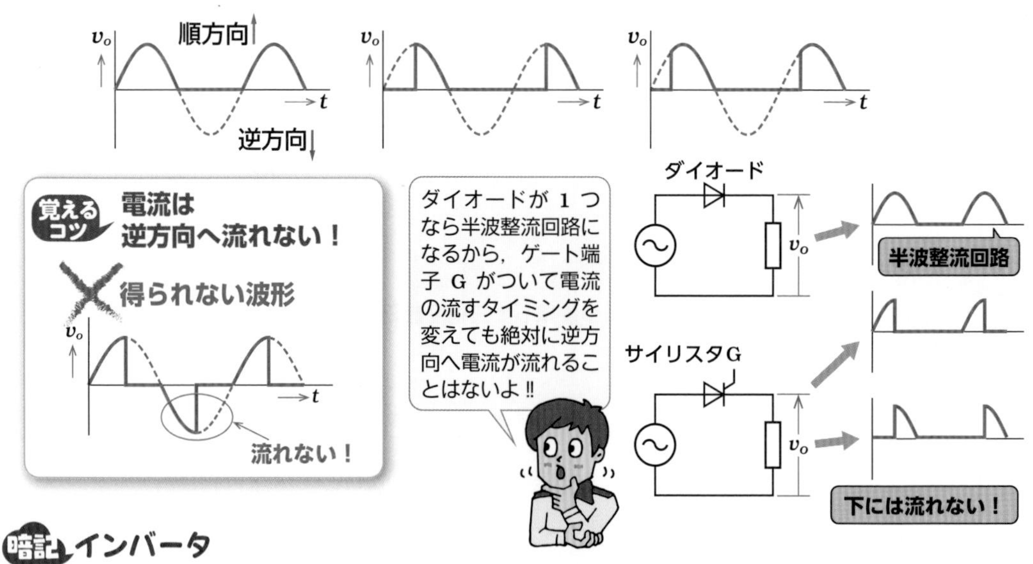

暗記 インバータ

●インバータとはダイオードやサイリスタなどの半導体を使った電力変換装置です．直流電力 (DC) を交流電力 (AC) に変換する装置を DC-AC インバータといいます．

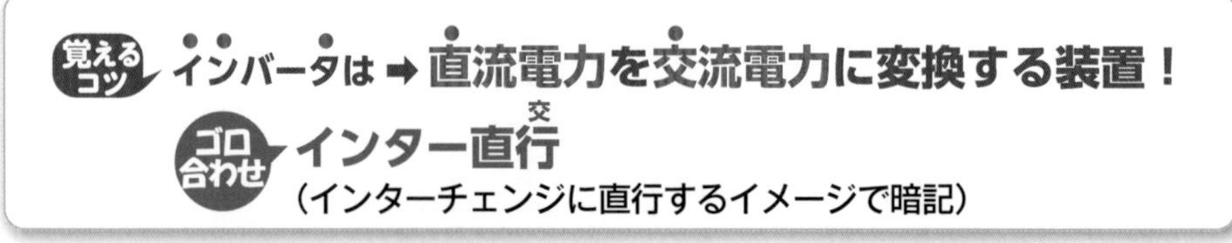

攻略の3ステップ

① 三相全波整流回路は電流の流れに注目

② サイリスタの波形 とくれば 電流は逆方向へ流れない

③ インバータ とくれば 直流を交流に変換

解いてみよう (平成21年)

図のような整流回路において，電圧 v_0 の波形は．ただし，電源電圧 v は実効値100 V，周波数50 Hz の正弦波とする．

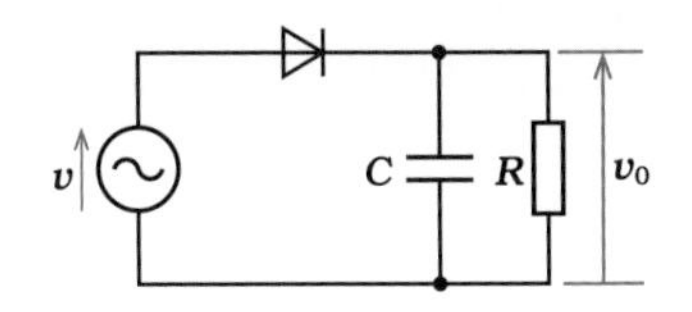

イ．
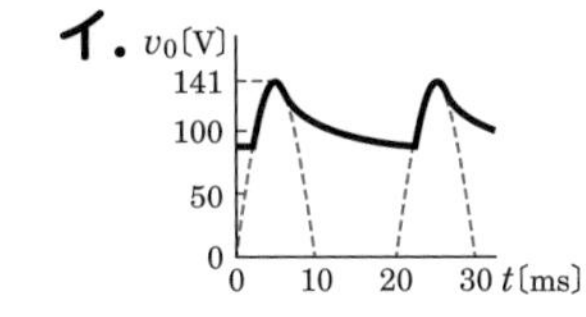

ロ．
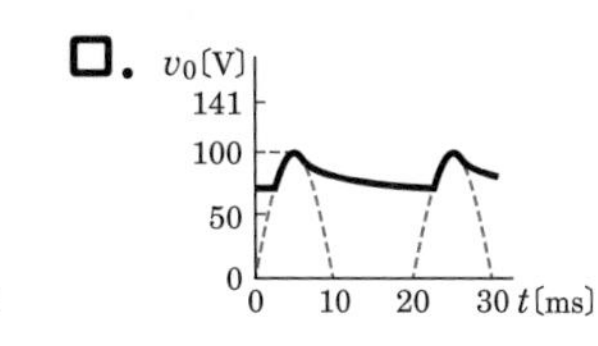

ハ．
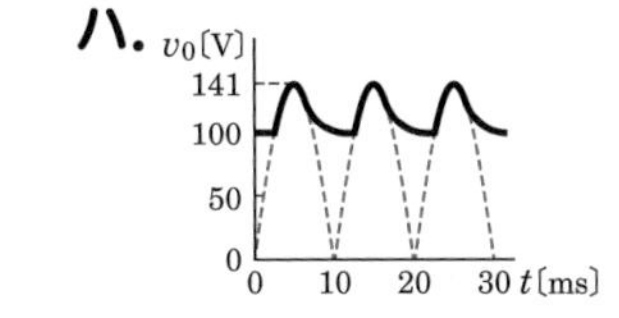

ニ．
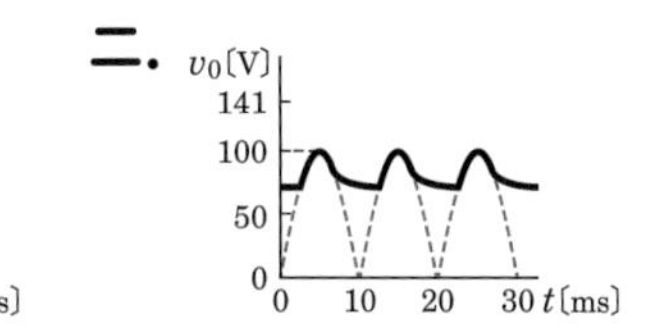

解説

図は平滑回路付半波整流回路です．最大値＝$\sqrt{2}$×実効値で求まるため，最大値は$\sqrt{2} \times 100 \fallingdotseq 141$ V となり，「イ」の波形が得られます．なお，$\sqrt{2} = 1.41$ で計算します．

解答 イ

過去問にチャレンジ！ (令和2年)

インバータ（逆変換装置）の記述として，正しいものは．

イ．交流電力を直流電力に変換する装置

ロ．直流電力を交流電力に変換する装置

ハ．交流電力を異なる交流の電圧，電流に変換する装置

ニ．直流電力を異なる直流の電圧，電流に変換する装置

解説

インバータは直流電力（DC）を交流電力（AC）に変換する装置です．よって，「ロ」が正しいです．

解答 ロ

5-9 光　源

光源の種類

光源には，白熱電球，ハロゲン電球，蛍光灯，LED ランプ等の種類があります．これだけ覚える！にある出題のあったもののみをしっかり覚えましょう．

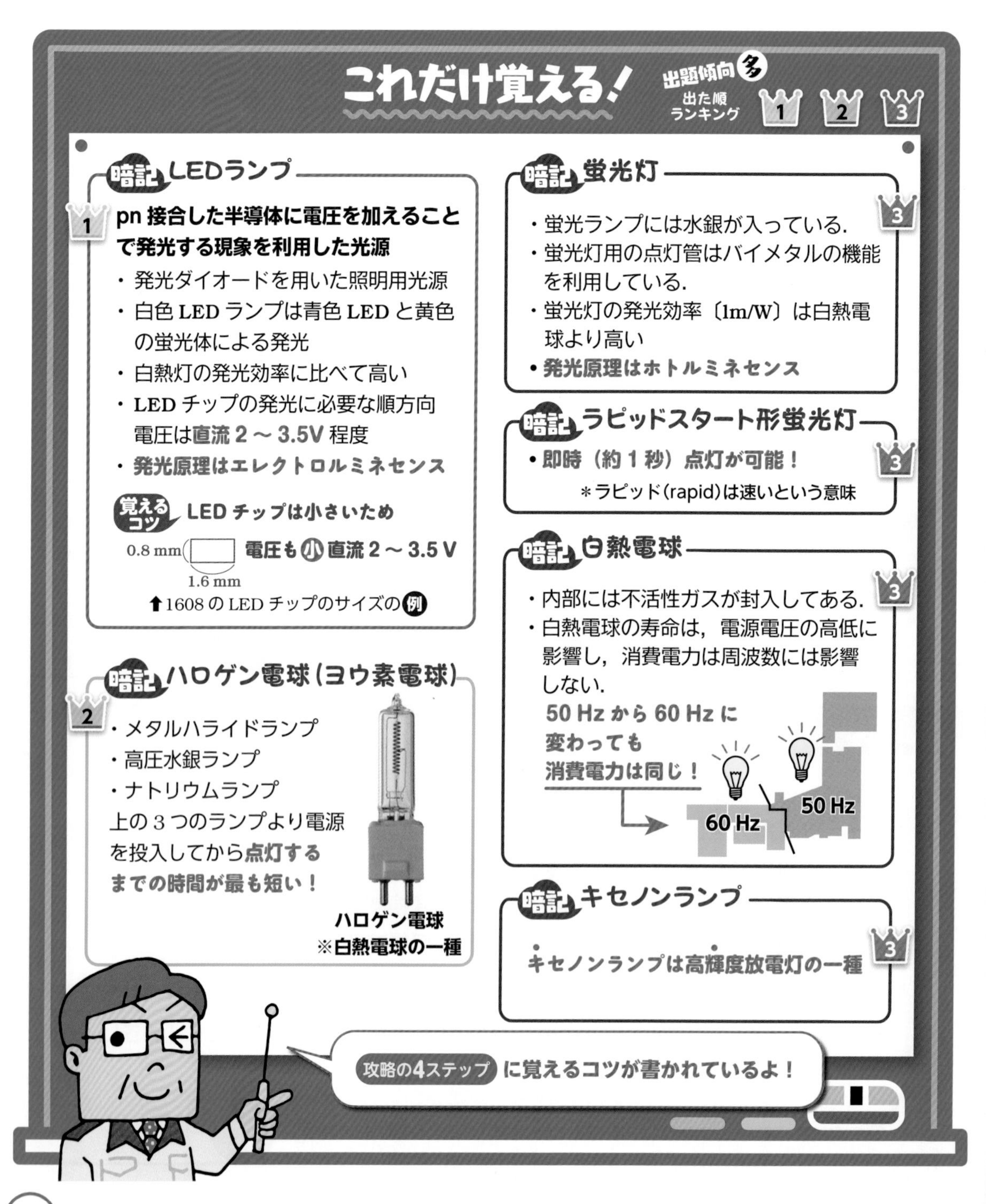

攻略の4ステップ

❶ 先頭文字に注目!!
→ LED（エルイーディー） とくれば エレクトロルミネセンス
→ 蛍光灯（ホタル／けいこうとう） とくれば ホトルミネセンス

❷ キセノンランプ とくれば 高輝度放電灯の一種

❸ ラピッドスタート形蛍光灯とハロゲン電球 とくれば 点灯までの時間が短い

❹ 白熱電球の消費電力 とくれば 周波数には影響しない
→ 50Hz でも 60Hz でも消費電力は同じ

解いてみよう（平成 27 年）

LED ランプの記述として，誤っているものは．

イ．LED ランプは，発光ダイオードを用いた照明用光源である．
ロ．白色 LED ランプは，一般に青色の LED と黄色の蛍光体による発光である．
ハ．LED ランプの発光効率は，白熱灯の発光効率に比べて高い．
ニ．LED ランプの発光原理は，ホトルミネセンスである．

解説 LED ランプの発光原理は，エレクトロルミネセンスです．ホトルミネセンスは蛍光灯の発光原理です．よって，「ニ」が誤っています．

解答 ニ

過去問にチャレンジ！（平成 21 年）

ラピッドスタート形蛍光灯に関する記述として，正しいものは．

イ．安定器は不要である．
ロ．グロー放電管（グロースタータ）が必要である．
ハ．即時（約 1 秒）点灯が可能である．
ニ．Hf（高周波点灯専用形）蛍光灯よりも高効率である．

解説 ラピッドスタート形蛍光灯は，即時（約 1 秒）点灯が可能です．よって，「ハ」が正しいです．

解答 ハ

コンセントの極配置

コンセントの極配置（刃受）と図記号

一般的に家庭用のコンセントには 100 V 15 A（縦穴が 2 本）が使用されています．穴のサイズが異なっており，長い方が接地側，短い方が非接地側となっています．**100 V 20 A になると，接地側の穴が 90° 曲がります**．右図のように，電圧の大きさや単相か三相かによって極配置（刃受）が異なります．また，三相になると接地極がある場合，穴の数が 4 つになります．コンセントの“極配置（刃受）”の問題で出題されやすいものを**これだけ覚える!**にまとめていますので，しっかり覚えましょう．

単相 100V（定格 125V, 15A）　単相 100V（定格 125V, 15/20A）　単相 100V（定格 125V, 15/20A）

単相 200V（定格 250V, 15A）　単相 200V（定格 250V, 20A）

暗記 三相200V

三相 200V 接地極なし　三相 200V 接地極あり

引掛形コンセント$\ominus_T$と抜止形コンセント$\ominus_{LK}$

引掛形コンセントは，刃受が円弧状で，専用プラグを回転させることによって抜けない構造としたものです．

抜止形コンセントは，プラグを回転させることによって容易に抜けない構造としたものですが，専用プラグは必要ありません．

暗記 引掛形コンセント$\ominus_T$

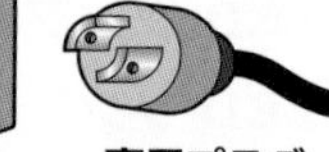

引掛形　専用プラグ

抜止形　一般的なコンセントプラグ

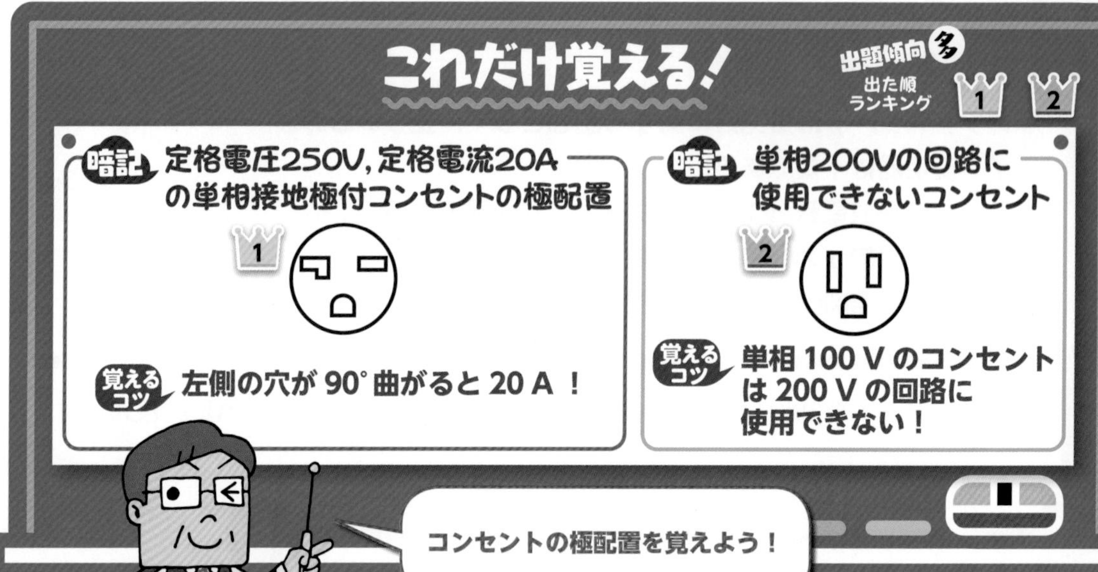

攻略の4ステップ

1. **縦穴が単相 100V 15A　一方が曲がると単相 100V 20A**
2. **横穴が単相 200V 15A　一方が曲がると単相 200V 20A**
3. **三相 200V コンセント(接地極なし)　三相 200V 接地極付コンセント**
4. **単相 100V は定格電圧 125V　単相・三相 200V は定格電圧 250V**

解いてみよう (平成 30 年追加分)

定格電圧 250 V，定格電流 20 A の単相接地極付コンセントの標準的な極配置は．

イ． 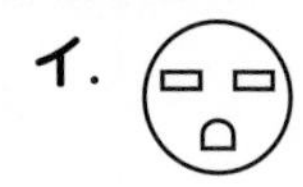　ロ． 　ハ． 　ニ． 

解説

定格電圧 250 V，定格電流 20 A の単相接地極付コンセントの極配置は「ロ」です．

イ：単相 200 V 接地極付コンセント（定格 250 V，15 A）

ロ：単相 200 V 接地極付コンセント（定格 250 V，20 A）

ハ：単相 100 V 接地極付コンセント（定格 125 V，15 A）

ニ：単相 100 V 接地極付コンセント（定格 125 V，15/20 A）

解答 □

過去問にチャレンジ！ (平成 25 年)

単相 200 V の回路に使用できないコンセントは．

イ． 　ロ． 　ハ． 　ニ． 

解説

単相 200 V の回路に「ロ」の単相 100 V のコンセントは使用できません．

イ：単相 200 V 接地極付コンセント（定格 250 V，20 A）

ロ：単相 100 V 接地極付コンセント（定格 125 V，15 A）

ハ：単相 200 V 接地極付コンセント（定格 250 V，15 A）

ニ：単相 200 V コンセント（定格 250 V，20 A）

解答 □

照　度

照度の計算

人の目に感じる明るさを基準とした光の総量を光束 F〔lm（ルーメン）〕といい，光源のある方向への光の強さを光度 I〔cd（カンデラ）〕といい，光が当たる面の明るさを照度 E〔lx（ルクス）〕といいます．点 a の床面上 r〔m（メートル）〕の距離の位置に光源があるときの点 a の照度を求める式と角度がついた場合の照度を求める式をしっかり覚えましょう．

照明設計基準による維持照度の推奨値

日本産業規格（JIS）では維持照度の推奨値を下記の表のように定めています．

領域，作業または活動の種類		維持照度〔lx〕
学習空間	学校の教室（机上面）	300
	体育館	300
	図書閲覧室	500
	実験実習室	500
	製図室	750

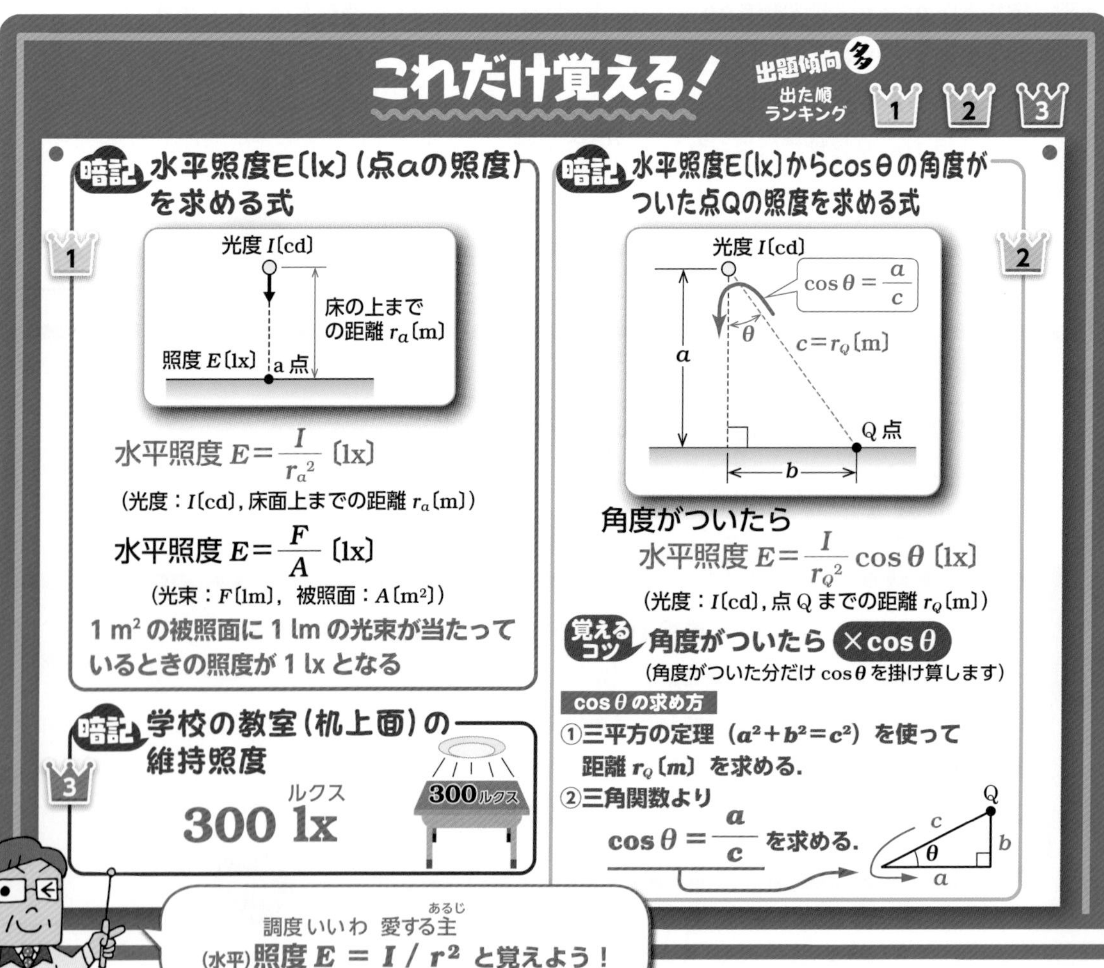

攻略の3ステップ

① 水平照度 E の式を確認

② 三平方の定理と三角関数を復習

③ $1\,\mathrm{m}^2$ の被照面に $1\,\mathrm{lm}$（ルーメン）の光束が当たっているときの照度 ▶ $1\,\mathrm{lx}$（ルクス）

解いてみよう（平成 30 年追加分）

床面上 r〔m〕の高さに，光度 I〔cd〕の点光源がある．光源直下の床面照度 E〔lx〕を示す式は．

イ．$E=\dfrac{I}{r^2}$　ロ．$E=\dfrac{I^2}{r}$　ハ．$E=\dfrac{I^2}{r^2}$　ニ．$E=\dfrac{I}{r}$

解説

照度 $E=\dfrac{I}{r^2}$〔lx〕なので，「イ」となります．

解答　イ

過去問にチャレンジ！（令和 5 年午前）

照度に関する記述として，正しいものは．

イ．被照面に当たる光束を一定としたとき，被照面が黒色の場合の照度は白色の場合の照度より小さい．

ロ．屋内照明では，光源から出る光束が 2 倍になると，照度は 4 倍になる．

ハ．$1\,\mathrm{m}^2$ の被照面に $1\,\mathrm{lm}$ の光束が当たっているときの照度が $1\,\mathrm{lx}$ である．

ニ．光源から出る光度を一定としたとき，光源から被照面までの距離が 2 倍になると，照度は 1/2 倍になる．

解説

光束を F〔lm〕，面積（被照面）を A〔m^2〕とすると，照度 E〔lx〕は

$$E=\frac{F}{A}\ \text{〔lx〕}\quad\cdots①$$

よって，$1\,\mathrm{m}^2$ の被照面に $1\,\mathrm{lm}$ の光束が当たっているときの照度が $1\,\mathrm{lx}$ となるので，「ハ」が正しいです．なお，被照面に当たる光束が一定であれば，被照面の色に関係なく照度は同じなので，「イ」は誤りです．式①より，F が 2 倍になると E も 2 倍になるので，「ロ」は誤りです．$E=I/r^2$ より，r が 2 倍になると E は 1/4 になるので，「ニ」は誤りです．

解答　ハ

蓄電池

蓄電池

　蓄電池には，鉛蓄電池やアルカリ蓄電池など多くの種類があり，充電して繰り返し使用できる特徴があります．鉛蓄電池とアルカリ蓄電池の特性，蓄電池に一定電圧を加えて常に充電状態を保つ浮動充電方式の構成図を覚えましょう．

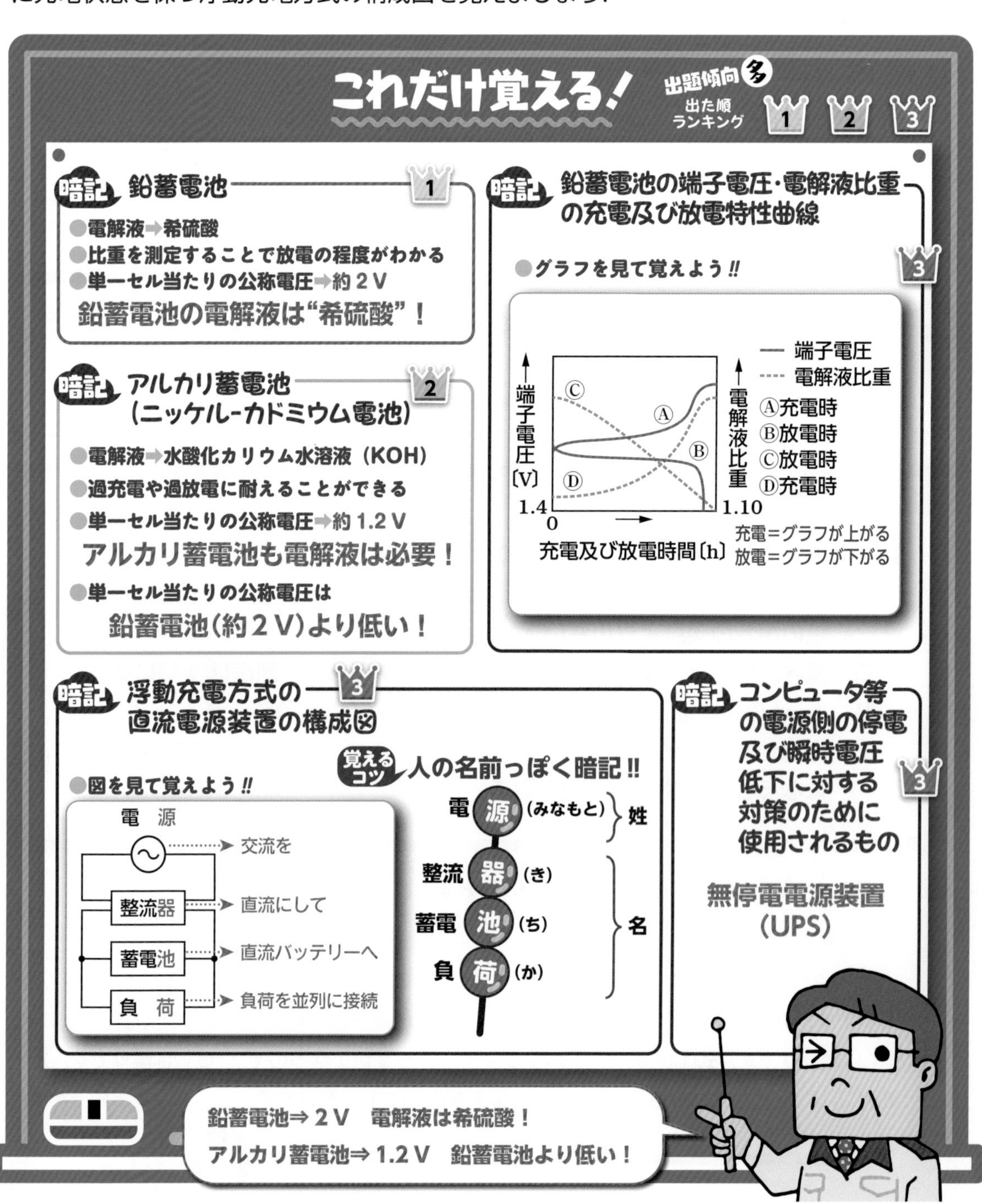

攻略の2ステップ

① 電源側の停電の対策 とくれば 無停電電源装置（UPS）

問題文 ← 注目!! 共通の漢字 → 選択肢

② 鉛蓄電池とアルカリ蓄電池の特徴を覚える

解いてみよう （平成23年）

コンピュータ等の電源側の停電及び瞬時電圧低下に対する対策のために使用されるものは．

イ．無停電電源装置（UPS）
ロ．可変電圧可変周波数制御装置（VVVF）
ハ．自動電圧調整装置（AVR）
ニ．フリッカ継電器（FCR）

解説 コンピュータ等の電源側の停電及び瞬時電圧低下に対する対策のために使用されるものは，「イ」の無停電電源装置（UPS）です．

解答 イ

過去問にチャレンジ！ （平成25年）

鉛蓄電池と比較したアルカリ蓄電池の特徴として，誤っているものは．

イ．電解液が不要である．　　ロ．起電力は鉛蓄電池より小さい．
ハ．保守が簡単である．　　ニ．小形密閉化が容易である．

解説 アルカリ蓄電池は電解液が必要です．よって，「イ」が誤っています．なお，鉛蓄電池の電解液は希硫酸で，アルカリ蓄電池（ニッケル - カドミウム電池）の蓄電池は水酸化カリウム水溶液が用いられています．

解答 イ

参考までに
鉛蓄電池とアルカリ蓄電池の電解液の覚えるコツを教えるね！
• 希硫酸…鉛蓄電池より
　鬼畜な硫酸（鬼＝希）
• 水酸化カリウム（KOH）
　…アルカリ蓄電池より
　OH（オーエッチ） なアルカリウム（カ＝K）

5章 電気機器

電 熱 器

電流による発熱量 Q と電力量 W

発熱量とは電熱線や電気器具を使ったときに発生する「熱の量」のことです．抵抗 R〔Ω〕に電流 I〔A〕が t〔s〕間流れたときに発熱する熱エネルギーの量のことを発熱量 Q〔J〕といい，$Q=I^2Rt$〔J〕で計算します．

電力量とは電気器具を使ったときに消費した「電力の量」のことです．1 秒間の電気エネルギーを電力 P〔W〕といい，電力に時間 t〔s〕をかけたものが電力量 W〔W·s〕で，$W=Pt$〔W·s〕で計算します．

発熱量と電力量の関係

電流による**発熱量の単位**は J（ジュール）ですが，W·s（ワット・秒）も用いられます．同様に，**電力量の単位は** W·s（ワット秒）ですが，J（ジュール）も用いられます．

このように，**電流による発熱量の単位は，電力量と同じ**になります．電熱線や電気器具から発生する熱量も，もともとは電熱線や電気器具で消費される電気エネルギー（電力量）です．よって，「電流によって発生した熱量」=「消費した電力量」となります．

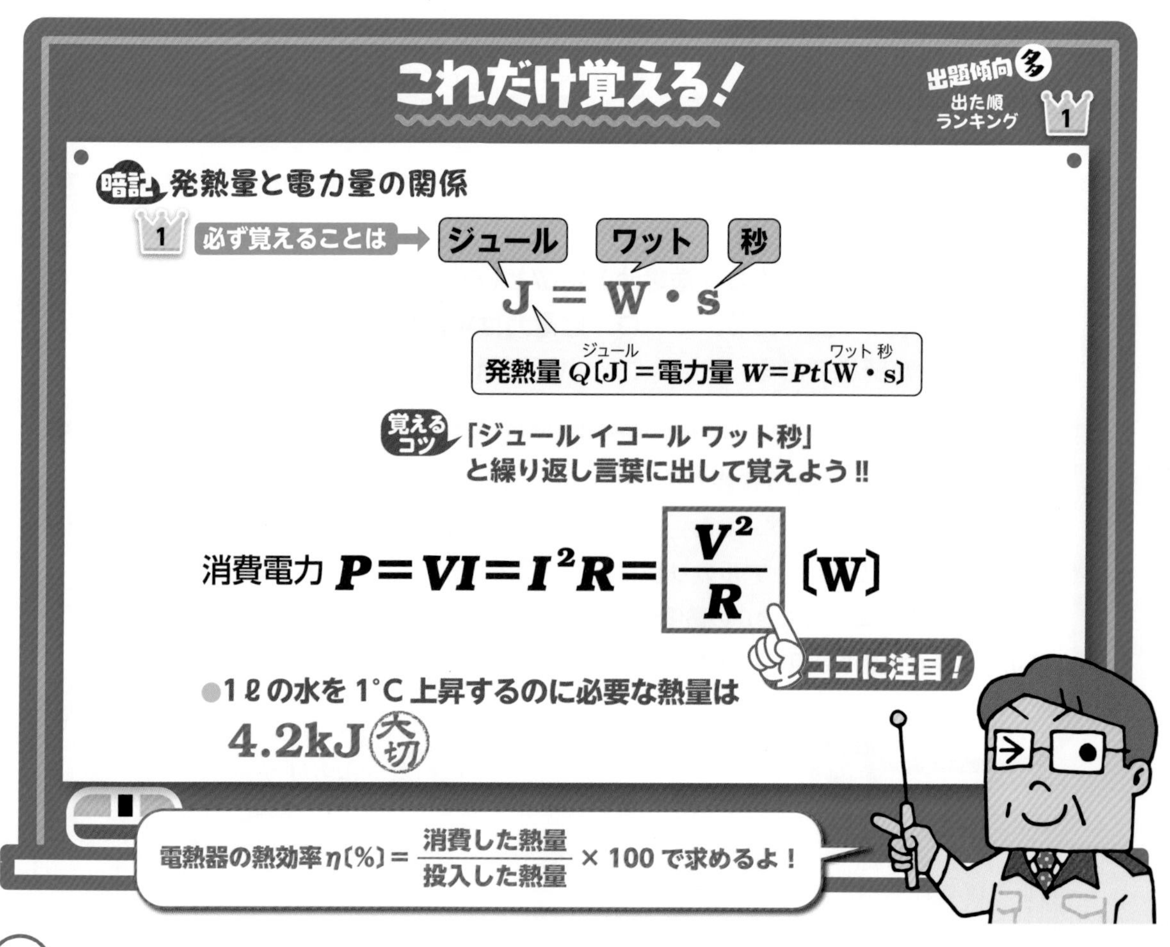

攻略の3ステップ

① 発熱量 Q〔J（ジュール）〕＝電力量 $W=Pt$〔W（ワット）・s（秒）〕

② 消費電力 P〔W〕を求める

③ 発熱量 Q〔J〕を求める

解いてみよう（平成27年）

定格電圧 100 V，定格消費電力 1 kW の電熱器を，電源電圧 90 V で 10 分間使用したときの発生熱量〔kJ〕は．ただし，電熱器の抵抗の温度による変化は無視するものとする．

イ．292　　ロ．324　　ハ．486　　ニ．540

解説

消費電力 P〔W〕と発熱量 Q〔J〕は次式で表せます．

消費電力 $P=\dfrac{V^2}{R}$〔W〕…①

発熱量 $Q=Pt$〔J〕…②

問題文より消費電力 $P=1\ \mathrm{kW}=1\,000\ \mathrm{W}$ なので，式①に代入すると

$$1000=\frac{100^2}{R}\ \Rightarrow\ R=\frac{100^2}{1\,000}=\frac{10\,000}{1\,000}=10\ \Omega$$

10 Ωの電熱器の抵抗を 90 V の電源に接続して 10 分間使用したときの電力 P_{90}〔W〕は式①より

$$P_{90}=\frac{90^2}{10}=\frac{8\,100}{10}=810\ \mathrm{W}$$

10 分間を秒に直すと $10\times60=600$ 秒なので，$t=600$ を式②に代入すると

$$Q=P_{90}t=810\times600=486\,000\ \mathrm{J}$$

kJ に変換すると

$$486\,000\div1\,000=486\ \mathrm{kJ}$$

よって，「ハ」となります．

解答　ハ

Jを kJにするには，÷1 000 をすればいいんだよ．

絶縁材料の耐熱クラス

絶縁材料と耐熱クラス

絶縁材料は，電気を絶縁して電流が流れるのを防ぐために用いるもので，その種類には，木綿や紙，架橋ポリエチレンなどがあります．絶縁材料は温度によって絶縁性能が損なわれるため，絶縁性能を損なうことなく使える許容最高温度〔℃〕ごとに分類したものを**耐熱クラス**といいます．絶縁材料の耐熱クラスの表を覚えましょう．

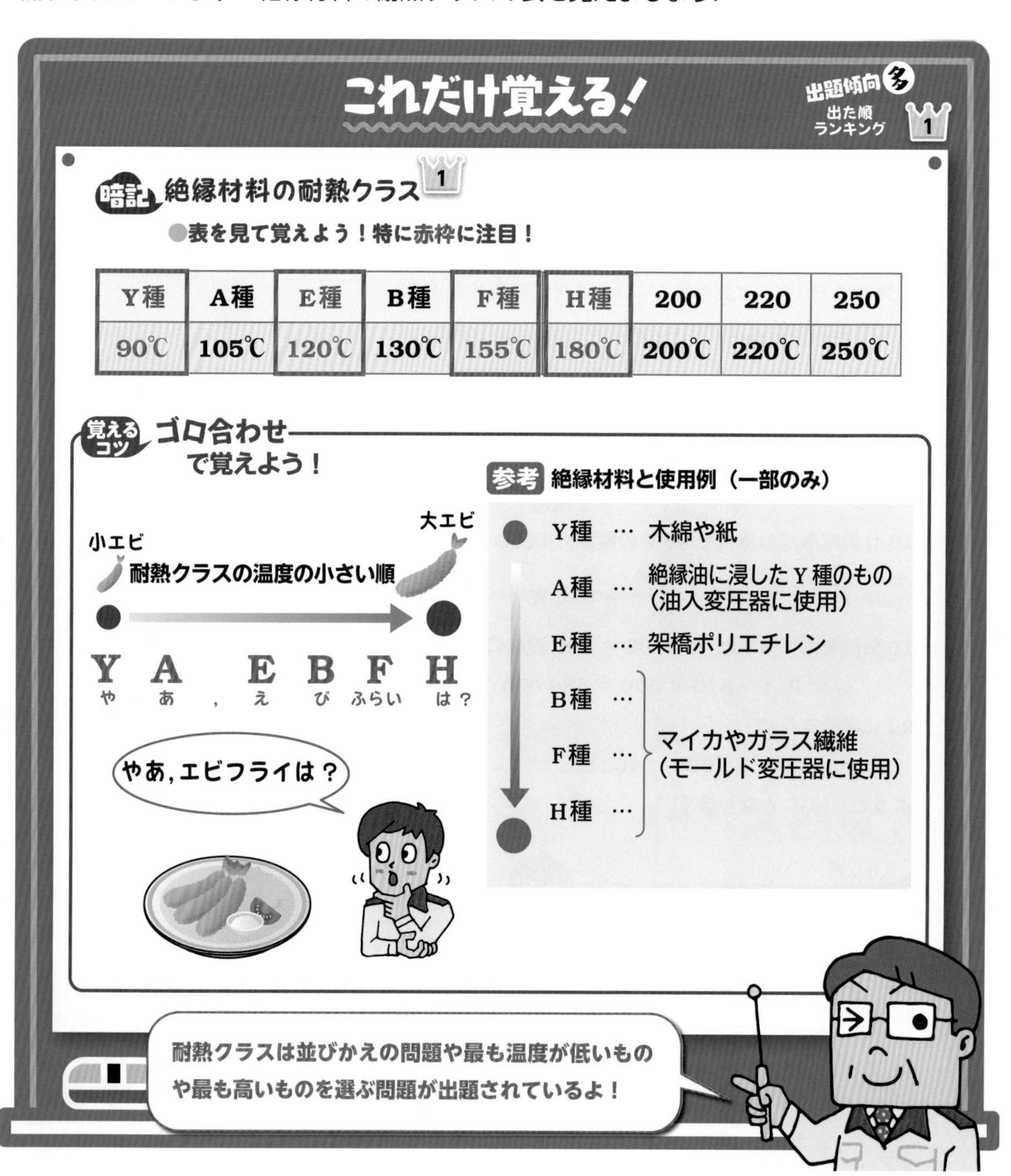

Y種	A種	E種	B種	F種	H種	200	220	250
90℃	105℃	120℃	130℃	155℃	180℃	200℃	220℃	250℃

攻略の3ステップ

❶ 耐熱クラスの表を確認

❷ 赤枠に注目

❸ 耐熱クラスは低い順にゴロ合わせで覚える

解いてみよう (平成 28 年)

電気機器の絶縁材料として耐熱クラスごとに最高連続使用温度〔℃〕の低いものから高いものの順に左から右に並べたものは.

イ. H, E, Y　　ロ. Y, E, H

ハ. E, Y, H　　ニ. E, H, Y

解説

絶縁材料の耐熱クラスは下の表のように定められています. よって,「ロ」となります.

Y種	A種	E種	B種	F種	H種	200	220	250
90℃	105℃	120℃	130℃	155℃	180℃	200℃	220℃	250℃

解答 ロ

過去問にチャレンジ! (平成 25 年)

電気機器の絶縁材料は, JIS により電気製品の絶縁の耐熱クラスごとに許容最高温度〔℃〕が定められている. 耐熱クラス B, E, F, H のなかで, 許容最高温度の最も低いものは.

イ. B　　ロ. E　　ハ. F　　ニ. H

解説

耐熱クラス B, E, F, H のなかで, 許容最高温度の最も低いものは E 種です. よって,「ロ」となります.

絶縁材料の耐熱クラスはゴロ合わせが覚えやすいよ!

解答 ロ

5章 電気機器

5-15 電磁波

電磁波

電磁波は，空間の電場と磁場の変化によって形成される波のことです．電磁波の波長の違いによってさまざまな呼称や性質を持ち，いわゆる光（赤外線，可視光線，紫外線）や電波は電磁波の一種です．

電磁調理器（IH 調理器）と電子レンジ

電磁調理器（IH 調理器）の IH は Induction Heating（誘導加熱）のことで，電磁誘導の原理を利用して，金属などを加熱しています．電子レンジは誘電加熱（マイクロ波によって食材に含まれている水分子を激しく振動させて温めている）の原理を用いています．

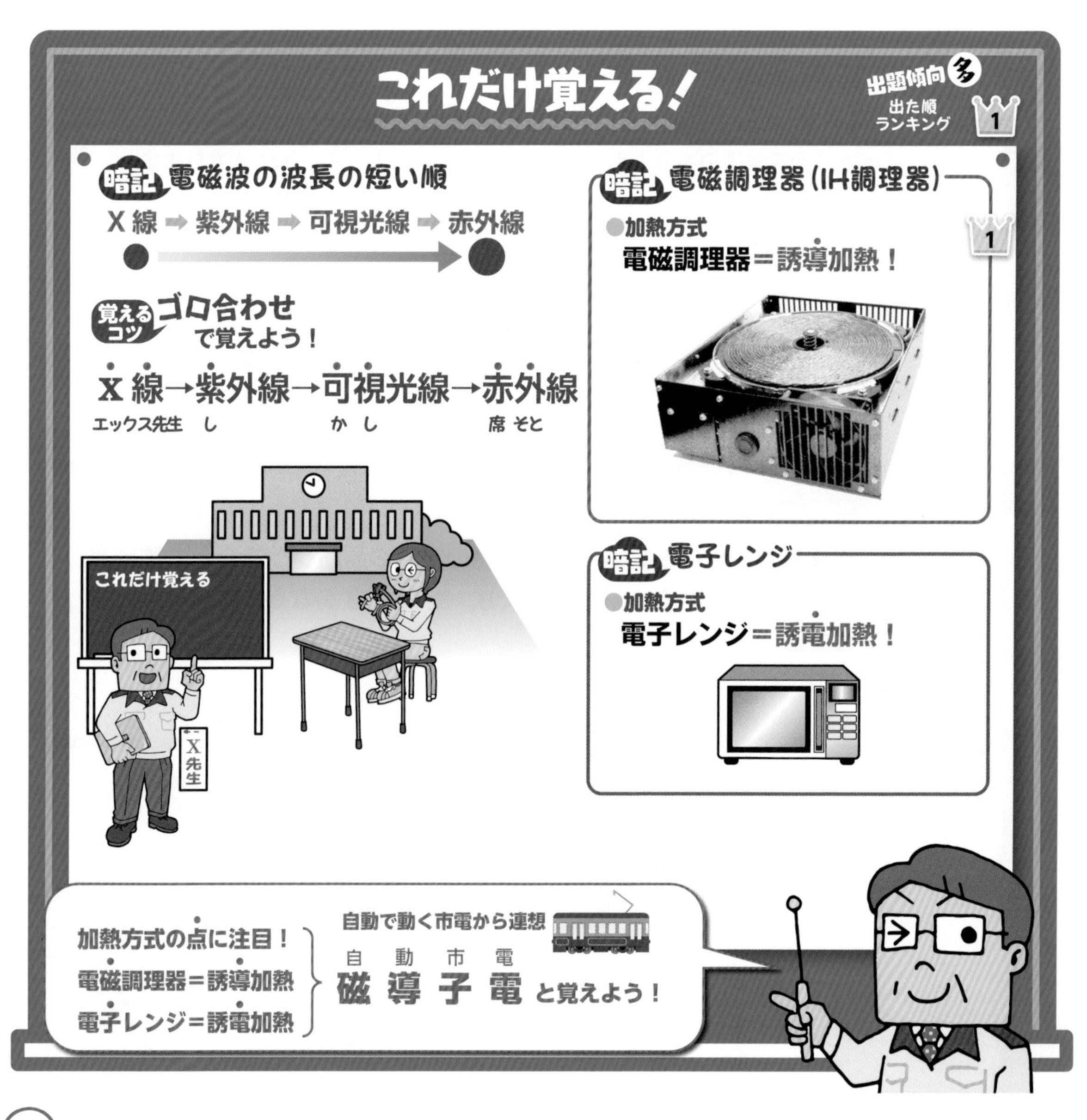

攻略の3ステップ

① 電磁波の波長を短い順に覚える

② 電磁調理器（IH 調理器） とくれば 誘導加熱

③ 電子レンジ とくれば 誘電加熱

解いてみよう （平成 24 年）

電磁波の波長を短い順に左から右に並べたものとして，正しいものは．

イ．X 線→赤外線→可視光線→紫外線

ロ．X 線→紫外線→可視光線→赤外線

ハ．赤外線→可視光線→紫外線→ X 線

ニ．紫外線→可視光線→赤外線→ X 線

解説

電磁波の波長は短い順に，X 線→紫外線→可視光線→赤外線→マイクロ波→ラジオ波のようになっています．よって，「ロ」が正しいです．

解答 

過去問にチャレンジ！ （令和 3 年午後）

電磁調理器（IH 調理器）の加熱方式は．

イ．アーク加熱　　ロ．誘導加熱　　ハ．抵抗加熱　　ニ．赤外線加熱

解説

全電化マンション等で一般に使われている電磁調理器（IH 調理器）の IH は Induction Heating のことで，誘導加熱を意味します．誘導加熱とは，電磁誘導の原理を利用して，金属などを加熱することです．実際は，図のように，コイルに交流電流を流すと電磁誘導により金属の鍋にうず電流が生じ，発生したジュール熱で温めています．

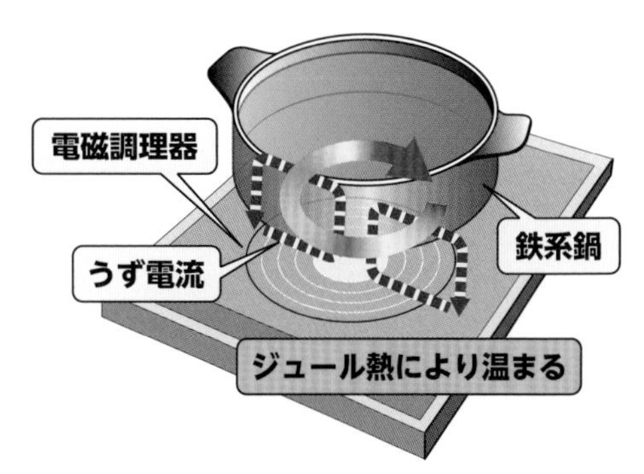

解答 ロ

●練習問題1（変圧器）

変圧器の結線方法や計算の仕方を覚えよう！

問題 1　変圧器の結線方法のうちY-Y結線は. p124（5-1）

語群欄

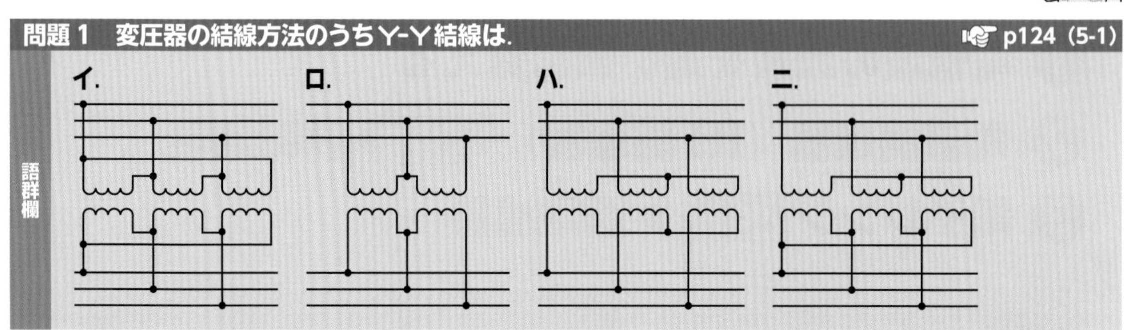

Y-Y 結線は「ハ」の図になります，なお,「イ」は Δ-Δ 結線,「ロ」は V-V 結線.「ニ」はY-Δ結線です.

◆解答◆ ハ

問題 2　図のように単相変圧器 T_1，T_2 を結線した場合の最大出力 kV・A は．ただし，変圧器は過負荷で運転しないものとする. p124（5-1）

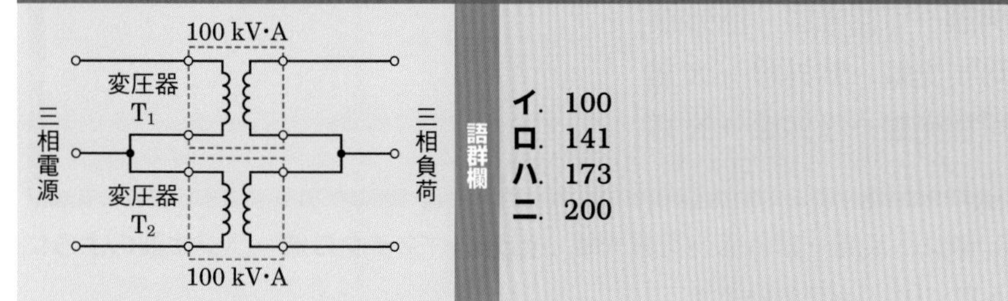

語群欄

イ. 100
ロ. 141
ハ. 173
ニ. 200

V–V 結線は，線間電圧が変圧器の電圧と同じになるため，線電流は変圧器に流れる電流と同じになります．変圧器の定格電圧を V〔V〕，定格電流を I〔A〕とすると，変圧器の定格容量が VI〔V・A〕.
最大出力が$\sqrt{3}\,VI$〔V・A〕となるため，最大出力は変圧器の定格容量の$\sqrt{3}$倍です．このことから，V–V 結線した場合の最大出力 S〔kV・A〕を求めると，次の式が成り立ちます.

$$S = \sqrt{3}\,VI = 1.73 \times 100 = 173\ \text{kV・A}$$

よって,「ハ」となります.

◆解答◆ ハ

問題 3　定格容量 100 kV・A の単相変圧器と定格容量 200 kV・A の単相変圧器を V 結線した電路で，三相負荷に供給できる最大容量〔kV・A〕は．ただし，三相負荷は平衡しているものとする. p124（5-1）

語群欄

イ. 141　　ロ. 150　　ハ. 173　　ニ. 300

問題文のように定格容量が異なる変圧器を V 結線して三相負荷に電力を供給する場合の最大容量は定格容量が小さい方を基準にするため，次の式が成り立ちます.

$$S = \sqrt{3}\,VI = 1.73 \times 100 = 173\ \text{kV・A}$$

よって,「ハ」となります.

◆解答◆ ハ

問題 4　同一容量の単相変圧器を並行運転するための条件として，必要でないものは. p128（5-3）

語群欄

イ. 各変圧器の極性を一致させて結線すること.
ロ. 各変圧器の変圧比が等しいこと.
ハ. 各変圧器のインピーダンス電圧が等しいこと.
ニ. 各変圧器の効率が等しいこと.

同一容量の変圧器 2 台を並行運転するための条件は，以下の 3 つです.
「極性が合っていること」,「変圧比が等しいこと」,「インピーダンス電圧が等しいこと」.
効率が等しいことは必要ありません.

◆解答◆ ニ

問題 5　**図のように単相変圧器の二次側に 20Ωの抵抗を接続して．一次側に 2 000 V の電圧を加えたら一次側に 1 A の電流が流れた．このときの単相変圧器の二次電圧 V_2〔V〕は．ただし．巻線の抵抗や損失を無視するものとする．**
p126（5-2）

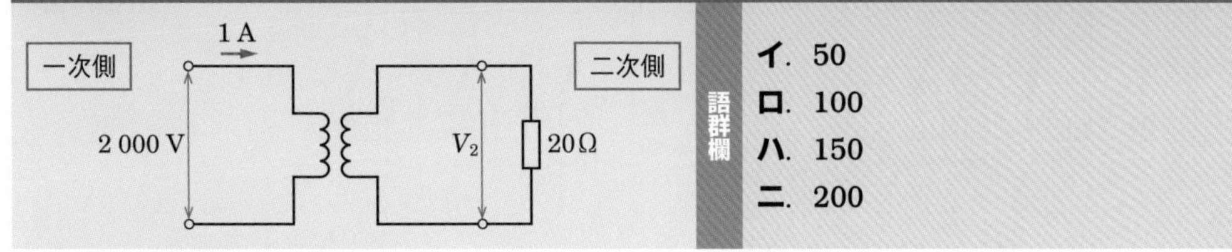

語群欄
イ．50
ロ．100
ハ．150
ニ．200

変圧器の巻線の抵抗や損失を無視する場合，**変圧器の一次側の電力と二次側の電力は等しくなります（一次側の電力 P_1 ＝二次側の電力 P_2）**．

$$P〔\mathrm{W}〕= VI = I^2 R = \frac{V^2}{R}$$

から一次側の電力を求めてみると

$$一次側の電力\ P_1 = V_1 \times I_1 = 2\,000 \times 1 = 2\,000\ \mathrm{W} \quad \cdots①$$

二次側の電力を求めてみると

$$二次側の電力\ P_2 = \frac{{V_2}^2}{R} = \frac{{V_2}^2}{20}〔\mathrm{W}〕\quad \cdots②$$

一次側の電力 P_1 ＝二次側の電力 P_2 となるので，式①＝式②とすると

$$2000 = \frac{{V_2}^2}{20}$$

$${V_2}^2 = 2\,000 \times 20 = 40\,000 \quad \rightarrow \quad V_2 = \sqrt{40\,000} = 200\ \mathrm{V}$$

◆解答◆ ニ

問題 6　**変圧器の損失に関する記述として，誤っているものは．**
p126（5-2）

語群欄
イ．無負荷損の大部分は鉄損である．
ロ．負荷電流が 2 倍になれば銅損は 2 倍になる．
ハ．鉄損にはヒステリシス損と渦電流損がある．
ニ．銅損と鉄損が等しいときに変圧器の効率が最大となる．

変圧器の銅損は．巻線の抵抗による損失で負荷電流の 2 乗に比例します．このことから，負荷電流が 2 倍になると銅損は 2^2 で 4 倍になります．よって，「ロ」が誤っています．

◆解答◆ ロ

問題 7　**図はある変圧器の鉄損と銅損の損失曲線である．この変圧器の効率が最大となるのは負荷が何パーセントのときか．**
p126（5-2）

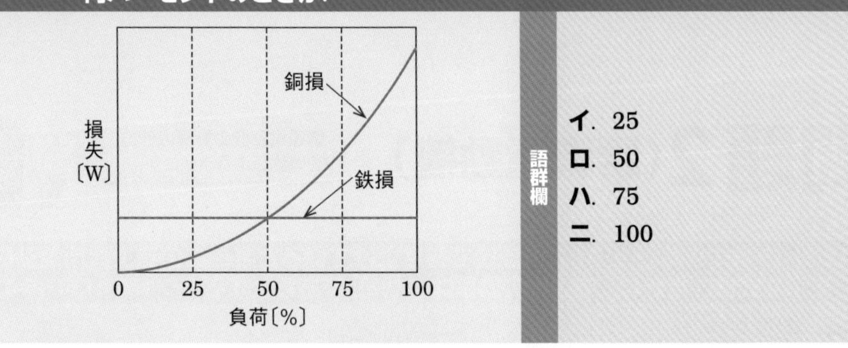

語群欄
イ．25
ロ．50
ハ．75
ニ．100

変圧器の効率が最大となるのは，**鉄損と銅損が等しいとき**です．鉄損と銅損が等しいのは損失曲線より負荷が **50%**のときです．よって，「ロ」となります．

◆解答◆ ロ

5章 練習問題

問題 8 柱上変圧器 A，B，C の一次側の電圧は，電圧降下により，それぞれ 6 450 V，6 300 V，6 150 V である．柱上変圧器 A, B, C の二次電圧をそれぞれ 105 V に調整するため，一次側タップを選定する組合せとして，正しいものは． ☞ p128（5-3）

語群欄

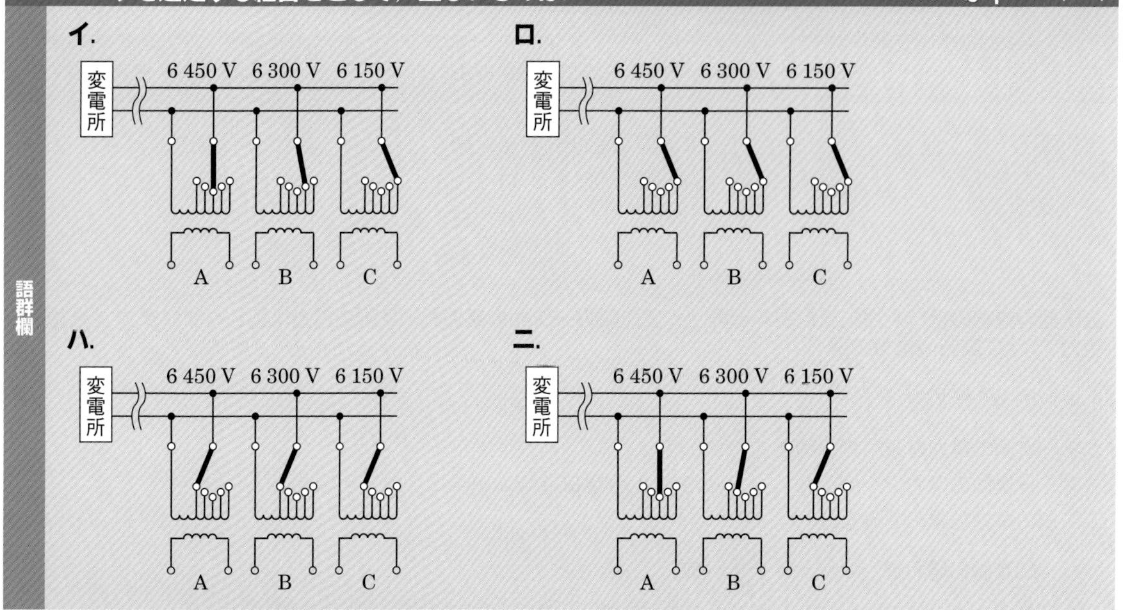

柱上変圧器は，配電線路の電圧降下にかかわらず，二次側に定格電圧の 105 V 又は 210 V が取り出せるように一次側のタップ電圧を切り替えられる構造になっています．下図のように 6 150 V のときは巻数が 1 番少なく，6 300 V，6 450 V となるにつれて巻数が増えていきます．よって，「ニ」となります．

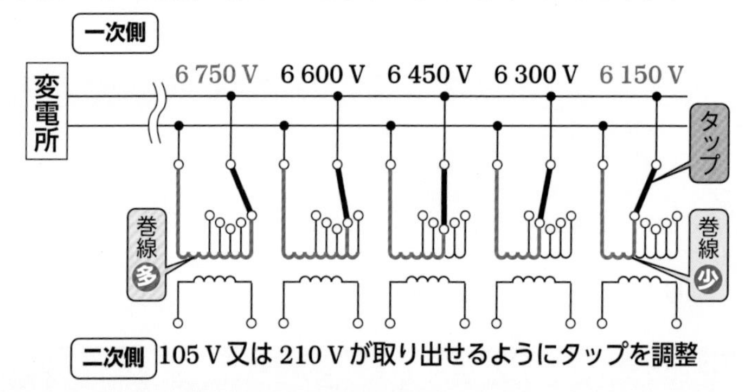

105 V 又は 210 V が取り出せるようにタップを調整

◆解答◆ ニ

●練習問題 2（誘導電動機）

誘導電動機の計算の仕方を確認しよう！

問題 1 巻上荷重 W〔kN〕の物体を毎秒 v〔m〕の速度で巻き上げているとき，この巻上機用電動機の出力〔kW〕を示す式は．ただし，巻上機の効率は η〔%〕であるとする． ☞ p130（5-4）

語群欄

イ. $\dfrac{100\,W\cdot v}{\eta}$　ロ. $\dfrac{100\,W\cdot v^2}{\eta}$　ハ. $100\,\eta W\cdot v$　ニ. $100\,\eta W^2\cdot v^2$

巻上機用電動機の出力 P〔kW〕は次式で求めます．

$$P=\frac{W\cdot v}{\eta}\times 100=\frac{100\,W\cdot v}{\eta}\text{〔kW〕}$$

◆解答◆ イ

問題 2　巻上荷重 1.96 kN の物体を毎分 60 m の速さで巻き上げているときの巻上機用電動機の出力 kW は．ただし，巻上機の効率は 70% とする．　☞ p130（5-4）

語群欄　**イ**．0.7　**ロ**．1.0　**ハ**．1.4　**ニ**．2.8

巻上荷重 W〔kN〕，毎秒の巻上速度 v〔m/s〕，巻上機用電動機の出力 P〔kW〕，巻上機の効率は η〔%〕とすると，巻上機用電動機の出力 P〔kW〕は

$$\text{巻上機用電動機の出力 } P = \frac{W \cdot v}{\eta} \times 100 \text{〔kW〕} \quad \cdots①$$

ここで，問題文で与えられた巻上速度は分速 60 m なので，秒速に直すと 60 m/60 秒＝ 1m/s となります．この値を式①に代入すると

$$P = \frac{W \cdot v}{\eta} \times 100 \text{〔kW〕} = \frac{1.96 \times 1}{70} \times 100 = \mathbf{2.8\ kW}$$

よって，「二」となります．

◆解答◆ ニ

問題 3　かご形誘導電動機の Y-Δ 始動法に関する記述として，誤っているものは．　☞ p130（5-4）

語群欄
- **イ**．固定子巻線を Y 結線にして始動したのち，Δ結線に切り換える方法である．
- **ロ**．始動時には固定子巻線の各相に定格電圧 $1/\sqrt{3}$ 倍の電圧が加わる．
- **ハ**．Δ結線で全電圧始動した場合に比べ，始動時の線電流は 1/3 に低下する．
- **ニ**．始動トルクはΔ結線で全電圧始動した場合と同じである．

Y-Δ 始動と全電圧で始動した場合を比較すると，**Y-Δ 始動の方が始動時の線電流は 1/3 に減少し，始動トルクも 1/3 に減少します**．よって，「ニ」が誤っています．

◆解答◆ ニ

問題 4　6 極の三相かご形誘導電動機があり，その一次周波数がインバータで調整できるようになっている．この電動機が滑り 5%，回転速度 1 140〔min^{-1}〕で運転されている場合の一次周波数 Hz は．　☞ p132（5-5）

語群欄　**イ**．30　**ロ**．40　**ハ**．50　**ニ**．60

同期速度 N_S〔min^{-1}〕，回転速度 N〔min^{-1}〕，滑り s〔%〕，極数 p，周波数 f〔Hz〕とすると，電動機の回転速度 N と同期速度 N_S は

$$\text{電動機の回転速度 } N = N_S\left(1 - \frac{s}{100}\right) \text{〔min}^{-1}\text{〕} \quad \cdots①$$

$$\text{電動機の同期速度 } N_S = \frac{120f}{p} \text{〔min}^{-1}\text{〕} \quad \cdots②$$

となります．まずは，式①に問題文で与えられた N= 1 140 min^{-1} と $s = 5$ を代入すると

$$N = N_S\left(1 - \frac{s}{100}\right) \text{〔min}^{-1}\text{〕}$$

$$1\,140 = N_S\left(1 - \frac{5}{100}\right)$$

$$1\,140 = N_S - 0.05\,N_S$$

$$0.95\,N_S = 1\,140$$

$$N_S = \frac{1\,140}{0.95} = 1\,200 \text{ min}^{-1} \quad \cdots③$$

次に，式②に問題で与えられた $P = 6$ と③の値を代入すると

$$N_S = \frac{120f}{p}$$

$$1\,200 = \frac{120f}{6}$$

$$20f = 1\,200$$

$$f = \frac{1\,200}{20} = \mathbf{60\ Hz}$$

よって，「二」となります．

シンプルな式

$$N = \frac{120f}{p}(1 - s) = \frac{120f}{6}(1 - 0.05)$$

N：回転速度 1 140

$$1\,140 = \frac{120f}{6}(1 - 0.05)$$

この式から周波数 f を求める．

◆解答◆ ニ

問題5 6極の三相かご形誘導電動機があり，その一次周波数がインバータで調整できるようになっている．この電動機が滑り5%，回転速度570〔min^{-1}〕で運転されている場合の一次周波数Hzは．

☞ p132（5-5）

語群欄　**イ**．20　**ロ**．30　**ハ**．40　**ニ**．50

同期速度N_S〔min^{-1}〕，回転速度N〔min^{-1}〕，滑りs〔%〕．極数p，周波数f〔Hz〕とすると，滑りsと電動機の回転速度N_Sは

滑り $s = \dfrac{N_S - N}{N_S} \times 100$〔%〕 …①　　電動機の同期速度 $N_S = \dfrac{120f}{p}$〔min^{-1}〕 …②

となります．式①に問題で与えられた$N = 570\ min^{-1}$と$s = 5$を代入すると

$$s = \frac{N_S - N}{N_S} \times 100〔\%〕$$

$$5 = \frac{N_S - 570}{N_S} \times 100$$

$$5N_S = 100(N_S - 570)$$

$$95N_S = 57\,000$$

$$N_S = \frac{57\,000}{95} = 600\ min^{-1} \quad …③$$

次に，式②に問題で与えられた$p = 6$と③の値を代入すると

$$N_S = \frac{120f}{p}$$

$$600 = \frac{120f}{6}$$

$$20f = 600$$

$$f = \frac{600}{20} = 30\ \text{Hz}$$

よって，「ロ」となります．

シンプルな式

$$N = \frac{120f}{p}(1 - s) = \frac{120f}{6}(1 - 0.05)$$

回転速度570

$$570 = \frac{120f}{6}(1 - 0.05)$$

この式から周波数fを求める．

◆解答◆ ロ

問題6 定格出力22 kW，6極の三相誘導電動機が電源周波数50 Hz，滑り5%で運転している．このときの，この電動機の同期速度N_s〔min^{-1}〕と回転速度N〔min^{-1}〕との差$N_s - N$〔min^{-1}〕は．

☞ p132（5-5）

語群欄　**イ**．25　**ロ**．50　**ハ**．75　**ニ**．100

同期速度N_S〔min^{-1}〕，回転速度N〔min^{-1}〕，滑りs〔%〕，極数p，周波数f〔Hz〕とすると，電動機の同期速度N_Sと滑りsは

電動機の同期速度 $N_S = \dfrac{120f}{p}$〔min^{-1}〕 …①　　滑り $s = \dfrac{N_S - N}{N_S} \times 100$〔%〕 …②

となります．式①に問題で与えられた$f = 50$ Hzと$s = 6$を代入すると

$$N_S = \frac{120f}{p} = \frac{120 \times 50}{6} = 1\,000\ min^{-1} \quad …③$$

となります．次に式②に問題で与えられた$s = 5$と③の値を代入すると

$$s = \frac{N_S - N}{N_S} \times 100〔\%〕$$

$$5 = \frac{N_S - N}{1000} \times 100$$

$$N_S - N = 5 \times 10 = 50\ min^{-1}$$

よって，「ロ」となります．

シンプルな式

$$N_s = \frac{120f}{p} = \frac{120 \times 50}{6} = 1\,000$$

$$N = \frac{120f}{p}(1 - s)$$

$$= 1\,000(1 - 0.05) = 950$$

$$N_s - N = 1\,000 - 950 = 50 min^{-1}$$

◆解答◆ ロ

問題7 かご形誘導電動機のインバータによる速度制御に関する記述として，正しいものは．

☞ p132（5-5）

語群欄

イ．電動機の入力の周波数を変えることによって速度を制御する．
ロ．電動機の入力の周波数を変えずに電圧を変えることによって速度を制御する．
ハ．電動機の滑りを変えることによって速度を制御する．
ニ．電動機の極数を切り換えることによって速度を制御する．

インバータは周波数を変えて回転速度を制御します．

◆解答◆ イ

鉛蓄電池とアルカリ蓄電池について理解しよう

●練習問題3（蓄電池と電磁波）

問題1　蓄電池に関する記述として，正しいものは．　p146（5-12）

語群欄
- **イ**．鉛蓄電池の電解液は，希硫酸である．
- **ロ**．アルカリ蓄電池の放電の程度を知るためには，電解液の比重を測定する．
- **ハ**．アルカリ蓄電池は，過放電すると充電が不可能になる．
- **ニ**．単一セルの起電力は，鉛蓄電池よりアルカリ蓄電池の方が高い．

鉛蓄電池の電解液は希硫酸です．よって「イ」が正しいです．なお，比重を測定することで放電の程度がわかるのは鉛蓄電池です．アルカリ蓄電池は過充電や過放電に耐えることができます．単一セル当たりの公称電圧（単一セルの起電力）は鉛蓄電池が約 2 V で，アルカリ電池が約 1.2 V ですので，鉛蓄電池よりアルカリ蓄電池の方が低くなります．

◆解答◆ イ

問題2　アルカリ蓄電池に関する記述として，正しいものは．　p146（5-12）

語群欄
- **イ**．過充電すると電解液はアルカリ性から中性に変化する．
- **ロ**．充放電によって電解液の比重は著しく変化する．
- **ハ**．1 セル当たりの公称電圧は鉛蓄電池より低い．
- **ニ**．過放電すると充電が不可能になる．

公称電圧とは，電池を通常の状態で使用した場合に得られる端子間の電圧の目安として定められている値です．単一セル当たりの**公称電圧は鉛蓄電池**（約 2 V）より**アルカリ電池**（約 1.2 V）**の方が低くなります**．よって，「ハ」が正しいです．

◆解答◆ ハ

問題3　鉛蓄電池の電解液は．　p146（5-12）

語群欄
- **イ**．希硫酸
- **ロ**．塩化アンモニウム水溶液
- **ハ**．水酸化カリウム水溶液
- **ニ**．水酸化ナトリウム水溶液

鉛蓄電池の電解液は**希硫酸**です．よって，「イ」となります．

◆解答◆ イ

問題4　図は，鉛蓄電池の端子電圧・電解液比重の充電及び放電特性曲線である．組合せとして，正しいものは．　p146（5-12）

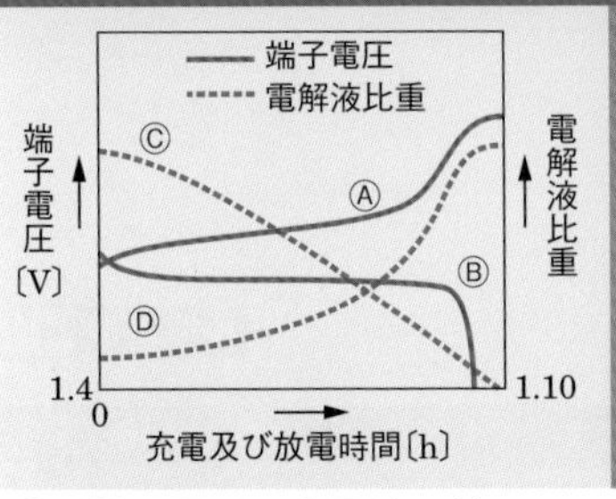

語群欄

イ．	Ⓐ充電時	Ⓑ放電時	Ⓒ充電時	Ⓓ放電時
ロ．	Ⓐ充電時	Ⓑ放電時	Ⓒ放電時	Ⓓ充電時
ハ．	Ⓐ放電時	Ⓑ充電時	Ⓒ充電時	Ⓓ放電時
ニ．	Ⓐ放電時	Ⓑ充電時	Ⓒ放電時	Ⓓ充電時

Ⓐは端子電圧の充電時のグラフで，Ⓑは端子電圧の放電時のグラフです．**端子電圧は，充電が進むにつれて高くなり，放電が進むにつれて低くなります**．続いて，Ⓒは電解液比重の放電時のグラフで，Ⓓは電解液比重の充電時のグラフです．**電解液比重は，充電が進むにつれて大きくなり，放電が進むにつれて小さくなります**．よって，「ロ」となります．

◆解答◆ ロ

問題5　電子レンジの加熱方式は．　p152（5-15）

語群欄
イ．誘導加熱　**ロ**．抵抗加熱　**ハ**．赤外線加熱　**ニ**．誘電加熱

電子レンジはマイクロ波によって食材に含まれている水分子を激しく振動させて温めているので，電子レンジの加熱方式は**誘電加熱**です．誘電加熱とは，マイクロ波の電磁放射により誘電体を加熱することです．よって，「ニ」となります．

◆解答◆ ニ

問題 6　浮動充電方式の直流電源装置の構成図として，正しいものは．　☞ p146（5-12）

語群欄

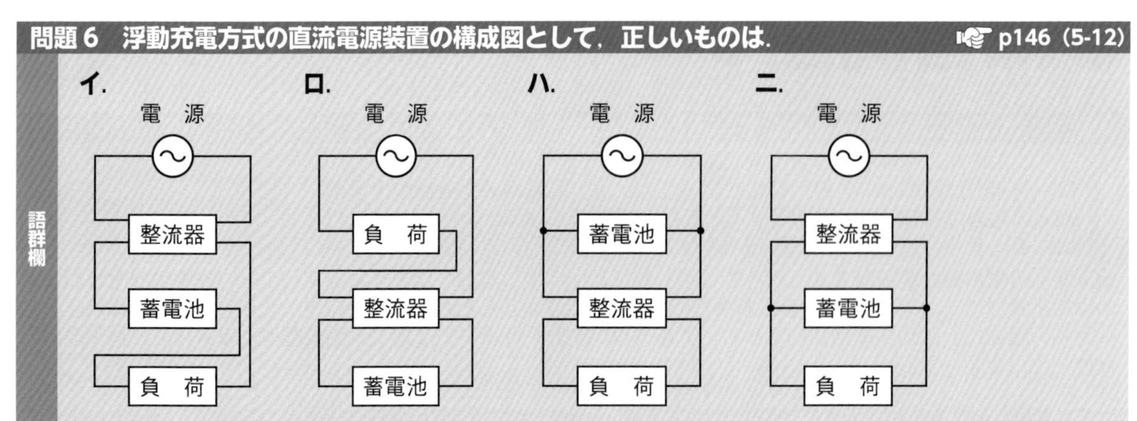

浮動充電方式の直流電源装置の構成図は，**整流器を蓄電池と負荷に並列に接続**し，常に電圧を加えています．よって，「ニ」となります．

◆解答◆ ニ

練習問題 4（光源と照度）

光源の特徴を確認！

問題 1　電源を投入してから，点灯するまでの時間が最も短いものは．　☞ p140（5-9）

語群欄

イ．ハロゲン電球（ヨウ素電球）
ロ．メタルハライドランプ
ハ．高圧水銀ランプ
ニ．ナトリウムランプ

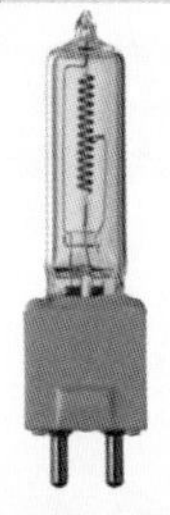
ハロゲン電球

電源を投入してから点灯するまでの時間が最も短いものは，**ハロゲン電球**です．ハロゲン電球は管内にハロゲンを封入した白熱電球の一種で，電圧を加えるとすぐに点灯します．

◆解答◆ イ

問題 2　照明に関する記述として，誤っているものは．　☞ p140（5-9）

語群欄

イ．蛍光ランプには水銀が入っている．
ロ．白熱電球の内部は一般的に不活性ガスが封入してある．
ハ．蛍光灯用の点灯管（グロースタータ）はバイメタルの機能を利用している．
ニ．キセノンランプは白熱電球の一種である．

キセノンランプは**高輝度放電灯の一種**で，キセノンガス中での放電による発光を利用したランプです．白熱電球の一種ではないため，「ニ」が誤っています．

◆解答◆ ニ

問題 3　光源に関する記述として，正しいものは．　☞ p140（5-9）

語群欄

イ．白熱電球の消費電力は，電源の周波数が 50 Hz から 60 Hz に変わっても同じである．
ロ．蛍光灯の発光効率〔lm/W〕は，白熱電球より低い．
ハ．白熱電球の寿命は，電源電圧の高低に影響されない．
ニ．ハロゲンランプは，放電灯の一種である．

白熱電球の消費電力は周波数には影響されないため，50 Hz から 60 Hz に変わっても同じです．よって，「イ」が正しいです．なお，蛍光灯の発光効率は，白熱電球より高いです．白熱電球の寿命は，電圧が高くなると寿命が短くなるため，電圧の高低に影響されます．ハロゲンランプは白熱電球の一種です．

◆解答◆ イ

問題 4　LED ランプの記述として，誤っているものを語群欄より 2 つ選び答えよ.　p140（5-9）

語群欄

イ. LED ランプは，発光ダイオードを用いた照明用光源である.
ロ. 白色 LED ランプは，一般に青色の LED と黄色の蛍光体による発光である.
ハ. LED ランプには，青色 LED と黄色を発光する蛍光体を使用し，白色に発光させる方法がある.
ニ. LED ランプは pn 接合した半導体に電圧を加えることにより発光する現象を利用した光源である.
ホ. LED ランプの発光効率は，白熱灯の発光効率に比べて高い.
ヘ. LED ランプの発光原理は，エレクトロルミネセンスである.
ト. LED ランプの発光原理は，ホトルミネセンスである.
チ. LED ランプに使用される LED チップ（半導体）の発光に必要な順方向電圧は，直流 100V 以上である.

LED ランプの発光原理は，エレクトロルミネセンスです. ホトルミネセンスは蛍光灯の発光原理であるため，「ト」が誤っています. 次に，LED チップはとても小さいため発光に必要な順方向電圧は小さく種類によって異なりますが，2 ～ 3.5 V 程度です. よって「チ」も誤っています.

◆解答◆ ト，チ

問題 5　図 A のように光源から 1 m 離れた a 点の照度が 100 lx であった. 図 B のように光源の光度を 4 倍にし，光源から 2 m 離れた b 点の照度 lx は.　p144（5-11）

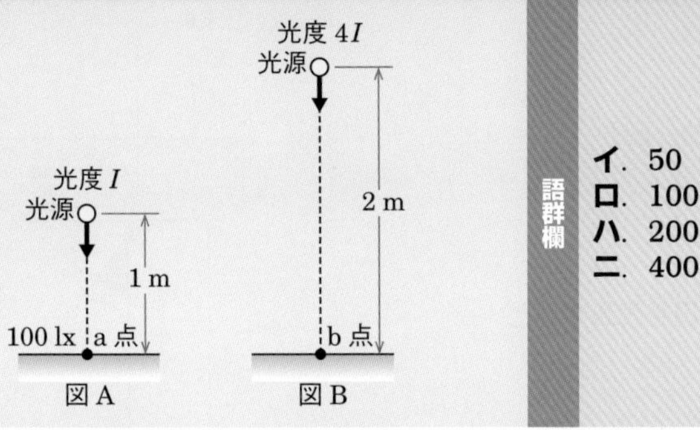

語群欄

イ. 50
ロ. 100
ハ. 200
ニ. 400

照度とは，単位面積あたりに入射する光束，すなわち照らされた場所の明るさで，単位は lx（ルクス）です. 光度とは，ある方向への光源の光の強さで，単位は cd（カンデラ）です. 照度を E〔lx〕，光度を I〔cd〕，床面上までの距離を r〔m〕とすると，照度は次の式で求められます.

$$照度\ E = \frac{I}{r^2}\,〔\mathrm{lx}〕 \quad \cdots①$$

まずは，図 A のときの各値を式①に代入して光度 I_A〔cd〕を求めます.

$$E_A = \frac{I_A}{{r_A}^2}$$

$$100 = \frac{I_A}{1^2} \quad \rightarrow \quad I_A = 100\ \mathrm{lx}$$

図 B の光源は図 A の光度 I_A を 4 倍にしたものなので

$$I_B = 100 \times 4 = 400\ \mathrm{cd}$$

となります. 次に，図 B のときの各値を式①に代入して，b 点の照度 I_B を求めます.

$$E_B = \frac{I_B}{{r_B}^2}$$

$$E_B = \frac{400}{2^2} = \frac{400}{4} = 100\ \mathrm{lx}$$

よって，「ロ」となります.

◆解答◆ ロ

問題 6　図の Q 点における水平面照度が 8 lx であった．点光源 A の光度 I〔cd〕は． ☞ p144（5-11）

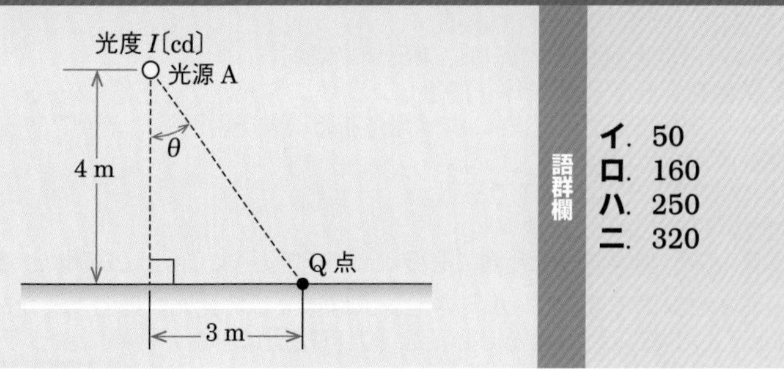

語群欄

イ．50
ロ．160
ハ．250
ニ．320

光源 A から Q 点までの水平照度は次の式で表せます．

水平照度 $E = \dfrac{I}{r^2}\cos\theta$〔lx〕 …①

また，三平方の定理より，$a^2 + b^2 = c^2$ が成り立つため，$a = 4$，$b = 3$，$c = r$ を代入すると

$r^2 = 4^2 + 3^2 = 25$

$r = 5$ …②

また，三角関数より $\cos\theta = a/c$ となるため，図から $a = 4$，$c = r = 5$ のときの $\cos\theta$ は

$\cos\theta = \dfrac{4}{5}$ …③

となります．

式①に問題で与えられた $E = 8$ lx と②と③の値を代入すると

$$E = \frac{I}{r^2}\cos\theta \text{〔lx〕}$$

$$8 = \frac{I}{5^2} \times \frac{4}{5}$$

$$I = 8 \times \frac{5 \times 5 \times 5}{4} = 250 \text{ cd}$$

よって，「ハ」となります．

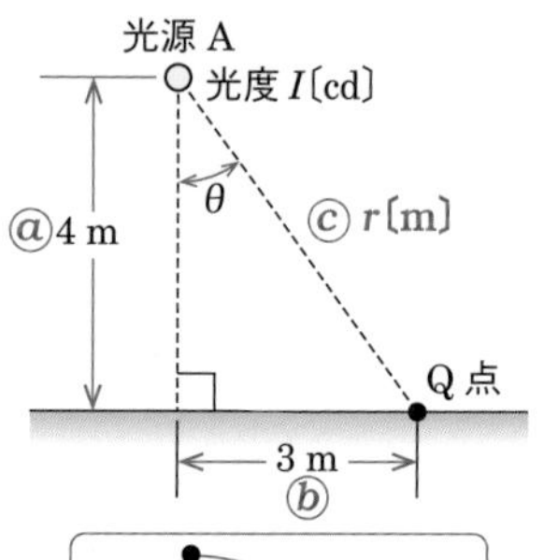

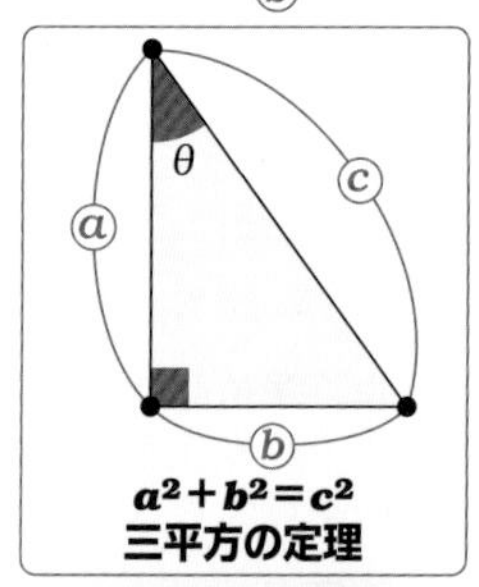

$\cos\theta = \dfrac{a}{c}$
三角関数

◆解答◆ ハ

問題 7　「日本産業規格（JIS）」では照明設計基準の一つとして，維持照度の推奨値を示している．同規格で示す学校の教室（机上面）における維持照度の推奨値〔lx〕は． ☞ p144（5-11）

語群欄

イ．30　**ロ**．300　**ハ**．900　**ニ**．1 300

学校の教室（机上面）における維持照度の推奨値は **300 lx** です．

◆解答◆ ロ

問題 8　住宅に施設する配線器具の取付工事において，誤っているものは． ☞ p142（5-10）

語群欄

イ．雨が吹き込むおそれがあるベランダに，防雨型コンセントを床面から 50 cm に取り付けた．
ロ．洗濯機用コンセントに接地極及び接地端子付きのコンセントを施設し，D 種接地工事を施した．
ハ．単相 200 V 回路のエアコン用のコンセントに右図のような極数，極配置のコンセントを使用した．
ニ．ケーブル工事において，コンセントと電話端子を合成樹脂製の共有ボックスに収納し配線する場合，電線相互が接触しないように隔壁（セパレータ）を取り付けた．

単相 200 V 回路に 100 V 回路のコンセントは使用できないため，「ハ」が誤っています．

◆解答◆ ハ

●練習問題5（電熱器）

問題1　消費電力1kWの電熱器を1時間使用したとき，10リットルの水の温度が43℃上昇した．この電熱器の熱効率%は．　p148（5-13）

語群欄　イ．40　ロ．50　ハ．60　ニ．70

消費電力1kW･hを熱量J〔W･s〕に換算すると

1kW＝1 000W

1時間〔h〕＝3600秒〔s〕

となるので，1kW･h＝1 000W×3 600s＝3 600 000J＝3 600kJ

このことから，消費電力1kW･hの電熱器は3 600kJの熱量を投入したことがわかります．

次に，1ℓの水を1°C上昇するのに必要な熱量は4.2kJなので，10ℓの水が43°C上昇するためには

4.2kJ×10ℓ×43°C＝1 806kJ

必要になります．

3 600kJの電力を投入して1 806kJの熱量を消費したので，熱効率は

$$\text{電熱器の熱効率}\ \eta〔\%〕=\frac{\text{消費した熱量}}{\text{投入した熱量}}\times 100〔\%〕\text{より}$$

$$\eta=\frac{1\,806}{3\,600}\times 100=50.16 \fallingdotseq \mathbf{50\%}$$

よって，「ロ」となります．

◆解答◆　ロ

●練習問題6（ダイオードやトップランナー制度）

問題1　三相全波整流回路のダイオード6個の結線として，正しいものは．　p136（5-7）

語群欄

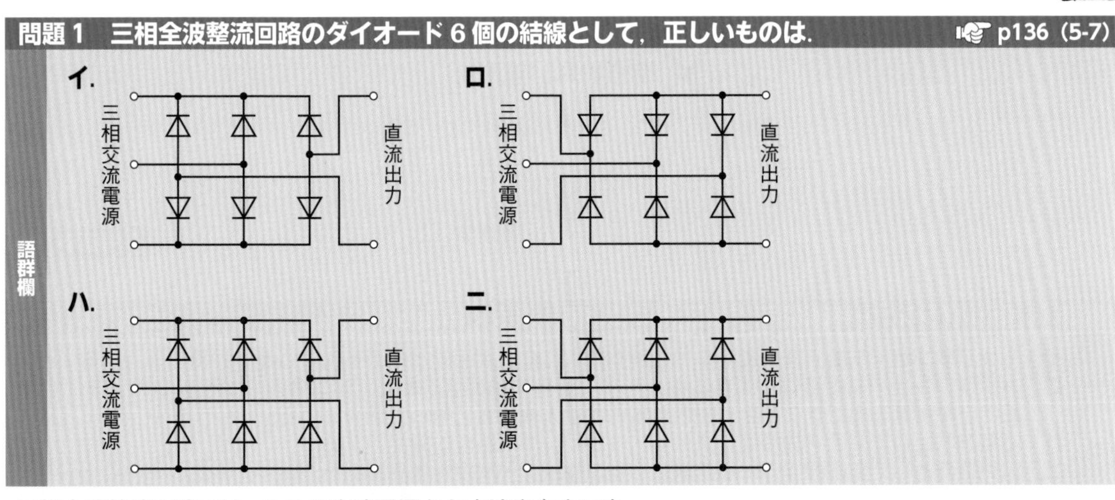

三相全波整流回路では，3つの交流電源から直流出力までをたどってすべてダイオードの向きになるのが正しい結線です．よって正しいのは「ニ」となり，右のような波形になります．

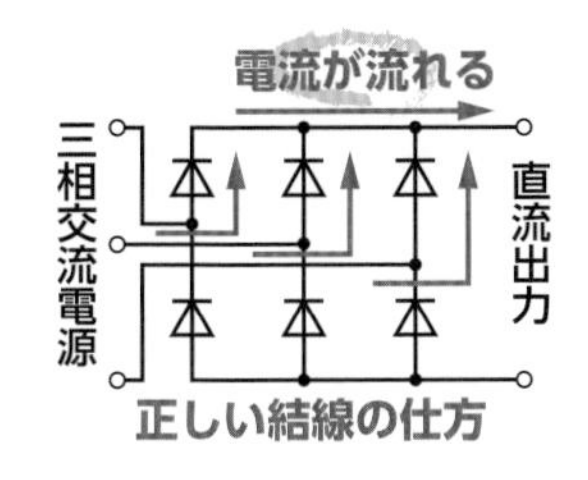

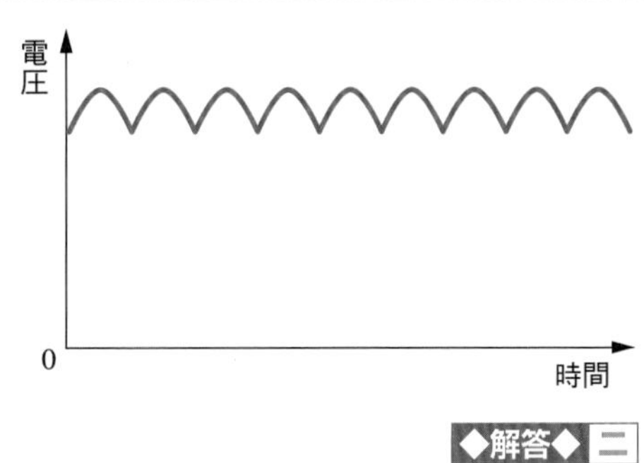

◆解答◆　ニ

問題 2　図に示すサイリスタ（逆阻止 3 端子サイリスタ）回路の出力電圧 v_0 の波形として，得ることのできない波形は．ただし，電源電圧は正弦波交流とする．

☞ p138（5-8）

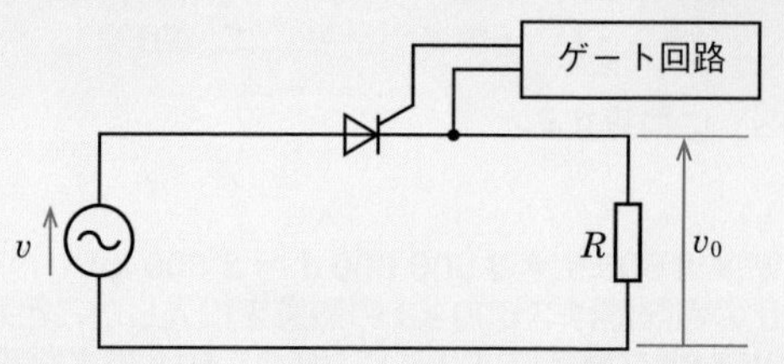

語群欄

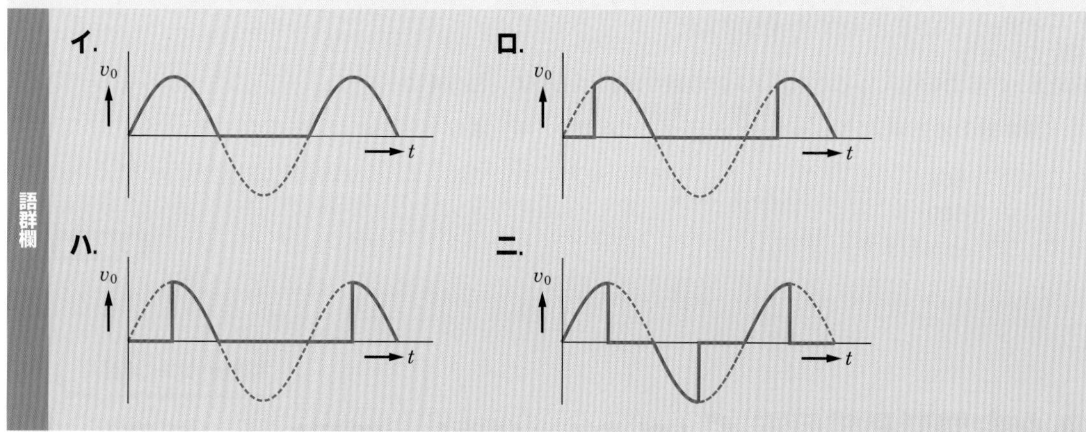

サイリスタは，アノード A，カソード K，ゲート G の 3 つの電極からなっており，小さなゲート電流を調整することによって，カソードに流れる大きな電流を制御することができます．ゲート回路を調整することで，「イ」「ロ」「ハ」のような波形は得られますが，**電流は順方向に流れるため，逆方向には流れません**．よって得ることのできない波形は「ニ」になります．

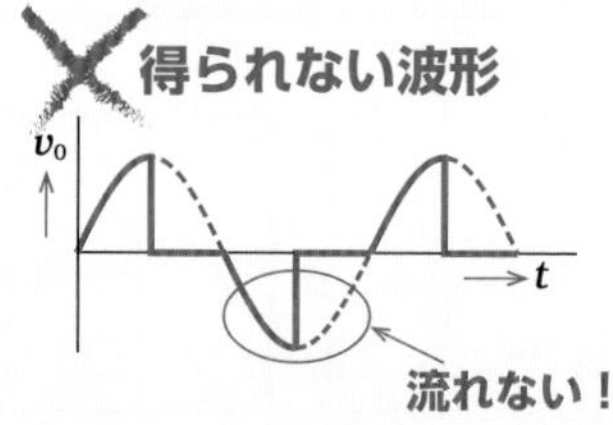

◆解答◆ ニ

問題 3　トップランナー制度に関する記述について，誤っているものは．

☞ p130（5-4）

語群欄

イ. トップランナー制度では，エネルギー消費効率の向上を目的として省エネルギー基準を導入している．
ロ. トップランナー制度では，エネルギーを多く使用する機器ごとに，省エネルギー性能の向上を促すための目標基準を満たすことを，製造事業者と輸入事業者に対して求めている．
ハ. 電気機器として交流電動機は，すべてトップランナー制度対象品である．
ニ. 電気機器として変圧器は，一部を除きトップランナー制度対象品である．

トップランナー制度では交流電動機や変圧器は「一部を除き」対象となるため，「すべて」となっている「ハ」が誤っています．

◆解答◆ ハ

ほぼ過去に出題された機器の問題を練習問題として出題したよ．

6章 1～3問出題

発　電

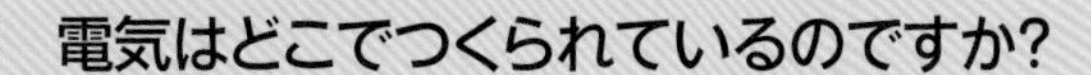

発電所でつくられているんだよ.

発電所から一般住宅まで，電圧を変えながら電気は長い道のりを歩んでいるんだよ.

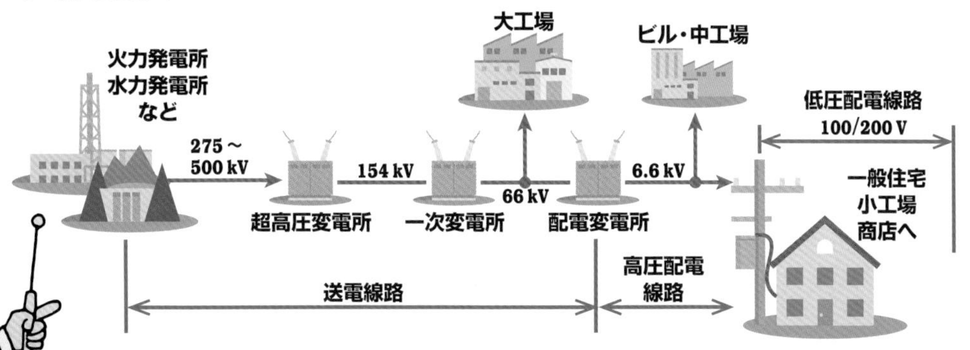

すごい長い道のりを歩んでいるんですね.

では，次は火力発電や水力発電について教えていくね!

水力発電

水力発電

水力発電は，水車を回して水が持つ位置エネルギーを機械エネルギーに変換し，その機械エネルギーで発電機を回して電気エネルギーを得ています．揚水式発電では，夜間に余った電力を使用して揚水ポンプで下部の貯水池の水を上部のダムまで上げています．**これだけ覚える！**の内容をしっかり覚えましょう．

攻略の4ステップ

❶ **水車の出力 $P=9.8QH\eta$ の式より▶ P は QH に比例**

❷ **水力発電所の発電用水の経路は絵をイメージ**

❸ **水車の種類は適用落差の「高い」から「低い」順に覚える**

❹ **揚水ポンプ P_m〔kW〕は効率 η が分母につく**

解いてみよう (令和 4 年午後)

水力発電の水車の出力 P に関する記述として，正しいものは．ただし，H は有効落差，Q は流量とする．

イ．P は QH に比例する.　　ロ．P は QH^2 に比例する.

ハ．P は QH に反比例する.　　ニ．P は Q^2H に比例する.

解説

水力発電の水車の出力 P は，$P=9.8QH\eta$ で求めます．この式より，P は QH に比例していることがわかります．よって，「イ」が正しいです．

解答 イ

過去問にチャレンジ！ (平成 25 年)

水力発電所の発電用水の経路の順序として，正しいものは.

イ．水圧管路→取水口→水車→放水口

ロ．取水口→水車→水圧管路→放水口

ハ．取水口→水圧管路→水車→放水口

ニ．取水口→水圧管路→放水口→水車

解説

水力発電所の発電用水の経路の順序は，

取水口→水圧管路→水車→放水口です．

よって，「ハ」が正しいです．

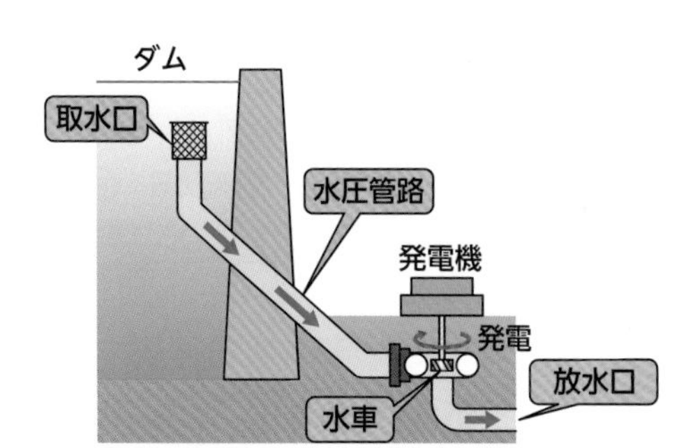

解答 ハ

火力発電

火力発電

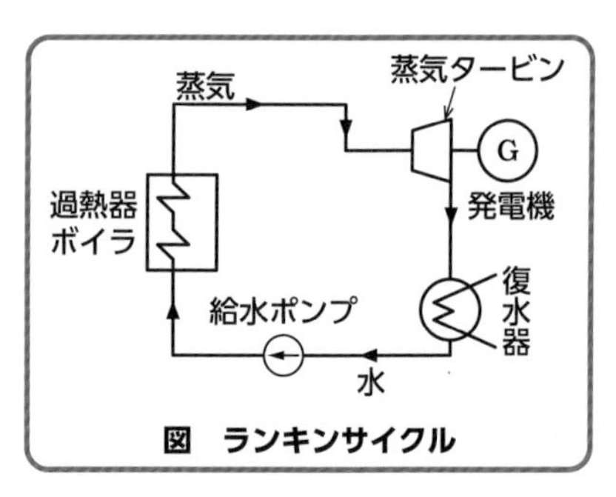

図　ランキンサイクル

火力発電は，石油，石炭，液化天然ガス（LNG）などを燃料とする発電です．ボイラ内で燃料を燃焼し，水を蒸気に変えて蒸気が持つ熱エネルギーにより蒸気タービンを回転させて機械エネルギーに変換し，発電機により電気エネルギーを得ています．その後，復水器で蒸気を冷やして水に戻し，給水ポンプによってボイラに送られます．このような熱の流れを**熱サイクル**といいます．最も基本的な熱サイクルを**ランキンサイクル**といい，右図のようになります．その他にも再生サイクル，再熱サイクル，再熱再生サイクルがあります．ここでは，出題されている**再熱サイクル**と**自然循環ボイラの構成図**を覚えましょう．

火力発電所の環境対策（大気汚染防止）

火力発電所では燃焼によって生じる硫黄酸化物（SO_x），窒素酸化物（NO_x），ばいじん（すすなどの微粒子）を低減するために次の①～④の対策を講じています．

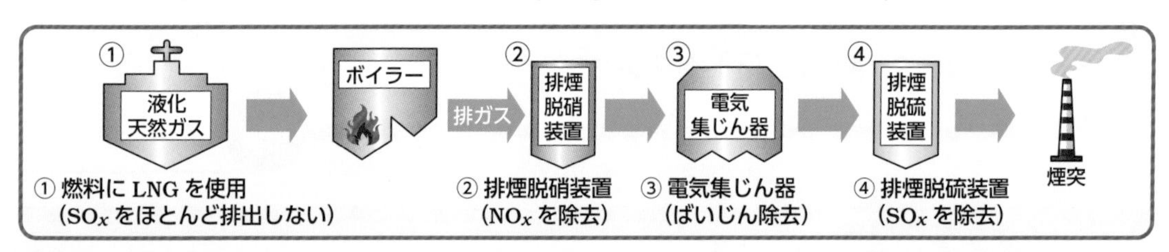

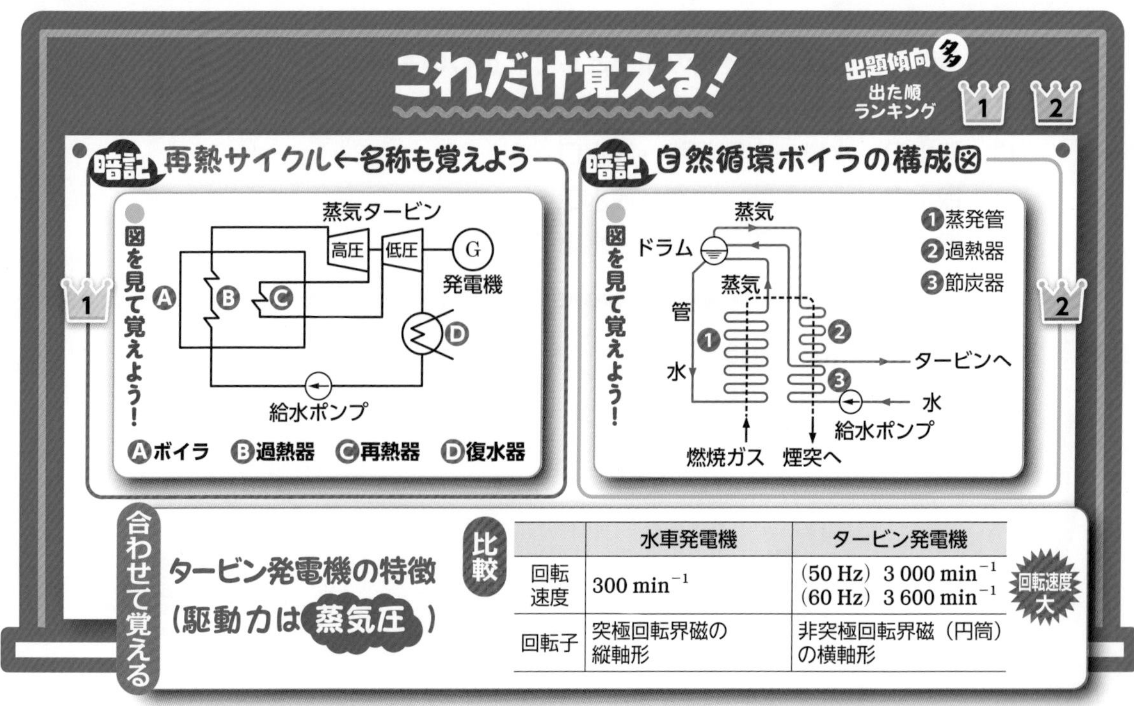

	水車発電機	タービン発電機
回転速度	300 min^{-1}	（50 Hz）3 000 min^{-1} （60 Hz）3 600 min^{-1}
回転子	突極回転界磁の縦軸形	非突極回転界磁（円筒）の横軸形

攻略の3ステップ

① 再熱サイクルと自然循環ボイラの図を確認

② サイクルの名称「再熱サイクル」を図から連想

③ 再熱サイクルの名称（ボイラ，過熱器，再熱器，復水器）を覚える

解いてみよう （平成27年）

図は，ボイラの水の循環方式のうち，自然循環ボイラの構成図である．図中の①，②及び③の組合せとして，正しいものは．

イ．①蒸発管　②節炭器　③過熱器
ロ．①過熱器　②蒸発管　③節炭器
ハ．①過熱器　②節炭器　③蒸発管
ニ．①蒸発管　②過熱器　③節炭器

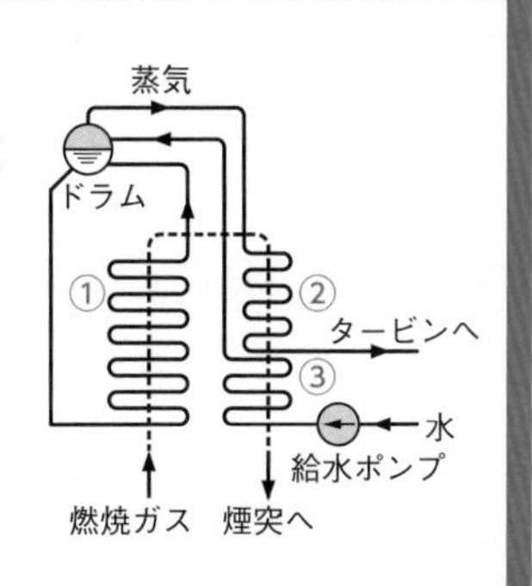

解説

自然循環ボイラは水の温度差による比重を利用して自然に循環させる構造のボイラです．①の**蒸発管**は，水管からの水を加熱して蒸気にし，下部のドラムから水管の中を循環している水から水蒸気を作りだして上部のドラムへと送ります．②の**過熱器**で，蒸発管で発生した水分を含んだ飽和蒸気をさらに加熱して乾燥した過熱蒸気にし，③の**節炭器**で，効率を高めるために，ボイラや過熱器などから出てくる煙道ガスの余熱を利用して，給水の余熱を行います．

解答 ニ

過去問にチャレンジ！ （平成25年）

図は火力発電所の熱サイクルを示した装置構成図である．この熱サイクルの種類は．

イ．再生サイクル
ロ．再熱サイクル
ハ．再熱再生サイクル
ニ．コンバインドサイクル

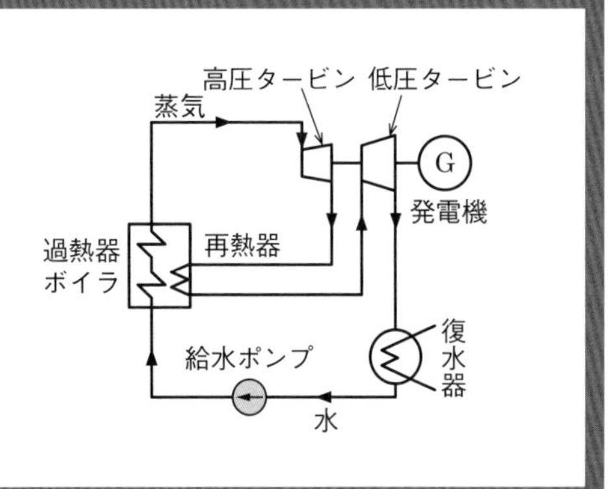

解説

高圧タービンから出た，湿り飽和蒸気をボイラの再熱器で加熱し，ふたたび高温の乾き飽和蒸気として低圧タービンに用いている熱サイクルであるため，「ロ」の**再熱サイクル**です．

解答 ロ

6章 発電

内燃力発電

内燃力発電

内燃力発電とはディーゼルエンジンやガスタービンなどの内燃機関を用いて発電機を回転させる発電方式です.

コンバインドサイクル発電

主に，ガスタービン発電と汽力発電を組み合わせた発電方式です．回転軸には空気圧縮機とガスタービンが直結していて，燃料の天然ガス（LNG）を燃焼してガスタービンを回して発電機で発電しています．ガスタービンから出た高温の排ガスの熱で水を蒸気に変えて蒸気タービンを回して発電機で発電しています. 短時間で運転・停止が容易にできるので，需要の変化に対応した運転が可能です．同一出力の火力発電より熱効率が高く，LNG などの燃料が節約できます.

攻略の4ステップ

1. **はずみ車の目的** とくれば **回転のむらを滑らかにする**
2. **動作行程** とくれば **吸気→圧縮→爆発（燃焼）→排気**
3. **熱損失の大きい順** とくれば **排気ガス損失→冷却水損失→機械的損失**
4. **コージェネレーションシステム** とくれば **電気と熱を併せ供給する発電システム**

解いてみよう （平成25年）

ディーゼル発電装置に関する記述として，誤っているものは．

イ．ディーゼル機関は点火プラグが不要である．
ロ．回転むらを滑らかにするために，はずみ車が用いられる．
ハ．ビルなどの非常用予備発電装置として，一般に使用される．
ニ．ディーゼル機関の動作行程は，吸気→爆発（燃焼）→圧縮→排気である．

解説 ディーゼル機関の動作行程は，吸気→圧縮→爆発（燃焼）→排気です．よって，「ニ」が誤っています．

解答 ニ

過去問にチャレンジ！ （令和5年午前）

コージェネレーションシステムに関する記述として，最も適切なものは．

イ．受電した電気と常時連系した発電システム
ロ．電気と熱を併せ供給する発電システム
ハ．深夜電力を利用した発電システム
ニ．電気集じん装置を利用した発電システム

解説 コージェネレーションシステムは**電気と熱を併せ供給する発電システム**のことです．内燃力発電装置の排熱を給湯等に利用することによって，総合的な熱効率を向上させる仕組みです．

コンバインドサイクル発電の仕組みも合わせて覚えよう！

解答 ロ

太陽光発電・風力発電・燃料電池発電

太陽光・風力・燃料電池発電

太陽光発電は，太陽の持つ光のエネルギーを太陽電池に照射することで電気エネルギーを得るものです．風力発電は風の力によって風車を回転させて発電機を回し電気エネルギーを得るものです．燃料電池発電は，水の電気分解の逆の反応を利用して水素と酸素を結合させたときに電気エネルギーを得ています．

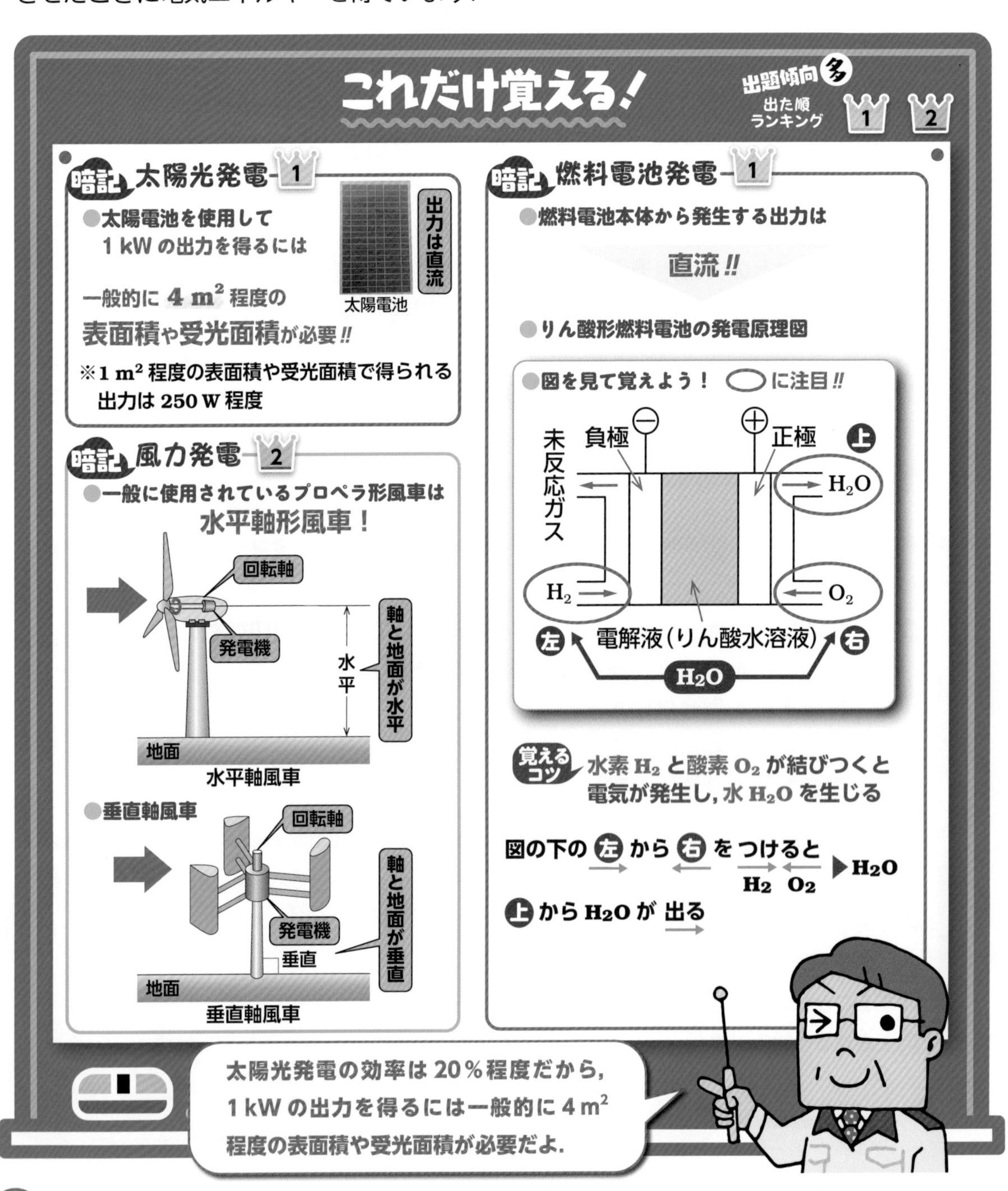

攻略の3ステップ

1. **太陽電池で 1kW を得るには $4m^2$ 程度の表面積や受光面積が必要**
2. **プロペラ形風車 とくれば 水平軸形風車**
3. **燃料電池や太陽電池の出力 とくれば 直流**

解いてみよう (平成 30 年追加分)

太陽電池を使用した太陽光発電に関する記述として，誤っているものは.

イ．太陽電池は，一般に半導体の pn 接合部に光が当たると電圧を生じる性質を利用し，太陽光エネルギーを電気エネルギーとして取り出している.

ロ．太陽電池の出力は直流であり，交流機器の電源として用いる場合は，インバータを必要とする.

ハ．太陽電池発電設備を一般送配電事業者の系統と連系させる場合は，系統連系保護装置を必要とする.

ニ．太陽電池を使用して 1 kW の出力を得るには，一般的に $1\ m^2$ 程度の表面積の太陽電池を必要とする.

解説 太陽電池の変換効率は 20%程度で，$1m^2$ 程度の表面積や受光面積で得られる出力は 250 W 程度です．太陽電池を使用して 1 kW の出力を得るには，一般的に $4\ m^2$ 程度の表面積や受光面積の太陽電池が必要です．よって，「ニ」が誤っています.

解答 ニ

過去問にチャレンジ！ (令和 5 年午前・午後)

りん酸形燃料電池の発電原理図として，正しいものは.

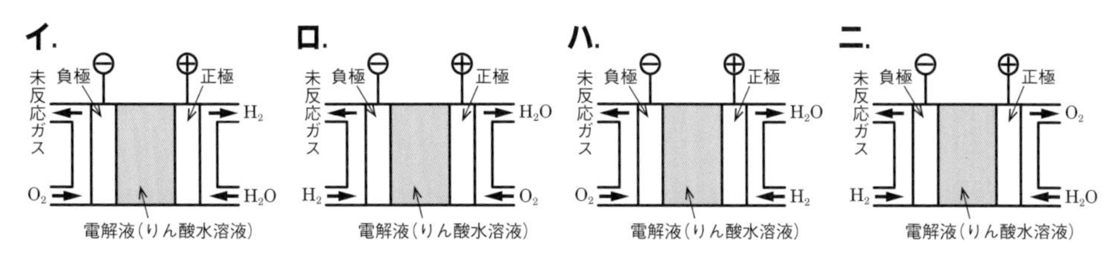

解説 りん酸形燃料電池は，りん酸を電解質として使用しています．負極側の水素 H_2 と正極側の酸素 O_2 が化学反応で結びつくと電気が発生し，水 H_2O を生じます．発電原理図は「ロ」です.

解答 ロ

練習問題1（水力発電）

まずは，水力発電について覚えよう！

問題 1　**有効落差 100 m，使用水量 20 $\mathrm{m^3/s}$ の水力発電所の発電機出力〔MW〕は．ただし，水車と発電機の総合効率は 85％とする．**

p166（6-1）

語群欄

イ．1.9　**ロ**．12.7　**ハ**．16.7　**ニ**．18.7

水力発電所の発電機出力 P〔MW〕は $P = 9.8\,QH\eta$ で求められるので，問題で与えられた有効落差 $H = 100$ m，使用水量 $Q = 20\ \mathrm{m^3/s}$，水車と発電機の総合効率 $\eta = 0.85$ を代入すると

$$P = 9.8\,QH\eta$$
$$= 9.8 \times 20 \times 100 \times 0.85$$
$$= 16\,660\ \mathrm{kW} \fallingdotseq \mathbf{16.7\ MW}$$

よって，「ハ」になります．

◆解答◆ ハ

問題 2　**全揚程が H〔m〕，揚水量が Q〔$\mathrm{m^3/s}$〕である揚水ポンプの電動機の入力〔kW〕を示す式は．ただし，電動機の効率を η_m，ポンプの効率を η_p とする．**

p166（6-1）

語群欄

イ．$\dfrac{9.8\,QH}{\eta_p \eta_m}$　**ロ**．$\dfrac{QH}{9.8\ \eta_p \eta_m}$　**ハ**．$\dfrac{9.8H\eta_p \eta_m}{Q}$　**ニ**．$\dfrac{QH\eta_p \eta_m}{9.8}$

揚水ポンプの電動機の入力〔kW〕を示す式は $\dfrac{9.8\,QH}{\eta_p \eta_m}$ で求めます．よって，「イ」となります．

◆解答◆ イ

問題 3　**水力発電所の水車の種類を，適用落差の最大値の高いものから低いものの順に左から右に並べたものは．**

p166（6-1）

語群欄

イ．プロペラ水車　フランシス水車　ペルトン水車
ロ．フランシス水車　ペルトン水車　プロペラ水車
ハ．フランシス水車　プロペラ水車　ペルトン水車
ニ．ペルトン水車　フランシス水車　プロペラ水車

水車の種類と適用落差の表より，**ペルトン水車→フランシス水車→プロペラ水車**となります．

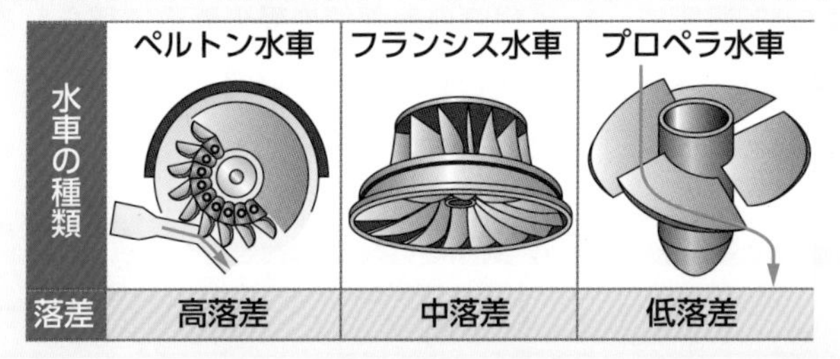

◆解答◆ ニ

問題 4　**水力発電の水車の出力 P に関する記述として，正しいものは．ただし，N は水車の回転速度，H は有効落差，Q は流量とする．**

p166（6-1）

語群欄

イ．P は QH に比例する．　**ロ**．P は QH^2 に比例する．
ハ．P は QH に反比例する．　**ニ**．P は Q^2H に比例する．
ホ．P は NQ に比例する．　**ヘ**．P は NQH に比例する．

水力発電の水車の出力 P は，$P = 9.8\,QH\eta$ で求めます．この式より，**P は QH に比例**していることがわかります．よって，「イ」が正しいです．

◆解答◆ イ

問題 5　**水力発電所の発電用水の経路の順序として，正しいものは**

p166（6-1）

語群欄

イ．水車→取水口→水圧管路→放水口
ロ．取水口→水車→水圧管路→放水口
ハ．取水口→水圧管路→水車→放水口
ニ．水圧管路→取水口→水車→放水口

水力発電所の発電用水の経路の順序は，取水口→水圧管路→水車→放水口です．よって「ハ」が正しいです．

◆解答◆ ハ

練習問題2（火力・内燃力発電）

問題 1　図は汽力発電所の再熱サイクルを表したものである．図中のⒶ，Ⓑ，Ⓒ，Ⓓの組合せとして，正しいものは．

p168（6-2）

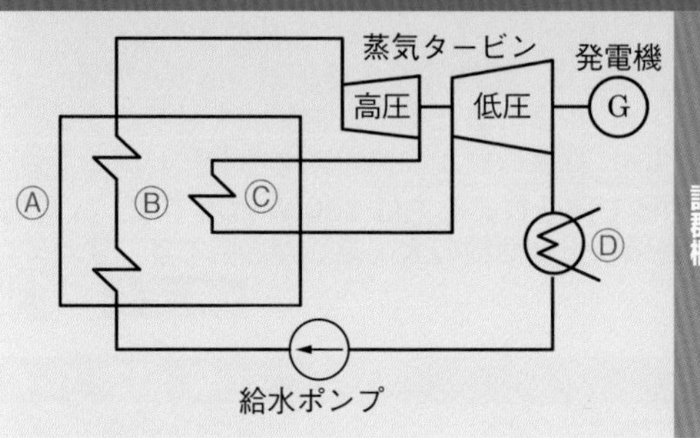

語群欄

	Ⓐ	Ⓑ	Ⓒ	Ⓓ
イ	再熱器	復水器	過熱器	ボイラ
ロ	過熱器	復水器	再熱器	ボイラ
ハ	ボイラ	過熱器	再熱器	復水器
ニ	復水器	ボイラ	過熱器	再熱器

汽力発電所の**再熱サイクル**は，高圧タービンから出た，湿り飽和蒸気をボイラの再熱器で加熱し，ふたたび高温の乾き飽和蒸気として低圧タービンに用いる熱サイクルのことをいいます．**Aがボイラで，Bが過熱器で，Cが再熱器で，Dが復水器です**．よって，「ハ」が正しいです．

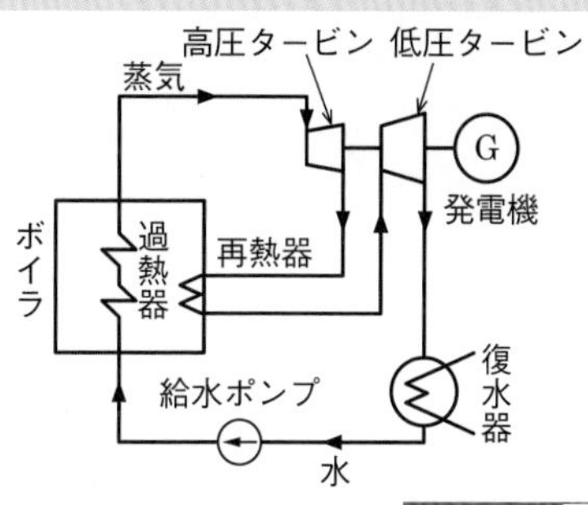

◆解答◆ ハ

問題 2　内燃力発電装置の排熱を給湯等に利用することによって，総合的な熱効率を向上させるシステムの名称は．

p168（6-2）

語群欄

イ．再熱再生システム
ロ．ネットワークシステム
ハ．コンバインドサイクル発電システム
ニ．コージェネレーションシステム

内燃力発電装置の排熱を給湯等に利用することによって，総合的な熱効率を向上させるシステムは**コージェネレーションシステム**といいます．一般の火力発電所では発熱量の60％以上が排熱となっています．この排熱のエネルギー源から電気と熱を併せ供給する発電システムのことです．

◆解答◆ ニ

問題 3　ディーゼル機関の熱損失を，大きいものから順に並べたものは．

p170（6-3）

語群欄

イ．	排気ガス損失	機械的損失	冷却水損失
ロ．	排気ガス損失	冷却水損失	機械的損失
ハ．	冷却水損失	機械的損失	排気ガス損失
ニ．	機械的損失	排気ガス損失	冷却水損失

ディーゼル機関の熱損失は，下表のようになっています．よって，大きいものから順に並べたものは「ロ」となります．

ディーゼル機関の熱損失

排気ガス損失	冷却水損失	機械的損失
約30％	約20％	約10％

◆解答◆ ロ

問題 4　ディーゼル機関のはずみ車（フライホイール）の目的として，正しいものは．

p170（6-3）

語群欄

イ．停止を容易にする．
ロ．冷却効果を良くする．
ハ．始動を容易にする．
ニ．回転のむらを滑らかにする．

ディーゼル機関のはずみ車（フライホイール）の目的は，**回転のむらを滑らかにすることです**．よって，「ニ」が正しいです．

◆解答◆ ニ

練習問題3（太陽光・風力・燃料電池発電）

問題１　太陽光発電に関する記述として，誤っているものを語群欄より２つ選び答えよ． ☞ p172（6-4）

語群欄

イ．太陽電池は，一般に半導体の pn 接合部に光が当たると電圧を生じる性質を利用し，太陽光エネルギーを電気エネルギーとして取り出している．
ロ．太陽電池の出力は直流であり，交流機器の電源として用いる場合は，インバータを必要とする．
ハ．太陽電池発電設備を一般送配電事業者の系統と連系させる場合は，系統連系保護装置を必要とする．
ニ．太陽電池を使用して 1 kW の出力を得るには，一般的に 1 m^2 程度の表面積の太陽電池を必要とする．
ホ．太陽電池を使用して 1 kW の出力を得るには，一般的に 1 m^2 程度の受光面積の太陽電池を必要とする．

太陽電池の変換効率は 20％程度で，1 m^2 程度の表面積や受光面積で得られる出力は 250 W 程度です．太陽電池を使用して **1 kW の出力を得るには，一般的に 4 m^2 程度の表面積や受光面積の太陽電池が必要です**．よって，「ニ」と「ホ」が誤っています．

◆解答◆ ニ，ホ

問題２　風力発電に関する記述として，誤っているものは． ☞ p172（6-4）

語群欄

イ．一般に使用されているプロペラ形風車は，垂直軸形風車である．
ロ．風力発電装置は，風速等の自然条件の変化により発電出力の変動が大きい．
ハ．風力発電装置は，風の運動エネルギーを電気エネルギーに変換する装置である．
ニ．プロペラ形風車は，一般に風速によって翼の角度を変えるなど風の強弱に合わせて出力を調整することができる．
ホ．風力発電設備は，温室効果ガスを排出しない．

一般に使用されている**プロペラ形風車は**，**水平軸形風車**です．よって，「イ」が誤っています．

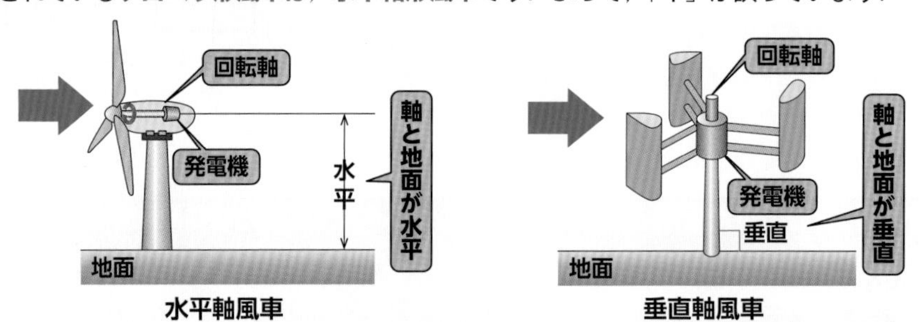

◆解答◆ イ

問題３　燃料電池の発電原理に関する記述として，誤っているものは． ☞ p172（6-4）

語群欄

イ．燃料電池本体から発生する出力は交流である．
ロ．燃料の化学反応により発電するため，騒音はほとんどない．
ハ．負荷変動に対する応答性にすぐれ，制御性が良い．
ニ．りん酸形燃料電池は発電により水を発生する．

燃料電池本体から発生する出力は**直流**です．よって，「イ」が誤っています．

◆解答◆ イ

問題４　りん酸形燃料電池の発電原理図として，正しいものは． ☞ p172（6-4）

語群欄

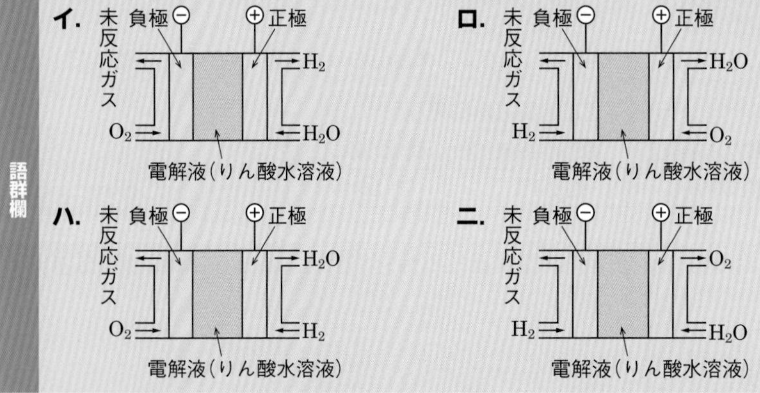

りん酸形燃料電池は，りん酸を電解質として使用しています．負極側の水素 H_2 と正極側の酸素 O_2 が化学反応で結びつくと電気が発生し，水 H_2O を生じます．発電原理図は「ロ」です．

◆解答◆ ロ

7章 3〜4 問出題

送電および配電

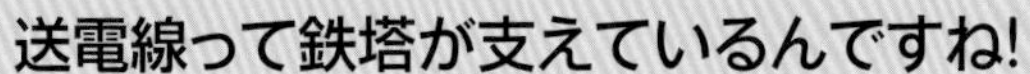

鉄塔は送電電圧が 60 kV 以上の送電容量の大きな送電線を支持しているんだよ.

電線と鉄塔の間にあるこれって何ですか?

それは「がいし」といって電線の電気が鉄塔に流れないように絶縁するはたらきがあるんだよ.

送電線が鉄塔にふれると危険ですもんね!

送電用機器
(アークホーン・アーマロッド・ダンパ)

送電用機器(アークホーン，アーマロッド，ダンパ)

送電用機器とは，電力の安定供給や送電線事故による停電を防止する装置のことです.

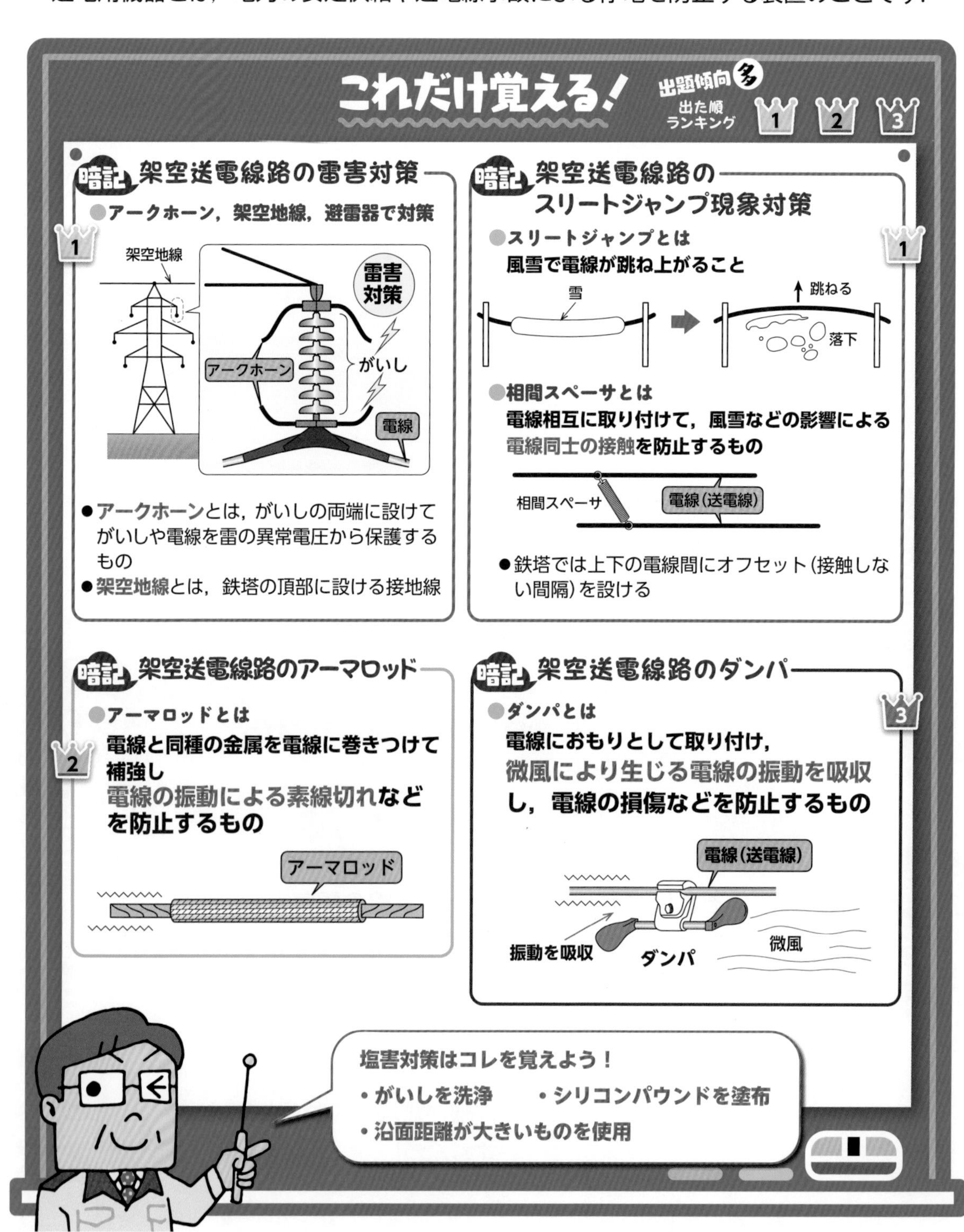

攻略の3ステップ

① **雷害対策** とくれば アークホーン，架空地線，避雷器

② **アーマロッド** とくれば 電線の振動による素線切れ防止

③ **ダンパ** とくれば 微風による電線の振動を吸収し電線の損傷防止

解いてみよう（平成28年）

架空送電線の雷害対策として，適切なものは．

イ．がいしにアークホーンを取り付ける．

ロ．がいしの洗浄装置を施設する．

ハ．電線にダンパを取り付ける．

ニ．がいし表面にシリコンコンパウンドを塗布する．

解説

アークホーンはがいしの両端に設けられた金属電極のことで，がいしや電線を雷の異常電圧から保護することができます．よって，「イ」が適切です．

アークホーン ➡ 雷害対策，洗浄装置 ➡ 塩害対策，ダンパ ➡ 微風振動防止対策，表面にシリコンコンパウンドを塗布 ➡ 塩害対策

解答 イ

過去問にチャレンジ！（平成26年）

架空送電線路に使用されるアーマロッドの記述として，正しいものは．

イ．がいしの両端に設け，がいしや電線を雷の異常電圧から保護する．

ロ．電線と同種の金属を電線に巻きつけ補強し，電線の振動による素線切れなどを防止する．

ハ．電線におもりとして取り付け，微風により生じる電線の振動を吸収し，電線の損傷などを防止する．

ニ．多導体に使用する間隔材で強風による電線相互の接近・接触や負荷電流，事故電流による電磁吸引力のための素線の損傷を防止する．

解説

アーマロッドは，電線と同種の金属を電線に巻きつけ補強し，電線の振動による素線切れなどを防止するものであるため，「ロ」が正しいです．

解答 ロ

送電用変圧器の中性点接地方式

送電用変圧器の中性点接地方式と非接地方式

送電用変圧器の中性点を大地と接続することを，中性点接地といい，以下の①②③があります．地絡事故が発生した場合，大地から接地線を通して線路に地絡電流が流れます．

① 直接接地方式

- 中性点を大地と直接接地する方式
（220，**275**，500 kV で採用）
※ 187 kV 以上で採用

・地絡電流 大
＝電磁誘導障害 大

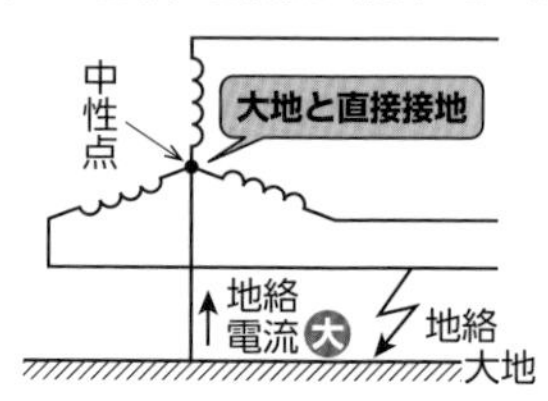

② 抵抗接地方式

- 中性点に抵抗を接続して接地する方式
（22，154 kV で採用）
※ 22 kV ～ 154 kV で採用

（直接接地方式と比較）
・地絡電流 小
＝電磁誘導障害 小

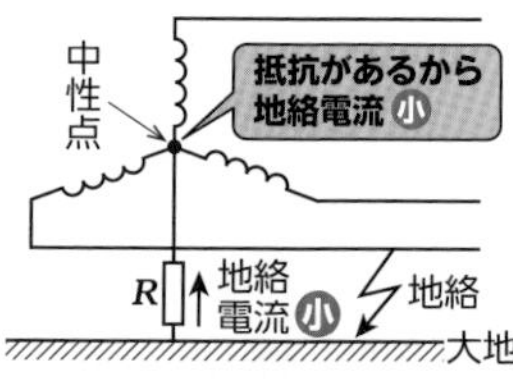

③ 消弧リアクトル接地方式

- 中性点を送電線路の対地静電容量と並列共振するようなリアクトルで接地する方式

・地絡電流 0（ゼロ）
＝電磁誘導障害 小

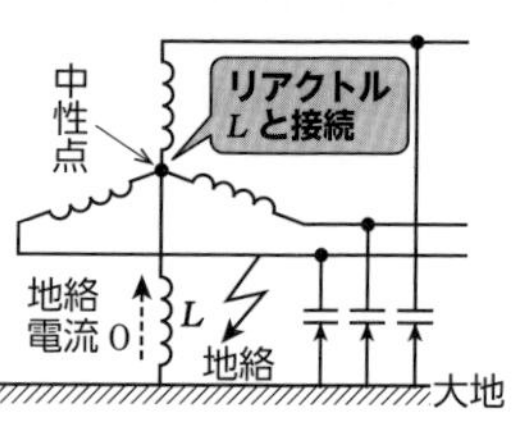

中性点を接地しない方式

● 非接地方式

- 中性点を接地しない方式
（6.6 kV 高圧配電線路で採用）

・地絡電流 小
・**異常電圧発生しやすい**

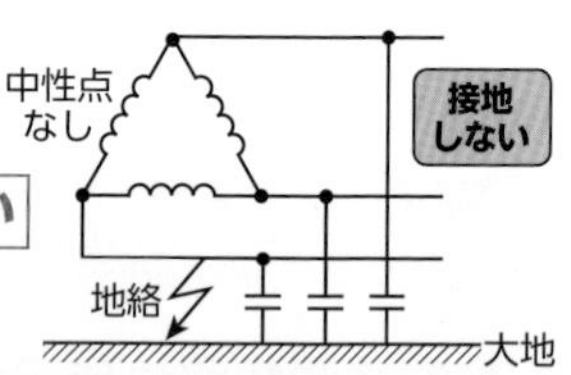

これだけ覚える！

出題傾向 多　出た順ランキング 1

暗記 送電用変圧器の中性点接地方式

●**直接接地方式**
大地と直接接地しているから地絡電流 大 ＝電磁誘導障害 大

●**抵抗接地方式**（直接接地方式と比較）
抵抗に接続しているから地絡電流 小 ＝電磁誘導障害 小

攻略の5ステップ

① 地絡電流の大小に注目

② 抵抗接地は抵抗があるから地絡電流が小

③ 直接接地は抵抗がないから地絡電流が大

④ 地絡電流が大だと電磁誘導障害も大

⑤ 地絡電流が小だと電磁誘導障害も小

解いてみよう (平成30年)

送電用変圧器の中性点接地方式に関する記述として，誤っているものは.

イ．非接地方式は，中性点を接地しない方式で，異常電圧が発生しやすい.

ロ．直接接地方式は，中性点を導線で接地する方式で，地絡電流が大きい.

ハ．抵抗接地方式は，地絡故障時，通信線に対する電磁誘導障害が直接接地方式と比較して大きい.

ニ．消弧リアクトル接地方式は，中性点を送電線路の対地静電容量と並列共振するようなリアクトルで接地する方式である.

解説

抵抗接地方式は，中性点に抵抗を接続して接地する方式で，直接接地方式と比較すると地絡電流は小さくなるため，地絡電流が流れることで起こる電磁誘導障害は小さくなります.

解答 ハ

●用語の意味●

地絡 …………………… 大地に電流が流れることで，その電流を地絡電流という.

地絡事故 …………… 断線やフラッシオーバなどによって発生する地絡による事故のこと.

フラッシオーバ …… 送電線に雷が直撃し，がいし等で絶縁破壊が起こり，鉄塔から大地に電流が流れること.

電磁誘導障害 …… 地絡事故が発生したとき，送電線に地絡電流が流れ，電磁誘導が起こり，近接する電話線や通信線に影響を及ぼすこと.

7-3 送電線

送電線路

送電線路は，送電のための電線路のことです．がいしを介し，鉄塔や鉄柱など，地上高くに架設される電線を架空電線といいます．架空電線には導電率の高い硬銅線や鋼心アルミより線等が使用されています．

架空送電線路の方式（単導体と多導体）

154 kV 以上の超高圧送電線では，送電線の電線本数を単導体ではなく 2 ～ 6 本の導体で構成する多導体方式が採用されています．

［多導体方式の特徴］
- 電流容量大，送電容量増
- 電線表面の電位傾度小，コロナ放電の発生減
- 電線のインダクタンス減
- 電線の静電容量増

電位傾度〔V/m〕が小だと 1m あたりにかかる電圧が小になるため，コロナ放電（スパーク）の発生が減少するよ．

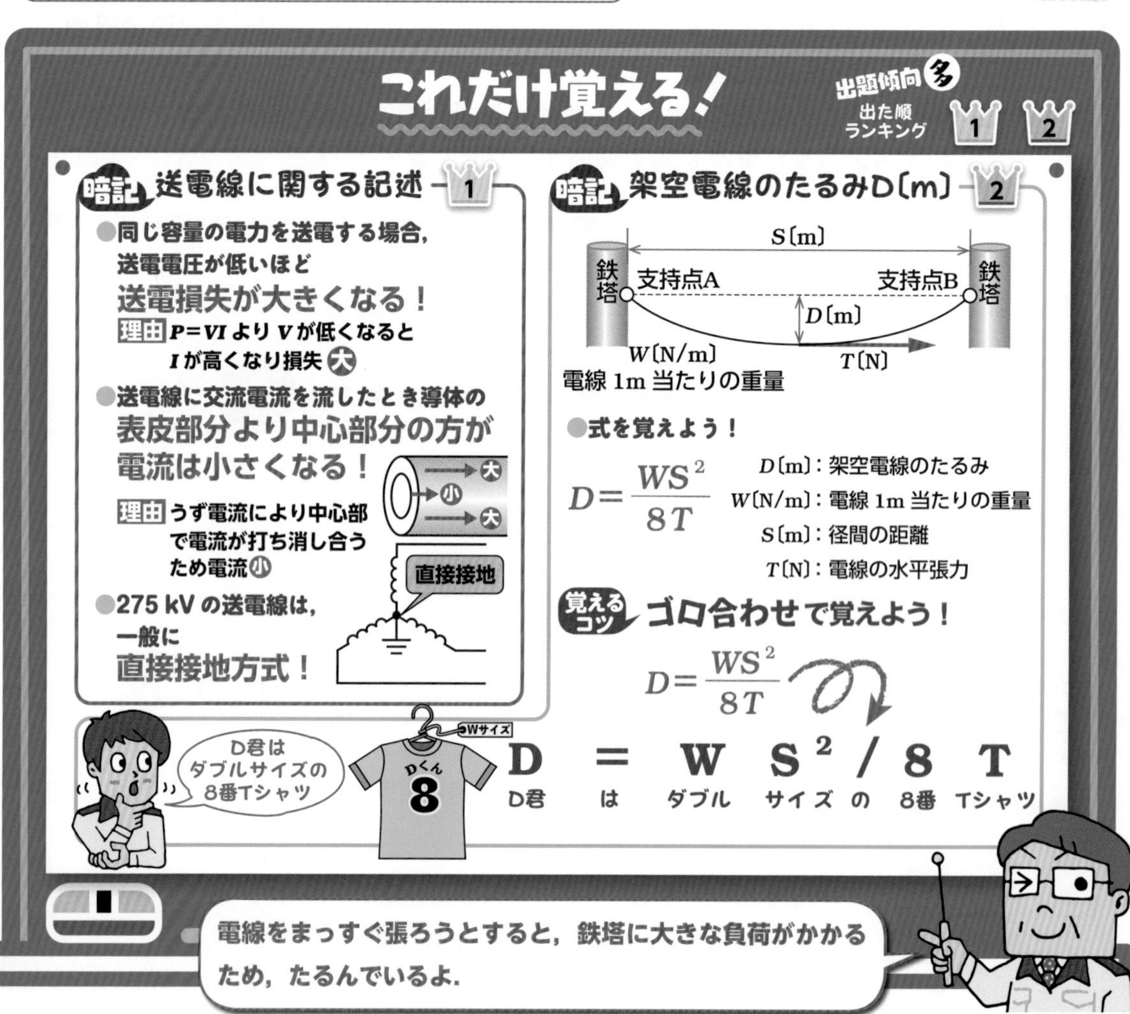

攻略の3ステップ

① 同じ容量の電力を送電▶送電電圧が低いと送電損失が大きい

② 送電線の電流▶導体の表皮部分より中心部分の方が電流は小さい

③ 架空電線のたるみ D〔m〕の式を覚える

解いてみよう (平成30年追加分)

送電線に関する記述として，誤っているものは．

イ．同じ容量の電力を送電する場合，送電電圧が低いほど送電損失が小さくなる．

ロ．長距離送電の場合，無負荷や軽負荷の場合には受電端電圧が送電端電圧よりも高くなる場合がある．

ハ．直流送電は，長距離・大電力送電に適しているが，送電端，受電端にそれぞれ交直変換装置が必要となる．

ニ．交流電流を流したとき，電線の中心部より外側の方が単位断面積当たりの電流は大きい．

解説

同じ容量の電力を送電する場合，送電電圧が低くなると電流が**大きく**なるため，送電損失が**大きく**なります．よって，「イ」が誤っています．

解答 

過去問にチャレンジ！ (平成21年)

送電線に関する記述として，誤っているものは．

イ．275 kV の送電線は，一般に中性点非接地方式である．

ロ．送電線は，発電所，変電所，特別高圧需要家等の間を連系している．

ハ．経済性などの観点から，架空送電線が広く採用されている．

ニ．架空送電線には，一般に鋼心アルミより線が使用されている．

解説

275 kV の送電線は，一般に**直接接地方式**が採用されています．よって，「イ」が誤っています．

解答 イ

7-4 配電用機器（遮断器）

配電用機器（遮断器）

配電線路で使用されている機器には，遮断器や開閉器，継電器などがあります．ここでは，出題された遮断器についてしっかり覚えましょう．

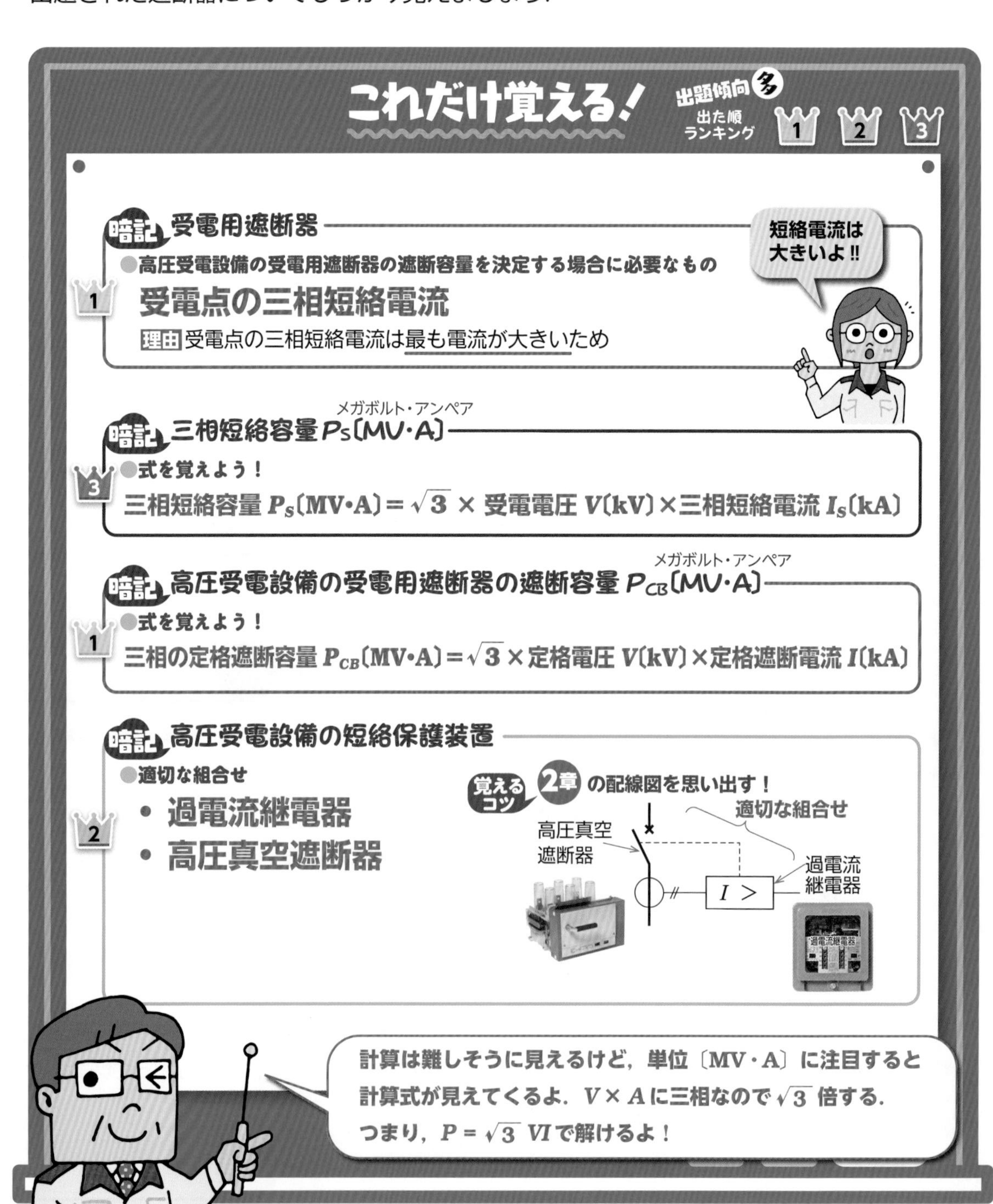

攻略の3ステップ

①受電用遮断器の遮断容量を決定 とくれば 受電点の三相短絡電流

②短絡保護装置の組合せ とくれば 過電流継電器，高圧真空遮断器

③ $P=\sqrt{3}\ VI$ の式を覚える

解いてみよう（平成25年）

高圧受電設備の受電用遮断器の遮断容量を決定する場合に，必要なものは．

イ．一般送配電事業者との契約電力

ロ．受電用変圧器の容量

ハ．受電点の三相短絡電流

ニ．最大負荷電流

解説 高圧受電設備の受電用遮断器の遮断容量を決定する場合，最も大きな電流が流れる三相短絡電流を基にして決めています．

解答 ハ

過去問にチャレンジ！（平成29年）

高圧受電設備の短絡保護装置として，適切な組合せは．

イ．過電流継電器
高圧柱上気中開閉器

ロ．地絡継電器
高圧真空遮断器

ハ．地絡方向継電器
高圧柱上気中開閉器

ニ．過電流継電器
高圧真空遮断器

解説 高圧受電設備の短絡保護装置には，過電流継電器と高圧真空遮断器を組み合わせて用います．変流器から過電流継電器に送られた電流が，過電流継電器で設定した値以上になると，高圧真空遮断器を動作させて高圧回路を遮断させます．よって，「ニ」となります．

解答 ニ

配電用機器（開閉器・継電器）

配電用機器（開閉器・継電器）

ここでは，開閉器や継電器について出題されたものに的を絞って **これだけ覚える！** にまとめていますのでしっかり覚えましょう．

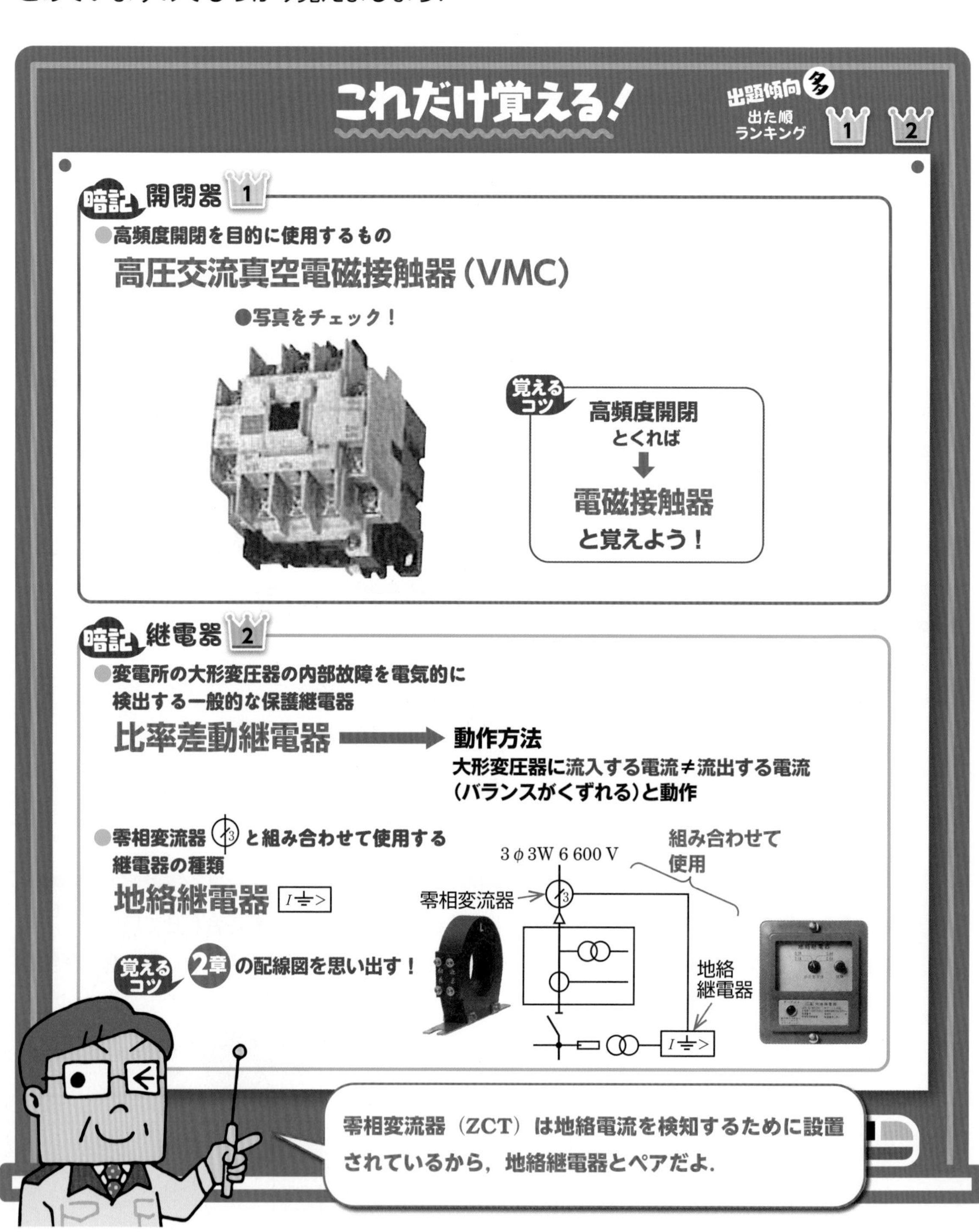

攻略の3ステップ

1. **零相変流器と組合せ とくれば 地絡継電器**
2. **大形変圧器の内部故障を検出する保護継電器 とくれば 比率差動継電器**
3. **高頻度開閉 とくれば 高圧交流電磁接触器**

解いてみよう（平成30年）

零相変流器と組み合わせて使用する継電器の種類は.

イ．過電圧継電器　　ロ．過電流継電器

ハ．地絡継電器　　ニ．比率差動継電器

解説 零相変流器と組み合わせて使用する継電器は**地絡継電器**です．整定値以上の地絡電流が流れたとき，遮断器や負荷開閉器を動作させます．よって，「ハ」となります．

解答 ハ

過去問にチャレンジ！（令和2年）

次の機器のうち，高頻度開閉を目的に使用されるものは.

イ．高圧断路器　　ロ．高圧交流負荷開閉器

ハ．高圧交流電磁接触器　　ニ．高圧交流遮断器

解説 高頻度開閉を目的に使用される機器は，**高圧交流電磁接触器**です．よって，「ハ」となります．

解答 ハ

比率差動継電器は，名称に使われている漢字からどんなものかイメージするといいよ.
「比率の差で動く継電器」

7-6 配電用機器（進相コンデンサ・高圧カットアウト）

調相設備

調相設備とは，**無効電力**を調整する電気機械器具をいいます．調相設備を負荷と並列に接続して，電線路に流れる**無効電力**を調整すると，受電端の電圧が一定になるようにできます．

種類・同期調相機　・電力用コンデンサ　・分路リアクトル
・静止形無効電力補償装置　　など

高圧進相コンデンサ

高圧進相コンデンサは，系統の力率を改善し，電力のムダを省く機器です．高圧進相コンデンサは高調波の発生源にはなりません．

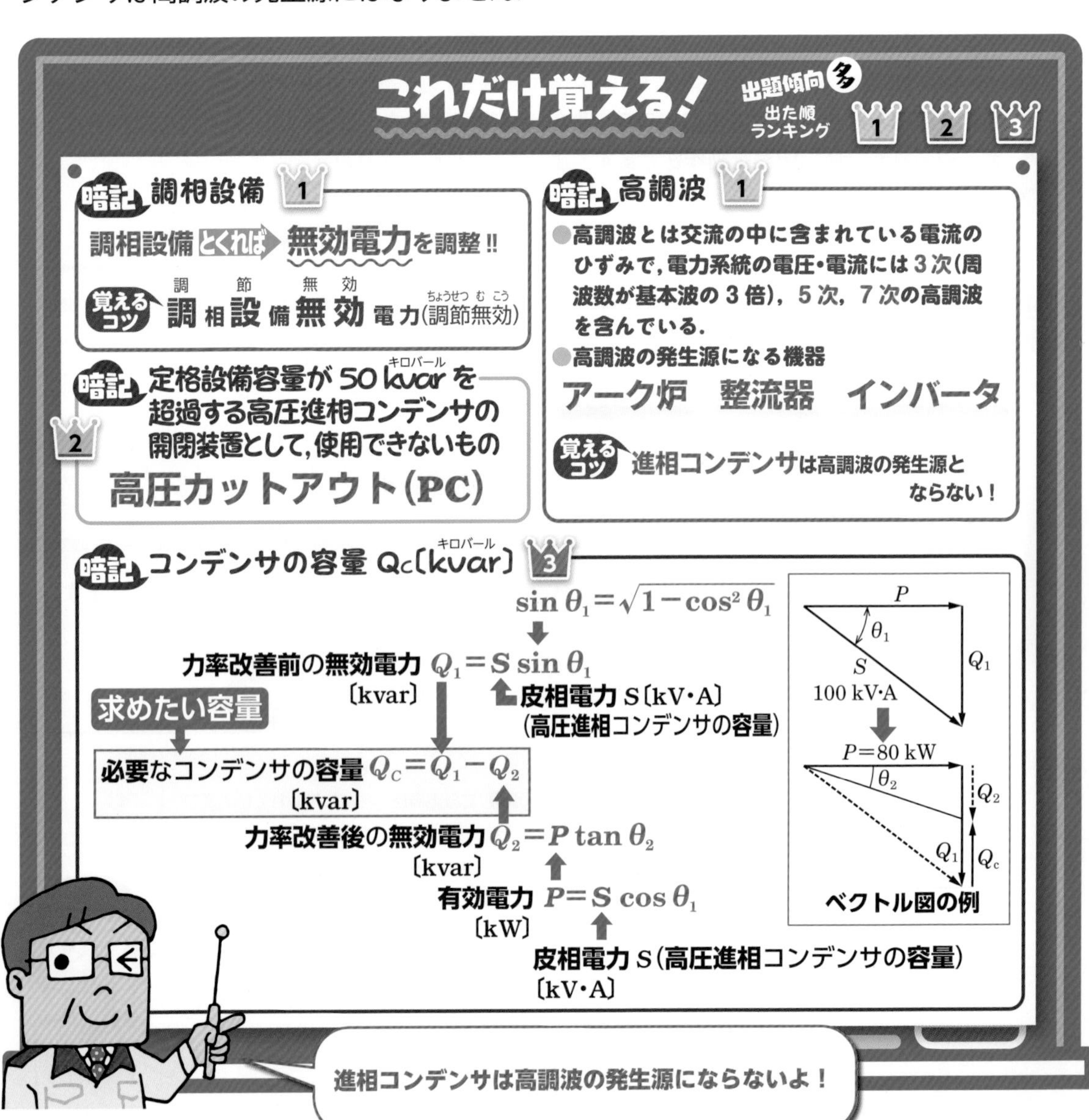

攻略の3ステップ

① 高調波の発生源とならない機器 とくれば 進相コンデンサ

② 高圧カットアウト（PC）の定格設備容量に注目

③ コンデンサの容量 Q_C〔kvar（キロバール）〕の求め方を覚える

解いてみよう （平成30年）

高調波の発生源とならない機器は．

イ．交流アーク炉　　ロ．半波整流器

ハ．進相コンデンサ　　ニ．動力制御用インバータ

解説 高調波の発生源となる機器は，電源部にサイリスタ等の半導体を利用している機器やアーク電流を発生する機器で，進相コンデンサは高調波を発生しません．よって，「ハ」となります．

解答 ハ

過去問にチャレンジ！ （平成25年）

定格設備容量が 50 kvar を超過する高圧進相コンデンサの開閉装置として，使用できないものは．

イ．高圧真空遮断器（VCB）　　ロ．高圧交流負荷開閉器（LBS）

ハ．高圧カットアウト（PC）　　ニ．高圧真空電磁接触器（VMC）

解説 定格設備容量が 50 kvar を超過する場合，高圧カットアウト（PC）を高圧進相コンデンサの開閉装置として使用することはできません．よって，「ハ」となります．

解答 ハ

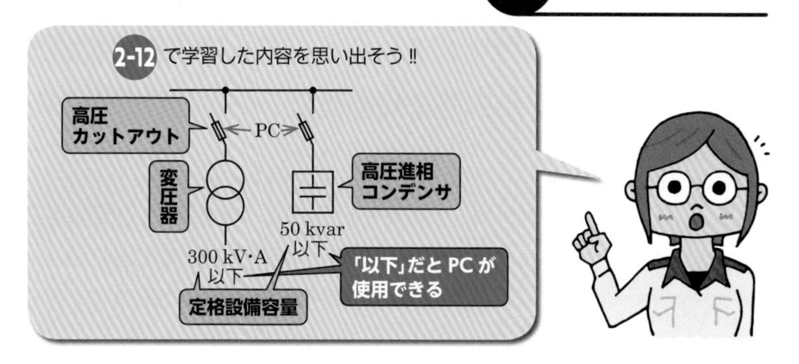

配電用機器（その他の機器）

配電用機器（その他の機器）の用途

- 地絡継電装置付高圧交流負荷開閉器 …… 需要家側電気設備（自家用電気設備）の**地絡事故を検出**し，高圧交流負荷開閉器を開放する．
- 断路器 …… 電路や機器の点検時に，**無負荷の電路を開放**するために用いる．
- 避雷器 …… 高圧電路の**雷電圧保護**に用いる．
- 変流器 …… 高圧電路の**電流を変流（変成）**する．

避雷器の機能

過大電圧に伴う電流を**大地へ分流**することによって過大電圧を制限し，過大電圧が過ぎ去った後に，電路を速やかに健全な状態に回復させます．

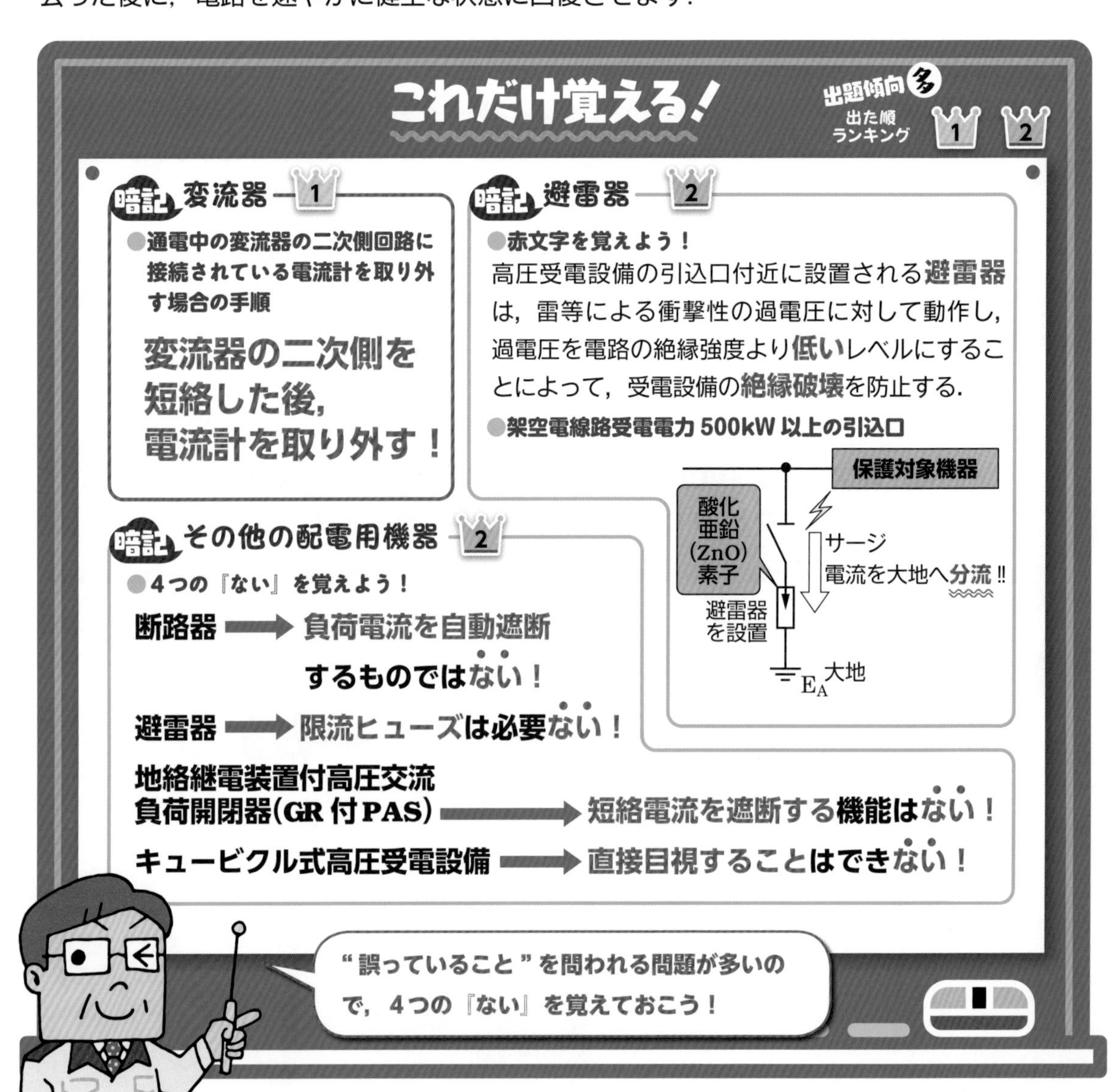

攻略の2ステップ

❶ 誤っているものを選ぶ問題が多いことを頭に入れておく

❷ 変流器からⒶを取り外す

とくれば

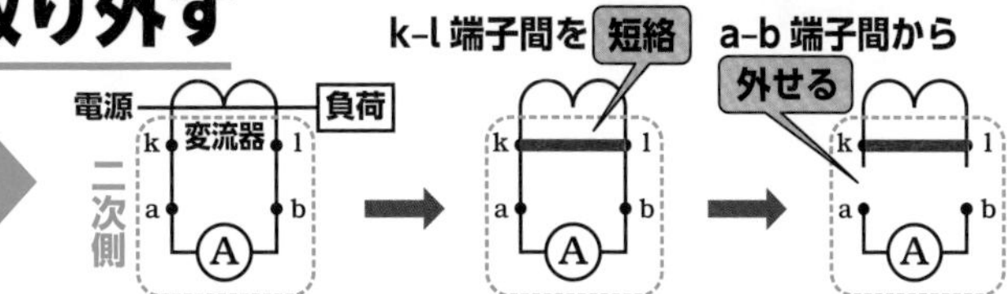

解いてみよう （平成 29 年）

高圧母線に取り付けられた，通電中の変流器の二次側回路に接続されている電流計を取り外す場合の手順として，適切なものは.

イ．変流器の二次側端子の一方を接地した後，電流計を取り外す.

ロ．電流計を取り外した後，変流器の二次側を短絡する.

ハ．変流器の二次側を短絡した後，電流計を取り外す.

ニ．電流計を取り外した後，変流器の二次側端子の一方を接地する.

解説 通電中の変流器の二次側回路に接続されている電流計を取り外す場合，変流器の二次側を短絡した後，電流計を取り外します．変流器の二次側を開放すると，高電圧を発生して絶縁破壊を起こすことがあるのでとても危険です.

解答 ハ

過去問にチャレンジ！ （平成 20 年）

キュービクル式高圧受電設備を開放形高圧受電設備と比較した場合の利点として，誤っているものは.

イ．現地工事の施工期間の短縮化が図れる.

ロ．据付面積が小さく電気室の縮小化が図れる.

ハ．機器類が金属製の箱に収容されているので，安全性が高い.

ニ．機器や配線が直接目視できるので，日常点検が容易である.

解説 キュービクル式高圧受電設備は機械類が金属製の箱に収容されているため，内部の機器や配線を直接目視できません．金属製の箱の扉を開けて日常点検を行います.

キュービクル式高圧受電設備

解答 ニ

7-8 日負荷曲線

負荷の需要特性の係数

設備の有効利用や需要設備計画において，需要率や負荷率，不等率などの係数が用いられています．右図のように，1 日の時刻を横軸にして需要電力の変化を表したものを日負荷曲線といい，最も需要電力が大きいところを**最大需要電力**といいます．右図の場合 150 kW です．また，1 日の平均需要電力は，右図の場合，(25 kW × 6 h + 100 kW × 6 h + 150 kW × 6 h + 25 kW × 6 h) ÷ 24 h = 75 kW となります．

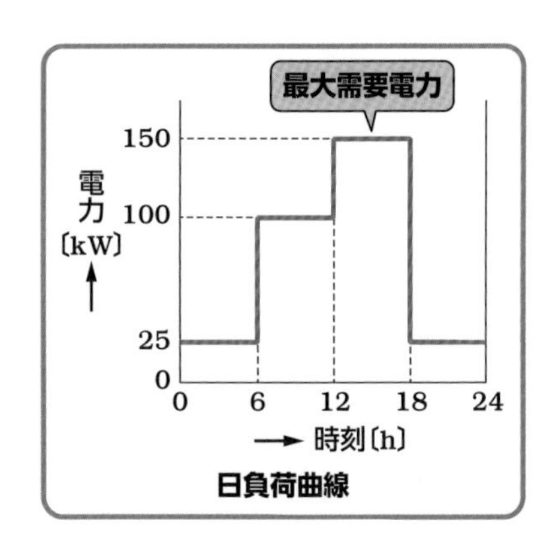

日負荷曲線

攻略の4ステップ

❶ 1日の平均需要電力を求める
❷ 1日の最大需要電力を確認
→ ❶❷から日負荷率を求める

❸ 個々の最大需要電力の総和を求める
❹ 複数の需要家の合成最大需要電力を求める
→ ❸❹から不等率を求める

解いてみよう（平成27年）

図のような日負荷曲線をもつA，Bの需要家がある．この系統の不等率は．

イ．1.17
ロ．1.33
ハ．1.40
ニ．2.33

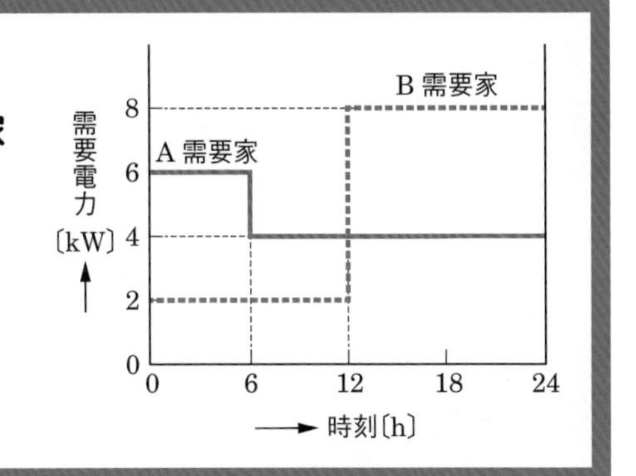

解説

不等率は，次の式で求めます．

$$不等率 = \frac{個々の最大需要電力の総和〔kW〕}{合成最大需要電力〔kW〕} \quad \cdots ①$$

まずは，式①の分子にある個々の最大需要電力〔kW〕の総和を求めます．

日負荷曲線の需要家Aの最大値は6 kWであるため，需要家Aの最大需要電力は6 kW

日負荷曲線の需要家Bの最大値は8 kWであるため，需要家Bの最大需要電力は8 kW

上記より，個々の最大需要電力の総和〔kW〕＝6＋8＝14 kW　…②

次に，式①の分母にある合成最大需要電力〔kW〕を求めます．

日負荷曲線の需要家Aの最大値（6 kW）のとき，需要家Bは2 kWなので，これらの値を合成すると6＋2＝8 kW　…③

日負荷曲線の需要家Bの最大値（8 kW）のとき，需要家Aは4 kWなので，これらの値を合成すると8＋4＝12 kW　…④

③と④を比較すると，④の方が値が大きいので，この日負荷曲線の合成最大需要電力は12 kWであることがわかります．④の値を式①に代入すると

$$不等率 = \frac{個々の最大需要電力の総和〔kW〕}{合成最大需要電力〔kW〕} = \frac{14}{12} \fallingdotseq 1.17$$

よって，「イ」となります．

解答　イ

ケーブルの劣化

ケーブルの劣化

架橋ポリエチレン絶縁ビニルシースケーブル（高圧 CV ケーブル）の**架橋ポリエチレン絶縁体内部**に侵入した微量の水分や異物が，経時変化により絶縁体の中を浸透し，絶縁劣化を経て絶縁破壊する現象のことを**水トリー**といいます．

高圧ケーブルの電力損失

高圧ケーブルの電力損失には，抵抗損と誘電損とシース損があります，抵抗損とは，ケーブルに電流が流れることで発生する損失のことで，電流の 2 乗に比例して大きくなります．誘電損とは，ケーブルに電圧を印加したとき，絶縁体の内部に発生する損失のことです．シース損とは，ケーブルの**金属シースに発生する起電力による損失**のことをいい，シースの縦方向に発生するシース回路損と，シースの横方向に発生するシースうず電流損があります．シース損はケーブルを発熱させたり，ケーブル許容電流を小さくする原因になるので，これを抑制する必要があります．

攻略の3ステップ

① 水トリーが生じる箇所 とくれば 架橋ポリエチレン絶縁体内部

② 問題文に注目!! 電力ケーブルのシース損 ▶ 金属シースに発生する起電力

③ 高圧CVケーブルの絶縁体とシースの材料を確認

解いてみよう (平成30年追加分)

高圧架橋ポリエチレン絶縁ビニルシースケーブルにおいて，水トリーと呼ばれる樹枝状の劣化が生じる箇所は.

イ．銅導体内部
ロ．架橋ポリエチレン絶縁体内部
ハ．ビニルシース内部
ニ．遮へい銅テープ表面

解説 水トリーとは，絶縁物の架橋ポリエチレン内に侵入した微量の水等と電界によって，小さな亀裂が樹枝状に広がって劣化が進む現象です.

解答 ロ

過去問にチャレンジ! (平成24年)

電力ケーブルのシース損として，正しいものは.

イ．導体の抵抗による損失である.
ロ．導体と金属シースとの静電容量による損失である.
ハ．絶縁物の劣化による損失である.
ニ．金属シースに発生する起電力による損失である.

解説 電力ケーブルのシース損とは，金属シースに発生する起電力による損失です．電力ケーブルに交流の電流を流すと，導体の周囲に発生した磁束が金属シースを通り，金属シース内に起電力が発生して電流が流れるため，電力損失が起こります.

参考までにシース損には
・シース回路損
・シースうず電流損
があるよ.

解答 ニ

●練習問題1（送電線）

問題 1　送電線に関する記述として，誤っているものを語群欄より 3 つ選び答えよ． p182（7-3）

語群欄

イ．同じ容量の電力を送電する場合，送電電圧が低いほど送電損失が小さくなる．
ロ．長距離送電の場合，無負荷や軽負荷の場合には受電端電圧が送電端電圧よりも高くなる場合がある．
ハ．直流送電は，長距離・大電力送電に適しているが，送電端，受電端にそれぞれ交直変換装置が必要となる．
ニ．交流電流を流したとき，電線の中心部より外側の方が単位断面積当たりの電流は大きい．
ホ．送電線に交流電流を流したとき，導体の表皮部分より中心部分の方が単位断面積当たりの電流は大きい．
ヘ．架空送電線路のねん架は，全区間の各相の作用インダクタンスと作用静電容量を平衡させるために行う．
ト．経済性などの観点から，架空電線路が広く採用されている．
チ．架空送電線には，一般に鋼心アルミより線が使用されている．
リ．送電線路は，発電所，変電所の相互間等を連系している．
ヌ．送電線は，発電所，変電所，特別高圧需要家等の間を連系している．
ル．275 kV の送電線は，一般に中性点非接地方式である．

同じ容量の電力を送電する場合，送電電圧が低いほど送電損失が**大きく**なるので，「イ」は誤りです．
送電電圧が低くなると電流が大きくなるため，送電損失が大きくなります．送電線に交流電流を流したとき，**導体の表皮部分より中心部分の方**が単位断面積当たりの電流は**小さく**なるので，「ホ」は誤りです．
送電線は，保護継電器を確実に動作さたり，地絡発生時に電線路の対地電圧の上昇を抑制するために中性線を接地しています．また，275 kV の送電線は，一般に**直接接地方式**が採用されていますので，「ル」は誤りです．

◆解答◆ イ，ホ，ル

問題 2　高圧 CV ケーブルの絶縁体 a とシース b の材料の組合せは． p194（7-9）

語群欄

	a	b
イ．	a 架橋ポリエチレン	b 塩化ビニル樹脂
ロ．	a 架橋ポリエチレン	b ポリエチレン
ハ．	a エチレンプロピレンゴム	b 塩化ビニル樹脂
ニ．	a エチレンプロピレンゴム	b ポリクロロプレン

CV ケーブルの図からもわかるように，絶縁体が**架橋ポリエチレン**で，ビニルシースの材料が**塩化ビニル樹脂**です．

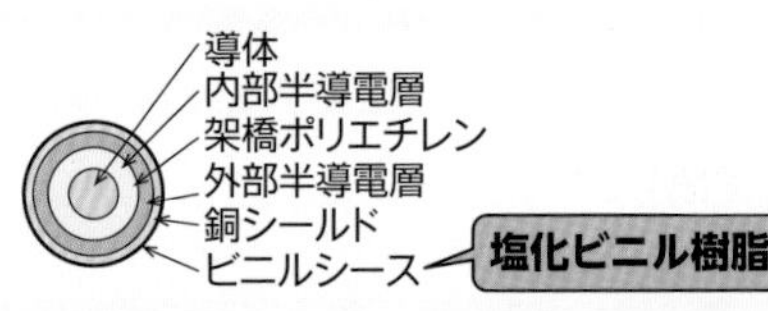

◆解答◆ イ

問題 3　図に示すように電線支持点 A と B が同じ高さの架空電線のたるみ D〔m〕を 2 倍としたときの電線に加わる張力 T〔N〕は何倍となるか． p182（7-3）

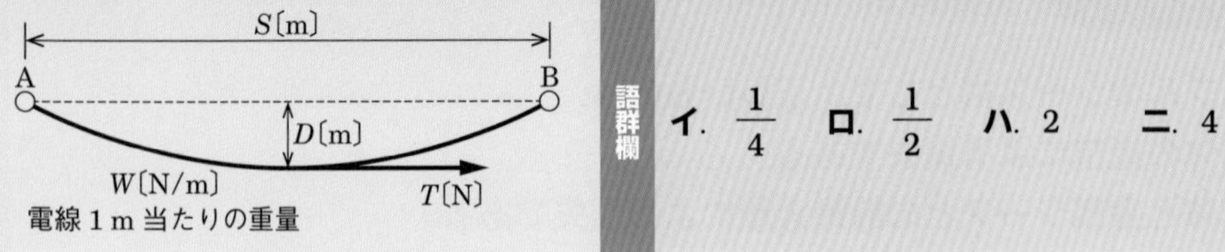

語群欄　**イ**．$\frac{1}{4}$　**ロ**．$\frac{1}{2}$　**ハ**．2　**ニ**．4

電線 1 m 当たりの重量を W〔N/m〕，径間の距離を S〔m〕，電線の水平張力を T〔N〕とすると，架空電線のたるみ D〔m〕は，次の式で求めます．

$$D = \frac{WS^2}{8T}\ \text{〔m〕} \quad \cdots ①$$

式①を変形して，それに加わる張力 T〔N〕の式を求めると

$$T = \frac{WS^2}{8D}\ \text{〔N〕} \quad \cdots ②$$

問題文より，たるみ D〔m〕を 2 倍としたときの電線に加わる張力 T_2〔N〕は

$$T_2 = \frac{WS^2}{8 \times 2D} = \frac{WS^2}{16D}\ \text{〔N〕} \quad \cdots ③$$

となります．②と③を比較すると $\frac{1}{2}$ **倍**になっていることがわかります．

◆解答◆ ロ

問題 4 水平径間 100 m の架空送電線がある．電線 1 m 当たりの重量が 20 N/m，水平引張強さが 20 kN のとき，電線のたるみ D〔m〕は．

p182（7-3）

語群欄　イ．1.25　ロ．2.5　ハ．4.25　ニ．5.5

電線 1 m 当たりの重量を W〔N/m〕，径間の距離を S〔m〕，電線の水平張力を T〔N〕とすると，架空電線のたるみ D〔m〕は，次の式で求めます．

$$D=\frac{WS^2}{8T}\ \text{〔m〕}\quad\cdots①$$

問題文に与えられた $W=20$ N/m，$S=100$ m，$T=20$ kN $=20\times10^3$ N を式①に代入すると

$$D=\frac{20\times100^2}{8\times20\times10^3}=\frac{10}{8}=1.25\ \text{m}$$

◆解答◆ イ

練習問題2（日負荷曲線）

問題 1 図のような日負荷曲線をもつ A，B の需要家がある．需要家 A，B 合計の日負荷率〔%〕は．

p192（7-8）

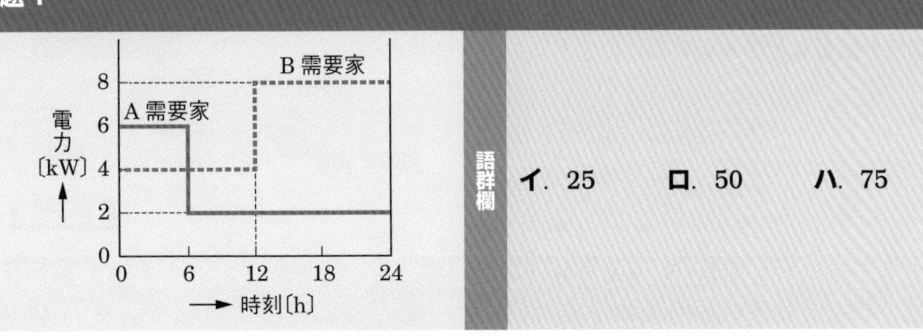

語群欄　イ．25　ロ．50　ハ．75　ニ．90

需要家 A，B 合計の日負荷率は，次の式で求めます．

$$\text{日負荷率〔\%〕}=\frac{\text{1 日の平均需要電力〔kW〕}}{\text{1 日の最大需要電力〔kW〕}}\times100\ \text{〔\%〕}\quad\cdots①$$

式①より，まずは，需要家 A，B 合計の 1 日の平均需要電力を求めます．
平均需要電力は，1 日の電力量を全時間で除したものであるため，次の式で求めます．

$$\text{平均需要電力〔kW〕}=\frac{6\times6+2\times18+4\times12+8\times12}{24}=9\ \text{kW}\quad\cdots②$$

（kW　h）

次に，需要家 A，B 合計の 1 日の最大需要電力〔kW〕を日負荷曲線から確認します．
需要家 A の最大値は 6 kW のとき，需要家 B は 4 kW なので，これらを合計すると

$6+4=10$ kW　…③

需要家 B の最大値は 8 kW のとき，需要家 A は 2 kW なので，これらを合計すると

$8+2=10$ kW　…④

③と④のうち大きい方が需要家 A,B 合計の 1 日の最大需要電力となるため，この場合 10 kW が最大需要電力となります．

需要家 A，B 合計の 1 日の最大需要電力＝ 10 kW　…⑤

よって，式①に②と⑤の値を代入すると

$$\text{日負荷率〔\%〕}=\frac{\text{1 日の平均需要電力〔kW〕}}{\text{1 日の最大需要電力〔kW〕}}\times100\ \text{〔\%〕}=\frac{9}{10}\times100=90\%$$

◆解答◆ ニ

●練習問題3（送配電用機器）

問題 1　配電及び変電設備に使用するがいしの塩害対策に関する記述として，誤っているものは．
☞ p178（7-1）

語群欄
- **イ**．シリコンコンパウンドなどのはっ水性絶縁物質をがいし表面に塗布する．
- **ロ**．定期的にがいしの洗浄を行う．
- **ハ**．沿面距離の大きながいしを使用する．
- **ニ**．がいしにアークホーンを取り付ける．

アークホーンは**雷害対策**に用いるものです．よって，「ニ」が誤っています．

◆解答◆ ニ

問題 2　架空送電線路に使用されるアークホーンの記述として，正しいものは．
☞ p178（7-1）

語群欄
- **イ**．がいしの両端に設け，がいしや電線を雷の異常電圧から保護する．
- **ロ**．電線と同種の金属を電線に巻き付けて補強し，電線の振動による素線切れなどを防止する．
- **ハ**．電線におもりとして取り付け，微風により生ずる電線の振動を吸収し，電線の損傷などを防止する．
- **ニ**．多導体に使用する間隔材で，強風による電線相互の接近・接触や負荷電流，事故電流による電磁吸引力から素線の損傷を防止する．

アークホーンは，がいしの両端に設け，**がいしや電線を雷の異常電圧から保護するもの**であるため，「イ」が正しいです．

◆解答◆ イ

問題 3　架空送電線路に使用されるダンパの記述として，正しいものは．
☞ p178（7-1）

語群欄
- **イ**．がいしの両端に設け，がいしや電線を雷の異常電圧から保護する．
- **ロ**．電線と同種の金属を電線に巻き付けて補強し，電線の振動による素線切れなどを防止する．
- **ハ**．電線におもりとして取り付け，微風により生じる電線の振動を吸収し，電線の損傷などを防止する．
- **ニ**．多導体に使用する間隔材で，強風による電線相互の接近・接触や負荷電流，事故電流による電磁吸引力から素線の損傷を防止する．

ダンパは，**電線におもりとして取り付け，微風により生じる電線の振動を吸収し，電線の損傷などを防止するもの**であるため，「ハ」が正しいです．

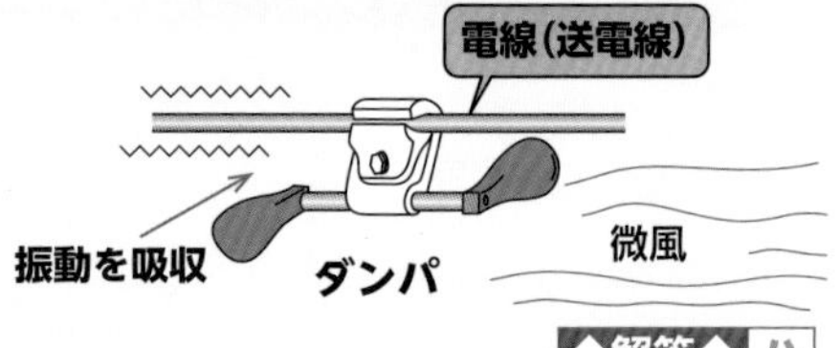

◆解答◆ ハ

問題 4　送電用変圧器の中性点接地方式に関する記述として，誤っているものを語群欄より 2 つ選び答えよ．
☞ p180（7-2）

語群欄
- **イ**．直接接地方式は，中性点を導線で接地する方式で，地絡電流が小さい．
- **ロ**．抵抗接地方式は，中性点を一般的に 100 ～ 1 000 Ω程度の抵抗を接続して接地する方式で，1 線地絡電流を 100 ～ 300 A 程度にしたものが多い．
- **ハ**．抵抗接地方式は，地絡故障時，通信線に対する電磁誘導障害が直接接地方式と比較して大きい．
- **ニ**．消弧リアクトル接地方式は，中性点を送電線路の対地静電容量と並列共振するようなリアクトルで接地する方式である．
- **ホ**．非接地方式は，中性点を接地しない方式で，異常電圧が発生しやすい．

直接接地方式は，中性点を導線で接地する方式で，**地絡電流が大きい**です．よって，「イ」は誤りです．
抵抗接地方式は，中性点を数百Ωの抵抗を接続して接地する方式であるため，地絡故障時，通信線に対する電磁誘導障害が直接接地方式と比較して**小さく**なります．よって，「ハ」は誤りです．

直接接地方式	中性点を導線で接地する方式で，**地絡電流が大きい**．
抵抗接地方式	中性点を一般的に 100 ～ 1 000 Ω程度の抵抗を接続して接地する方式で，1 線地絡電流を 100 ～ 300 A 程度にしたものが多い．**地絡故障時，通信線に対する電磁誘導障害が直接接地方式と比較して小さい**．
消弧リアクトル接地方式	中性点を送電線路の対地静電容量と並列共振するようなリアクトルで接地する方式．
非接地方式	中性点を接地しない方式で，異常電圧が発生しやすい．

◆解答◆ イ，ハ

問題 5　零相変流器と組み合わせて使用する継電器の種類は. p186（7-5）

語群欄　**イ**. 過電圧継電器　**ロ**. 過電流継電器　**ハ**. 地絡継電器　**ニ**. 比率差動継電器　**ホ**. 差動継電器

零相変流器と組み合わせて使用する継電器は**地絡継電器**です．整定値以上の地絡電流が流れたとき，遮断器や負荷開閉器を動作させます．よって，「ハ」となります．

◆解答◆ ハ

問題 6　容量 100 kV·A，力率 80%（遅れ）の負荷を有する高圧受電設備に高圧進相コンデンサを設置し，力率 95%（遅れ）程度に改善したい．必要なコンデンサの容量 Q_C〔kvar〕として，適切なものは．ただし，$\cos\theta_2$ が 0.95 のとき $\tan\theta_2$ は 0.33 とする. p188（7-6）

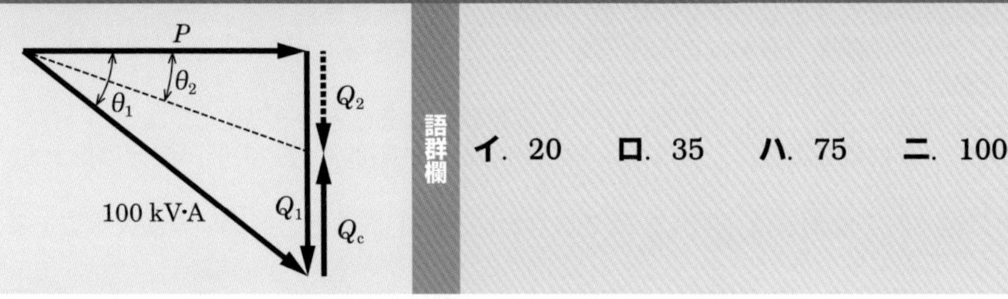

語群欄　**イ**. 20　**ロ**. 35　**ハ**. 75　**ニ**. 100

電力のベクトル図から，有効電力 P〔kW〕を求めます．問題文より，皮相電力 S は 100 kV·A なので

$$P = S\cos\theta_1 = 100 \times 0.8 = 80\ \text{kW}$$

$\cos\theta_1 = 0.8$ のときの $\sin\theta_1$ を求めると

$$\sin\theta_1 = \sqrt{1-\cos^2\theta_1} = \sqrt{1-0.8^2} = 0.6$$

力率改善前の無効電力 Q_1〔kvar〕は

$$Q_1 = S\sin\theta_1 = 100 \times 0.6 = 60\ \text{kvar}$$

力率改善後の無効電力 Q_2〔kvar〕は

$$Q_2 = P\tan\theta_2 = 80 \times 0.33 = 26.4\ \text{kvar}$$

必要なコンデンサの容量 Q_C〔kvar〕は

$$Q_C = Q_1 - Q_2 = 60 - 26.4 = 33.6\ \text{kvar}$$

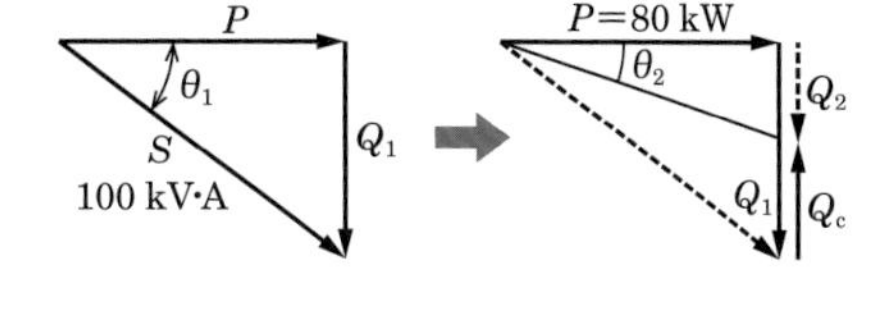

容量が 33.6 kvar より小さいと力率は 95％以下になってしまうので，33.6 kvar より大きくて最も近い（直近上位），「ロ」の **35 kvar** とします．

◆解答◆ ロ

問題 7　変電所の大形変圧器の内部故障を電気的に検出する一般的な保護継電器は. p186（7-5）

語群欄　**イ**. 距離継電器　**ロ**. 比率差動継電器　**ハ**. 不足電圧継電器　**ニ**. 過電圧継電器

変電所の大形変圧器の内部故障を電気的に検出する一般的な保護継電器は，**比率差動継電器**です．変圧器の内部で故障が発生すると，流入する電流と流出する電流の関係比のバランスがくずれ，比率差動継電器が動作します．よって，「ロ」となります．

◆解答◆ ロ

問題 8　高圧受電設備の短絡保護装置として，適切な組合せは. p184（7-4）

語群欄
- **イ**. 過電流継電器　高圧柱上気中開閉器
- **ロ**. 地絡継電器　高圧真空遮断器
- **ハ**. 地絡方向継電器　高圧柱上気中開閉器
- **ニ**. 過電流継電器　高圧真空遮断器
- **ホ**. 不足電圧継電器　高圧気中負荷開閉器

高圧受電設備の短絡保護装置には，**過電流遮断器**と**高圧真空遮断器**を組み合わせて用います．変流器から過電流継電器に送られた電流が，過電流継電器で設定した値以上になると，高圧真空遮断器を動作させて高圧回路を遮断させます．よって，「ニ」となります．

◆解答◆ ニ

問題 9　高圧電路に施設する避雷器に関する記述として，誤っているものは. p190（7-7）

語群欄
- **イ**. 高圧架空電線路から電気の供給を受ける受電電力 500kW の需要場所の引込口に施設した．
- **ロ**. 雷電流により，避雷器内部の限流ヒューズが溶断し，電気設備を保護した．
- **ハ**. 避雷器には A 種接地工事を施した．
- **ニ**. 近年では酸化亜鉛（ZnO）素子を使用したものが主流となっている．

避雷器内部に**限流ヒューズは内蔵されていません**．よって，「ロ」が誤っています．

◆解答◆ ロ

問題 10 次の記述の空欄箇所①，②及び③に当てはまる語句の組合せとして，正しいものは．
高圧受電設備の引込口付近に設置される［ ① ］は，雷等による衝撃性の過電圧に対して動作し，過電圧を電路の絶縁強度より［ ② ］レベルにすることによって，受電設備の［ ③ ］を防止する．

☞ p190（7-7）

語群欄

	①	②	③
イ．	①避雷器	②低い	③絶縁破壊
ロ．	①地絡継電器	②低い	③過負荷
ハ．	①避雷器	②高い	③過負荷
ニ．	①地絡継電器	②高い	③絶縁破壊

高圧受電設備の引込口付近に設置される①**避雷器**は，雷等による衝撃性の過電圧に対して動作し，過電圧を電路の絶縁強度より②**低い**レベルにすることによって，受電設備の③**絶縁破壊**を防止します．よって，「イ」が正しいです．

◆解答◆ イ

問題 11 高調波に関する記述として，誤っているものは．

☞ p188（7-6）

語群欄

イ．整流器やアーク炉は高調波の発生源となりやすいので，高調波抑制対策を検討する必要がある．
ロ．高調波は，進相コンデンサや発電機に過熱などの影響を与えることがある．
ハ．高調波は，電動機に過熱などの影響を与えることがある．
ニ．高圧進相コンデンサには高調波対策として，直列リアクトルを設置することが望ましい．
ホ．電力系統の電圧，電流に含まれる高調波は，第 5 次，第 7 次などの比較的周波数の低い成分はほとんど無い．
ヘ．電力系統の電圧，電流に含まれる高調波は，第 5 次，第 7 次などの比較的周波数の低い成分が大半である．
ト．インバータは高調波の発生源にならない．

電力系統の電圧，電流には**第 3 次，第 5 次，第 7 次などの高調波を含んでいます**．また，インバータは直流電流を交流電流に変換する装置で整流回路を持っています．電力変換のときに高調波を発生します．よって，「ホ」，「ト」が誤っています．

◆解答◆ ホ，ト

問題 12 公称電圧 6.6 kV，周波数 50 Hz の高圧受電設備に使用する高圧交流遮断器（定格電圧 7.2 kV，定格遮断電流 12.5 kA，定格電流 600 A）の遮断容量〔MV・A〕は．

☞ p184（7-4）

語群欄

イ．80　**ロ**．100　**ハ**．130　**ニ**．160

高圧受電設備に使用する高圧交流遮断器の遮断電流は，次のように計算します．

$$\text{三相の定格遮断容量}\ P_{CB}\,〔\mathrm{MV\cdot A}〕=\sqrt{3}\times\text{定格電圧}\ V\,〔\mathrm{kV}〕\times\text{定格遮断電流}\ I\,〔\mathrm{kA}〕$$
$$=\sqrt{3}\times 7.2\times 12.5\fallingdotseq 156\ \mathrm{MV\cdot A}$$

よって，直近上位の **160 MV・A** となります．

◆解答◆ ニ

問題 13 受電電圧 6 600 V の高圧受電設備の受電点における三相短絡容量が 66 MV・A であるとき，同地点での三相短絡電流〔kA〕は．

☞ p184（7-4）

語群欄

イ．5.8　**ロ**．10.0　**ハ**．14.1　**ニ**．20.0

受電電圧を V〔kV〕，三相短絡電流を I_S〔kA〕とすると，三相短絡容量 P_S〔MV・A〕は，
$P_S=\sqrt{3}\,VI_S$〔MV・A〕となるので，三相短絡電流 I_S は

$$I_S=\frac{P_S}{\sqrt{3}\,V}=\frac{66}{\sqrt{3}\times 6.6}=\frac{10}{\sqrt{3}}=\frac{10\sqrt{3}}{3}=\frac{17.3}{3}\fallingdotseq 5.8\ \mathrm{kA}$$

よって，「イ」となります．

◆解答◆ イ

問題 14 変電設備に関する記述として，誤っているものは．

☞ p190（7-7）

語群欄

イ．開閉設備類を SF_6 ガスで充たした密閉容器に収めた GIS 式変電所は，変電所用地を縮小できる．
ロ．空気遮断器は，発生したアークに圧縮空気を吹き付けて消弧するものである．
ハ．断路器は，送配電線や変電所の母線，機器などの故障時に電路を自動遮断するものである．
ニ．変圧器の負荷時タップ切換装置は電力系統の電圧調整などを行うことを目的に組み込まれたものである．

断路器は，機器の点検や修理の際，無負荷にしてから開放するもので，**電路を自動遮断するものではありません**．よって，「ハ」が誤っています．

◆解答◆ ハ

過去に出題された送電・配電の問題を練習問題として，ほぼまとめたよ．

8章 3問出題

施　工

電気工事って，ケーブルを使う工事や金属管を使う工事などいっぱいあって本当に奥が深いですね!

そうだね!工事の種類によっては施工できる場所とかも決められているからね.

第二種電気工事士のときにも勉強しましたが，もう一度，施工場所や施工方法について教えて下さい.

おっ!やる気あるね!施工の問題は第二種電気工事士の問題と重複する部分もあるから，復習しながら教えていくね!

8-1 施工場所

低圧屋内配線工事の施工場所と工事方法

	部屋(展開した場所), または天井裏(点検できる隠ぺい場所)	床下(点検できない隠ぺい場所)	可燃性ガスや爆発性粉じんが存在する場所
ケーブル工事 金属管工事 二種金属製可とう電線管工事	○	○	○
合成樹脂管工事	○	○	×
がいし引き工事	○	×	×
金属ダクト工事 ライティングダクト工事 金属線ぴ工事	○ 乾燥	×	×

平形保護層工事による低圧屋内配線

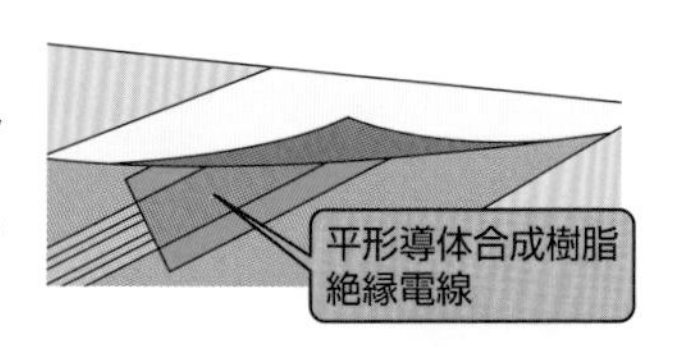

平形保護層工事は，薄型のテープ状になった電線（平形導体合成樹脂絶縁電線）をオフィスのタイルカーペットの下に配線する工事です．

重要事項

- 造営材の床面または壁面に施設 ← 造営材を貫通させてはならない
- 乾燥した事務室に施設できる ← 旅館やホテルの宿泊室，学校の教室，病院の病室などには施設できない※それらの乾燥した事務室は施設可
- 定格電流 30 A 以下の過電流遮断器で保護された回路で使用する
  ↑ 定格電流 20 A の過負荷保護付漏電遮断器に接続して施設できる
- 対地電圧 150 V 以下の電路であること ← 使用電圧 300 V 以下の点検できる隠ぺい場所

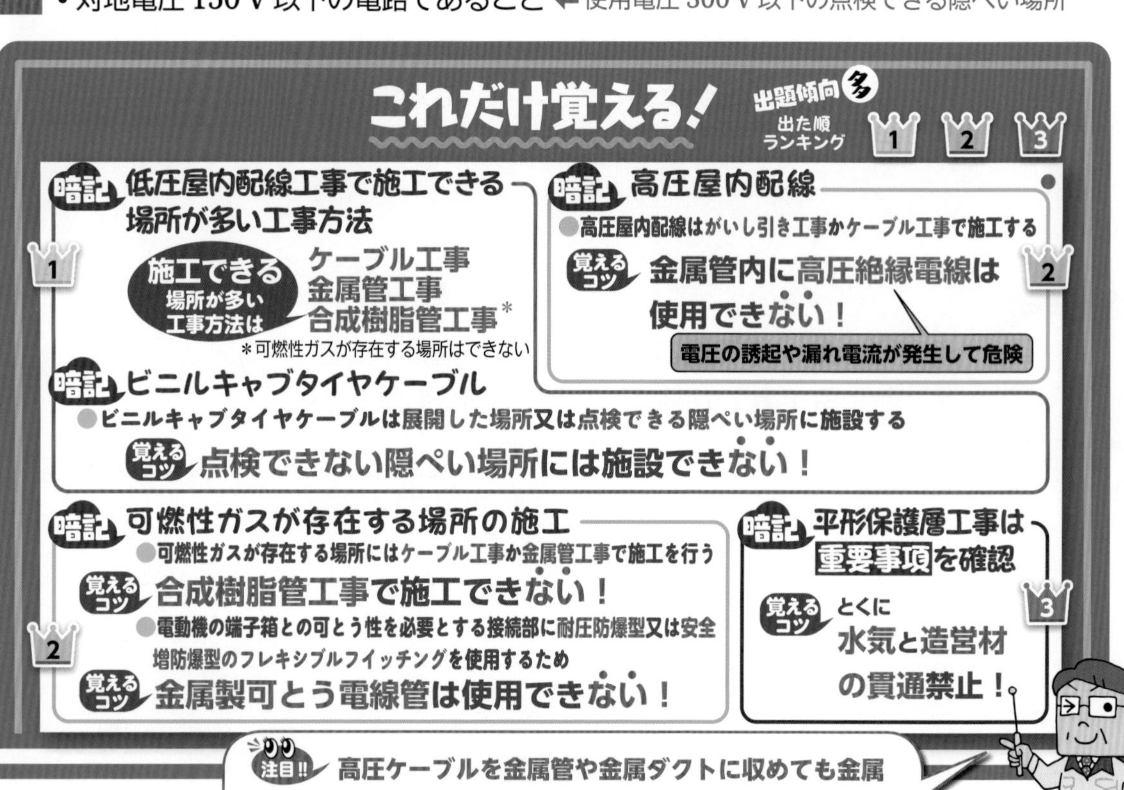

攻略の4ステップ

1. **高圧屋内配線の金属管内に高圧絶縁電線は使用できない**
2. **ビニルキャブタイヤケーブル▶点検できない隠ぺい場所には施設できない**
3. **可燃性ガスが存在する場所▶合成樹脂管工事で施工できない**
4. **電動機の端子箱(可とう性必要)の接続▶金属製可とう電線管は使用できない**

解いてみよう (平成25年)

可燃性ガスが存在する場所に低圧屋内電気設備を施設する施工方法として，不適切なものは．

イ．配線は厚鋼電線管を使用した金属管工事により行い，附属品には耐圧防爆構造のものを使用した．

ロ．可搬形機器の移動電線には，接続点のない３種クロロプレンキャブタイヤケーブルを使用した．

ハ．スイッチ，コンセントは耐圧防爆構造のものを使用した．

ニ．配線は，合成樹脂管工事で行った．

解説 可燃性ガスが存在する場所には，ケーブル工事か金属管工事で施工を行うため，合成樹脂管工事で施工することはできません．よって「ニ」は不適切です．

解答 ニ

過去問にチャレンジ！ (平成22年)

点検できない隠ぺい場所において，使用電圧 400 V の低圧屋内配線工事を行う場合，不適切な工事方法は．

イ．合成樹脂管工事　　ロ．金属ダクト工事

ハ．金属管工事　　ニ．ケーブル工事

解説 金属ダクト工事は展開した場所と点検できる隠ぺい場所で，どちらも乾燥していることが施工できる条件となります．よって「ロ」は不適切です．

低圧屋内配線と高圧屋内配線の施工方法を確認！

解答 ロ

8-2 地中電線路の施設と架空電線の高さ

電気設備の技術基準の解釈の第120条（地中電線路の施設）に，「電線にケーブルを使用し，かつ，管路式，暗きょ式又は**直接埋設式**により施設すること」と規定されています．

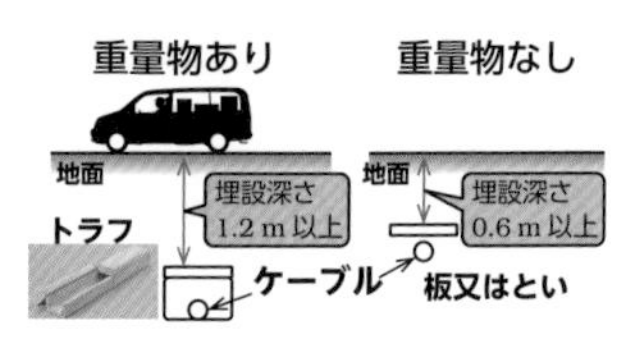

図　直接埋設式

直接埋設式の施設

直接埋設式の場合，地中電線の埋設深さは，車両その他の重量物の圧力を受けるおそれがある場所においては**1.2 m 以上**，その他の場所においては**0.6 m 以上**で施設し**ケーブルを使用**します．

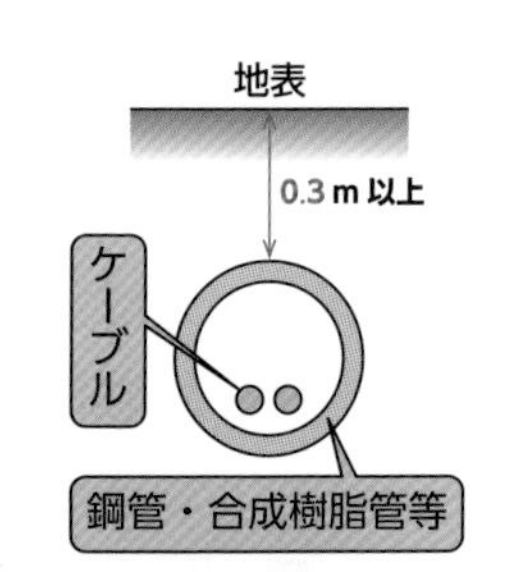

図　管路式

管路式により施設する場合

電線を収める管は，これに加わる車両その他の重量物の圧力に耐える鋼管や硬質合成樹脂管のものを使用します． 長さが15 m を超える高圧地中電線路を管路式で施設する場合，物件の名称，管理者名及び電圧を表示した**埋設表示シート**を地下埋設管の上方に埋めて掘削時の事故を防止します．

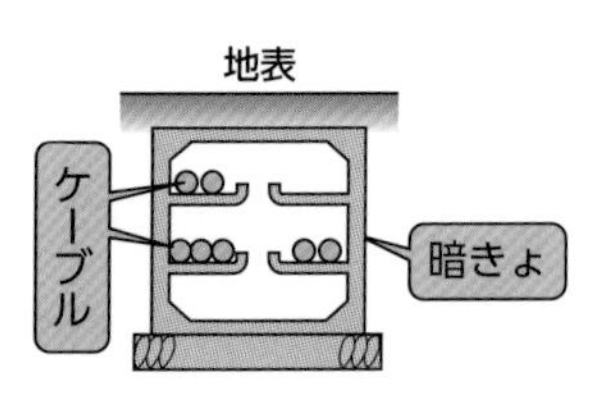

図　暗きょ式

暗きょ式により施設する場合

暗きょは，車両その他の重量物の圧力に耐えるもので防火措置を施します．また，地中電線を**不燃性又は自消性のある難燃性の管**（燃えにくい管）などに収めて施設します．

地中電線路のD種接地工事

地中電線路に使用する金属製の電線接続箱には**D種接地工事**を施します．

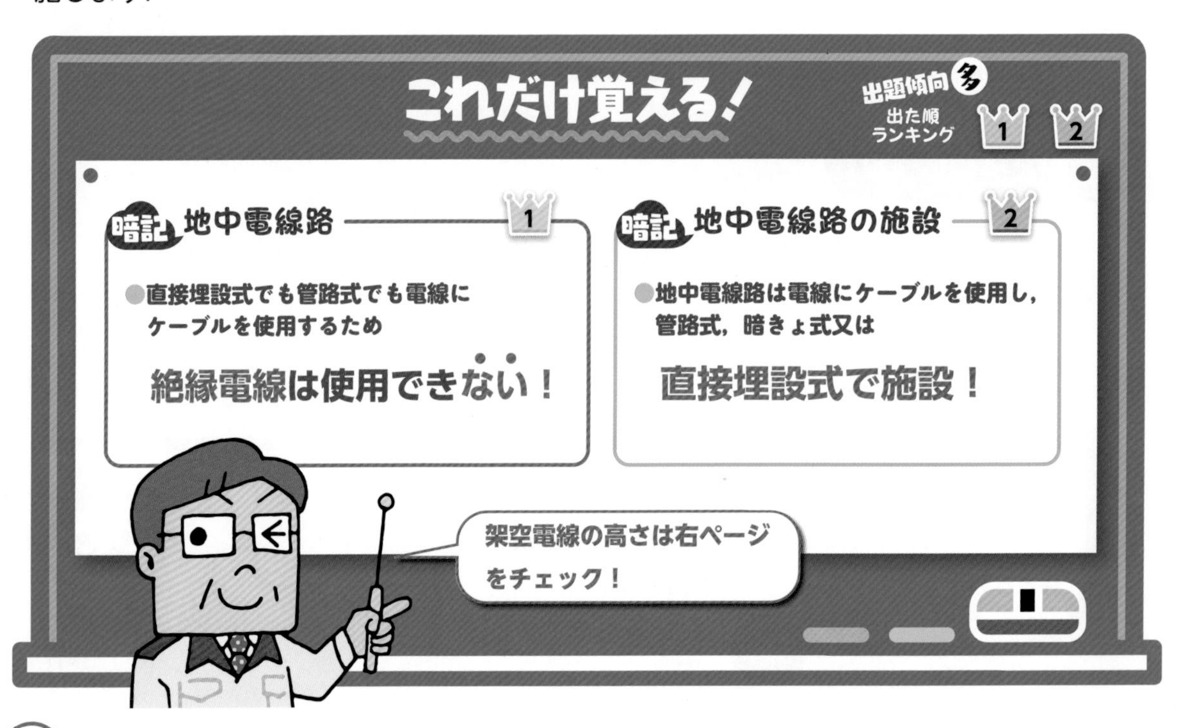

攻略の2ステップ

① 地中電線路にはケーブルを使用する（絶縁電線は使用できない）

② 地中電線路は管路式と暗きょ式と直接埋設式により施設

解いてみよう （平成 29 年）

地中電線路の施設に関する記述として，誤っているものは．

イ．地中電線路を暗きょ式で施設する場合に，地中電線を不燃性又は自消性のある難燃性の管に収めて施設した．

ロ．地中電線路に絶縁電線を使用した．

ハ．長さが 15 m を超える高圧地中電線路を管路式で施設し，物件の名称，管理者名及び電圧を表示した埋設表示シートを，管と地表面のほぼ中間に施設した．

ニ．地中電線路に使用する金属製の電線接続箱に D 種接地工事を施した．

解説

地中電線路は，直接埋設式でも管路式でも同様，電線にケーブルを使用します．絶縁電線は使用できないため，「ロ」が誤りです．

解答 ロ

合わせて覚える

低圧架空電線または高圧架空電線の高さは下表の通りです．

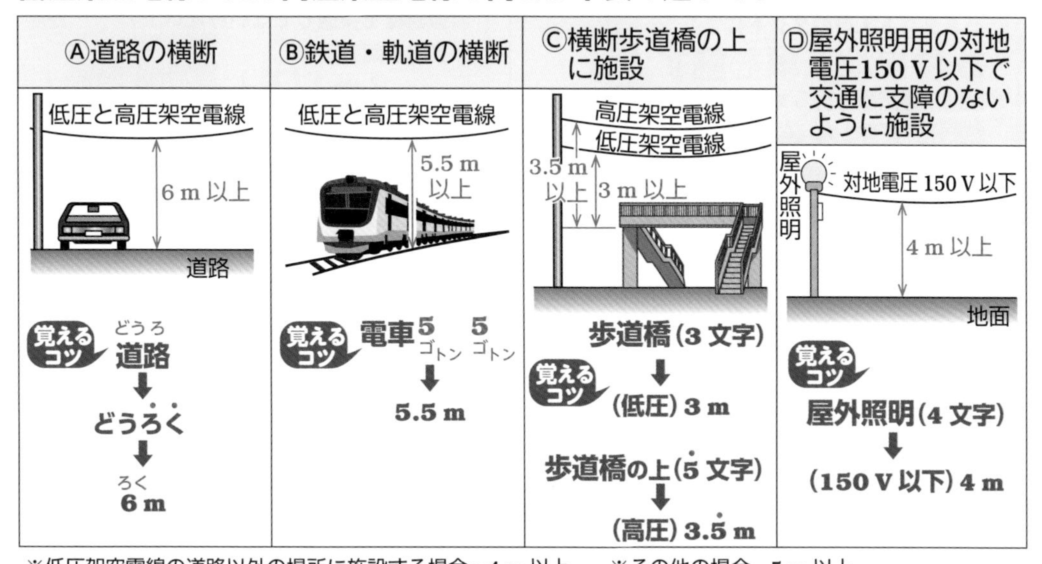

Ⓐ道路の横断	Ⓑ鉄道・軌道の横断	Ⓒ横断歩道橋の上に施設	Ⓓ屋外照明用の対地電圧150 V 以下で交通に支障のないように施設
低圧と高圧架空電線 6 m 以上 道路	低圧と高圧架空電線 5.5 m 以上	高圧架空電線 低圧架空電線 3.5 m 以上 3 m 以上	屋外照明 対地電圧 150 V 以下 4 m 以上 地面
覚えるコツ 道路（どうろ） ↓ どうろく ↓ 6（ろく） m	覚えるコツ 電車 5（ゴトン） 5（ゴトン） ↓ 5.5 m	歩道橋（3 文字） 覚えるコツ ↓ （低圧）3 m 歩道橋の上（5 文字） ↓ （高圧）3.5 m	覚えるコツ 屋外照明（4 文字） ↓ （150 V 以下）4 m

※低圧架空電線の道路以外の場所に施設する場合…4 m 以上　　※その他の場合…5 m 以上

ダクト工事とアクセスフロア内のケーブル工事

ダクト工事

ライティングダクトとは，照明器具を自由な位置に取り付けることができる給電レールです．ライティングダクトの**開口部は下向き**に施設します．**バスダクト**とは，ビルや工場などで増加する電力需要に対応し，用いられる電力用幹線部材のひとつです．使用電圧が 300 V 以下の配線では，バスダクト工事のダクトに**D 種接地工事**を施します．接触防護措置（設備に人が容易に接触しないように講じる措置）を施しても**接地工事を省略できない**ので覚えておきましょう．

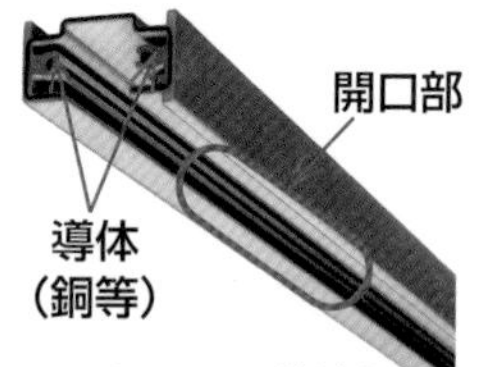

ライティングダクト

バスダクト

アクセスフロア内のケーブル工事

アクセスフロアとは，床の上にネットワーク配線などの一定の高さの空間をとり，その上に別の床を設け二重床にしたものです．アクセスフロア内のケーブル工事で使用できるケーブルはビニル外装ケーブル，ポリエチレン外装ケーブル，キャブタイヤケーブルなどです．**ビニル外装ケーブル以外にも使用できるケーブルがある**ため覚えておきましょう．

アクセスフロア

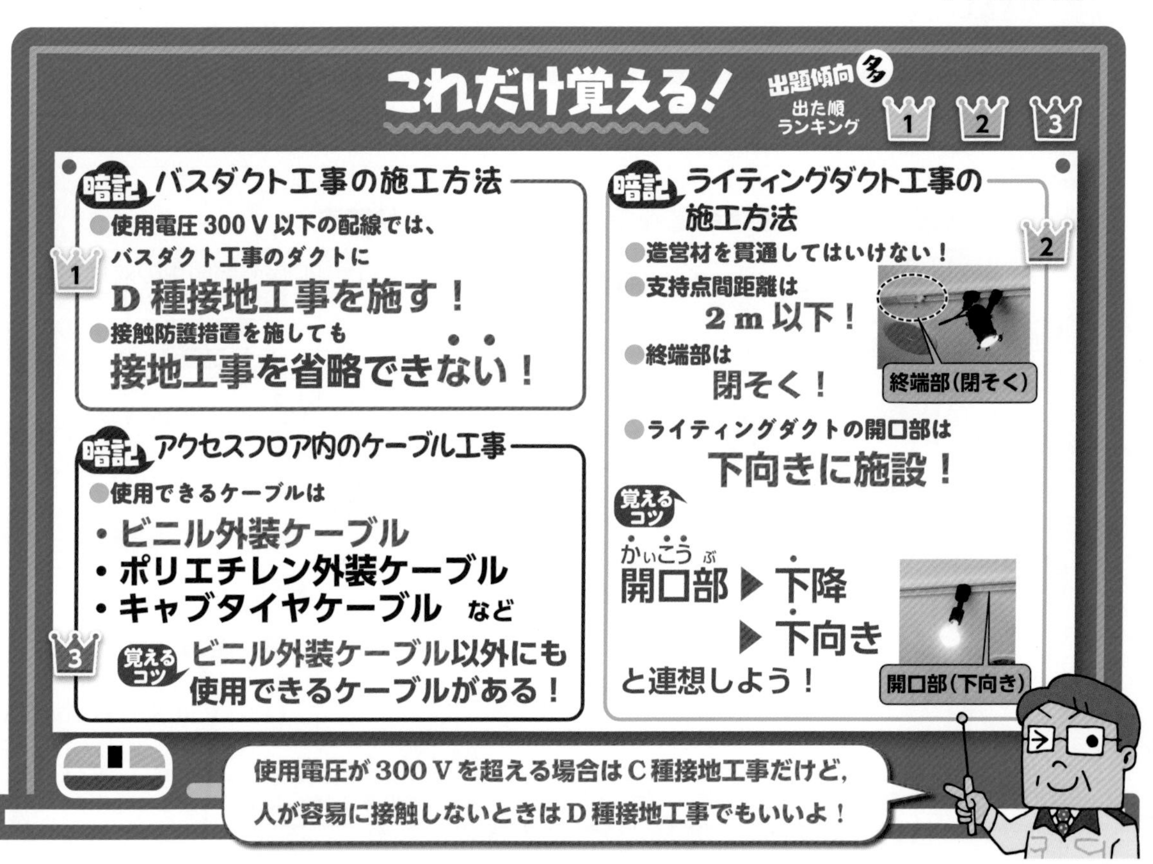

攻略の2ステップ

① ライティングダクトの開口部 とくれば 下向きに施設

② 低圧屋内配線で 300V 以下のダクト工事の接地 ▶ D 種
※ 300V を超えて人が触れない場合を含む

解いてみよう（令和 3 年午前）

展開した場所のバスダクト工事に関する記述として，誤っているものは．

イ．低圧屋内配線の使用電圧が 400 V で，接触防護措置を施したので，ダクトには D 種接地工事を施した．

ロ．低圧屋内配線の使用電圧が 200 V で，湿気の多い場所での施設なので，屋外用バスダクトを使用し，バスダクト内に水が浸入して溜まらないようにした．

ハ．低圧屋内配線の使用電圧が 200 V で，接触防護措置を施したので，ダクトの接地工事を省略した．

ニ．ダクトを造営材に取り付ける際，ダクトの支持点間の距離を 2 m として施設した．

解説 使用電圧が 300 V 以下の配線では，バスダクト工事のダクトに D 種接地工事を施さなければなりません．接触防護措置を施しても，接地工事を省略できません．よって，「ハ」は誤りです．

解答 ハ

過去問にチャレンジ！（平成 30 年）

ライティングダクト工事の記述として，不適切なものは．

イ．ライティングダクトを 1.5m の支持間隔で造営材に堅ろうに取り付けた．

ロ．ライティングダクトの終端部を閉そくするために，エンドキャップを取り付けた．

ハ．ライティングダクトに D 種接地工事を施した．

ニ．接触防護装置を施したので，ライティングダクトの開口部を上向きに取り付けた．

解説 ライティングダクトの開口部は，下向きに施設しなければならないため，「ニ」が不適切です．

解答 ニ

各種工事

電線の接続条件

電線の接続条件では，電線の**電気抵抗を増加させない**ことや電線の**引張強さを 20%以上減少させない**ことなどが決められています．

ケーブル工事の支持点間距離

ステープルで造営材にケーブルを支持する際，ステープルとステープルの間隔（支持点間距離）は**水平 2 m 以下**，**垂直 6 m 以下**です．

ステープル

これだけ覚える！

出題傾向 多　出た順ランキング 1 2 3

暗記 ケーブル工事の施工方法（1）

- ケーブルの支持点間距離は
  水平 2 m 以下，垂直 6 m 以下
- ケーブルを造営材の下面や側面に沿って施設したときの支持点間距離は **2 m 以下！**

暗記 配線の離隔距離（隔壁がない場合）

- 高圧配線と低圧配線が接近又は交さする場合
  15 cm 以上離す！
- 低圧配線と弱電流電線が接近又は交さする場合
  直接接触しない！
  ※同一の管や線ぴに収めて施設してはならない！

暗記 支線工事（2）

- 絵を見て覚えよう！

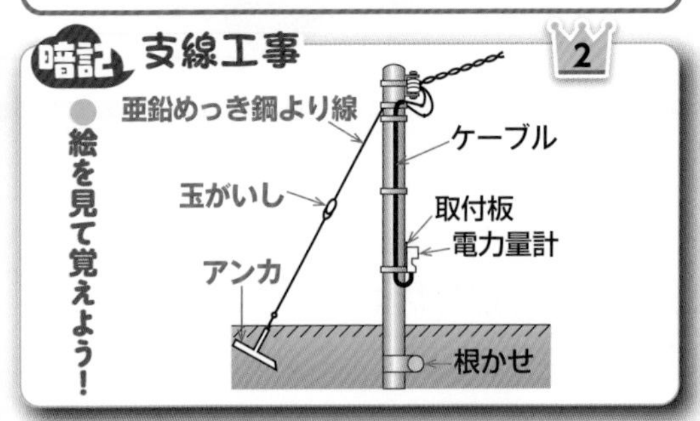

暗記 CD管

- CD 管はコンクリートか地中に直接埋めて施設
  ※もしくは，専用の不燃性または自消性のある難燃性の管またはダクトに収めて施設

覚えるコツ **CD 管は，床下，壁の内部，天井裏，二重天井内には施設できない！**

暗記 電線の接続条件（3）

- 電線相互間の接続は
  ジョイントボックスなどの箱の中で行う！
  覚えるコツ 電線管内に接続点を設けてはならない！
- 金属管工事や合成樹脂管工事に使用できない絶縁電線
  屋内や管内に屋外用ビニル絶縁電線（OW）は使用できない！
- 電線の接続の際は
  - **電気抵抗を増加させない**
  - **引張強さを 20%以上減少させない**

暗記 許容電流（連続使用時）（3）

- 許容電流とは
  電流による発熱により，電線の絶縁物が著しい劣化をきたさないようにするための限界の電流値！

暗記 金属線ぴ工事（3）

- 使用電圧 300V 以下で水気や湿気がある場合
  D 種接地工事を省略できない！
- 金属線ぴ工事の低圧屋内配線の電線には，
  絶縁電線（屋外用を除く）を使用する!!
  覚えるコツ **線ぴにケーブル使用不可！**

地中はケーブル，線ぴは絶縁電線，管内禁止は屋外用！
（※高圧絶縁電線も管内に使用できない）

攻略の2ステップ

① 支線工事の材料は形でイメージ

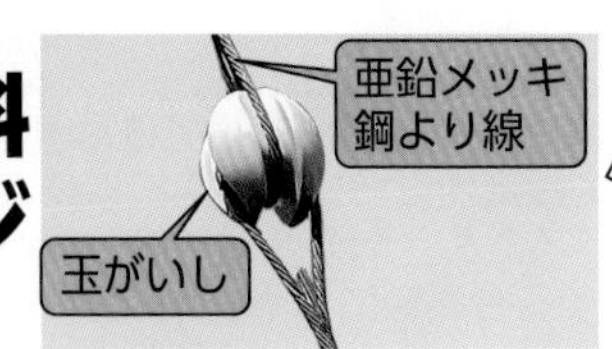

② 電線の接続条件を頭に入れておく

解いてみよう (平成28年)

使用電圧が300V以下の低圧屋内配線のケーブル工事の記述として，誤っているものは．

イ．ケーブルの防護装置に使用する金属製部分にD種接地工事を施した．

ロ．ケーブルを造営材の下面に沿って水平に取り付け，その支持点間の距離を3mにして施設した．

ハ．ケーブルに機械的衝撃を受けるおそれがあるので，適当な防護装置を施した．

ニ．ケーブルを接触防護措置を施した場所に垂直に取り付け，その支持点間の距離を5mにして施設した．

解説 ケーブルを造営材の下面に沿って水平に取り付ける場合，支持点間距離を2m以下とし，垂直に取り付ける場合，支持点間距離を6m以下にします．よって，「ロ」は誤りです．

解答 

過去問にチャレンジ！ (平成26年)

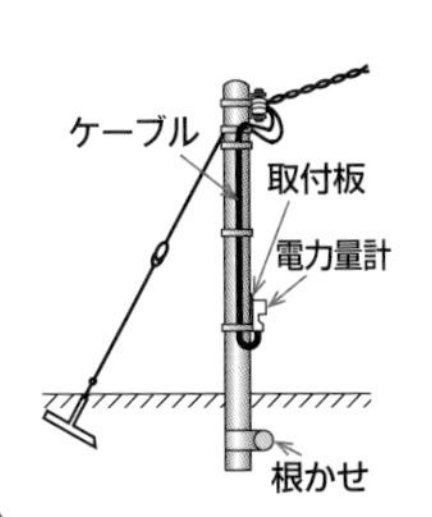

引込柱の支線工事に使用する材料の組合せとして，正しいものは．

イ．巻付グリップ，スリーブ，アンカ

ロ．耐張クランプ，玉がいし，亜鉛めっき鋼より線

ハ．耐張クランプ，巻付グリップ，スリーブ

ニ．亜鉛めっき鋼より線，玉がいし，アンカ

解説 引込柱の支線工事には，亜鉛めっき鋼より線，玉がいし，アンカを使用します．よって，「ニ」が正しいです．

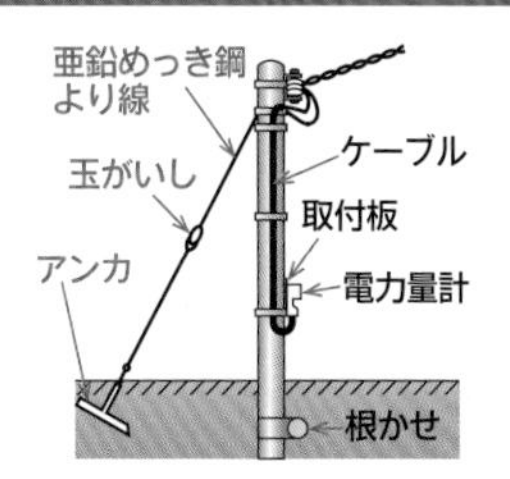

解答 ニ

●練習問題1（各種工事）

問題1　金属管工事の記述として，誤っているものは． ☞ p208（8-4）

語群欄
- **イ．** 金属管に，直径 2.6 mm の絶縁電線（屋外用ビニル絶縁電線を除く）を収めて施設した．
- **ロ．** 電線の長さが短くなったので，金属管内において電線に接続点を設けた．
- **ハ．** 金属管を湿気の多い場所に施設するため，防湿装置を施した．
- **ニ．** 使用電圧が 200 V の電路に使用する金属管に D 種接地工事を施した．

金属管内では接続点を設けてはならないため，「ロ」となります．　◆解答◆ ロ

問題2　金属管工事に使用できない絶縁電線の種類は．ただし，電線はより線とする． ☞ p208（8-4）

語群欄
- **イ．** 屋外用ビニル絶縁電線（OW）
- **ロ．** 600V ビニル絶縁電線（IV）
- **ハ．** 引込用ビニル絶縁電線（DV）
- **ニ．** 600V 二種ビニル絶縁電線（HIV）

金属管工事では**屋外用ビニル絶縁電線（OW）を使用できません**．よって，「イ」となります．　◆解答◆ イ

問題3　合成樹脂管工事に使用できない絶縁電線の種類は． ☞ p208（8-4）

語群欄
- **イ．** 600 V ビニル絶縁電線
- **ロ．** 600 V 二種ビニル絶縁電線
- **ハ．** 600 V 耐燃性ポリエチレン絶縁電線
- **ニ．** 屋外用ビニル絶縁電線

合成樹脂管工事では**屋外用ビニル絶縁電線（OW）を使用できません**．よって，「ニ」となります．　◆解答◆ ニ

問題4　金属線ぴ工事の記述として，誤っているものは． ☞ p208（8-4）

語群欄
- **イ．** 電線には絶縁電線（屋外用ビニル絶縁電線を除く．）を使用した．
- **ロ．** 電気用品安全法の適用を受けている金属製線ぴ及びボックスその他の附属品を使用して施工した．
- **ハ．** 湿気のある場所で，電線を収める線ぴの長さが 12 m なので，D 種接地工事を省略した．
- **ニ．** 線ぴとボックスを堅ろうに，かつ，電気的に完全に接続した．

湿気がある場所では D 種接地工事を省略できません． よって，「ハ」となります．　◆解答◆ ハ

問題5　使用電圧が 300 V 以下の低圧屋内配線のケーブル工事の記述として，誤っているものを語群欄より 3 つ選び答えよ． ☞ p202（8-1），p208（8-4）

語群欄
- **イ．** ケーブルの防護装置に使用する金属製部分に D 種接地工事を施した．
- **ロ．** 乾燥した場所で長さ 2 m の金属製の防護管に収めたので，D 種接地工事を省略した．
- **ハ．** ケーブルを造営材の下面に沿って水平に取り付け，その支持点間の距離を 3 m にして施設した．
- **ニ．** ケーブルを接触防護措置を施した場所に垂直に取り付け，その支持点間の距離を 5 m にして施設した．
- **ホ．** ビニル絶縁ビニルシースケーブル（丸形）を造営材の側面に沿って，支持点間を 1.5 m にして施設した．
- **ヘ．** 電気専用のパイプシャフト内に CVT ケーブルを垂直に施設し，8 m ごとに支持した．
- **ト．** 架橋ポリエチレン絶縁ビニルシースケーブルをガス管と接触しないように施設した．
- **チ．** 低圧ケーブルと弱電流電線を同一のケーブルラックに施設する場合に，隔壁を設けて互いに接触しないように施設した．
- **リ．** ケーブルに機械的衝撃を受けるおそれがあるので，適当な防護装置を施した．
- **ヌ．** MI ケーブルをコンクリート内に直接埋設して施設した．
- **ル．** 300 V 以下の電路に使用する移動電線にゴムキャブタイヤケーブルを用いた．
- **ヲ．** 点検できない隠ぺい場所にビニル絶縁ビニルキャブタイヤケーブルを使用して施設した．

ケーブルを造営材の下面に沿って**水平に取り付ける場合，支持点間距離を 2 m 以下とし，垂直に取り付ける場合，支持点間距離を 6 m 以下**にします．よって，「ハ」と「ヘ」は誤りです．ビニル絶縁ビニルキャブタイヤケーブルは使用電圧が 300 V 以下の低圧屋内配線を**展開した場所又は点検できる隠ぺい場所**に限り使用することができます．よって，「ヲ」は誤りです．　◆解答◆ ハ，ヘ，ヲ

問題6　アクセスフロア内の低圧屋内配線等に関する記述として，不適切なものは． ☞ p206（8-3）

語群欄
- **イ．** フロア内のケーブル配線にはビニル外装ケーブル以外の電線を使用できない．
- **ロ．** 移動電線を引き出すフロアの貫通部分は，移動電線を損傷しないよう適切な処置を施す．
- **ハ．** フロア内では，電源ケーブルと弱電流電線が接触しないようセパレータ等による接触防止措置を施す．
- **ニ．** 分電盤は原則としてフロア内に施設しない．

アクセスフロアのケーブル工事には，**ビニル外装ケーブル以外にも使用できるケーブルがあります**．ポリエチレン外装ケーブルやキャブタイヤケーブル等も使用することができます．　◆解答◆ イ

問題 7　高圧屋内配線をケーブル工事で施設する場合の記述として，誤っているものは.

☞ p208（8-4）

語群欄
- **イ**. 電線を電気配線用のパイプシャフト内に施設（垂直につり下げる場合を除く）し，8 m の間隔で支持をした.
- **ロ**. 他の弱電流電線との離隔距離を 30 cm で施設した.
- **ハ**. 低圧屋内配線との間に耐火性の堅ろうな隔壁を設けた.
- **ニ**. ケーブルを耐火性のある堅ろうな管に収め施設した.

ケーブルの支持点間距離は水平 2 m 以下で垂直でも 6 m 以下です.

◆解答◆ イ

問題 8　高圧屋内配線工事に関する記述として，不適切なものはどれか.

☞ p208（8-4）

語群欄
- **イ**. 展開した場所に施設した金属管内に高圧 CV ケーブルを収め，金属管に A 種接地工事を施した.
- **ロ**. 高圧 CV ケーブルとガス管との離隔距離が 15 cm 未満であるので，その部分のケーブルを耐火性のある堅ろうな管に収めて施設した.
- **ハ**. 高圧 CV ケーブルを人が触れるおそれのない場所で造営材に垂直に取り付ける場合，ケーブルの支持点間の距離を 6 m とした.
- **ニ**. 隔壁がない同一のケーブルラック上に高圧 CV ケーブルと低圧ケーブルとを 12 cm 離して施設した.

隔壁がない場合，高圧 CV ケーブルと低圧ケーブルとが近接又は交差するならば，**15 cm 以上**離して施設します.
よって，「ニ」が不適切です.

◆解答◆ ニ

問題 9　絶縁電線相互の接続に関する記述として，不適切なものを語群欄より 3 つ選び答えよ.

☞ p208（8-4）

語群欄
- **イ**. 接続部分には，接続管を使用した.
- **ロ**. 接続部分を，絶縁電線の絶縁物と同等以上の絶縁効力のあるもので，十分被覆した.
- **ハ**. 接続部分を，絶縁電線と同等以上の絶縁効力のある接続器を使用した.
- **ニ**. 接続部分において，電線の電気抵抗を増加させないように接続した.
- **ホ**. 接続部分において，電線の電気抵抗が 20％増加した.
- **ヘ**. 接続部分において，電線の引張り強さが 10％減少した.
- **ト**. 接続部分において，電線の引張り強さが 30％減少した.
- **チ**. 接続部分において，電線の引張り強さが 40％減少した.

絶縁電線相互を接続する場合，次のような条件があります.
①**電線の電気抵抗を増加させない. ➡「ホ」が不適切.**
②**電線の引張り強さを 20％以上減少させない. ➡「ト」,「チ」が不適切.**
③接続部には，電線管その他の器具を使用するか，ろう付けをする.
④接続部分の絶縁電線の絶縁物と同等以上の絶縁効力のある接続器を使用する場合を除き，接続部分を絶縁電線の絶縁物と同等以上の絶縁効力のあるもので十分に被覆する.

◆解答◆ ホ, ト, チ

問題 10　600 V ビニル絶縁電線の許容電流（連続使用時）に関する記述として，適切なものは.

☞ p208（8-4）

語群欄
- **イ**. 電流による発熱により，電線の絶縁物が著しい劣化をきたさないようにするための限界の電流値.
- **ロ**. 電流による発熱により，絶縁物の温度が 80℃ となる時の電流値.
- **ハ**. 電流による発熱により，電線が溶断する時の電流値.
- **ニ**. 電圧降下を許容範囲に収めるための最大の電流値.

許容電流とは，**電流による発熱により，電線の絶縁物が著しい劣化をきたさないようにするための限界の電流値**のことです．よって，「イ」が適切です.

◆解答◆ イ

問題 11　ライティングダクト工事の記述として，不適切なものを語群欄より 2 つ選び答えよ.

☞ p206（8-3）

語群欄
- **イ**. ライティングダクトを 1.5 m の支持間隔で造営材に堅ろうに取り付けた.
- **ロ**. ライティングダクトの終端部を閉そくするために，エンドキャップを取り付けた.
- **ハ**. ライティングダクトに D 種接地工事を施した.
- **ニ**. 接触防護措置を施したので，ライティングダクトの開口部を上向きに取り付けた.
- **ホ**. ライティングダクトの開口部を人が容易に触れるおそれがないので，上向きに取り付けた.

ライティングダクトの開口部は，**下向き**に施設しなければなりません.
よって，「ニ」と「ホ」が不適切です.

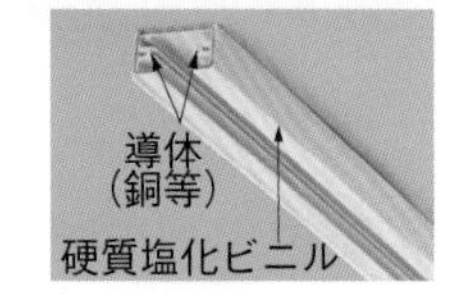

●練習問題 2（施設方法）

施工場所や施工方法を確認！

問題 1　**点検できる隠ぺい場所で，湿気の多い場所又は水気のある場所に施す使用電圧 300 V 以下の低圧屋内配線工事で，施設することができない工事の種類は．**
p202（8-1）

語群欄
イ．金属管工事　**ロ**．金属線ぴ工事　**ハ**．ケーブル工事　**ニ**．合成樹脂管工事

金属線ぴ工事は，使用電圧 300 V 以下の点検できる隠ぺい場所で，**乾燥した場所**に施設します．よって，「ロ」は施設することができません．

◆解答◆ ロ

問題 2　**展開した場所で，湿気の多い場所又は水気のある場所に施す使用電圧 300 V 以下の低圧屋内配線工事で，施設することができない工事の種類は．**
p202（8-1）

語群欄
イ．金属管工事　**ロ**．ケーブル工事　**ハ**．平形保護層工事　**ニ**．合成樹脂管工事

平形保護層工事は，使用電圧 300 V 以下の点検できる隠ぺい場所で，**乾燥した場所**にしか施工できないため，「ハ」となります．なお，平形保護層工事では，非常に薄い電線を使用するため，タイルカーペットの下などに隠ぺいして配線します．

◆解答◆ ハ

問題 3　**点検できない隠ぺい場所において，使用電圧 400V の低圧屋内配線工事を行う場合，不適切な工事方法は．**
p202（8-1）

語群欄
イ．合成樹脂管工事　**ロ**．金属ダクト工事　**ハ**．金属管工事　**ニ**．ケーブル工事

金属ダクト工事は**展開した場所**と**点検できる隠ぺい場所**で，どちらも**乾燥**していることが施工できる条件となります．よって，「ロ」は不適切です．

◆解答◆ ロ

問題 4　**高圧屋内配線で，施工できる工事方法は．**
p202（8-1）

語群欄
イ．ケーブル工事　**ロ**．金属管工事　**ハ**．合成樹脂管工事　**ニ**．金属ダクト工事

高圧屋内配線は，**がいし引き工事**か**ケーブル工事**で施工します．よって，「イ」が施工できます．

◆解答◆ イ

問題 5　**高圧屋内配線を，乾燥し展開した場所で，かつ，人が触れるおそれがない場所に施設する方法として，不適切なものは．**
p202（8-1）

語群欄
イ．高圧ケーブルを金属管に収めて施設した．
ロ．高圧絶縁電線を金属管に収めて施設した．
ハ．高圧ケーブルを金属ダクトに収めて施設した．
ニ．高圧絶縁電線をがいし引き工事により施設した．

高圧屋内配線は，**がいし引き工事**か**ケーブル工事**で施工します．絶縁電線は導体の上を絶縁体で被覆しただけの電線です．そのため，高い電圧が加わると周囲に電圧を誘起させてしまうので，それを防ぐために，がいしで離隔して使用します．よって，「ロ」が不適切です．

◆解答◆ ロ

問題 6　**可燃性ガスが存在する場所に低圧屋内電気設備を施設する施工方法として，不適切なものを語群欄より 2 つ選び答えよ．**
p202（8-1）

語群欄
イ．配線は厚鋼電線管を使用した金属管工事により行い，附属品には耐圧防爆構造のものを使用した．
ロ．可搬形機器の移動電線には，接続点のない 3 種クロロプレンキャブタイヤケーブルを使用した．
ハ．スイッチ，コンセントには耐圧防爆構造のものを使用した．
ニ．金属管工事において，電動機の端子箱との可とう性を必要とする接続部に金属製可とう電線管を使用した．
ホ．配線は，合成樹脂管工事で行った．

可燃性ガスが存在する場所には，**ケーブル工事**か**金属管工事**で施工を行うため，**合成樹脂管工事で施工することはできません**．また，電動機の端子箱との可とう性を必要とする接続部に**金属製可とう電線管を使用できません**．耐圧防爆形又は安全増防爆形のフレキシブルフィッチングを使用します．よって，「ニ」と「ホ」は不適切です．

◆解答◆ ニ，ホ

過去に出題された施工の問題を効率よく学習できるようにまとめたよ．

9章

3～4 問出題

検査および試験

高圧受電設備が完成したときも
検査が必要なんだよ!

あ!　竣工検査ってやつですね!覚えています.

高圧受電設備になると竣工検査の検査項目
が若干増えるんだよ.

やっぱり高圧になると検査することも増えるんですね.
他にはどんな検査や試験があるのですか!?

いろいろな検査や試験があるから，一つひと
つ丁寧に教えていくね!

検査・点検
(竣工検査・使用前自主検査・定期点検・年次点検)

検査と点検の種類

検査と点検は実施時期によって，竣工検査，使用前自主検査，定期点検，年次点検などがあります．

竣工検査と使用前自主検査

建築物の新設や増設，改築による完成時の電気検査のことで，高圧受電設備の場合はこれだけ覚える！の①～⑧の項目を，低圧屋内配線の場合は①②③⑦⑧の項目を検査します．

攻略の2ステップ

①短絡接地器具の取り付けや取り外しの手順を確認

②（一般的に）自主検査や竣工検査で行わない とくれば 変圧器の温度上昇試験 配線用遮断器の短絡遮断試験

解いてみよう（令和4年午後）

高圧受電設備の年次点検において，電路を開放して作業を行う場合は，感電事故防止の観点から，作業箇所に短絡接地器具を取り付けて安全を確保するが，この場合の作業方法として，誤っているものは．

イ．取り付けに先立ち，短絡接地器具の取り付け箇所の無充電を検電器で確認する．

ロ．取り付け時には，まず接地側金具を接地線に接続し，次に電路側金具を電路側に接続する．

ハ．取り付け中は，「短絡接地中」の標識をして注意喚起を図る．

ニ．取り外し時には，まず接地側金具を外し，次に電路側金具を外す．

解説 取り外し時には，まず電路側金具を外し，次に接地側金具を外します．順序が逆になっているため，「ニ」が誤りです．なお，次の①～⑤の順序で実施します．

①検電器により無充電であることを確認する．

②放電棒により残留電荷の放電を確認する．

③「短絡接地中」の標識をして注意喚起を図る．

④取り付け時には，まず接地側金具を接地線に接続し，電路側金具を電路側に接続する．

⑤取り外し時には，まず電路側金具を外し，次に接地側金具を外す．

解答 ニ

過去問にチャレンジ！（平成21年）

受電電圧6 600 Vの受電設備が完成した時の自主検査で，一般に行わないものは．

イ．高圧機器の接地抵抗測定　　ロ．地絡継電器の動作試験

ハ．変圧器の温度上昇試験　　ニ．高圧電路の絶縁耐力試験

解説 変圧器の温度上昇試験と配線用遮断器の短絡遮断試験は受電設備が完成した時の竣工検査や使用前自主検査で一般に行いません．よって，「ハ」となります．

解答 ハ

9-2 診断・測定（絶縁油の劣化診断・漏れ電流測定）

ここでは，変圧器の絶縁油の劣化診断や6600V CVTケーブルの直流漏れ電流測定の結果について出題されています．

変圧器の絶縁油の劣化診断

絶縁油は，油入変圧器や油入コンデンサなどの電気機器の絶縁と冷却のために使用されています．絶縁油の管理は，劣化診断で行われ，油入機器の性能を維持・保全する目的で行われます．変圧器の絶縁油の劣化診断は **これだけ覚える！** の①～④が行われています．これらの試験データは経年的な変化の把握が重要であり，絶縁油が不良と判断された場合は，その緊急の度合いによって，ろ過，浄油，再生または取り替えを行います．

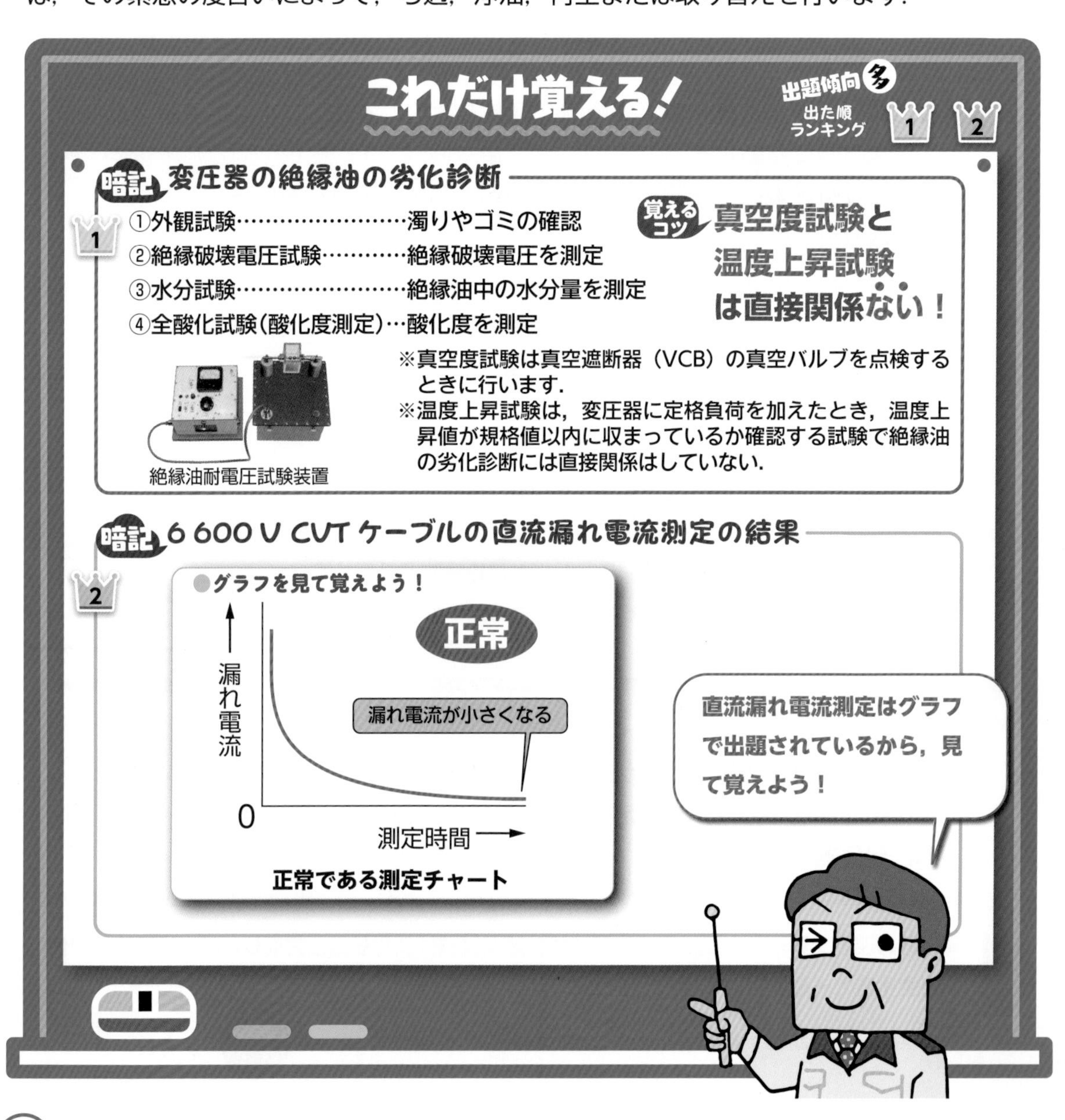

攻略の2ステップ

① 変圧器の劣化診断 とくれば 真空度試験と温度上昇試験は関係ない
② 直流漏れ電流測定の正常な測定チャートを確認

解いてみよう（平成 30 年）

変圧器の絶縁油の劣化診断に直接関係のないものは．

イ．絶縁破壊電圧試験　ロ．水分試験
ハ．真空度試験　ニ．全酸価試験

解説

変圧器の絶縁油の劣化診断には，真空遮断器（VCB）の真空バルブを点検するときに行う真空度試験は直接関係ありませんので，「ハ」となります．

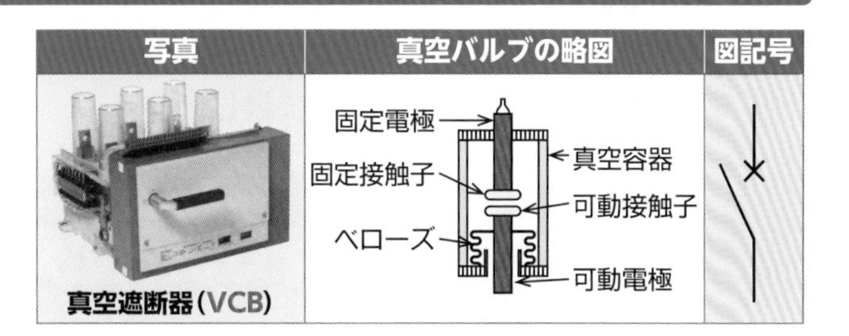

解答　ハ

過去問にチャレンジ！（平成 15 年）

6 600 V CVT ケーブルの直流漏れ電流測定の結果として，ケーブルが正常であることを示す測定チャートは．

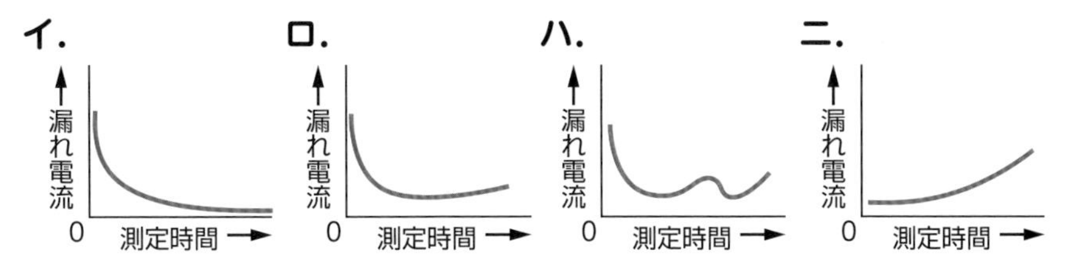

解説

直流漏れ電流測定は，吸湿劣化や熱劣化の検出が可能です．ケーブルが正常であることを示す測定チャートは，「イ」のグラフのように，はじめにケーブルの静電容量による充電電流と漏れ電流が流れ，時間とともに充電電流が減少し，最終的には小さな漏れ電流だけが流れます．

イ ➡ 正常なケーブル

ロ，ハ，ニ ➡ 漏れ電流の上昇傾向が見られるため注意を要するケーブル

解答　イ

9-3 試験（短絡試験・シーケンス試験）

変圧器のインピーダンス電圧を求める試験方法

図のように変圧器の二次側を**短絡**して，定格周波数の電圧を一次側に加え，これを調整して一次電流が定格値Iになったときの電圧をインピーダンス電圧といい，その試験方法を**短絡試験**といいます．

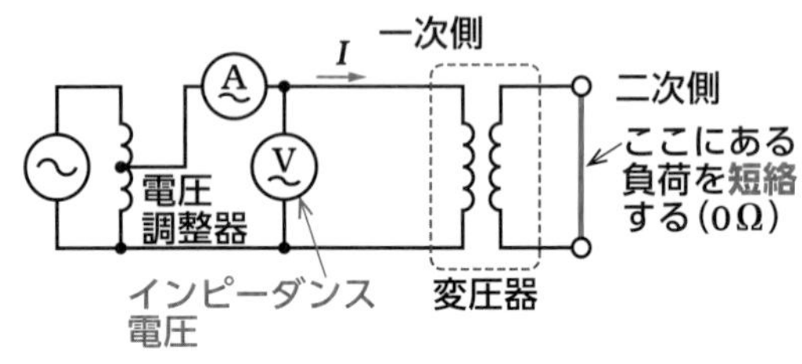

図　変圧器短絡試験回路

シーケンス試験（制御回路試験）

シーケンス試験（制御回路試験）とは，機器の単体試験終了後に総合的に連動して機能しているかどうか確認するための試験です．主に，保護継電器が動作したときに遮断器が確実に動作し，警報及び表示装置が正常に動作し，インタロックや遠隔操作の回路がある場合は回路の構成及び動作状況を試験します．

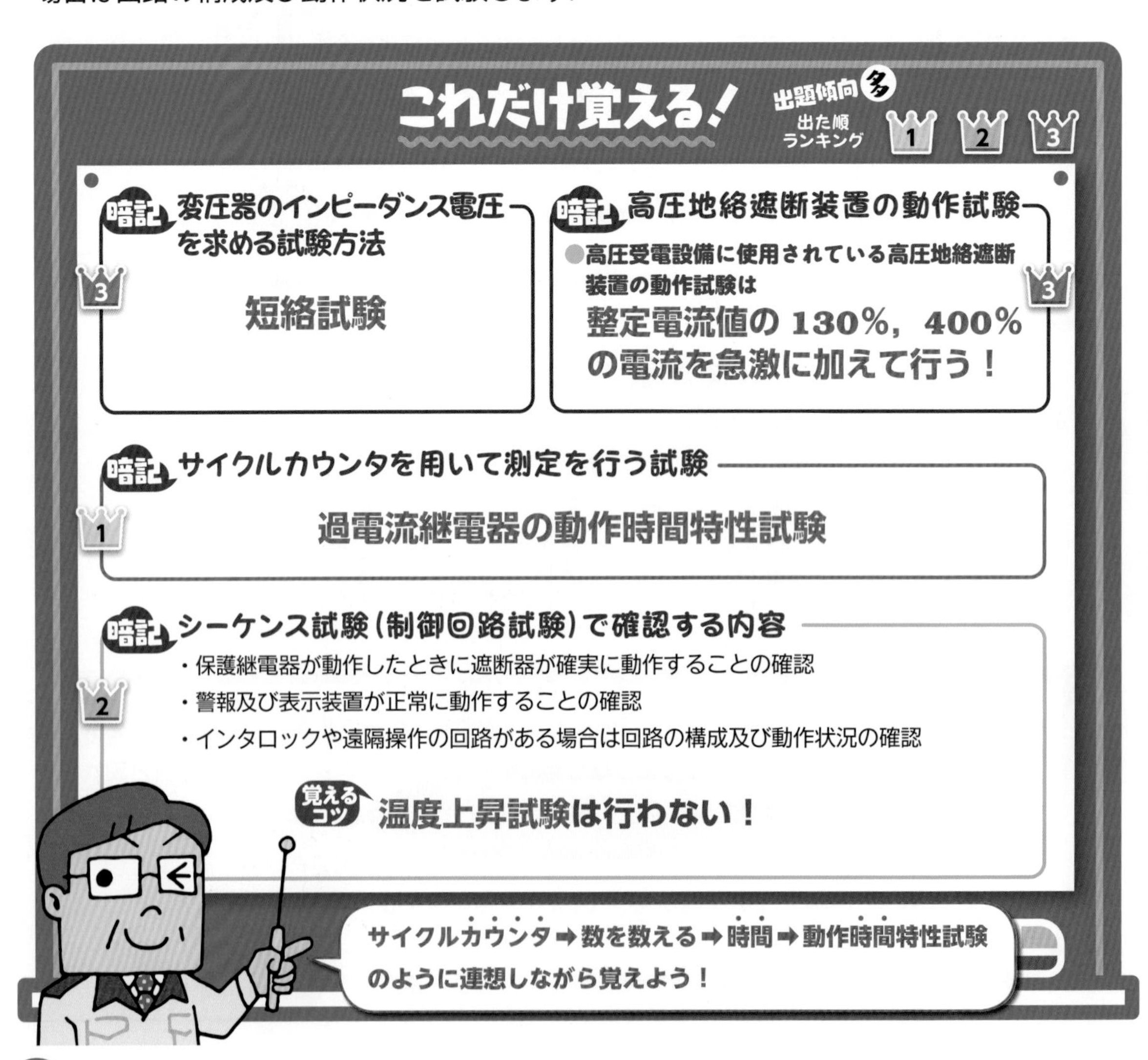

攻略の4ステップ

1. **変圧器のインピーダンス電圧を求める試験 とくれば 短絡試験**
2. **サイクルカウンタを用いた試験 とくれば 過電流継電器の動作時間特性試験**
3. **高圧地絡遮断装置の動作試験の仕方を確認**
4. **シーケンス試験では温度上昇試験は行わない**

解いてみよう（平成24年）

高圧受電設備におけるシーケンス試験（制御回路試験）として，行わないものは．

イ．保護継電器が動作したときに遮断器が確実に動作することを試験する．
ロ．警報及び表示装置が正常に動作することを試験する．
ハ．試験中の制御回路各部の温度上昇を試験する．
ニ．インタロックや遠隔操作の回路がある場合は，回路の構成及び動作状況を試験する．

解説 温度上昇試験とは変圧器の損失分の電力を供給して最高油温度上昇と巻線温度上昇を求め，温度上昇が規定の限度内にあるかどうか確認する試験のことで，シーケンス試験では行いません．

解答 ハ

過去問にチャレンジ！（平成12年）

高圧受電設備に使用されている高圧地絡遮断装置の動作試験に関する記述として，誤っているものは．

イ．動作電流試験は，零相変流器の試験端子に電流を流し，これを徐々に増加させて遮断器が動作したときの電流値を測定する．
ロ．動作電流値は，各整定電流値に対してその誤差が±10%の範囲以内であることを確認する．
ハ．方向性を有する継電器は，動作電流を流した方向とは逆方向に，整定値の200%程度の電流を流して動作しないことを確認する．
ニ．各整定値電流の300%，500%等における動作時間を測定し，反限時特性（電流が増えると動作時間が短くなる特性）を確認する．

解説 高圧受電設備に使用されている高圧地絡遮断装置の動作試験は，整定電流値の130%，400%の電流を急激に加えて行うため，「ニ」が誤りです．

解答 ニ

絶縁抵抗

低圧電路の絶縁抵抗値（復習）

下表のように，単相 3 線式 100/200V の屋内配線の絶縁抵抗値は，電路と大地間 **0.1 MΩ以上**，電線相互間も **0.1 MΩ以上**となります．三相 3 線式 200 V の屋内配線の絶縁抵抗値は，電路と大地間 **0.2 MΩ以上**，電線相互間も **0.2 MΩ以上**となります．

電路の使用電圧の区分		絶縁抵抗値
300 V 以下	対地電圧が 150 V 以下の場合	0.1 MΩ以上
	その他の場合	0.2 MΩ以上
300 V を超える低圧回路		0.4 MΩ以上

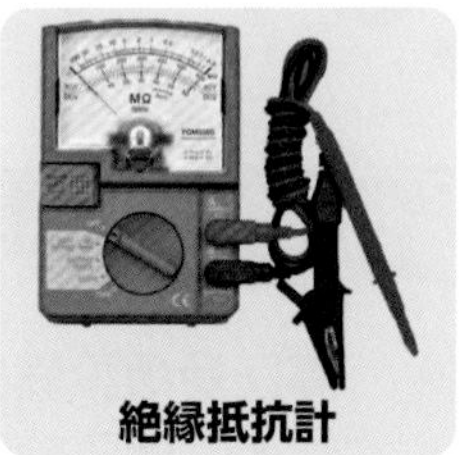
絶縁抵抗計

漏えい電流により絶縁性能を有していると判断できる電流値

低圧屋内配線の絶縁抵抗の測定を行うとき，電路を停電して測定することが困難な場合は，クランプ形電流計で測定した漏えい電流が **1 mA 以下**ならば人体に対する感電の危険はないアンペア数であるため，絶縁性能を有していると判断することができます．

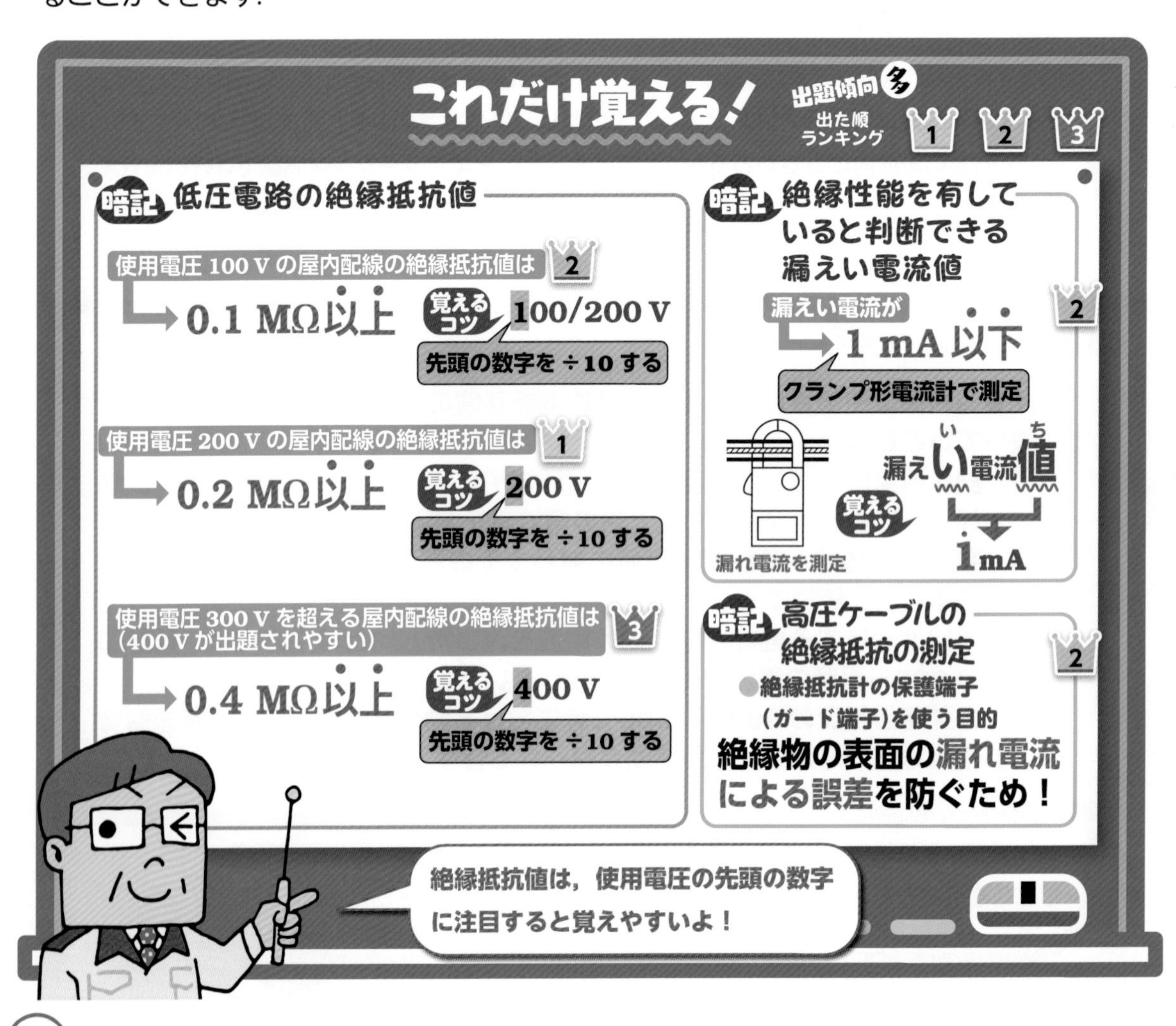

攻略の3ステップ

① 絶縁抵抗値は使用電圧の先頭の数字に注目

② 絶縁性能を有する漏えい電流値 とくれば 1mA 以下

③ 絶縁抵抗計の保護端子を使う目的 とくれば 漏れ電流による誤差を防ぐ

解いてみよう (令和元年)

低圧屋内配線の開閉器又は過電流遮断器で区切ることができる電路ごとの絶縁性能として，電気設備の技術基準（解釈を含む）に適合するものは．

イ．使用電圧 100 V の電灯回路は，使用中で絶縁抵抗測定ができないので，漏えい電流を測定した結果，1.2 mA であった．

ロ．使用電圧 100 V（対地電圧 100 V）のコンセント回路の絶縁抵抗を測定した結果，0.08 MΩであった．

ハ．使用電圧 200 V（対地電圧 200 V）の空調機回路の絶縁抵抗を測定した結果，0.17 MΩであった．

ニ．使用電圧 400 V の冷凍機回路の絶縁抵抗を測定した結果，0.43 MΩであった．

解説 左ページの表にあるように，使用電圧が 300 V を超える場合，絶縁抵抗値は 0.4 MΩ以上となるため，「ニ」が適合します．また，停電が困難などの理由で，漏えい電流を測定して低圧屋内配線の絶縁性能を判定する場合，漏えい電流が 1.0 mA 以下なので，「イ」は適合しません．

解答 ニ

過去問にチャレンジ！ (平成 27 年)

高圧ケーブルの絶縁抵抗の測定を行うとき，絶縁抵抗計の保護端子（ガード端子）を使用する目的として，正しいものは．

イ．絶縁物の表面の漏れ電流も含めて測定するため．

ロ．絶縁物の表面の漏れ電流による誤差を防ぐため．

ハ．高圧ケーブルの残留電荷を放電するため．

ニ．指針の振切れによる焼損を防止するため．

解説 高圧ケーブルの絶縁抵抗の測定を行うとき，心線を囲んでいる絶縁物に裸導線を巻きつけ，これを保護端子（ガード端子）に接続すると，表面を流れる漏れ電流が絶縁抵抗計の回路に入らないので，絶縁物の表面の漏れ電流による誤差を防ぐことができます．よって，「ロ」となります．

解答 ロ

9-5 絶縁耐力試験の実施方法

絶縁耐力試験

高圧電路および機械器具の絶縁性能を絶縁耐力試験により確認する場合は最大試験電圧の **1.5 倍**の交流電圧を**連続して 10 分間**印加して，絶縁破壊を起こさないかを試験します．

これだけ覚える！

出題傾向 多　出た順ランキング 1 2 3

暗記 絶縁耐力試験の実施方法（1）

●最大使用電圧 7.0 kV 以下の電路の場合

交流電圧で絶縁耐力試験を実施

- 最大使用電圧の 1.5 倍
- 試験時間は連続 10 分

【例】最大使用電圧が 6 900 V の場合
交流試験電圧＝6 900×1.5＝10 350 V
（連続 10 分）

直流電圧で絶縁耐力試験を実施

- 最大使用電圧の 1.5 倍 ×2
- 試験時間は連続 10 分

【例】最大使用電圧が 6 900 V の場合
直流試験電圧＝6 900×1.5×2＝20 700 V
（連続 10 分）

覚えるコツ　途中で中断してしまった場合は，改めて連続 10 分試験電圧を加える！

暗記 公称電圧から最大使用電圧の求め方（2）

●公称電圧 6.6 kV（6 600 V）で受電し，交流電圧で絶縁耐力試験を実施する計算式

$$\text{交流試験電圧} = \underbrace{6\,600 \times \frac{1.15}{1.1}}_{\text{最大使用電圧 } 6\,900\text{ V}} \times 1.5$$

●公称電圧 6.6 kV（6 600 V）で受電し，直流電圧で絶縁耐力試験を実施する計算式

$$\text{直流試験電圧} = \underbrace{6\,600 \times \frac{1.15}{1.1} \times 1.5}_{\text{交流試験電圧}} \times 2$$

覚えるコツ　交流試験電圧を ×2 すると直流試験電圧になる!!

暗記 単相変圧器2台を用いた絶縁耐力試験の結線（3）

●図を見て覚えよう！

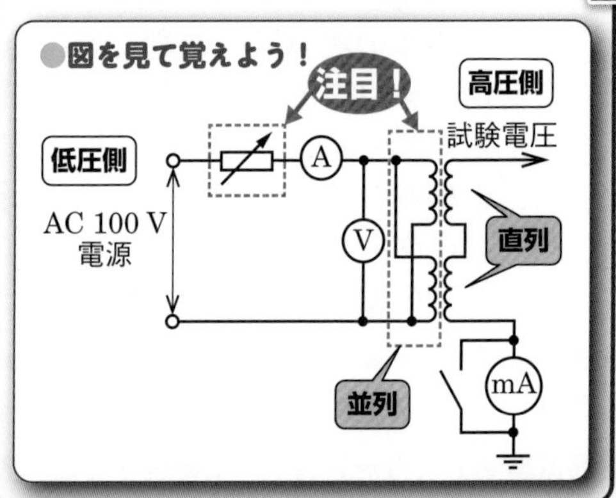

攻略の3ステップ

①交流電圧で絶縁耐力試験 とくれば **最大使用電圧の 1.5 倍 試験時間は連続 10 分**

②直流電圧で絶縁耐力試験 とくれば **交流試験電圧 ×2**

③ $$\text{公称電圧} \times \frac{1.15}{1.1} = \text{最大使用電圧}$$

解いてみよう (平成 29 年)

最大使用電圧 6 900 V の交流電路に使用するケーブルの絶縁耐力試験を直流電圧で行う場合の試験電圧〔V〕の計算式は.

イ. 6 900 × 1.5　　ロ. 6 900 × 2

ハ. 6 900 × 1.5 × 2　　ニ. 6 900 × 2 × 2

解説 最大使用電圧が 6.9 kV（6 900 V）の CV ケーブルを直流電圧で絶縁耐力試験を実施する場合，直流試験電圧は「ハ」の 6 900 × 1.5 × 2 ＝ 20 700 V（20.7 kV）で計算します.

解答 ハ

過去問にチャレンジ！ (平成 25 年)

高圧電路の絶縁耐力試験の実施方法に関する記述として，不適切なものは.

イ. 最大使用電圧が 6.9 kV の CV ケーブルを直流 20.7 kV の試験電圧で実施した.

ロ. 試験電圧を 5 分間印加後，試験電源が停電したので，試験電源が復電後，試験電圧を再度 5 分間印加し合計 10 分間印加した.

ハ. 一次側 6 kV，二次側 3 kV の変圧器の一次側巻線に試験電圧を印加する場合，二次側巻線を一括して接地した.

ニ. 定格電圧 1 000 V の絶縁抵抗計で，試験前と試験後に絶縁抵抗測定を実施した.

解説 高圧電路の絶縁耐力試験の実施方法は，最大使用電圧が 7.0 kV（7 000 V）以下の電路の場合，交流試験電圧は最大使用電圧の 1.5 倍で，試験時間は連続 10 分間で行います．なお，途中で中断してしまった場合は，改めて連続 10 分間試験電圧を加える必要があります．よって，「ロ」は不適切です.

解答 ロ

過電流継電器・平均力率

過電流継電器の試験

過電流継電器の特性には，電流が整定値以上になると動作する定限時特性と電流の大きさに反比例して動作時間が変化する反限時特性があります．過電流継電器の**最小動作電流の測定**と**限時特性試験**には電流計，サイクルカウンタ，電圧調整器，可変抵抗器または水抵抗器を使用します．合わせて試験項目も覚えましょう．

$$平均力率〔\%〕=\frac{電力量計}{\sqrt{(電力量計)^2+(無効電力量計)^2}}\times 100$$

攻略の4ステップ

1. **CB形高圧受電設備と過電流継電器との保護協調のグラフを確認**
2. **OCRの最小動作電流の測定と限時特性試験に電力計は必要ない**
3. **誘導形過電流継電器(OCR)の試験項目に最小動作電圧試験はない**
4. **平均力率を求める計器 とくれば 電力量計と無効電力量計**

解いてみよう (令和2年)

CB形高圧受電設備と配電用変電所の過電流継電器との保護協調がとれているものは．ただし，図中①の曲線は配電用変電所の過電流継電器動作特性を示し，②の曲線は高圧受電設備の過電流継電器とCBの連動遮断特性を示す．

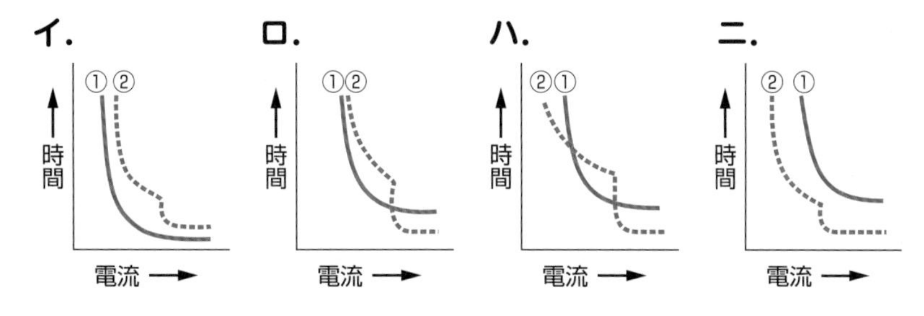

解説 CB形高圧受電設備と配電用変電所の過電流継電器との保護協調がとれているためには，「ニ」のグラフのように，②が常に①より早くする必要があります．よって，「ニ」となります．

解答 ニ

過去問にチャレンジ！ (平成22年)

過電流継電器の最小動作電流の測定と限時特性試験を行う場合，必要でないものは．

イ．電力計　ロ．電流計　ハ．サイクルカウンタ　ニ．電圧調整器

解説 最小動作電流の測定と限時特性試験を行う場合，電流計，サイクルカウンタ，電圧調整器，可変抵抗器または水抵抗器が必要です．よって，「イ」の電力計は必要ありません．

解答 イ

接地工事（B 種接地工事）

変圧器の B 種接地工事と計算方法

一般に，B 種接地工事の接地抵抗値は下記の式で求めますが，条件によって①の電位上昇の限度は下表のように変わります．

$$\text{B 種接地工事} \leqq \frac{150}{\text{1 線地絡電流}}$$

条件 A で高圧側電路の 1 線地絡電流が 6 A のとき

$$\text{B 種接地工事} \leqq \frac{^{①}600}{\text{1 線地絡電流}} = \frac{600}{6} = 100\ \Omega$$

〔注意〕C 種や D 種接地工事の場合，0.5 秒以内に電路を自動的に遮断する過電流遮断器が設けられている場合，接地抵抗値を 500 Ω以下に緩和することができましたが，**B 種接地工事の場合，接地抵抗値を緩和することはできません**.

条件	混触時に対地電圧が 150 V を超えた場合の高圧電路を遮断する時間	混触時の低圧側電位上昇の限度①
A	**1 秒以内**	**600 V 以下**
B	1 秒を超え 2 秒以内	300 V 以下

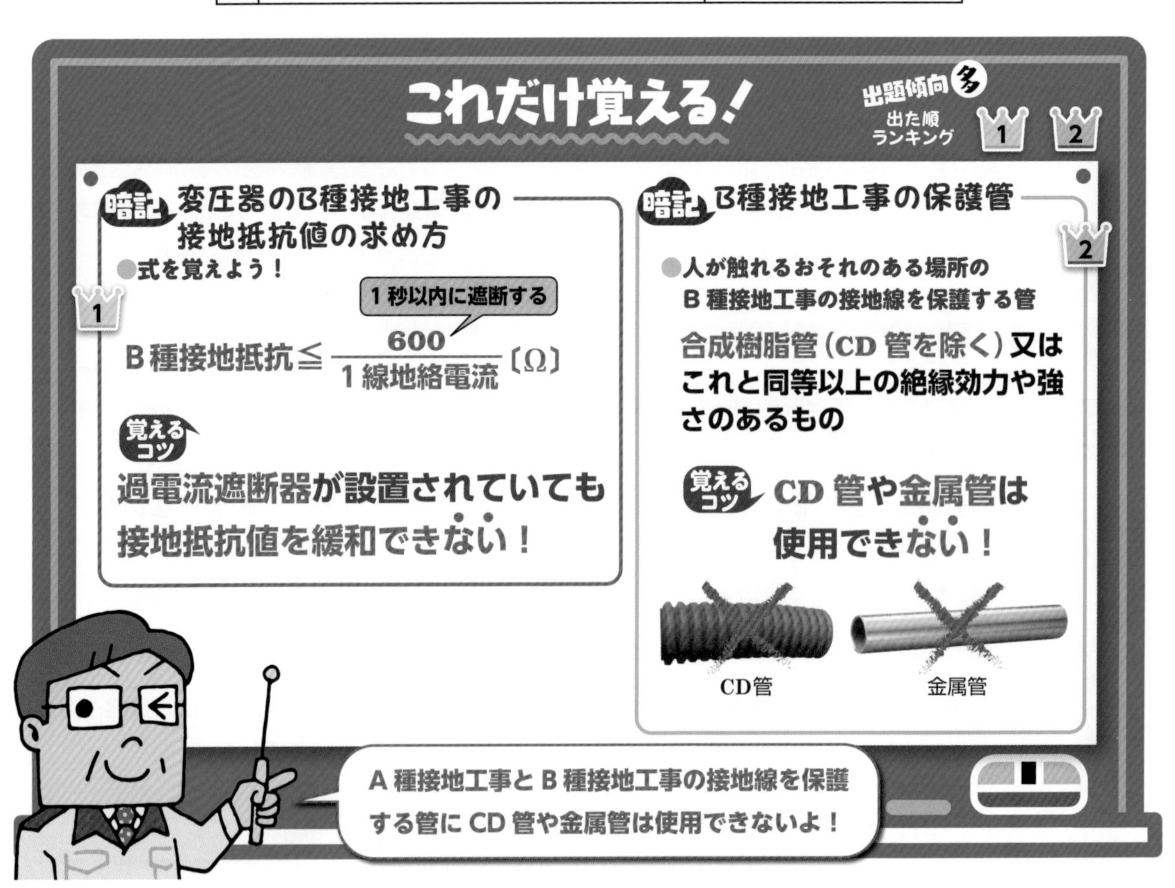

攻略の2ステップ

1 B種接地工事の接地抵抗値 とくれば 条件Aの場合 B 種接地抵抗 $\leq \dfrac{600}{1\text{ 線地絡電流}}$〔Ω〕

2 B種接地工事の接地線を保護する管 とくれば **CD 管や金属管は使用できない**

解いてみよう（平成 27 年）

一般に B 種接地抵抗値の計算式は，$\dfrac{150\text{ V}}{\text{高圧側電路の 1 線地絡電流〔A〕}}$〔Ω〕となる.

ただし，変圧器の高低圧混触により，低圧側電路の対地電圧が 150 V を超えた場合に，1 秒以内で自動的に高圧側電路を遮断する装置を設けるときは，計算式の 150 V は ＿＿＿ V とすることができる.

上記の空欄にあてはまる数値は.

イ．300　　ロ．400　　ハ．500　　ニ．600

解説

左表の条件 A のときは計算式の 150 V を 600 V とすることができます.

$$\text{B 種接地抵抗値} = \frac{600\text{ V}}{\text{高圧側電路の 1 線地絡電流〔A〕}}\text{〔Ω〕}$$

解答 ニ

過去問にチャレンジ！（平成 26 年）

接地工事に関する記述として，不適切なものは.

イ．人が触れるおそれのある場所で，B 種接地工事の接地線を地表上 2 m まで CD 管で保護した.

ロ．D 種接地工事の接地極を A 種接地工事の接地極（避雷器用を除く）と共用して，接地抵抗を 10 Ω以下とした.

ハ．地中に埋設する接地極に大きさが 900 mm × 900 mm × 1.6 mm の銅板を使用した.

ニ．接触防護措置を施していない 400V 低圧屋内配線において，電線を収めるための金属管に C 種接地工事を施した.

解説

人が触れるおそれのある場所に B 種接地工事を施す場合，保護管に CD 管や金属管は使用できません.

解答 イ

接地工事
(C 種接地工事・D 種接地工事)

C 種接地工事と D 種接地工事

名　称	図記号	説　明
C 種接地工事 (E_C)	E_C	**300 V を越える低圧**の機器の外箱または鉄台に接地する. 接地抵抗：10 Ω以下*　接地線の太さ：直径 1.6 mm 以上
D 種接地工事 (E_D)	E_D	**300 V 以下の低圧**の機器の外箱または鉄台に接地する. 接地抵抗：100 Ω以下*　接地線の太さ：直径 1.6 mm 以上

＊ 0.5 秒以内に自動的に遮断する過電流遮断器があれば 500 Ω以下

共用接地 ⬅ 接地工事の接地線を共通の接地極につなぐこと.

接地抵抗値が合わせて 10 Ω以下の場合, A 種（避雷器用を除く), C 種, D 種は共用できます.

例　D 種接地工事の接地極と A 種接地工事の接地極（避雷器用を除く）を接地抵抗が 10 Ω以下ならば共用できる.

接地抵抗の測定方法

直読式接地抵抗計（アーステスタ）で接地抵抗を測定する場合，**これだけ覚える！** の図のように接続し, 接地極 E と補助接地極 P, C が EPC の順にほぼ一直線になるように配置し, 間隔は 10 m 程度とします.

地中に埋設又は打ち込みをする接地極に使用する材料

接地極に使用する材料には銅板か鋼棒などがありますが，**アルミ板は地中に埋設すると腐食するので，接地極として使用できません.**

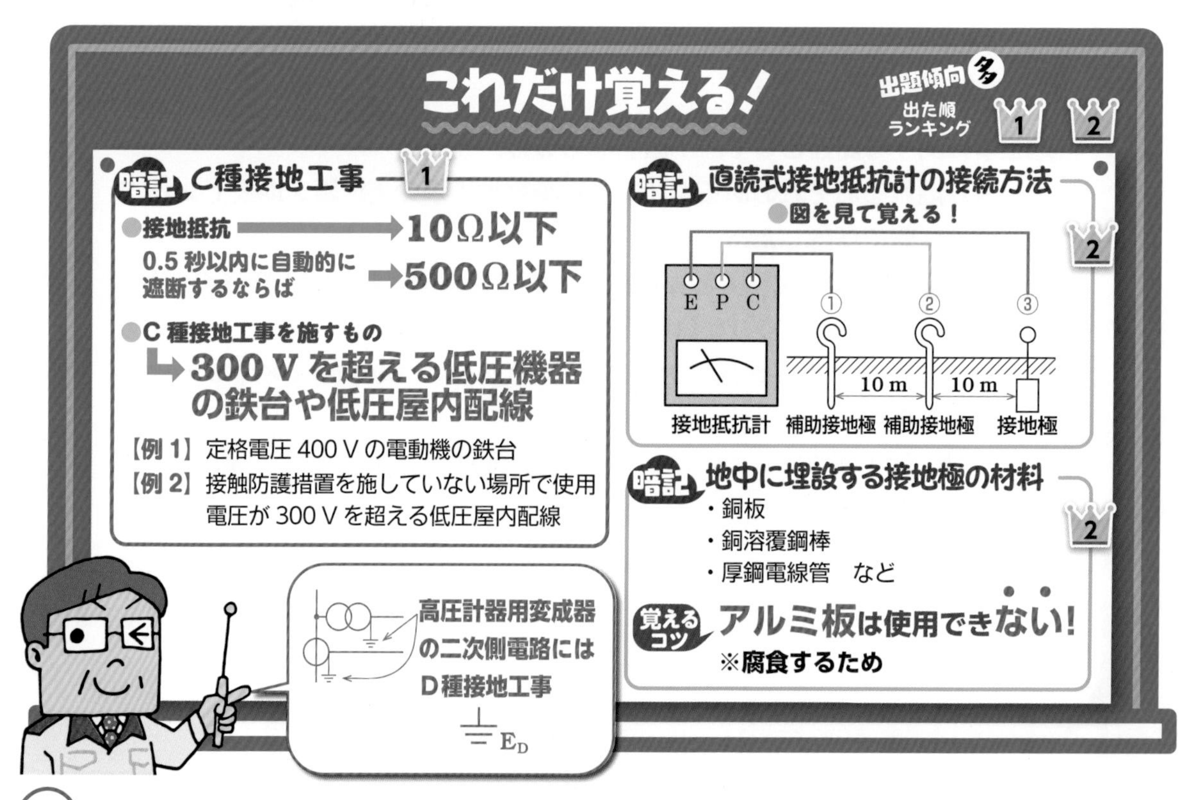

攻略の3ステップ

1. **これだけ覚える！のC種接地工事について確認**
2. **直読式接地抵抗計の接続方法を図で確認**
3. **地中の接地極にアルミ板は使用できない**

解いてみよう（平成 24 年）

人が触れるおそれのある場所で使用電圧が 400 V の低圧屋内配線において，CV ケーブルを金属管に収めて施設した．金属管に施す接地工事の種類は．ただし，接触防護措置を施していないものとする．

イ．A 種接地工事　　ロ．B 種接地工事
ハ．C 種接地工事　　ニ．D 種接地工事

解説 人が触れるおそれのある場所で使用電圧が 300 V を超える低圧屋内配線の金属管に施す接地工事は C 種接地工事です．

解答 ハ

過去問にチャレンジ！（平成 14 年）

自家用電気工作物として施設する電路又は機器について，C 種接地工事を施さなければならないものは．

イ．定格電圧 400 V の電動機の鉄台
ロ．高圧計器用変成器の二次側電路
ハ．6.6 kV/210 V の変圧器の低圧側の中性点
ニ．高圧電路に施設する避雷器

解説 300 V を超える低圧機器の鉄台には，C 種接地工事を施します．

イ ………… C 種接地工事
ロ ………… D 種接地工事
ハ ………… B 種接地工事
ニ ………… A 種接地工事

解答 イ

低圧（交流 600 V 以下）
300V 以下…D 種
300V 超え…C 種
と覚えよう！

●練習問題1（接地工事）

試験は4択（イ，ロ，ハ，ニ）だけど過去に出題された問題をまとめて学習効果を高めたよ！

問題1　自家用電気工作物として施設する電路又は機器について，D種接地工事を施さなければならないものは．

p228（9-8）

語群欄

イ． 高圧電路に施設する外箱のない変圧器の鉄心
ロ． 定格電圧400Vの電動機の鉄台
ハ． 6.6kV/210Vの変圧器の低圧側の中性点
ニ． 高圧計器用変成器の二次側電路

高圧計器用変成器の二次側電路には，**D種接地工事**を施さなければならないため，「ニ」が正解となります．なお，「イ」はA種接地工事，「ロ」はC種接地工事，「ハ」はB種接地工事です．

◆解答◆ ニ

問題2　電気設備の技術基準の解釈において，D種接地工事に関する記述として，誤っているものは．

p228（9-8）

語群欄

イ． 接地抵抗値は，100Ω以下であること．
ロ． 接地抵抗値は，低圧電路において，地絡を生じた場合に0.5秒以内に当該電路を自動的に遮断する装置を施設するときは，500Ω以下であること．
ハ． D種接地工事を施す金属体と大地との間の電気抵抗値が10Ω以下でなければ，D種接地工事を施したものとみなされない．
ニ． 接地線は故障の際に流れる電流を安全に通じることができるものであること．

D種接地工事を施す金属体と大地との間の**接地抵抗値が100Ω以下**（低圧電路において，地絡を生じた場合に0.5秒以内に当該電路を自動的に遮断する装置を施設するときは500Ω以下）の場合，D種接地工事を施したものとみなされるため，「ハ」が誤りです．

◆解答◆ ハ

問題3　電気設備の技術基準の解釈ではC種接地工事について「接地抵抗値は10Ω（低圧電路において，地絡を生じた場合に0.5秒以内に当該電路を自動的に遮断する装置を施設するときは，［　　］Ω以下であること．）」と規定されているか．上記の空欄にあてはまる数値として，正しいものは．

p228（9-8）

語群欄

イ． 50　**ロ．** 150　**ハ．** 300　**ニ．** 500

C種接地工事は，地絡が生じた場合に0.5秒以内に当該電路を自動的に遮断する装置を施設するときは，接地抵抗を**500Ω以下**とすることができます．

◆解答◆ ニ

問題4　接触防護措置を施していない場所で使用電圧が300Vを超える低圧屋内配線において，600Vビニル絶縁ビニルシースケーブルを金属管に収めて施設した．金属管に施す接地工事の種類は．

p228（9-8）

語群欄

イ． A種接地工事　**ロ．** B種接地工事　**ハ．** C種接地工事　**ニ．** D種接地工事

接触防護措置を施していない場所で使用電圧が**300Vを超える低圧屋内配線の金属管**には，**C種接地工事**を施さなければならないため，「ハ」が正解です．

◆解答◆ ハ

問題5　人が触れるおそれがある場所に施設する機械器具の金属製外箱等の接地工事について，誤っているものは．ただし，絶縁台は設けないものとする．

p228（9-8）

語群欄

イ． 使用電圧200Vの電動機の金属製の台及び外箱にD種接地工事を施した．
ロ． 使用電圧6kVの変圧器の金属製の台及び外箱にA種接地工事を施した．
ハ． 使用電圧400Vの電動機の金属製の台及び外箱にD種接地工事を施した．
ニ． 使用電圧6kVの外箱のない乾式変圧器の鉄心にA種接地工事を施した．

300Vを超える低圧機器の鉄台には，**C種接地工事**を施さなければならないため，「ハ」が誤りです．

◆解答◆ ハ

問題 6　直読式接地抵抗計（アーステスタ）で接地抵抗を測定する場合，接地抵抗計の端子記号（E, P, C）と接地極③及び補助接地極①，②の接続方法として，正しいものは．なお，接地極と補助接地極は一直線上に配置する． ☞ p228（9-8）

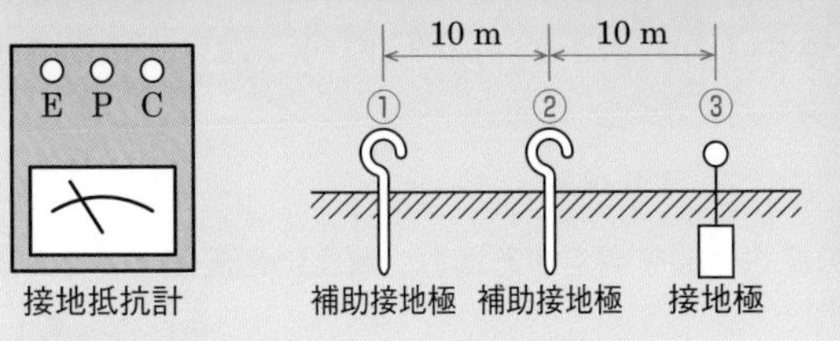

語群欄

イ．Eと①　Pと②　Cと③
ロ．Eと②　Pと①　Cと③
ハ．Eと③　Pと②　Cと①
ニ．Eと①　Pと③　Cと②

接地抵抗を測定する場合，接地極と補助接地極を一直線上に 10m 程度の間隔で配置します．直読式接地抵抗計の **E 端子には接地極を接続し，P 端子には中央の補助接地極に接続し，C 端子には端の補助接地極を接続させます**．よって，「ハ」が正しい接続方法です．

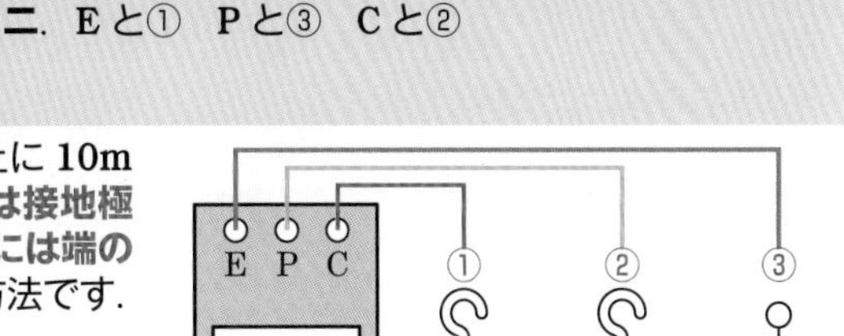

◆解答◆ ハ

問題 7　地中に埋設又は打ち込みをする接地極として，不適切なものは． ☞ p228（9-8）

語群欄

イ．縦 900 mm ×横 900 mm ×厚さ 2.6 mm のアルミ板
ロ．縦 900 mm ×横 900 mm ×厚さ 1.6 mm の銅板
ハ．直径 14 mm　長さ 1.5 m の銅溶覆鋼棒
ニ．内径 36 mm　長さ 1.5 m の厚鋼電線管

アルミ板は，地中に埋設すると腐食するので，接地極として使用しません．よって，「イ」のアルミ板が不適切です．

◆解答◆ イ

問題 8　接地工事に関する記述として，不適切なものを語群欄より 2 つ選び答えよ． ☞ p226（9-7）

語群欄

イ．人が触れるおそれのある場所で，B 種接地工事の接地線を地表上 2 m まで CD 管で保護した．
ロ．人が触れるおそれのある場所で，B 種接地工事の接地線を地表上 2 m まで金属管で保護した．
ハ．D 種接地工事の接地極を A 種接地工事の接地極（避雷器用を除く）と共用して，接地抵抗を 10 Ω以下とした．
ニ．地中に埋設する接地極に大きさが 900 mm × 900 mm × 1.6 mm の銅板を使用した．
ホ．接触防護措置が施していない場所の 400 V 低圧屋内配線において，電線を収めるための金属管に C 種接地工事を施した．
ヘ．人が触れるおそれのある場所の 400 V 低圧屋内配線において，電線を収めるための金属管に C 種接地工事を施した．

人が触れるおそれのある場所の B 種接地工事の接地線を保護する管は，**合成樹脂管（CD 管を除く）又はこれと同等以上の絶縁効力や強さのあるもので覆う**ことになっているため，**CD 管や金属管**は使用できません．よって，「イ」と「ロ」が不適切です．

◆解答◆ イ，ロ

問題 9　一般に B 種接地抵抗値の計算式は下記のようになる．

$$\text{接地抵抗値} = \frac{150\ \text{V}}{\text{変圧器高圧側電路の 1 線地絡電流〔A〕}}\ 〔\Omega〕$$

ただし，変圧器の高低圧混触により，低圧側電路の対地電圧が 150 V を超えた場合に，1 秒以下で自動的に高圧側電路を遮断する装置を設けるときは，計算式の 150 V は何 V とすることができるか． ☞ p226（9-7）

語群欄

イ．300　**ロ**．400　**ハ**．500　**ニ**．600

B 種接地工事の接地抵抗は，変圧器の高低圧混触により，低圧電路の対地電圧が 150 V を超えた場合 2 秒以内で自動的に高圧側電路を遮断する装置を設けるときは 300 V とすることができますが，**1 秒以内で自動的に高圧側電路を自動遮断する装置を設けるときは 600 V** とすることができます．

$$\text{接地抵抗値} = \frac{600\ \text{V}}{\text{変圧器高圧側電路の 1 線地絡電流〔A〕}}\ 〔\Omega〕$$

◆解答◆ ニ

●練習問題 2（絶縁抵抗）

問題 1 **電気設備の技術基準の解釈において，停電が困難なため低圧屋内配線の絶縁性能を，漏えい電流を測定して判定する場合，使用電圧が 100V 又は 200V の電路の漏えい電流の上限値として，適切なものは．** p220（9-4）

語群欄

イ．0.1 mA　ロ．0.2 mA　ハ．0.4 mA　ニ．1.0 mA

停電が困難なため，漏えい電流を測定して低圧屋内配線の絶縁性能を判定する場合，**漏えい電流が 1.0 mA 以下**であればよいとされています．

◆解答◆ ニ

問題 2 **低圧屋内幹線の開閉器又は過電流遮断器で区切ることができる電路ごとの絶縁性能として，電気設備の技術基準（解釈を含む）に適合するものを語群欄より 2 つ選び答えよ．** p220（9-4）

語群欄

イ．使用電圧 100 V（対地電圧 100 V）のコンセント回路の絶縁抵抗を測定した結果，0.08 MΩであった．
ロ．使用電圧 200 V（対地電圧 200 V）の空調機回路の絶縁抵抗を測定した結果，0.17 MΩであった．
ハ．使用電圧 400 V の冷凍機回路の絶縁抵抗を測定した結果，0.43 MΩであった．
ニ．対地電圧 100 V の電灯回路の絶縁抵抗を測定した結果，0.05 MΩであった．
ホ．対地電圧 200 V の電動機回路の絶縁抵抗を測定した結果，0.1 MΩであった．
ヘ．使用電圧 100 V の電灯回路は，使用中で絶縁抵抗測定ができないので，漏えい電流を測定した結果，1.2 mA であった．
ト．対地電圧 100 V のコンセント回路の漏えい電流を測定した結果，2 mA であった．
チ．対地電圧 100 V の電灯回路の漏えい電流を測定した結果，0.5 mA であった．

低圧屋内幹線の開閉器又は過電流遮断器で区切ることができる電路ごとの絶縁性能は，下表のように決まっています．よって，**使用電圧が 300 V を超える場合**，**絶縁抵抗値は 0.4 MΩ以上**となるため，「ハ」が適合します．また，停電が困難なため低圧屋内配線の絶縁性能を，漏えい電流を測定して判定する場合，**漏えい電流が 1.0 mA 以下**であればよいとされているため，「チ」も適合します．

電路の使用電圧の区分		絶縁抵抗値
300 V 以下	対地電圧が 150 V 以下の場合	**0.1 MΩ以上**
	その他の場合	**0.2 MΩ以上**
300 V を超える低圧回路		**0.4 MΩ以上**

◆解答◆ ハ，チ

問題 3 **低圧屋内配線の開閉器又は過電流遮断器で区切ることができる電路ごとの絶縁性能として，電気設備の技術基準（解釈を含む）に適合しないものは．** p220（9-4）

語群欄

イ．対地電圧 100 V の電灯回路の漏えい電流を測定した結果，0.8 mA であった．
ロ．対地電圧 100 V の電灯回路の絶縁抵抗を測定した結果，0.15 MΩであった．
ハ．対地電圧 200 V の電動機回路の絶縁抵抗を測定した結果，0.18 MΩであった．
ニ．対地電圧 200 V のコンセント回路の漏えい電流を測定した結果，0.4 mA であった．

対地電圧 200 V の電動機回路の**絶縁抵抗は 0.2 MΩ以上**でなければならないため，「ハ」が適合しません．

◆解答◆ ハ

問題 4 **電気使用場所における対地電圧が 200 V の三相 3 線式電路の，開閉器又は過電流遮断器で区切ることのできる電路ごとに，電線相互間及び電路と大地との間の絶縁抵抗の最小限度値〔MΩ〕は．** p220（9-4）

語群欄

イ．0.1　ロ．0.2　ハ．0.4　ニ．1.0

対地電圧 200 V の電線相互間及び電路と大地との間の**絶縁抵抗は 0.2 MΩ以上**でなければならないため，「ロ」となります．

◆解答◆ ロ

●練習問題 3（検査・点検・診断）

問題 1　変圧器の絶縁油の劣化診断に直接関係のないものを 2 つ選び答えよ.　p216（9-2）

語群欄
- **イ**. 外観試験（にごり・ごみ）
- **ロ**. 絶縁破壊電圧試験
- **ハ**. 水分試験
- **ニ**. 真空度試験
- **ホ**. 全酸価試験（酸価度測定）
- **ヘ**. 温度上昇試験

変圧器の絶縁油の劣化診断には，**真空度試験**と**温度上昇試験**は直接関係ありませんので，「ニ」と「ヘ」になります．
変圧器の絶縁油の劣化診断は下記の通りになります．
①外観試験 ………………………… 絶縁油に濁りやゴミがないか確認する．
②絶縁破壊電圧試験 ……………… 絶縁破壊電圧を測定する．
③水分試験 ………………………… 絶縁油中の水分量を測定する．
④全酸化試験（酸化度測定）……… 酸化度を測定して判定する．

◆解答◆ ニ，ヘ

問題 2　6 600 V CVT ケーブルの直流漏れ電流測定の結果として，ケーブルが正常であることを示す測定チャートを語群欄より 1 つ選び答えよ.　p216（9-2）

語群欄

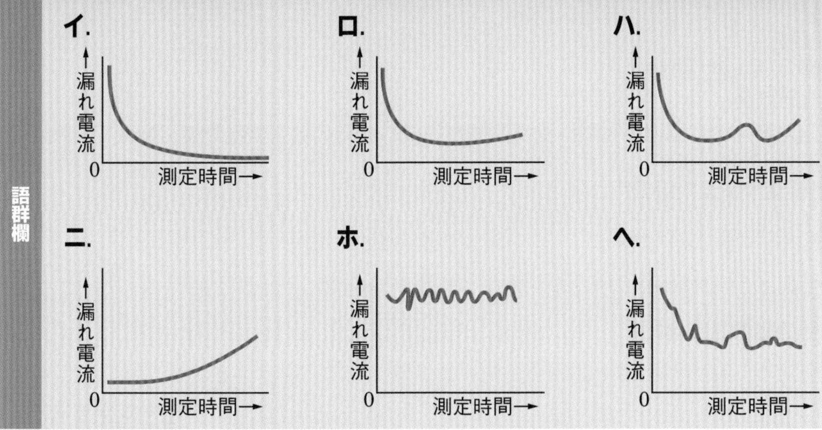

直流漏れ電流測定は，吸湿劣化や熱劣化などの検出が可能です．ケーブルが正常であることを示す測定チャートは，**「イ」**のグラフのように，はじめにケーブルの静電容量による充電電流と漏れ電流が流れ，時間とともに充電電流が減少し，最終的には小さな漏れ電流だけが流れるようになります．
イ ………………… **正常なケーブル**
ロ，ハ，ニ …… 漏れ電流の上昇傾向が見られるため注意を要するケーブル
ホ，ヘ ………… キック現象（急激な漏れ電流の変動）が見られるため注意を要するケーブル

◆解答◆ イ

問題 3　高圧受電設備の定期点検で通常用いないものは.　p214（9-1）

語群欄
イ. 高圧検電器　**ロ**. 短絡接地器具　**ハ**. 絶縁抵抗計　**ニ**. 検相器

定期点検では相順（相回転）の確認は行わないため，「ニ」の検相器は使用しません．定期点検は，年に 1 回程度の頻度で行います．高圧検電器で無電圧であることを確認し，短絡接地器具を取り付けて安全を確保し，測定器具などを使用して，接地抵抗測定，絶縁抵抗測定，保護継電器装置の動作試験などを行うとともに，活線状態（電流が流れている状態）では点検できない充電部の緩みやたわみ，注油，清掃などを行います．

◆解答◆ ニ

問題 4 高圧受電設備の年次点検において，電路を開放して作業を行う場合は，感電事故防止の観点から，作業箇所に短絡接地器具を取り付けて安全を確保するが，この場合の作業方法として，誤っているものは．
p214（9-1）

語群欄
- **イ**．取り付けに先立ち，短絡接地器具の取り付け箇所の無充電を検電器で確認する．
- **ロ**．取り付け時には，まず電路側金具を電路側に接続し，次に接地側金具を接地線に接続する．
- **ハ**．取り付け中は，「短絡接地中」の標識をして注意喚起を図る．
- **ニ**．取り外し時には，まず電路側金具を外し，次に接地側金具を外す．

取り付け時には，まず**接地側金具を接地線に接続し**，**電路側金具を電路側に接続します**．順序が逆になっているため，「ロ」が誤りです．

① 検電器により無充電であることを確認する．
② 放電棒により残留電荷の放電を確認する．
③「短絡接地中」の標識をして注意喚起を図る．
④ 取り付け時には，まず接地側金具を接地線に接続し，電路側金具を電路側に接続する．
⑤ 取り外し時には，まず電路側金具を外し，次に接地側金具を外す．

◆解答◆ ロ

問題 5 受電電圧 6600V の受電設備が完成した時の自主検査や竣工検査で一般に行われないものを語群欄より 2 つ選び答えよ．
p214（9-1）

語群欄
- **イ**．高圧機器の接地抵抗測定
- **ロ**．地絡継電器の動作試験
- **ハ**．変圧器の温度上昇試験
- **ニ**．高圧電路の絶縁耐力試験
- **ホ**．計器用変圧器の一次側の絶縁耐力試験
- **ヘ**．配線用遮断器の短絡遮断試験

変圧器の温度上昇試験と**配線用遮断器の短絡遮断試験**は受電設備が完成した時の自主検査や竣工検査で一般に行いません．よって，「ハ」と「ヘ」となります．

〈受電設備が完成した時の自主検査や竣工検査で行う項目〉
① 外観検査（目視検査）
② 接地抵抗測定
③ 絶縁抵抗測定
④ 絶縁耐力試験
⑤ 保護装置試験（地絡継電器の動作試験含む）
⑥ 遮断器関係試験
⑦ 導通試験
⑧ 通電試験

◆解答◆ ハ，ヘ

問題 6 サイクルカウンタを用いて測定を行う試験は．
p218（9-3）

語群欄
- **イ**．変圧器の変圧比試験
- **ロ**．過電流継電器の動作時間特性試験
- **ハ**．変圧器の温度上昇試験
- **ニ**．高圧電路の絶縁耐力試験

サイクルカウンタとは，過電流継電器の動作時間を測定する装置です．**過電流継電器の動作時間特性試験**に用いるため，「ロ」となります．

◆解答◆ ロ

問題 7 高圧受電設備におけるシーケンス試験（制御回路試験）として，行わないものを語群欄より 2 つ選び答えよ．
p218（9-3）

語群欄
- **イ**．保護継電器が動作したときに遮断器が確実に動作することを試験する．
- **ロ**．警報及び表示装置が正常に動作することを試験する．
- **ハ**．試験中の制御回路各部の温度上昇を試験する．
- **ニ**．制御回路の絶縁状態及び温度上昇を試験する．
- **ホ**．インタロックや遠隔操作の回路がある場合は，回路の構成及び動作状況を試験する．

シーケンス試験（制御回路試験）とは，機器の単体試験終了後に総合的に連動して機能しているかどうか確認するための試験です．主に，保護継電器が動作したときに遮断器が確実に動作し，警報及び表示装置が正常に動作し，インタロックや遠隔操作の回路がある場合は回路の構成及び動作状況を試験します．**温度上昇試験**は変圧器の損失分の電力を供給して最高油温度上昇と巻線温度上昇を求め，温度上昇が規定の限度内にあるかどうか確認する試験なので，「ハ」と「ニ」はシーケンス試験で行いません．

◆解答◆ ハ，ニ

●練習問題 4（絶縁耐力試験）

語群が多い問題は色々なパターンで過去に出題されているよ.

問題 1　高圧電路の絶縁耐力試験の実施方法に関する記述として，不適切なものを語群欄より 3 つ選び答えよ.　☞ p222（9-5）

語群欄

イ. 最大使用電圧が 6.9 kV の CV ケーブルを直流 10.35 kV の試験電圧で実施する.
ロ. 最大使用電圧が 6.9 kV の CV ケーブルを直流 20.7 kV の試験電圧で実施する.
ハ. 試験電圧を 5 分間印加後，試験電源が停電したので，試験電源が復電後，試験電圧を再度 5 分間印加し合計 10 分間印加する.
ニ. 試験電圧を 9 分間印加した時点で試験電源が停電，試験電源が復電後，試験電圧を 1 分間印加して終了する.
ホ. 試験電圧を印加後，連続して 10 分間に満たない時点で試験電源が停電した場合は，試験電源が復電後，試験電圧を再度連続して 10 分間印加する.
へ. 一次側 6kV，二次側 3 kV の変圧器の一次側巻線に試験電圧を印加する場合，二次側巻線を一括して接地する.
ト. 定格電圧 1 000 V の絶縁抵抗計で，試験前と試験後に絶縁抵抗測定を実施する.

高圧電路の絶縁耐力試験の実施方法は，最大使用電圧が 7.0kV（7 000 V）以下の電路の場合，交流試験電圧は最大使用電圧の 1.5 倍で，試験時間は連続 10 分間で行います．なお，**途中で中断してしまった場合は，改めて連続 10 分間試験電圧を加える**必要があります．よって「ハ」と「ニ」は不適切です．直流電圧で絶縁耐力試験を実施する場合，交流試験電圧の 2 倍の直流電圧を加えて行うことができます．例えば，最大使用電圧が 6.9 kV（6 900 V）の CV ケーブルを直流電圧で絶縁耐力試験を実施する場合，直流試験電圧は，**6 900 × 1.5 × 2 = 20 700 V = 20.7 kV** となります．よって，「イ」は不適切です.

◆解答◆ イ, ハ, ニ

問題 2　最大使用電圧 6 900 V の高圧受電設備の電路を一括して，交流で絶縁耐力試験を行う場合の試験電圧と試験時間の組合せとして，適切なものは.　☞ p222（9-5）

語群欄

イ. 試験電圧：8 625 V　試験時間：連続 1 分間
ロ. 試験電圧：8 625 V　試験時間：連続 10 分間
ハ. 試験電圧：10 350 V　試験時間：連続 1 分間
ニ. 試験電圧：10 350 V　試験時間：連続 10 分間

高圧電路の絶縁耐力試験の実施方法は，最大使用電圧が 7.0 kV（7 000 V）以下の電路の場合，交流試験電圧は最大使用電圧の **1.5 倍**で，試験時間は**連続 10 分間**で行います．交流試験電圧は **6 900 × 1.5 = 10 350 V** です．なお，途中で中断してしまった場合は，改めて連続 10 分間試験電圧を加える必要があります．よって，「ニ」が適切です.

◆解答◆ ニ

問題 3　電気設備の技術基準の解釈において，高圧電路の絶縁耐力試験を交流電圧で行う場合に，電路と大地との間に加える試験電圧と試験時間との組合せとして正しいものは.　☞ p222（9-5）

語群欄

イ. 公称電圧の 1.25 倍　連続 1 分間
ロ. 公称電圧の 1.25 倍　連続 10 分間
ハ. 最大使用電圧の 1.5 倍　連続 1 分間
ニ. 最大使用電圧の 1.5 倍　連続 10 分間

高圧電路の絶縁耐力試験の実施方法は，最大使用電圧が 7.0 kV（7 000 V）以下の電路の場合，交流試験電圧は**最大使用電圧の 1.5 倍**で，試験時間は**連続 10 分間**で行います．なお，途中で中断してしまった場合は，改めて連続 10 分間試験電圧を加える必要があります．よって，「ニ」が正しい組合せです.

◆解答◆ ニ

問題 4　最大使用電圧 6 900 V の交流電路に使用するケーブルの絶縁耐力試験を直流電圧で行う場合の試験電圧〔V〕は.　☞ p222（9-5）

語群欄

イ. 9 900　**ロ.** 10 350　**ハ.** 19 800　**ニ.** 20 700

最大使用電圧が 6.9 kV（6 900 V）の CV ケーブルを直流電圧で絶縁耐力試験を実施する場合，直流試験電圧は，**6 900 × 1.5 × 2 = 20 700 V**（20.7 kV）となります.

◆解答◆ ニ

問題 5　**最大使用電圧 6 900 V の交流電路に使用するケーブルの絶縁耐力試験を直流電圧で行う場合の試験電圧〔V〕の計算式は.**
☞ p222（9-5）

語群欄　**イ**. 6 900 × 1.5　**ロ**. 6 900 × 2　**ハ**. 6 900 × 1.5 × 2　**ニ**. 6 900 × 2 × 2

最大使用電圧が 6.9 kV（6 900 V）の CV ケーブルを直流電圧で絶縁耐力試験を実施する場合，直流試験電圧は，「ハ」の **6 900 × 1.5 × 2** = 20 700 V（20.7 kV）で計算します.

◆解答◆ ハ

問題 6　**公称電圧 6.6 kV の交流電路に使用するケーブルの絶縁耐力試験を直流電圧で行う場合の試験電圧〔V〕の計算式は.**
☞ p222（9-5）

語群欄　**イ**. $6\,600\times1.5\times2$　**ロ**. $6\,600\times\dfrac{1.15}{1.1}\times1.5\times2$　**ハ**. $6\,600\times2\times2$　**ニ**. $6\,600\times\dfrac{1.15}{1.1}\times2\times2$

$$\text{最大使用電圧}=\text{公称電圧}\times\frac{1.15}{1.1}=6\,600\times\frac{1.15}{1.1}\ \text{〔V〕}$$

絶縁耐力試験を交流電圧で行うならば，最大使用電圧× 1.5 で計算します．直流電圧で行うならば，交流で行う試験電圧×2 で計算するため，

$$6\,600\times\frac{1.15}{1.1}\times1.5\times2=20\,700\ \text{V}\ (20.7\ \text{kV})$$ で計算します.

◆解答◆ ロ

問題 7　**公称電圧 6.6 kV で受電する高圧受電設備の遮断器，変圧器などの高圧側機器（避雷器を除く）を一括で絶縁耐力試験を行う場合，試験電圧〔V〕の計算式は.**
☞ p222（9-5）

語群欄　**イ**. $6\,600\times1.5$　**ロ**. $6\,600\times\dfrac{1.15}{1.1}\times1.5$　**ハ**. $6\,600\times1.5\times2$　**ニ**. $6\,600\times\dfrac{1.15}{1.1}\times2$

高圧受電設備の遮断器，変圧器などの高圧側機器（避雷器を除く）を一括で絶縁耐力試験を行う場合，試験電圧〔V〕の計算式は，次の式で求めます.

$$\text{最大使用電圧}=\text{公称電圧}\times\frac{1.15}{1.1}$$

よって，公称電圧を 6.6 kV（6 600 V）とすると

$$\text{最大使用電圧}=6\,600\times\frac{1.15}{1.1}$$

となります．試験電圧は，最大使用電圧の 1.5 倍の交流電圧となるため

$$\textbf{交流試験電圧}=6\,600\times\frac{1.15}{1.1}\times1.5$$

となります．よって，試験電圧〔V〕の計算式は「ロ」となります.

◆解答◆ ロ

問題 8　**図のように変圧比 6 600 V/210 V の単相変圧器 2 台を使用し，結線は低圧側を並列，高圧側を直列に接続して絶縁耐力試験を行う場合，試験電圧 10 350 V を発生させるために低圧側に加える電圧〔V〕は.**
☞ p222（9-5）

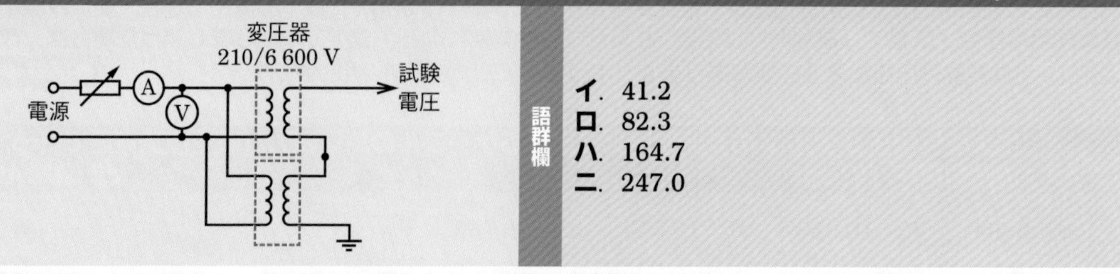

単相変圧器 2 台を使用し，絶縁耐力試験を行う場合，試験電圧に注目します．問題文より，試験電圧が 10 350 V と書かれているため，単相変圧器 1 台あたり 10 350/2 ＝ 5 175 V 発生させる必要があります.
低圧側に加える電圧を V とすると，次の式が成り立ちます.

$$\frac{V}{5\,175}=\frac{210}{6\,600}$$

$$V=\frac{210}{6\,600}\times5175=164.7\ \text{V}$$

よって，低圧側に加える電圧は「ハ」となります.

◆解答◆ ハ

問題 9　6 300/210 V の単相変圧器 2 台を図のように接続し，最大使用電圧 6 900 V の電路の絶縁耐力試験を行う場合，試験電圧を発生させるために変圧器を低圧側に加える電圧〔V〕は．

p222（9-5）

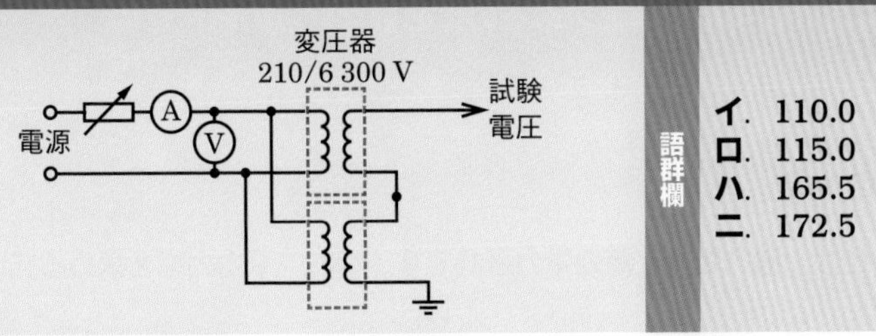

語群欄

イ．110.0
ロ．115.0
ハ．165.5
ニ．172.5

試験電圧は最大使用電圧の 1.5 倍の電圧になるため，試験電圧＝ 6 900 × 1.5 ＝ 10 350 V となります．
単相変圧器 2 台を使用し，絶縁耐力試験を行う場合，試験電圧に注目します．試験電圧が，10 350 V と書かれているため，単相変圧器 1 台あたり，10 350/2 ＝ 5 175 V 発生させる必要があります．
低圧側に加える電圧を V とすると，次の式が成り立ちます．

$$\frac{V}{5\,175} = \frac{210}{6\,300}$$

$$V = \frac{210}{6\,300} \times 5175 = 172.5\ \mathrm{V}$$

よって，低圧側に加える電圧は「ニ」となります．

◆解答◆ ニ

問題 10　タップ電圧 6 300/105 V の単相変圧器 2 台を用いて，最大使用電圧 6 900 V の電路の絶縁耐力試験を行うときの試験回路の結線として，正しいものは．

p222（9-5）

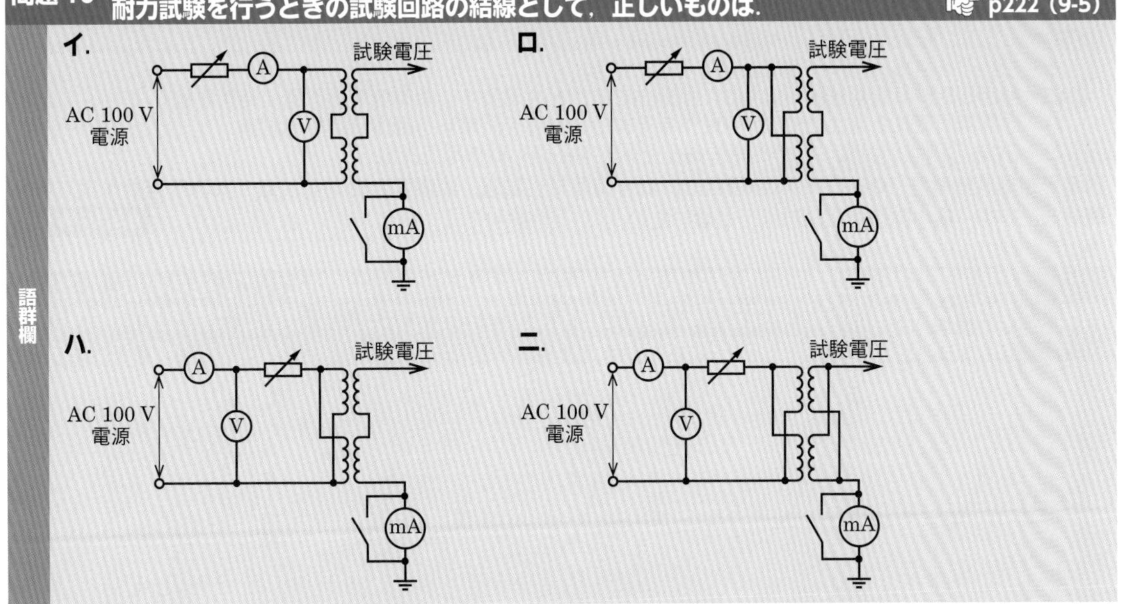

単相変圧器 2 台を用いて絶縁耐力試験を行う場合，**低圧側を並列に接続し，高圧側を直列にします**．よって，「ロ」の結線が正しいです．「ハ」のように可変抵抗器の前に電流計や電圧計を接続してしまうと，可変抵抗器に電圧降下が生じてしまい変圧器の低圧側の電圧を正しく測定することができなくなるため，誤りです．

◆解答◆ ロ

練習問題5（平均力率・過電流継電器）

問題 1　需要家の月間などの 1 期間における平均力率を求めるのに必要な計器の組合せは．

p224（9-6）

語群欄

イ．	電力計	電力量計
ロ．	電力量計	無効電力量計
ハ．	無効電力量計	最大需要電力計
ニ．	最大需要電力計	電力計

平均力率を求めるのに必要な計器の組合せは，**電力量計と無効電力量計**です．なお，平均力率を求める式は，次式となります．

$$\text{平均力率} = \frac{\text{電力量計}}{\sqrt{\text{電力量計}^2 + \text{無効電力量計}^2}} \times 100 \,〔\%〕$$

◆解答◆ ロ

問題 2　過電流継電器の最小動作電流の測定と限時特性試験を行う場合，必要でないものは．

p224（9-6）

語群欄

イ．電力計　**ロ**．電流計　**ハ**．サイクルカウンタ　**ニ**．電圧調整器　**ホ**．水抵抗器　**ヘ**．可変抵抗器

過電流継電器の最小動作電流の測定と限時特性試験に必要ないものは，**電力計**です．最小動作電流の測定と限時特性試験を行う場合，電流計，サイクルカウンタ，電圧調整器，可変抵抗器または水抵抗器が必要です．

◆解答◆ イ

問題 3　高圧受電設備に使用されている誘導形過電流継電器（OCR）の試験項目として，誤っているものは．

p224（9-6）

語群欄

イ．遮断器を含めた動作時間を測定する連動試験
ロ．整定した瞬時要素どおりに OCR が動作することを確認する瞬時要素動作電流特性試験
ハ．過電流が流れた場合に OCR が動作するまでの時間を測定する動作時間特性試験
ニ．OCR の円盤が回転し始める始動電圧を測定する最小動作電圧試験

誘導形過電流継電器（OCR）の試験項目は，動作時間特性試験，遮断器との連動試験，瞬時要素動作電流特性試験などです．**最小動作電圧試験は行わないため**，「ニ」が誤りです．

◆解答◆ ニ

問題 4　CB 形高圧受電設備と配電用変電所の過電流継電器との保護協調がとれているものは．ただし，図中①の直線は配電用変電所の過電流継電器動作特性を示し，②の曲線は高圧受電設備の過電流継電器と CB の連動遮断特性を示す．

p224（9-6）

語群欄

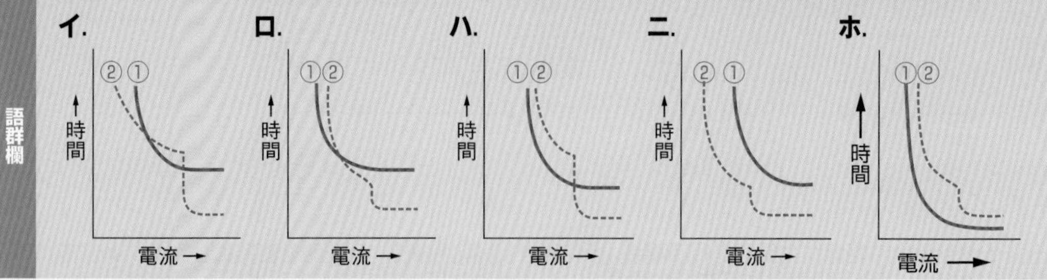

CB 形高圧受電設備と配電用変電所の過電流継電器との保護協調がとれているものは「ニ」のグラフのように，**②の受電設備の CB が遮断する時間より①の配電用変電所の過電流遮断器が動作する時間より早くする必要があります**．よって，「ニ」となります．

◆解答◆ ニ

10章 法令

3問出題

電気を安全に使うために，法令が決められているんだよ．

どんな法令があるんでしたっけ?

大きく4つあって

・電気事業法　　・電気工事士法

・電気工事業法　　・電気用品安全法

があるんだよ．

あ!　第二種電気工事士のときに学習したやつですよね．

第一種電気工事士の試験では，高圧の範囲や第一種電気工事士の工事の範囲とかも重要になってくるんだよ．

そうなんですか!?

一般用電気工作物の範囲だけでなく，自家用電気工作物についても勉強しようね．

10-1 電圧の種別と調査

電圧の種別

電気事業法に規定する電圧には，低圧，高圧，特別高圧の 3 種類があり，電圧の種類は，交流電圧と直流電圧の 2 種類があり，下表のように区分されています．

●電圧の種別

電圧の種類	交流電圧	直流電圧
低　　圧	600 V 以下	750 V 以下
高　　圧	**600 V を超え 7 000 V 以下**	750 V を超え 7 000 V 以下
特別高圧	7000 V を超えるもの	7 000 V を超えるもの

電線路維持運用者が行う一般用電気工作物の調査

一般用電気工作物が設置された時や変更工事が完成した時にも調査が必要で，4 年に 1 回以上一般電気工作物の調査が行われています．電線路維持運用者は，調査を登録調査機関に受託することができ，登録点検業務受託法人が点検業務を受託している一般用電気工作物についても 5 年に 1 回以上調査します．

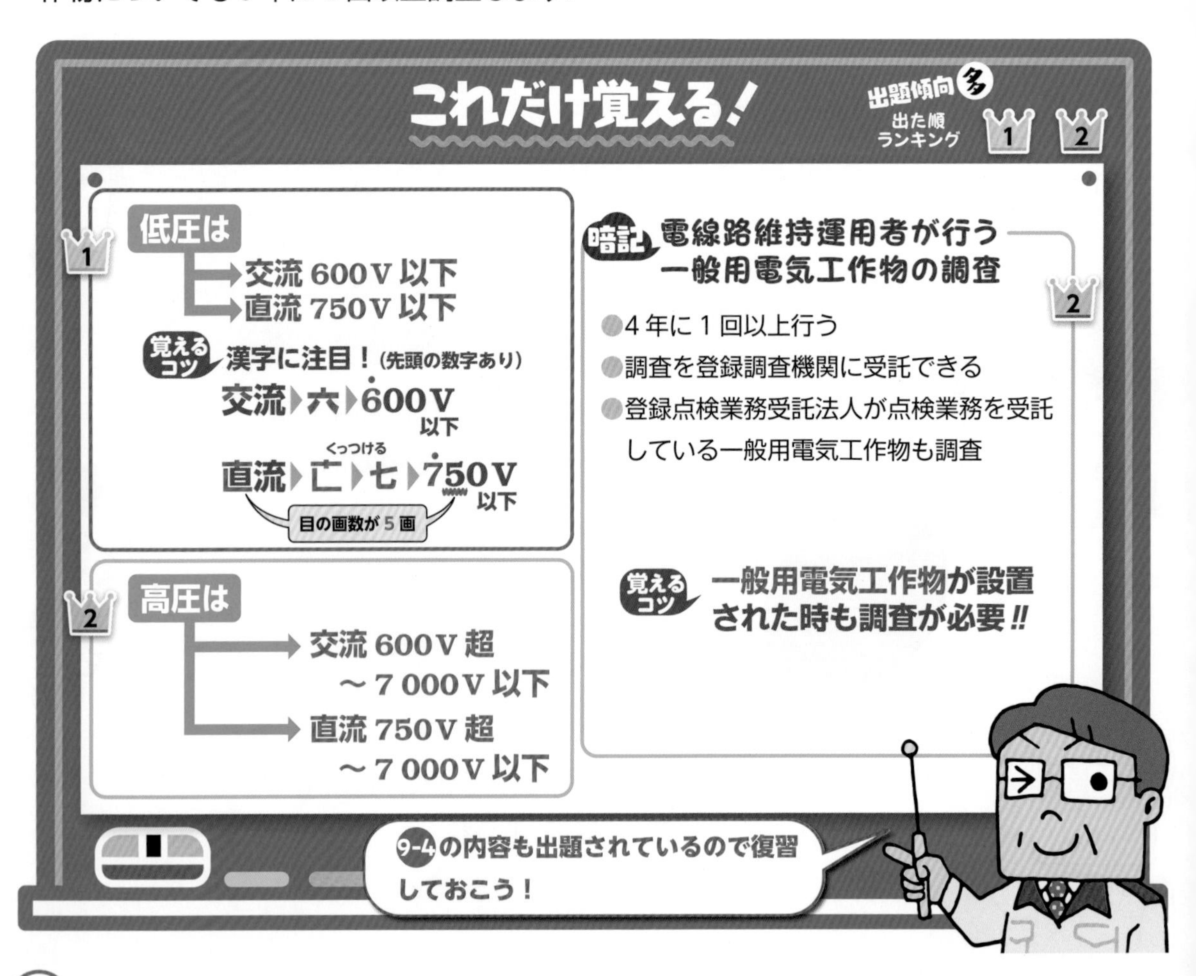

攻略の2ステップ

① 高圧の交流電圧 とくれば 600 V を超え 7 000 V 以下

② 電線路維持運用者が行う一般用電気工作物の調査について確認

解いてみよう（令和 3 年午前）

電気設備に関する技術基準において，交流電圧の高圧の範囲は．

イ．750 V を超え 7 000 V 以下
ロ．600 V を超え 7 000 V 以下
ハ．750 V を超え 6 600 V 以下
ニ．600 V を超え 6 600 V 以下

解説

高圧の交流電圧は 600 V を超え 7 000 V 以下です．

解答　ロ

過去問にチャレンジ！（平成 30 年）

電気事業法において，電線路維持運用者が行う一般用電気工作物の調査に関する記述として，不適切なものは．

イ．一般用電気工作物の調査が 4 年に 1 回以上行われている．
ロ．登録点検業務受託法人が点検業務を受託している一般用電気工作物についても調査する必要がある．
ハ．電線路維持運用者は，調査を登録調査機関に委託することができる．
ニ．一般用電気工作物が設置された時に調査が行われなかった．

解説

一般用電気工作物が設置された時や変更工事が完成した時も調査が必要で，4 年に 1 回以上行われています．

解答　ニ

「調査が行われない➡不安➡不適切」と不適切を疑おう！

10-2 電気事業法（一般用電気工作物等の適用）

電気工作物の区分

電気を供給する事業に関することや，電気工作物の工事や保安等について規定された法律です．電気工作物は下記のように区分できます．

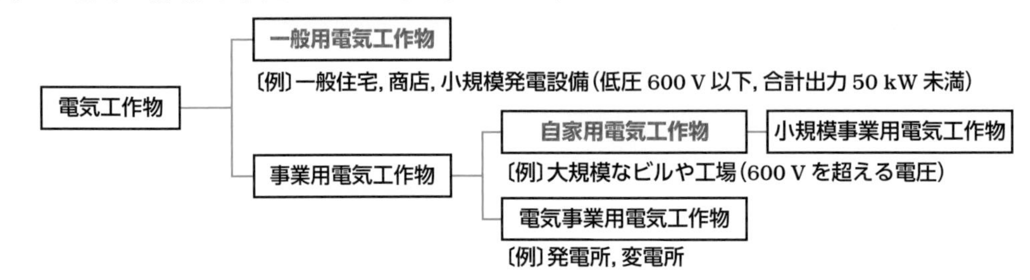

一般用電気工作物の適用を受ける小規模発電設備

一般用電気工作物とは，住宅や商店などの小規模な受電設備で，低圧（600 V 以下）で受電する電気工作物です．一般用電気工作物には小規模発電設備（低圧 600 V 以下，合計出力 50 kW 未満）も含まれており，次表に該当するものをいいます．

電気工作物の区分	発電設備（一部抜粋）	出力
一般用電気工作物	太陽電池発電設備	10 kW 未満
	水力発電設備（ダム除く）	20 kW 未満
	内燃力発電設備	10 kW 未満
	燃料電池発電設備	10 kW 未満

自家用電気工作物に位置づけられる小規模事業用電気工作物

小規模事業用電気工作物とは，小規模発電設備（低圧 600 V 以下，合計出力 50 kW 未満）のうち，次表に該当するものをいいます．

電気工作物の区分	発電設備	出力
小規模事業用電気工作物	太陽電池発電設備	10 kW 以上 50 kW 未満
	風力発電設備	20 kW 未満

攻略の3ステップ

① 一般用電気工作物の適用を受ける小規模発電設備の出力に注目

② 小規模発電設備の太陽電池発電設備 ▶ 10kW 未満

③ 小規模事業用電気工作物の出力に注目

解いてみよう（オリジナル問題）

一般用電気工作物の適用を受ける小規模発電設備は.

イ．電圧 100 V 出力 5 kW の太陽電池発電設備

ロ．電圧 100 V 出力 15 kW の内燃力を原動力とする火力発電設備

ハ．電圧 100 V 出力 30 kW の水力発電設備

ニ．電圧 100 V 出力 15 kW の風力発電設備

解説 一般用電気工作物の適用を受ける小規模発電設備の種類と適用範囲は これだけ覚える! の表の通り，太陽光発電設備は出力 10kW 未満です．よって，「イ」が一般用電気工作物の適用を受ける小規模発電設備です．

解答 イ

過去問にチャレンジ！（オリジナル問題）

電気事業法に基づく小規模事業用電気工作物に該当するものは.

イ．電圧 100 V 出力 30 kW の太陽電池発電設備

ロ．電圧 100 V 出力 5 kW の内燃力を原動力とする火力発電設備

ハ．電圧 100 V 出力 25 kW の水力発電設備

ニ．電圧 100 V 出力 30 kW の風力発電設備

解説 小規模事業用電気工作物に該当するものは，「イ」の出力 30 kW の太陽電池発電設備です．太陽電池発電設備は出力が 10 kW 以上，50 kW 未満であれば小規模事業用電気工作物になります．

小規模発電設備と小規模事業用発電設備は別物なので注意しよう.

解答 イ

電気工事業の業務の適正化

電気工事業法

電気工事業法とは，電気工事業の業務の適正化に関する法律のことで，電気工事業の登録や業務の規制により，電気工作物の保安の確保を目的としています．**これだけ覚える！**の内容をしっかり覚えましょう．

営業所及び電気工事の施工場所ごとに掲示する標識

氏名又は名称，登録番号その他の経済産業省令で定める事項を記載した標識を掲げなければなりません．

営業所ごとに備え付ける帳簿

営業所ごとに帳簿を備え，その業務に関し経済産業省令で定める事項を記載し，これを**5年間**保存しなければなりません．記載しなければならない事項とは次のとおりです．

（1）注文者の氏名または名称および住所　（2）電気工事の種類および施工場所
（3）施工年月日　（4）主任電気工事士等及び作業者の氏名　（5）配線図　（6）検査結果

電気工事業者の種類

建設業許可の有無			
無し	① 登録電気工事業者	一般用電気工作物のみ または 一般用＋自家用電気工作物	主任電気工事士の選任 **必要！**
有り	② みなし登録電気工事業者		
無し	③ 通知登録電気工事業者	自家用電気工作物のみ	義務付けられて **いない！**
有り	④ みなし通知電気工事業者		

これだけ覚える！

出題傾向 多　出た順ランキング 1 2 3

暗記 電気工事業者の業務の適正化

●営業所ごとに **主任電気工事士を選任！**

1 覚えるコツ　**電気主任技術者ではない！（似ているため，しっかり覚えること！）**

●**主任電気工事士の要件**

- **第一種電気工事士免状の交付を受けている者**
- 第二種電気工事士免状を取得した後，**3年**以上の電気工事に関する実務経験を有する者

暗記 通知電気工事業者

※「通知登録」と「みなし通知」の電気工事業者

3 ●**主任電気工事士の選任が**
義務付けられていない！

暗記 電気工事業者が，営業所に備え付ける器具

(1) 一般用電気工作物のみの場合

- **絶縁抵抗計**
- **接地抵抗計**
- **回路計**（交流電圧と抵抗が測定できるもの）

覚えるコツ　低圧検電器は備え付けなくても良い！

(2) 一般用電気工作物と自家用電気工作物の場合

2
- (1)の３つの器具
- 低圧検電器
- 高圧検電器
- （継電器試験装置）
- （**絶縁耐力試験装置**）

（　）内の器具は必要なときに使用し得る措置が講じられていればよい

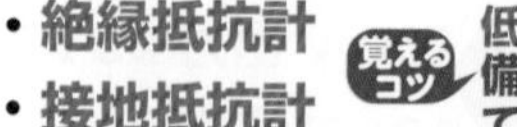

登録電気工事業者の帳簿に“施工金額”は記載しなくてもいいんだよ．

攻略の3ステップ

① 電気工事業者が営業所に備え付ける器具を確認

② 営業所ごとに主任電気工事士を選任

③ 登録電気工事業者の帳簿の記載事項を確認

解いてみよう（平成30年）

電気工事業の業務の適正化に関する法律において，電気工事業者の業務に関する記述として，誤っているものは．

イ．営業所ごとに，絶縁抵抗計の他，法令に定められた器具を備えなければならない．

ロ．営業所ごとに，法令に定められた電気主任技術者を選任しなければならない．

ハ．営業所及び電気工事の施工場所ごとに，法令に定められた事項を記載した標識を掲示しなければならない．

ニ．営業所ごとに，電気工事に関し，法令に定められた事項を記載した帳簿を備えなければならない．

解説

電気事業の業務の適正化に関する法律では，営業所ごとに，主任電気工事士を選任する必要があります．電気主任技術者ではないため「ロ」は誤っています．

解答 ロ

過去問にチャレンジ！（平成28年）

電気工事業の業務の適正化に関する法律において，電気工事業者が，一般用電気工事のみの業務を行う営業所に備え付けなくてもよい器具は．

イ．低圧検電器　　ロ．絶縁抵抗計

ハ．抵抗及び交流電圧を測定することができる回路計　　ニ．接地抵抗計

解説

営業所ごとに備え付ける器具は一般用電気工作物のみの場合，絶縁抵抗計，接地抵抗計，抵抗及び交流電圧を測定することができる回路計の３種類です．よって，「イ」の低圧検電器となります．

解答 イ

10-4 電気事業法（手続きや登録）

需要設備を設置するときの手続き

需要設備（鉱山保安法が適用されているものを除く.）を新設する場合，電気事業法に基づいて，この需要設備を設置する者が，所轄産業保安監督部長に行う必要のある手続きの組合せは下記の通りです.

- **電気主任技術者選任に関する手続き**
- **保安規程の届出**

電気主任技術者を選任する許可が受けられる事業場又は設備

電気事業法において，第一種電気工事士試験の合格者を電気主任技術者（許可主任技術者）として選任しようとする場合，許可が受けられる事業場又は設備は下記の通りです.

- **最大電力 500 kW 未満**の需要設備
- **出力 500 kW 未満**の発電所
- **電圧 10 000 V 未満**の変電所
- **電圧 10 000 V 未満**の送電線路又は配電線路を管理する事業場

電気工事業者の登録

- 都道府県知事の登録を受ける
- 登録の有効期間は **5 年間**
- 登録の満了後引き続き電気工事業を営む場合は更新の登録を受ける

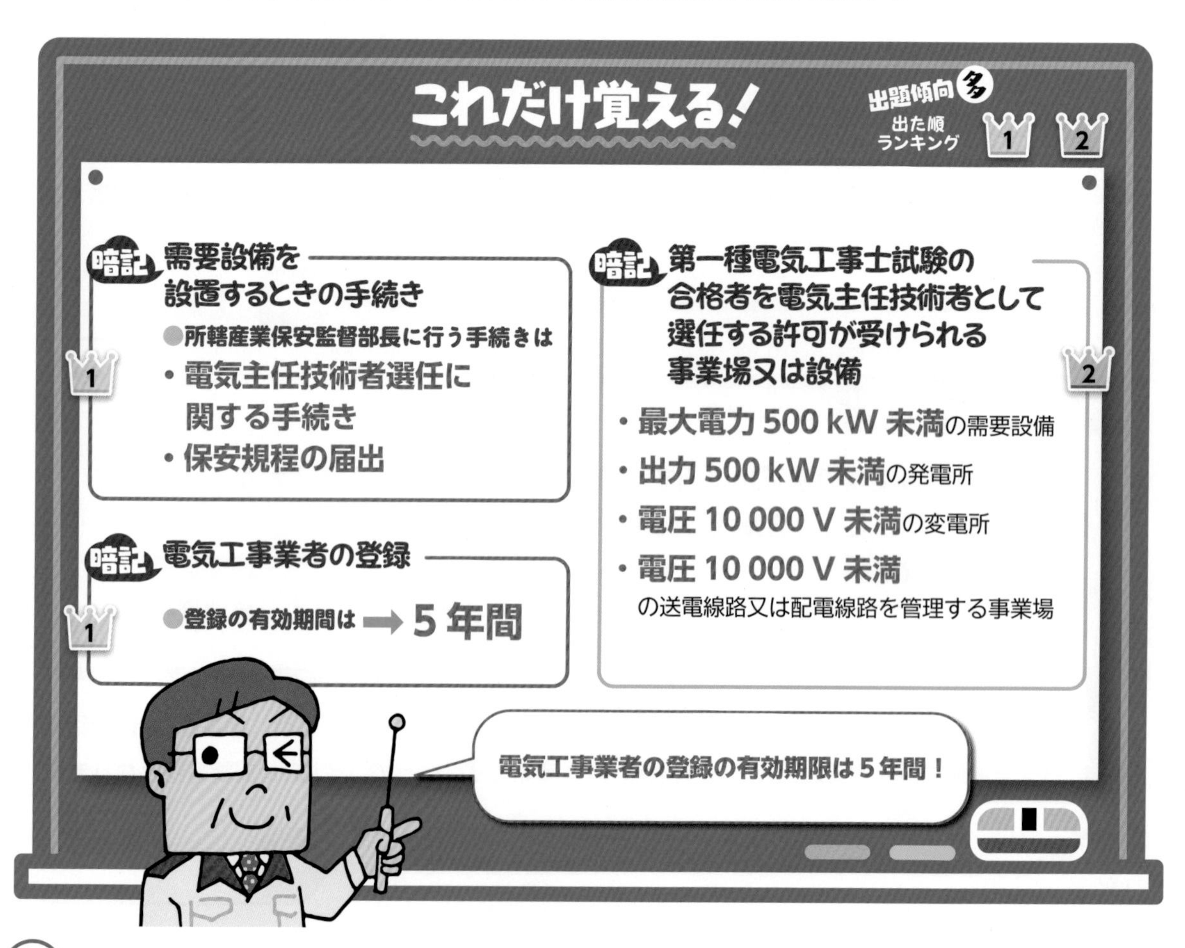

攻略の3ステップ

1. **電気工事業者の登録の有効期限** とくれば **5 年間**
2. **最大電力 500kW 未満の需要設備なら電気主任技術者を選任する許可が受けられる！**
3. **所轄産業保安監督部長に行う必要のある手続き** とくれば **電気主任技術者選任に関する手続き 保安規程の届出**

解いてみよう （平成 15 年）

電気工事業の業務の適正化に関する法律による登録電気工事業者の登録の有効期間は.

イ. 2 年　　ロ. 3 年　　ハ. 5 年　　ニ. 7 年

解説

電気工事業者の登録の有効期間は **5 年間**です.

解答 ハ

過去問にチャレンジ！ （平成 18 年）

受電電圧 6.6 kV, 最大電力 450 kV の需要設備（鉱山保安法が適用されるものを除く.）を新設する場合, 電気事業法に基づいて, この需要設備を設置する者が, 所轄産業保安監督部長に行う必要のある手続きの組合せとして, 正しいものは.

イ. 電気主任技術者選任に関する手続き　　保安規程の届出
ロ. 電気主任技術者選任に関する手続き　　工事計画の届出
ハ. 保安規程の届出　　使用開始の届出
ニ. 工事計画の届出　　使用開始の届出

解説

需要設備（鉱山保安法が適用されているものを除く.）を新設する場合, 電気事業法に基づいて, この需要設備を設置する者が, 所轄産業保安監督部長に行う必要のある手続きの組合せは**電気主任技術者選任に関する手続き**と**保安規程の届出**です.

解答 イ

参考
鉱山保安法とは鉱山労働者に対して危害を防止するための法律だよ.

電気工事士法（義務と免状と保安講習）

電気工事士の義務

- 電気工事士は，電気設備技術基準に適合するように作業しなければなりません.
- 電気工事の作業に従事するときは，電気工事士免状を携帯しなければなりません.
- 電気工事の業務に関して，**都道府県知事から報告を求められることがあります**.

電気工事士の免状

- 電気工事士免状は**都道府県知事**が交付しますが，第一種電気工事士試験に合格しても**3年以上の実務経験がないと電気工事士免状は交付されません**．また，違反があった場合，免状の返納を命じられることがあります.
- 自家用電気工作物に係る電気工事のうち「ネオン工事」又は「非常用予備発電装置工事」に従事することのできる者は，**特種電気工事資格者**でその認定証が必要です.
- 産業保安監督部長から「認定電気工事従事者認定証」の交付を受ければ簡易電気工事（電圧600V以下で使用する自家用電気工作物の作業）に従事することができます.

電気工事士の保安講習

- 第一種電気工事士免状の交付を受けた日から**5年以内ごと**に，自家用電気工作物の保安に関する講習を受けなければなりません.

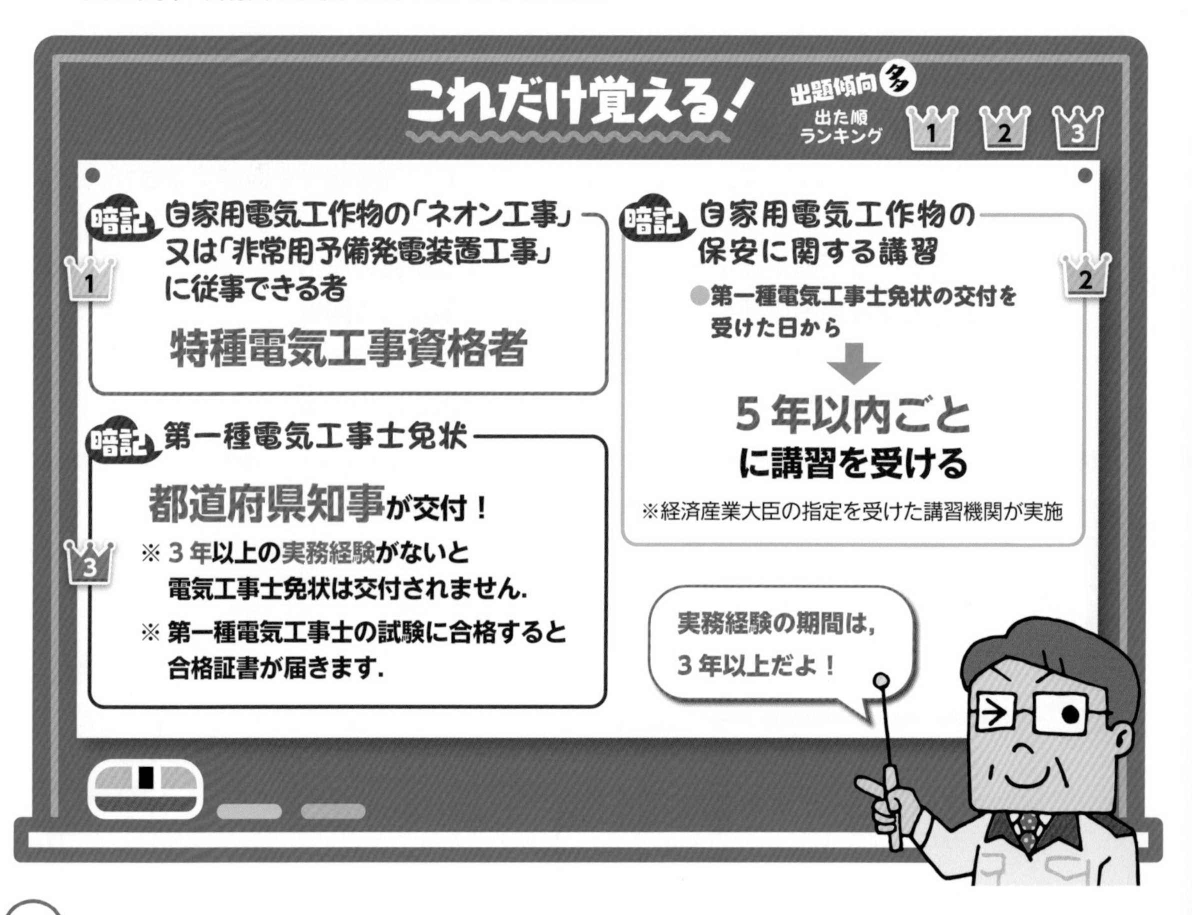

攻略の3ステップ

1. 自家用電気工作物の非常用予備発電装置工事 とくれば 特種電気工事資格者
2. 第一種電気工事士免状 とくれば 3年以上の実務経験が必要
3. 自家用電気工作物の定期講習 とくれば 5 年以内ごとに受講

解いてみよう （平成 30 年追加分）

電気工事士法において，第一種電気工事士に関する記述として，誤っているものは．

イ．第一種電気工事士試験に合格しても所定の実務経験がないと第一種電気工事士免状は交付されない．

ロ．自家用電気工作物で最大電力 500 kW 未満の需要設備の電気工事の作業に従事するときは，第一種電気工事士免状を携帯しなければならない．

ハ．第一種電気工事士免状の交付を受けた日から 5 年以内に，自家用電気工作物の保安に関する講習を受けなければならない．

ニ．自家用電気工作物で最大電力 500 kW 未満の需要設備の非常用予備発電装置工事の作業に従事することができる．

解説 自家用電気工作物で最大電力 500 kW 未満の需要設備の非常用予備発電装置工事の作業に従事できる者は，第一種電気工事士ではなく，特種電気工事資格者です．

解答 ニ

過去問にチャレンジ！ （平成 19 年）

第一種電気工事士は，自家用電気工作物の保安に関する定期講習を，免状の交付を受けた日から何年以内ごとに受けなければならないか．

イ．1 年　　ロ．3 年　　ハ．5 年　　ニ．7 年

解説 自家用電気工作物の保安に関する講習に関しては，第一種電気工事士免状の交付を受けた日から 5 年以内ごとに受けなければなりません．よって，「ハ」となります．

解答 ハ

電気工事士法（電気工事士の作業）

電気工事士でなければ従事できない作業（出題されたもののみ）

- ローゼットに絶縁電線を接続する作業
- 電線管に電線を収める作業
- がいしに電線を取り付ける作業
- 金属製のボックスを造営材に取り付ける作業
- 電線管の曲げやねじ切り作業
- ボックスを造営材その他の物件に取り付ける作業
- 配電盤を造営材に取り付ける作業
- 電線相互や電線管相互を接続する作業
- 配線器具を造営材に固定する作業（露出型点滅器又は露出型コンセントを取り換える作業を除く）
- 接地極を地面に埋設する作業
- 接地極と接地線を接続する作業

ローゼット

電気工事の知識と技能が必要なものが「電気工事士でなければ従事できない作業」だね.

これだけ覚える！

出題傾向 多　出た順ランキング 1 2

暗記 電気工事士のみができる作業 2

造営材への取り付け	電線相互の接続
電線管とボックスの接続	電線管に電線を収める
電線管をねじ切る	電線管相互の接続
電線管の曲げ	接地線を地面に埋設
ローゼットに絶縁電線を接続	

覚えるコツ　ローゼットは配線器具だから絶縁電線を接続する作業が電気工事士のみができる作業！
電気機器に電線を接続する作業は軽微な作業になる！

暗記 資格が必要ない作業または工事 1

（出題されたもののみ）

軽微な作業

- 電気機器（配線器具を除く）の端子に電線をねじ止め接続する作業
- 露出型コンセントを取り換える作業
- 地中電線用の管を設置する工事
- 自家用電気工作物の軽微な作業
- 600 V 以下で使用する電気機器（配線器具を除く）に電線を接続する作業　など

電気工事士でなければ従事できない作業を覚えよう！

攻略の2ステップ

❶ 電気工事士の資格がある とくれば **知識（電線を接続し収める）が必要**
技能（ねじ切り，曲げ，造営材に取付け）が必要

❷ 電気工事士の資格がない とくれば **電線をねじ止め接続する作業**
露出型コンセントを取り換える作業
地中電線用の管を設置する工事

解いてみよう （平成 25 年）

電気工事士法における自家用電気工作物（最大電力 500 kW 未満）において，第一種電気工事士又は認定電気工事従事者の資格がなくても従事できる電気工事の作業は.

イ．金属製のボックスを造営材に取り付ける作業
ロ．配電盤を造営材に取り付ける作業
ハ．電線管に電線を収める作業
ニ．露出型コンセントを取り換える作業

解説 露出型コンセントを取り換える作業は，電気工事士でなくてもできる軽微な作業です.

解答 ニ

過去問にチャレンジ！ （平成 24 年）

電気工事士法における自家用電気工作物（最大電力 500 kW 未満の需要設備）であって，電圧 600 V 以下で使用するものの工事又は作業のうち，第一種電気工事士又は認定電気工事従事者の資格がなくても従事できるものは.

イ．電気機器（配線器具を除く）の端子に電線をねじ止め接続する.
ロ．電線管相互を接続する.
ハ．配線器具を造営材に固定する（露出型点滅器又は露出型コンセントを取り換える作業を除く）.
ニ．電線管に電線を収める.

解説 電気機器（配線器具を除く）の端子に電線をねじ止め接続する作業は，電気工事士でなくてもできる軽微な作業で第一種電気工事士や認定電気工事従事者の資格がなくても従事できます.

解答 イ

10-7 電気工事士法（一種ができる工事とできない工事）

電気工作物の作業範囲

電気工作物は事業用電気工作物と自家用電気工作物と一般用電気工作物があります．電気工作物には下表のように，取得している資格によって作業範囲が異なります．

事業用電気工作物			自家用電気工作物				一般用電気工作物
電圧17万ボルト以上	電圧17万ボルト未満	電圧5万ボルト未満	ネオン設備工事	非常用予備発電装置工事	最大電力500kW未満の需要設備	600V以下で使用する設備（電線路に係るものを省く）	600V以下の一般住宅，小規模な店舗，事業所など
第一種	第二種	第三種	第一種電気工事士の免状の交付を受けている者であっても従事できない作業		第一種電気工事士の免状の交付を受けている者でなければ従事できない作業	⇔認定電気工事従事者⇔	⇔第二種電気工事士⇔
←電気主任技術者→			←特種電気工事資格者→		←第一種電気工事士→		

これだけ覚える！

出題傾向 多　出た順ランキング 1 2

暗記　第一種電気工事士の免状の交付を受けている者でなければ従事できない作業　1

【例 1】最大電力 400 kW の需要設備の 6.6 kV 変圧器に**電線を接続する作業**

【例 2】最大電力 400 kW の需要設備の 6.6 kV 変電用ケーブルを**電線管に収める作業**

覚えるコツ　**最大電力 500 kW 未満は第一種電気工事士!!**　※出力○○ kW ではなく最大電力で判断！

覚えるコツ　**最大電力 500 kW 以上は電気主任技術者!!**　※電気工事士の資格は不要

暗記　第一種電気工事士の免状の交付を受けている者であっても従事できない電気工事　2

✓自家用電気工作物（最大電力 500 kW 未満の需要設備）の**ネオン管の電気工事**

✓自家用電気工作物（最大電力 500 kW 未満の需要設備）の**非常用予備発電装置の工事**

覚えるコツ　**自家用の「ネオン」と「非常用」は特種と覚えよう!!**

第一種電気工事士でなければ従事できない作業は，最大電力が 500 kW 未満になっているか最初にチェック！

攻略の2ステップ

①第一種電気工事士ができる作業 とくれば 最大電力500kW未満の高圧受電設備

②第一種電気工事士でもできない作業を確認

解いてみよう（平成30年）

第一種電気工事士の免状の交付を受けている者でなければ従事できない作業は．

イ．最大電力400 kWの需要設備の6.6 kV変圧器に電線を接続する作業

ロ．出力500 kWの発電所の配電盤を造営材に取り付ける作業

ハ．最大電力600 kWの需要設備の6.6 kV受電用ケーブルを管路に収める作業

ニ．配電電圧6.6 kVの配電用変電所内の電線相互を接続する作業

解説　最大電力が500 kW未満の高圧受電設備の作業は第一種電気工事士の免状の交付を受けている者でなければ従事できない作業なので，「イ」となります．なお，最大電力500kW以上の自家用電気工作物に係る工事（ロとハ）と事業用電気工作物に係る部分の工事（ニ）は電気主任技術者の責任の範囲となります．

解答　イ

過去問にチャレンジ！（平成17年）

電気工事士法において，第一種電気工事士であっても従事できない電気工事は．

イ．最大電力500 kW以上の需要設備の電気工事

ロ．自家用電気工作物（最大電力500 kW未満の需要設備）のネオン管の電気工事

ハ．電圧600 V以下で使用する電力量計を取り付ける工事

ニ．一般用電気工作物の電気工事

解説　自家用電気工作物（最大電力500kW未満の需要設備）の「ネオン工事」と「非常用予備発電装置工事」は，産業保安監督部長より特種電気工事資格者認定証の交付を受けているものでなければ従事することができません．よって，「ロ」となります．

解答　ロ

10-8 電気関係報告規則

自家用電気工作物の電気事故が発生した際の速報及び詳報

電気工作物によって電気事故が発生した場合，自家用電気工作物の設置者は，事故の状況を報告しなければいけません．事故の種類により報告先（経済産業大臣，所轄の産業保安監督部長）が異なります．電気事故が発生した場合は，事故の発生を知った時から**24時間以内に速報**として電話などで報告します．**30日以内に詳報**として事故報告書を提出します．なお，電気事故には，感電死傷事故や電気火災事故，電気工作物の破損や誤操作による事故，一般送配電事業者または特定送配電事業者に供給支障を発生させた事故などがあります．

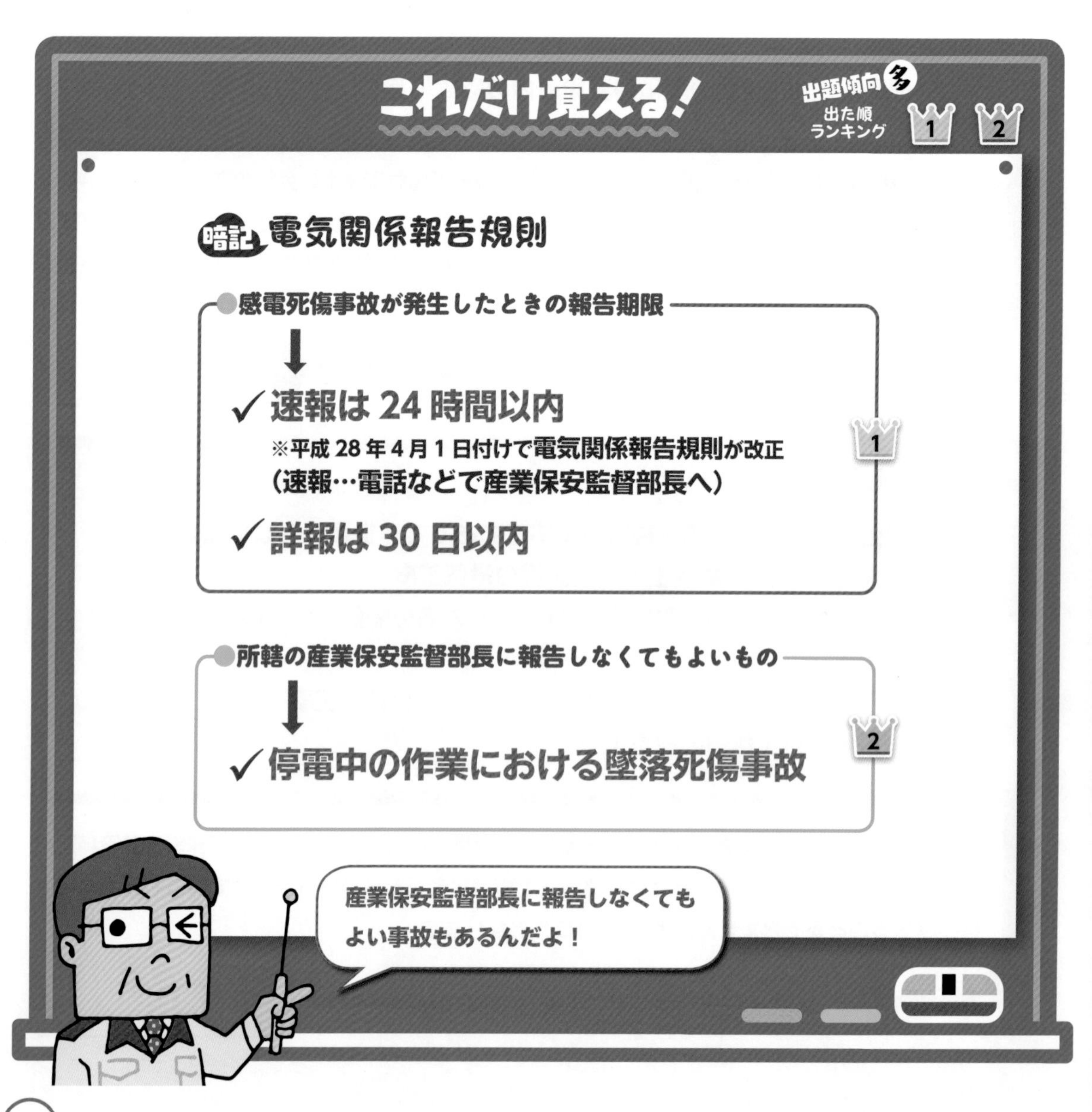

攻略の2ステップ

① 感電死傷事故が発生 とくれば **速報は 24 時間以内 詳報は 30 日以内**

② 停電中の作業における墜落死傷事故は報告不要

解いてみよう (平成 14 年)

「電気関係報告規則」において，6.6 kV で受電する自家用電気工作物の設置者が，自家用電気工作物について事故が発生したときに，所轄の産業保安監督部長に報告しなくてもよいものは．

イ．感電死傷事故
ロ．電気火災事故
ハ．一般電気事業者に供給支障を発生させた事故
ニ．停電中の作業における墜落死傷事故

解説 報告する必要がある事故は，感電死傷事故や電気火災事故，電気工作物の破損や誤操作による事故，一般送配電事業者又は特定送配電事業者に供給支障を発生させた事故等です．なお，「ニ」は所轄の産業保安監督部長に報告しなくてもよいものです．

解答 ニ

過去問にチャレンジ！ (平成 11 年)

自家用電気工作物を設置する者は，感電死傷事故が発生したとき，電気関係報告規則に基づいて所轄の産業保安監督部長に報告しなければならない．速報及び詳報の報告期限（事故の発生を知った時又は日から）の組合せとして，正しいものは．

イ．速報は 24 時間以内 詳報は 30 日以内
ロ．速報は 24 時間以内 詳報は 60 日以内
ハ．速報は 48 時間以内 詳報は 30 日以内
ニ．速報は 48 時間以内 詳報は 60 日以内

解説 事故報告には，事故を知った時から 24 時間以内に可能な限り速やかに報告する「速報」と事故を知った日から起算して 30 日以内に報告する「詳報」があります．平成 28 年に電気関係報告規則の速報の報告期限が「48 時間以内」から「24 時間以内」に改正されました．

解答 イ

電気用品安全法

電気用品安全法

電気用品の製造, 販売等を規制し, 電気用品の安全性を確保するために定められた法律で, 電気用品による危険および障害の発生の防止することを目的としています.

電気用品の種類

電気用品は次の 2 つに分類されます.

- 特定電気用品　• 特定電気用品以外の電気用品

特定電気用品の記号：PSE（菱形）または <PS>E

特定電気用品以外の電気用品の記号：PSE（丸形）または (PS)E

大切 ※電気工事士は, 電気用品安全法に基づいた表示のある電気用品でなければ, 一般用電気工作物の工事に使用してはなりません.

特定電気用品の適用を受けるもの一覧（出題されたもののみ）

- 配線用遮断器（定格電流 100 A 以下）　• 電気便座　• 携帯発電機
- タイムスイッチ　• 防水ソケット　• 温度ヒューズ　• 差込み接続器
- キャブタイヤケーブル（定格電圧 100 V 以上 600 V 以下, 導体の公称断面積が 100 mm^2 以下及び線心が 7 本以下のものに限る）.
- ケーブル　※定格電圧 100 V 以上 600 V 以下, 導体の公称断面積が 22 mm^2 以下, 線心が 7 本以下及び外装がゴム（合成ゴムを含む）または合成樹脂のものに限る.
- ゴム絶縁電線（100 mm^2 以下のものに限る）

特定電気用品ではないもの一覧（出題されたもののみ）

- 合成樹脂製のケーブル配線用スイッチボックス　• インターホン
- 6 600 V の CVT ケーブル　• 電力量計　• フロアダクト　• 進相コンデンサ
- 単相電動機　• (PS) E と表示された器具

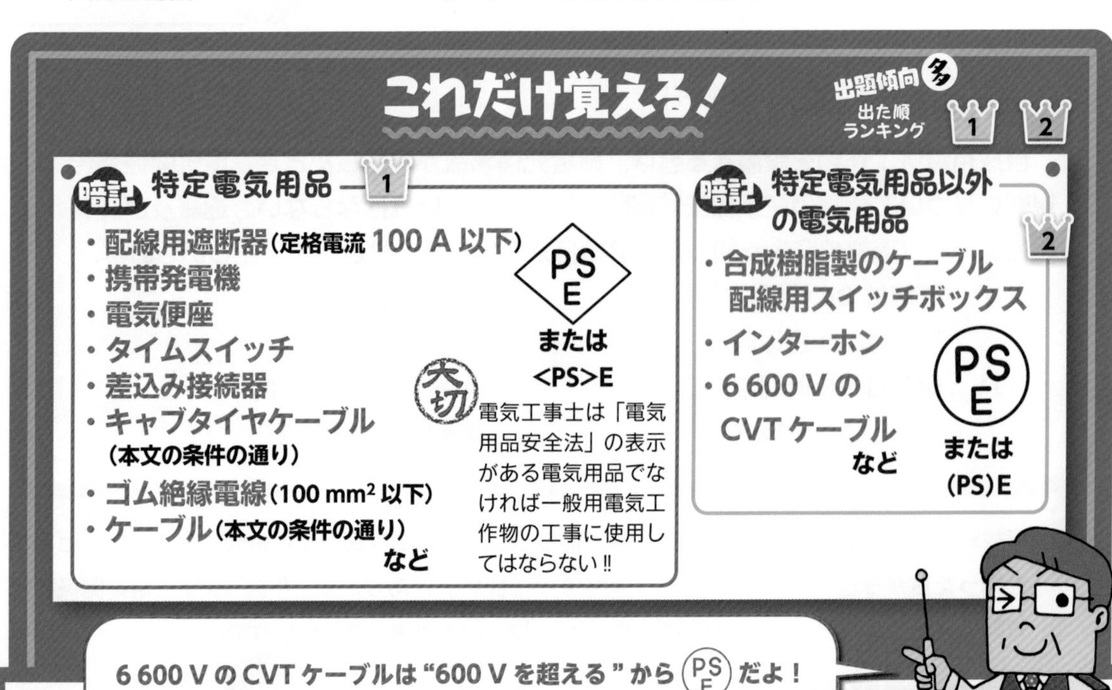

攻略の2ステップ

① 特定電気用品 〈PSE〉 を覚える
② 特定電気用品以外の電気用品 (PSE) を覚える

解いてみよう（平成24年）

定格電圧100V以上300V以下の機械又は器具であって，電気用品安全法の適用を受ける特定電気用品は．

イ．定格電流30Aの電力量計
ロ．定格出力0.4kWの単相電動機
ハ．定格電流60Aの配線用遮断器
ニ．定格静電容量100μFの進相コンデンサ

解説

選択肢の中で特定電気用品に該当するのは，**定格電流100A以下の配線用遮断器**です．

解答　ハ

過去問にチャレンジ！（令和元年）

電気用品安全法の適用を受けるもののうち，特定電気用品でないものは．

イ．合成樹脂製のケーブル配線用スイッチボックス
ロ．タイムスイッチ（定格電圧125V，定格電流15A）
ハ．差込み接続器（定格電圧125V，定格電流15A）
ニ．600Vビニル絶縁ビニルシースケーブル（導体の公称断面積が8 mm^2，3心）

解説

選択肢の中で特定電気用品以外に該当するのは，**合成樹脂製のケーブル配線用スイッチボックス**です．

解答　イ

これだけ覚える！の特定電気用品と3つの特定電気用品以外の電気用品を覚えるといいよ．

●練習問題1（電気工事士法）

問題 1　**第一種電気工事士の免状の交付を受けている者でなければ従事できない作業を語群欄より 2 つ選び答えよ.**

p252（10-7）

語群欄

- **イ**. 最大電力 400 kW の需要設備の 6.6 kV 変圧器に電線を接続する作業
- **ロ**. 最大電力 400 kW の需要設備の 6.6 kV 変電用ケーブルを電線管に収める作業
- **ハ**. 最大電力 800 kW の需要設備の 6.6 kV 変圧器に電線を接続する作業
- **ニ**. 出力 500 kW の発電所の配電盤を造営材に取り付ける作業
- **ホ**. 最大電力 600 kW の需要設備の 6.6 kV 受電用ケーブルを管路に収める作業
- **ヘ**. 最大電力 800 kW の需要設備の 6.6 kV 受電用ケーブルを管路に収める作業
- **ト**. 配電電圧 6.6 kV の配電用変電所内の電線相互を接続する作業

第一種電気工事士が従事できる範囲は，**最大電力 500 kW 未満の自家用電気工作物**に係る電気工事（特殊電気工事を除く）及び一般用電気工作物に係る電気工事です．最大電力 500 kW 以上の自家用電気工作物に係る工事と事業用電気工作物に係る部分の工事は電気主任技術者の責任の範囲となるため，電気工事士の資格は不要です．事業用電気工作物に該当する電気事業者の設備は配電線，発電所，変電所，送電線（5 万ボルト未満）などです．よって，**最大電力が 500 kW 未満の高圧受電設備の作業**が第一種電気工事士の免状の交付を受けている者でなければ従事できない作業となり，「イ」と「ロ」となります．

◆解答◆ イ, ロ

問題 2　**電気工事士法において，第一種電気工事士免状の交付を受けている者でなければ電気工事（簡易な電気工事を除く.）の作業（保安上支障がない作業は除く.）に従事してはならない自家用電気工作物は.**

p252（10-7）

語群欄

- **イ**. 送電電圧 22 kV の送電線路
- **ロ**. 出力 2000 kV·A の変電所
- **ハ**. 出力 300 kW の水力発電所
- **ニ**. 需要電圧 6.6 kV，最大電力 350 kW の需要設備

最大電力が 500 kW 未満の高圧受電設備の作業が第一種電気工事士の免状の交付を受けている者でなければ従事できない作業となります.「イ」,「ロ」,「ハ」は事業用電気工作物（配電線，発電所，変電所，送電線（5 万ボルト未満））となるため，電気主任技術者の責任の範囲となり，電気工事士の資格は不要です．

◆解答◆ ニ

問題 3　**電気工事士法において，第一種電気工事士に関する記述として，誤っているものを語群欄より 3 つ選び答えよ.**

p248（10-5）

語群欄

- **イ**. 第一種電気工事士試験に合格しても所定の実務経験がないと第一種電気工事士免状は交付されない.
- **ロ**. 第一種電気工事試験の合格者には，所定の実務経験がなくても第一種電気工事士免状が交付される.
- **ハ**. 第一種電気工事士免状は都道府県知事が交付する.
- **ニ**. 都道府県知事は，第一種電気工事士が電気工事士法に違反したときは，その電気工事士免状の返納を命ずることができる.
- **ホ**. 第一種電気工事士免状の交付を受けた日から 5 年以内ごとに，自家用電気工作物の保安に関する講習を受けなければならない.
- **ヘ**. 第一種電気工事士免状の交付を受けた日から 7 年以内ごとに，自家用電気工作物の保安に関する講習を受けなければならない.
- **ト**. 第一種電気工事士の資格のみでは，自家用電気工作物で最大電力 500 kW 未満の需要設備の非常用予備発電装置工事の作業に従事することができない.
- **チ**. 自家用電気工作物で最大電力 500 kW 未満の需要設備の非常用予備発電装置工事の作業に従事することができる.
- **リ**. 自家用電気工作物で最大電力 500 kW 未満の需要設備の電気工事の作業に従事するときは，第一種電気工事士免状を携帯しなければならない.
- **ヌ**. 第一種電気工事士は，一般用電気工作物に係る電気工事の作業に従事するときは，都道府県知事が交付した第一種電気工事士免状を携帯していなければならない.
- **ル**. 第一種電気工事士は，一般用電気工作物に係る電気工事の作業に従事することができる.
- **ヲ**. 第一種電気工事士は，電気工事の業務に関して，都道府県知事から報告を求められることがある.
- **ワ**. 第一種電気工事士免状の交付を受けた日から 4 年目に，自家用電気工作物の保安に関する講習を受けた.

第一種電気工事士の免状を交付されるためには，試験に合格し，**電気工事に関する実務経験を有する必要があります**．実務経験の期間は，3 年以上です．よって，「ロ」は誤っています．
自家用電気工作物の保安に関する講習に関しては，第一種電気工事士免状の交付を受けた日から **5** 年以内ごとに受けなければなりません．よって，「ヘ」は誤っています．
自家用電気工作物（最大電力 500 kW 未満の需要設備）に係る電気工事のうち，「ネオン工事」と「非常用予備発電装置工事」の工事の種類は特種電気工事となり，その工事に従事することのできる者は**特種電気工事資格者**です．よって，「チ」は誤っています．

◆解答◆ ロ, ヘ, チ

試験は4択（イ，ロ，ハ，ニ）だけど過去に出題された問題をまとめて学習効果を高めたよ！

問題4 **電気工事士法において，自家用電気工作物の低圧の工事又は作業で，a，b ともに第一種電気工事士又は認定電気工事従事者でなければ従事してはならないものは．** p250（10-6）

語群欄

イ． a ベル用小形変圧器（二次電圧 24 V）の二次側の配線工事
　b がいしに電線を取り付ける作業

ロ． a ソケットにコードを接続する工事
　b 接地極と接地線を接続する作業

ハ． a ローゼットに絶縁電線を接続する作業
　b 金属管に電線を収める作業

ニ． a 埋込形コンセントに電線を接続する作業
　b 露出形点滅器を取り換える作業

イ．a ベル用小形変圧器（二次電圧 24 V）の二次側の配線工事 ……… ×軽微な工事（誰でもできる工事）
　b がいしに電線を取り付ける作業 …… ○電気工事士の作業
ロ．a ソケットにコードを接続する工事 …… ×軽微な工事（誰でもできる工事）
　b 接地極と接地線を接続する作業 …… ○電気工事士の作業
ハ．a ローゼットに絶縁電線を接続する作業 …… **○電気工事士の作業**
　b 金属管に電線を収める作業 …… **○電気工事士の作業**
ニ．a 埋込形コンセントに電線を接続する作業 …… ○電気工事士の作業
　b 露出形点滅器を取り換える作業 …… ×軽微な作業（誰でもできる作業）

◆解答◆ ハ

問題5 **電気工事士法における自家用電気工作物（最大電力 500 kW 未満）において，第一種電気工事士又は認定電気工事従事者の資格がなくても従事できる電気工事の作業又は工事を語群欄より4つ選び答えよ．** p250（10-6）

語群欄

イ． 金属製のボックスを造営材に取り付ける作業
ロ． ボックスを造営材その他の物件に取り付ける作業
ハ． 配電盤を造営材に取り付ける作業
ニ． 電線管に電線を収める作業
ホ． 露出型コンセントを取り換える作業
ヘ． 電気機器（配線器具を除く）の端子に電線をねじ止め接続する作業
ト． 電線管相互を接続する作業
チ． 配線器具を造営材に固定する作業（露出型点滅器又は露出型コンセントを取り換える作業を除く）
リ． 接地極を地面に埋設する作業
ヌ． 地中電線用の管を設置する工事
ル． ダクトに電線を収める作業
ヲ． 電線管を曲げ，電線管相互を接続する作業
ワ． 金属製の線ぴを，建造物の金属板張りの部分に取り付ける作業
カ． 電気機器に電線を接続する作業

解答の4つ以外は，すべて電気工事士の作業又は工事となります．「ホ」，「ヘ」，「ヌ」，「カ」は**軽微な作業又は工事**となり，第一種電気工事士又は認定電気工事従事者の資格は必要ありません．

◆解答◆ ホ，ヘ，ヌ，カ

問題6 **電気工事士法において，第一種電気工事士であっても従事できない工事を語群欄より2つ選び答えよ．** p252（10-7）

語群欄

イ． 最大電力 500 kW 以上の需要設備の電気工事
ロ． 自家用電気工作物（最大電力 500 kW 未満の需要設備）のネオン管の電気工事
ハ． 自家用電気工作物（最大電力 500 kW 未満の需要設備）の屋内配線工事
ニ． 自家用電気工作物（最大電力 500 kW 未満の需要設備）の高圧受電設備の工事
ホ． 自家用電気工作物（最大電力 500 kW 未満の需要設備）の高圧架空電線路の工事
ヘ． 自家用電気工作物（最大電力 500 kW 未満の需要設備）の非常用予備発電装置の工事
ト． 電圧 600 V 以下で使用する電力量計を取り付ける工事
チ． 一般用電気工作物の電気工事

自家用電気工作物（最大電力 500kW 未満の需要設備）の**「ネオン工事」**と**「非常用予備発電装置工事」**は，産業保安監督部長より特種電気工事資格者認定証の交付を受けているものでなければ従事することができません．

◆解答◆ ロ，ヘ

10章 練習問題

問題 7　電気工事士法において，自家用電気工作物（最大電力 500 kW 未満の需要設備）に係る電気工事のうち「ネオン工事」又は「非常用予備発電装置工事」に従事することのできる者は．

☞ p252（10-7）

語群欄

イ．特種電気工事資格者　ロ．認定電気工事従事者　ハ．第一種電気工事士
ニ．第三種電気主任技術者　ホ．5 年以上の実務経験を有する第二種電気工事士

自家用電気工作物（最大電力 500 kW 未満の需要設備）に係る電気工事のうち，「ネオン工事」と「非常用予備発電装置工事」の工事の種類は特種電気工事となり，その工事に従事することのできる者は**特種電気工事資格者**です．

◆解答◆ イ

練習問題2（電気事業の業務の適正化）

電気事業の業務の適正化について覚えよう！

問題 1　電気工事業の業務の適正化に関する法律において，電気工事業者の業務に関する記述として，誤っているものを語群欄より 3 つ選び答えよ．

☞ p244（10-3）

語群欄

イ．営業所ごとに，絶縁抵抗計の他，法令に定められた器具を備えなければならない．
ロ．営業所ごとに，継電器試験装置を備えるか又は必要なときに使用し得る措置が講じられていなければならない．
ハ．営業所ごとに，絶縁耐力試験装置を必要なときに使用できるようになっていなければならない．
ニ．営業所ごとに，法令に定められた電気主任技術者を選任しなければならない．
ホ．営業所ごとに，電気主任技術者を置かなければならない．
ヘ．営業所及び電気工事の施工場所ごとに，法令で定められた事項を記載した標示を掲示しなければならない．
ト．営業所ごとに，電気工事に関し，法令で定められた事項を記載した帳簿を備えなければならない．
チ．通知電気工事業者は，法令で定められた主任電気工事士を置かなければならない．

電気事業の業務の適正化に関する法律では，営業所ごとに，**主任電気工事士**を選任する必要があります．電気主任技術者ではないため「ニ」と「ホ」は誤っています．ただし，通知電気工事業者（通知登録電気工事業者とみなし通知電気工事業者）は主任電気工事士の選任が義務付けられていないため「チ」は誤っています．

営業所ごとに備え付ける器具

（1）一般用電気工作物のみの場合
絶縁抵抗計・接地抵抗計・抵抗及び交流電圧を測定することができる回路計の 3 種類です．
（2）一般用電気工作物と自家用電気工作物の場合
絶縁抵抗計・接地抵抗計・回路計に加えて低圧検電器・高圧検電器・（継電器試験装置・絶縁耐力試験装置）の 7 種類です．ただし，(　)内の器具は必要なときに使用し得る措置が講じられていればよいことになっています．

営業所及び電気工事の施工場所ごとに掲示する標識

氏名又は名称，登録番号その他の経済産業省令で定める事項を記載した標識を掲げなければならない．

営業所ごとに備え付ける帳簿

営業所ごとに帳簿を備え，その業務に関し経済産業省令で定める事項を記載し，これを 5 年間保存しなければならない．記載しなければならない事項とは次のとおりです．
（1）注文者の氏名または名称および住所　（2）電気工事の種類および施工場所
（3）施工年月日　（4）主任電気工事士等及び作業者の氏名
（5）配線図　（6）検査結果

◆解答◆ ニ，ホ，チ

問題 2　電気工事業の業務の適正化に関する法律で，電気工事業者が一般用電気工事のみの業務を行う営業所に備えることを義務づけられている器具の組合せは．

☞ p244（10-3）

語群欄

イ．絶縁抵抗計　接地抵抗計　回路計（交流電圧と抵抗が測定できるもの）
ロ．絶縁抵抗計　接地抵抗計　低圧検電器
ハ．接地抵抗計　低圧検電器　回路計（交流電圧と抵抗が測定できるもの）
ニ．絶縁抵抗計　クランプ形電流計　回路計（交流電圧と抵抗が測定できるもの）

一般用電気工作物のみの業務を行う営業所に備え付ける器具は，**絶縁抵抗計・接地抵抗計・抵抗及び交流電圧を測定することができる回路計**の 3 種類です．

◆解答◆ イ

問題3　「電気工事業の業務の適正化に関する法律」において，自家用電気工作物の電気工事を行う電気工事業者の営業所に備えることを義務づけられていない器具を語群欄より3つ選び答えよ．
p244（10-3）

語群欄
イ．高圧検電器
ロ．特別高圧検電器
ハ．照度計
ニ．絶縁抵抗計
ホ．抵抗及び交流電圧を測定することができる回路計
ヘ．接地抵抗計
ト．回転計

自家用電気工作物の電気工事を行う電気工事業者の営業所に備えることを義務づけられている器具は，
①**絶縁抵抗計**　②**接地抵抗計**　③**抵抗及び交流電圧を測定することができる回路計**
④低圧検電器　⑤**高圧検電器**　（⑥継電器試験装置　⑦絶縁耐力試験装置）の7種類です．
ただし，（　）内の器具は必要なときに使用し得る措置が講じられていれば備えていると見なされる器具となっています．

◆解答◆ ロ, ハ, ト

問題4　電気工事業の業務の適正化に関する法律において，自家用電気工作物の電気工事を行う電気工事業者の営業所ごとに備えることを義務づけられている器具であって，必要なときに使用し得る措置が講じられていれば備えていると見なされる器具はどれか．
p244（10-3）

語群欄
イ．絶縁抵抗計　**ロ**．絶縁耐力試験装置　**ハ**．接地抵抗計　**ニ**．高圧検電器

自家用電気工作物の電気工事を行う電気工事業者の営業所ごとに備えることを義務づけられている器具であって，必要なときに使用し得る措置が講じられていれば備えていると見なされる器具は，**継電器試験装置**と**絶縁耐力試験装置**です．

◆解答◆ ロ

問題5　電気工事業の業務の適正化に関する法律において，登録電気工事業者が5年間保存しなければならない帳簿に，記載することが義務付けられていない事項は．
p244（10-3）

語群欄
イ．施工年月日
ロ．主任電気工事士等及び作業者の氏名
ハ．施工金額
ニ．配線図及び検査結果

営業所ごとに帳簿を備え，これを5年間保存しなければなりません．帳簿に記載しなければならない事項は次のとおりです．
（1）注文者の氏名または名称および住所
（2）電気工事の種類および施工場所
（3）**施工年月日**
（4）**主任電気工事士等及び作業者の氏名**
（5）**配線図**
（6）**検査結果**
よって，施工金額の記載は義務付けられていないため「ハ」となります．

◆解答◆ ハ

問題6　電気工事業の業務の適正化に関する法律において，正しいものは．
p244（10-3）

語群欄
イ．電気工事士は，電気工事業者の監督の下で，「電気用品安全法」の表示が付されていない電気用品を電気工事に使用することができる．
ロ．電気工事業者が，電気工事の施工場所に二日間で完了する工事予定であったため，代表者の氏名等を記載した標識を掲げなかった．
ハ．電気工事業者が，電気工事ごとに配線図等を帳簿に記載し，3年経ったので廃棄した．
ニ．一般用電気工事の作業に従事する者は，主任電気工事士がその職務を行うため必要があると認めてする指示に従わなければならない．

電気工事業者は，**電気用品安全法の表示が付されている電気用品でなければ使用してはならない**ので，「イ」は誤りです．
工期に関係なく氏名又は名称，登録番号その他の経済産業省令で定める事項を記載した**標識を掲げなければならない**ので，「ロ」は誤りです．
営業所ごとに帳簿を備え，その業務に関し経済産業省令で定める事項を記載し，これを**5年間**保存しなければならないので，「ハ」は誤りです．
一般用電気工事の作業に従事する者は，**主任電気工事士**がその職務を行うため必要があると認めてする指示に従わなければならないため，「ニ」は正しいです．

◆解答◆ ニ

問題 7 電気工事業の業務の適正化に関する法律において，主任電気工事士に関する記述として，正しいものを語群欄より 2 つ選び答えよ.

p244（10-3）

語群欄

イ. 第一種電気工事士免状の交付を受けている者は，主任電気工事士になれる.
ロ. 第三種電気主任技術者免状の交付を受けている者は，主任電気工事士になれる.
ハ. 認定電気工事従事者認定証の交付を受け，かつ，電気工事に関し 2 年の実務経験を有する者は，主任電気工事士になれる.
ニ. 第二種電気工事士免状の交付を受け，かつ，電気工事に関し 2 年の実務経験を有する者は，主任電気工事士になれる.
ホ. 主任電気工事士は，一般用電気工事による危険及び障害が発生しないように一般用電気工事の作業の管理の職務を誠実に行わなければならない.
ヘ. 第一種電気主任技術者は，一般用電気工事の作業に従事する場合には，主任電気工事士の障害発生防止のための指示に従わなくてもよい.
ト. 第一種電気主任技術者は，主任電気工事士になれる.
チ. 第二種電気工事士は，2 年の実務経験があれば，主任電気工事士になれる.

主任電気工事士となるためには，「**第一種電気工事士免状の交付を受けている者**」または「第二種電気工事士免状の交付を受け，かつ，電気工事に関し **3 年以上の実務経験**を有する者」でなくてはいけません．よって，「イ」は正しく，「ニ」と「チ」は 2 年となっているので誤りです.
電気主任技術者は種別に関係なく**主任電気工事士にはなれない**ので，「ロ」と「ト」は誤りです.
認定電気工事従事者認定証の交付を受けた後の実務経験は主任電気工事士の要件を満たしませんので，「ハ」は誤りです.
主任電気工事士は，一般用電気工事による危険及び障害が発生しないように**一般用電気工事の作業の管理の職務を誠実に行わなければならない**ため，「ホ」は正しいです.
一般用電気工事に従事する者は**電気主任技術者でも主任電気工事士が必要と認める指示には従わなくてはいけません**．よって，「ヘ」は誤りです.

◆解答◆ イ，ホ

問題 8 電気事業法に基づく小規模事業用電気工作物に該当するものとして，正しいものを語群欄より 2 つ選び答えよ.

p242（10-2）

語群欄

イ. 電圧 100 V 出力 40 kW の太陽電池発電設備
ロ. 電圧 100 V 出力 20 kW の内燃力を原動力とする火力発電設備
ハ. 電圧 100 V 出力 30 kW の水力発電設備
ニ. 電圧 200 V 出力 10 kW の風力発電設備
ホ. 電圧 200 V 出力 5 kW の太陽電池発電設備

小規模事業用電気工作物とは，小規模発電設備（低圧 600 V 以下，合計出力 50 kW 未満）のうち，次表に該当するものをいいます.

電気工作物の区分	発電設備	出力
小規模事業用電気工作物	太陽電池発電設備	10 kW 以上 50 kW 未満
	風力発電設備	20 kW 未満

よって，「イ」の出力 40kW の太陽電池発電設備と「ニ」の出力 10kW の風力発電設備が小規模事業用電気工作物に該当します.

◆解答◆ イ，ニ

問題 9 電気事業の業務の適正化に関する法律による登録電気工事業者の登録の有効期間は.

p246（10-4）

語群欄

イ. 2 年　**ロ.** 3 年　**ハ.** 5 年　**ニ.** 7 年

登録電気工事業者の登録の有効期間は **5 年**です.

◆解答◆ ハ

問題 10 自家用電気工作物を設置する者は，感電死傷事故が発生したとき，電気関係報告規則に基づいて所轄経済産業局長に報告しなければならない．速報及び詳報の報告期限（事故の発生を知った時又は日から）の組合せとして，正しいものは.

p254（10-8）

語群欄

イ. 速報は 24 時間以内　詳報は 30 日以内
ロ. 速報は 24 時間以内　詳報は 60 日以内
ハ. 速報は 48 時間以内　詳報は 30 日以内
ニ. 速報は 48 時間以内　詳報は 60 日以内

事故報告には，事故を知った時から **24 時間以内**に可能な限り速やかに報告する**「速報」**と事故を知った日から起算して **30 日以内**に報告する**「詳報」**があります．平成 28 年に電気関係報告規則が改正されました.

◆解答◆ イ

●練習問題3（電圧の種別と調査）

問題 1　電気設備に関する技術基準において，交流電圧の高圧の範囲は. ☞ p240（10-1）

語群欄
- **イ.** 600 V を超え 7 000 V 以下　　**ロ.** 750 V を超え 7 000 V 以下
- **ハ.** 600 V を超え 6 600 V 以下　　**ニ.** 750 V を超え 6 600 V 以下
- **ホ.** 600 V を超え 10 000 V 以下　　**ヘ.** 750 V を超え 10 000 V 以下

電圧の区分は，下表のように規定されています.

区　分	交　流	直　流
低　圧	600 V 以下のもの	750 V 以下のもの
高　圧	600 V を超え 7 000 V 以下のもの	750 V を超え 7 000 V 以下のもの
特別高圧	7 000 V を超えるもの	7 000 V を超えるもの

よって，交流電圧の高圧の範囲は，「イ」の **600 V を超え 7 000 V 以下**です.

◆解答◆ イ

問題 2　電気事業法において，電線路維持運用者が行う一般用電気工作物の調査に関する記述として，不適切なものは. ☞ p240（10-1）

語群欄
- **イ.** 一般用電気工作物の調査が 4 年に 1 回以上行われている.
- **ロ.** 登録点検業務受託法人が点検業務を受託している一般用電気工作物についても調査する必要がある.
- **ハ.** 電線路維持運用者は，調査を登録調査機関に委託することができる.
- **ニ.** 一般用電気工作物が設置された時に調査が行われなかった.

一般用電気工作物が設置された時も調査が必要です.

◆解答◆ ニ

●練習問題4（電気用品安全法）

問題 1　電気工事士法及び電気用品安全法において，正しいものは. ☞ p256（10-9）

語群欄
- **イ.** 電気用品のうち，危険及び障害の発生するおそれが少ないものは，特定電気用品である.
- **ロ.** 特定電気用品には，(PS) E と表示されているものがある.
- **ハ.** 第一種電気工事士は，電気用品安全法に基づいた表示のある電気用品でなければ，一般用電気工作物の工事に使用してはならない.
- **ニ.** 定格電圧が 600 V のゴム絶縁電線（公称断面積 22 mm²）は，特定電気用品ではない.

特定電気用品とは，電気用品のうち，危険及び障害の発生するおそれが多いものなので「イ」は誤りです.
特定電気用品には，<PS>E 又は ◇PS E◇ と表示されているので，「ロ」は誤りです.
電気工事士は，**電気用品安全法に基づいた表示のある電気用品**でなければ，一般用電気工作物の工事に使用してはならないため，「ハ」が正しいです.
定格電圧が 600 V のゴム絶縁電線（公称断面積 22 mm²）は，特定電気用品に該当するので，「ニ」は誤りです.

◆解答◆ ハ

問題 2　電気用品安全法の適用を受けるもののうち，特定電気用品でないものを語群欄より 2 つ選び答えよ. ☞ p256（10-9）

語群欄
- **イ.** 差込み接続器（定格電圧 125 V，定格電流 15 A）
- **ロ.** タイムスイッチ（定格電圧 125 V，定格電流 15 A）
- **ハ.** 合成樹脂製のケーブル配線用スイッチボックス
- **ニ.** 600 V ビニル絶縁ビニルシースケーブル（導体の公称断面積が 8 mm²，3 心）
- **ホ.** インターホン
- **ヘ.** 温度ヒューズ
- **ト.** タンブラスイッチ
- **チ.** 携帯発電機
- **リ.** 防水ソケット

特定電気用品でないものは，「ハ」の**合成樹脂製のケーブル配線用スイッチボックス**と「ホ」の**インターホン**です.
語群欄の「ハ」と「ホ」以外のものは特定電気用品です.

◆解答◆ ハ, ホ

問題 3　電気用品安全法の適用を受ける特定電気用品を語群欄より 2 つ選び答えよ. p256（10-9）

語群欄
- **イ**. 交流 60 Hz 用の定格電圧 100 V の電力量計
- **ロ**. 交流 50 Hz 用の定格電圧 100 V，定格消費電力 56 W の電気便座
- **ハ**. フロアダクト
- **ニ**. 定格電圧 200 V の進相コンデンサ
- **ホ**. 定格静電容量 100 μF の進相コンデンサ
- **ヘ**. (PS)E と表示された器具
- **ト**. 定格電流 60 A の配線用遮断器
- **チ**. 定格出力 0.4 kW の単相電動機
- **リ**. 定格電流 30A の電力量計

電気便座と**配線用遮断器**が特定電気用品です．語群欄の「ロ」と「ト」以外のものは特定電気用品ではありません．

◆解答◆ ロ, ト

問題 4　電気用品安全法の適用を受ける特定電気用品を語群欄より 3 つ選び答えよ. p256（10-9）

語群欄
- **イ**. 定格出力 0.2 kW の単相電動機
- **ロ**. 定格電流 30 A の電力量計
- **ハ**. 定格電圧 100 V の電力量計
- **ニ**. 定格電圧 100 V の携帯発電機
- **ホ**. 定格電圧 150 V の携帯発電機
- **ヘ**. 電線管
- **ト**. 定格電圧 600 V　公称断面積 150 mm^2　3 心のケーブル
- **チ**. 定格電圧 6 600 V　公称断面積 100 mm^2　3 心のケーブル
- **リ**. 定格電圧 600 V　150 mm^2　2 心のキャブタイヤケーブル
- **ヌ**. 定格電圧 600 V　公称断面積 22 mm^2　3 心のキャブタイヤケーブル

定格電圧が 30 V 以上 300 V 以下の**携帯発電機**，**キャブタイヤケーブル**（**定格電圧 100V 以上 600V 以下，導体の公称断面積が 100 mm^2 以下**及び線心が 7 本以下のものに限る.）が特定電気用品です．語群欄の「ニ」,「ホ」,「ヌ」以外のものは特定電気用品ではありません．

◆解答◆ ニ, ホ, ヌ

問題 5　電気用品安全法の適用を受ける配線用遮断器の定格電流の最大値〔A〕は. p256（10-9）

語群欄

イ. 50　　**ロ**. 100　　**ハ**. 150　　**ニ**. 200

電気用品安全法の適用を受ける配線用遮断器の定格電流の最大値は **100 A** です．

◆解答◆ ロ

問題 6　電気用品安全法において，交流電路に使用する定格電圧 100 V 以上 300 V 以下の機械器具であって，特定電気用品は. p256（10-9）

語群欄
- **イ**. 定格電流 60A の配線用遮断器
- **ロ**. 定格出力 0.4kW の単相電動機
- **ハ**. 定格静電容量 100 μF の進相コンデンサ
- **ニ**. (PS)E と表示された器具

配線用遮断器が特定電気用品です．

◆解答◆ イ

過去に出題された法令の問題を効率よく学習できるようにまとめたよ．

11章 約8問出題

電気の基礎理論と配線設計

次は電気の基礎理論と配線設計を勉強しよう!

あ!? 基礎理論や配線設計なら第二種電気工事士の勉強でやりました!

そうだね! 一種では二種の応用問題が出題されているけど，基礎が理解できれば解けるよ.

でも…二種で勉強したところも少し忘れてしまいました…

大丈夫! 基礎から丁寧に教えるから安心してね!

合成抵抗の問題を見て覚えよう

直列回路の合成抵抗

下図は，1 つの抵抗器の一端をもう 1 つの抵抗器の一端と接続しています．このような接続を直列接続といいます．2 つ以上の抵抗を合わせることを**合成抵抗**といいます．

R_1　R_2

直列接続の合成抵抗 R_0〔Ω〕は $R_0 = R_1 + R_2$〔Ω〕で計算します．

並列回路の合成抵抗

下図は，2 つの抵抗器の一端を接続し，他端も同様に接続しています．このような接続を並列接続といいます．

R_1　R_2

並列接続の合成抵抗 R_0〔Ω〕は $R_0 = \frac{R_1 \times R_2}{R_1 + R_2}$〔Ω〕で計算します．

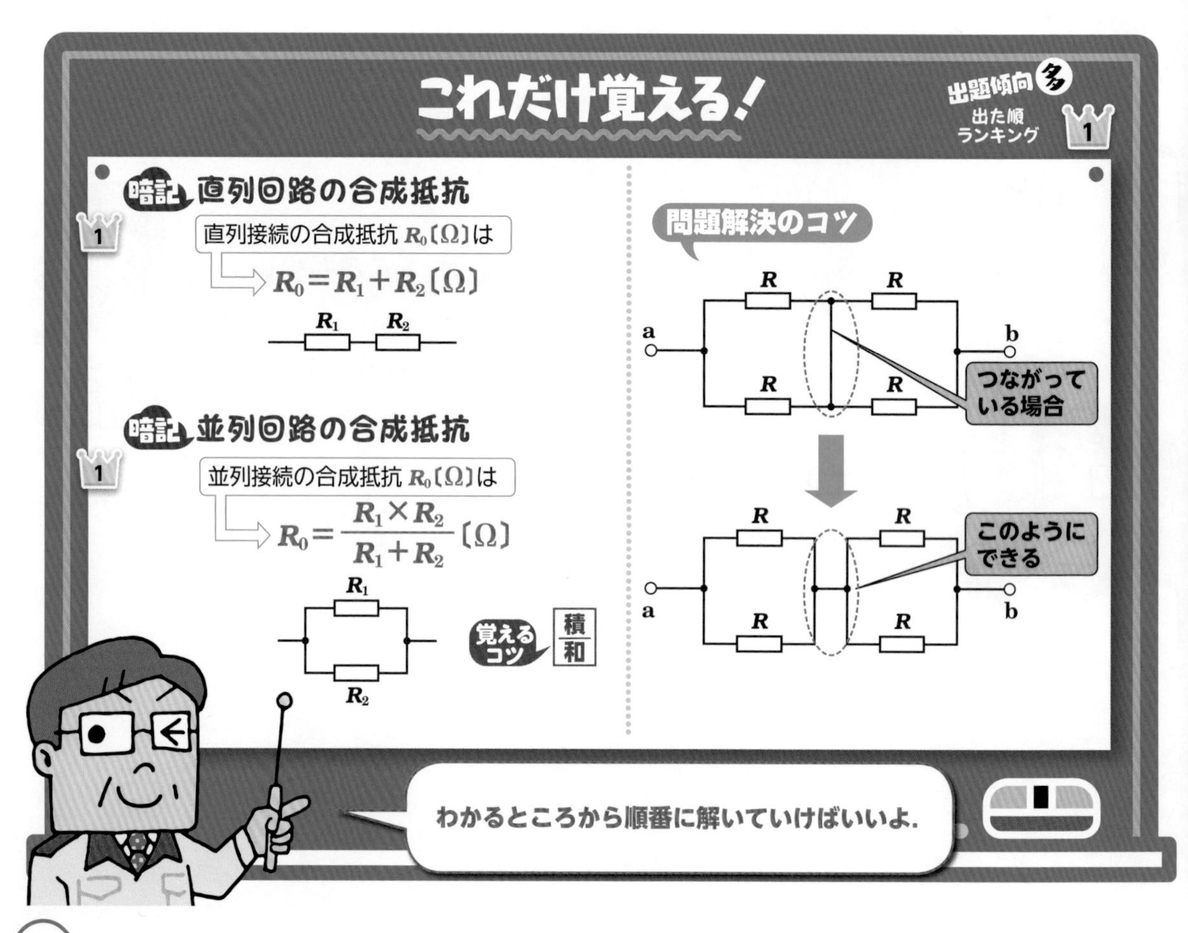

見て覚えよう

簡単な問題の解き方を見て覚えよう(その1)

★端子 a–b 間の合成抵抗〔Ω〕を求めよ.

(1) a ─ 2Ω ─ 2Ω ─ b → **合成抵抗の式** $2+2=4\,\Omega$ → a ─ 4Ω ─ b

(2) a ─ 4Ω ─ 5Ω ─ b → **合成抵抗の式** $4+5=9\,\Omega$ → a ─ 9Ω ─ b

(3)

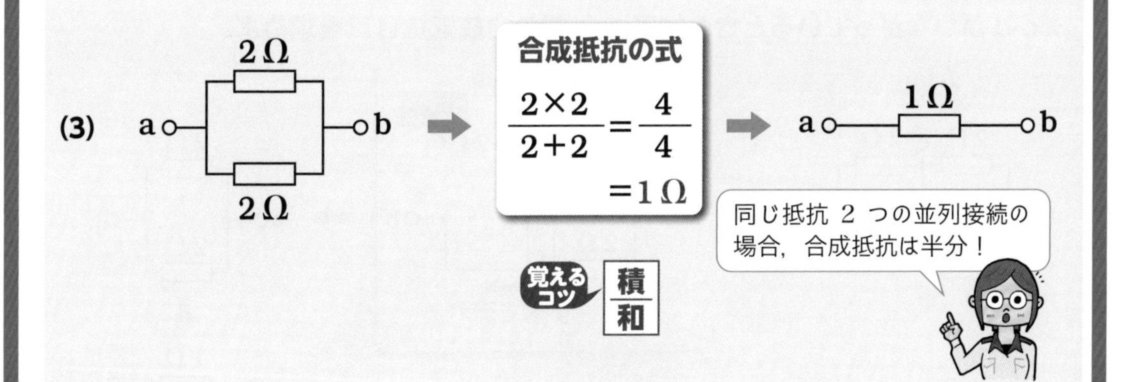

(4)

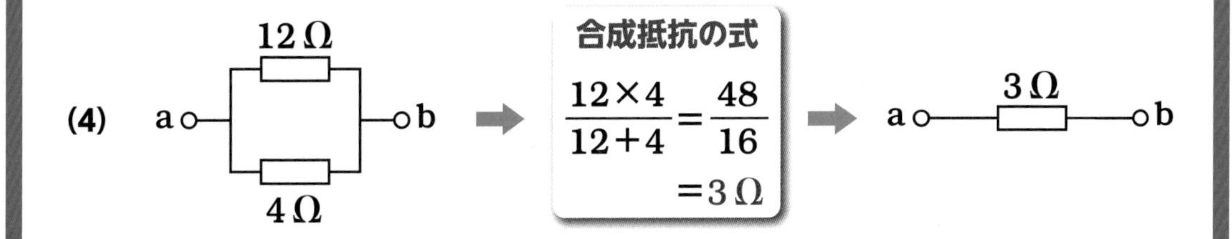

違う抵抗 2 つの並列接続の場合，
合成抵抗は小さい方の抵抗より小さい！
(12Ω と 4Ω なら合成抵抗は 4Ω より小さい)

合成抵抗の問題にチャレンジ

見て覚えよう

簡単な問題の解き方を見て覚えよう(その2)

★スイッチSが閉じているときの端子a–b間の合成抵抗〔Ω〕を求めよ.

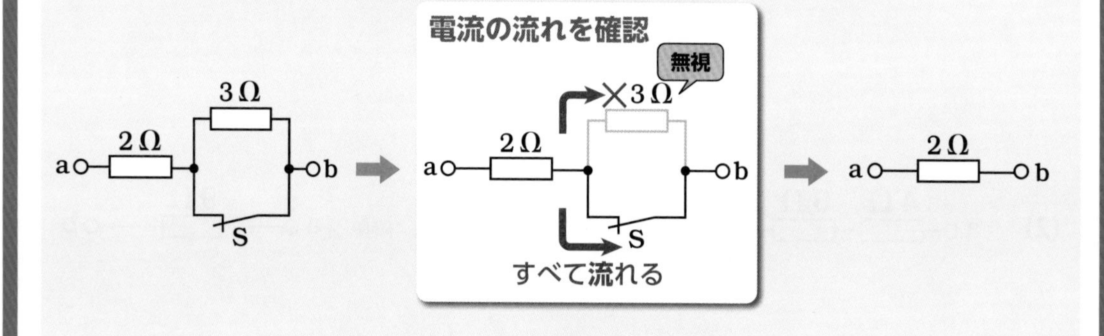

★c–dがつながっているときの端子a–b間の合成抵抗〔Ω〕を求めよ.

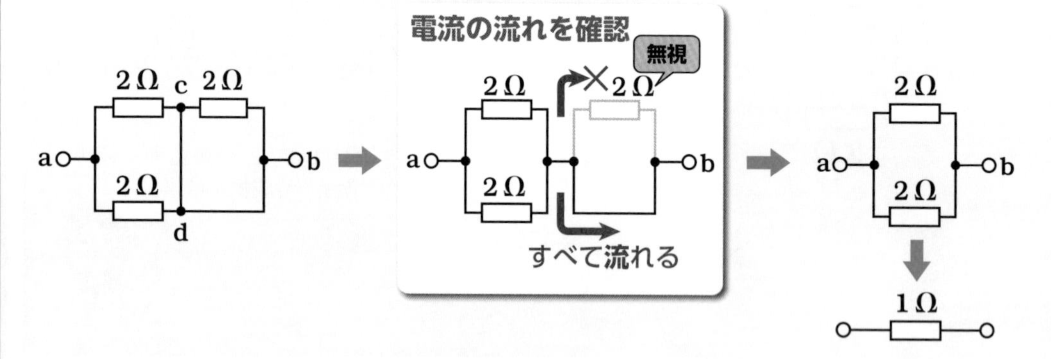

★回路が切れているときの合成抵抗〔Ω〕を求めよ.

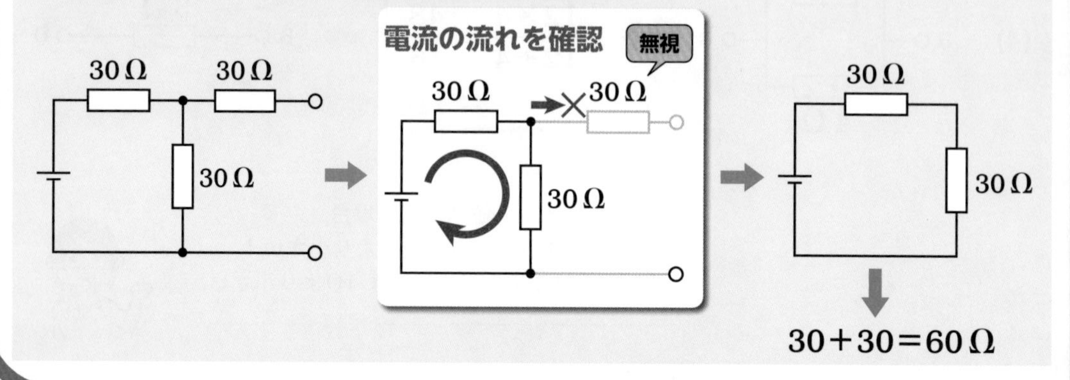

攻略の3ステップ

① 直列接続 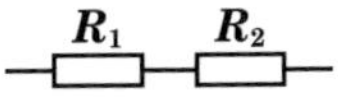 **の合成抵抗** $R_0 = R_1 + R_2$

② 並列接続 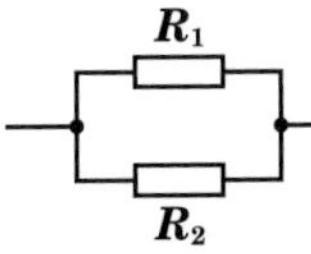 **の合成抵抗** $R_0 = \dfrac{R_1 \times R_2}{R_1 + R_2}$

③ 並列接続の合成抵抗の覚え方は和分の積 $\dfrac{積}{和}$ 

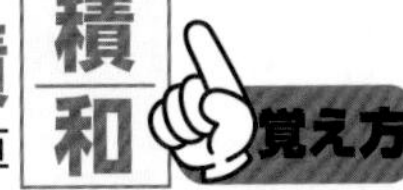

※和：足し算，積：掛け算

解いてみよう (平成 27 年)

図のような回路において，抵抗 ─▭─ は，すべて 2 Ωである．a-b 間の合成抵抗値〔Ω〕は．

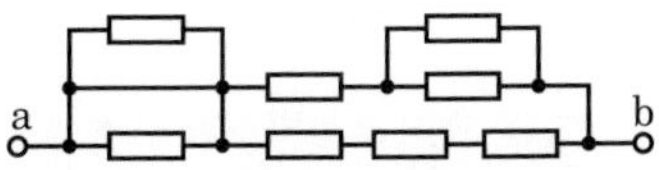

イ．1　　ロ．2　　ハ．3　　ニ．4

解説

図 1 より①の部分が短絡されているため抵抗は 0 Ωになります．短絡後の図に直すと図 2 になります．次に，②と③の部分の合成抵抗を計算します．

②の合成抵抗は，$2 + \dfrac{2 \times 2}{2 + 2} = 2 + \dfrac{4}{4} = 3$ Ω

③の合成抵抗は，$2 + 2 + 2 = 6$ Ω

になります．よって図 2 は図 3 のようになり，並列回路の合成抵抗 R_{ab} は

$$R_{ab} = \frac{3 \times 6}{3 + 6} = \frac{18}{9} = 2\ \Omega$$

となります．

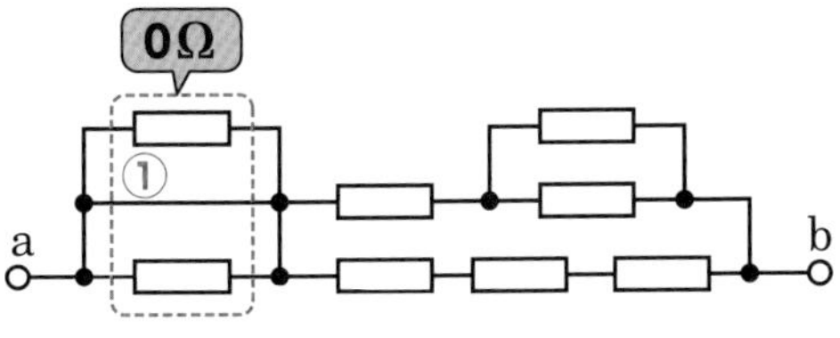

図 1

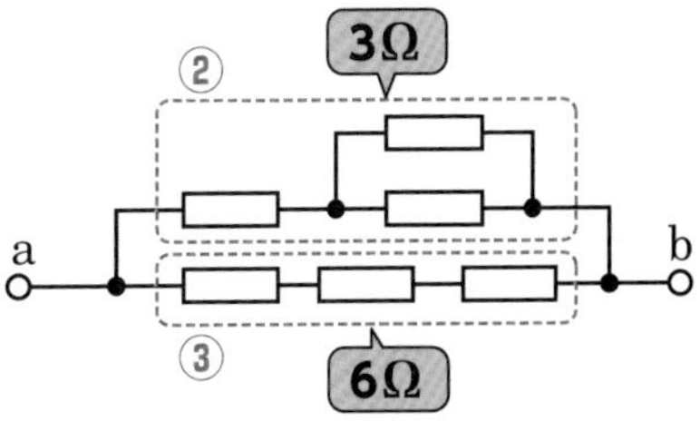

図 2

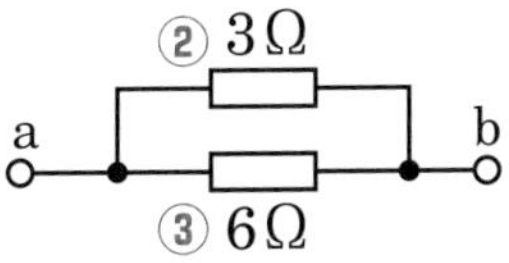

図 3

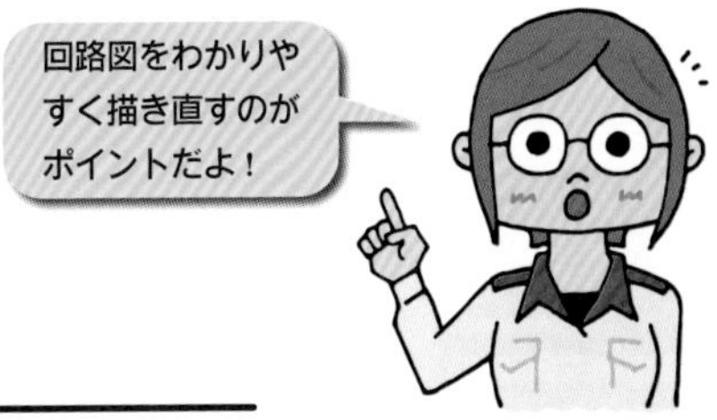

解答 ロ

オームの法則の問題を見て覚えよう

オームの法則

抵抗 R〔Ω〕の両端に V〔V〕の電圧を加え，I〔A〕の電流が流れたとき，

$$V = I \times R \text{〔V〕} \quad I = \frac{V}{R} \text{〔A〕} \quad R = \frac{V}{I} \text{〔Ω〕}$$

の関係が成り立ちます．

抵抗回路の電圧の性質

図1のような並列回路に電圧を加えると，抵抗 R_1 と R_2 に同じ電圧が加わります．図2のような直列回路に電圧を加えると，抵抗 R_1 と R_2 の抵抗値によって電圧が異なります．

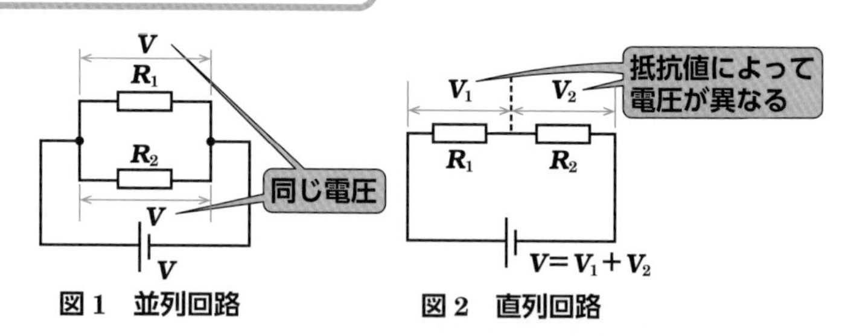

図1　並列回路　　図2　直列回路

抵抗回路の電流の性質

右図のように，電流は川の流れと同じで分かれ道になっても元の大きさに戻ります．電流の流れを妨げる抵抗を岩で表現しています．抵抗が大きい方には流れる電流値が小さくなります．

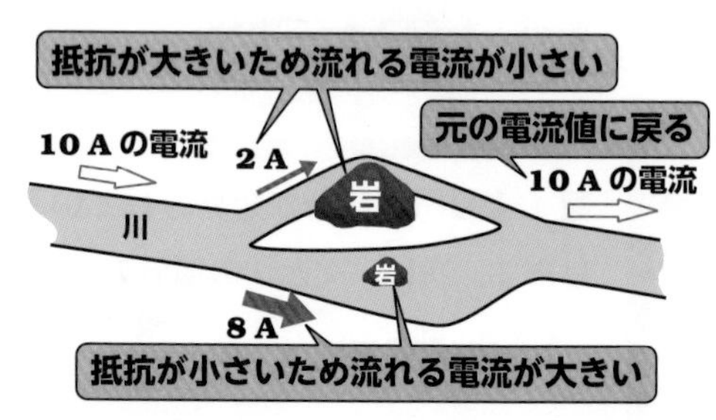

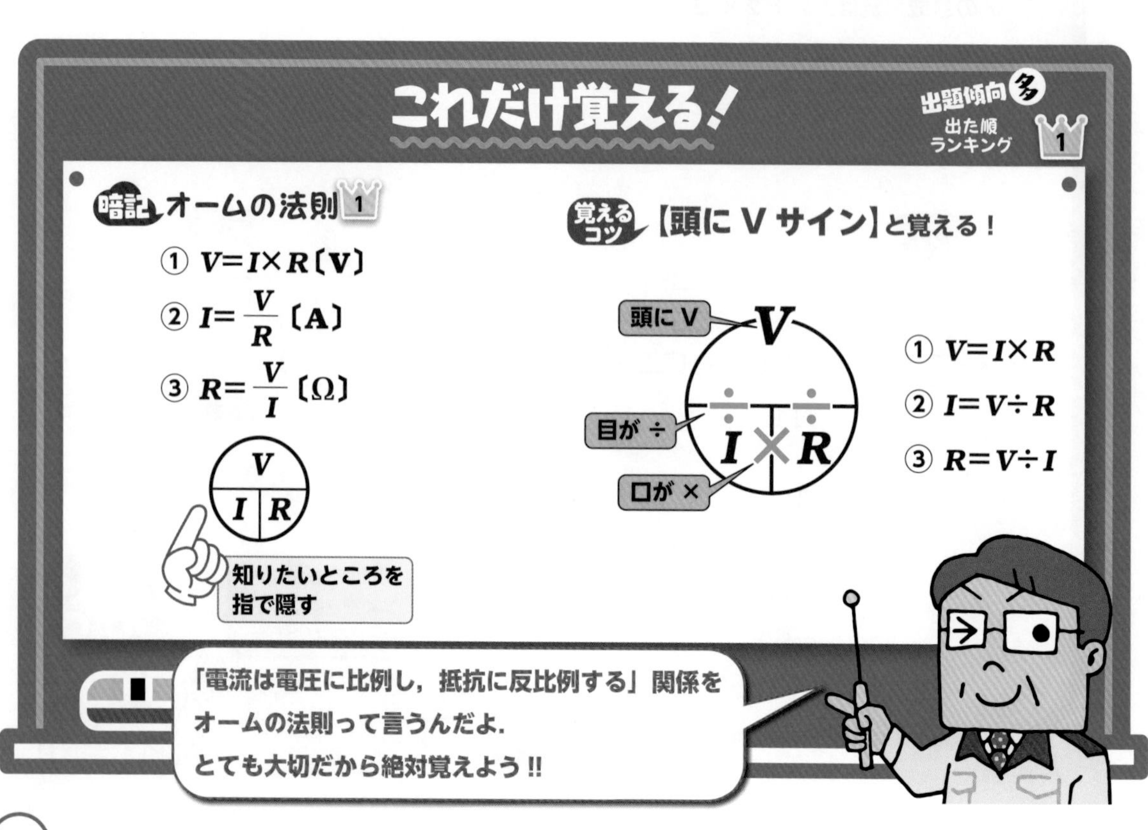

見て覚えよう

簡単な問題の解き方を見て覚えよう（その1）

★電圧 V〔V〕を求めよ.

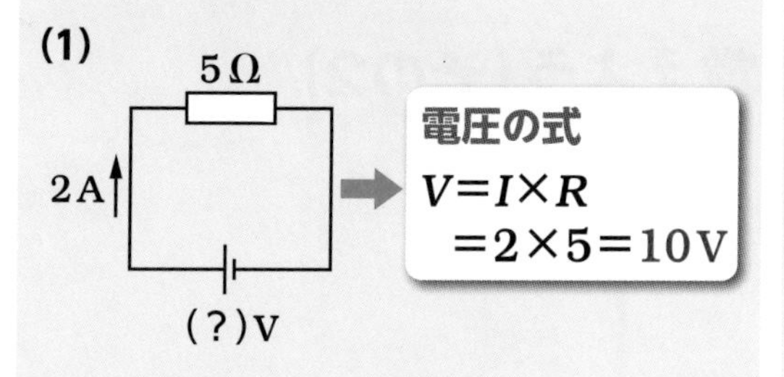

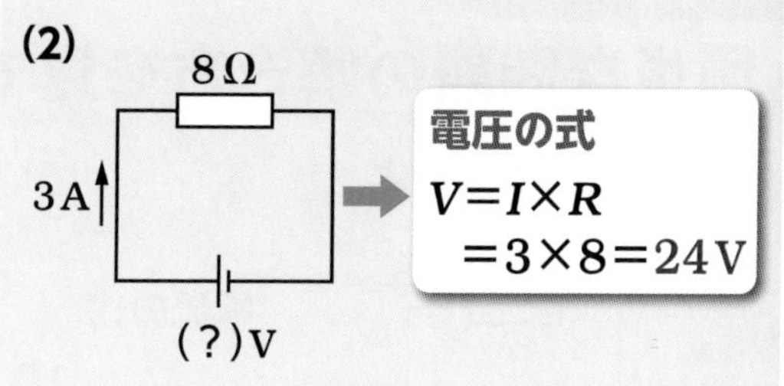

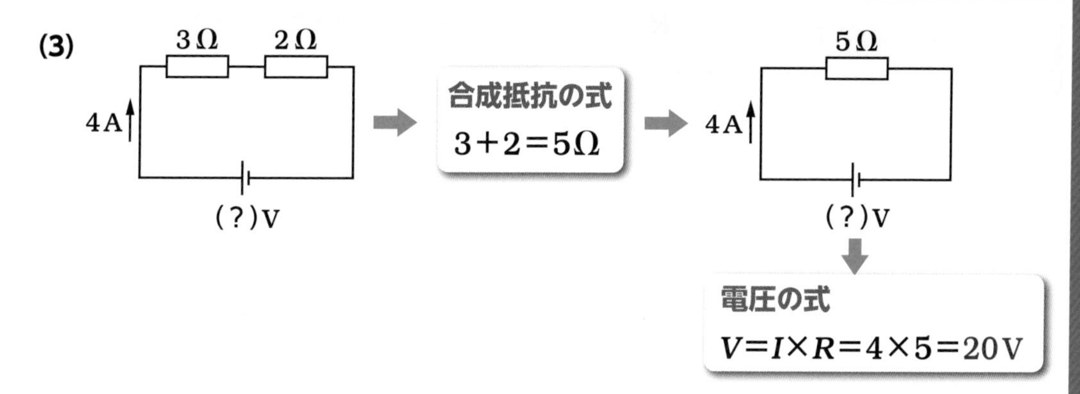

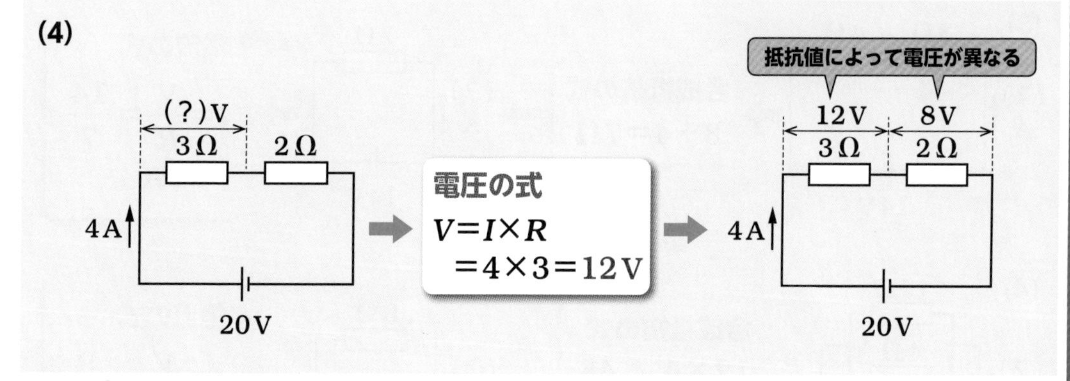

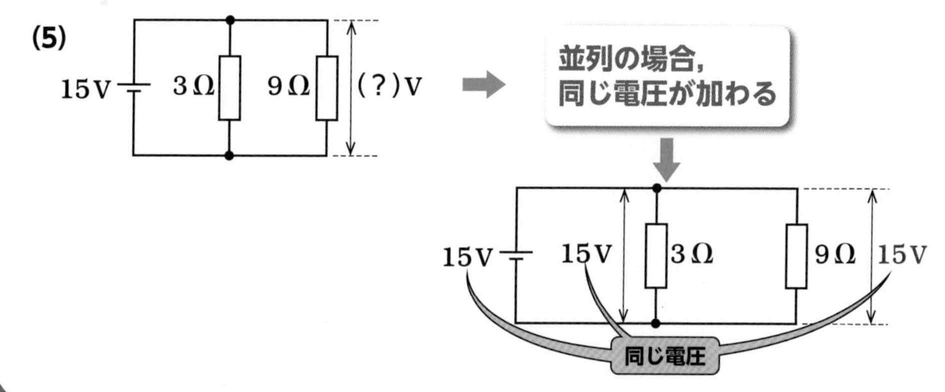

11-4 オームの法則の問題にチャレンジ

見て覚えよう

簡単な問題の解き方を見て覚えよう(その2)

★電流 I〔A〕を求めよ.

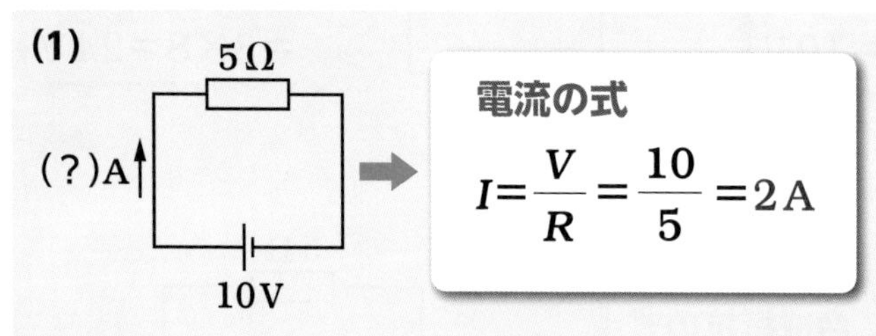

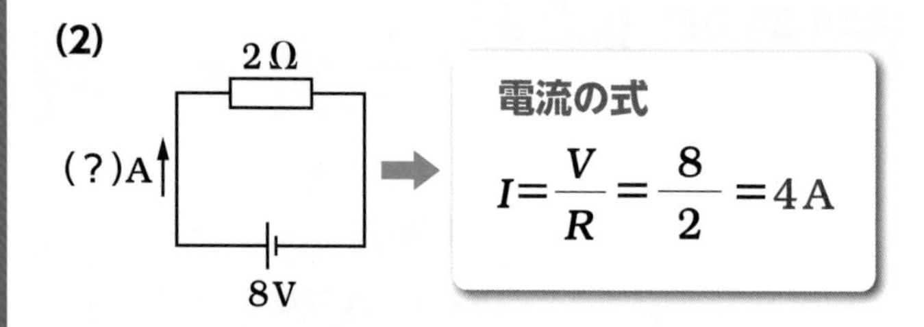

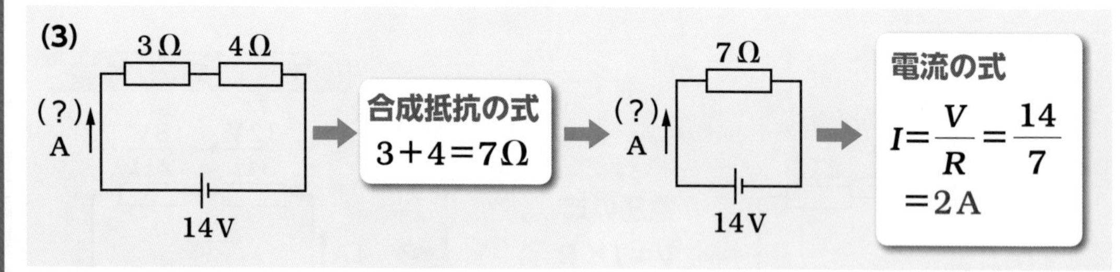

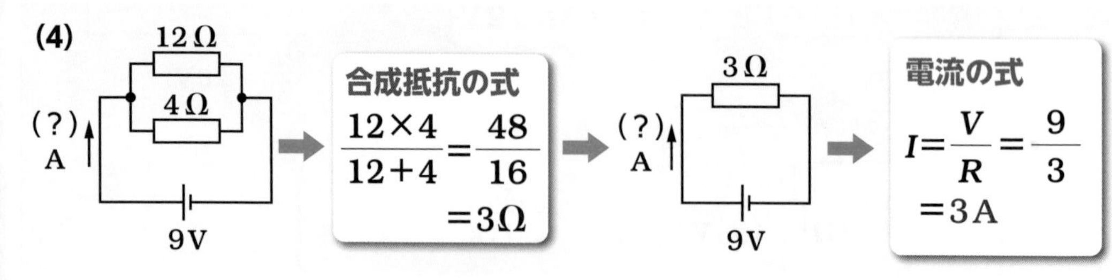

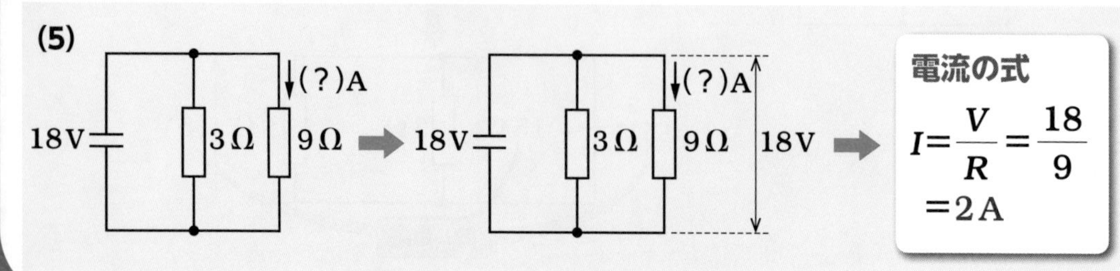

攻略の3ステップ

1. **オームの法則の3つの式を理解する**
2. **電流と電圧の性質を理解する**
3. **わかるところから一つひとつ解く**

解いてみよう (平成30年)

図のような直流回路において，電源から流れる電流は 20 A である．図中の抵抗 R に流れる電流 I_R〔A〕は．

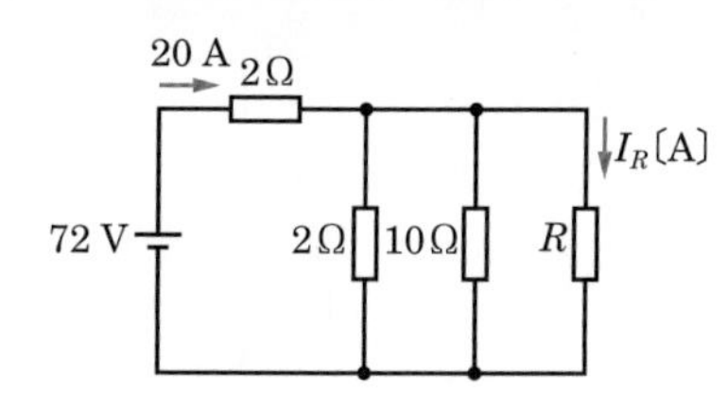

イ．0.8
ロ．1.6
ハ．3.2
ニ．16

解説

図の①の部分の電圧を求めると，$V = I \times R = 20 \times 2 = 40$ V

②の部分の電圧は全体の電圧（電源電圧）から①の電圧を引いたものなので，$72 - 40 = 32$ V

電流 I_1 を求めると，$I_1 = \dfrac{32}{2} = 16$ A

電流 I_2 を求めると，$I_2 = \dfrac{32}{10} = 3.2$ A

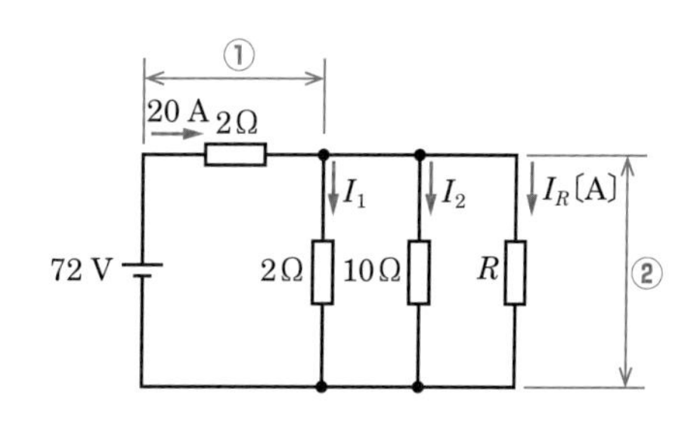

全体の電流 I から電流 I_1 と電流 I_2 を引いたものが電流 I_R となるため

$$I_R = I - I_1 - I_2 = 20 - 16 - 3.2 = 0.8 \text{ A}$$

となります．

解答 イ

キルヒホッフの法則

キルヒホッフの第 1 法則

「回路上のある一点に流れ込む電流の総和と，そこから流れ出る電流の総和は等しい.」という電流に関する法則が**キルヒホッフの第 1 法則**です.

右図のように，流入する電流の和 I と流れ出る電流の和 I_1+I_2 が等しいため，$I=I_1+I_2$ が成り立ちます．分かりづらい方は川の流れをイメージしましょう.

電流は川の流れと同じで分かれ道になっても元の大きさに戻るんだね.

キルヒホッフの第 2 法則

「ある閉回路の起電力（電源電圧）の総和と，電圧降下（負荷で消費される電圧）の総和は等しい.」という電圧に関する法則が**キルヒホッフの第 2 法則**です．右図のように起電力の総和 E_1+E_2 が電圧降下の総和 R_1I+R_2I と等しくなるため，$E_1+E_2=R_1I+R_2I$ が成り立ちます.

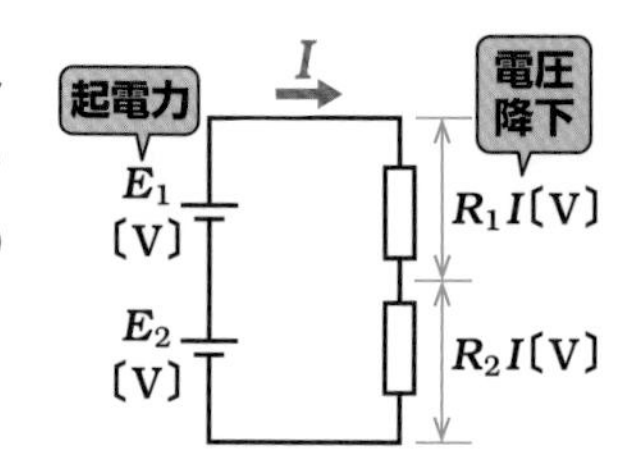

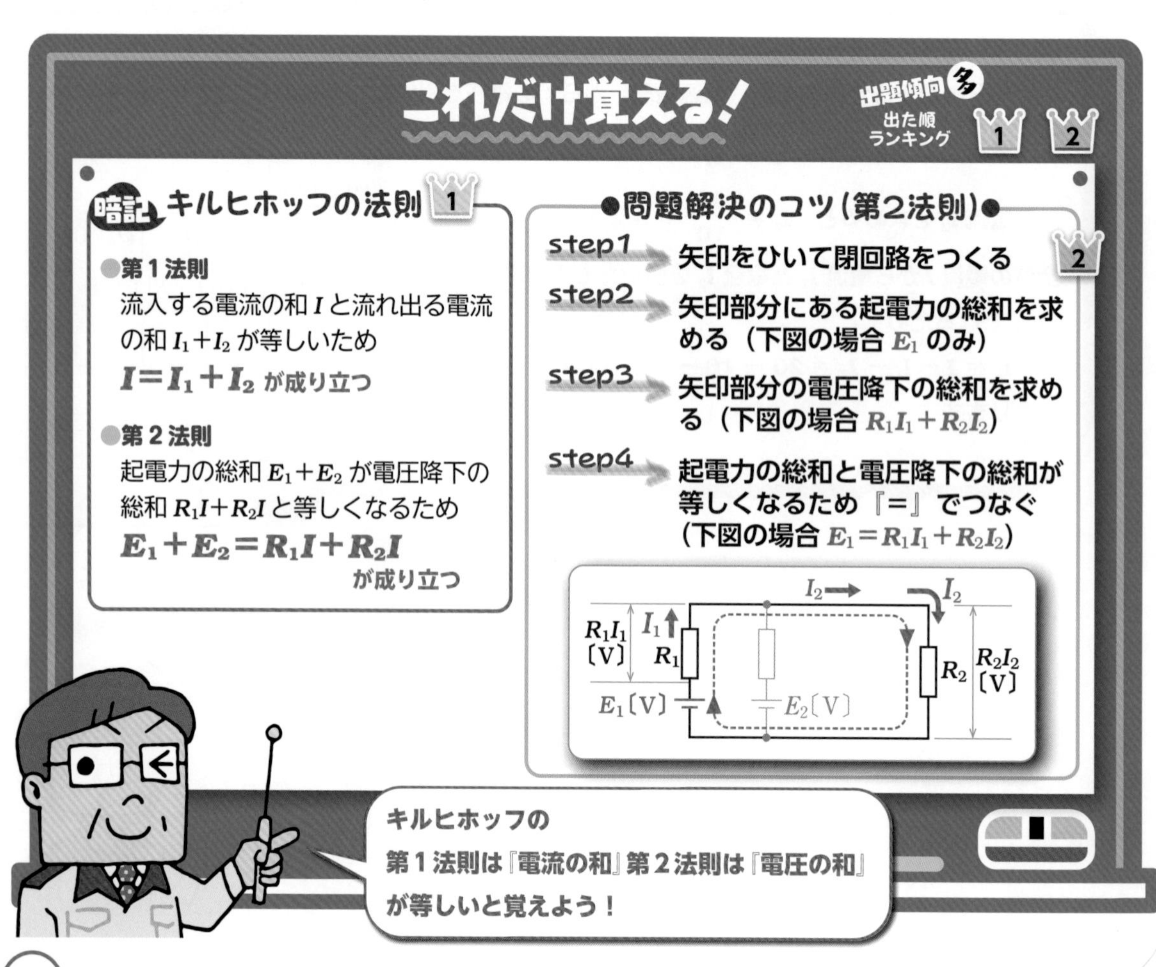

攻略の3ステップ

❶ キルヒホッフの第 1 法則 とくれば $I = I_1 + I_2$

❷ キルヒホッフの第 2 法則 とくれば $E_1 + E_2 = R_1 I + R_2 I$

❸ 第 2 法則は閉回路をつくって考える

解いてみよう (平成 27 年)

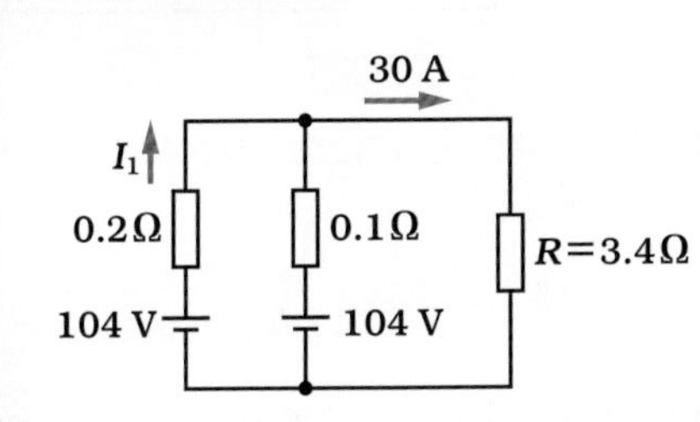

図のような直流回路において，抵抗 $R = 3.4\,\Omega$ に流れる電流が 30 A であるとき，図中の電流 I_1〔A〕は．

イ．5　　ロ．10　　ハ．20　　ニ．30

解説

キルヒホッフの第 2 法則では，閉回路中（破線の矢印が通る部分）の起電力の合計は，閉回路中の電圧降下の合計に等しくなります．このことを念頭に置いて考えましょう．

図の①の部分の電圧（電圧降下）をオームの法則で解くと，$V_1 = 0.2 \times I_1 = 0.2\,I_1$

図の②の部分の電圧（電圧降下）をオームの法則で解くと，$V_2 = 3.4 \times 30 = 102\,\mathrm{V}$

閉回路中（破線の矢印が通る部分）にある起電力はⓐの 104 V だけなので，起電力の合計は 104 V です．これをキルヒホッフの第 2 法則の式に当てはめると

$$104 = V_1 + V_2$$

$$104 = 0.2\,I_1 + 102$$

$$0.2\,I_1 = 2$$

$$I_1 = \frac{2}{0.2} = 10\,\mathrm{A}$$

となります．

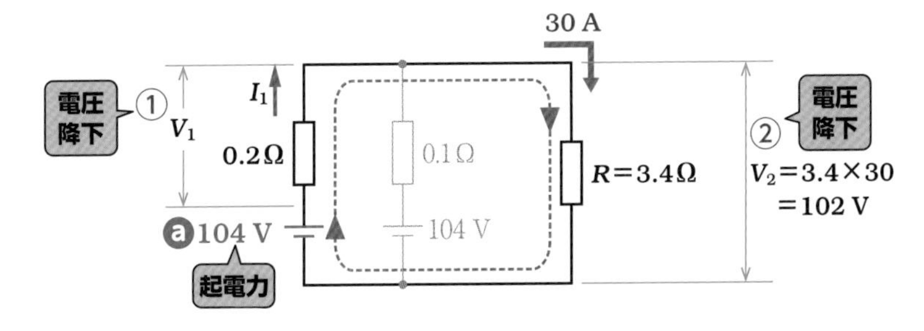

解答 ロ

11-6 ブリッジ回路

ブリッジ回路

図のような接続の仕方をした回路をブリッジ回路といいます．ブリッジ回路で b-d 間に検流計 Ⓖ を接続して，指針が振れなければ（電流が流れなければ）平衡しているといい，次の式が成り立ちます．

$$R_1 \times R_4 = R_2 \times R_3$$

これを**ブリッジの平衡条件**といいます．

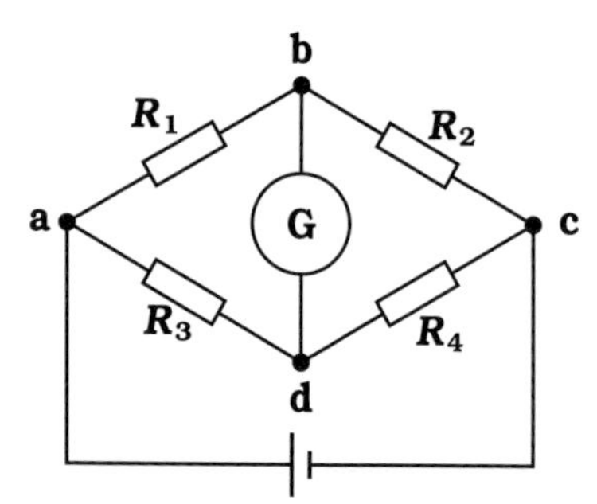

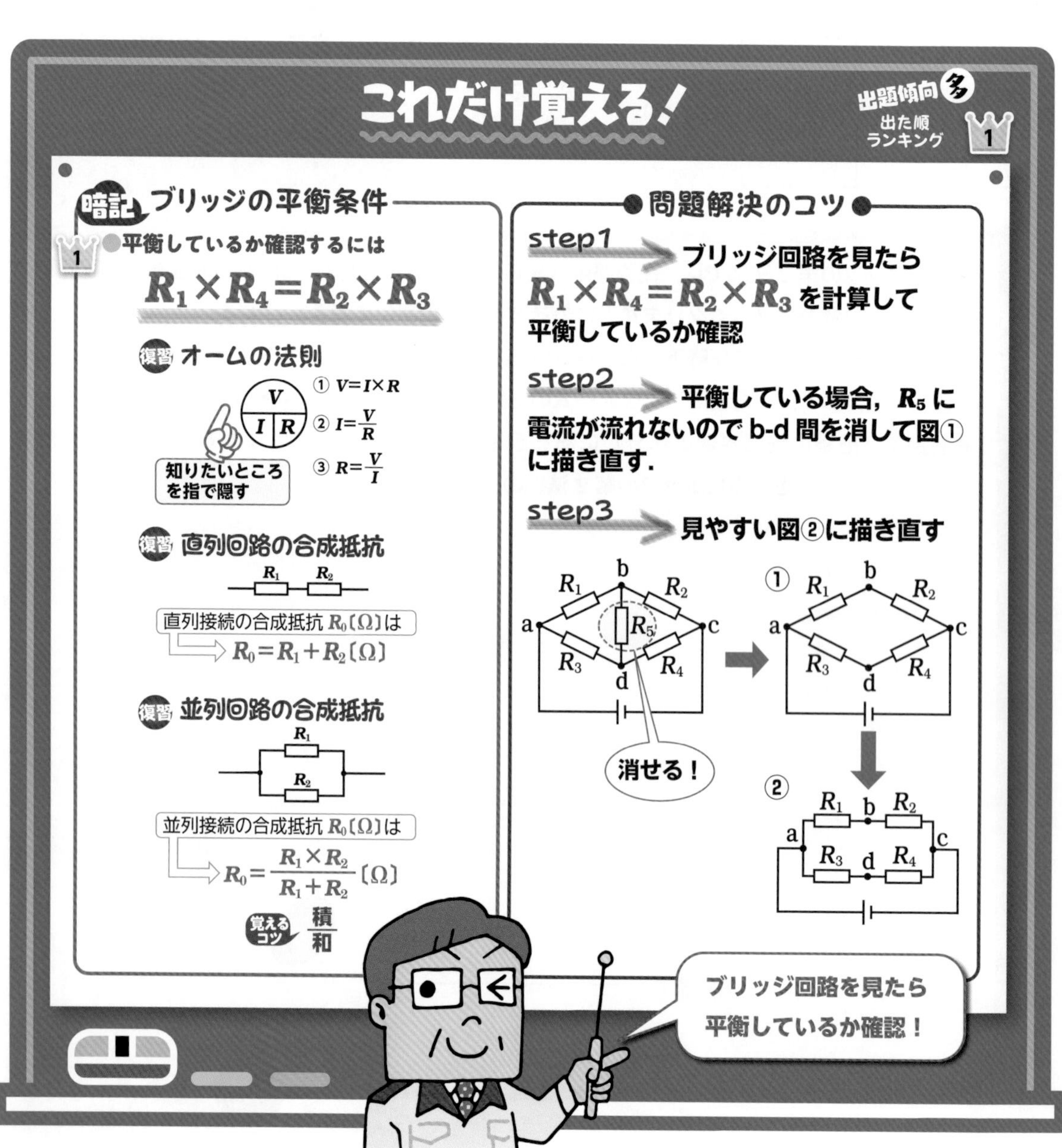

攻略の3ステップ

① ブリッジ回路を見たら $R_1 \times R_4 = R_2 \times R_3$ を計算
② 平衡していたら電流の流れない部分を消す
③ 合成抵抗やオームの法則で解く

解いてみよう (平成28年)

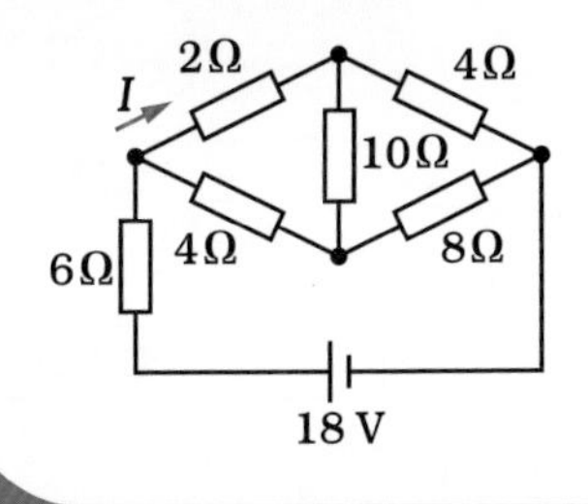

図のような直流回路において，抵抗2Ωに流れる電流 I〔A〕は．ただし，電池の内部抵抗は無視する．

イ．0.6　ロ．1.2　ハ．1.8　ニ．3.0

解説

図1のブリッジ回路は，$R_1 \times R_4 = R_2 \times R_3$ が成り立つので，10Ωの抵抗には電流が流れず，図2のように描き直すことができます．図2よりa-b間の合成抵抗（$I_C = 0\,\mathrm{A}$）を求めると

$$R_{ab} = \frac{R_{12} \times R_{34}}{R_{12} + R_{34}} = \frac{6 \times 12}{6 + 12} = \frac{72}{18} = 4\,\Omega$$

となり，回路全体の合成抵抗 R_{all} は6Ωと R_{ab} の直列接続なので

$$R_{all} = 6 + 4 = 10\,\Omega$$

となります．

回路全体に流れる電流 I_M を求めると

$$I_M = \frac{18}{R_{all}} = \frac{18}{10} = 1.8\,\mathrm{A}$$

a-b間の電圧 V_{ab} は

$$V_{ab} = I_M \times R_{ab} = 1.8 \times 4 = 7.2\,\mathrm{V}$$

となり，抵抗2Ωに流れる電流 I は

$$I = \frac{V_{ab}}{R_{12}} = \frac{7.2}{6} = 1.2\,\mathrm{A}$$

となります．

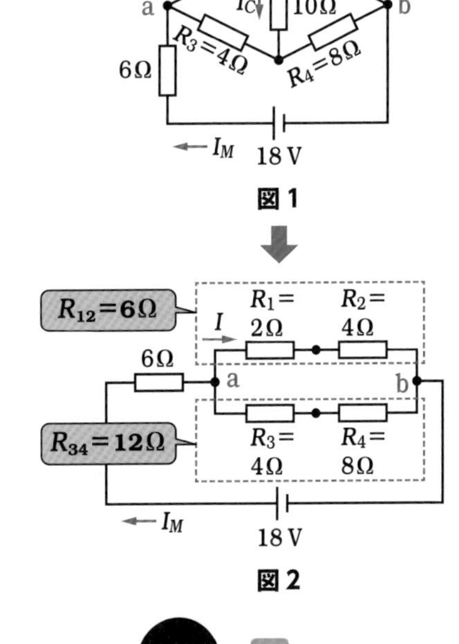

解答 ロ

消費電力（有効電力）

回路の電力

抵抗 R〔Ω〕に電圧 V〔V〕を加えると電流 I〔A〕が流れます．このとき，電気エネルギーが熱エネルギーに変わるため電力 P〔W〕（ワット）が消費されます．この消費された電力のことを**消費電力**，有効電力または**電力**といい，次式で求めます． $P=VI=I^2R=\dfrac{V^2}{R}$〔W〕

単相交流回路の場合，コイル等が入っている機器の負荷が接続されると位相が変わるため，力率 $\cos\theta$ を考慮した式となり，次式で求めます． $P=VI\cos\theta$〔W〕 なお，力率に関しては 11-14 で学習します．

電圧計・電流計・電力計の結線

電圧計は図のように負荷と並列に接続し，電流計は図のように負荷と直列に接続します．電力計は少し複雑で，図のように電圧コイルは負荷と並列に接続し，電流コイルは負荷と直列に接続します．

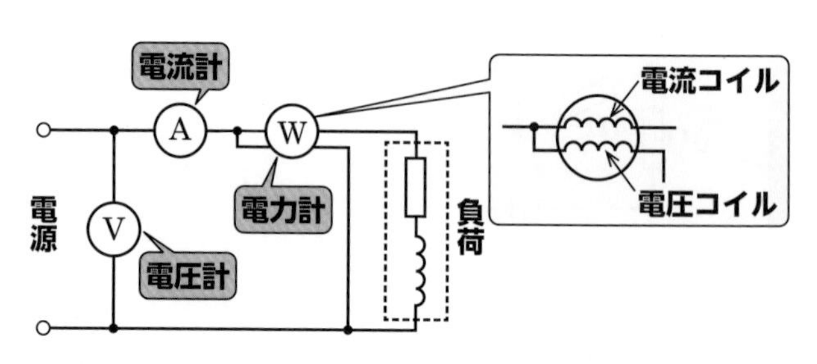

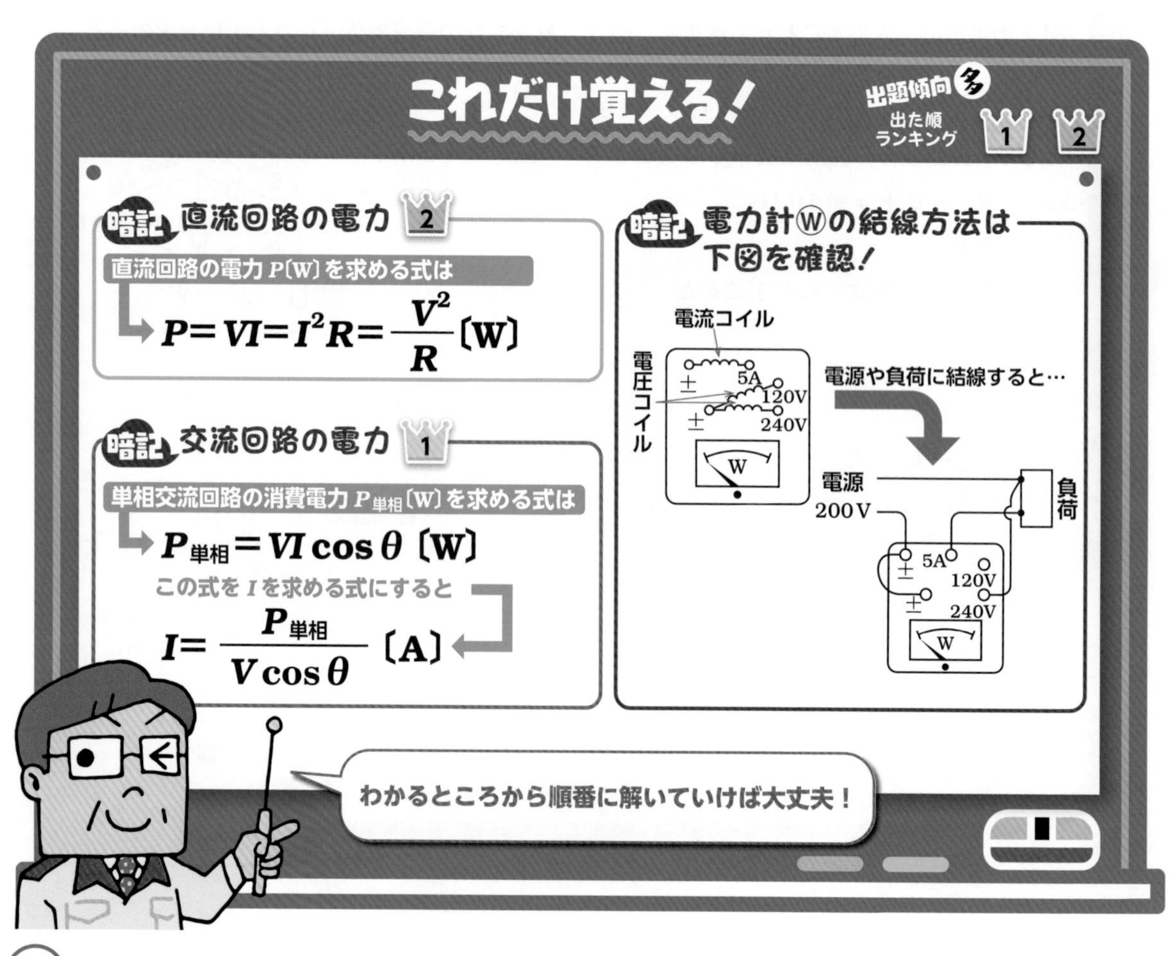

攻略の2ステップ

① 合成抵抗やオームの法則を確認

② 直流回路の電力　$P = VI = I^2R = \frac{V^2}{R}$〔W〕

解いてみよう（平成23年）

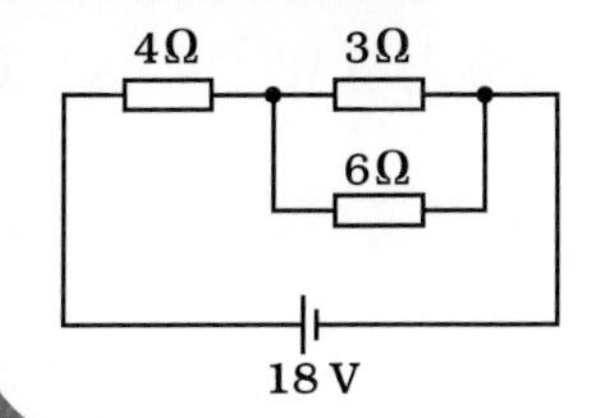

図のような回路において，抵抗3Ωの消費電力〔W〕は．

イ．3　ロ．6　ハ．12　ニ．36

解説

図1より①の部分の合成抵抗を求めると

$$4 + \frac{3 \times 6}{3 + 6} = 4 + \frac{18}{9} = 6\ \Omega$$

オームの法則より②の部分に流れる電流を求めると

$$I = \frac{V}{R} = \frac{18}{6} = 3\ \mathrm{A}$$

③の4Ωの抵抗の電圧を求めると

$$3 \times 4 = 12\ \mathrm{V}$$

④の電圧は

$$18\ \mathrm{V} - 12\ \mathrm{V} = 6\ \mathrm{V}$$

図2より3Ωに流れる I を求めると

$$I = \frac{6}{3} = 2\ \mathrm{A}$$

消費電力 P〔W〕を求めると

$$P = I^2R = 2^2 \times 3 = 12\ \mathrm{W}$$

となります．

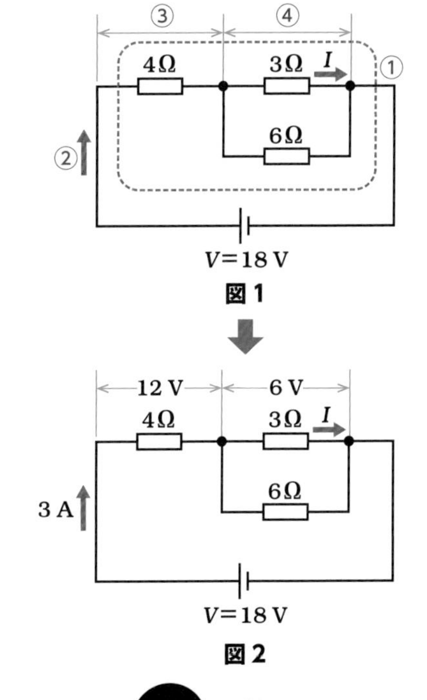

図1

図2

解答　ハ

④まで求めたら，$P = \frac{V^2}{R}$ を使って

$P = \frac{V^2}{R} = \frac{6^2}{3} = 12$ Wとしても正解！

11-8 発熱量と電力量

電流による発熱量 Q と電力量 W

発熱量とは電熱線や電気器具を使ったときに発生する「熱の量」のことです．抵抗 R〔Ω〕に電流 I〔A〕が t〔s〕間流れたときに発熱する熱エネルギーの量のことを発熱量 Q〔J〕といい，$Q=I^2Rt$〔J〕で計算します．

電力量とは電気器具を使ったときに消費した「電力の量」のことです．1 秒間の電気エネルギーを電力 P〔W〕といい，電力に時間 t〔s〕をかけたものが電力量 W〔W・s〕で，$W=Pt$〔W・s〕で計算します．

発熱量と電力量の関係

電流による**発熱量の単位**は J（ジュール）ですが，W・s（ワット・秒）も用いられます．同様に，**電力量の単位は** W・s（ワット秒）ですが，J（ジュール）も用いられます．

このように，**電流による発熱量の単位は，電力量と同じ**になります．電熱線や電気器具から発生する熱量も，もともとは電熱線や電気器具で消費される電気エネルギー（電力量）です．よって，電流によって発生した熱量と消費した電力量は同じ値になります．

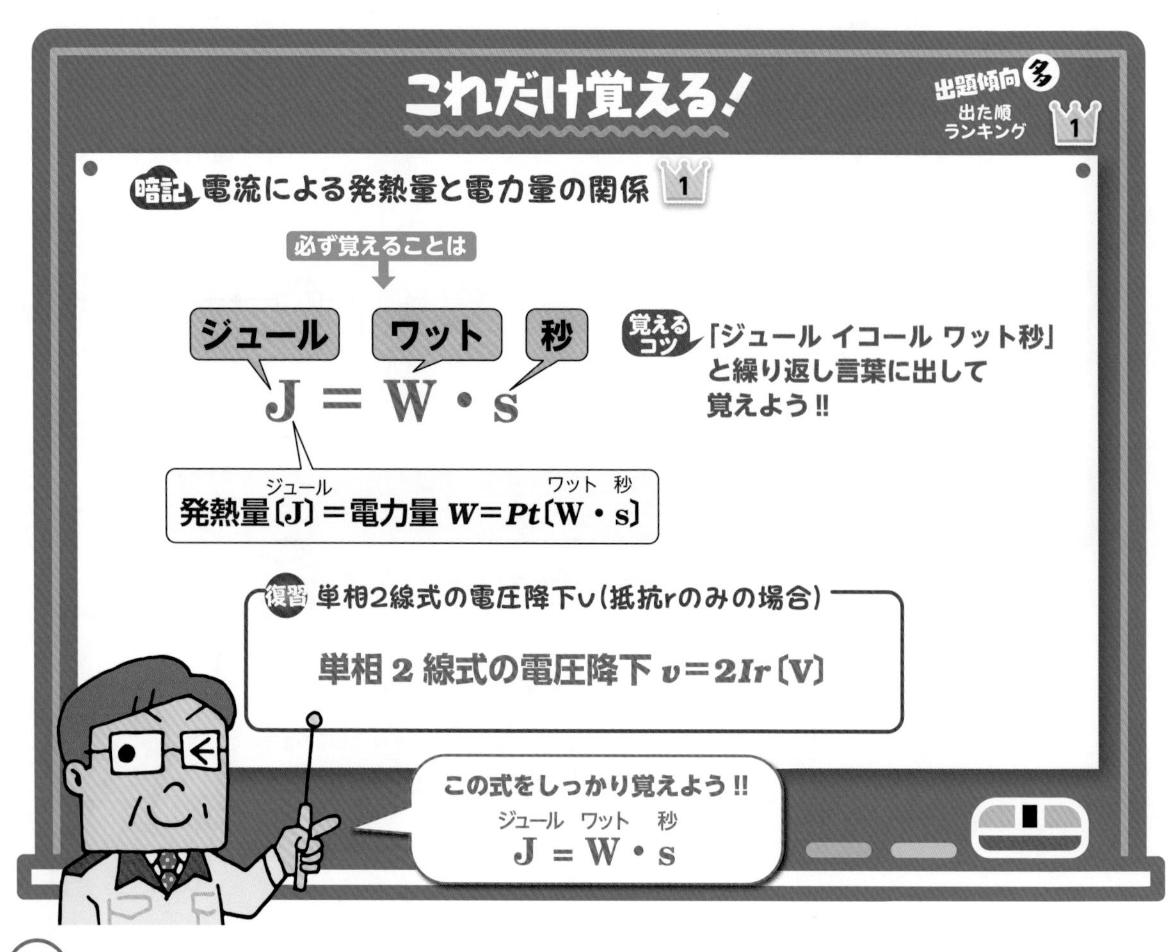

攻略の3ステップ

① **電圧降下の式を復習▶ $v = 2Ir$〔V〕**

② **消費電力の計算では時間を秒へ（10 分間＝600 秒）**

③ **発熱量〔J〕＝電力量 $W = Pt$〔W・s〕**

解いてみよう（平成 23 年）

図のような単相 2 線式配電線路で，電源電圧は 104 V，電線 1 線当たりの抵抗は 0.20 Ωである．スイッチ S を閉じると，抵抗負荷の両端の電圧は 100 V になった．この負荷を 10 分間使用した場合，負荷に供給されるエネルギー〔kJ〕は．ただし，電源電圧は一定とする．

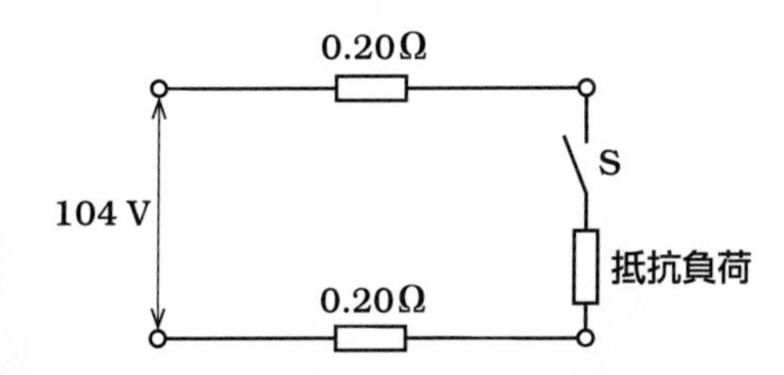

イ．24　　ロ．600

ハ．1000　　ニ．1200

解説

スイッチ S を閉じると，抵抗負荷の両端の電圧が 100 V になったことから，

電線の抵抗の電圧降下は，104 − 100 ＝ 4 V です．

単相 2 線式の電圧降下の式から電流を求めると

$$v = 2Ir$$

$$4 = 2 \times I \times 0.2$$

$$4 = 0.4 \times I$$

$$I = \frac{4}{0.4} = 10\ \text{A} \quad \cdots ①$$

消費電力 $P = VI$ より，①の値と抵抗の両端の電圧 100 V を代入すると

$$P = VI = 100 \times 10 = 1000\ \text{W} \quad \cdots ②$$

発熱量〔J〕＝電力量 $W = Pt$〔W・s〕のことなので，

②の値と 10 分間を秒に直した $t = 600$ s を代入して

$$W = Pt = 1\,000 \times 600 = 600\,000\ \text{J} = 600\ \text{kJ}$$

となります．

解答 ロ

平行平板コンデンサ

静電容量 C〔F〕と電荷 Q〔C〕

静電容量 C〔F〕とは，コンデンサが電荷 Q〔C〕を蓄える能力のことをいい，$C=\dfrac{\varepsilon A}{d}$〔F〕で表せます．加えて，電圧 V〔V〕を加えた場合の電界の強さ E〔V/m〕は $\dfrac{V}{d}$〔V/m〕になります．

電荷 Q とは，物体が帯びている静電気の量であり，また電磁場から受ける作用の大きさを規定する物理量です．静電容量 C〔F〕のコンデンサに電圧 V〔V〕を加えた場合，電荷 Q〔C〕が蓄えられます．このことから，$Q=CV$〔C〕で表せます．

C と L に蓄えられるエネルギー

右図においてコンデンサ C に蓄えられるエネルギー W_C〔J〕は $\dfrac{1}{2}CV^2$〔J〕，コイル L に一時的に蓄えられるエネルギー W_L〔J〕は $W_C=W_L=\dfrac{1}{2}LI^2$〔J〕で表せます．

R〔Ω〕　I〔A〕　V〔V〕　C〔F〕　L〔H〕

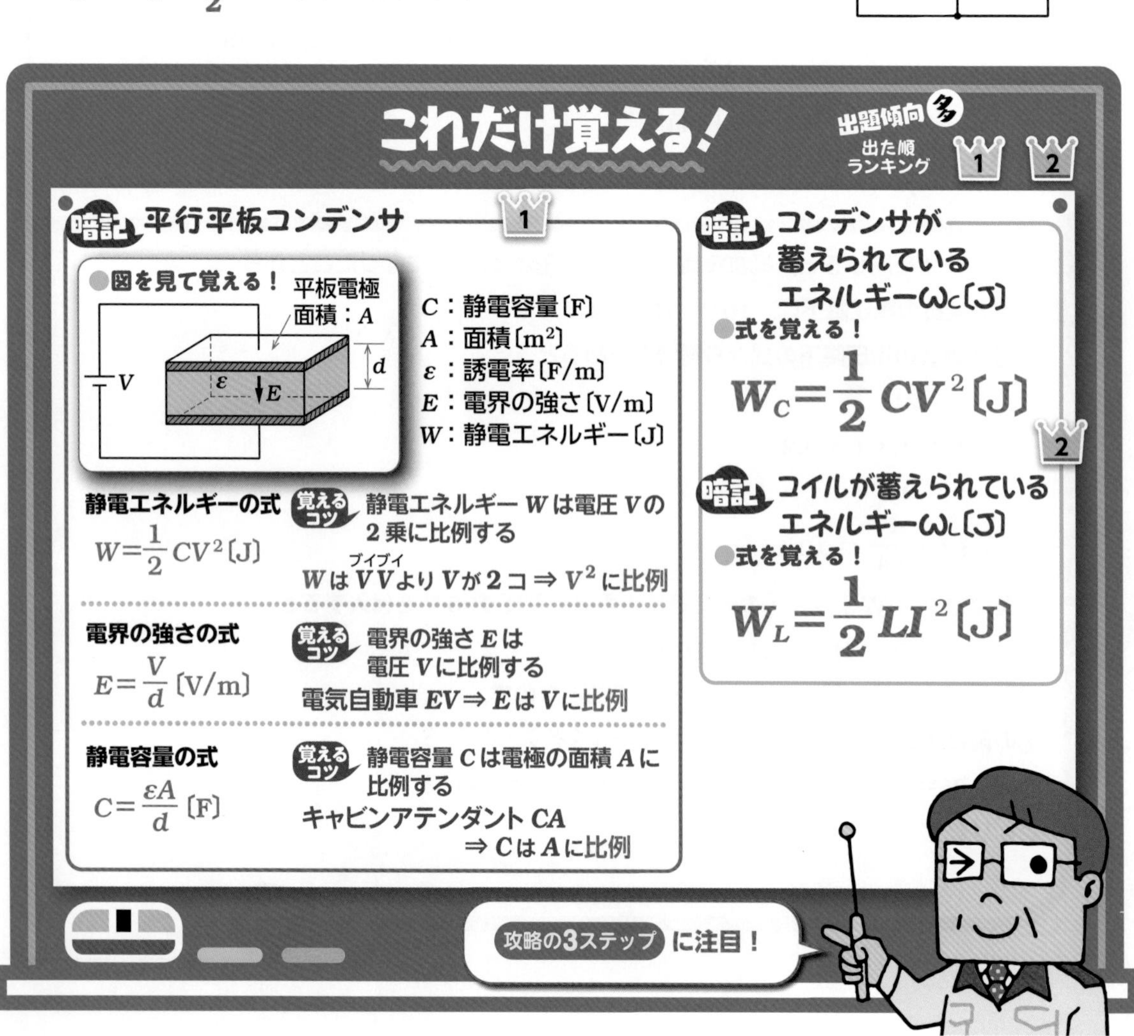

攻略の3ステップ

① **静電エネルギー $W=\frac{1}{2}CV^2$ は電圧 V の 2 乗に比例**

② **電界の強さ $E=\frac{V}{d}$ は電圧 V に比例**

③ **静電容量 $C=\frac{\varepsilon A}{d}$ は電極の面積 A に比例**

解いてみよう (平成 28 年)

図のように，面積 A の平板電極間に，厚さが d で誘電率 ε の絶縁物が入っている平行平板コンデンサがあり，直流電圧 V が加わっている．このコンデンサの静電エネルギーに関する記述として，正しいものは．

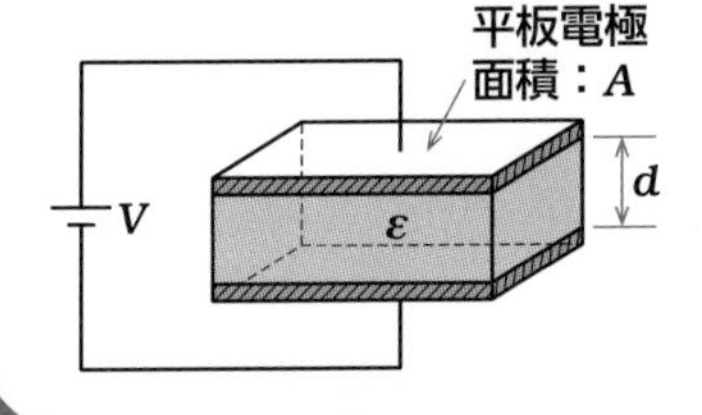

イ．電圧 V の 2 乗に比例する．
ロ．電極の面積 A に反比例する．
ハ．電極間の距離 d に比例する．
ニ．誘電率 ε に反比例する．

解説

この平行平板コンデンサの静電容量 C は

$$C=\frac{\varepsilon A}{d}\ \text{〔F〕} \quad \cdots①$$

となり，このコンデンサに直流電圧 V が加わったときに蓄えられる静電エネルギー W は

$$W=\frac{1}{2}CV^2\ \text{〔J〕} \quad \cdots②$$

となります．②の式より「イ」の静電エネルギー W は電圧 V の 2 乗に比例するが正しいです．

解答 イ

解いてみよう と同じ平行平板コンデンサの図を使って以下の 3 つのパターンで“記述の正しいもの”を選ばせる問題が出題されているよ．
(平成 28 年　問題 1) 静電エネルギー W は電圧 V の 2 乗に比例する．
(平成 25 年　問題 1) 電界の強さ E は電圧 V に比例する．
(平成 21 年　問題 1) 静電容量 C は電極の面積 A に比例する．

コンデンサの静電容量

2個のコンデンサを直列接続したときの合成静電容量 C_0〔F〕

これだけ覚える! の図のようにコンデンサ2個を直列接続したときの合成静電容量 C_0〔F〕は $C_0 = \dfrac{C_1 \times C_2}{C_1 + C_2}$〔F〕となります．また，直列接続の場合，$Q_1$ のコンデンサに蓄えられる電荷と Q_2 のコンデンサに蓄えられる電荷が等しくなるため，合計電荷量 $Q = Q_1 = Q_2$ となります．

2個のコンデンサを並列接続したときの合成静電容量 C_0〔F〕

これだけ覚える! の図のようにコンデンサ2個を並列接続したときの合成静電容量 C_0〔F〕は $C_0 = C_1 + C_2$〔F〕となります．また，並列接続の場合，Q_1 のコンデンサに蓄えられる電荷と Q_2 のコンデンサに蓄えられる電荷を合わせたものが合計の電荷量になるため，合計電荷量 $Q = Q_1 + Q_2$ となります．

誘導性リアクタンス X_L〔Ω〕と容量性リアクタンス X_C〔Ω〕

インダクタンス L〔H〕，周波数 f〔Hz〕のとき，誘導性リアクタンス X_L〔Ω〕（コイルの電流の通しにくさ）は，$X_L = 2\pi fL$〔Ω〕で表せます．容量性リアクタンス X_C〔Ω〕（コンデンサの電流の通しにくさ）は $X_C = \dfrac{1}{2\pi fC}$〔Ω〕で表せます．

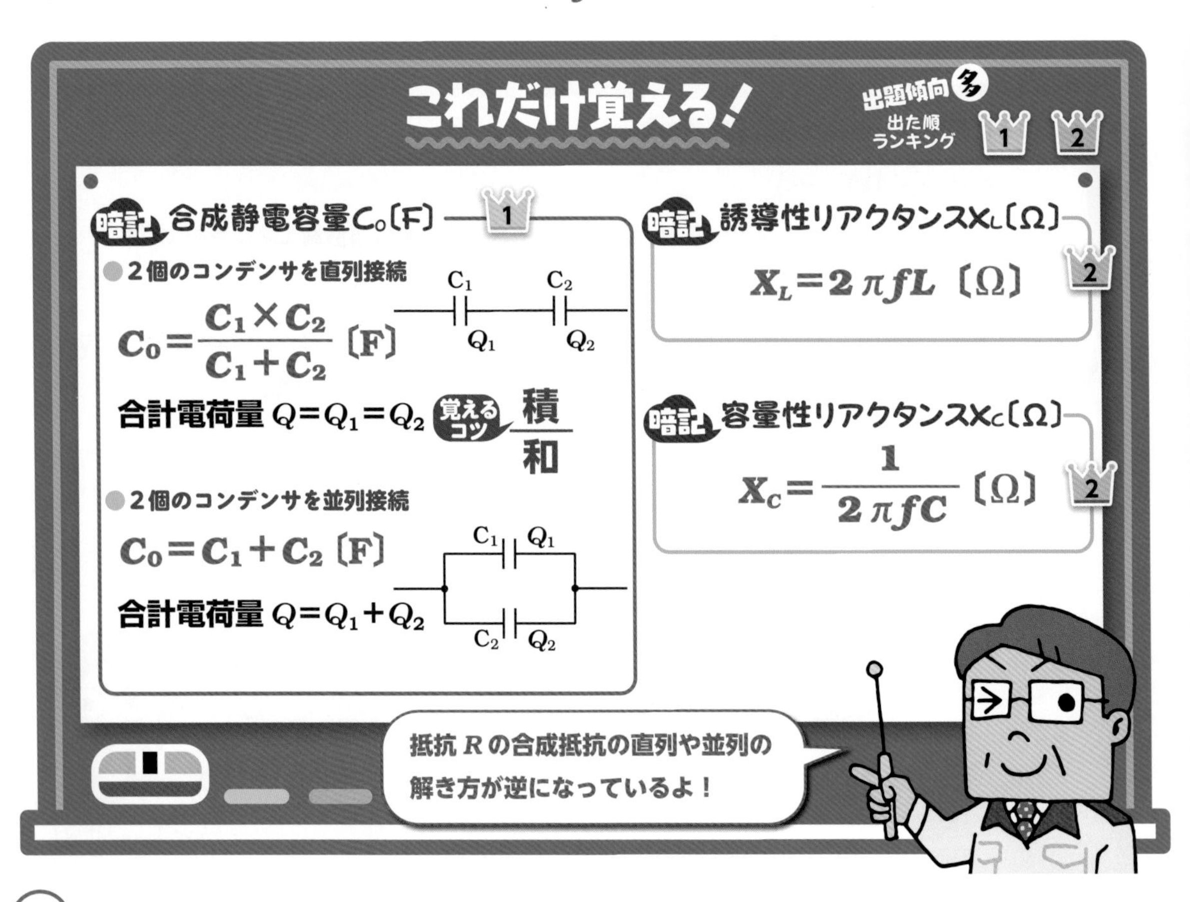

攻略の3ステップ

① 合成静電容量 C_0〔F〕の求め方は抵抗の合成抵抗の逆

② 直列接続のときは合計電荷量 $Q=Q_1=Q_2$ が成り立つ

③ 式を確認▶ $X_L=2\pi fL$〔Ω〕, $X_C=\dfrac{1}{2\pi fC}$〔Ω〕

解いてみよう（平成 25 年）

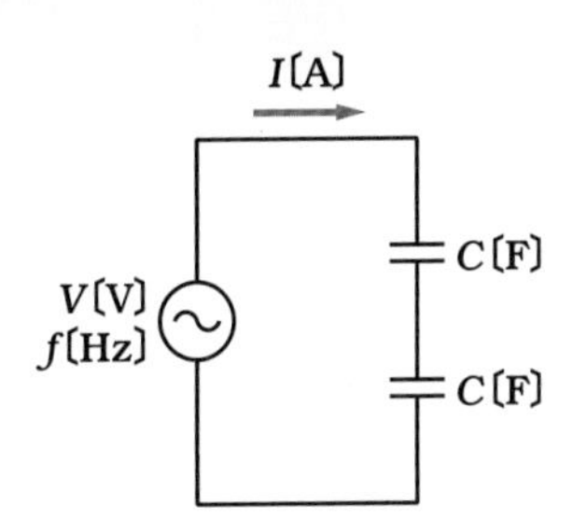

図のような交流回路において，電源の電圧は V〔V〕，周波数は f〔Hz〕で，2 個のコンデンサの静電容量はそれぞれ C〔F〕である．電流 I〔A〕を示す式は．

イ．πfCV　　ロ．$2\pi fCV$

ハ．$\dfrac{V}{2\pi fC}$　　ニ．$\dfrac{V}{\pi fC}$

解説

容量リアクタンス X_C とすると，回路に流れる負荷電流 I は

$$I=\frac{V}{X_C}\text{〔A〕} \quad \cdots①$$

容量リアクタンス X_C を求める式は

$$X_C=\frac{1}{2\pi fC}\text{〔Ω〕} \quad \cdots②$$

となります．

2 個を直列接続したコンデンサの合成静電容量 C_0 は

$$C_0=\frac{C\times C}{C+C}=\frac{C^2}{2C}=\frac{C}{2} \quad \cdots③$$

②の式の C に③を代入すると

$$X_C=\frac{1}{2\pi fC_0}=\frac{1}{2\pi f\cdot\frac{C}{2}}=\frac{1}{\pi fC}\text{〔Ω〕} \quad \cdots④$$

④の式を①に代入すると

$$I=\frac{V}{X_C}=\frac{V}{\frac{1}{\pi fC}}=\pi fCV\text{〔A〕}$$

となります．

誘導性リアクタンス X_L と容量性リアクタンス X_C の式にある，$2\pi f$ は角速度 ω のことだよ．
★角速度 $\omega=2\pi f$〔rad/s〕
$X_L=\omega L=2\pi fL$〔Ω〕
$X_C=\dfrac{1}{\omega C}=\dfrac{1}{2\pi fC}$〔Ω〕
関連付けて覚えよう！

解答　イ

11章 電気の基礎理論と配線設計

電磁力

フレミングの左手の法則

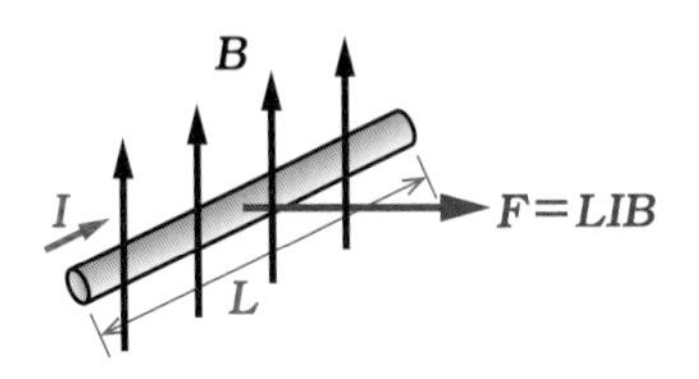

図のように，磁束密度 B の磁界中に，磁界の方向と直角に置かれた長さ L の直線状導体に電流 I が流れると，その導体に電磁力 $F = LIB$ が発生します．その電磁力の方向を知るために用いられる法則を**フレミングの左手の法則**といいます．

円形に巻かれたコイルの磁界の強さ

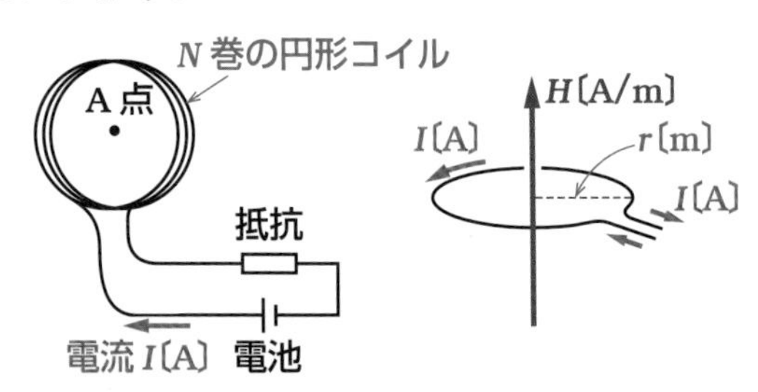

図のように半径 r〔m〕の 1 回巻きの円形コイルに電流 I が流れるとき，中心の磁界の強さ H〔A/m〕は，$H = \dfrac{I}{2r}$〔A/m〕となります．N 回巻きの円形コイルの場合，電流 I が N 倍になるため次の式で表せます．$H = \dfrac{NI}{2r}$〔A/m〕

この式から，**円形に巻かれたコイルの磁界の強さ H は NI に比例する**ことがわかります．

2 本の電線間に働く電磁力

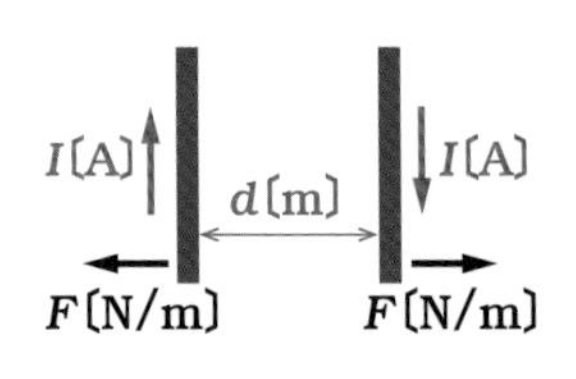

図のように離隔距離が d〔m〕の 2 本の電線に直流電流 I〔A〕を反対方向に流したとき，反発する電磁力 $F = \dfrac{2I^2}{d} \times 10^{-7}$〔N/m〕が働きます．この式から，**2 本の電線間に働く反発する電磁力 F は $\dfrac{I^2}{d}$ に比例する**ことがわかります．

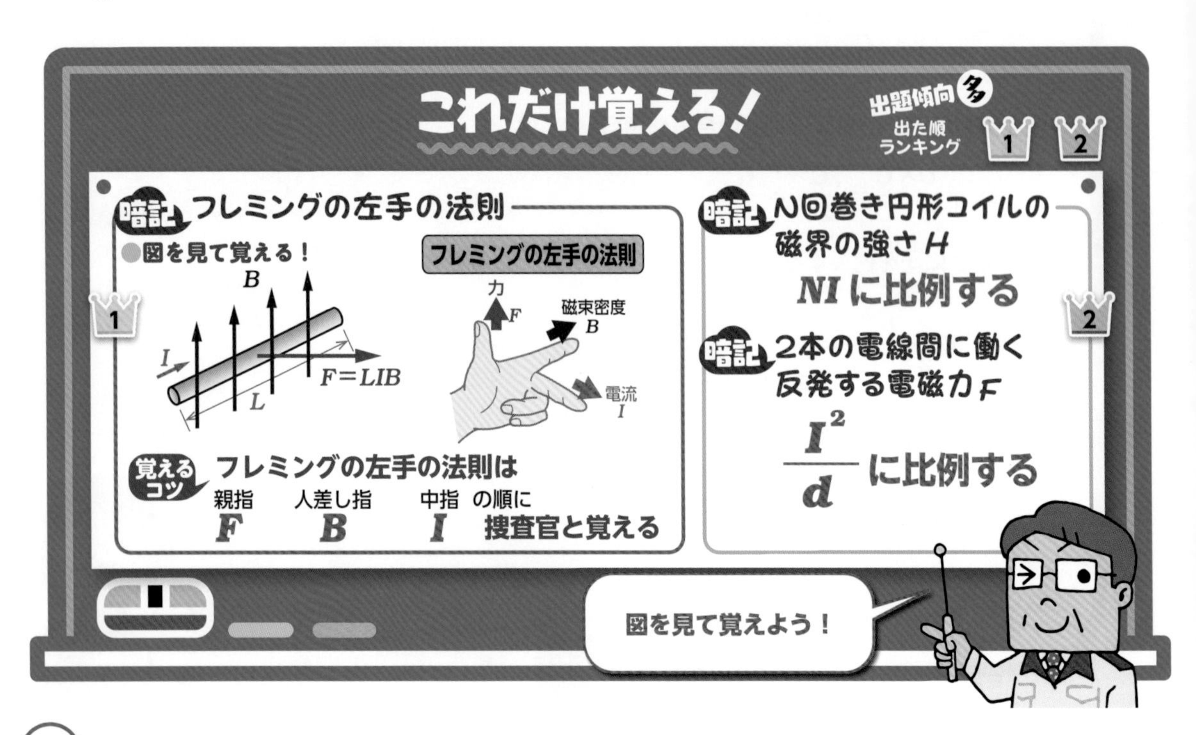

攻略の3ステップ

① フレミングの左手の法則を確認

② N 回巻きの円形コイル とくれば $H=\dfrac{NI}{2r}$〔A/m〕

③ 2本の電線間に働く電磁力 とくれば $F=\dfrac{2I^2}{d}\times10^{-7}$〔N/m〕

解いてみよう (平成30年追加分)

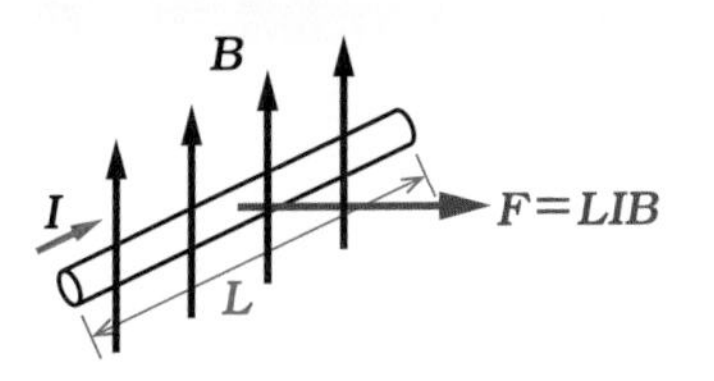

図のように，磁束密度 B の磁界中に，磁界の方向と直角に置かれた直線状導体（長さ L）に電流 I が流れると，その導体に電磁力 $F=LIB$ が発生するが，その電磁力の方向を知るために用いられる法則は．

イ．フレミングの右手の法則　ロ．クーロンの法則
ハ．フレミングの左手の法則　ニ．キルヒホッフの法則

解説 問題文の法則は，フレミングの左手の法則です．よって，「ハ」となります．

解答 ハ

過去問にチャレンジ！ (平成19年)

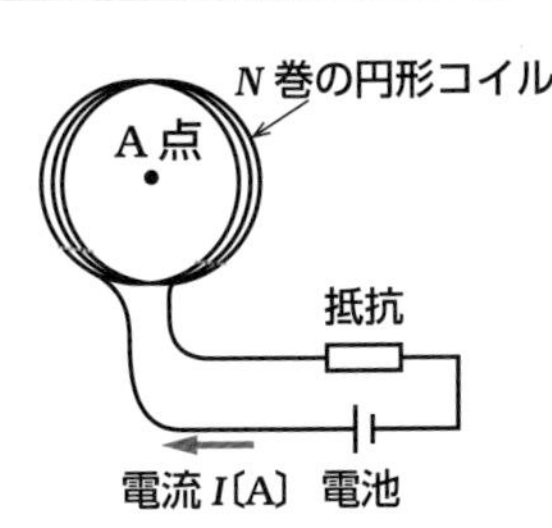

図のように，円形に巻かれた巻数 N のコイルがあり，電流 I〔A〕が流れている．円形コイルの中心A点の磁界の強さは．

イ．NI に比例する．
ロ．N^2I に比例する．
ハ．NI^2 に比例する．
ニ．N^2I^2 に比例する．

解説 円形コイルの中心部の磁界の強さを H，円形コイルの半径を r〔m〕，円形コイルの巻数を N，流れる電流を I〔A〕とした場合，$H=\dfrac{NI}{2r}$〔A/m〕が成立します．
この式より，A点の磁界の強さ H は NI に比例するため，「イ」が正しいです．

解答 イ

11章 電気の基礎理論と配線設計

交流の基礎
(交流回路の波形と最大値)

交流回路

交流回路は，下図のように電圧・電流は一定の周期で波を描くように流れています．この波形のことを正弦波といいます．波形上で最大となる値のことを**最大値**，交流電気が直流電気と同じ効力となる値のことを**実効値**といい，最大値$=\sqrt{2}\times$実効値の式で求められます．なお，コイルLが接続されると電流iは電圧vより位相が$\pi/2$〔rad〕遅れ，コンデンサCが接続されると位相が$\pi/2$〔rad〕進みます．

抵抗 R が接続された波形

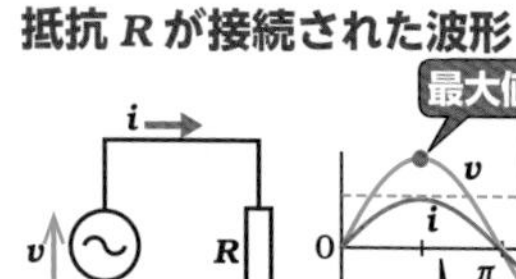
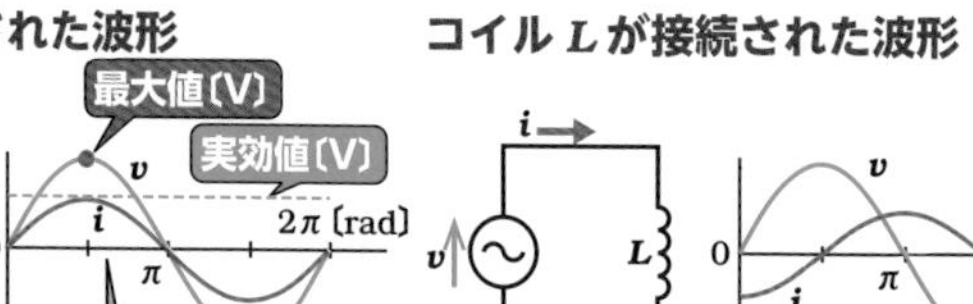

コイル L が接続された波形

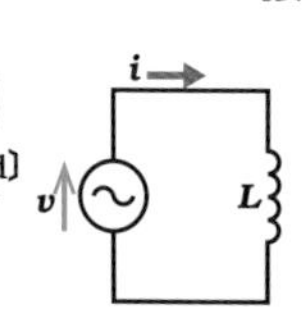
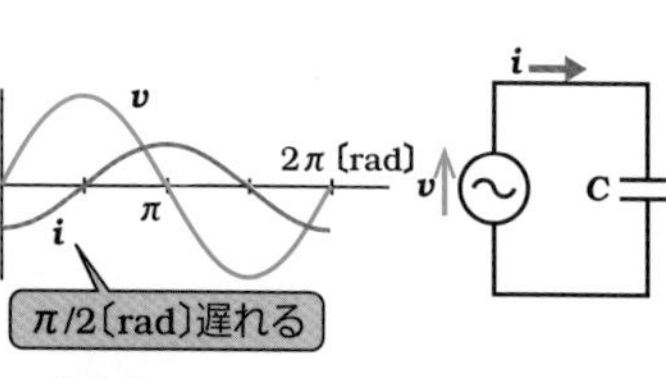

コンデンサ C が接続された波形

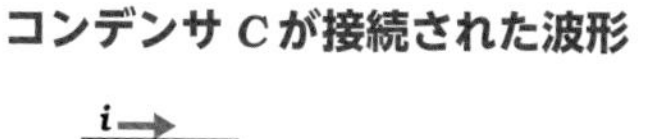

周波数 f〔Hz〕と周期 T〔s〕と角速度 ω〔rad/s〕

交流は，同じ波形を繰り返しています．この1つの波形にかかる時間を交流の**周期** T〔s〕といい，1秒間に変化する回数を**周波数** f〔Hz〕といいます．周期 T と周波数 f には周期 $T=1/f$〔s〕，周波数 $f=1/T$〔Hz〕，**角速度 $\omega=2\pi f$〔rad/s〕**の関係が成り立ちます．

1秒間に変化する回数＝周波数〔Hz〕

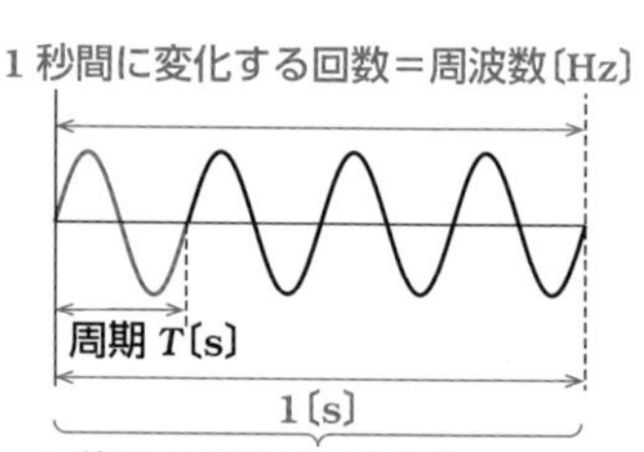

1秒間に周期が4回変化→4 Hz

半波整流回路

図のように，交流回路にダイオードを1つ取り付けると，整流されて波形が半分になります．このことから，抵抗の消費電力は全波状態の**1/2**になります．

半波整流回路の波形

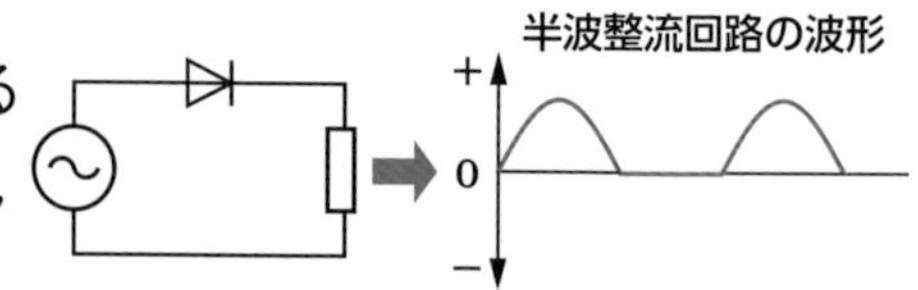

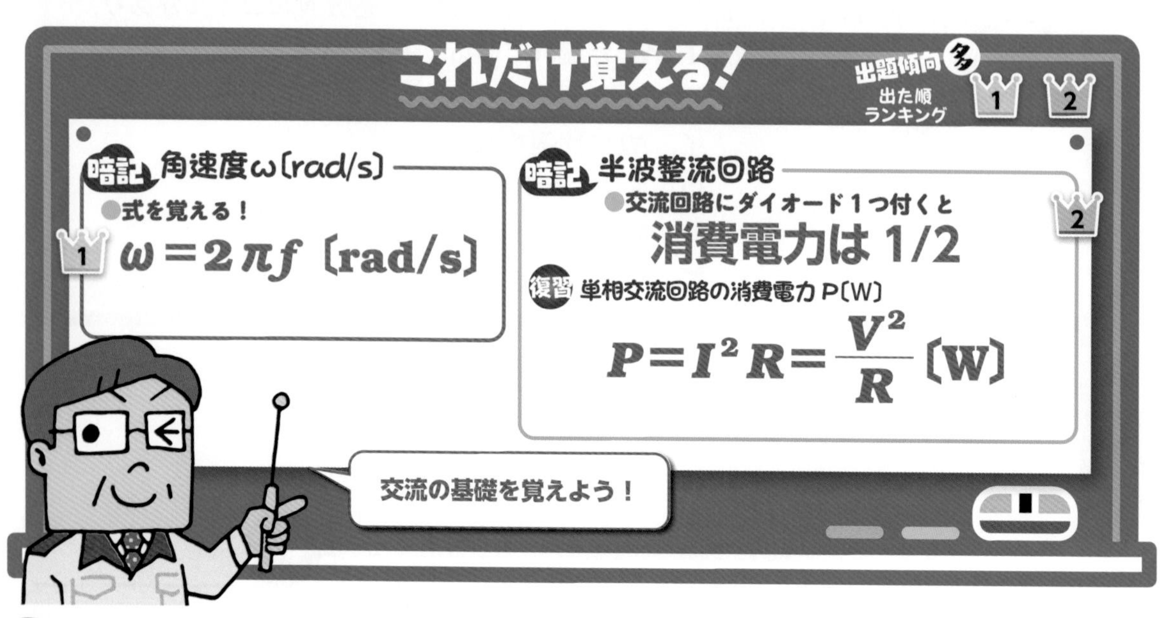

攻略の3ステップ

❶ 交流回路の最大値 とくれば 最大値＝$\sqrt{2}$×実効値

❷ 角速度ω とくれば $\omega = 2\pi f$〔rad/s〕

❸ 交流回路にダイオード1つ付くと消費電力は 1/2

解いてみよう（平成28年）

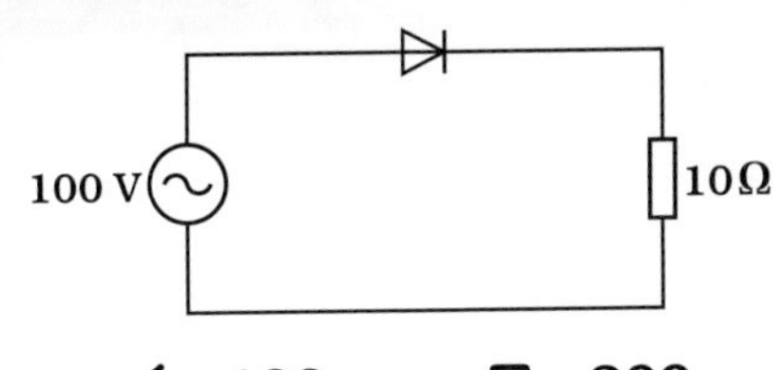

図のような交流回路において，10 Ωの抵抗の消費電力〔W〕は．ただし，ダイオードの電圧降下や電力損失は無視する．

イ．100　ロ．200　ハ．500　ニ．1 000

解説

回路内にダイオードがなければ，流れる電流 $I = \frac{100}{10} = 10$ A となり，10 Ωの抵抗の消費電力は，$I^2 \times R = 100 \times 10 = 1\,000$ W となります．

図のように回路内にダイオードが挿入されているため，マイナス方向の電圧が加わっているときは回路に電流は流れません．したがって，**10 Ωの抵抗の消費電力は，全波状態の 1/2 となるため，500 W** です．

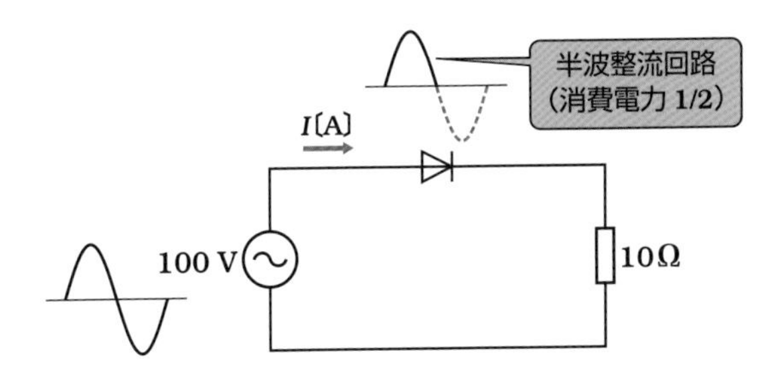

解答 ハ

整流回路は 5-7 でも学習したよ．

インピーダンス Z と全電流 I

インピーダンス

交流回路の負荷が，抵抗やコイル，コンデンサで組み合わされた場合，回路全体の電流の通しにくさを合成インピーダンス Z〔Ω〕といいます．

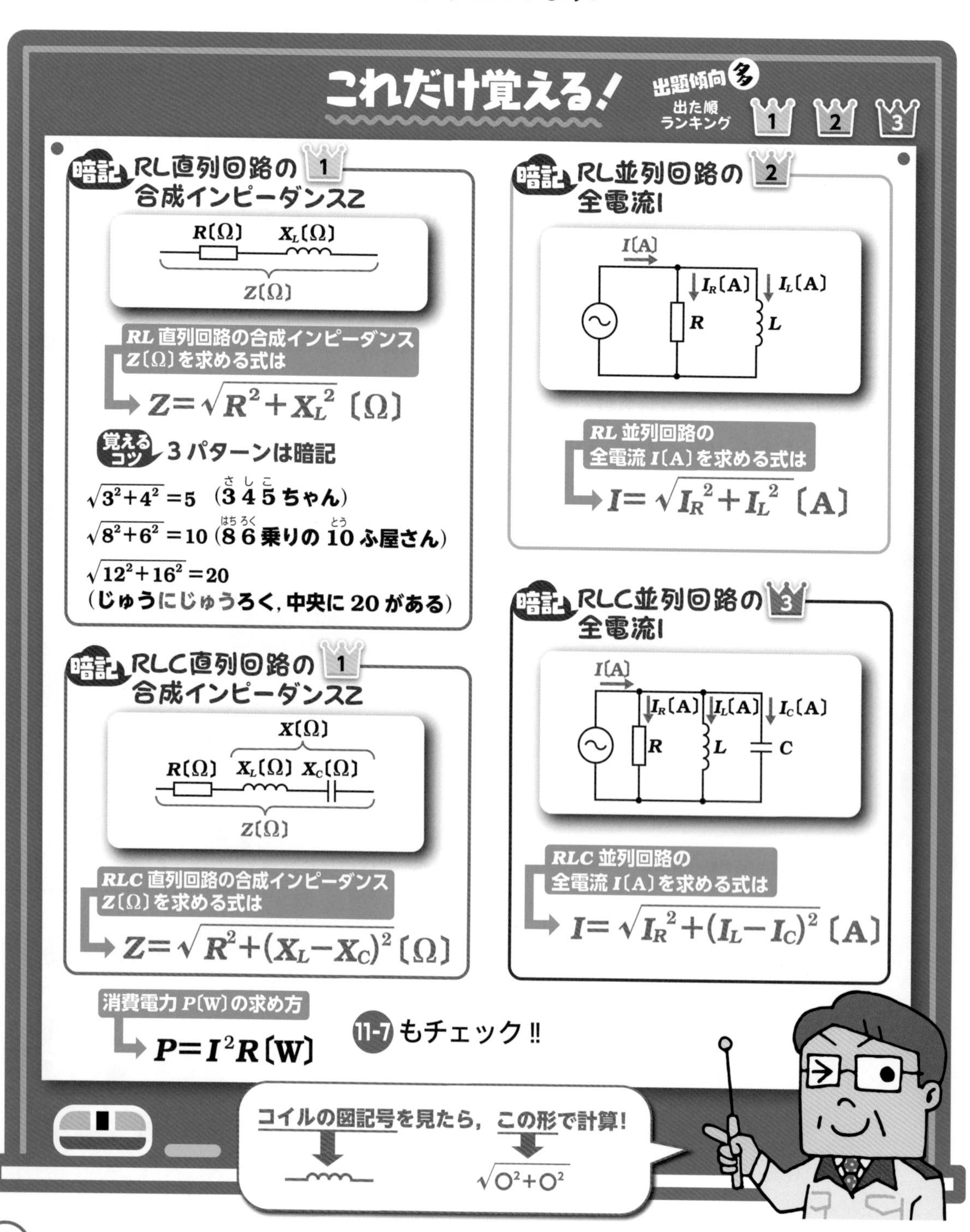

攻略の3ステップ

① 直列はインピーダンス $Z=\sqrt{R^2+(X_L-X_C)^2}$〔Ω〕

② 並列は全電流 $I=\sqrt{{I_R}^2+(I_L-I_C)^2}$〔A〕

③ 消費電力 $P=I^2R$〔W〕

解いてみよう （平成 24 年）

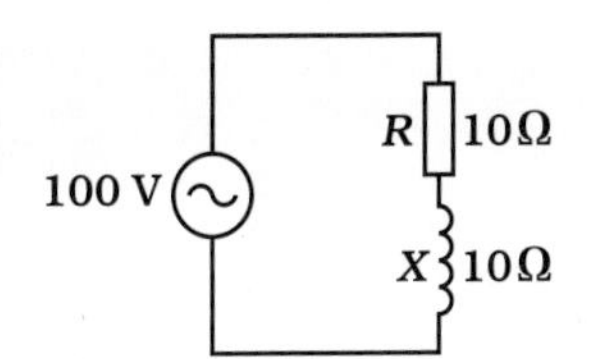

図のような交流回路において，回路の消費電力〔W〕は．

イ．250　ロ．360　ハ．420　ニ．500

解説

抵抗 R とリアクタンス X より合成インピーダンス Z を求めると

$$Z=\sqrt{R^2+X^2}=\sqrt{10^2+10^2}=10\sqrt{2}\ \Omega$$

回路に流れる負荷電流 I はオームの法則より $I=\dfrac{V}{Z}=\dfrac{100}{10\sqrt{2}}=\dfrac{10}{\sqrt{2}}$〔A〕

消費電力 P を求めると，$P=I^2R=\left(\dfrac{10}{\sqrt{2}}\right)^2\times 10=500\ \mathrm{W}$ となります．

解答 ニ

過去問にチャレンジ！ （平成 22 年）

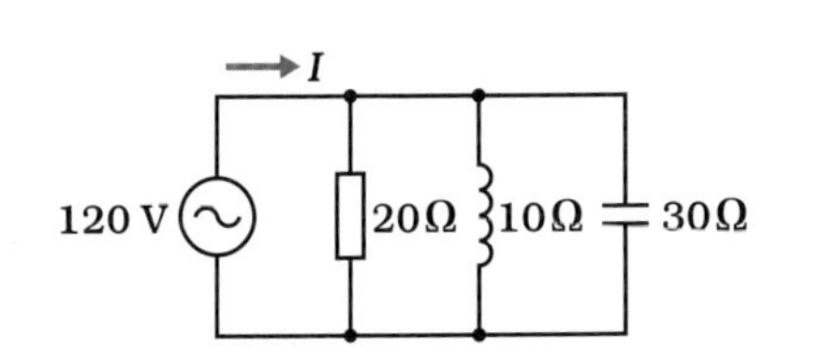

図のような交流回路において，電源電圧は 120 V，抵抗は 20 Ω，誘導性リアクタンス 10 Ω，容量性リアクタンス 30 Ωである．回路の電流 I〔A〕は．

イ．8　ロ．10　ハ．12　ニ．14

解説

抵抗に流れる電流 I_R を求めると，120/20 = 6 A となります．次にコイルに流れる電流 I_L を求めると，120/10 = 12 A，コンデンサに流れる電流 I_C を求めると，120/30 = 4 A となります．

並列回路の全電流 I〔A〕$=\sqrt{{I_R}^2+(I_L-I_C)^2}=\sqrt{6^2+(12-4)^2}=\sqrt{6^2+8^2}=10\ \mathrm{A}$ となります．

解答 ロ

11-14 力　率

力　率

交流電力には**有効電力**と**皮相電力**と**無効電力**があります．有効電力は抵抗 R で熱として消費される電力（単位はW（ワット））で，皮相電力は使用される前の電力（単位はV・A（ボルト・アンペア））で，無効電力は使用されなかった電力（単位はvar（バール））です．**力率はこの皮相電力のうちどれだけが有効な電力なのかを表し，0～1の範囲の値です．一般的に百分率〔%〕で表します．**力率を改善するために低圧進相コンデンサを負荷に並列に接続します．

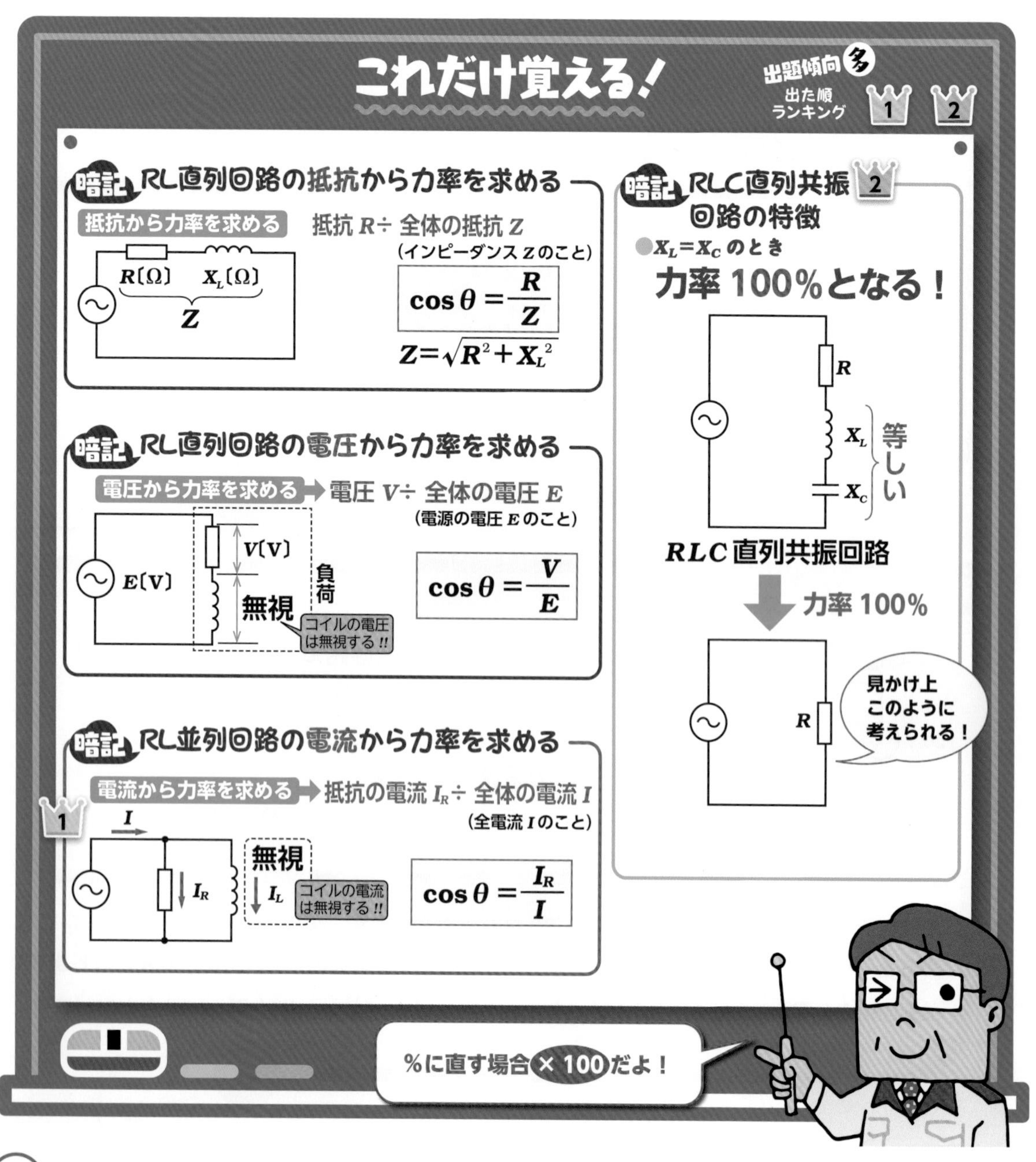

攻略の2ステップ

① RL並列回路の電流から力率を求める

とくれば　力率 $\cos\theta = \dfrac{\text{抵抗の電流 } I_R}{\text{全体の電流 } I}$　$\cos\theta = \dfrac{I_R}{I}$

② RLC直列共振回路の特徴を覚える

解いてみよう　(平成 27 年)

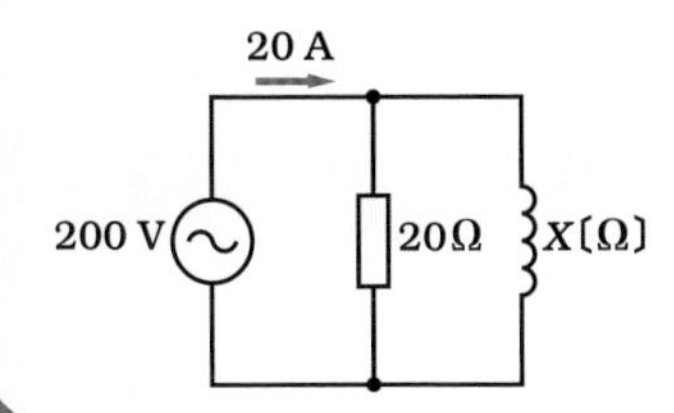

図のような交流回路において，電源電圧は 200V，抵抗は 20 Ω，リアクタンスは X〔Ω〕，回路電流は 20A である．この回路の力率〔%〕は．

イ．50　　ロ．60　　ハ．80　　ニ．100

解説

20 Ωの抵抗に流れる電流 $I_R = \dfrac{200}{20} = 10$ A となり，力率 $\cos\theta$〔%〕を求めると

$$\cos\theta = \frac{I_R}{I} \times 100 = \frac{10}{20} \times 100 = 50\%$$

となります．

解答　

過去問にチャレンジ！　(平成 28 年)

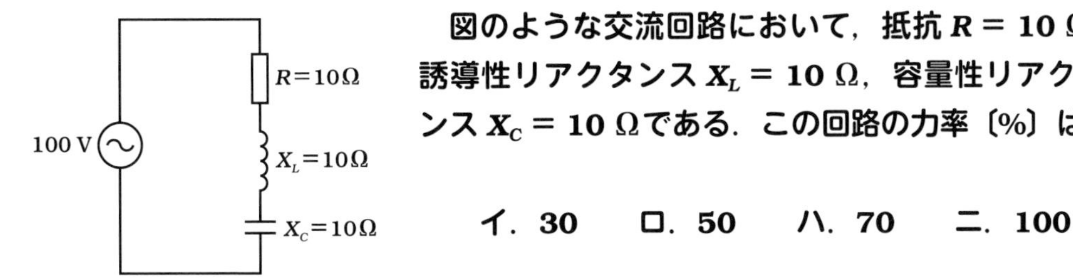

図のような交流回路において，抵抗 $R = 10$ Ω，誘導性リアクタンス $X_L = 10$ Ω，容量性リアクタンス $X_C = 10$ Ωである．この回路の力率〔%〕は．

イ．30　　ロ．50　　ハ．70　　ニ．100

解説

X_L と X_C が等しいことから，RLC 直列共振回路なので，力率は 100%です．

解答　ニ

三相交流（Y結線とΔ結線）

三相交流の結線方法

三相交流回路には，Y（スター）結線とΔ（デルタ）結線があります．名称と計算式を **これだけ覚える！** にまとめていますのでしっかり覚えましょう．

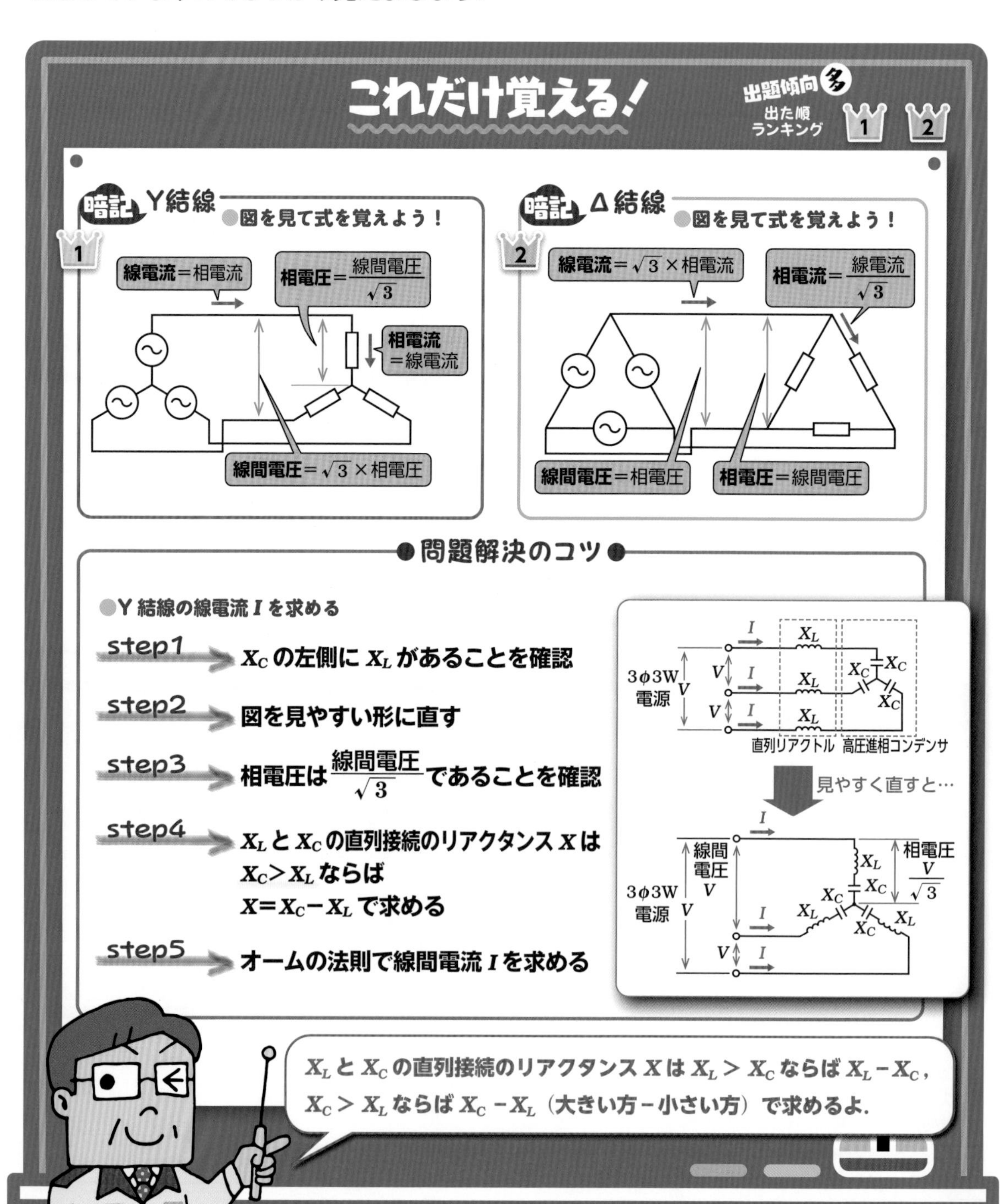

攻略の2ステップ

❶ 図を見やすい形に直す

❷ $X_L < X_C$ のリアクタンス X とくれば $X = X_C - X_L$

解いてみよう（平成25年）

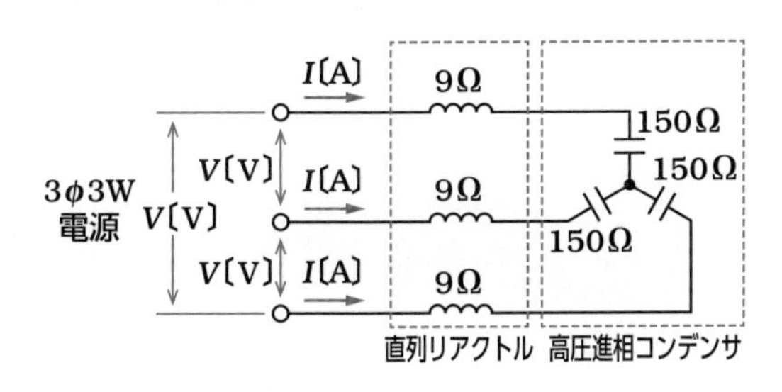

図のような直列リアクトルを設けた高圧進相コンデンサがある．電源電圧が V〔V〕，誘導性リアクタンスが 9 Ω，容量性リアクタンスが 150 Ωであるとき，回路に流れる電流 I〔A〕を示す式は．

イ．$\dfrac{V}{141\sqrt{3}}$　ロ．$\dfrac{V}{159\sqrt{3}}$　ハ．$\dfrac{\sqrt{3}\,V}{141}$　ニ．$\dfrac{\sqrt{3}\,V}{159}$

解説

進相コンデンサの容量性リアクタンス X_C が 150 Ω，直列リアクトルの誘導性リアクタンス X_L が 9 Ωなので，$X_C > X_L$ よりリアクタンス X〔Ω〕は $X = X_C - X_L = 150 - 9 = 141$ Ωになります．

相電圧を求めると

$$相電圧 = \frac{線間電圧}{\sqrt{3}} = \frac{V}{\sqrt{3}}〔V〕$$

線電流 I を求めると，オームの法則より

$$I = \frac{V}{R} = \frac{相電圧}{X} = \frac{\frac{V}{\sqrt{3}}}{141} = \frac{V}{141\sqrt{3}}〔A〕$$

となります．

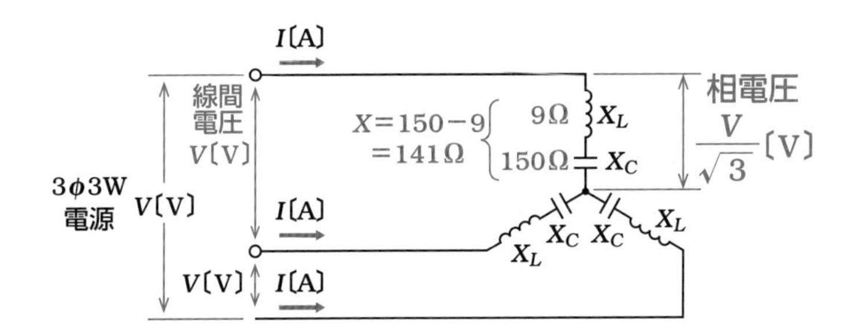

解答　イ

三相交流回路（全消費電力）

三相交流回路の全消費電力

三相交流回路の三相すべての抵抗 R で消費する電力のことを全消費電力といいます．

全消費電力 $P_{三相}$ は $P_{三相} = 3I_S{}^2 R = 3\dfrac{V_r{}^2}{R}$〔W〕 で計算します．

なお，三相交流回路の電力は $P_{三相} = \sqrt{3}\,V_L I_L \cos\theta$ で求めます．

※ I_S は抵抗 R に流れる相電流で，I_L は電線路の抵抗 r に流れる線電流です．

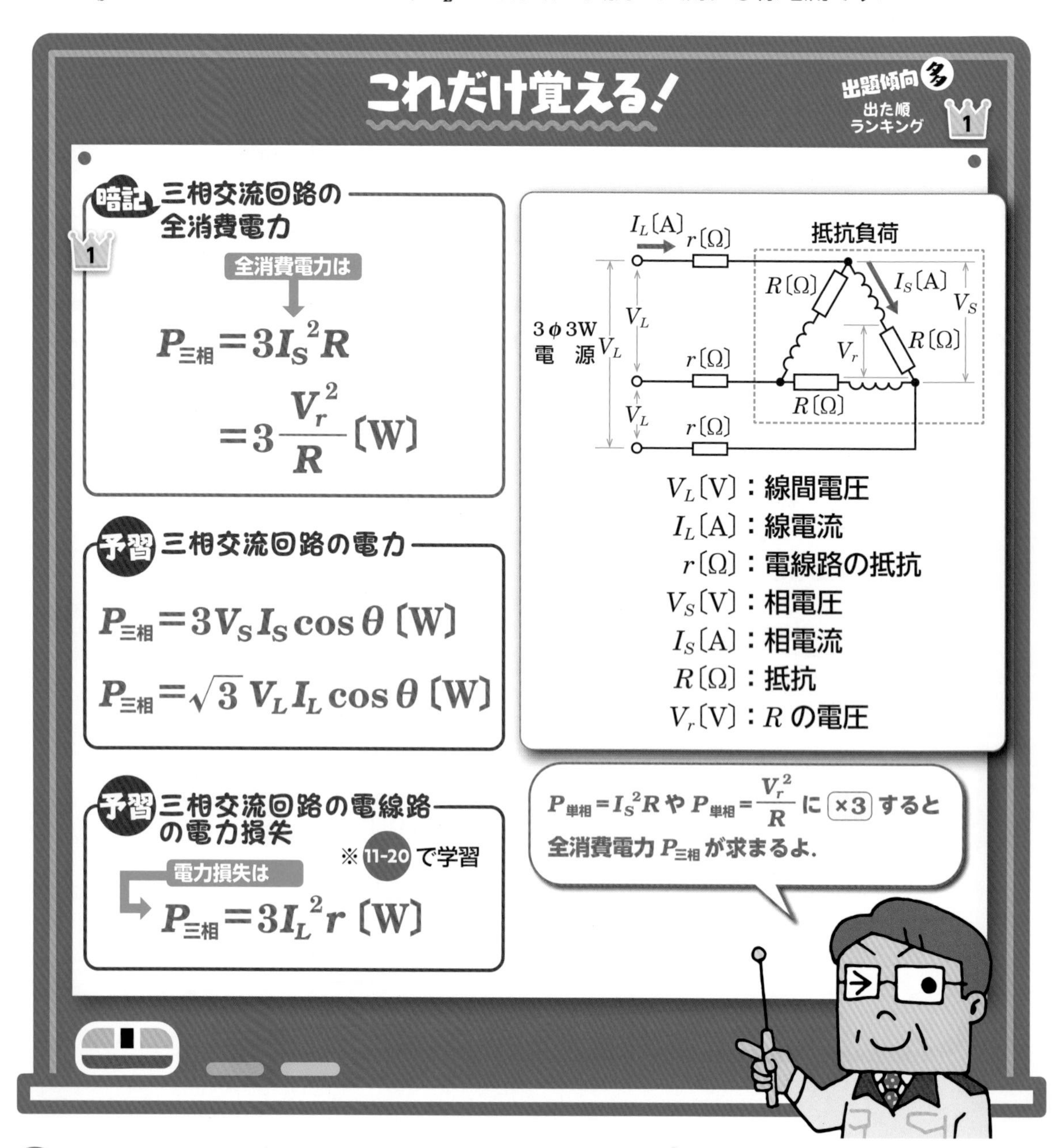

攻略の3ステップ

❶ 合成インピーダンス $Z=\sqrt{R^2+X_L{}^2}$〔Ω〕を求める

❷ 相電圧 V_S や相電流 I_S を求める

❸ $P_{三相}=3I_S{}^2R=3\dfrac{V_r{}^2}{R}$〔W〕で全消費電力を求める

解いてみよう (平成 27 年)

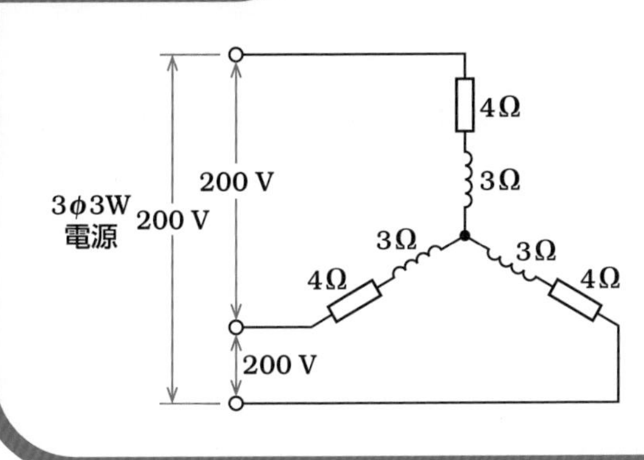

図のような三相交流回路において，電源電圧は 200 V，抵抗は 4 Ω，リアクタンスは 3 Ωである．回路の全消費電力〔kW〕は．

イ．4.0　　ロ．4.8

ハ．6.4　　ニ．8.0

解説

図のように抵抗 $R=4$ Ωとリアクタンス $X_L=3$ Ωの合成インピーダンス Z は

$$Z=\sqrt{R^2+X_L{}^2}=\sqrt{4^2+3^2}=\sqrt{25}=5\ \Omega$$

電源電圧＝200 V より，Y結線の相電圧 V_S を求めると

$$V_S=\frac{線間電圧\ V_L}{\sqrt{3}}$$

$$=\frac{200}{\sqrt{3}}\ 〔V〕$$

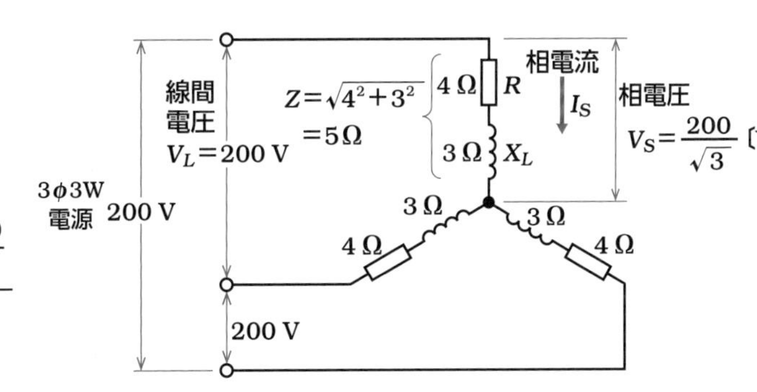

相電流 I_S を求めると

$$I_S=\frac{相電圧\ V_S}{Z}=\frac{\frac{200}{\sqrt{3}}}{5}$$

$$=\frac{200}{\sqrt{3}\times 5}=\frac{40}{\sqrt{3}}$$

全消費電力 $P_{三相}=3I_S^2R$ より

$$P_{三相}=3\times\left(\frac{40}{\sqrt{3}}\right)^2\times 4$$

$$=6\,400\ \mathrm{W}$$

$$=6.4\ \mathrm{kW}$$

となります．

解答　ハ

皮相電力と無効電力

単相交流回路の皮相電力 S〔V·A〕と有効電力 P〔W〕と無効電力 Q〔var〕

皮相電力とは，電源から送り出される電力のことで，みかけの電力と考えられています．皮相電力 S は $S = VI$〔V・A〕(ボルト・アンペア)で表され，電源から送り出された皮相電力は，抵抗によって電力を消費します．実際に消費された電力を有効電力 P といい，$P = VI\cos\theta$〔W〕(ワット)で表されます．無効電力は実際には消費されなかった電力（電源と負荷を行ったり来たりしている電力）のことで，無効電力 Q は $Q = VI\sin\theta$〔var〕(バール)で表されます．なお，$\cos\theta$ を力率，$\sin\theta$ を無効率といいます．

三相交流回路の全皮相電力 $S_{三相}$〔V·A〕と全無効電力 $Q_{三相}$〔var〕

下図のように，線間電圧 V_L，相電圧 V_S，線電流 I_L，相電流 I_S，抵抗 R，誘導性リアクタンス X_L，合成インピーダンス Z とします．

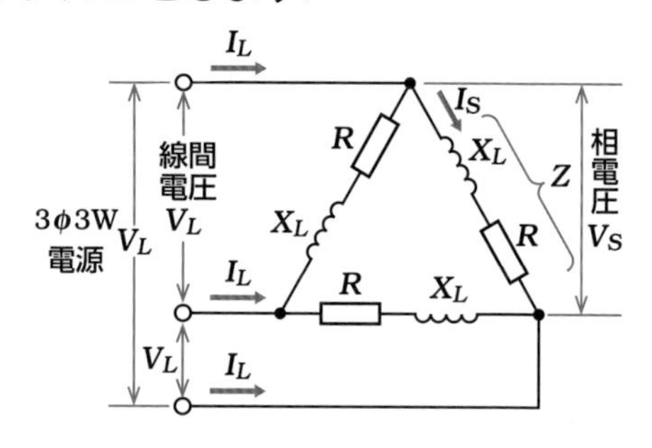

三相交流回路の全皮相電力 $S_{三相}$〔V·A〕の求め方は，次の式で表されます．

$S_{三相} = \sqrt{3}\, V_L I_L$〔V·A〕，$S_{三相} = 3 I_S^2 Z$〔V·A〕

三相交流回路の全無効電力 $Q_{三相}$〔var〕の求め方は，次の式で表されます．

$Q_{三相} = \sqrt{3}\, V_L I_L \sin\theta$〔var〕，$Q_{三相} = 3 I_S^2 X_L$〔var〕

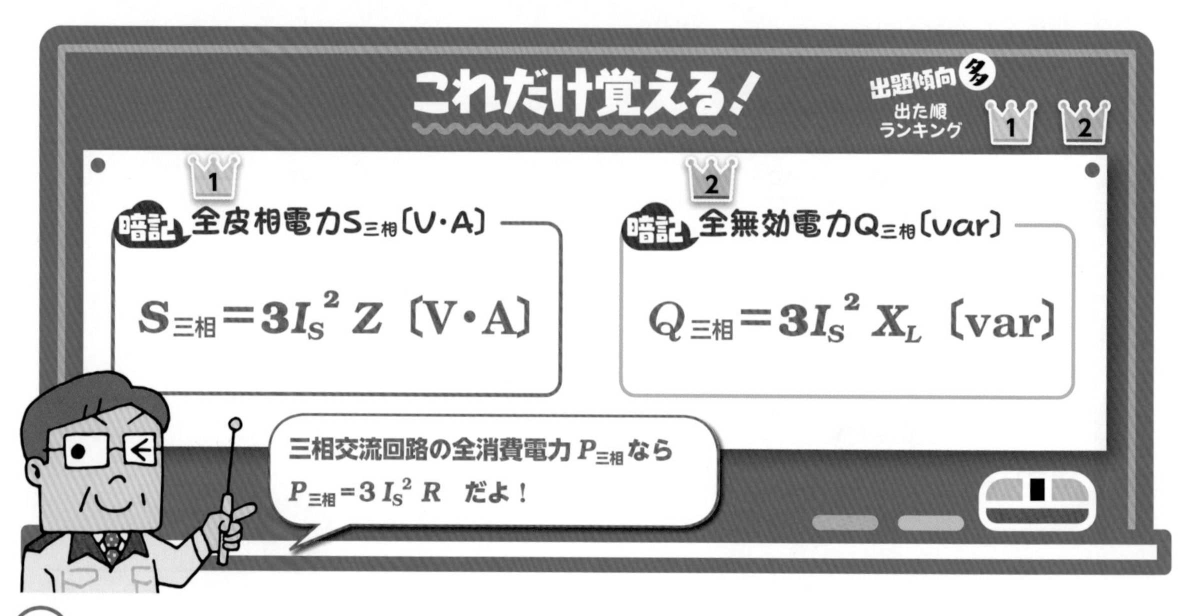

攻略の3ステップ

❶ 相電流 I_S をオームの法則で求める

❷ 全皮相電力 $S_{三相}$ とくれば $S_{三相} = 3I_S^2 Z$〔V・A〕

❸ 全無効電力 $Q_{三相}$ とくれば $Q_{三相} = 3I_S^2 X_L$〔var〕

解いてみよう (平成 25 年)

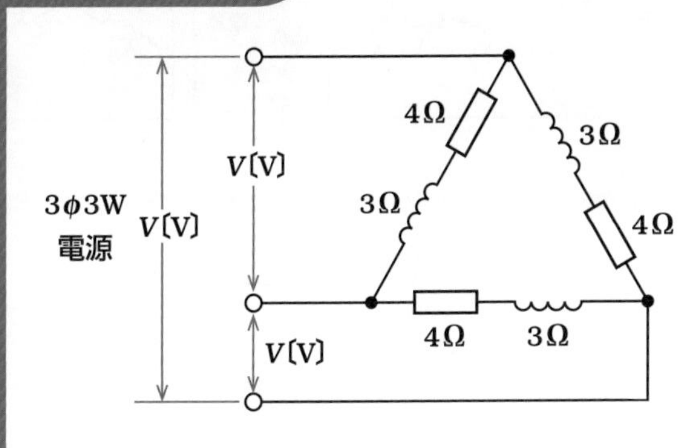

図のような三相交流回路において，電源電圧は V〔V〕，抵抗は 4 Ω，誘導性リアクタンスは 3 Ωである．回路の全皮相電力〔V・A〕を示す式は．

イ．$\dfrac{V}{5}$　　ロ．$\dfrac{3V^2}{5}$

ハ．$\dfrac{9V^2}{25}$　　ニ．$\dfrac{12V^2}{25}$

解説

インピーダンス Z を求めると

$$Z = \sqrt{R^2 + X_L^2} = \sqrt{4^2 + 3^2} = 5\ \Omega$$

△回路では線間電圧 V_L と相電圧 V_S が等しいため

$$V_L = V_S = V$$

相電流 I_S をオームの法則で求めると

$$I_S = \frac{V_S}{Z} = \frac{V}{5}\ 〔A〕$$

三相交流回路の全皮相電力 $S_{三相}$〔V・A〕を求めると

$$S_{三相} = 3\,I_S^2\,Z = 3 \times \left(\frac{V}{5}\right)^2 \times 5 = 3 \times \frac{V^2}{25} \times 5 = \frac{3V^2}{5}\ 〔V・A〕$$

となります．

解答 ロ

全皮相電力 $S_{三相} = \sqrt{3}\,V_L\,I_L$〔V・A〕で求めることもできるよ．

線電流 $I_L = \sqrt{3} \times$ 相電流 $I_S = \dfrac{\sqrt{3}\,V}{5}$〔A〕

$S_{三相} = \sqrt{3}\,V_L\,I_L = \sqrt{3}\,V \times \dfrac{\sqrt{3}\,V}{5} = \dfrac{3V^2}{5}$〔V・A〕

Δ-Y 等価変換

Δ-Y 等価変換

三つの端子間をもつ△結線とY結線には，インピーダンスを等価に保ったまま相互に変換することができます．図 1 のように△結線をY結線に等価変換する場合は抵抗やリアクタンスを **1/3 倍**します．逆にY結線を△結線に等価交換する場合は抵抗やリアクタンスを **3 倍**します．三相交流回路では，電源の結線にも△結線，Y結線があるため，等価変換により結線を統一すれば計算が容易になります．

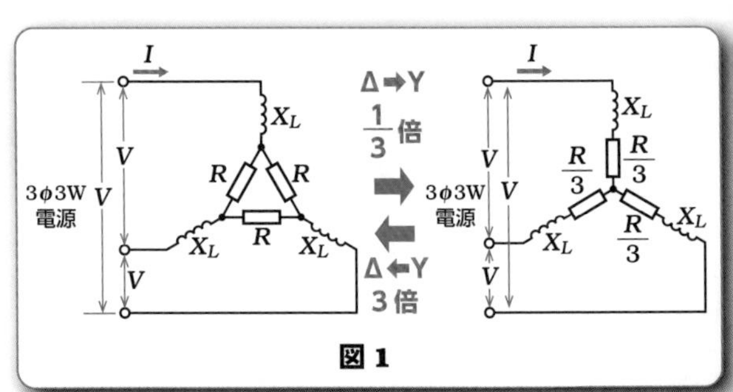

図 1

△結線内のリアクタンスのY結線

図 2 のように，回路の全消費電力 $P_{三相}$ を求める問題で出題されています．この場合，消費電力は抵抗で消費する電力であるため，**リアクタンスをすべて考えなくて良い**ことになります．よって，右図のようにリアクタンスのない図に描きかえることができます．

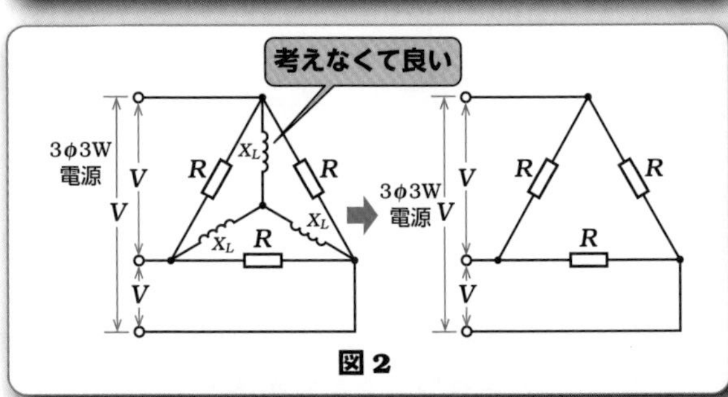

図 2

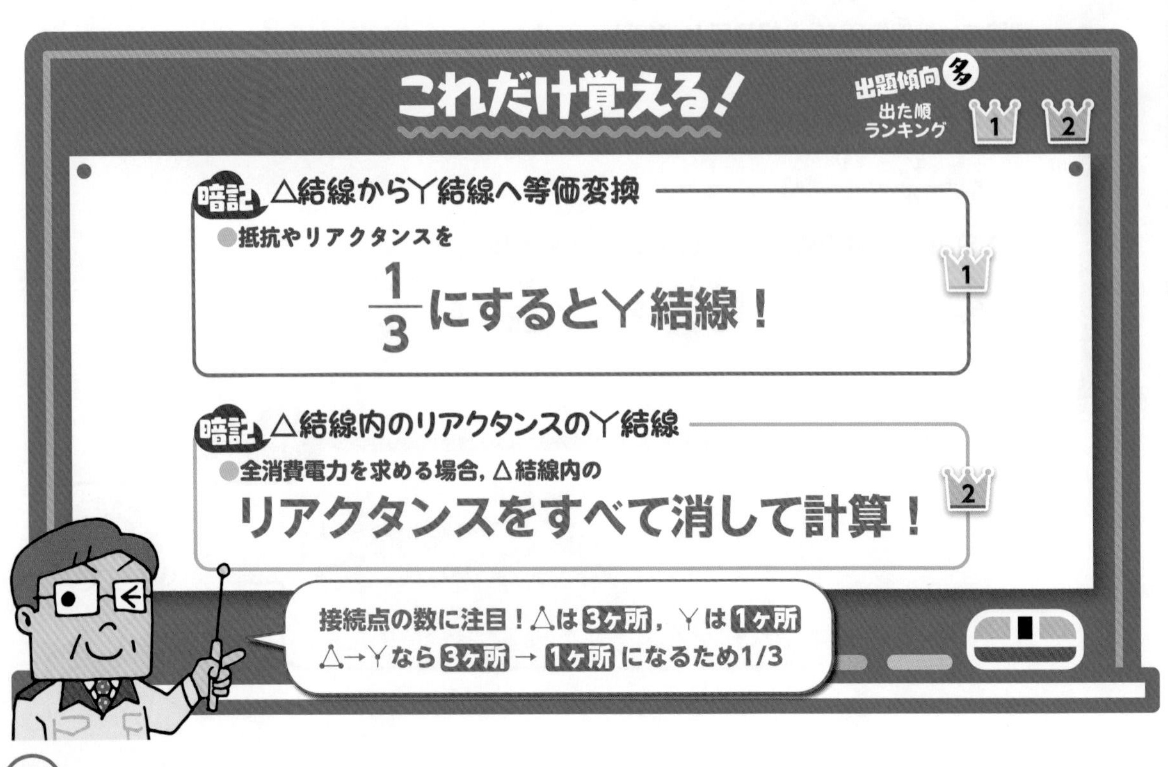

攻略の3ステップ

1. △結線の抵抗やリアクタンスを 1/3 にするとY結線
2. 等価変換した図に描き直す
3. 全消費電力を求める場合はリアクタンスを考えなくて良い

解いてみよう（平成 24 年）

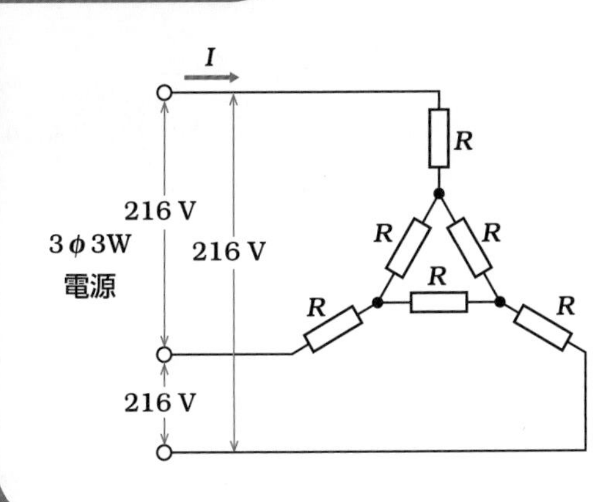

図のような三相交流回路において，電源電圧は 216 V，抵抗 $R = 6\ \Omega$である．回路の電流 I〔A〕は．

イ．5.2　　ロ．12.0

ハ．15.6　　ニ．270

解説

△結線部分をY結線に変換すると下図のように $R/3$ になります．1 相分の合成抵抗 R_0 は

$$R_0 = R + \frac{R}{3} = \frac{3R}{3} + \frac{R}{3} = \frac{4R}{3}〔\Omega〕 \quad \cdots ①$$

となります．問題文に与えられた $R = 6\ \Omega$を①の式に代入すると

$$R_0 = \frac{4R}{3} = \frac{4 \times 6}{3} = 8\ \Omega \quad \cdots ②$$

相電圧 V は

$$V = \frac{線間電圧}{\sqrt{3}} = \frac{216}{\sqrt{3}}〔V〕 \quad \cdots ③$$

線電流＝相電流であるため，②と③から

オームの法則で相電流 I を求めると

$$I = \frac{V}{R_0} = \frac{\frac{216}{\sqrt{3}}}{8} = \frac{216}{\sqrt{3} \times 8}$$

$$= \frac{27}{\sqrt{3}} = 9\sqrt{3} \fallingdotseq 15.6\ \text{A}$$

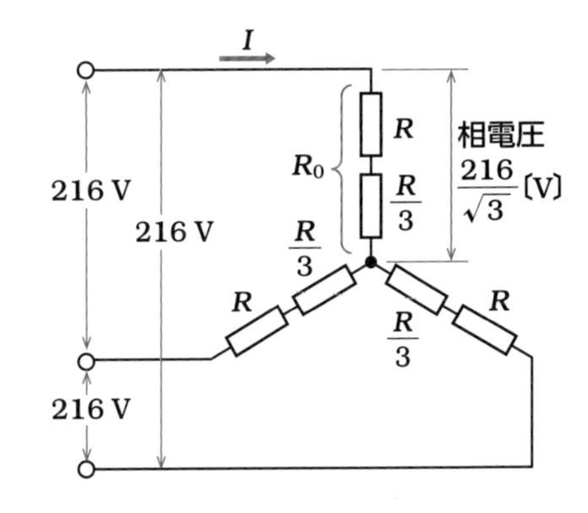

※ $\sqrt{3} = 1.73$ のこと

解答　ハ

電圧降下

電線路による電圧降下（電線抵抗 r のみの場合）

電線にも抵抗があり，電線が長ければ長いほど影響を受けます．その抵抗によって電圧が下がる現象を電線路による電圧降下といいます．電線の抵抗が r のみの場合，単相 2 線式の電圧降下の式は $v_{単相}=2Ir$ で，三相 3 線式の電圧降下の式は $v_{三相}=\sqrt{3}\,Ir$ です．また，電圧降下後の電圧は次の式で求めます．

電圧降下後の電圧＝電圧降下前の電圧－各電線の電圧降下

配電線の電圧降下（リアクタンス x を含む場合）

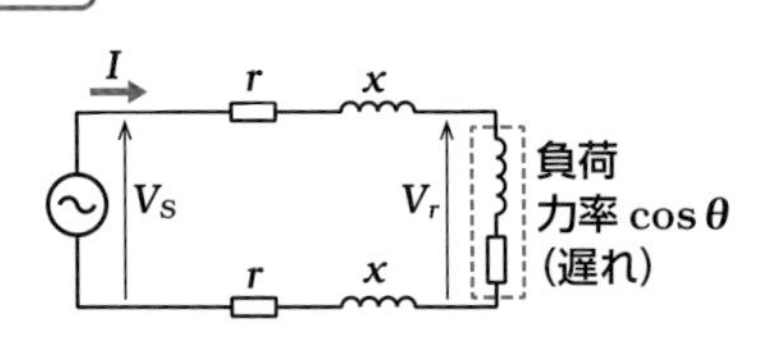

交流の配電線には電線の抵抗 r〔Ω〕の他に，リアクタンス x〔Ω〕によっても電圧降下 v が生じます．

- 単相交流回路の電線 1 線当たりの電圧降下の式は
  電圧降下　$v_{単相}=I(r\cos\theta+x\sin\theta)$〔V〕
- 単相交流回路の電線 2 線当たりの電圧降下の式は
  電圧降下　$v_{単相}=2I(r\cos\theta+x\sin\theta)$〔V〕
- 三相交流回路の電圧降下の式は
  電圧降下　$v_{三相}=\sqrt{3}\,I(r\cos\theta+x\sin\theta)$〔V〕

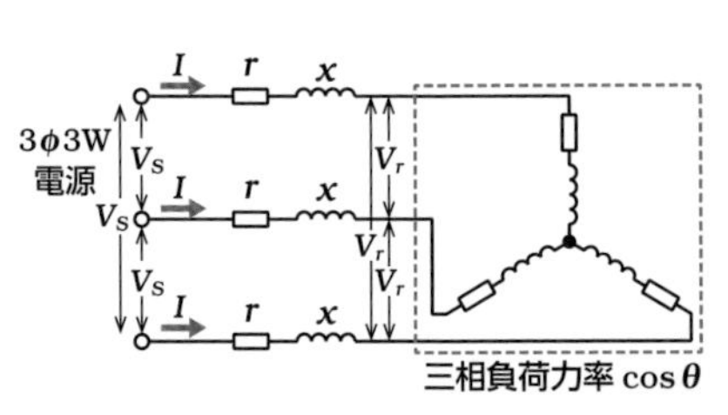

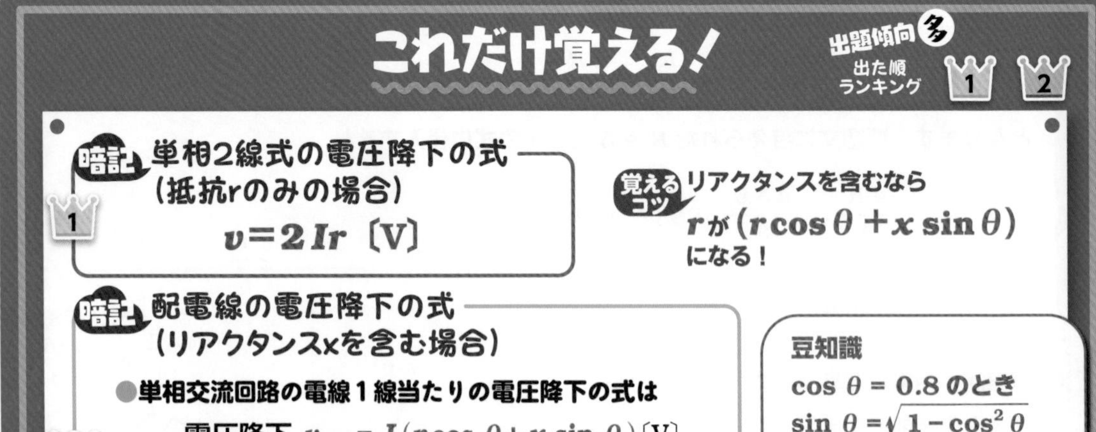

暗記 1　単相2線式の電圧降下の式（抵抗rのみの場合）

$$v=2Ir\text{〔V〕}$$

覚えるコツ　リアクタンスを含むなら r が $(r\cos\theta+x\sin\theta)$ になる！

暗記 2　配電線の電圧降下の式（リアクタンスxを含む場合）

- 単相交流回路の電線 1 線当たりの電圧降下の式は
  電圧降下　$v_{単相}=I(r\cos\theta+x\sin\theta)$〔V〕
- 単相交流回路の電線 2 線当たりの電圧降下の式は
  電圧降下　$v_{単相}=2I(r\cos\theta+x\sin\theta)$〔V〕
- 三相交流回路の電圧降下の式は
  電圧降下　$v_{三相}=\sqrt{3}\,I(r\cos\theta+x\sin\theta)$〔V〕

豆知識
$\cos\theta=0.8$ のとき
$\sin\theta=\sqrt{1-\cos^2\theta}$
$=\sqrt{1-0.8^2}$
$=0.6$　だよ！

攻略の3ステップ

❶ **各電線の抵抗に流れる電流を確認**

❷ **オームの法則 $V=I\times R$ を使って各電線の電圧降下を求める**

❸ **電圧降下後の電圧＝電圧降下前の電圧－各電線の電圧降下**

解いてみよう（平成 24 年）

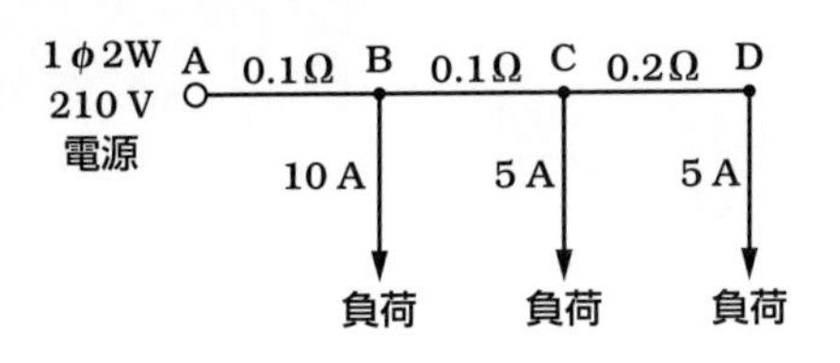

図のような単相 2 線式配電線路において，図中の各点間の抵抗が，電線 1 線当たりそれぞれ 0.1 Ω，0.1 Ω，0.2 Ωである．

A 点の電源電圧が 210 V で，B 点，C 点，D 点にそれぞれ負荷電流 10 A，5 A，5 A の抵抗負荷があるとき，D 点の電圧〔V〕は．

イ．200　　ロ．202　　ハ．204　　ニ．206

解説

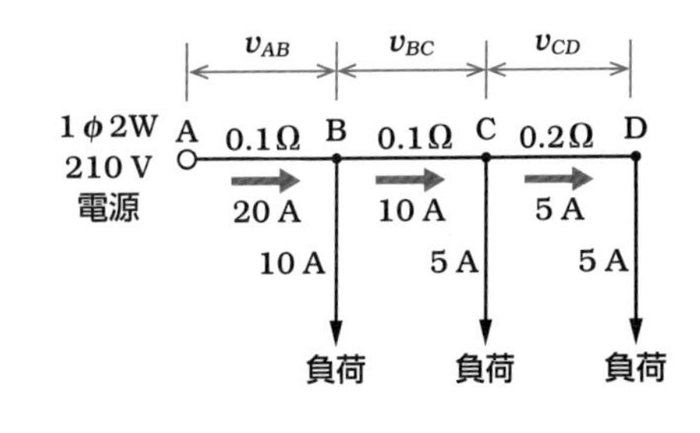

A-B 間の電流 I_{AB} は 20 A（10＋5＋5）なので

A-B 間の電圧降下 $v_{AB}=2I_{AB}\,r_{AB}=2\times20\times0.1=4$ V

B-C 間の電流は 10 A なので

電圧降下 $v_{BC}=2I_{BC}\,r_{BC}=2\times10\times0.1=2$ V

C-D 間の電流は 5 A なので

電圧降下 $v_{CD}=2I_{CD}\,r_{CD}=2\times5\times0.2=2$ V

各電圧降下を合計すると $v_{AB}+v_{BC}+v_{CD}=4+2+2=8$ V となります．

したがって，D 点では 210 V－8 V＝202 V となります．

解答　ロ

『電圧降下の問題を解くコツ』

電線路が **抵抗 r のみ** か **リアクタンス x を含む** か確認

	抵抗 r のみ	リアクタンス x を含む
電線 1 線なら	$v_{単相}=Ir$	$v_{単相}=I(r\cos\theta+x\sin\theta)$
電線 2 線なら	$v_{単相}=2Ir$	$v_{単相}=2I(r\cos\theta+x\sin\theta)$
三相交流回路なら	$v_{三相}=\sqrt{3}\,Ir$	$v_{三相}=\sqrt{3}\,I(r\cos\theta+x\sin\theta)$

つまり，リアクタンス x を含むと r が $(r\cos\theta+x\sin\theta)$ に変わるだけだよ！

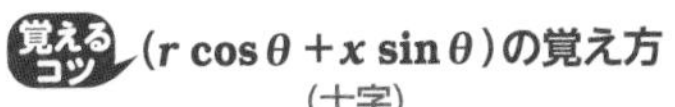

（十字）

アール　コサイン　とぅ　バツ　サイン

$r\ \cos\ \theta\ +\ x\ \sin\ \theta$

（アル コール と バツ サイン）と覚えよう‼

11-20 電力損失

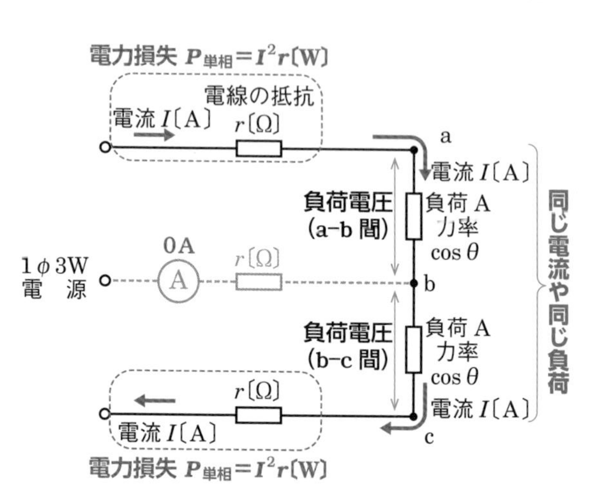

単相 3 線式（平衡状態）

単相 3 線式回路は，住宅や商店などで広く採用される配電方式です．図のように，単相の回路 2 つを組み合わせたもので，中性線の電流は 2 回路の差の電流となります．負荷が同じ容量になると**中性線に流れる電流は 0 A** となり，こうした状態を「負荷が平衡している」と呼びます．

電線路の電力損失 P

電力損失は電線の抵抗 r で消費している電力の損失のことです．

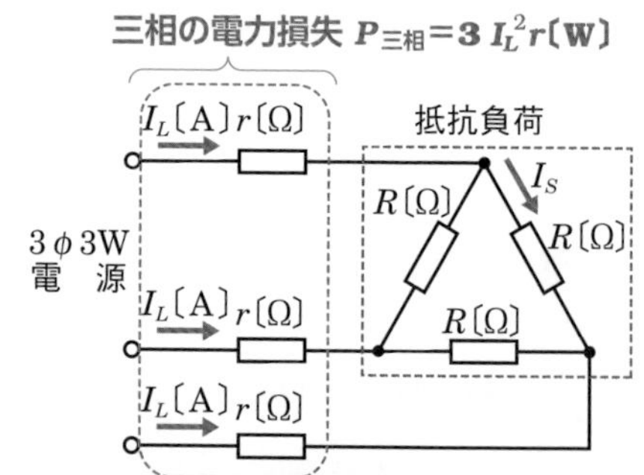

- 単相交流回路の電線 1 線当たりの電力損失の式は
  電力損失 $P_{単相}=I_L^2r$〔W〕
- 単相交流回路の電線 2 線当たりの電力損失の式は
  電力損失 $P_{単相}=2\,I_L^2r$〔W〕
- 三相交流回路の電力損失の式は
  電力損失 $P_{三相}=3\,I_L^2r$〔W〕

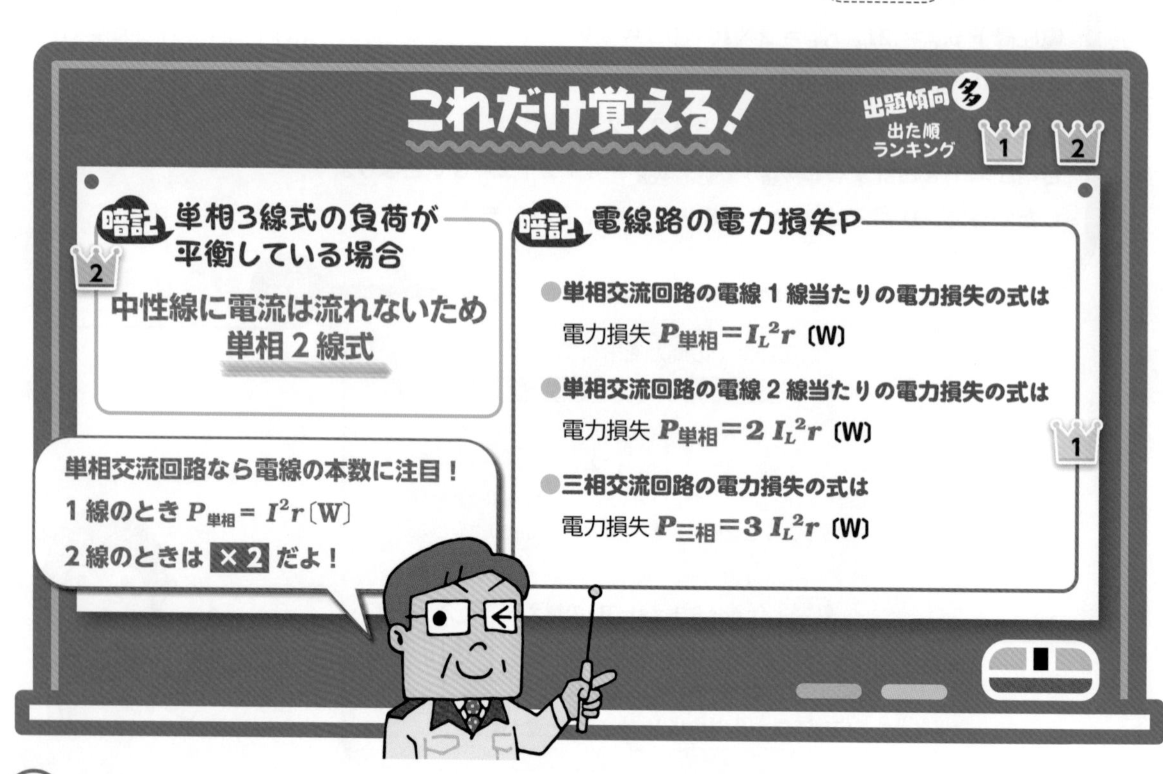

攻略の3ステップ

1. **単相 3 線式の負荷が平衡しているか確認**
2. **負荷に力率がある場合 $P=VI\cos\theta$〔W〕を思い出す**
3. **単相 2 線式の電力損失は $P_{単相}=2I_L^2r$〔W〕で求める**

解いてみよう (平成 28 年)

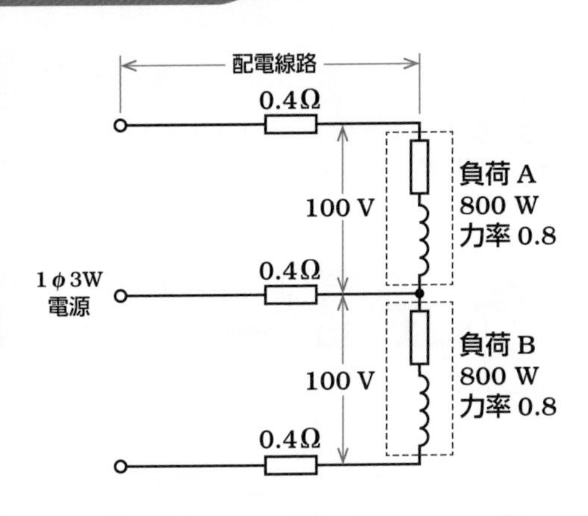

図のような単相 3 線式配電線路において，負荷 A，負荷 B ともに消費電力 800 W，力率 0.8（遅れ）である．負荷電圧がともに 100 V であるとき，この配電線路の電力損失〔W〕は．ただし，電線 1 線当たりの抵抗は 0.4 Ω とし，配電線路のリアクタンスは無視する．

イ．40　　ロ．60　　ハ．80　　ニ．120

解説

図の単相 3 線式配電線路は，負荷 A も負荷 B も同じ 800 W の力率 0.8 なので負荷が平衡しています．負荷が平衡していると，負荷 A と負荷 B に流れる電流は等しくなります．

$P = VI\cos\theta$ の式に $P = 800$ W，$V = 100$ V，$\cos\theta = 0.8$ を代入すると，電線路に流れる電流 I は

$$P = VI\cos\theta$$

$$800 = 100 \times I \times 0.8$$

$$800 = 80 \times I$$

$$I = \frac{800}{80} = 10\,\text{A}$$

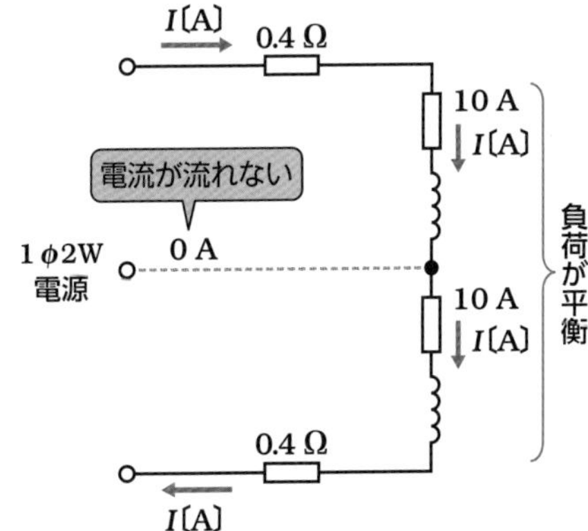

単相 3 線式の中性線に電流が流れないため，単相 2 線式として電力損失 $P_{単相}$ を求めると

$$P_{単相} = 2I^2r = 2 \times 10^2 \times 0.4 = 80\,\text{W}$$

となります．

解答　ハ

●練習問題1

問題 1　図のように，巻数 n のコイルに周波数 f の交流電圧 V を加え，電流 I を流す場合に，電流 I に関する説明として，誤っているものは．
☞ p284（11-10）

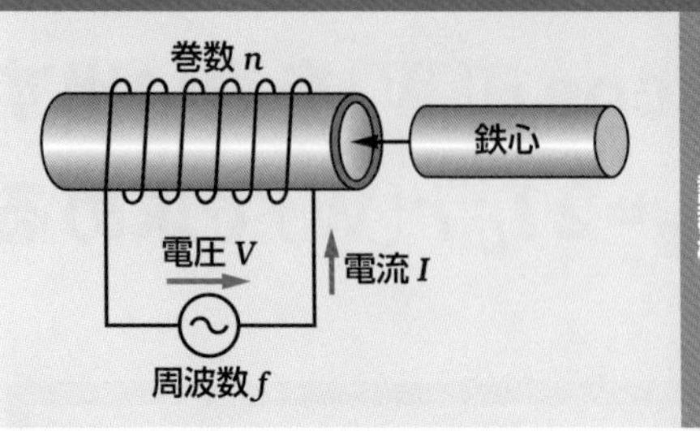

語群欄

イ．巻数 n を増加すると，電流 I は減少する．
ロ．コイルに鉄心を入れると，電流 I は減少する．
ハ．周波数 f を高くすると，電流 I は増加する．
ニ．電圧 V を上げると，電流 I は増加する．

自己インダクタンス L〔H〕のコイルに，電圧 V〔V〕，周波数 f〔Hz〕の交流電圧を加えた場合に流れる電流 I〔A〕は次の式で表されます．

$$I=\frac{V}{X_L}=\frac{V}{2\pi fL}\text{〔A〕}$$

式より，電流 I は，電圧 V に比例し，周波数 f と自己インダクタンス L に反比例することがわかります．このことから，**周波数 f を高くすると電流 I は減少する**ため「ハ」が誤っています．なお，巻数 n が増加すると自己インダクタンス L が増加するため，電流 I は減少することも合わせて覚えておきましょう．

◆解答◆ ハ

問題 2　図のように，2 本の電線が離隔距離 d〔m〕で平行に取り付けてある．両電線に直流電流 I〔A〕が図に示す方向に流れている場合，これらの電線間に働く電磁力は．
☞ p286（11-11）

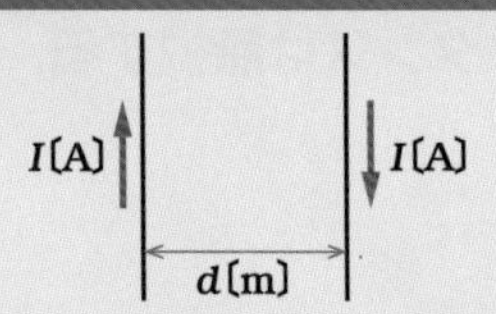

語群欄

イ．$\dfrac{I}{d^2}$ に比例する．　**ロ**．$\dfrac{I}{d}$ に比例する．
ハ．$\dfrac{I^2}{d}$ に比例する．　**ニ**．$\dfrac{I^3}{d^2}$ に比例する．

2 本の電線が離隔距離 d〔m〕で平行に取り付けて直流電流 I を反対向きで流した場合，反発する電磁力 F〔N〕を求める式は次のようになります．

$$\text{反発する電磁力 } F=\frac{2I^2}{d}\times10^{-7}\text{〔N〕}$$

式より，電線間に働く反発する電磁力 F は $\dfrac{I^2}{d}$ **に比例する**ことがわかります．よって，「ハ」です．

◆解答◆ ハ

問題 3　図のように，面積 A の平板電極間に，厚さが d で誘電率 ε の絶縁物が入っている平行平板コンデンサがあり，直流電圧 V が加わっている．このコンデンサの静電容量 C に関する記述として，正しいものは．
☞ p282（11-9）

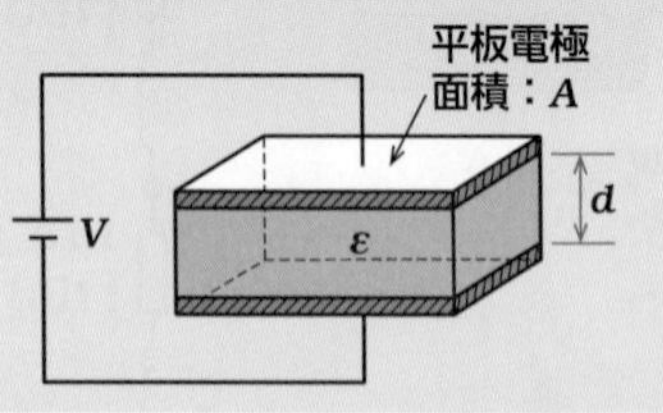

語群欄

イ．電圧 V に比例する．
ロ．電極の面積 A に比例する．
ハ．電極の離隔距離 d に比例する．
ニ．誘電率 ε に反比例する．

電極の面積を A〔m^2〕，電極の離隔距離を d〔m〕，絶縁物の誘電率を ε とすると，平行平板コンデンサの静電容量 C〔F〕は，$C=\varepsilon A/d$〔F〕で表されます．この式から**コンデンサの静電容量 C は電極の面積 A に比例する**ため，「ロ」が正しいです．同様の式より，誘電率 ε に比例し，離隔距離 d に反比例するため，「ハ」と「ニ」は誤っています．加えて，このコンデンサの両極間の電位差を V〔V〕，一方の電極に蓄えられた電荷を Q〔C〕とすると，$Q=CV$〔C〕の関係が成り立つため，$C=Q/V$〔F〕が得られ，この式よりコンデンサの静電容量 C は電圧に反比例します．よって，「イ」は誤っています．

◆解答◆ ロ

問題 4　図のような直流回路において，電源電圧 100 V，$R = 10\ \Omega$，$C = 20\mu F$ 及び $L = 2\ mH$ で，L には電流 10 A が流れている．C に蓄えられているエネルギー W_C〔J〕の値と，L に蓄えられているエネルギー W_L〔J〕の値の組合せとして，正しいものは． ☞ p282（11-9）

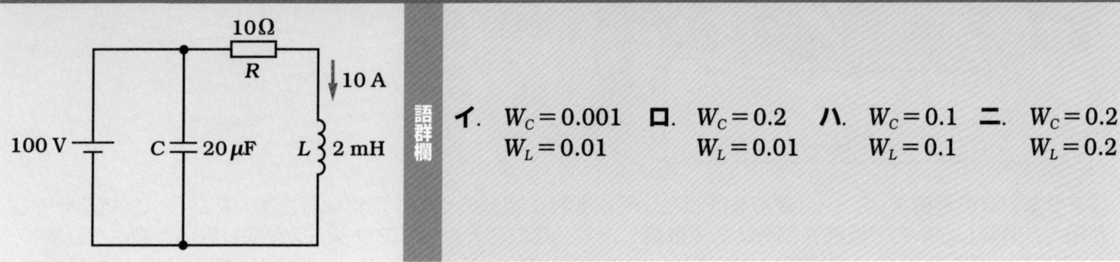

語群欄

イ．$W_C = 0.001$　$W_L = 0.01$　**ロ**．$W_C = 0.2$　$W_L = 0.01$　**ハ**．$W_C = 0.1$　$W_L = 0.1$　**ニ**．$W_C = 0.2$　$W_L = 0.2$

C に蓄えられているエネルギー W_C〔J〕は次の式で示されます．

$$W_C = \frac{1}{2}CV^2 = \frac{1}{2} \times 20 \times 10^{-6} \times 100^2 = 10^{-1} = \mathbf{0.1\ J}$$

L に蓄えられているエネルギー W_L〔J〕は次の式で示されます．

$$W_L = \frac{1}{2}LI^2 = \frac{1}{2} \times 2 \times 10^{-3} \times 10^2 = 10^{-1} = \mathbf{0.1\ J}$$

よって，「ハ」となります．

◆解答◆ ハ

問題 5　図のような交流回路において，抵抗 $R = 15\ \Omega$，誘導性リアクタンス $X_L = 10\ \Omega$，容量性リアクタンス $X_C = 2\ \Omega$ である．この回路の消費電力〔W〕は． ☞ p290（11-13）

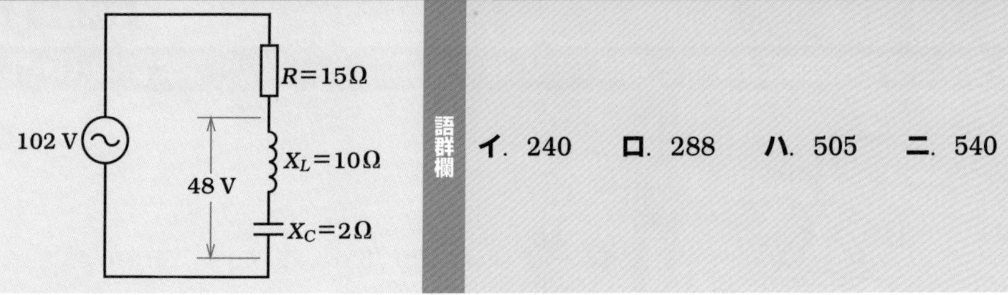

語群欄

イ．240　**ロ**．288　**ハ**．505　**ニ**．540

図より $X_L > X_C$ のときの X_L と X_C からリアクタンス X を求めると

$$X = X_L - X_C = 10 - 2 = 8\ \Omega$$

b-c 間の電圧が 48 V であるため，オームの法則より電流 I を求めると

$$I = \frac{V}{X} = \frac{48}{8} = 6\ A$$

よって，回路の消費電力 P は

$$P = I^2R = 6^2 \times 15 = 36 \times 15 = \mathbf{540\ W}$$

となります．

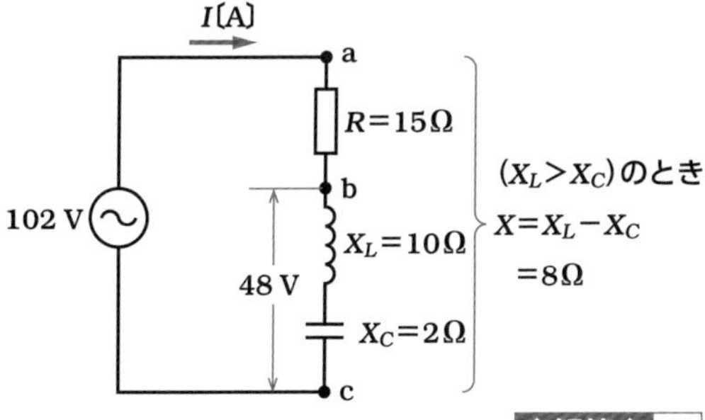

◆解答◆ ニ

問題 6　図のような三相交流回路において，電源電圧は V〔V〕，抵抗 $R = 5\ \Omega$，誘導性リアクタンス $X_L = 3\ \Omega$である．回路の全消費電力〔W〕を示す式は．

p300（11-18）

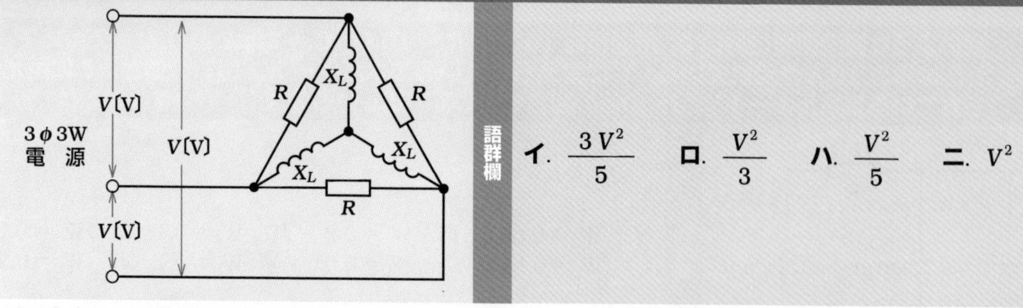

イ．$\dfrac{3V^2}{5}$　ロ．$\dfrac{V^2}{3}$　ハ．$\dfrac{V^2}{5}$　ニ．V^2

リアクタンスの負荷 X_L の丫-△変換を行うと，それぞれ 1 相分の値の 3 倍になります．ただし，抵抗部分でしか電力を消費しないので抵抗 R 部分のみで計算します．このことからリアクタンスを取り除いた図になります．△回路では線間電圧 V_L と相電圧 V_S が等しいため $V_L = V_S = V$ となり，I_S は $I_S = V_S/R = V/R$ となります．
これより，全消費電力 $P_{三相}$ を求めると

$$P_{三相} = 3I_S^2R = 3 \times \left(\frac{V}{R}\right)^2 \times R$$

$$= 3 \times \left(\frac{V}{5}\right)^2 \times 5$$

$$= \frac{3V^2}{5}\ \text{〔W〕}$$

となります．

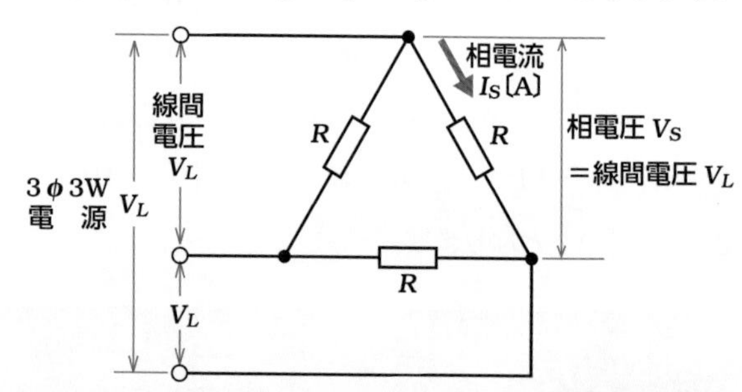

◆解答◆ イ

問題 7　図のような三相交流回路において，電流 I〔A〕は．

p300（11-18）

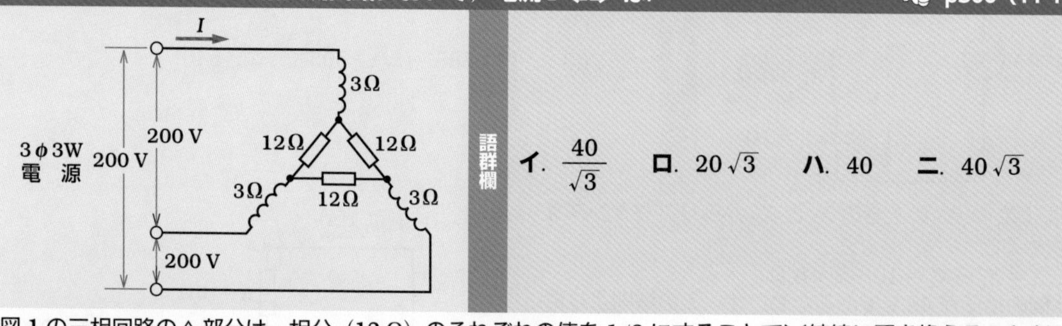

イ．$\dfrac{40}{\sqrt{3}}$　ロ．$20\sqrt{3}$　ハ．40　ニ．$40\sqrt{3}$

図 1 の三相回路の△部分は一相分（12 Ω）のそれぞれの値を 1/3 にすることで丫結線に置き換えることができます．変換すると図 2 のように一相分が $12 \times 1/3 = 4\ \Omega$になります．図 2 より，一相分の合成インピーダンス Z〔Ω〕を求めると，$Z = \sqrt{3^2 + 4^2} = 5\ \Omega$となります．
丫結線の相電圧 V_S を求めると

$$相電圧\ V_S = \frac{線間電圧\ V_L}{\sqrt{3}} = \frac{200}{\sqrt{3}}\ \text{〔V〕}$$

丫結線では，線電流 I_L ＝相電流 $I_S = I$ となるため，$I = \dfrac{200/\sqrt{3}}{5} = \dfrac{40}{\sqrt{3}}$〔A〕となります．

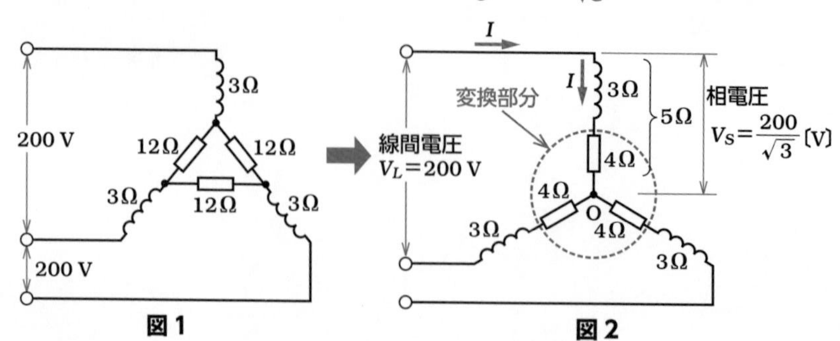

図 1　　図 2

◆解答◆ イ

問題 8　図は単相 2 線式の配電線路の単線結線図である．電線 1 線当たりの抵抗は，A-B 間で 0.1 Ω，B-C 間で 0.2 Ωである．A 点の線間電圧が 210 V で，B 点，C 点にそれぞれ負荷電流 10 A の抵抗負荷があるとき，C 点の線間電圧〔V〕は．
ただし，線路リアクタンスは無視する．

p302（11-19）

図より，A-B 間に流れる電流は 10＋10＝20 A です．単相 2 線式の電圧降下は $2Ir$ で求めるため
A-B 間と A′-B′ 間を合わせた電圧降下は

$$2\times20\times0.1=4\ \text{V}\quad\cdots①$$

B-C 間に流れる電流は 10 A なので
B-C 間と B′-C′ 間を合わせたの電圧降下は

$$2\times10\times0.2=4\ \text{V}\quad\cdots②$$

①と②より A-C 間と A′-C′ 間を合わせた電圧降下を求めると

$$4+4=8\ \text{V}\quad\cdots③$$

C 点の線間電圧は A 点の電圧 210V から③の電圧降下を引いた値なので

$$210-8=\mathbf{202\ V}$$

となります．

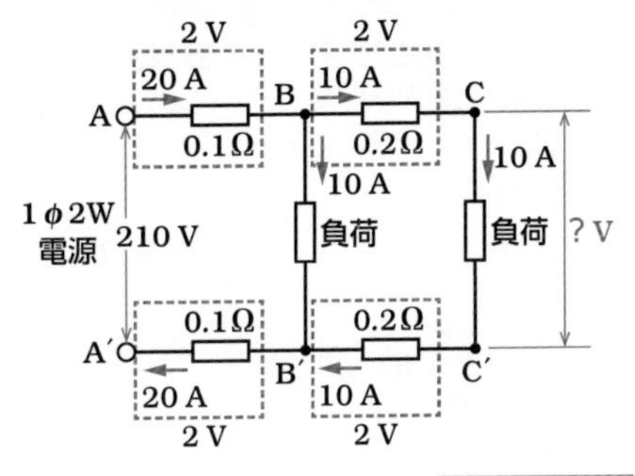

◆解答◆ ロ

問題 9　図のような三相交流回路において，電源電圧は 200V，リアクタンスは 5 Ωである．回路の全無効電力〔kvar〕は．

p298（11-17）

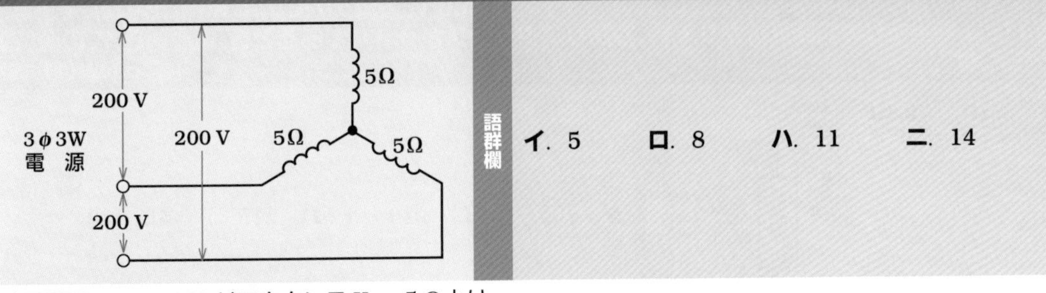

線間電圧 $V_L=200$ V, リアクタンス $X_L=5$ Ωより，
Y結線の相電圧 V_S を求めると

$$相電圧\ V_S=\frac{線間電圧\ V_L}{\sqrt{3}}=\frac{200}{\sqrt{3}}\ 〔\text{V}〕$$

相電流 I_S をオームの法則で求めると

$$相電流\ I_S=\frac{相電圧\ V_S}{X_L}=\frac{200/\sqrt{3}}{5}=\frac{40}{\sqrt{3}}\ 〔\text{A}〕$$

回路の全無効電力 Q は

$$Q=3\,I_S^2\,X_L=3\times\left(\frac{40}{\sqrt{3}}\right)^2\times5$$

$$=8\,000\ \text{var}=\mathbf{8\ kvar}$$

となります．

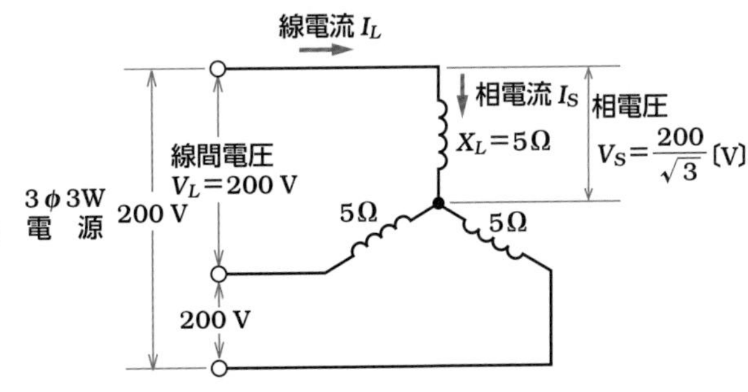

◆解答◆ ロ

問題 10　図のような直流回路において，スイッチ S を閉じても電流計には電流が流れないとき，抵抗 R の抵抗値〔Ω〕は．

☞ p276（11-6）

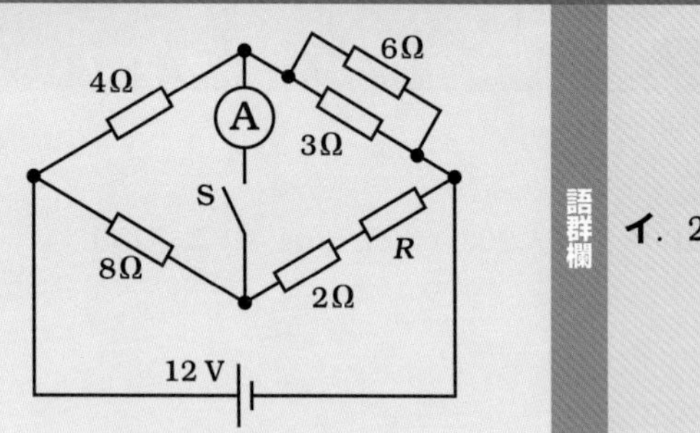

語群欄

イ．2　　ロ．4　　ハ．6　　ニ．8

ブリッジ回路において，電流計の振れが零（平衡状態）のときは，
4 辺の抵抗負荷が平衡しているので

$R_1 \times R_4 = R_2 \times R_3$　…①

が成立します．

$$R_1 = 4\ \Omega,\ R_2 = \frac{3\times6}{3+6} = 2\ \Omega,\ R_3 = 8\ \Omega,\ R_4 = 2 + R\ \Omega$$

を①に代入すると

$4 \times (2 + R) = 2 \times 8$
$8 + 4R = 16$
$4R = 16 - 8$
$4R = 8$
$R = \mathbf{2\ \Omega}$

となります．

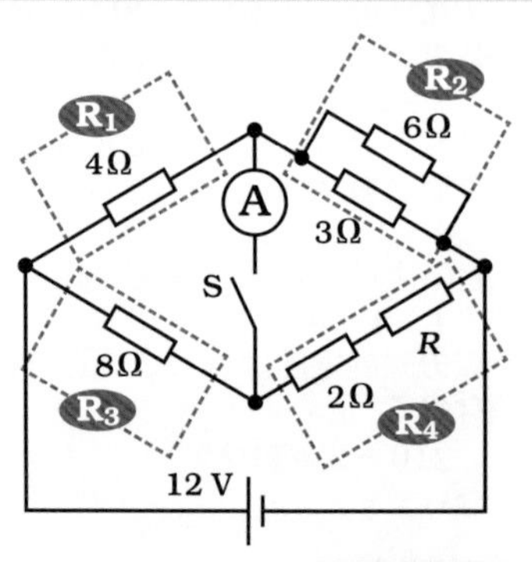

◆解答◆ イ

問題 11　図のような配電線路において，負荷の端子電圧 200 V，電流 10 A，力率 80%（遅れ）である．1 線当たりの線路抵抗が 0.4 Ω，線路リアクタンスが 0.3 Ω であるとき，電源電圧 V_S の値〔V〕は．

☞ p302（11-19）

語群欄

イ．205　　ロ．210　　ハ．215　　ニ．220

単相 2 線式の電圧降下 $v_{単相}$ は

$v_{単相} = V_S - V_r$　…①

$= 2I(r\cos\theta + x\sin\theta)$　…②

で表すことができます．I は 10 A，線路抵抗 r は 0.4 Ω，リアクタンス x は 0.3 Ω，$\sin\theta$ は $\sqrt{1-\cos^2\theta} = \sqrt{1-0.8^2} = 0.6$

これを②に代入すると電線 2 線当たりの電圧降下 $v_{単相}$ は

$v_{単相} = 2 \times 10\,(0.4 \times 0.8 + 0.3 \times 0.6) = 10\ \mathrm{V}$　…③

①の式より $V_S = v_{単相} + V_r$ となるので，

③と問題文で与えられた $V_r = 200\ \mathrm{V}$ を代入すると

$V_S = 10 + 200 = \mathbf{210\ V}$

となります．

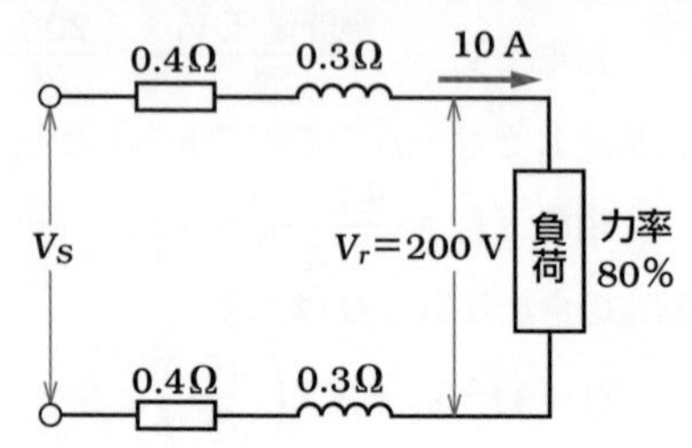

◆解答◆ ロ

計算問題は繰り返し解いて問題に慣れるといいよ．

模擬試験

問題 1．一般問題（問題数 40，配点は 1 問当たり 2 点）

次の各問いには 4 通りの答え（**イ**，**ロ**，**ハ**，**ニ**）が書いてある．それぞれの問いに対して答えを 1 つ選びなさい．

	問い	答え
1	図のように，面積Aの平板電極間に，厚さがdで誘電率εの絶縁物が入っている平行平板コンデンサがあり，直流電圧Vが加わっている．このコンデンサの静電容量Cに関する記述として，**正しいものは**． 平板電極 面積：A	**イ**．電圧Vに比例する． **ロ**．電極の面積Aに比例する． **ハ**．電極の離隔距離dに比例する． **ニ**．誘電率εに反比例する．
2	図のような交流回路において，回路の合成インピーダンス〔Ω〕は． 60 V　15Ω　20Ω	**イ**．8.6　**ロ**．12　**ハ**．25　**ニ**．30
3	図のような正弦波交流電圧がある．波形の周期が20 ms（周波数50 Hz）であるとき，角速度ω〔rad/s〕の値は． v〔V〕　141　0　π　2π　ωt〔rad〕	**イ**．50　**ロ**．100　**ハ**．314　**ニ**．628

	問い	答え
4	図のような交流回路において，電源電圧120 V，抵抗20 Ω，誘導性リアクタンス10 Ω，容量性リアクタンス30 Ωである．図に示す回路の電流 I〔A〕は． 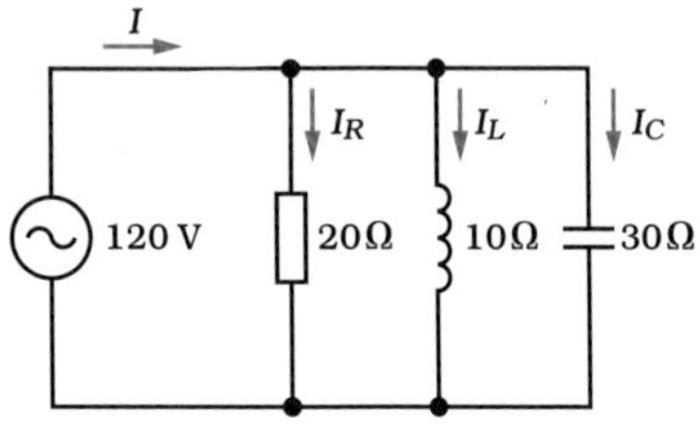 I　I_R　I_L　I_C　120 V　20Ω　10Ω　30Ω	**イ**．8　**ロ**．10　**ハ**．12　**ニ**．14
5	図のような三相交流回路において，電流 I の値〔A〕は． 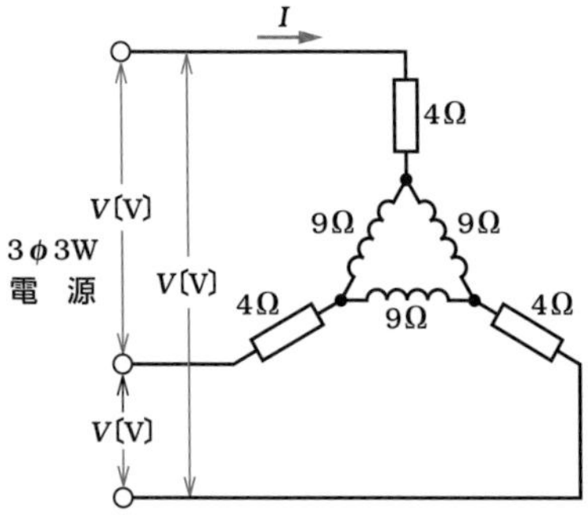 I　4Ω　9Ω　9Ω　9Ω　4Ω　4Ω　V〔V〕　V〔V〕　V〔V〕　3φ3W 電源	**イ**．$\frac{2V}{17\sqrt{3}}$　**ロ**．$\frac{V}{5\sqrt{3}}$　**ハ**．$\frac{V}{5}$　**ニ**．$\frac{\sqrt{3}\,V}{5}$
6	図のような単相2線式配電線路で，電線1線当たりの抵抗 r〔Ω〕，線路リアクタンス x〔Ω〕，線路に流れる電流を I〔A〕とするとき，電圧降下 $(V_S - V_r)$ の近似値〔V〕を示す式は．ただし，負荷の力率：$\cos\theta >$ 0.8で，遅れ力率であるとする． 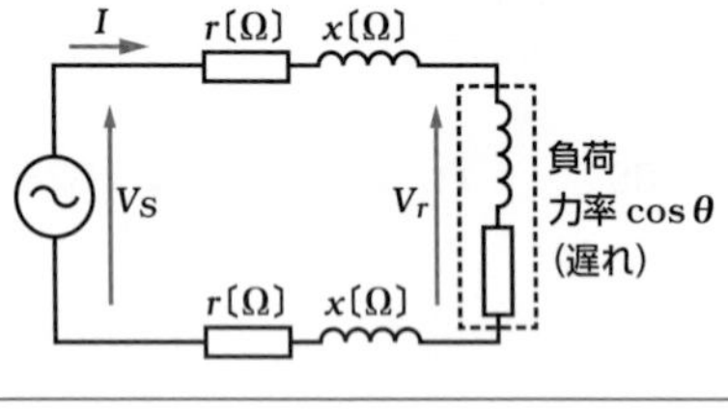 I　r〔Ω〕　x〔Ω〕　V_S　V_r　負荷 力率 $\cos\theta$（遅れ）　r〔Ω〕　x〔Ω〕	**イ**．$2I(r\cos\theta + x\sin\theta)$ **ロ**．$\sqrt{3}\,I(r\cos\theta + x\sin\theta)$ **ハ**．$2I(r\sin\theta + x\cos\theta)$ **ニ**．$\sqrt{3}\,I(r\sin\theta + x\cos\theta)$

	問い	答え
7	図のような配電線路において，図中の×印の箇所で断線した場合，負荷の全消費電力〔kW〕は．ただし，負荷の抵抗は8 Ω，リアクタンスは6 Ωで，配電線路のインピーダンスは無視し，電源電圧は一定とする． 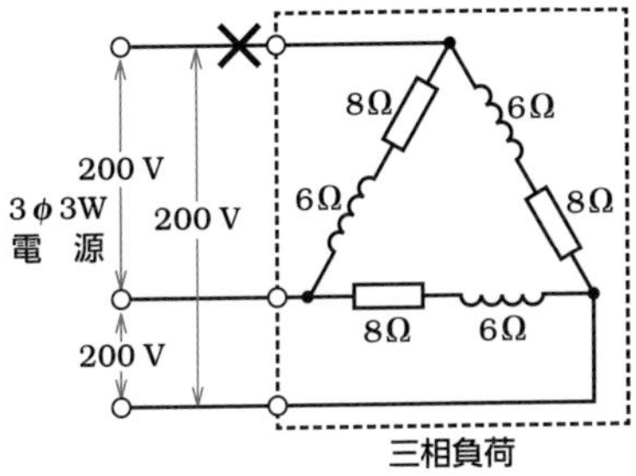 	イ．3.6　ロ．4.8　ハ．7.2　ニ．9.6
8	図のような三相3線式配電線路で，電線1線当たりの抵抗をr〔Ω〕，リアクタンスをx〔Ω〕，線路に流れる電流をI〔A〕とするとき，電圧降下($V_S - V_r$)〔V〕の近似値を示す式は．ただし，負荷力率$\cos\theta > 0.8$で，遅れ力率とする． 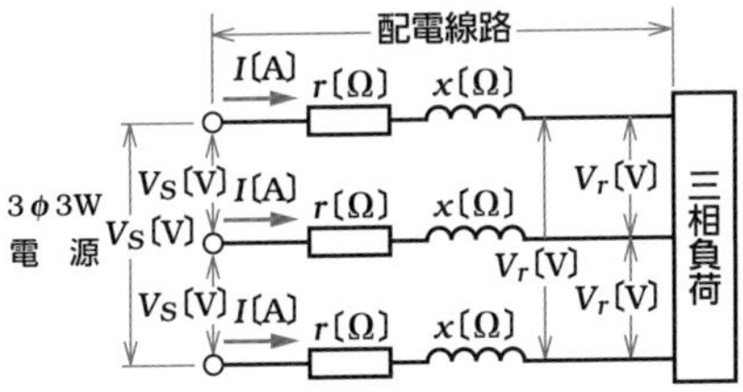 	イ．$\sqrt{3}\,I(r\cos\theta - x\sin\theta)$ ロ．$\sqrt{3}\,I(r\sin\theta - x\sin\theta)$ ハ．$\sqrt{3}\,I(r\sin\theta + x\cos\theta)$ ニ．$\sqrt{3}\,I(r\cos\theta + x\sin\theta)$
9	図のような日負荷率を有する需要家があり，この需要家の設備容量は375 kWである．この需要家の，この日の日負荷率a〔%〕と需要率b〔%〕の組合せとして，**正しいものは**． 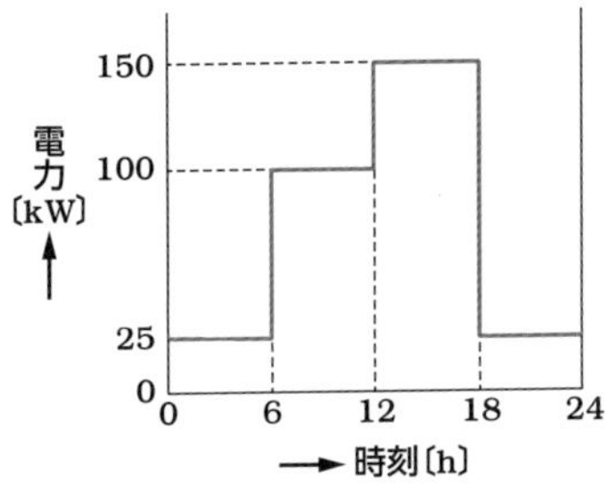 	イ．a：20　b：40 ロ．a：30　b：30 ハ．a：40　b：30 ニ．a：50　b：40

	問い	答え
10	電磁波の波長を短い順に左から右に並べたものとして，**正しいものは**.	**イ**．X線→赤外線→可視光線→紫外線 **ロ**．X線→紫外線→可視光線→赤外線 **ハ**．赤外線→可視光線→紫外線→X線 **ニ**．紫外線→可視光線→赤外線→X線
11	三相かご形誘導電動機の始動方法として，**用いられないものは**.	**イ**．二次抵抗始動 **ロ**．全電圧始動（直入れ） **ハ**．スターデルタ始動 **ニ**．リアクトル始動
12	照度に関する記述として，**正しいものは**.	**イ**．被照面に当たる光束を一定としたとき，被照面が黒色の場合の照度は，白色の場合の照度より小さい. **ロ**．屋内照明では，光源から出る光束が2倍になると，照度は4倍になる. **ハ**．1 m^2の被照面に1 lmの光束が当たっているときの照度が1 lxである. **ニ**．光源から出る光度を一定としたとき，光源から被照面までの距離が2倍になると，照度は$\frac{1}{2}$倍となる.
13	アルカリ蓄電池に関する記述として，**正しいものは**.	**イ**．過充電すると電解液はアルカリ性から中性に変化する. **ロ**．充放電によって電解液の比重は著しく変化する. **ハ**．1セル当たりの公称電圧は鉛蓄電池より低い. **ニ**．過放電すると充電が不可能になる.
14	写真に示す品物の**名称は**.	**イ**．キセノンランプ **ロ**．ハロゲン電球 **ハ**．LED **ニ**．高圧ナトリウムランプ
15	写真に示す品物の**主な用途は**. 	**イ**．サイン電球などを多数並べて取り付けてそれに電気を供給する. **ロ**．ショウルーム等で照明器具の取付位置の変更を容易にする電源として使用する. **ハ**．ホイストなど移動して使用する電気機器に電気を供給する. **ニ**．パイプフレーム式屋外受電設備の高圧母線として，雨水や汚染を防ぐ目的で使用する.

	問い	答え
16	有効落差100 m，使用水量20 m^3/sの水力発電所の発電機出力〔MW〕は．ただし，水車と発電機の総合効率は85%とする．	**イ**．1.9　**ロ**．12.7　**ハ**．16.7　**ニ**．18.7
17	風力発電に関する記述として，**誤っているものは**．	**イ**．一般に使用されているプロペラ形風車は，垂直軸形風車である． **ロ**．風力発電装置は，風速等の自然条件の変化により発電出力の変動が大きい． **ハ**．風力発電装置は，風の運動エネルギーを電気エネルギーに変換する装置である． **ニ**．プロペラ形風車は，一般に風速によって翼の角度を変えるなど風の強弱に合わせて出力を調整することができる．
18	送電用変圧器の中性点接地方式に関する記述として，**誤っているものは**．	**イ**．非接地方式は，中性点を接地しない方式で，異常電圧が発生しやすい． **ロ**．直接接地方式は，中性点を導線で接地する方式で，地絡電流が小さい． **ハ**．抵抗接地方式は，中性点を一般的に100～1 000 Ω程度の抵抗で接地する方式で，1線地絡電流を100～300 A程度にしたものが多い． **ニ**．消弧リアクトル接地方式は，中性点を送電線路の対地静電容量と並列共振するようなリアクトルで接地する方式である．
19	同一容量の単相変圧器の並行運転するための条件として，**必要でないものは**．	**イ**．各変圧器の極性を一致させて結線すること． **ロ**．各変圧器の変圧比が等しいこと． **ハ**．各変圧器のインピーダンス電圧が等しいこと． **ニ**．各変圧器の効率が等しいこと．
20	零相変流器と組み合わせて使用する継電器の種類は．	**イ**．過電圧継電器 **ロ**．過電流継電器 **ハ**．地絡継電器 **ニ**．比率差動継電器

	問い	答え
21	高圧電路に施設する避雷器に関する記述として，**誤っているものは**.	**イ**．高圧架空電線路から電気の供給を受ける受電電力500 kW以上の需要場所の引込口に施設した. **ロ**．雷電流により，避雷器内部の限流ヒューズが溶断し，電気設備を保護した. **ハ**．避雷器にはA種接地工事を施した. **ニ**．近年では酸化亜鉛（ZnO）素子を利用したものが主流となっている.
22	写真に示す品物の**用途は**.	**イ**．進相コンデンサに接続して投入時の突入電流を抑制する. **ロ**．高電圧を低電圧に変成する. **ハ**．零相電流を検出する. **ニ**．大電流を小電流に変成する.
23	写真に示す品物の**用途は**.	**イ**．保護継電器と組み合わせて，遮断器として用いる. **ロ**．電力ヒューズと組み合わせて，高圧交流負荷開閉器として用いる. **ハ**．停電作業などの際に，電路を開路しておく装置として用いる. **ニ**．容量300 kV·A未満の変圧器の一次側保護装置として用いる.
24	地中に埋設又は打ち込みをする接地極として，**不適切なものは**.	**イ**．内径36 mm長さ1.5 mの厚鋼電線管 **ロ**．直径14 mm長さ1.5 mの銅溶覆鋼棒 **ハ**．縦900 mm×横900 mm×厚さ1.6 mmの銅板 **ニ**．縦900 mm×横900 mm×厚さ2.6 mmのアルミ板
25	写真に示す材料（ケーブル除く）の**名称は**.	**イ**．防水鋳鉄管 **ロ**．シーリングフィッチング **ハ**．高圧引込がい管 **ニ**．ユニバーサルエルボ
26	写真に示す工具の**名称は**.	**イ**．トルクレンチ **ロ**．呼び線挿入器 **ハ**．ケーブルジャッキ **ニ**．張線器

	問い	答え
27	使用電圧が300 V以下の低圧屋内配線のケーブル工事の記述として，**誤っているものは**.	**イ**. ケーブルの防護措置に使用する金属製部分にD種接地工事を施した. **ロ**. ケーブルを造営材の下面に沿って水平に取り付け，その支持点間の距離を3 mにして施設した. **ハ**. ケーブルに機械的衝撃を受けるおそれがあるので，適当な防護装置を施した. **ニ**. ケーブルを接触防護措置を施した場所に垂直に取り付け，その支持点間の距離を5 mにして施設した.
28	可燃性ガスが存在する場所に低圧屋内電気設備を施設する施工方法として，**不適切なものは**.	**イ**. 配線は厚鋼電線管を使用した金属管工事により行い，附属品には耐圧防爆構造のものを使用した. **ロ**. 可搬形機器の移動電線には，接続点のない3種クロロプレンキャブタイヤケーブルを使用した. **ハ**. スイッチ，コンセントには耐圧防爆構造のものを使用した. **ニ**. 配線は，合成樹脂管工事で行った.
29	人が触れるおそれのある場所で使用電圧が400 Vの低圧屋内配線において，CVケーブルを金属管に収めて施設した. 金属管に施す接地工事の種類は. ただし，接触防護措置を施していないものとする.	**イ**. A種接地工事 **ロ**. B種接地工事 **ハ**. C種接地工事 **ニ**. D種接地工事

問い 30 から問い 34 までは，下の図に関する問いである．

図は，自家用電気工作物（500 kW 未満）の高圧受電設備を表した図及び高圧架空引込線の見取図である．

この図に関する各問いには，4 通りの答え（**イ．ロ．ハ．ニ．**）が書いてある．それぞれの問いに対して，答えを 1 つ選びなさい．

〔注〕図において，問いに直接関係のない部分等は，省略又は簡略化してある．

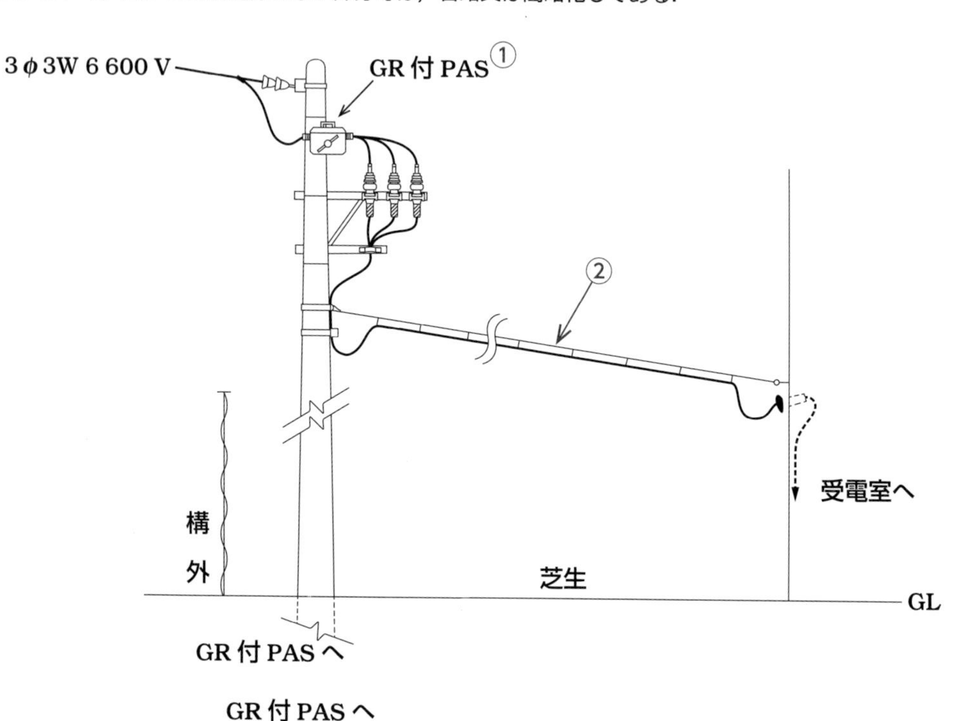

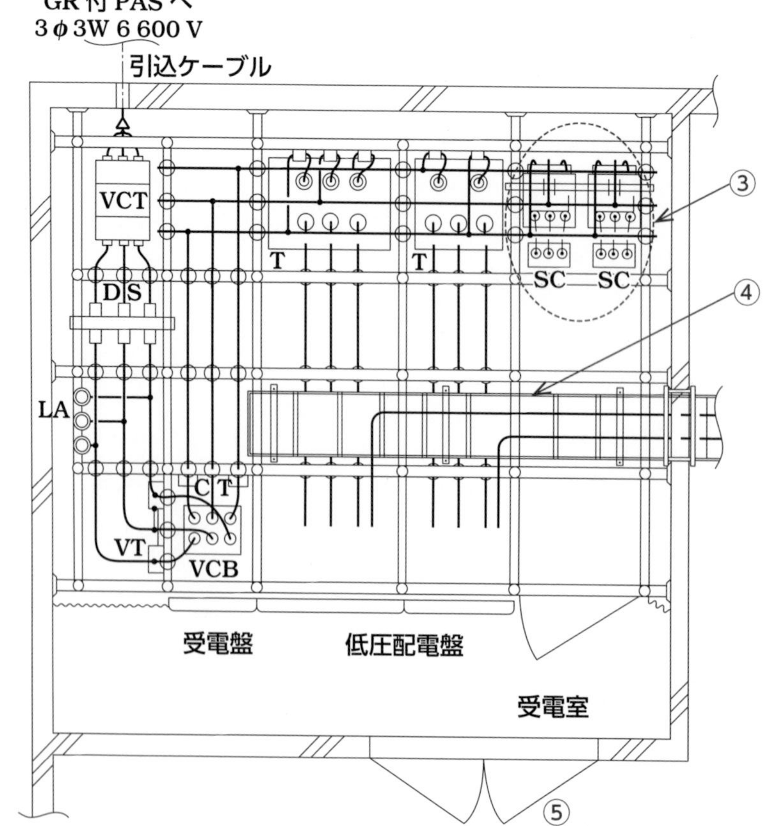

<table>
<tr><th colspan="2">問い</th><th>答え</th></tr>
<tr><td>30</td><td>①に示す地絡継電装置付き高圧交流負荷開閉器（GR付PAS）に関する記述として，不適切なものは.</td><td>イ. GR付PASの地絡継電装置は，需要家内のケーブルが長い場合，対地静電容量が大きく，他の需要家の地絡事故で不必要動作する可能性がある．このような施設には地絡方向継電器を設置することが望ましい．
ロ. GR付PASは，地絡保護装置であり，保安上の責任分界点に設ける区分開閉器ではない．
ハ. GR付PASの地絡継電装置は，波及事故を防止するため，一般送配電事業者との保護協調が大切である．
ニ. GR付PASは，短絡等の過電流を遮断する能力を有しないため，過電流ロック機能が必要である．</td></tr>
<tr><td>31</td><td>②に示す高圧架空引込ケーブルによる，引込線の施工に関する記述として，不適切なものは.</td><td>イ. ちょう架用線に使用する金属体には，D種接地工事を施した．
ロ. 高圧架空電線のちょう架用線は，積雪などの特殊条件を考慮した想定荷重に耐える必要がある．
ハ. 高圧ケーブルは，ちょう架用線の引き留め箇所で，熱収縮と機械的振動ひずみに備えてケーブルにゆとりを設けた．
ニ. 高圧ケーブルをハンガーにより，ちょう架用線に1mの間隔で支持する方法とした．</td></tr>
<tr><td>32</td><td>③に示す進相コンデンサと直列リアクトルに関する記述として，誤っているものは.</td><td>イ. 直列リアクトル容量は，一般に，進相コンデンサ容量の5％のものが使用される．
ロ. 直列リアクトルは，高調波電流による障害防止及び進相コンデンサ回路の開閉による突入電流抑制のために施設する．
ハ. 進相コンデンサに，開路後の残留電荷を放電させるため放電装置を内蔵したものを施設した．
ニ. 進相コンデンサの一次側に，保護装置として限流ヒューズを施設した．</td></tr>
<tr><td>33</td><td>④に示すケーブルラックの施工に関する記述として，誤っているものは.</td><td>イ. 同一のケーブルラックに電灯幹線と動力幹線のケーブルを布設する場合，両者の間にセパレータを設けなければならない．
ロ. ケーブルラックは，ケーブル重量に十分耐える構造とし，天井コンクリートスラブからアンカーボルトで吊り，堅固に施設した．
ハ. ケーブルラックには，D種接地工事を施した．
ニ. ケーブルラックが受電室の壁を貫通する部分は，火災の延焼防止に必要な耐火処理を施した．</td></tr>
</table>

	問い	答え
34	⑤の高圧屋内受電設備の施設又は表示について，電気設備の技術基準の解釈で**示されていないものは**.	**イ**．出入口に火気厳禁の表示をする. **ロ**．出入口に立ち入りを禁止する旨を表示する. **ハ**．出入口に施錠装置等を施設して施錠する. **ニ**．堅ろうな壁を施設する.
35	最大使用電圧6 900 Vの交流電路に使用するケーブルの絶縁耐力試験を直流電圧で行う場合の試験電圧〔V〕の計算式は.	**イ**．$6\,900 \times 1.5$ **ロ**．$6\,900 \times 2$ **ハ**．$6\,900 \times 1.5 \times 2$ **ニ**．$6\,900 \times 2 \times 2$
36	高圧ケーブルの絶縁抵抗の測定を行うとき，絶縁抵抗計の保護端子（ガード端子）を使用する目的として，**正しいものは**.	**イ**．絶縁物の表面の漏れ電流も含めて測定するため. **ロ**．絶縁物の表面の漏れ電流による誤差を防ぐため. **ハ**．高圧ケーブルの残留電荷を放電するため. **ニ**．指針の振切れによる焼損を防止するため.
37	高圧受電設備に使用されている誘導形過電流継電器（OCR）の試験項目として，**誤っているものは**.	**イ**．遮断器を含めた動作時間を測定する連動試験 **ロ**．整定した瞬時要素どおりにOCRが動作することを確認する瞬時要素動作電流特性試験 **ハ**．過電流が流れた場合にOCRが動作するまでの時間を測定する動作時間特性試験 **ニ**．OCRの円盤が回転し始める始動電圧を測定する最小動作電圧試験
38	電気工事士法において，第一種電気工事士に関する記述として，**誤っているものは**.	**イ**．第一種電気工事士は，一般用電気工作物に係る電気工事の作業に従事するときは，都道府県知事が交付した第一種電気工事士免状を携帯していなければならない. **ロ**．第一種電気工事士は，電気工事の業務に関して，都道府県知事から報告を求められることがある. **ハ**．都道府県知事は，第一種電気工事士が電気工事士法に違反したときは，その電気工事士免状の返納を命ずることができる. **ニ**．第一種電気工事士試験の合格者には，所定の実務経験がなくても第一種電気工事士免状が交付される.
39	電気工事業の業務の適正化に関する法律において，電気工事業者の業務に関する記述として，**誤っているものは**.	**イ**．営業所ごとに，絶縁抵抗計の他，法令に定められた器具を備えなければならない. **ロ**．営業所ごとに，法令に定められた電気主任技術者を選任しなければならない. **ハ**．営業所及び電気工事の施工場所ごとに，法令に定められた事項を記載した標識を掲示しなければならない. **ニ**．営業所ごとに，電気工事に関し，法令に定められた事項を記載した帳簿を備えなければならない.

	問　い	答　え
40	定格電圧100 V以上300 V以下の機械又は器具であって，電気用品安全法の適用を受ける特定電気用品は．	**イ**．定格電流30 Aの電力量計 **ロ**．定格出力0.4 kWの単相電動機 **ハ**．定格電流60 Aの配線用遮断器 **ニ**．定格静電容量100 μFの進相コンデンサ

問題 2．配線図 1（問題数 5，配点は 1 問当たり 2 点）

図は，三相誘導電動機を，押しボタンの操作により始動させ，タイマの設定時間で停止させる制御回路である．この図の矢印で示す 5 箇所に関する各問いには，4 通りの答え（**イ**，**ロ**，**ハ**，**ニ**）が書いてある．それぞれの問いに対して，答えを 1 つ選びなさい．

〔注〕図において，問いに直接関係のない部分等は，省略又は簡略化してある．

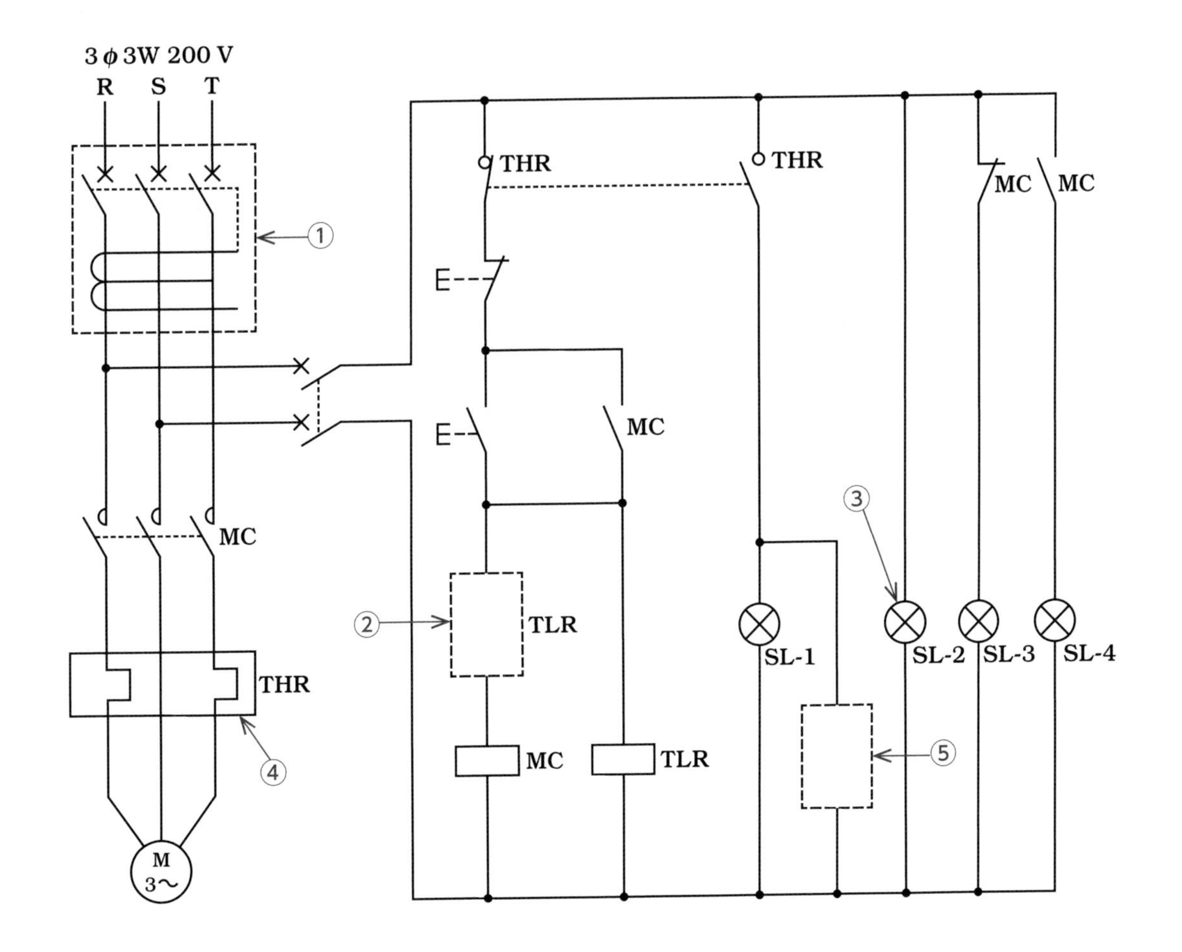

	問い	答え
41	①の部分に設置する機器は.	イ．配線用遮断器 ロ．電磁接触器 ハ．電磁開閉器 ニ．漏電遮断器（過負荷保護付）
42	②で示す部分に使用される接点の図記号は.	イ．  ロ．  ハ．  ニ． 
43	③で示すランプの表示は.	イ．電源　ロ．故障　ハ．停止　ニ．運転
44	④で示す図記号の機器は.	イ． 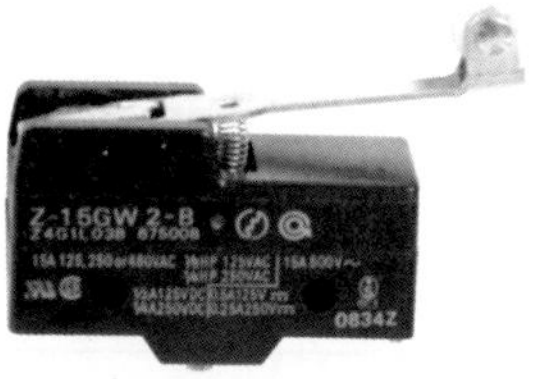 ロ．  ハ．  ニ． 
45	⑤で示す部分に使用されるブザーの図記号は.	イ．  ロ． 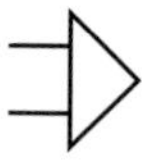 ハ． 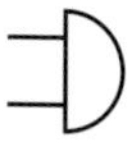 ニ． 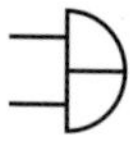

問題 3. 配線図 2（問題数 5，配点は 1 問当たり 2 点）

図は，高圧受電設備の単線結線図である．この図の矢印で示す 5 箇所に関する各問いには，4 通りの答え（**イ**，**ロ**，**ハ**，**ニ**）が書いてある．それぞれの問いに対して，答えを 1 つ選びなさい．

〔注〕図において，問いに直接関係のない部分等は，省略又は簡略化してある．

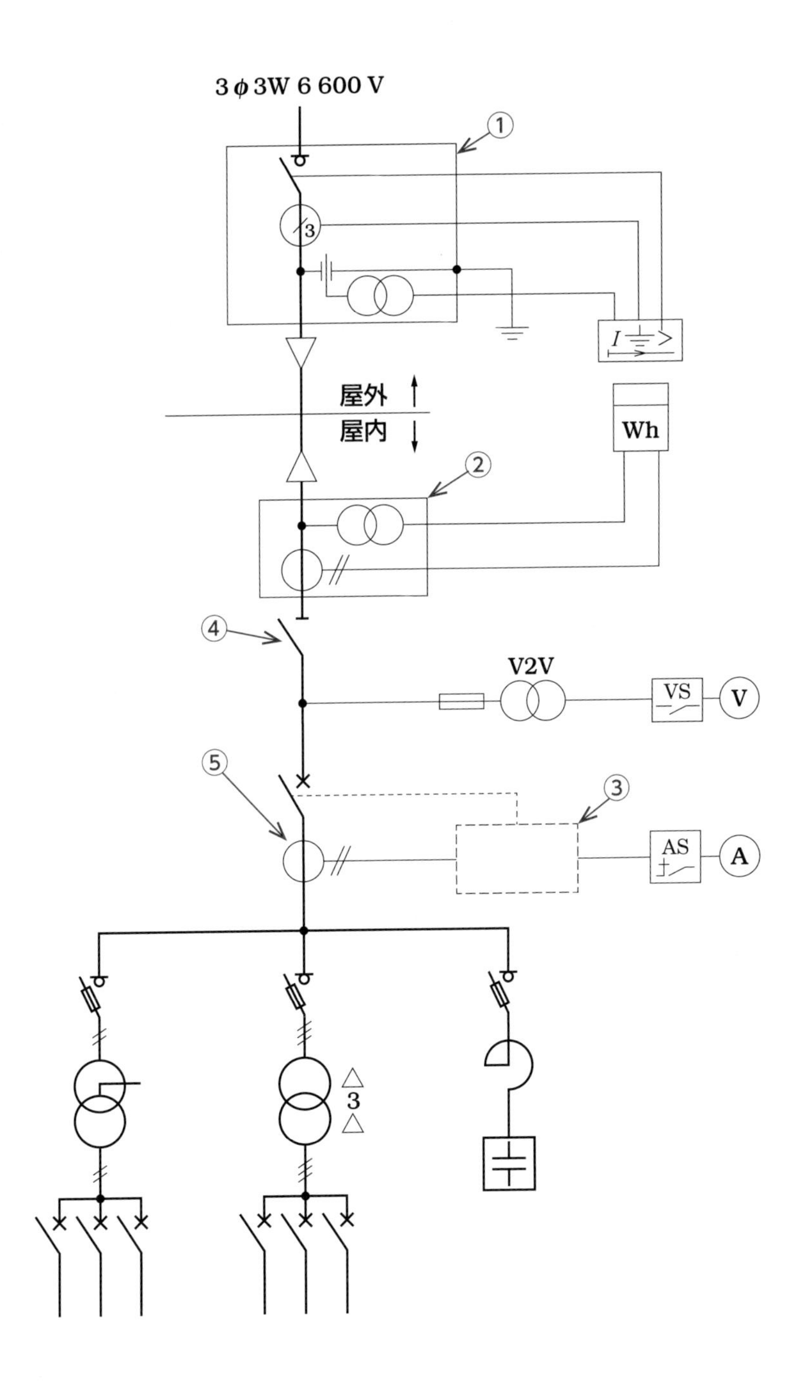

	問い	答え
46	①で示す機器の役割は.	**イ**. 需要家側電気設備の地絡事故を検出し，高圧交流負荷開閉器を開放する. **ロ**. 電気事業者側の地絡事故を検出し，高圧断路器を開放する. **ハ**. 需要家側電気設備の地絡事故を検出し，高圧断路器を開放する. **ニ**. 電気事業者側の地絡事故を検出し，高圧交流遮断器を自動遮断する.
47	②に設置する機器は.	**イ**. 　**ロ**. 　**ハ**. 　**ニ**. 
48	③で示す部分に設置する機器の図記号と略号(文字記号)の組合せは.	**イ**. I⏚< OCGR　**ロ**. I⏚> OCGR　**ハ**. I < OCR　**ニ**. I > OCR
49	④で示す機器に関する記述で，**正しいものは**.	**イ**. 負荷電流を遮断してはならない. **ロ**. 過負荷電流及び短絡電流を自動的に遮断する. **ハ**. 過負荷電流は遮断できるが，短絡電流は遮断できない. **ニ**. 電路に地絡が生じた場合，電路を自動的に遮断する.
50	⑤で示す機器の端子記号を表したもので，**正しいものは**.	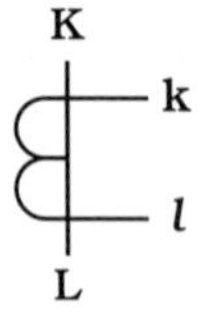 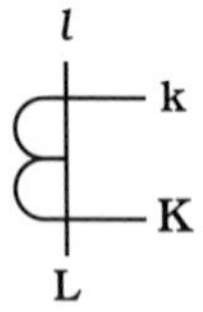 **イ**. 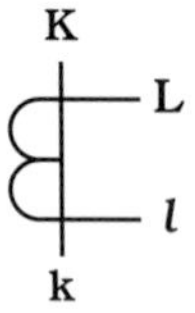 K, L, l, k　**ロ**. K, k, l, L　**ハ**. l, k, K, L　**ニ**. L, K, k, l 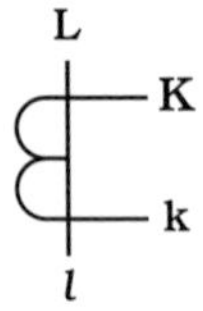

模擬試験　解説

合格点を目指して
頑張ろう！

問題 1　p282(11-9)　解答 ロ

電極の面積をA〔m^2〕, 電極の離隔距離をd〔m〕, 絶縁物の誘電率をεとすると, 平行平板コンデンサの静電容量C〔F〕は, $C=\varepsilon A/d$〔F〕で表されます. この式から**コンデンサの静電容量Cは電極の面積Aに比例する**ため,「ロ」が正しいです. 同様の式より, 誘電率εに比例し, 離隔距離dに反比例するため,「ハ」と「ニ」は誤りです. 加えて, このコンデンサの両極間の電位差をV〔V〕, 一方の電極に蓄えられた電荷をQ〔C〕とすると, $Q=CV$〔C〕の関係が成り立つため, $C=Q/V$〔F〕が得られます. この式よりコンデンサの静電容量Cは電圧に反比例するため,「イ」は誤りです.

問題 2　p290(11-13)　解答 ロ

抵抗Rに流れる電流I_Rを求めると

$$I_R=\frac{60}{15}=4\ \text{A}$$

コイルの抵抗X_Lに流れる電流I_Lを求めると

$$I_L=\frac{60}{20}=3\ \text{A}$$

回路全体の電流Iを求めると

$$I=\sqrt{{I_R}^2+{I_L}^2}=\sqrt{4^2+3^2}=\sqrt{16+9}=\sqrt{25}=5\ \text{A}$$

回路の合成インピーダンスZ〔Ω〕は

$$Z=\frac{60}{5}=\mathbf{12\ \Omega}$$

問題 3　p288(11-12)　解答 ハ

角速度ω〔rad/s〕は次の式で求めます.

$$\omega=2\pi f$$

問題文より周波数fが50 Hzであるため

$$\omega=2\times3.14\times50=100\times3.14=\mathbf{314\ rad/s}$$

問題 4　p290(11-13)　解答 ロ

抵抗20 Ωに流れる電流I_R〔A〕は

$$I_R=\frac{V}{R}=\frac{120}{20}=6\ \text{A}$$

コイルの抵抗X_Lに流れる電流I_L〔A〕は

$$I_L=\frac{V}{X_L}=\frac{120}{10}=12\ \text{A}$$

コンデンサの抵抗X_Cに流れる電流I_C〔A〕は

$$I_C=\frac{V}{X_C}=\frac{120}{30}=4\ \text{A}$$

回路全体に流れる電流I〔A〕は

$$I=\sqrt{{I_R}^2+(I_L-I_C)^2}=\sqrt{6^2+(12-4)^2}=\sqrt{100}=\mathbf{10\ A}$$

問題 5　p300(11-18)　解答 ロ

本文の図の△部分は, 一相分(9 Ω)の値をそれぞれ1/3にすることでY結線に置き換えることができます. 一相分の合成インピーダンスZを求めると

$$Z=\sqrt{4^2+3^2}=5\ \Omega$$

Y結線の相電圧$V_S=\dfrac{\text{線間電圧}V}{\sqrt{3}}=\dfrac{V}{\sqrt{3}}$〔V〕

Y結線の場合, 相電流I_S＝線電流$I_L=I$になるため, オームの法則でIを求めると

$$I=\frac{\text{相電圧}V_S}{Z}=\frac{V/\sqrt{3}}{5}=\frac{V}{5\sqrt{3}}\text{〔A〕}$$

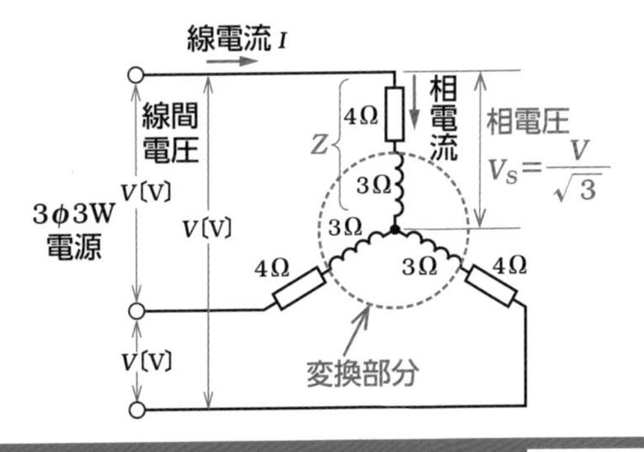

問題 6　p302(11-19)　解答 イ

単相交流回路の電線2線当たりの電圧降下の式は

$$v_{\text{単相}}=V_S-V_r=\mathbf{2I(r\cos\theta+x\sin\theta)}$$

となるため,「イ」です.

問題 7　p278(11-7), p290(11-13)　解答 ロ

三相回路の1線が断線すると，図1のように単相2線式へ描き直すことができます．

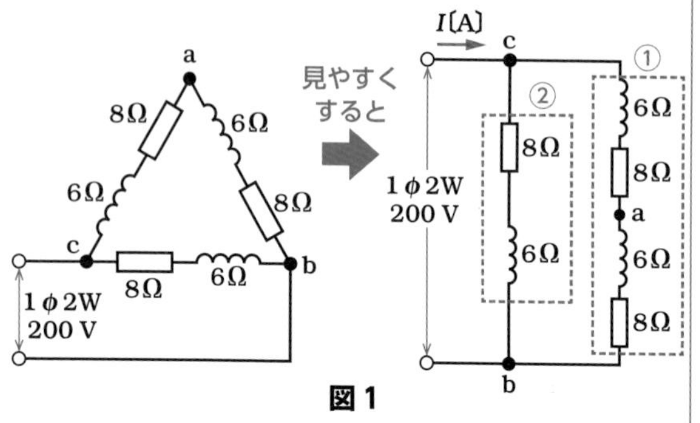

図 1

①の部分の抵抗のみの合成抵抗は8＋8＝16 Ω

②の部分の抵抗は8 Ωであるため，①と②の並列回路の抵抗のみの合成抵抗R_0は

$$R_0=\frac{16\times8}{16+8}=\frac{16\times8}{24}=\frac{16}{3}\,\Omega$$

同様に①と②の並列回路のリアクタンスのみを合成すると

$$X_0=\frac{12\times6}{12+6}=\frac{12\times6}{18}=\frac{12}{3}\,\Omega$$

このことから図2のようになります．

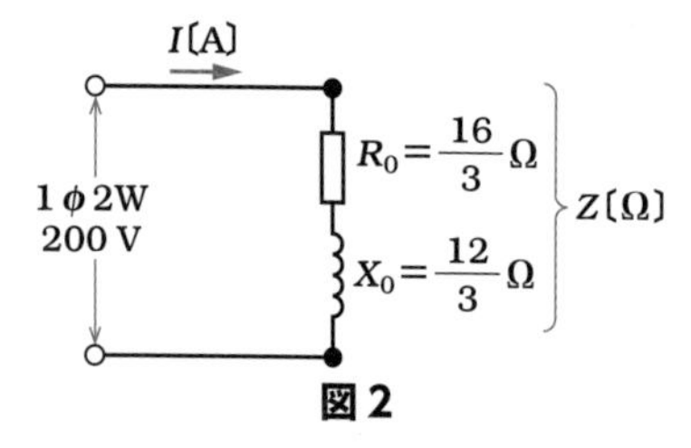

図 2

合成インピーダンスZを求めると

$$Z=\sqrt{\left(\frac{16}{3}\right)^2+\left(\frac{12}{3}\right)^2}=\sqrt{\frac{400}{9}}=\frac{20}{3}\,\Omega$$

回路に流れる電流Iは

$$I=\frac{V}{Z}=\frac{200}{\frac{20}{3}}=\frac{200\times3}{20}=30\,\text{A}$$

消費電力は抵抗R_0のみで消費する電力のことなので

$$P_{単相}=I^2R_0=30^2\times\frac{16}{3}=4\,800\,\text{W}=\mathbf{4.8\,kW}$$

問題 8　p302(11-19)　解答 ニ

三相交流回路の電圧降下の式は

$$v_{三相}=V_S-V_r=\sqrt{3}\,I(r\cos\theta+x\sin\theta)$$

となるため，「ニ」です．

問題 9　p192(7-8)　解答 ニ

a. 日負荷率は，$\dfrac{1日の平均需要電力〔kW〕}{1日の最大需要電力〔kW〕}\times100〔\%〕$で表されます．

1日の最大需要電力は，150 kW．1日の平均需要電力は，

(25 kW×6 h＋100 kW×6 h＋150 kW×6 h＋25 kW×6 h)÷24＝75 kW

$$日負荷率=\frac{75\,\text{kW}}{150\,\text{kW}}\times100=\mathbf{50\%}$$

b. 需要率は，$\dfrac{最大需要電力〔kW〕}{設備容量〔kW〕}\times100〔\%〕$

で表されます．設備容量は375 kW，最大需要電力は150 kWなので，需要率＝$\dfrac{150}{375}\times100=$**40%**

問題 10　p152(5-15)　解答 ロ

電磁波の波長は短い順に，**X線→紫外線→可視光線→赤外線**→マイクロ波→ラジオ波のようになっています．よって，「ロ」が正しいです．

問題 11　p130(5-4)　解答 イ

二次抵抗始動は，巻線形誘導電動機の始動方法であるため，三相かご形誘導電動機には用いません．よって，「イ」となります．

問題 12　p144(5-11)　解答 ハ

光束とは，ある面を通過する光の明るさを表す物理量で，単位はlm（ルーメン）です．光束をF〔lm〕，面積（被照面）をA〔m^2〕とすると，照度E〔lx〕は

$$E=\frac{F}{A}〔\text{lx}〕$$

となります．よって，**1 m^{2}の被照面に1 lmの光束が当たっているときの照度は1 lxとなる**ので，「ハ」が正しいです．

問題 13　p146(5-12)　解答 ハ

公称電圧とは，電池を通常の状態で使用した場合に得られる端子間の電圧の目安として定められている値です．**単一セル当たりの公称電圧は鉛蓄電池（約2 V）よりアルカリ電池（約1.2 V）の方が低くなります**．よって，「ハ」が正しいです．

問題 14　p140(5-9)　解答 ロ

写真に示す品物は，**ハロゲン電球**です．管内に封入したハロゲン元素の働きにより，一般電球に比べて長寿命で効率が良い光源です．演出性の高い照明に適しており，店舗やスタジオのスポット照明，埋込器具などに使用されています．

問題 15　p106(4-6)　解答 ハ

写真に示す品物は絶縁トロリーです．主な用途は，**ホイストなど移動して使用する電気機器に電気を供給する**ものです．

問題 16　p166(6-1)　解答 ハ

水力発電所の発電機出力P〔MW〕は$P=9.8\,QH\eta$で求めます．問題で与えられた$Q=20\mathrm{m^3/s}$, $H=100\mathrm{m}$, $\eta=0.85$を代入すると

$$P=9.8\,QH\eta$$
$$=9.8\times20\times100\times0.85$$
$$=16\,660\ \mathrm{kW}\fallingdotseq\mathbf{16.7\ MW}$$

よって，「ハ」になります．

問題 17　p172(6-4)　解答 イ

一般に使用されているプロペラ形風車は，**水平軸形風車**です．よって，「イ」が誤りです．

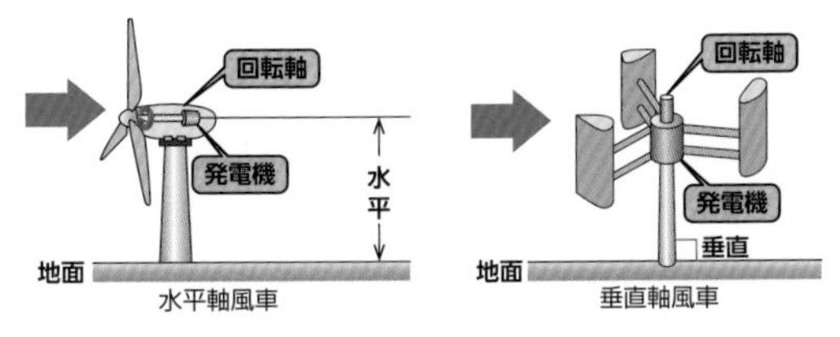

問題 18　p178(7-1)　解答 ロ

直接接地方式は，中性点を直接大地に接地する方式で，地絡電流が**大きく**なります．よって，「ロ」が誤りです．

問題 19　p128(5-3)　解答 ニ

同容量の単相変圧器の並行運転の条件

- 極性が合っていること．
- 変圧比が等しいこと．
- インピーダンス電圧が等しいこと．

「ニ」の**効率が等しいことは必要ありません**．

問題 20　p186(7-5)　解答 ハ

零相変流器と組み合わせて使用する継電器は**地絡継電器**です．整定値以上の地絡電流が流れたとき，遮断器を動作させます．よって，「ハ」となります．

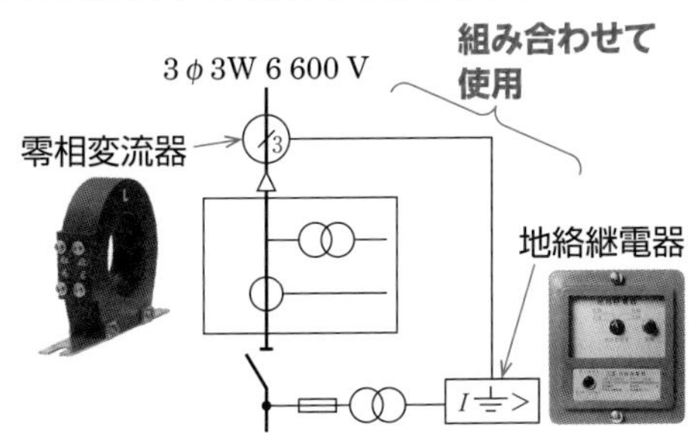

問題 21　p190(7-7)　解答 ロ

避雷器は落雷時に構内へ侵入してくる異常電圧や，負荷開閉時に発生する開閉サージの異常電圧を抑制させるためのもので，避雷器内部に**限流ヒューズは内蔵されていません**．内蔵されていた場合，ヒューズが溶断したらとても危険です．よって，「ロ」が誤りです．

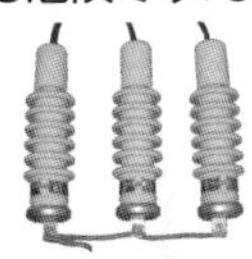
避雷器

高圧限流ヒューズ

問題 22　p110(4-8)　解答 ニ

写真に示す品物は，変流器です．**大電流を小電流に変成するの**に用います．

問題 23　p110(4-8)　解答 ハ

写真に示す品物は，断路器です．**停電作業などの際に，電路を開路しておく装置**として用います．

問題 24　p228(9-8)　解答 ニ

アルミは地中に埋設すると腐食するため，接地極として使用できません．よって，「ニ」が不適切です．

問題 25　p102(4-4)　解答 イ

写真に示す材料は，**防水鋳鉄管**です．建築物の壁を貫通させる箇所に用います．

問題 26　p100(4-3)　解答 ニ

写真に示す工具は**張線器**（シメラー）です．架空線のたるみを調整するときに用います．

問題 27　p208(8-4)　解答 ロ

ケーブルを造営材の下面に沿って**水平に取り付ける場合は支持点間距離を2 m以下**とし，垂直に取り付ける場合は支持点間距離を6 m以下にします．よって，「ロ」は誤りです．

問題 28　p202(8-1)　解答 ニ

可燃性ガスが存在する場所には，ケーブル工事か金属管工事で施工を行うため，**合成樹脂管工事で施工することはできません**．よって，「ニ」は不適切です．

問題 29　p228(9-8)　解答 ハ

人が触れるおそれのある場所で使用電圧が300 Vを超える低圧屋内配線の金属管には**C種接地工事**を施します．よって，「ハ」となります．

問題 30
☞ p2(1-1) 解答 ロ

GR付PASは保安上の責任分界点に設ける**区分開閉器**です．よって，「ロ」が不適切です．

問題 31
☞ p4(1-2) 解答 ニ

引込線をハンガーで支持する間隔は**50 cm以下**です．よって，「ニ」が不適切です．

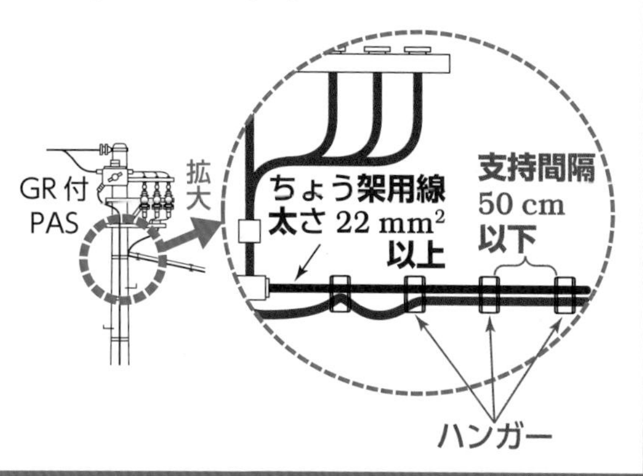

問題 32
☞ p16(1-8) 解答 イ

高圧進相コンデンサの一次側には，内部故障時の保護装置として限流ヒューズを設けます．高圧進相コンデンサには，過負荷を生じないようコンデンサリアクタンスの**6%**の直列リアクトルを設けます．

問題 33
☞ p28(1-14) 解答 イ

低圧配線のケーブル相互は接触しても良いため，**セパレータを施設する必要はありません**．よって，「イ」が誤りです．

ケーブルラック

問題34
☞ p4(1-2) 解答 イ

出入口に立ち入りを禁止する旨の表示は必要ですが，**火気厳禁の表示は必要ありません**．よって，「イ」が誤りです．

問題35
☞ p222(9-5) 解答 ハ

最大使用電圧が6.9 kV（6 900 V）のCVケーブルを直流電圧で絶縁耐力試験を実施する場合，直流試験電圧は6 900×1.5×2＝20700V＝20.7 kVとなります．よって，計算式は「ハ」となります．

問題 36
☞ p220(9-4) 解答 ロ

高圧ケーブルの絶縁抵抗の測定を行うとき，心線を囲んでいる絶縁物に裸導線を巻きつけ，これを絶縁抵抗計の保護端子（ガード端子）に接続すると，表面を流れる漏れ電流が絶縁抵抗計の回路に入らないので，**絶縁物の表面の漏れ電流による誤差を防ぐ**ことができるため，「ロ」となります．

問題 37
☞ p224(9-6) 解答 ニ

誘導形過電流継電器（OCR）の試験項目は，動作時間特性試験，連動試験，瞬時要素動作電流特性試験などです．**最小動作電圧試験は行わない**ため，「ニ」が誤りです．

問題 38
☞ p248(10-5) 解答 ニ

第一種電気工事士の免状を交付するまでの流れは，試験に合格し，電気工事に関する**実務経験を有する必要があります**．実務経験の期間は3年以上です．よって，「ニ」は誤りです．

問題 39
☞ p244(10-3) 解答 ロ

電気事業の業務の適正化に関する法律では，営業所ごとに，**主任電気工事士**を選任する必要があります．電気主任技術者ではないため，「ロ」が誤りです．

問題 40
☞ p256(10-9) 解答 ハ

配線用遮断器が特定電気用品で，語群欄の「ハ」以外のものは特定電気用品ではありません．

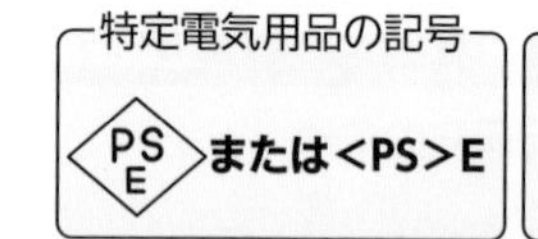

問題 41
☞ p84(3-3) 解答 ニ

図記号は，**過負荷保護付漏電遮断器（ELB）**です．よって，「ニ」となります．

問題 42
☞ p84(3-3) 解答 ロ

図記号は**限時動作瞬時復帰接点のブレーク接点（b接点）**で，電動機が始動してタイマの設定時間が経過した後に接点が開路し，電磁接触器（MC）の自己保持を解除して電動機を停止させます．よって，「ロ」となります．

問題 43

p86(3-4) 解答 **イ**

図記号は，表示灯（SL）です．配線用遮断器を入れると点灯するため，**電源表示**に用いられます．

図記号	写　真	図記号
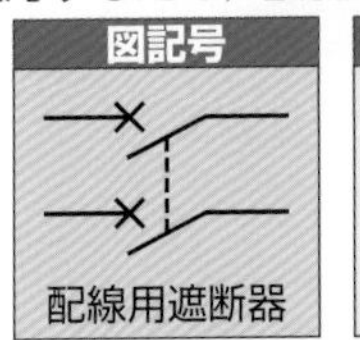 配線用遮断器	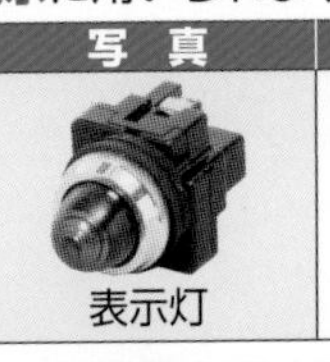 表示灯	

問題 44

p84(3-3) 解答 **ロ**

図記号は**熱動継電器（THR）**で，写真は「ロ」となります．なお，イはリミットスイッチ（LS），ハは電磁継電器（R），ニは限時継電器（TLR）です．

問題 45

p84(3-3) 解答 **イ**

熱動継電器のメーク接点（a接点）が閉じたとき，表示灯の点灯と同時にブザーを鳴らして故障を知らせます．ブザーの図記号は「イ」になります．

問題 46

p52(2-6) 解答 **イ**

図記号は，地絡方向継電器付高圧交流負荷開閉器（DGR付PAS）です．**需要家側電気設備の地絡事故を検出し，高圧交流負荷開閉器を開放する**役割があります．

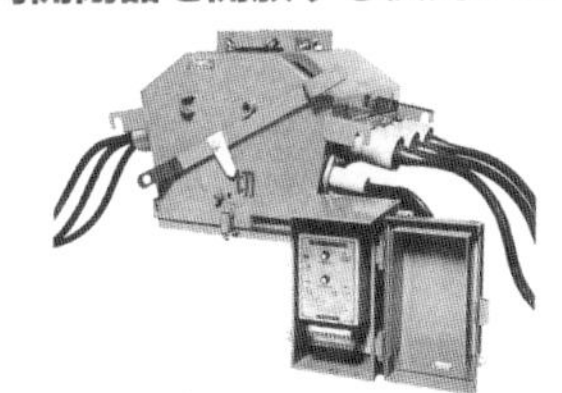

地絡方向継電器付
高圧交流負荷開閉器

問題 47

p48(2-4) 解答 **イ**

図記号は，**電力需給用計器用変成器（VCT）**で，写真は「イ」です．なお，「ロ」は計器用変圧器（VT），「ハ」は高圧交流負荷開閉器（LBS），ニはモールド形変圧器（T）です．

問題 48

p54(2-7) 解答 **ニ**

③の部分には，**過電流継電器（OCR）**を設置します．過電流を検出して高圧交流遮断器をトリップさせる役割があります．よって，「ニ」となります．

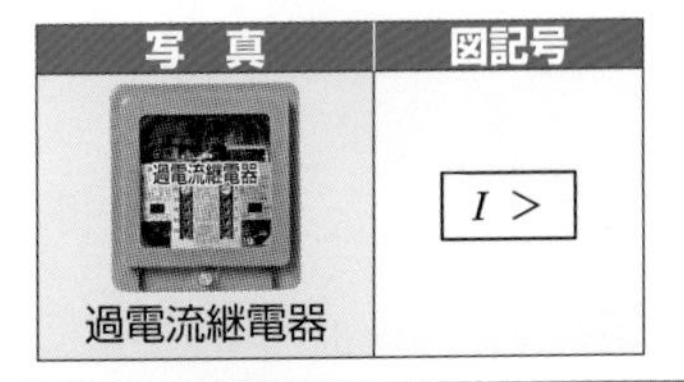

問題 49

p52(2-6) 解答 **イ**

図記号は，断路器（DS）です．電路や機器の点検時に，無負荷の電路を開放するために用います．負荷電流が流れているときは，断路器で**負荷電流を遮断してはいけません**．よって，「イ」となります．

問題 50

p54(2-7) 解答 **ロ**

変流器（CT）の結線図で，**K**は一次側の電源側に結線する端子で，**k**は二次側の巻線の端子を表しています．**L**は一次側の負荷側に結線する端子で，***l***は二次側の巻線の端子を表しています．なお，一次側は高圧で，二次側は低圧になります．よって，「ロ」となります．

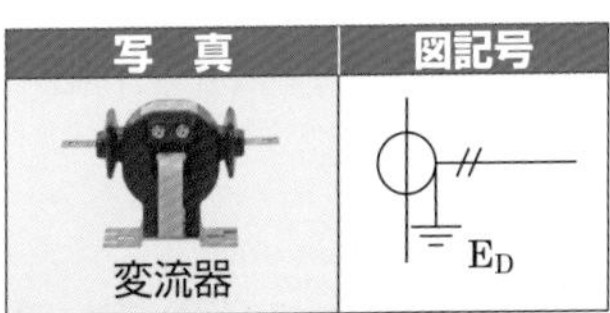

説　明

一次側が大文字で二次側が小文字
K：一次側の電源側の端子
k：二次側の巻線の端子
L：一次側の負荷側の端子
l：二次側の巻線の端子

合格点をとれた人は第一種電気工事士の過去問題に挑戦するといいよ！

過去問題は一般財団法人電気技術試験センターのHPで公表されているよ!!
実力はついたから合格目指して頑張ろう!!

ラクしてうかる！第一種電気工事士学科試験

2024年3月20日　　第1版第1刷発行

編　集　オーム社
発行者　村上和夫
発行所　株式会社 オーム社
郵便番号　101-8460
東京都千代田区神田錦町3-1
電話　03(3233)0641(代表)
URL　https://www.ohmsha.co.jp/

組版　徳保企画　　印刷・製本　図書印刷
ISBN978-4-274-23166-7　Printed in Japan

制御回路の図記号（練習1）

☆略号や図記号を描いて覚えよう

名称と写真	略号（練習）	図記号（練習）
配線用遮断器	MCCB	
過負荷保護付漏電遮断器	ELB	
押しボタンスイッチ	PB メーク接点	E
	PB ブレーク接点	E

名称と写真	略号（練習）	図記号（練習）
電磁接触器	MC コイル	MC
	MC メーク接点	MC
	MC メーク接点	MC
	MC ブレーク接点	MC

制御回路の図記号（練習 2）

☆略号や図記号を描いて覚えよう

制御回路の問題は 3 年に 1 度の割合で出題されているよ．2 年連続で出題された年もあるから，出題されるつもりで勉強しておこうね！

名称と写真	略号（練習）	図記号（練習）
熱動継電器	THR ヒータ	THR
	THR メーク接点	MC
	THR ブレーク接点	THR

名称と写真	略号（練習）	図記号（練習）
切換スイッチ	COS	
リミットスイッチ	LS メーク接点	
	LS ブレーク接点	